KB133001

과학오디세이
라 이 프

인간 · 생명 그리고 마음

세상 모든 것이 궁금한 과학자의 지적 여정

과학오디세이
라 이 프

인간 · 생명 그리고 마음

안중호 지음

1 장

우리는 어떻게 인간이 되었나?

2 장

생명이란 무엇인가?

3 장

마음은 어떻게 만들어질까?

인간은 마침내 우주의 무심한 무한 속에서 우연히 출현해 홀로 있음 알게 되었다.

그의 운명이나 의무는 어디에도 써 있지 않다.

천상의 왕국이냐 지하의 암흑이냐는 그가 선택해야 한다.[1]

자크 모노 Jacques Monod(『우연과 필연』 중에서)

시작하는 글

인생은 어디서 왔으며, 죽음은 또한 어디로 가는가?

서산대사가 400년 전에 남긴 임종게臨終偈의 첫 구절입니다.[2] 많은 사람의 존경을 받았던 김수환 추기경도 비슷한 질문을 던졌습니다. 마지막 입원 차 떠난 사제관의 책상 위에는 「나는 누구인가?」로 시작되는 육필 원고가 있었다고 합니다. 인생을 달관했을 아흔 가까운 연세에, 그것도 미혹한 신도들을 신앙으로 이끌 위치에 있던 분이 던진 질문으로는 다소 의외였습니다. 물론, 각자의 종교에 맞게 한 분은 삶을 뜬구름에 비유했고, 한 분은 '주님은 나의 목자'라는 시편 구절로 글을 맺기는 했습니다.

삶의 목표가 분명한 종교인도 이처럼 존재의 의미에 대해 질문을 던지며 고뇌하는데, 하물며 우리들 일반인은 어떻습니까? 사실, 우리들 대부분은 세상의 근원이나 삶의 의미에 대해 평소 크게 신경 쓰지 않고 살아갑니다. 그러나 고통스러운 사건이나 죽음에 직면하게 되면 이를 다시 생각해 보는 경우가 많지요. 언젠가 국내 대기업의 창업자였던 분이 임종을 한 달 여 앞두고 한 카톨릭 신부에게 24개의 질문을 던졌는데, 그 질문에 대한 답변이 함께 책으로 소개되어 화제가 된 적이 있습니다.[3] '신의 존재를 어떻게 증명할 수 있나?', '과학이 끝없이 발달하면 신의 존재도 부인되는 것 아닌가?', '영혼이란 무엇인가?' 등이었습니다. 사람들의 부러움을 살 만큼 생전에 큰 성취를 이루었지만, 삶의 한계에 이른 후 한 인간으로서 던진 질문은 속세와는 무관한 근원적 내용들이었습니다.

사실, 우리는 왜, 어디에서 왔는지 이유를 모른 채 이 세상에 던져졌습니다. 그리고 세상사에 묻혀 살다 때가 되면 왔던 곳으로 돌아갑니다. 하지만 인간은 자신의 근원에 대해 의문을 품고 해답을 찾으려 하는 특이한 동물입니다. 그 해답을 갈구하는 정도나 방식은 사람마다 다르지요. 종교인들처럼 평생의 과업으로 삼는 사람이 있는가 하면 이러한 주제에 대해 무관심하거나 심지어 부질없는 짓으로 여기는 현실적인 사람들도 있습니다. 학문적 호기심으로 이 문제를 다루는 사람들도 있지요. 특히, 철학은 역사 이래 이 문제를 탐구의 주요 대상으로 삼아 왔습니다. 16세기 이후에는 유럽에서 싹튼 근대 과학도 이에 동참했습니다. 그중에서도 지동설과 진화론은 우주 안에서의 인간의 위치에 대한 기존의 통념들을 크게 바꾸었지요. 하지만 세상이 존재하는 이유에 대해 과학이 소리 높여 답하기에는 한계가 있었습니다. 이런 문제는 주로 종교나 철학의 영역이었지요.

그런데 새천년 전후부터 큰 변화가 일어났습니다. 지난 십수 년 이래 과학이 제시한 우주와 세상의 모습은 이전에는 상상할 수 없었던 완전히 새로운 내용들로 채워지기 시작했습니다.[4] 사실, 적지 않은 학자들이 우리가 현재 살고 있는 21세기 초가 세상의 본질에 대해 객관적인 논리로 구체적인 답을 내놓기 시작한 최초의 시대라고 규정하고 있습니다.[5] 우주뿐 아니라 생명체로서의 인간의 위치, 자아, 마음, 윤리처럼 여태껏 종교나 철학, 인문학이 다루어 왔던 문제들을 과학이 구체적으로 설명하기 시작했습니다. 특히, 인간의 의식意識을 연구하는 뇌과학이나 인지과학이 지난 10~20년 이래 규명한 성과들을 보면 역사시대 이래 수천 년간 철학이나 심리학에서 쌓아 온 지식을 모두 다시 써야 할 정도라고 평하는 사람이 많습니다.

인문학과 과학은 인간 정신활동의 중요한 두 축이며, 상호 보완적입니다. 문학, 예술, 미학 등 인간의 가치 탐구와 표현 활동을 다루는 인문학은 사변적思辨的 방법을 폭 넓게 사용하지요. 즉, 경험뿐 아니라 머리에서 자연스럽게 나오는 주관적 사고思考나 직관, 감정 등도 중요시합니다. 우리는 인문학적 사고의 이러한 유연성 덕분에 정서적으로 메마르지 않고, 보다 풍부한 정신활동을 하고 있습니다. 하지만 세상의 근원에 대한 탐구처럼 객관성이 중요한 문제를 놓고 사람들은 저마다 해석을 달리하며 견강부회牽强附會할 여지가 많습니다. 이런 견지에서 과학은 오류를 걸러내고 곡해曲解를 최소화할 수 있는 장점이 있습니다. 과학은 다소 무미건조해 보이지만 경험과 현상에 대한 관찰을 토대로 객관적 사실을 찾는 정신활동이기 때문입니다.

따라서 세상의 근원을 밝히려는 여러 학문 간의 경쟁에서 과학은 21세기의 벽두에 매우 중요한 위치에 서게 되었습니다. 지난 20~30년의 짧은 기간 사이 과학은 우리의 근원과 관련해 예전에는 상상도 못했을 획기적인 사실들을 밝히고 있습니다. 가령, 철학이나 인문학의 일부 분야에서는 최근에 밝혀진 과학적 사실들을 반영하지 않으면 논거가 매우 취약해질 수 있는 내용들이 많아지고 있습니다. 우리는 지금, 세상의 근원을 추론이 아닌 객관적 사실에 입각해 규명하려는 전

대미문前代未聞의 지적대모험 시대를 살고 있습니다.

무엇이 이 같은 과학혁명을 일으켰고, 또 왜 지금일까요?

첫째, 지난 20여 년 사이 과학의 도구가 비약적으로 발전했습니다. 잘 아시다시피 16세기에 근대 과학의 시작은 새로운 기기의 출현로 촉발되었습니다. 간단한 유리 기구에 불과한 망원경의 출현 덕분에 오랫동안 믿어 왔던 천동설이 폐기되고 갈릴레오, 코페르니쿠스, 뉴턴으로 이어지는 물리학의 혁명이 일어났습니다. 또 다른 유리 기구인 현미경의 출현은 세포와 세균의 발견으로 이어졌고, 근대 생물학을 꽃피우는 결정적 계기가 되었습니다. 20세기 초에는 X-선 회절기라는 물리장비 덕분에 고체와 재료의 원자배열 구조를 알게 되었습니다. 또, DNA 분자의 구조 규명으로 이어져 분자생물학의 새로운 시대를 열게 했지요. 그런데 현재의 과학혁명은 이전과는 비교가 되지 않습니다. 과학의 전 분야에서 새로운 도구들이 혁명을 주도하고 있습니다. 여기에는 새천년 전후부터 급속도로 발전한 전기, 전자, 컴퓨터, 정보기술이 지대한 역할을 했지요. 일상생활만 보더라도 스마트폰과 SNS, 인터넷이 보편화되지 않았던 불과 20년 전에 비해 오늘날의 모습은 너무나 달라졌습니다. 마찬가지로 과학 분야에서도 지난 십수 년간 일어난 기기의 정밀화, 고도화, 데이터 처리 능력의 발전은 이루 말할 수 없습니다. 이에 힘입어 기존 지식들은 수정되거나 재해석되고, 혹은 통념을 뛰어넘는 새로운 이론들이 대거 쏟아졌습니다.

둘째, 과학 지식의 축적이 상상을 초월할 정도로 가속화된 것도 오늘의 과학혁명에 일조를 하고 있습니다. 과학은 다른 어떤 학문 분야보다도 알려진 지식의 축적이 중요한데, 정보기술의 급속한 발전 덕분에 20여 년 이래 눈에 띄게 빨라지고 유기적이게 된 것입니다.

그런데 안타깝게도 많은 사람들이 이 격동적인 지적 대혁명의 큰 흐름을 간과하고 있는 듯합니다. 과학기술인들조차도 새로운 변화를 제대로 인식하지 못하고 있는 경우가 있습니다. 일부에서는 노벨 과학상도 예전과는 달리 너무 지엽적인 세부 성과에 주어지는 경향이 크다고 불평합니다.[6] 그리하여 대학의 학과들은 격납고처럼 되어버렸습니다. 하지만 다른 분야에 대한 폭넓은 지식은 과학기술인에게 매우 중요하다고 생각합니다. 이는 일반인들에게도 똑같이 중요합니다. 다만, 목적은 조금 다르겠지요. 우리가 사는 세상의 근원이 무엇인지 올바른 방식으로 이해하고, 또 가끔은 되새겨 보는 자세가 우리의 삶을 조금 더 진솔하고 의미 있게 만들기 때문입니다.

이런 취지에서, 과학이 지난 20여 년 사이 밝힌 새로운 내용들을 일반인이 가능하면 쉽게 이해할 수 있도록 이 책을 기획했습니다. 분량 관계로 부득이 두 권으로 된 『과학오디세이』 시리즈로 출판했으며, 그중 한 권은 우주, 물질, 시공간 등 세상의 물리적 본질을 다루었습니다. 나머지 한 권인 이 책에서는 인간과 생명, 그리고 마음을 다루었습니다. 먼저, 1장에서는 20세기 말 이후 새롭게 알게 된 고인류학적인 발견 내용과 인간의 행동에 대한 분석을 소개했습니다. 2장에서는 물질에서 생명이 탄생하는 과정에 대한 최신의 발견 내용들과 기존에 알고 있었던 진화 지식에서 보충할 내용들, 그리고 유전 현상의 주요 원리를 살펴보았습니다. 마지막 3장에서는 인간을 인간답게 만드는 가장 중요한 요소인 마음을 다루었습니다. 마음은 왜 생겼으며, 어떻게 작동하고, 그것이 우리의 존재에 어떤 영향과 의미들을 던져주고 있는지 생각해보았습니다.

우주와 물리학, 그리고 인간과 생명, 마음을 다룬 저의 두 책은 물리학, 천문학, 우주과학, 생물학, 고고학, 인지과학, 등 여러 과학 분야를 다루고 있습니다. 각 분야의 전공자가 아닌 저의 설명에 대해 전문가의 입장에서 보기에 미흡한 점이 있다면 너그러운 양해를 구합니다. 그러나 굳이 변명을 하자면, 세부 전공자가 아니기 때문에 전체적인 시각으로 보는데 보다 자유로웠던 면도 있지 않았나 변명해 봅니다. 이 책의 내용은 가능하면 『네이처』 등 최신 발견을 담고 있는 논문 원본들을 토대로 설명하려고 노력했습니다. 또한 해당 분야의 저명한 전문가들이 저작한 교양 과학서적들과 『사이언티픽 아메리칸Scientific American』, 프랑스의 『라 르쉐르슈La Recherche』 등 권위있는 일반 과학저널의 내용들을 비교, 검토하여 주관적인 내용이 최소화되도록 구성했습니다. 이들 서적과 논문들은 조금 더 관심있는 독자분들이 도서관이나 구글 논문검색 등에서 찾아 입수할 수 있도록 책 후반부에 참고문헌과 추천도서 목록으로 실었습니다.

인생은 소모품, 그러나 끝까지 정신精神의 섭렵涉獵을 해야지…

제가 좋아하는 시 〈목마와 숙녀〉의 저자 박인환이 세상을 떠나기 전 남겼다는 메모의 한 구절입니다. 지적 호기심이건, 혹은 삶의 의미를 찾으려는 절박함에서건, 우리의 근원에 대해 진지하게 생각해보는 자세는 사람이 살아가면서 가질 수 있는 가치 있는 일이라고 생각합니다. 부족하지만 많은 독자 분들이 이 책을 통해 우리의 근원에 대해 다시 생각해 보는 계기를 갖고, 조금이나마 정신을 섭렵할 기회를 가지게 되었으면 합니다.

SCIENCE

1장

우리는 어떻게 인간이 되었나?

ODYSSEY

나는 우리의 동포 인간이 추락한 천사가 아니라

위로 올려진 유인원이라고 생각한다.[1]

데즈먼드 모리스Desmond Morris (저서『털 없는 원숭이』에서)

우리는 인간이 매우 특별한 존재라고 생각합니다. 하지만 생물계통분류법으로 보면 우리 인간은 계통이 분명한 지구 생물의 한 종입니다.* 학명법(3명법)으로는 잘 알려진 대로 '호모 사피엔스 사피엔스Homo sapiens sapiens'입니다. 라틴어로 '슬기로운, 슬기로운 사람'이라는 뜻이지요 세 단어 중 맨 앞의 '호모'는 사람이라는 뜻의 속명屬名이며, 두 번째는 소종小種, 세 번째는 아종亞種을 나타냅니다. 현재는 인간만 남았지만 호모 사피엔스는 얼마 전까지도 아종이 여럿 있었습니다. 일부 학자들은 '호모 사피엔스 이달투Homo sapiens idaltu'라는 아종이 약 15만 년 전까지 아프리카 동부에 살았다고 추정합니다. 아무튼 아종은 현재 모두 멸종했으므로 현생 인류를 통상 2명법으로 호모 사피엔스로 줄여 부르지요.

이 생물의 개체수는 2020년 8월 기준으로 78억 1,000만입니다. 대략 40초에 100여 명이 증가할 정도로 번성하고 있는 종이지요. 또, 모든 대륙을 정복한 포유동물입니다. 다른 천체(달)에 발을 내딛은 첫 지구 생물이기도 하지요. 지금과 같은 모습을 갖춘 지는 지질학적으로 순간이라고 할 수 있는 20만여 년, 전 대륙에 발을 디딘 지는 1만 년

* 인간은 생물계통분류 상 진핵생물역(域) → 동물계(界) → 후구동물 상문(上門) → 척삭동물문(門) → 척추동물 아문(亞門) → 포유강(綱) → 영장목(目) → 원숭이 하목(下目) → 협비원 소목(狹鼻猿小目) → 사람과(科) → 사람속(屬)에 속한다(몇 개의 분류 단위는 생략함).

밖에 안 되지만 그 사이 지구 생태계를 송두리째 바꾸어 놓은 강력한 종입니다. 이 책의 이야기는 이 특별한 생물로부터 시작하겠습니다.

이 장의 전반부에서는 인간이 속한 영장류가 어떤 동물이며, 어떤 진화과정을 거쳤는지 알아볼 것입니다. 이어 원숭이와 유인원을 거쳐 인간속屬, 즉 호모가 되는 과정에서 갖추게 된 여러 특질들과 그 배경도 살펴보겠습니다. 마지막으로 현생 인류로의 여정 중에 일어났던 여러 사건들을 소개하고 인간의 현재 위치에 대해 생각해 볼 것입니다.

나무로 올라간 젖먹이 동물 | 영장류의 특성

흔히들 인간을 만물의 영장靈長이라고 합니다. 문자 그대로 영혼이 있는 으뜸 존재라는 뜻이지요. 사람의 가장 가까운 친척인 영장류(정확한 분류로는 영장목)는 실제로 포유동물 중에서 가장 똑똑합니다. 사람 이외에 유인원, 원숭이들이 이에 포함됩니다.

영장류는 무게가 겨우 30g인 마다가스카르 쥐여우 원숭이mouse lemur에서 200kg이 넘는 고릴라에 이르기까지 모습이 다양합니다. 그 수는 2001년대 이후 새로운 종의 발견과 진보된 유전자 분석 기술 덕분에 많이 늘었는데, 분류 방식에 따라 190~350종까지 봅니다. 지난 세기까지도 동물학자들은 영장류를 진원류眞猿類, simians와 원원류原猿類, prosimii의 두 부류로 구분했습니다. 진짜 원숭이라는 의미의 진원류는 우리가 통상 알고 있는 원숭이와 유인원입니다. 한편, 원원류는 일부 열대우림 지역에 사는 쥐나 토끼만 한 야행성 원시 영장류입니다. 대부분이 과일이나 작은 곤충을 먹고 사는데 1~2개의 갈고리형 손톱이 있는 경우가 많지요. 현존하는 원원류는 마다가스카르에 사는 긴 주둥이 여우원숭이류Lemuriformes, 몸무게가 2kg도 안 되는 로리스원숭이류Lorisiformes, 그리고 필리핀 등 동남아 섬에 사는 안경원숭이류Tarsiformes의 세 부류가 있습니다.

하지만 최근에는 영장류를 코의 모양에 따라 곡비원류曲鼻猿類, Strepsirrhini와 직비원류直鼻猿類, Haplorhini로 새롭게 분류합니다. 먼저, 곡비원류는 길게 굽어진 젖은 코의 원숭이로, 기존 분류 방식의 모든 원원류가 여기에 포함됩니다. 단, 안경원숭이만 제외합니다. 한편, 직비원류는 짧고 마른 코를 가진 모든 진원류와 안경원숭이류입니다. 직비원류는 다시 둘로 세분됩니다. 첫 번째 부류인 광비류廣鼻類, platyrrhine는 콧구멍 사이가 넓고 평평한 코를 가진 중남미의 원숭이들입니다. 신대륙원숭이라고도 부르지요. 꼬리 감는 원숭이 카푸친capuchin, 고함지르기원숭이howler 등이 이에 속합니다. 두 번째 부류인 협비류狹鼻類, catarrhine는 콧구멍이 좁고 콧대가 선 원숭이로 구대륙에 살지요. 한마디로 우리가 흔히 알고 있는 원숭이들입니다. 아프리카와 아시아에 사는 마카크macaque(일본원숭이 등), 개코원숭이baboon, 유인원, 그리고 사람이 이에 속하지요.

영장류는 나무 위 생활에 적응한 포유류입니다. 현재도 거의 모든 영장류가 나무 위에서 생활합니다. 개코원숭이와 침팬지, 고릴라의 예외가 있지만 이들도 가끔은 나무에 올라갑니다. 100% 지상생활을 하는 영장류는 인간이 유일하지요. 이런 거주 특성 때문에 영장류들은 나무가 많은 아프리카와 동남아시아, 아메리카 대륙의 열대 혹은 아열대 지방에 살고 있습니다. 눈 내린 산에서 온천욕을 하는 일본원숭이가 추운 곳에 사는 예외이지만 겨울 한때뿐이지요. 물론, 인간도 추위에 적응한 영장류입니다. 한마디로 영장류의 모든 주요 특징은 나무 위의 생활에 적합하도록 진화한 결과입니다. 이를 조금 자세히 알아보겠습니다.

첫째, 영장류는 다른 포유류에 비해 큰 뇌를 가졌습니다. 그래서 영리하지요. 영장류의 큰 뇌는 시각을 발달시키는 과정에서 발생한 부차적 결과입니다. 지상의 평면적 생활과 달리 나무 위에서는 오르락내리락하며 3차원의 공간에서 움직여야 합니다. 이를 위해 영장류는 입체적인 시각stereoscopic vision을 발전시켰습니다. 이는 두 눈에 각기 다른 상像이 맺혀야 가능합니다. 3D 영화를 입체 안경 없이 보면 상이 두 개로 보이는 이유이지요. 따라서 눈의 능력이 지상 포유류 시절에 비해 두 배가 되어야 했습니다. 영장류는 이를 위해 머리의 크기를 키웠습니다. 하지만 머리를 무한정 크게 할 수는 없었기 때문에 뇌의 후각 처리 부위를 줄일 수밖에 없었지요. 그 결과 모든 영장류의 뇌는 시각 관련 부위가 발달되어 있는 반면, 후각 부위는 축소되어 있습니다.

왜 하필 후각일까요? 나무 위에서는 바람 때문에 지상보다 냄새가 쉽게 흩어져 후각이 덜 중요하기 때문입니다. 영장류가 후각의 대가로 시각을 발달시켰다는 사실은 곡비원류와 직비원류의 차이에서 볼 수 있습니다. 즉, 직비원류에서는 시각이 발달하고 후각이 퇴화한 흔적이 뚜렷하지만, 진화가 덜 된 여우원숭이 등의 곡비원류에서는 덜 나타납니다. 앞서 영장류를 코를 기준으로 분류한 것은 이 때문입니다. 즉, 원시 영장류인 곡비원류는 냄새 맡기가 여전히 중요해서 코가 길고 젖어 있습니다. 개를 비롯한 지상 포유류들은 후각이 중요해서 코가 젖어 있지요. 반면, 직비원류들은 짧고 마른 코 덕분에 바로 앞의 사물을 볼 수 있고 시야도 더 확보할 수 있었지요.

둘째, 영장류는 손이 특별합니다. 특히, 다른 포유류와 달리 엄지와 나머지 손가락이 서로 마주보고 있어 나무를 붙잡기 좋게 되어 있지요. 일부 종은 발가락도 그렇습니다. 이런 형태의 손은 먹이를 잡는 데 유리하며, 고등 영장류가 도구를 사용하는 데도 큰 역할을 했습니다. 모양뿐 아니라 영장류의 손은 나뭇가지를 실수 없이 잡기 위해 손가락 끝과 손바닥에 예민한 촉각도 발달시켰습니다. 땅에서 생활하는 개 등의 다른 포유류는 발가락이나 발바닥이 영장류처럼 민감하지 않지요. 심지어 소나 말처럼 발바닥에 아예 감각이 거의 없는 경우도 있습니다. 대부분의 영장류는 이러한 손가락 구조를 이용해 '양손 번갈아 나뭇가지 잡기brachiation'라는 독특한 스윙 동작으로 나무 사이를 옮겨 다닙니다. 신대륙원숭이들은 나무 타기에 꼬리도 사용하지요.

셋째, 다른 포유류와 달리 영장류의 쇄골鎖骨(빗장뼈)과 흉대胸帶가 팔을 유연하게 움직일 수 있는 구조로 되어 있습니다. 그 결과 자유롭게 팔을 움직일 수 있어 나무에 매달릴 수 있지요. 애완견이나 고양이의 앞다리를 상하, 좌우, 전후로 스트레칭시키면 당장 죽는다고 비명을 지를 것입니다. 팔을 자유자재로 움직일 수 있는 유연한 어깨 관절은 유인원에서 더욱 뚜렷하게 발달했습니다.

넷째, 인간을 비롯한 협비류 이상의 영장류는 청, 녹, 적색의 3원 색각色覺을 가졌습니다. 반면, 영장류 이외의 대부분의 포유류는 단색 혹은 2원색의 시각을 가진 부분 색맹입니다. 사실 어류, 양서류, 파충류, 그리고 조류鳥類 등의 원시 척추동물은 원래 색맹이 아닙니다. 오히려 이들 중 일부는 자외선도 볼 수 있는 4원 색각을 가진 녀석들도 있지요. 이들과 달리 포유류는 양서류 시절의 3원 색각을 잃어버린 등뼈동물입니다. 중생대에 처음 출현한 포유류의 조상들은 공룡 등의 포식자를 피해 밤에만 활동하던 작고 불쌍한 동물이었습니다. 색을 구분할 필요가 없었지요. 그 대신 어둠 속의 미약한 빛으로 사물을 볼 수 있도록 휘판輝板, tapetum lucidum이라는 특별한 층 조직을 망막 뒤에 발명했습니다. 휘판은 일종의 반사판으로, 눈에 들어온 미약한 빛을 되돌려 보냅니다. 이 미약하게 반사된 빛을 간상桿狀(막대모양)세포라는 시세포視細胞가 감지해 사물을 인식하지요. 그런데 포유류는 낮에도 떳떳이 활개치는 제 세상인 신생대가 되었는데도 휘판을 버리지 않았습니다. 오히려 일부 포유류는(특히 육식 포유류) 옛 기능을 적극 활용해 밤에 사냥을 하고 있지요. 개나 고양이, 특히 맹수들의 눈이 밤에 빛나는 이유는 휘판 때문입니다(이들을 피해 살아 남아야 하는 일부 초식동물도 휘판이 있습니다).

영장류를 제외한 포유류는 빨간색과 녹색을 구분 못하는 적록색맹입니다.[2] 중생대 때 어둠의 자식으로 살았던 흔적인데, 어떤 종은 청색만 구분합니다. 그런데 나무 위를 생활 터전으로 삼아 낮에 활동하게 된 협비영장류들은 과일이 익었는지 판단할 필요가 있었습니다. 식물은 자신의 2세인 씨앗이 성숙되기도 전에 먹히는 것을 방지하기 위해 덜 익은 과일에 독성을 넣는 전략을 썼습니다. 과일의 녹색은 떫고 쓴 맛이니 먹지 말라는 경고입니다. 그래서 대부분 식물의 과일은 익게 되면 붉은색 계열의 색을 띱니다. 영장류는 이를 분별하기 위해 적색의 색각을 되찾았습니다. 사람도 잃었던 붉은색의 색각을 영장류의 조상 시절에 찾았지만, 인구의 몇 %는 색맹입니다. 하지만 대부분은 적색과 녹색을 구분 못 하는 부분색맹입니다. 언젠가 색맹인 농부가 평소에는 불편함이 없는데 고추를 수확할 때는 답답하다는 푸념을 들은 적이 있습니다. 덧붙이자면, 사람은 영장류가 되면서 되찾았던 붉은 색각을 다시 잃는 경향이 있습니다. 나무에서 내려와 지상생활을 하게 되자 3원 색각의 선택압이 다시 줄었기 때문이지요. 그 결과 색맹의 비율이 다른 영장류보다 훨씬 높습니다. 유전자 분석에 의하면 영장류가 적색의 색각을 되찾은 시기는 3,000만~4,000만 년 전 사이입니다. 따라서 원시 영장류인 곡비류와 광비류는 거의가 아직도 적록색맹입니다. 부언하자면, 적색을 감지하는 단백질의 유전자 돌연변이는 X성염색체에서 일어났기 때문에 사람을 포함한 영장류의 색맹은 수컷에서 나타납니다.

이상 살펴본 바와 같이 영장류의 주요 특징들은 나무 위 생활과 직접 연관성이 있습니다. 물론 간접적으로 영향을 받은 특징들도 있지요. 가령, 뇌가 커진 영장류는 무리생활에 필요한 사회성과 관련된 뇌 부위를 크게 발달시켰습니다. 그 결과 대부분의 영장류는 다른 포유류에 비해 협동적이고 긴밀한 무리생활을 하고 있습니다. 번식의 측면에서도 영장류는 비슷한 크기의 다른 포유류에 비해 늦게 성숙되며, 출산하는 새끼의 숫자도 적습니다. 대개 새끼를 한 마리만 낳는데, 이는 다른 포유류와 달리 유선乳腺, 즉 젖꼭지가 2개뿐인 점으로도 알 수 있지요. 그 대신 수명은 긴 편입니다. 영장류는 치아의 수도 다른 포유류에 비해 적습니다. 또, 다른 포유류나 원시 곡비류와 달리 입술을 자유롭게 움직일 수 있지요.

가장 가까운 친척 토끼와 쥐 | 원숭이의 조상

영장류와 가장 가까운 친척은 평생 자라나는 앞니를 마모시키려고 끊임없이 갉아 대는 설치류(쥐 종류)와 토끼류입니다. 이 세 동물군은 영장상목上目, Euarchontoglires으로 분류되는데, 중생대 말에는 같은 조상을 가졌었지요. 이 공통조상의 후손에서 설치동물Glires과 영장동물Euarchonta이 갈라졌습니다. 설치동물은 다시 설치류Rodentia와 토끼류Lagomorpha로 분기되어 영장류의 조상과 다른 길을 갔지요. 한편, 영장동물도 몇 차례 분기했는데, 그중 한 부류가 영장류Primates입니다(영장류 외의 나머지 영장동물들은 번성하지 못해 오늘날 몇 종만 남았습니다). 영장상목의 공통조상이 살았던 중생대 말기는 매우 온난해 모든 대륙이 열대 혹은 아열대 지역이었습니다. 하지만 땅 위는 파충류가 지배하는 세상이어서 조그만 체구의 불쌍한 포유류들은 밤에만 활동하며 숨어 살았습니다.

하지만 6,600만 년 전 소행성이 충돌해 중생대가 막을 내리자 새로운 세상인 신생대가 열렸습니다. 무엇보다도 핵겨울을 버티고 살아남은 소수의 태반포유류들이 멸종한 공룡의 자리를 이어받았습니다. 그중에는 우리 조상들도 있었지요. 가장 오래된 영장동물의 화석은 7,000만 년 전의 플레시아다피Plesiadapiformes로 작은 것은 몸통과 꼬리의 길이가 각기 6cm밖에 안 됩니다. 그러나 화석들이 파편이고 제한적이어서 정확한 모습을 그리기에는 미흡합니다. 일부 분자생물학적 추정에 의하면 영장동물은 이미 8,000만 년 전의 중생대 백악기 중기에 출현했다고 합니다. 어느 쪽이건 신생대 초기는 분명히 영장동물이 기지개를 편 세상이었지요.

당시 그들의 모습을 현존하는 동물 중에서 찾는다면, 동남아 열대우림에 살고 있는 투파이아Tupaiidae와 흡사했다고 추정됩니다[3](〈그림 1-1〉 참조). 다람쥐와 비슷하게 생겨 '나무두더지'라 잘못 불리고 있는 이들은 쥐가 아닙니다. 물론, 길게 나온 코와 초음파도 감지하는 예민한 청각, 발달된 후각 등 설치류에 가까운 특징도 가지고 있지요. 그러나 유연한 팔다리와 발톱이 붙은 5개의 손발가락, 그리고 예민하고 부드러운 손발바닥은 영장류와 비슷합니다. 다만 발톱이 영장류처럼 납작하지 않고 다른 육상 척추동물처럼 갈고리 모양입니다. 이들은 주식인 개미, 메뚜기 등의 곤충을 궁둥이로 앉아 두 손으로 먹지요. 간혹 새가 먹다 버린 과일을 먹기도 하지만, 식물성 섬유질은 소화하지 못합니다. 한마디로 영장류와 설치류의 특징을 절반씩 가진 작은 포유류입니다. 일부 학자들은 투파이아보다 필리핀의 콜루고colugo(날다람쥐 혹은 박쥐원숭이로 번역됨)가 영장류 조상에 더 가깝다고 추정합니다.[4] 어느 쪽이든 영장류의 조상은 크기와 모습이 쥐와 흡사했을 것입니다. 중요한 점은 다른 태반포유류들과 달리 이들이 나무 위의 생활을 선택

그림 1-1

원시 영장류와 가장 흡사했다고 추정되는 오늘날의 투파이아(일명 나무두더지. 그러나 이름처럼 쥐는 아니다.)

했다는 사실입니다.

그렇다면 이들은 왜 나무 위 생활을 선택했을까요? 핵겨울이 끝난 신생대 초기의 기후는 곧 회복되어 중생대 때처럼 온난했습니다. 북극에 악어가 살았으며, 남극에도 소나무 숲이 있을 정도였지요. 당시 북반구에 있었던 초대륙 로라시아에는 열대우림이 넓게 확장되어 있었습니다. 특히 중생대 때 처음 나타난 속씨식물, 즉 꽃을 피우는 식물은 신생대 초기에 본격적으로 다양해지며 번성했습니다. 이들은 그 이전에 번성했던 겉씨식물(은행나무, 소철, 소나무 등)을 로라시아의 북쪽 고위도로 몰아냈습니다. 겉씨식물은 바람을 이용해 많은 양의 꽃가루를 날려 번식합니다. 따라서 가지가 위로 뻗어 있지요. 반면, 속씨식물은 꿀이나 과일로 곤충과 새를 유인해 번식하는 새로운 전략을 개발했습니다. 이 전략은 매우 성공적이어서 오늘날 전체 식물의 약 90%가 속씨식물입니다. 그 주변에는 곤충과 벌레들이 우글거리지요. 영장류 직전의 우리 조상들은 바로 이 곤충과 벌레를 먹기 위해 속씨나무를 생활터전으로 삼았습니다.

한편, 위로 뻗은 겉씨식물과 달리 옆으로 넓게 퍼진 속씨식물의 나뭇가지는 영장류의 훌륭한 이동 통로가 되었습니다. 뿐만 아니라 나무 위는 포식자가 없는 안전한 피난처였습니다. 다만, 매와 같은 맹금류猛禽類와 뱀은 예외였지요. 특히 뱀은 가지가 넓게 퍼진 속씨식물 사이를 쉽게 접근할 수 있으므로 맹금류보다 훨씬 위험했습니다. 따라서 모든 영장류들은 오늘날에도 옛 조상 시절의 공포를 본능적으로 기억해 뱀을 두려워합니다. 얼마 전 일본 과학자들이 사람들에게 흐릿하게 처리한 각종 물건과 동물의 모습을 단계적으로 선명하게 보여 주는 흥미로운 실험을 했습니다. 사람들은 뱀을 가장 먼저 알아차렸습니다. 이런 위험이 상존하지만 그래도 나무 위는 땅 위보다 훨씬 안전하지요.

신생대 초창기인 팔레오세Paleocene epoch(약 6,500만~5,600만 년 전)에 살았던 영장동물들은 제대로 된 영장류인 원숭이는 아니었습니다. 원시적 원숭이는 에오세Eocene epoch(약 5,600만~3,390만 년 전) 초기에 비로소 출현했습니다. 그 계기는 5,600만 년 전 '팔레오세-에오세 열적 최고점Paleocene-Eocene Thermal Maximum, PETM'이라는 급속한 지구 온난화 사건이었습니다. PETM은 밝혀지지 않은 어떤 원인(대규모 화산활동 등이 원인으로 추정되곤 있습니다) 때문에 당시 대기의 이산화탄소 농도가 급격히 높아진 사건입니다. 그 결과 온실효과가 발생해 지질학적 시간으로 매우 짧은 수천 년 사이에 지구의 평균기온이 8도나 높아졌습니다. 그러자 북반구의 저위도 지역에 주로 살던 태반포유류들이 온화해진 고위도 지역까지 이동하며 크게 번성했습니다. 본격적인 포유류의 세상이 된 것이지요. 우리의 첫 원시 원숭이들도 다른 포유류처럼 북반구의 여러 지역(유라시아, 북미)으로 빠르게 전파되었습니다. 그 결과 적응방산適應放散(환경에 따라 다양하게 분화하는 현상)으로 짧은 기간에 최소 60종 이상으로 분화했습니다.

이들은 크게 두 부류였지요. 아다피스Adapidae라는 젖은 코의 곡비원류와 단순하고 마른 코의 직비원류 오모미드Omomyidae였습니다. 아다피스는 오늘날 가장 원시적 영장류인 여우원숭이 등 곡비원류의 원조로 생각됩니다. 한편, 우리의 직계 라인인 직비원류 오모미드의 경우, 가장 오래된 화석 증거는 5,580만 년 전 유라시아와 북미 대륙에 살았던 떼야르디나Teilhardina입니다.[5] 몸 길이가 겨우 20cm에 불과한 원숭이입니다. 에오세의 첫 원숭이들은 이전의 원시 영장동물이 주로 곤충과 벌레를 먹은 데 반해, 식물을 본격적으로 먹기 시작했습니다. 속씨식물의 입장에서 본다면, 손을 가진 영장류가 새나 곤충보다 훨씬 더 효과적으로 씨앗을 퍼뜨려 주는 은인이었지요. 과일식물은 이에 대한 답례로 영장류에게 달콤한 과즙을 선사하고, 그 덕분에 이들은 단단하게 보호된 씨는 다른 곳에 옮겨지도록 진화했습니다. 더구나 배설물은 좋은 비료이지요.

그러자 영장류도 곤충과 벌레 대신 과일을 적극적으로 먹도록 소화기관을 수정했습니다. 과일에 맛을 들인 일부 영장류는 더 나아가 이파리도 먹었습니다. 잎은 열대우림의 사방에 널려 있으므로 먹이활동을 위해 멀리 이동하지 않아도 되는 이점이 있습니다. 숲에 널린 잎과 과일들을 먹다 보니, 영장류들은 오늘날도 다른 동물에 비해 먹이에 대한 식탐이 덜합니다. 그런데 채식은 동물의 체중을 늘려주는 효과가 있습니다. 이는 거대 공룡과 대형 포유류인 코끼리, 하마, 들소가 모두 채식성인 점만 보아도 알 수 있지요. 영장류는 두더지 크기에서 벗어나 점차 몸집을 불려갔습니다. 현존 대형 유인원들도 대부분 채식을 합니다. 과일을 먹다 보니 초기 직비원숭이들은 앞 어금니를 상실하거나 퇴화하는 등 치아의 구조도 변했습니다. 또, 익은 과일을 구분하려고 야행 습성을 버리고 확실하게 낮에 활동했지요.

하지만 오늘날의 안경원숭이와 유사했던 오모미드들은 에오세에의 약 2,000만 년 동안 존속하다가 올리고세Oligocene Epoch(3,390만~2,300만 년 전)가 시작된 3,400만 년 전 무렵 대부분 멸종했습니다. 오늘날 모습의 진짜 원숭이, 즉 직비류(진원류)는 에오세의 후기인 약 4,000만 년 전 아시아에서 첫 출현해 올리고세 때 번성했습니다.[6] 이들은 살아남은 오모미드의 후손인 에오시미드Eosimiidae들로 추정됩니다. 진원류가 본격적으로 진화했던 올리고세는 기후가 점차 차갑고 건조하게 변하던 시기였습니다. 그 원인 중 하나는 약 4,000만 년 전 남극대륙이 분리되며 흐르기 시작한 환남극해류環南極海流로 추정됩니다. 따뜻한 해류가 차단된 남극이 빙하로 덮이기 시작한 것이지요. 설상가상으로 3,390만 년 전(공룡 멸종 때보다 훨씬 작지만) 소행성의 충돌이 있었습니다. 이로 인해 핵겨울이 찾아와 많은 생물이 멸종했고, 따뜻했던 에오세는 막을 내렸습니다. 그러자 열대나 아열대우림의 나무 위에서 생활을 했던 직비류는 겨우 명맥만 유지하다 고향인 아시아에서 약 1,000만 년 전에 멸종했습니다.[7] 다만 한랭화의 영향이 적었던 열대 동남아시아의 안경원숭이 계통만 멸종을 면했지요(곡비류도 아프리카의 마다가스카르에만 남았습니다).

다행히 한 무리의 직비류가 생존했습니다. 약 4,000만 년 전 일찌감치 고향 아시아를 떠나 북아프리카로 이주했던 무리였지요. 현존하는 진짜 원숭이, 즉 진원류(직비류)는 모두 이들의 후손입니다. 이들은 두 부류로 갈라져 진화를 계속했습니다.

첫째 부류는 구세계원숭이인 협비류입니다. 코는 작고 콧구멍이 아래를 향한 오늘날의 원숭이와 유인원 그리고 사람의 조상이지요. 화석으로는 약 3,600만~3,200만 년 전 아프리카 북부에 살았던 무게 1.5kg의 아피디움Apidium과, 몸집이 6~9kg으로 조금 더 컸던 이집토피테쿠스Aegyptopithecus가 남아 있습니다. 북아프리카의 진원류에서 갈라진 두 번째 부류는 남미로 건너갔습니다. 지금으로부터 4,000만~3,000만 년 전은 아프리카와 남미대륙이 분리되는 초기였기 때문에 대서양이 섬과 섬으로 연결된 좁은 바다였고 해수면도 낮았지요. 이 무리들은 대서양이 확대되자 남미대륙에서 독자적인 진화의 길을 걸어 오늘날의 신대륙원숭이, 즉 광비류가 되었지요.

굶주림을 이긴 꼬리 없는 원숭이 | 초기 유인원들

신생대 중반의 올리고세가 직비원숭이들이 본격적으로 등장한 시대였다면 이어진 마이오세Miocene Epoch(2,303만~533만 년 전)는 유인원類人猿, Ape이 출현해 발자취를 남긴 시대였습니다. 유인원이란 문자 그대로 사람과 유사한 원숭이입니다. 현존하는 유인원은 긴팔원숭이, 오랑우탄, 고릴라, 침팬지의 4속屬입니다. 사람까지 포함하면 5속이지요. 유인원이 원숭이와 다른 가장 큰 외형적 특징은 꼬리가 없다는 점입니다. 따라서 나무 위에서 꼬리로 균형을 잡는 원숭이와 달리 유인원은 지상에서도 많은 생활을 하지요. 이들은 크고 유연한 어깨 관절과 팔꿈치 덕분에 팔을 자유자재로 움직일 수 있고 손목도 한껏 비틀 수 있습니다. 땅에서 이동할 때는 주먹의 등을 짚고 네 발로 걷는 '너클 보행knuckle walking'이라는 독특한 방법도 쓰지요. 이렇게 이동하면 체중이 네 다리가 아닌 팔에 실립니다.

최초의 유인원은 마이오세 초에 아프리카 동부에 많은 화석을 남긴 프로콘술Proconsul입니다. 이들은 2,300만 년 전(일부 학자는 2,500만~2,800만 년 전으로 보기도 합니다) 처음 출현했다고 추정됩니다. 프로콘술은 오늘날의 유인원에 비해 길고 굽은 등뼈를 가진 점으로 미루어 지상에서는 원숭이처럼 네 다리로 걸었을 것입니다. 그러나 없어진 꼬리, 안정된 팔꿈치 관절, 힘껏 쥘 수 있는 손의 구조 등 유인원의 특징을 가지고 있지요. 프로콘술은 밝혀진 화석만으로도 최소 14개의 아종이 있습니다. 몸무게도 15~50kg으로 다양했지요. 대부분 울창한 열대우림에서 살았으며, 치아의 에나멜 층으로 미루어 보아 과일을 주로 먹은 듯합니다. 뇌의 크기는 직비원숭이보다는 크지만 현생 유인원보다는 작았지요. 마이오세 초기에는 프로콘술 이외에도 케냐피테쿠스 Kenyapithecus, 우간다피테쿠스Ugandapithecus 등 여러 종이 있었습니다.

아프리카 동부에서 출현한 초기 유인원들은 수백만 년 동안 번성했습니다. 그러다가 약 1,700만 년 전, 아프리카 대륙의 동쪽 북단이 유라시아와 연결되었습니다. 당시 유라시아 서남부에는 옛 바다인 양 갈래의 테티스해를 사이에 두고 이베리아 반도-중부 유럽-터키-이라크-이란-인도를 잇는 기다란 띠 모양의 지대가 놓여 있었습니다. 이 일대는 현재의 인도 지역만큼 덥고 비옥했지요. 따라서 아프리카의 코끼리, 영양, 돼지 등 수많은 동물들이 동아프리카의 통로를 거쳐 비옥한 북쪽으로 건너갔습니다. 유인원도 예외는 아니어서 서쪽으로는 이베리아 반도 끝, 동쪽으로는 동남아까지 진출했지요. 아열대우림이 펴져 있는 새 이주지는 과일이 주식이었던 유인원들에게 낙원이었습니다. 1,600만 년 전 현재의 유럽 지역에는 드리오피테쿠스Dryopithecus, 그리스에는 그레코피테쿠스Graecopithecus, 아라비아 반도에는 헬리오피테쿠스Heliopithecus 등 100여 종의 유인원이 번성했습니다. 특히 드리오피테쿠스의 화석은 19세기 이래 아프리카와 중부 유럽 전역에서 발견되어 유인원과 인간의 중간종으로 여겨졌습니다. 그러나 최근의 연구에 의하면 현생 유인원과 비슷한 치아와 팔다리를 가진 케냐피테쿠스가 우리 조상에 더 가깝다고 추정합니다. 한편, (직비)원숭이들의 조상들은 어떠했을까요? 마이오세에는 그들의 화석이 매우 드뭅니다. 보다 고등의 영장류인 유인원과 서식지(우림)가 겹쳐 경쟁에서 크게 밀린 것으로 보입니다.

동아프리카와 유럽, 서아시아에서 크게 번창하던 유인원들은 약 1,400만 년~800만 년 전부터 큰 시련을 겪게 됩니다. 그 무렵 시작된

'중기 마이오세 기후 과도기Middle Miocene Climate Transition, MMCT'라는 불안정한 기후 때문입니다. 남극의 빙하는 전보다 더 커졌으며, 인도판이 아시아판과 충돌해 솟아오르기 시작한 히말라야가 북쪽의 찬 공기를 가두어 북극과 그린란드에도 만년설이 형성되었습니다. 특히, 인도양의 더운 공기가 히말라야 산맥과 만나면서 인도 대륙 북부에 많은 비를 내리자 동아프리카와 중동의 우림 지역은 건조한 사바나로 점차 변모했습니다.

불안정한 기후로 온난기와 건조기가 반복되자 유럽과 중동의 유인원들은 냉온탕을 오가며 생사의 갈림길에 섰습니다. 아열대 숲이 점차 사라져 주식인 과일이 부족해졌고, 특히 건조한 겨울철에는 상습적으로 아사餓死 상태에 내몰렸습니다. 1,200만 년 전 스페인에 살았던 드리오피테쿠스의 치아를 분석한 결과, 과일 대신 거친 뿌리와 줄기로 연명했던 흔적이 나타났습니다. 인간과 현존 유인원의 공통조상으로 유력시되는 터키의 케냐피테쿠스도 마찬가지였습니다. 이들은 이름에서 보듯 동아프리카에서 화석이 처음 발견되었지만 중동지역에도 살았지요. 여러 증거로 볼 때, 당시 남유럽과 중동에서 살던 이들 혹은 그 친척 무리가 현존 유인원의 조상임이 분명합니다. 뒤에 다시 설명하겠지만, 이들이 굶주림을 피해 나중에 아프리카로 되돌아가 우리의 조상이되었다는 것이 현재의 정설입니다. 화석 증거뿐 아니라 최근의 유전자 분석결과도 이를 뒷받침합니다.[8]

잘 알려진 '절약 유전자 가설Thrifty gene hypothesis'에 의하면, 인간의 성인병(비만, 당뇨, 고혈압, 심장병 등)은 우리 조상이 반복된 아사 상태에서 살아남기 위해 발전시킨 기능의 부작용입니다. 즉, 굶을 때를 대비해 에너지를 비축하게 만들어 주었던 절약 유전자가 그럴 필요가 없는 현대에 작동하는 것이지요. 2014년 『미국 과학아카데미회보PNAS』에 발표된 연구결과는 그중 유리카아제uricase라는 효소 단백질을 만드는 유전자를 지목했습니다.[9] 이 유전자의 돌연변이는 아프리카가 아니라 마이오세 중기에 남유럽과 중동에 살았던 유인원들에서 발생했습니다. 유리카아제는 요산尿酸을 분해하는 효소입니다. 요산은 동물이 소화한 음식물을 이용해 대사작용, 즉 생체연료와 세포에 필요한 물질을 만들 때 생성되는 부산물입니다. 대사작용의 찌꺼기 물질이기 때문에 동물들은 요산을 유리카아제로 분해한 후 소변으로 배출합니다. 그런데 다른 동물들과 달리 이상하게도 인간과 현생 유인원은 이 기능이 부실합니다. 그래서 피 속에 요산의 농도가 높습니다. 유리카아제 유전자가 돌연변이를 일으켜 제대로 작동을 하지 않기 때문입니다. 요산이 분해되지 못하면 혈액에 높은 농도로 남게 되어 뾰족한 고체 결정結晶으로 석출해 관절 혈관을 찌르거나(통풍), 신장에 돌(결석)로 쌓이는 문제를 일으킵니다.

연구진은 혈액 속의 요산이 혈당과 혈압도 높인다는 사실에 주목했습니다. 또한, 다른 당糖에 비해 과일에 풍부한 과당果糖이 세포에서 분해될 때 요산을 가장 잘 만든다는 사실도 밝혔습니다. 즉, 과당은 요산 수치를 특별히 더 높이며 혈당도 증가시킵니다. PNAS 논문의 연구진은 이를 무화과와 연관지어 유추했습니다. 지중해와 중동이 원산지인 무화과나무는 열대지방은 물론, 건조한 사바나 기후에서도 잘 자라는, 몇 안 되는 과일식물입니다. 게다가 열매는 당분이 많은 데다 겨울철 잠시만 제외하고는 일년 내내 사나바에서도 구할 수 있는 훌륭한 먹거리입니다. 마이오세 중기의 기후는 비록 한랭, 건조화가 진행되었지만 유럽과 중동지역의 사바나에는 무화과나무가 현재보다 많았을 것입니다. 이런 상황에서 당분이 많은 과일을 섭취해 몸속에 양분을 비축한 유인원들은 생존에 유리했습니다. 그중 고장 난 유리카아제 유전자를 가진 일부 유인원들은 높은 혈중 요산 농도 때문에 다른 동료보다 더 잘 생존했을 것입니다(혈당은 생체연료입니다). 물론, 평소에는 골골했지만 죽는 편보다는 나았지요.

하지만 끝까지 이 지역에서 살아남았던 유인원들도 약 900~800만 년 전에 닥친 마지막 한랭 기후를 이기지 못하고 완전히 사라졌습니다. 이후 유럽은 고생인류가 다시 찾을 때까지 오랜 기간 동안 영장류가 살지 않는 대륙이 되었습니다. 한편, 동아프리카의 고향에 남았던 유인원들도 건조화와 1,800만 년 전부터 시작된 대지구대의 형성과 관련된 잦은 화산활동 때문에 약 1,200만 년 전 멸종했습니다.

다행히 유럽과 중동에서 통풍에 시달리던 유인원 중 극히 일부 무리가 미리 다른 곳으로 이주해 후손들이 살아남았습니다. 아마도 이주는 여러 차례, 여러 방향으로 있었겠지만 오늘날까지 후손을 남긴 것은 두 무리입니다. 첫 번째는 동쪽으로 간 무리였지요. 1,400만~1,100만 년 전의 인도 북부와 파키스탄에는 시바피테쿠스Sivapithecus, 라마피테쿠스Ramapithecus 등의 유인원이 살았습니다. 그러나 800만 년 전 모두 멸종했지요. 이들의 후손인지는 모르겠으나 일부는 동남아의 열대로 진출했습니다. 그중 잘 알려진 종이 10만 년 전까지 생존했던 키 3m의 기간토피테쿠스Gigantopithecus입니다. 그러나 동쪽으로 간 무리는 현재 모두 멸종하고 오랑우탄과 긴팔원숭이만 남았습니다.

자손을 남긴 두 번째 무리는 유럽과 중동에서 수백만 년의 타향살이를 끝내고 약 1,000만 년 전에 동아프리카로 돌아간 인간과 침팬지, 고릴라의 공통조상이었습니다. 당시 아프리카는 현지 유인원들이 멸종해 임자 없는 땅이었지요. 이들이 유럽과 중동에서 귀향한 증거는 화석으로도 나타납니다. 예를 들어, 1,200만 년 전 터키에 살았던 케냐피테쿠스 키질리Kenyapithecus kizili와 매우 흡사한 턱과 치아를 가진 유사종이 200만 년 후에 케냐피테쿠스 위케리Kenyapithecus wickeri라는 화석으로 동아프리카에서도 나타납니다. 이후 동아프리카의 공통조상에서 고릴라가 900만~800만 년 전에 먼저 갈라져 나갔고, 이어 700만~600만 년 전 침팬지와 인간의 조상이 분화했다고 추정합니다.

여러 증거가 말해 주듯이 인간과 현존하는 5속의 유인원의 공통조상은 굶주림 속에서 유럽과 중동에 살았습니다. 2014년 『네이처』에 실린 분자생물학적 분석에 의하면 1,680만 년 전 소형 유인원인 긴팔원숭이가 가정 먼저 갈라져 나갔으며[10], 이후 대형 유인원인 오랑우탄 → 고릴라 → 침팬지와 인간의 조상 순으로 분기되었다는 것이 정설입니다. 그런데 2015년 바르셀로나의 고영장류 연구소ICP 연구진이 『사이언스』에 발표한 유인원 화석의 첨단 분석결과에 의하면, 현존 유인원이 모두 1,160만 년 전 플리오바테스 카탈로니에Pliobates cataloniae라는 5kg에 불과한 작은 유인원에서 분기되었다는 반론도 있습니다.[11]

현재 지구상에 남아 있는 유인원은 소형의 긴팔원숭이과Hylobatidae와 대형의 사람과Hominidae로 나뉩니다. 먼저, 체중 약 10kg의 긴팔원숭이는 나무에서 주로 생활하지만 지상에서는 대부분 두 발로 걷는 유인원입니다. 잘못 번역된 이름과 달리 원숭이가 아니지요. 모습이 조금씩 다른 18종이 있는데 주식은 무화과입니다. 한편, 대형 유인원인 사람과科에는 오랑우탄, 고릴라, 침팬지 그리고 인간의 4속屬이 있습니다. 인간을 제외한 나머지 3속의 유인원은 지리적 분리 탓에 다시 2~3종으로 세분됩니다. 고릴라는 동부 및 서부의 2종, 침팬지도 300

만~150만 년 전에 분기한 보노보bonobo의 2종이 있지요. 현지어로 '숲 속의 사람'이란 뜻의 오랑우탄도 수마트라 및 보르네오의 2종이 있다고 알려졌지만, 2017년 800마리밖에 남지 않은 타파눌리 오랑우탄Pongo tapanuliensis이 새로운 종으로 인정됨에 따라 3종이 되었습니다.[12] 인간을 포함하면 모두 8종의 대형 유인원이 있는 셈이지요.

인간과 유인원은 같은 조상을 가진 친척이기 때문에 여러모로 유사합니다. 그들도 사람처럼 감정이 풍부하지요. 폭포를 만난 침팬지들은 물소리에 가까워질수록 흥분해 털을 세우고, 무려 10~15분 동안이나 발놀림과 돌 던지기를 계속한 기록이 있습니다. '침팬지 폭포댄스'로 알려진 이 행동에 대해 제인 구달Jane Goodall은 초보적 종교의식일지 모른다고 했습니다. 보스턴의 프랭클린동물원에 있던 밥스Bobs라는 고릴라는 친했던 암컷이 사망하자 가슴을 치고 울부짖으며 사체를 부둥켜 세우려 했습니다. 심지어 암컷이 좋아하던 샐러리를 손 위에 올려주며 슬퍼했지요.[13]

지능 또한 놀랄 만한 점들이 있습니다. 특히 교토대학교 영장류연구소에서 침팬지를 대상으로 행한 단기기억 테스트 동영상들은 매우 인상적입니다.[14] 4~5세의 어린 침팬지들은 터치스크린에 여기저기 무작위로 나타났다 사라지는 숫자나 사물을 정확한 순서로 알아맞힙니다. 반면, 실험에 참여한 대학생들의 실력은 이와 비교가 안 될 정도로 형편없었습니다. 지능의 중요한 요소가 기억력인데, 적어도 단기기억만큼은 침팬지가 인간보다 월등하다는 증거였지요. 침팬지에게는 우주가 어떻게 생겼는지 추론하고 대출 빚 이자를 계산하는 일은 생존에 불필요하지요. 200~600종의 식물을 계절마다 까다롭게 구분해 먹는 침팬지에게는 즉각적으로 알아차리는 빠르고 정확한 단기기억이 종합적 사고보다 생존에 더 유용한 기능일 것입니다.

'인간게놈 프로젝트'을 통해 사람의 DNA 염기서열을 가장 가까운 친척인 침팬지 및 보노보와 비교한 결과, 98.8%가 동일하다는 사실이 밝혀졌습니다. 이 수치는 분석결과마다 조금씩 다르지만, 1~2%의 매우 작은 차이임에는 이론의 여지가 없습니다. 〈그림 1-2〉에 표시한 X 염색체의 예에서 보듯이, 인간의 DNA 배열구조는 쥐의 것과 달리 침팬지와는 매우 흡사합니다. 인간과 침팬지의 X염색체에는 약 1,800개의 유전자가 있는데 대부분이 동일합니다. 그림에서 흑백 띠는 유전자와 특정 염기영역을 나타내는데, 위치나 모양, 크기에 있어 두 영장류가 거의 동일함을 알 수 있지요. 그중에는 혈우병, 얼굴의 발생, 붉은 색각과 관련된 유전자도 포함되어 있습니다.

그림 1-2

침팬지와 인간, 쥐의 X-염색체 비교

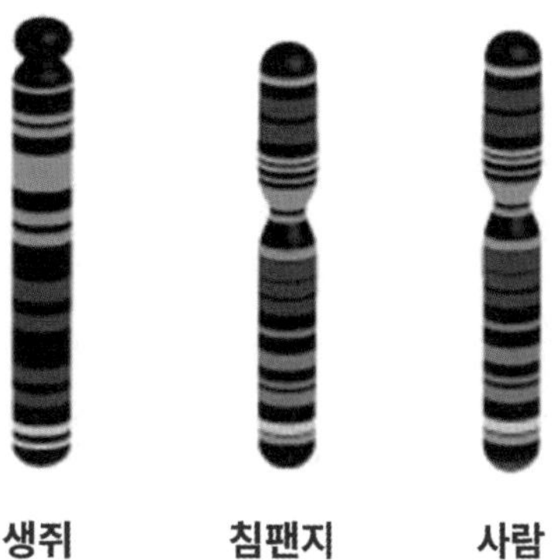

뿐만 아니라, 침팬지의 면역체계는 인간과 놀랄 만큼 유사합니다. 따라서 바이러스 감염병도 거의 같기 때문에 감기, 독감, 그리고 간염에도 걸립니다. 심지어 에이즈에도 걸리지요. 한동안 에이즈 및 그 변종 바이러스는 원숭이 등 다른 영장류에 감염은 되지만 인간처럼 발병은 되지 않는다고 믿어 왔습니다. 그러나 2009년 『네이처』에 발표된 연구결과에 의하면 에이즈는 야생 침팬지에게도 치명적임이 밝혀졌습니다(그러나 작은 차이도 있습니다. 가령, 침팬지는 말라리아 병원체에 대한 면역저항이 있어 인간처럼 말라리아로 고통 받지 않습니다).[15]

그런데 DNA 서열이 1.2%밖에 차이가 나지 않는데, 어떻게 인간은 고도의 지능과 언어를 가진 특별한 유인원이 될 수 있었을까요? 어떤 부분이 달라졌는지 알아보기 위해 미국 UCLA의 연구진은 인간과 침팬지의 게놈을 구성하는 30억 개의 염기문자 전체를 슈퍼컴퓨터로 비교분석해 보았습니다.[16] 그 결과 전체 문자의 1%에도 못 미치는 약 1,500만 개의 염기서열이 침팬지와 인간이 갈라진 600만 년 이래 달라졌음을 발견했습니다. 특히, 연구진은 인간이 진화하는 과정에서 전보다 빠르게 변화한 DNA 구역을 찾아내고 HAR^{Human Accelerated Region}라는 이름을 붙였습니다.

가령, 그중 하나인 HAR1은 118개의 염기문자로 이루어진 매우 작은 DNA 구역입니다. 이 구역의 염기문자를 비교해 본 결과, 닭과 영장류는 갈라진 지 3억 년이 지난 동안 겨우 두 글자만 달라졌는데 인간과 침팬지는 불과 600만 년 사이에 무려 18글자가 달라져 있었습니다. 이 구역은 대뇌겉질(대뇌피질)의 발달 및 주름 접힘과 관련이 있는 곳입니다. 실제로 인간의 뇌는 침팬지와 달리 뇌의 가장 바깥쪽에 있는 새겉질(신피질)이 현저히 발달했지요. 새겉질은 높은 수준의 인지력과 관계 있는 뇌의 부위입니다(3장 참조).

또 다른 DNA 구간인 ASPM도 600만 년 동안 15회나 인간에게서 변했습니다. ASPM은 뇌를 크게 만드는 유전자로, 여기에 이상이 생긴 사람은 소두증^{小頭症}에 걸리지요. 인간의 뇌 용적(1,200cc)이 고릴라

(470cc)나 침팬지(400cc), 오랑우탄(400cc)보다 약 3배 커진 주요 원인이 바로 이 ASPM과 관련 있다고 추정됩니다.

침팬지와의 공통조상에서 분기된 이후 빠르게 변한 또 다른 DNA 구간인 HAR2는 팔목, 엄지 등 유연한 손가락 구조와 관련이 있습니다. 실제로 인간의 손은 다른 유인원에 비해 훨씬 정교합니다. 유인원 중 유일하게 엄지를 새끼손가락에 댈 수 있지요. 또 손목을 보다 자유로이 비틀 수 있으며, 손가락 끝에 평방센티미터당 수천 개의 신경세포가 있을 만큼 예민합니다.[17]

FOX2라고 불리는 염기서열 구간도 유인원에 비해 인간에게서 특히 발달한 부분이었습니다. 이 유전자는 말을 할 때 얼굴을 움직이는 기능과 관련이 있습니다. 물론, 무리생활을 하는 침팬지도 구성원끼리 가끔은 소리로 의사전달을 합니다. 흥미롭게도 유인원들도 오른손잡이의 비율이 높으며, 특히 소리로 연락할 때는 오른손을 주로 사용합니다. 이는 원시적이지만 의사전달과 관련된 중추가 사람처럼 좌뇌에 있기 때문으로 보입니다.

잘못 고른 보금자리 | 피테쿠스 시절의 고인류들

700만~600만 년 전 침팬지와의 공통조상에서 분기된 직후의 우리 직계가 정확히 어떤 모습이었는지를 파악하기란 쉬운 일이 아닙니다. 분기 후에도 얼마 동안은 침팬지의 조상 계통과 뚜렷이 구분이 안 되는 종이었을 것입니다. 아마도 세월이 어느 정도 흐른 후 우리의 조상이 염색체의 수를 유인원의 24쌍에서 23쌍으로 줄였던 시점, 즉 교배에 의한 번식이 불가능해진 때부터 진정한 의미의 다른 종이 되었을 것입니다. 인간의 2번 염색체는 유인원의 21번과 23번 염색체가 돌연변이로 합쳐진 결과입니다.

하지만 두 계통이 갈라진 장소는 분명히 동아프리카의 '대지구대大地溝帶, Great Rift valley'일 것입니다. 길이 6,000km에 달하는 대지구대는 북쪽 끝이 아라비아 반도와 붙어 있어 약 1,700만 년 전 이래 아프리카와 유라시아를 연결하는 통로였습니다(〈그림 1-3〉 참조). 당연히 유럽과 중동에서 굶주림을 피해 약 1,000만 년 전 아프리카로 돌아온 인간과 유인원의 공통조상이 처음 밟은 땅도 이곳이었을 것입니다. 도착 당시 동아프리카는 그들의 생활에 적합한 지역이었을 것입니다. 그런데 대지구대는 800만 년 전부터 온난과 한랭한 기후가 주기적으로 반복되면서 점진적 건조화가 진행되던 지역이었습니다.

반면, 산맥 너머 서쪽의 콩고분지는 지금도 그렇지만 고온다습한 열대우림 지대였지요. 동아프리카에 도달했던 유인원의 공통조상 일부도 그곳으로 이주했습니다. 다름 아닌 침팬지와 고릴라의 조상이었지요. 풍부한 강우량으로 숲이 우거진 콩고분지는 지난 수백만 년 이래 몇 차례 찾아왔던 지구 기후의 급변에도 큰 영향을 받지 않았던 곳입니다. 우림이 잘 유지되었기 때문에 이곳으로 옮겨간 무리들은 비교적 안온한 생활을 했습니다. 이를 알려주는 침팬지와 고릴라의 조상 화석은 매우 드뭅니다. 습한 기후와 산성토양 때문에 화석이 남아 있기 어렵기 때문입니다. 설사 화석이 있다 해도 안정된 환경에서는 진화의 압력이 작았을 것이므로 큰 변화를 볼 수는 없을 것입니다.

반면, 동아프리카에 남았던 무리의 후손, 즉 인류의 조상들은 완전히 다른 상황을 맞았습니다. 그곳 대지구대는 처음에는 과일과 먹이가 풍부해 살만한 곳이었을 것입니다. 그러나 수만~수십만 년을 주기로 찾아온 한랭기에는 건조한 사바나로 변했습니다. 그때마다 먹이가 사라지는 일이 반복되었으며 인류의 조상과 그 친척들은 아사의 갈림길에서 멸종과 극적 생존을 되풀이했지요. 이처럼 천당과 지옥을 오가는 환경에 적응하는 과정에서 수많은 고생인류 종들이 명멸했습니다. 고릴라나 침팬지의 조상과 달리 파란만장한 삶을 이어가야 했지요. 유인원과 다르다고 자랑스럽게 내세우는 인간의 특징들은 대부분 굶주림에 살아남기 위해 벌인 투쟁의 산물입니다.

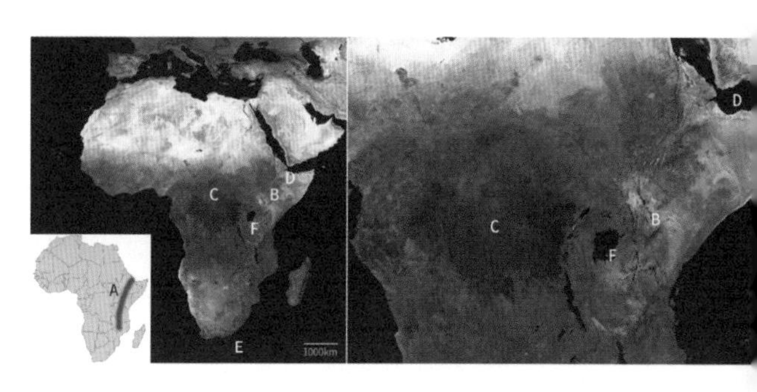

그림 1-3

왼쪽 그림 위의 유럽과 비교해볼 때 인류의 고향 아프리카는 생각보다 매우 큰 단일 대륙으로 유라시아 면적의 55%에 이른다.
(A) 고인류의 요람이었던 동아프리카 대지구대(박스 안 그림)
(B) 투르카나 호수
(C) 콩고분지
(D) 유라시아 통로로 추정되는 바브 알 만답(Bab al-Mandab) 해협
(E) 고인류 및 호모 사피엔스의 또 다른 보금자리인 남아공 일대
(F) 빅토리아 호수

실제로 침팬지의 조상과 결별한 직후의 초기 고생인류와 그 후손인 오스트랄로피테쿠스Australopithecus의 화석들은 대지구대에 속한 에티오피아와 케냐, 탄자니아 등지에서 주로 발견됩니다. 오스트랄로피테쿠스는 '남쪽의 유인원'이란 뜻이지요. 20세기에 와서야 화석을 발견한 유럽학자들의 입장에서 볼 때 인류의 발상지인 아프리카는 남쪽(오스트랄로)이었습니다. 한편, 침팬지만한 뇌용적을 가졌으므로 아직 사람으로 진화하지 못한 단계라 보고 피테쿠스(유인원)라고 규정했지요. 고

인류학자들은 오스트랄로피테쿠스가 침팬지와 인간의 종(호모)의 중간 단계였던 최초의 고인류라고 오랫동안 믿어 왔습니다.

그러나 새천년 이후 발견된 3종의 화석으로 이 믿음이 흔들리게 되었습니다. 오스트랄로피테쿠스 이전에 또 다른 고생인류가 있었던 것이지요. 첫 화석은 2001년 중앙아프리카의 차드에서 발견된 사헬란트로푸스 챠덴시스Sahelanthropus tchadensis로 670~530만 년 전에 살았습니다(700만 년 전이라는 추정도 있습니다). 화석은 두개골 뒤쪽이 침팬지와 유사하지만 치아는 훨씬 후대인 170만 년 전의 호모를 닮았습니다. '삶의 희망'이란 뜻의 투마이Toumai라는 별명이 붙은 이 화석은 두개골만 발견되었지만 직립보행을 했다고 추정됩니다. 그 근거는 머리와 척수가 연결되는 구멍인 대후두공大後頭孔의 위치입니다(〈그림 1-4〉 참조). 가령, 네 다리로 걷는 동물의 대후두공은 두개골 밑바닥의 뒤쪽에 있습니다. 수평으로 늘어진 척추에 머리가 매달린 모양이지요. 이와 달리 유인원의 대후두공은 보다 앞쪽에 있으며, 직립을 하는 사람(호모)은 거의 중앙에 있습니다. 그런데 사헬란트로푸스의 대후구공 위치는 호모에 가깝습니다. 직립보행을 했다고 여겨지지만 이는 간접 추정이므로 하체의 화석이 발견되어야 할 것입니다. 이 화석이 관심을 끄는 또

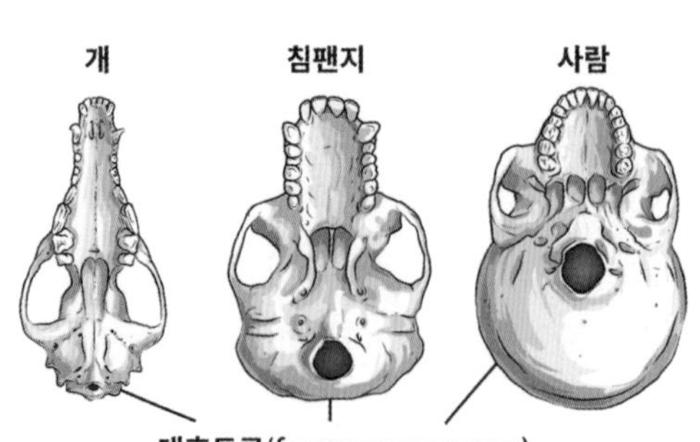

그림 1-4

척추동물의 두개골에 있는 대후두공의 위치 비교(4족보행을 하는 개, 침팬지, 직립보행 인간).
대후두공은 척수가 머리에 들어가는 구멍으로 직립 보행 여부를 판단할 수 있다.

다른 이유는 대지구대에서 멀리 떨어진 아프리카 중북부에서 발견되었다는 점이지요. 사실이라면 초기 인류는 상당히 넓은 지역에 살았을 것입니다. 하지만 고릴라 조상의 뼈라는 반론도 있지요.

두 번째 화석은 케냐에서 발견된 620만~600만 년 전의 오로린 투게넨시스Orrorin tugenensis입니다. 넓적다리뼈의 구조로 보아 직립이 거의 확실시 되는 종이지요. 이 화석의 주인공이 살았던 시기는 인간과 침팬지의 조상이 막 분기될 즈음입니다. 따라서 보다 직접적인 직립의 증거를 가진 가장 오래된 고인류일 가능성이 큽니다. 그러나 이 화석도 파편이어서 추정에 한계가 있습니다.

세 번째 화석은 에티오피아의 아라미스Aramis에서 발견된 580만~440만 년 전의 아르디피테쿠스 라미두스Ardipithecus ramidus입니다. 이 종은 손가락이 길고 굽어서 나무 위 생활에 적합한 특징을 가지고 있습니다. 그러나 유인원과 달리 엄지발가락이 다른 발가락과 평행인 점으로 미루어 땅에서는 두 다리로 걸었다고 추정할 수 있습니다. 작은 송곳니와 큰 어금니로 보아 침팬지보다 과일은 덜 먹고 줄기나 이파리 등 거친 섬유질 음식을 많이 섭취한 것으로 추정됩니다. 아르디피테쿠스 라미두스는 지금까지 알려진 고생인류 중 두 번째로 오랜 기간인 140만 년 동안 생존한 성공적인 종입니다. 중요한 사실은 이들이 살았던 지역이 당시에는 사바나가 아니라 고도가 약간 높은, 습한 삼림지대였다는 점입니다*(사헬란트로푸스가 살던 지역도 숲이었지요). 초기 인류들이 사바나가 아닌 숲에서 생활했을 가능성도 보여 주는 예입니다. 또한, 이들의 모습은 오늘날의 침팬지를 닮지 않았습니다. 사실, 침팬

* 사바나란 숲과 사막과의 중간적 특성을 띤 지역을 말한다. 나무가 전혀 없지는 않으며 풀 따위의 초본 식물 사이에 띄엄띄엄 분포되어 있다. 따라서 그늘이 매우 부족하다. 숲이나 우림보다는 훨씬 건조하며, 계절적으로 특정 시기에 강우가 집중되는 것이 일반적이다. 사바나는 지구 육지 면적의 약 20%를 차지하고 있다.

지의 현재 모습은 공통조상에서 분기된 이래 600만 년 동안(사람만큼 많이 변하지는 않았지만) 숲 생활에 적응한 결과입니다.[18] 그렇다면 당시의 인간과 침팬지의 공통조상은 이 화석의 주인공과 흡사했을 것입니다. 2009년에는 아르디피테쿠스 라미두스의 복원도가 공개되었는데, 『사이언스』가 그 해의 발견으로 선정했을 만큼 중요한 고생인류로 떠올랐지요.

아무튼 위에 언급한 3종 화석의 발견으로 그동안 믿어 왔던 초기 고인류의 밑그림은 다소 수정되었습니다. 즉, 인간의 조상이 침팬지 계통과 580만~700만 년 전에 갈라진 이래 몇 종의 원시 고인류 아종이 있었으며, 그중 아르디피테쿠스 라미두스가 오스트랄로피테쿠스로 진화했다고 추정합니다. 그런데 라미두스가 오스트랄로피테쿠스로 진화하는 과정을 보여 주는 중간 시기의 화석이 극히 드뭅니다. 이는 당시의 원시 고인류 조상들이 혹독한 환경을 이겨내며 200만~300만 년 동안 풀이나 나무 뿌리(현지어로 라미드)로 근근이 연명하던 매우 작은 무리의 멸종 위기 종이었음을 시사합니다.

이 힘든 시기를 살았던 주인공의 희귀한 화석이 1995년 케냐의 투르카나Turkana 호수 주변과 2006년 에티오피아에서 발견되었습니다. 420만~390만 년 전 동아프리카에서 살았던 최초의 오스트랄로피테쿠스 화석들이지요. 이들은 '호수anam'를 뜻하는 현지어를 넣어 오스트랄로피테쿠스 아나멘시스Australopithecus anamensis라고 명명했습니다. 2019년에는 거의 완벽한 형태의 오스트랄로피테쿠스 아나멘시스의 두개골 화석이 에티오피아에서 발견되었습니다.[19] 380만 년 전에 살았던 가장 오래된 오스트랄로피테쿠스 화석입니다. 이 화석은 2019년도에 『네이처』의 10대 발견으로 선정되었지요. 많은 학자들은 이들이 아르디피테쿠스 라미두스의 후손이며, 뒤를 이은 오스트랄로피테쿠스 아파렌시스Australopithecus afrensis의 조상이라 추정하고 있습니다.

바로 이 A. 아파렌시스가 우리의 직계로 추정되는 고인류입니다(이하 오스트랄로피테쿠스는 A로 표시하겠습니다). 2019년의 발견에 따르면, A. 아파렌시스는 A. 아나멘시스를 대체하면서 이어지지 않았습니다. 분파인 그들이 출현한 이후에도 최소 10만 년 동안 두 종이 공존한 것으로 보입니다. 이상을 요약하자면, 우리의 직계는 아르디피테쿠스 라미두스 → A. 아나멘시스 → A. 아파렌시스 → 사람(호모)속屬으로 이어졌다고 추정됩니다. 아파렌시스라는 이름은 동아프리카 대지구대의 북쪽에 있는 에티오피아의 아파르Afar지역에서 발견되었기 때문에 붙여졌습니다. A. 아파렌시스 중 가장 유명한 화석이 1974년 발견된 루시Lucy입니다. 발굴 현장의 파티 때 흘러나왔던 비틀즈의 노래〈Lucy in the sky with diamonds〉에서 이름을 따온 루시는 320만 년 전에 살았던 키 120cm의 여성입니다. 이 화석의 특징은 두 다리로 서서 걸었음을 보여 주는 골반입니다. 그러나 긴 팔은 나무 위 생활도 병행했음을 말해 줍니다. 또, 뇌 용적도 침팬지만해서 유인원의 단계를 벗어나지 못했습니다. A. 아파렌시스는 과일과 견과류를 먹고, 개미나 새의 알에서 동물성 단백질도 섭취했다고 추정됩니다. 390만~290만 년 전 사이 100만 년 동안이나 생존했으므로 성공적인 종이지요.

인류의 또 다른 요람? | 남아프리카 고인류들

이상 살펴본 바와 같이 300만 년 이전의 고인류 화석은 대부분 동아프리카의 대지구대에서 발견되었습니다. 이 일대는 유인원의 공통 조상이 유럽과 중동에서 아프리카로 들어 왔던 길목이었기 때문에 인류의 요람인 것은 당연할 수 있습니다. 하지만 우리 조상이 계속 이곳을 진화의 보금자리로 삼았는지에 대해서는 다소 반론이 있습니다. 멀리 떨어진 남아프리카에서도 고인류의 흔적이 발견되기 때문이지요.

남아프리카에서 최초로 발견된 고인류 화석은 '타웅의 아이Taung Child'라는 별칭을 가진 두개골입니다. 돋아나는 어금니로 보아 3살 반의 아이였던 이 화석은 1924년 요하네스버그 서쪽 400km의 칼라하리사막 주변 석회암 채석장에서 인부가 발견했습니다. 유골을 분석한 남아공 비트바테르스란트Witwatersrand대학의 해부학 교수 레이몬드 다트Raymond Dart는 1925년 이를 고인류로 규정하고 A. 아프리카누스Australopithecus africanus라는 이름을 붙였습니다. 오스트랄로피테쿠스라는 이름이 붙은 첫 번째 화석이지요. 그러나 당시 학계는 아무리 초기 인류라도 뇌가 그처럼 작을 수는 없다고 생각해 다트의 주장을 수용하지 않았습니다. 심지어 그가 처음 사용한 오스트랄로피테쿠스란 명칭도 나중에 발견된 동아프리카의 화석들에게 붙였지요.

20여 년간 묻혀 있던 다트의 주장은 남아공 요하네스버그 북서쪽 45km의 '인류의 요람The Cradle of Humankind'이라는 곳에서 비슷한 화석들이 다량 발견되면서 사실로 인정 받게 되었습니다. 거창한 이름과 달리 1999년 유네스코 세계문화유적에 등재된 정식 명칭은 '남아프리카의 사람과科hominid화석 유적지'입니다. 지하에 석회암 동굴이 산재해 있는 초원의 구릉 지대입니다. 서울 면적의 약 80%인 이곳에서 찾아낸 고인류 화석은 전 세계에서 발굴된 모든 양의 무려 40%에 이릅니다!

수백 개의 화석이 발견된 A. 아프리카누스는 330만 년~210만 년 전 남아프리카에 살았던, 키 115~140cm, 몸무게 30~40kg의 고인류입니다. 해부학적으로는 A. 아프렌시스와 흡사해서 유인원처럼 굽은 손가락뼈와 다리보다 긴 팔은 나무 위 생활을 증거해 줍니다. 반면, 다리 및 골반 뼈, 대후두공의 위치는 땅에서 두 발로 서서 걸었음을 시사합니다. 특히 요추腰椎(허리등뼈)를 6개 가진 화석들이 있었는데, 이는 유인원에게 없는 특징입니다. 사람과 유인원의 요추는 통상 5개이지요. 사람은 간혹 6개인 경우가 있지만, 유인원은 4개는 있어도 6개인 경우는 없습니다. 치아와 턱뼈도 A. 아파렌시스처럼 유인원과 사람의 중간적 특징을 가지고 있습니다. 하지만 두개골의 평균 부피가 480cc로, 침팬지(370cc)보다 크지만 초기 호모(650cc)보다 작습니다.

여기에 더해 다트가 재직했던 비트바테르스란트대학의 리 버거Lee Berger는 2010년과 2011년 『사이언스』에 오스트랄로피테쿠스 세디바A. sediba)라는 새로운 고인류종도 보고했습니다.[20] A. 세디바는 2008년 '인류의 요람지대'의 웅덩이(현지어로 세디바)에서 우연히 발견한 220개의 뼛조각으로 오스트랄로피테쿠스와 호모의 중간적 특징을 가진 178만~198만 년 전의 화석입니다. 이들의 뇌 용적은 현생 인류의 1/3인 420cc에 불과한데도 골반이 넓고 둥근 형태였습니다. 큰 뇌가 골반의 진화와 직립보행을 유도했다는 기존의 가설을 약간 곤란하게 만드는 고인류이지요.

남아공의 학자들은 자신들이 발견한 화석 종들이 우리의 직계라고 주장합니다. 즉, 인류는 A. 아프리카누스 → A. 세디바 → 호모 에렉투스 → 호모 사피엔스로 진화했다는 겁니다. 반면, 동아프리카의 A. 아파렌시스나 호모 하빌리스는 사멸한 우리의 방계傍系라고 주장합니다.[21] 이들의 주장은 한때 지지자가 적지 않았지만 현재는 대부분의 학자들이 동의하지 않습니다. A. 세디바가 330만~210만 년 전 남아프리카에 살았던 A. 아프리카누스의 후손인 점은 맞지만, 남아프리카로 이주한 A. 아파렌시스 중 일부가 고립된 채 진화한 우리들의 방계라는 반박입니다. 한편, 리 버거는 2015년 '호모 날레디'라는 또 다른 고인류종도 주장을 했는데, 현재는 논란이 어느 정도 정리된 상태입니다(다음 박스 글 참조).

호모 날레디 논쟁

2013년 9월 13일 '인류의 요람지대'의 '떠오르는 별(Rising Star)'이라는 동굴에서 탐험을 즐기던 젊은이들이 영장류의 뼛조각을 발견했다. 리 버거는 남아공 정부와 내셔널지오그래픽의 지원을 받아 비좁은 동굴을 조사할 6명의 날씬한 여성 발굴단을 모집했다. 이들은 '별들의 방(Dinaledi chamber)'이라는 동굴 공간에서 2년 동안 무려 1,550개의 뼛조각을 찾아냈다. 고고학 사상 최대의 고인류 화석 발견이었다.[22] 화석의 주인공은 신체적으로 비슷한 15명의 같은 무리 고인류였다. 2015년 리 버거가 이끄는 47명의 국제 연구진은 이들을 호모 날레디(Homo naledi)로 명명했다(날레디는 현지어로 별이란 뜻이다).[23]

호모 날레디는 유인원과 오스트랄로피테쿠스, 호모의 특징이 온통 섞인 희한한 모습이었다. 어깨 구조와 휘어진 손가락, 골반은 유인원에 가까웠다. 엄지와 손바닥, 정교한 손목, 작은 턱과 치아는 현생 인류와 비슷했다. 또, 긴 다리, 엄지와 평행한 발가락은 호모처럼 뛸 수도 있는 직립보행 구조였다. 키는 140~150cm로 다른 고인류와 비슷했다. 그런데 뇌 용적은 유인원 수준을 겨우 벗어난 450~550cc였다. 놀라운 점은 여러 사람이 15명의 사체를 외부에서 비좁은 지하 30m의 동굴에 안치한 방증들이었다. 오렌지 크기만한 뇌를 가진 고인류가 집단매장 의식儀式을 행할 지능이 있었는지 의문이었다.

논란은 2018년 컬럼비아대학 연구진이 주도한 국제공동연구로 어느 정도 풀렸다.[24] 152명의 현대인과 5구의 화석의 뇌를 3D 영상으로 비교분석한 결과, 호모 날레디의 뇌는 작지만 고등 지능과 관련된 앞머리 안쪽 부분의 비율이 현대인과 비슷했다. 호모 날레디는 작은 뇌를 가진 호모이며 고등 사고를 하는데 문제가 없다는 결론이 내려졌다. 호모 날레디의 연대는 많은 논란이 있었지만 2017년 첨단기술로 치아 등을 분석한 결과 33.5만 년~22.6만 년 전으로 밝혀졌다. 유인원과 오스트랄로피테쿠스, 호모의 특징이 뒤섞인 호모 날레디의 발견은 인류의 진화를 다시 생각하는 계기가 되었다. 즉, 현생 인류는 유인원에서 단계적으로 진화하지 않았음을 시사했다. 어떤 특징들은 시간을 거슬러 뒤로 가거나 혹은 크게 앞으로 뛰어넘으며 진화했을 것이다. 인류는 하등 및 고등적 특징을 가진 여러 고인류들이 서로 섞여 진화했으며, 그중 하나가 살아남아 오늘의 우리가 되었다고 추정된다.[25]

남아공의 학자들이 우리의 직계 호모가 A. 아프리카누스라고 주장한 데는 또 다른 이유가 있었습니다. 약 100만 년 동안 생존했던 동아프리카의 A. 아파렌시스는 290만 년 전에 사라졌습니다. 그런데 그 때부터 첫 호모가 출현한 240만~250만 년 전 사이 동아프리카에서 발견되는 고인류 화석이 거의 없었습니다. 고인류학자들은 40만~50만 년 사이 이 지역의 화석을 모두 모아도 신발 상자 하나를 못 채운다고 탄식했지요. 왜 동아프리카에는 40만~50만 년의 화석 공백기가 있을까요?

최근의 연구결과에 의하면 급격한 기후변화 때문으로 추정됩니다.[26] 290만 년 전에 시작해 50만 년 간 지속된 동아프리카의 혹독한 기후가 오스트랄로피테쿠스를 멸종 수준으로 내몰았다는 설명입니다. 특히 고고학적으로 주목을 끄는 이 시기의 장소는 동아프리카 대지구대의 중앙에 있는 투르카나Turkana 호수 일대입니다(〈그림 1–5〉 참조). 현재는 에티오피아 남단에서 케냐 북부에 걸쳐 평균 폭 40km, 길이 250km로 길게 뻗은 호수이지요. 건조지대를 가로지르는 이 호수는 지금도 작은 규모는 아니지만, 고인류가 진화하던 중에는 최소 10번쯤 크게 팽창과 수축을 반복했습니다. 주변에서 발견되는 대형 어류 화석들이 이를 뒷받침해 주지요. 호수가 컸던 시절에는 주변이 온통 숲으로 우거지고 풍요로운 환경이 펼쳐졌습니다. 반면, 지구 기후가 한랭기에 접어들면 호수가 축소되고 주변은 건조 지대로 변했습니다.

남캘리포니아대학팀은 이 지역의 과거 기후를 알아보기 위해 대지구대의 강에서 흘러온 아프리카 동부 해안의 퇴적물을 정밀 분석했습니다. 그 결과 해저에 있는 300m의 퇴적층이 매 90cm마다 밝고 어두운 층으로 반복되어 있음을 밝혔습니다.[26,27] 풍요한 시기를 나타내는 밝은 층과 달리, 어두운 부분은 육지의 건조한 기후를 반영하는 퇴적층이었지요. 특히, 건조기 층에서는 사바나와 초원에서 바람 혹은 강물에 흘러온 C4식물의 흔적이 높은 비율로 나타났습니다. C4식물은 건조하고 척박한 땅에서도 잘 자라는 풀과科식물이 주를 이룹니다.* 기후가 차가워지면 지구는 수증기의 상당량을 남극과 북극의 얼음 속에 가두므로 건조해집니다. 특히 동아프리카는 이러한 지구의 한랭화에 민감한 지역이어서 지난 800만 년 이래 건조한 환경이 주기적으로 반복되었습니다.

그림 1-5
오늘날의 투르카나 호수

그중에서도 290만~240만 년 전과 190만~160만 년 전 두 차례에 걸쳐 일어난 한랭, 건조화가 가장 혹독했음을 여러 연구결과가 밝혔습니다. 이처럼 당시 동아프리카에서 발생한 건조화는 동물화석으로도

* 식물은 햇빛과 물로부터 생체물질을 만드는 탄소동화작용을 하는데, 그 세부적인 방식에 따라 C3, C4 및 CAM식물의 3종으로 나뉜다. 대부분의 식물은 C3 탄소동화작용을 한다. C4식물은 전체 식물 종의 5%에도 못 미치지만 건조하고 척박한 땅에서 잘 자란다. 수수, 옥수수 등 덥고 건조한 지역에서 자라는 풀 종류가 대부분 이에 속한다. 이 세 종류 식물의 흔적은 탄소의 특정 동위원소 비율로 확인할 수 있다.

알 수 있습니다. 조사에 의하면 이 두 시기에는 사슴, 코뿔소 등 숲에 사는 동물이 사라지고, 대신 사바나에 사는 영양, 말, 소 등이 화석으로 나타납니다. 그런데 두 시기는 A. 아파렌시스의 멸종(290만 년 전)과 호모 에렉투스의 출현(190만 년 전)과 대략 일치합니다. 여러 연구결과를 종합하면, A .아파렌시스는 동아프리카에서 290만 년 전에 시작되었던 혹독한 한랭화 시대를 맞아 먹거리가 빈약한 사바나로 내몰려 서서히 죽어간 듯합니다. 그중 일부가 남아프리카로 이주해 A. 아프리카누스나 A. 세디바 등의 남아프리카 고인류로 진화했을 것입니다.

하지만 우리의 관심사는 동아프리카에 남았던 A. 아파렌시스입니다. 고인류학자들은 이들 중 극소수의 두 무리가 변화된 환경에 적응해 생존했다고 추정합니다. 파란트로푸스Paranthropus와 우리의 직계인 호모의 조상입니다. 먼저, 파란트로푸스는 280만~250만 년 전 A. 아파렌시스에서 분리되어 나간 우리의 방계傍系로 크고 평평한 얼굴에 강한 턱과 큰 어금니를 가진 고인류입니다. 강하게 씹을 수 있는 특징 때문에 처음에는 '호두 까는 사람nut cracker'라는 별명을 얻었지만, 2013년 발표된 치아의 탄소분석결과 견과류가 아니라 C4식물, 즉 수수 등의 거친 풀과科식물을 많이 먹었음이 밝혀졌습니다.[27] 먹거리가 거의 사라진 사바나에서 살아남기 위해 과일 대신 거친 풀과 뿌리로 식단을 바꾼 것이지요. 그 덕분에 가혹한 환경에서 생존에 성공했으며, 후손인 파란트로푸스 보이세이Paranthropus boisei는 120만 년 전까지 존속했습니다.

290만 년 전 무렵 A. 아파렌시스로부터 갈라져 나와 생존에 성공한 또 다른 부류가 우리의 직계입니다. 이들도 식단을 바꾸어 살아남았지요. 맹수가 먹다 남은 고기였습니다. 이 무리는 여전히 오스트랄로피테쿠스였습니다. 그러나 약 50만 년 동안 진화해 호모가 되었지요. 그런데 이를 증거하는 화석이 없었습니다. 남아공의 학자들이 A. 아프리카누스나 세디바가 호모의 조상이라고 주장한 데는 이런 이유가 있었습니다.

하지만 새천년 이후 동아프리카에서 A. 아파렌시스와 호모 사이의 퍼즐을 맞춰줄 중간 단계의 고인류들이 발견되기 시작했습니다. 첫 후보는 오스트랄로피테쿠스 가르히A. garhi였습니다. 이들은 A. 아파렌시스의 고향인 에티오피아의 아파르 지역에서 발굴되었습니다. 1996~1998년 13개국 40여 명의 스타 학자들이 대거 참여한 프로젝트는 오스트랄로피테쿠스와 호모의 중간적 특성을 가진 것으로 확인했습니다.[28] 현지어로 놀랍다는 뜻의 '가르히'의 발굴지 주변에는 석기와 무엇인가에 잘린 듯한 동물의 뼈가 있었습니다. A. 가르히는 동아프리카에서 초기 호모가 출현하기 직전인 250만 년 전에 살았던 A. 아파렌시스 후손의 한 부류로 추정됩니다.

오스탈로피테쿠스와 호모를 이어준다고 추정되는 두 번째 강력한 후보가 2013년 에티오피아의 레디-게라루Ledi-Geraru에서 발견되었습니다. 화석의 발견지는 320만 년 전의 루시(A. 아파렌시스)와 230만 년 전의 초기 호모의 유골이 발견된 곳으로부터 불과 수십 km 떨어진 지역이었지요. 2015년 『사이언스』에 발표된 분석결과에 의하면[29], 이 화석의 주인공은 280만~275만 년 전에 살았습니다. A. 아파렌시스가 사라진 후 10만 년, 첫 호모가 출현하기 40만 년 전이지요. 시기적으로도 오스트랄로페테쿠스와 호모의 사이일 뿐 아니라 두개골의 구조도 정확히 중간적 특징을 띠고 있습니다. 이 발견을 계기로 앞서의 A. 가르히와 남아프리카의 A. 세디바는 호모의 조상 후보에서 탈락했습니다. 이상을 종합해 볼 때, 호모는 동아프리카의 오스트랄로피테쿠스가 290만 년~240만 년 전의 혹독한 건조기에 생존을 위해 주변의 척박한 환경에 적응하는 과정에서 탄생했다고 볼 수 있습니다. 이 과도기의 고인류가 (현재로서는 유력하게) 레디-게라루에서 발견된 화석으로 보입니다.

비로소 사람이 되다 | 최초의 호모

그렇다면 이 단계를 지나 뚜렷하게 커진 뇌를 가진 최초의 사람속屬, 즉 호모는 누구였을까요? 약 240만 년 전 출현해 100만 년 동안 생존한 호모 하빌리스Homo habilis라는 것이 오랫동안의 정설이었습니다. H. 하빌리스는 고인류학계의 스타 리키Leakey 부부가 1960년대 초 탄자니아의 올두바이 협곡Olduvai Gorge에서 처음 발견한 화석입니다. 그 후 투르카나 호수 주변에서도 많이 발굴되었는데 뇌 용적이 이전 오스트랄로피테쿠스보다 2배나 커진 700cc였습니다(이는 매우 중요한 진전입니다. 왜냐하면 이전의 고인류들은 아무리 직립보행의 흔적이 뚜렷해도 뇌가 침팬지 수준인 400~450cc였기 때문입니다. 따라서 대략 700cc 이상의 뇌용적을 호모의 기준으로 봅니다).

H. 히빌리스는 키 110~130cm, 몸무게 30~40kg의 조그만 체구였지만 나무에서 내려와 직립으로 보행하며 사바나에서 살았습니다. 하지만 다리보다 긴 팔 등 오스트랄로피테쿠스의 특징도 약간 남아 있었지요. 또 후기의 호모와 달리 눈에 흰자위가 없었고 땀샘이 덜 발달되어 유인원처럼 털북숭이였다고 추정됩니다. 무엇보다 '손재주 있는 사람'이란 뜻의 H. 하빌리스는 최초로 석기를 사용한 고인류로 유명세

를 탔지요. 화석 근처에서 손질한 석기와 가공한 흔적이 있는 동물의 뼈가 발굴되었기 때문입니다(그러나 최초로 석기를 사용한 고인류로서의 H. 하빌리스의 지위는 여러 차례 무너졌습니다. 도구 관련 절 참조).

그런데 첫 호모가 H. 하빌리스인지 여부를 놓고 비슷한 시기인 240만~160만 년 전(연대는 매우 가변적입니다) 동아프리카에 살았던 호모 루돌펜시스Homo rudolfensis가 문제를 복잡하게 만들었습니다. H. 루돌펜시스라는 이름은 첫 발견지인 케냐 투르카나 호수의 옛 이름 루돌프에서 따왔습니다. 그런데 이 화석이 진짜 별개의 호모 종인지, 모양이 특이한 H. 하빌리스인지가 논란이 된 것입니다(다음 박스 글 참조). 게다가 어떤 연구에 의하면, 210만~160만 년 전 사이의 50만 년 동안 동아프리카에는 최소 3종의 호모, 즉 H. 하빌리스, H. 루돌펜시스, H. 에렉투스가 공존했다는 추정도 있습니다.[30] 심지어 일부 학자는 골격의 원시성을 근거로 H. 하빌리스를 호모에서 제외시켜야 한다고 주장합니다.

호모 하빌리스 논란

오랫동안 최초의 호모라고 믿었던 H. 하빌리스는 근래에 논란의 대상이 되었다. 즉, A. 아파렌시스 → H. 하빌리스 → H. 에렉투스로 우리의 직계가 이어졌다는 통설에 금이 가기 시작했다. H. 하빌리스의 화석은 동아프리카의 넓은 지역에서 발굴되었다. 그런데 이곳에서 발견된 초기 호모의 화석은 일단 H. 하빌리스로 분류되는 경향이 있었다. H. 루돌펜시스도 처음에는 H. 하빌리스로 분류되었다가 나중에 새로운 종으로 변경된 경우이다. 첫 호모가 H. 하빌리스이며 H. 에렉투스는 그 후손이라는 선입관이 컸기 때문이었다. 그러다 보니 H. 하빌리스에 너무 많은 변형 종이 포함되었다는 의구심이 제기되었다.

이 문제를 확인하기 위해 독일 막스플랑크연구소와 영국의 연구진은 첨단의 컴퓨터 단층촬영CT와 3차원 영상처리 기술을 이용해 기존에 발굴된 H. 하빌리스 화석들을 다시 분석했다. 2015년 『네이처』에 발표된 결과에 의하면[31], 리키 부부가 처음 발견한 H. 하빌리스 화석은 여러 조각으로 쪼개지고 변형된 까닭에 기존 해석에 문제가 있었음이 밝혀졌다. 가령, 아래 턱뼈는 당초 생각했던 것보다 훨씬 더 원시적이었다. 즉, 오스트랄로피테쿠스와 흡사하게 좌우 치아들이 서로 평형을 이루며 직선형으로 길게 배열되어 있었다. 이러한 치열 구조는 개 등의 포유류에서 흔히 볼 수 있으며, 현생 인류는 둥근 형태를 이룬다. 반면, 뇌 용적은 기존에 알려진 650~700cc보다 훨씬 큰 729~824cc였다.

이런 상황에서 이론異論의 여지가 없는 확실한 호모, 즉 우리의 조상은 190만 년 전 출현한 '일어선 사람'이란 뜻의 호모 에렉투스homo erectus입니다. 물론 그 이전의 고인류들도 서서 걸을 수는 있었지만 나무 위 생활을 병행했지요. H. 에렉투스는 나무에서 내려와 확실하게 지상에서만 생활한 우리의 조상입니다. 이는 긴 다리와 짧아진 팔로도 알 수 있지요. 실제로 H. 에렉투스의 목 아래 부분은 해부학적으로 현생 인류와 거의 차이가 없습니다. 다만 다리뼈가 보다 조밀한데, 이는 현생 인류에 비해 앉거나 쉬는 시간이 적고 먹이를 찾기 위해 많이 걸었음을 반영하는 작은 차이입니다. 또, 골반도 약간 좁은데, 아마도 신생아의 두개골이 지금보다 작았기 때문으로 보입니다. 체격면에서도 이전 고인류의 작은 크기에서 벗어나 키 150~170cm, 몸무게 50~70kg로 현생 인류와 크게 다르지 않습니다.

그러나 몸뚱이와 달리 머리 부분은 현생 인류와 뚜렷한 차이가 있었지요. 우선 목이 굵었고, 눈썹뼈도 크게 돌출되어 있었습니다. 두개골은 앞뒤 방향으로 긴 편이어서 두뇌의 이마엽(전두엽)과 관자엽(측두엽)이 현생 인류보다 덜 발달했음을 보여줍니다. 뇌의 부피도 성인 H. 에렉투스의 경우 현생 인류의 약 70%인 평균 930cc였습니다. 한편, 어금니는 부드럽고 익힌 잡식성 음식을 씹었기 때문에 전보다 현저히 작아졌습니다. H. 에렉투스도 성공한 종種입니다. 첫 출현한 190만 년 전 이래 무려 150만 년 이상 생존했기 때문이지요. 하지만 존속기간 내내 개체수는 많지 않아서 번창했다고 할 수는 없습니다. 이들은 먼 거리를 걸을 수 있는 능력 덕분에 아프리카를 벗어나 유라시아까지 진출했습니다. 유라시아로 건너간 무리의 후손들은 오랫동안 존속했지만 수십만 년 전 모두 멸종했고, 아프리카에 남은 무리의 후손 중에서 현생 인류가 나왔습니다.

그런데 고인류학자들은 아프리카와 유라시아의 H. 에렉투스를 놓고 의견이 다소 양분됩니다. 첫 번째 주장에서는 190만 년 전 동아프리카에서 출현한 종을 호모 에르가스터Homo ergaster, 이들 중에서 유라시아로 건너간 종을 H. 에렉투스라고 부릅니다. 즉, 아프리카에 남은 원조 무리 H. 에르가스터와 유라시아의 H. 에렉투스를 구분합니다. H. 에르가스터는 '일하는 사람'이란 뜻인데, 화석 주변에서 정교한 주먹도끼 석기가 발굴되어 붙여진 이름입니다. 이들의 화석은 아프리카의 동부와 남부에서 발견됩니다. 그중 가장 유명한 것이 케냐에서 좋은 상태로 발굴된 160만 년 전의 '투르카나 소년'이라는 화석입니다. 이 화석의 주인공은 나이가 8~12살이었음에도 키가 160cm나 되어, 다 자랐다면 180cm는 되었을 것입니다. 그러나 이들이 원래 큰 키의 호모였는지는 확실치 않습니다. 오늘날에도 케냐와 에티오피아 등지의 사바나 지역 주민들은 효과적 열 발산을 위해 타지 사람들보다 사지가 길고 크기 때문입니다.

두 번째 주장은 아프리카와 유라시아 종을 모두 동일한 H. 에렉투스로 봅니다. 대다수 고인류학자들이 이를 지지하고 있지요. 그렇지만 이들도 나중에는 서로 달라졌기 때문에 양자兩者를 구분하기 위해 아프리카의 H. 에르가스터를 '넓은 의미의 H. 에렉투스H. erectus sensu lato', 아시아의 종을 '엄격한 의미의 H. 에렉투스H. erectus sensu stricto'로 부르기도 합니다. 이 책에서는 둘 다 H. 에렉투스로 통일해 부르겠습니다.

H. 에렉투스가 오스트랄로피테쿠스와 달리 사람으로 볼 수 있는 중요한 특징은 무엇일까요? 찰스 다윈은 『종의 기원』을 발표했지만 사람의 진화에 대해서는 침묵했습니다. 그러나 '다윈의 불독'이라 불리며 그를 옹호했던 토마스 헉슬리Thomas H. Huxley의 책 『자연에서 인간의 위치에 관한 증거』가 '인간이 어떻게 원숭이의 후예이냐'는 비난을 받자 침묵을 깼습니다. 다윈은 헉슬리의 책이 출간된 지 8년만에 『인간의 유래와 성선택The Descent of Man, and Selection in Relation to Sex』을 발표했습니다. 이 책에서 그는 인간의 조상이 아프리카에서 왔다고 정확히 짚었습니다.* 또, 인간이 유인원과 달라지게 된 특징으로 세 가지를 언급했지요. 증가한 뇌용량, 똑바로 서서 걷기, 그리고 자유로워진 손입니다. 비교적 정확한 분석이었지요. 이 특징들이 뚜렷하게 나타난 첫 고인류가 H. 에렉투스입니다. 이어지는 몇 개의 절에서는 우리를 인간으로 만든 특징들이 어떻게 생겨나고 다듬어졌는지 살펴보도록 하겠습니다.

* 다윈은 독실한 기독교 신자였던 아내 엠마를 배려해 자신의 반종교적 의견을 평생 조심스럽게 피력했다. 엠마 역시 다윈을 배려해 그의 과학 활동과 자신의 신심 사이에서 균형 있는 자세를 취했다. 헉슬리와 다윈이 이미 지적했듯이 원숭이 논란은 질문 자체가 잘못되었다. 인간은 원숭이의 후손이 아니라, 같은 조상을 가졌을 뿐이다. 물론, 공통조상이 원숭이의 모습을 많이 닮았을 수는 있다.

장거리 경주의 달인 | 호모의 직립보행

사람의 모습을 갖춘 첫 고인류를 H. 에렉투스, 즉 '일어선 사람'이라고 이름 붙인 것은 매우 적절한 작명입니다. 침팬지나 고릴라도 서서 걸을 수 있지만 몇 걸음에 불과하지요. 게다가 걷는 자세도 구부정합니다. 사실, 인간의 조상은 유인원과 갈라진 직후부터 두 발로 걸은 듯합니다. 앞서 보았듯이, 670~530만 년 전 사헬란트로푸스의 대후구공 위치, 620~600만 년 전 오로린 투게넨시스의 넓적다리 뼈, 580만~440만 년 전 아르디피테쿠스 라미두스의 평행한 엄지발가락뼈 화석 등은 고인류가 일찍부터 두 발로 보행했다는 간접 증거입니다. 그러나 훨씬 후인 390만~290만 년 전의 A. 아파렌시스조차도 긴 팔을 앞으로 내리고 구부정한 자세로 엉성하게 걸었습니다.

이와 달리 H. 에렉투스는 허리를 곧추세우고 걸었습니다. 포유동물 중에서 인간만이 직립보행을 합니다. 그런데 직립보행은 진화적으로 불리한 면들이 많습니다. 포식자를 망보기 위해 일시적으로 직립하는 미어캣 등의 극소수 예를 제외하고, 모든 포유류가 4족 보행을 하는 이유는 수억 년 동안 효율이 입증되었기 때문입니다. 무엇보다도 척추가 지면과 수평을 이루면 체중을 네 다리에 분산해 몸이 안정적으로 지탱됩니다.

반면, 수직으로 선 자세는 여러 문제를 일으킵니다. 가령, 인간의 키는 서서 활동하는 낮 동안에는 척추의 연골이 눌려 저녁에는 무려 2.5cm까지 작아지며, 늙어지면 이것이 굳어집니다. 또, 척추병인 디스크, 앉았다 일어날 때 피가 다리에 몰려 생기는 현기증, 하지정맥류下肢靜脈瘤, 치질 등은 모두 직립보행의 대가代價입니다. 뿐만 아니라 고혈

압도 심장보다 높은 곳에 피를 보내는 어려움 때문에 발생했습니다(사바나의 우리 조상은 끊임없이 움직여 심장과 다리 근육의 수축을 통해 혈류를 펌프질했으므로 이 문제가 덜 심각했습니다).

반면, 네 다리로 걷는 모든 포유류들은 도주하거나 사냥할 때, 발정기가 아니면 혈류나 호르몬의 분비가 항상 일정합니다. 그렇지 못한 인간은 순환기 및 내분비 질환에 취약하지요. 지하철에서 빈 자리 찾기에 혈안인 현대인에게서 알 수 있듯이, 인간은 틈만 나면 사지동물 때의 본능으로 돌아가 직립으로 서기를 피하려 합니다. 4족 보행이 진화적으로 에너지가 절약되는 편한 자세라는 증거이지요. 어른을 흉내내어 서서 걸으려고 애처롭게 노력하는 갓난아이를 보세요. 지팡이에 의존해야 겨우 걸을 수 있는 노인은 또 어떻습니까? 인간에게 직립보행은 아직도 부자연스럽고 힘든 작업입니다.

이처럼 문제점 많은 자세를 우리의 옛 조상들이 이동방식으로 굳이 선택한 데는 분명히 이유가 있었을 것입니다. 열쇠는 장시간 동안 먼 거리를 걷고 뛸 수 있다는 점에 있습니다. 인간은 빠르지는 않아도 오래 뛰고 걷는 데 있어서 다른 어떤 육상동물보다도 뛰어납니다. 가장 빠른 사람도 시속 35km(2009년 우사인 볼트의 100m 기록인 9.58초)가 한계이지요. 치타는 시속 115km를 냅니다. 그러나 600m 이상 지속하지는 못하지요. 끈질기게 먹이를 쫓는 늑대조차 20~30km가 한계입니다. 잘 뛴다는 말도 10~15분이 지나면 속도가 반으로 줍니다. 실제로 2004년 35km를 뛰는 웨일즈 단축마라톤에서 500명의 선수와 40마리의 말이 경쟁해 사람이 우승했습니다. 사람의 주행 능력은 먼 거리일수록 빛이 납니다.

그렇다면 고인류는 왜 오랫동안 걷는 능력을 갖춰야 했을까요? 여러 가설이 있습니다. 그중 가장 널리 알려진 설명은 '사바나 가설'이지요. 숲속 생활 때는 몇 걸음만 옮겨도 먹이를 얻을 수 있었습니다. 하지만 질 낮은 먹이가 띄엄띄엄 분산되어 있는 사바나로 내몰린 우리 조상들은 생존을 위해 온종일 먼 거리를 옮겨 다녀야 했을 것입니다. 그러나 개코원숭이나 파파스원숭이도 오래전부터 사바나에 살고 있지만 아직도 네 발로 걷습니다. 앞서 알아본 670만~440만 년 전의 사헬란트로푸스나 아르디피테쿠스도 숲에서 살았지만 가끔씩 직립보행을 했던 것으로 보입니다. 이로 미루어 직립보행이 반드시 사바나 생활 때문만은 아닌 듯합니다.

'수정된 사바나 가설'들은 훨씬 설득력이 있어 보입니다. 그중 '사냥 가설'이 있습니다. 사람은 다른 육식동물에 비해 빠르지 않고, 강한 근육이나 날카로운 발톱, 이빨도 없지요. 그래서 많은 원시부족들이 화살이나 창에 맞은 동물을 지칠 때까지 따라가는 방식으로 사냥합니다. 피그미족이나 부시맨은 이런 방법으로 사냥을 할 때 하루 평균 30km를 이동합니다. 하버드대학의 대니얼 리버만Daniel Liberman은 사바나에서 장거리를 쫓는 사냥방식이 인간의 진화에 결정적인 역할을 했다고 추정했습니다.[32] 그는 200만 년 전에 비해 160만 년 전 무렵의 H. 에렉투스에서 뚜렷해진 인간의 주요 해부학적 변화를 사냥과 연관 지어 설명했습니다. 긴 다리, 큰 다리 관절, 두꺼운 허벅지, 과열 방지를 위한 땀샘은 모두 사냥 시 장거리를 뛰기 위해 진화한 구조라는 것이지요. 또, 자유롭게 비틀 수 있는 손목과 옆으로 향한 어깨 관절도 사냥 시 정확하게 창이나 돌을 던지기 위해 진화한 해부구조로 보았습니다. 실제로 침팬지는 창이나 돌을 던질 수 있지만 사람처럼 멀리, 그리고 정확히 목표물을 맞출 수 없습니다. 그러나 숲속 나무 위에 사는 침팬지가 평지에 살며 자주 걷는 무리보다 사냥을 더 많이 한다는 사실은 '사바나 사냥 가설'을 조금 곤란하게 만듭니다.

1984년 피터 휠러Peter Wheeler 등이 주장한 '햇볕 가설'도 있습니다. 4족 동물은 그늘이 부족한 사바나에서 신체의 17%가 햇볕에 노출되는데, 직립하면 7%로 줄일 수 있다는 주장이지요. 그러나 직립보행을 하면 근육 에너지를 더 많이 사용해 체온이 상승하므로 설득력이 떨어집니다. 러브조이C. Owen Lovejoy라는 학자는 자신의 낭만적인 이름에 어울리는 '암컷에게 음식 갖다주기 가설'을 제안했습니다. 사바나 생활을 하는 암컷은 새끼를 돌보느라 먼 거리를 옮겨 다니기 힘들었을 것입니다. 이에 직립으로 손이 자유로워진 수컷이 암컷에게 먹이를 갖다주며 유혹했다는 설명입니다. 입에 물고 옮길 때보다 손을 사용하면 더 많은 음식을 먼 곳으로 나를 수 있기 때문입니다. 그러나 그 때문에 아리따운 암컷을 두고 멀리 떠났을까 의문이 듭니다.

'선先 적응 가설'들도 있지요. 즉, 숲이 사라지자 고인류들은 나무에서 내려와 땅에 쪼그리고 앉아 음식을 먹거나 쉬게 되었을 것입니다. 이런 자세를 취하다 보니 발은 평평해지고, 허리는 펴졌으며, 상체도 가벼워졌을 것입니다. 다시 말해, 직립하기에 편한 구조로 먼저 변화한 후에 직립보행이 가속되었다는 설명이지요.

이처럼 사바나에 바탕을 둔 여러 가설들은 그럴듯하지만 독자적으로는 완벽하지 못합니다. 아마도 가설들이 주장하는 여러 요소들이 복합적으로 작용했을 가능성이 큽니다. 그러나 분명한 사실은 인간의 직립보행이 빠르지는 않지만 장시간 할 수 있는 장점을 가졌다는 점입니다. 사바나에서의 생활은 직립보행을 유도했다기보다는 이러한 능력을 극대화시켰을 것입니다. 주변에 먹을 만한 것이 거의 없는 척박한 사바나에서 먼 거리를 수색하고 사냥감이 지칠 때까지 뒤쫓는 능력은 생존에 큰 도움이 되었을 것입니다. 우리나라의 길이 단위인 10리里는 성인이 불편없이 걸을 수 있는 가장 먼 거리입니다. 시간으로는 약 1시간, 길이는 4km인데, 이 거리만큼 가서 잠시 걸터앉아 쉬고 나면 다시 걸을 수 있습니다. 반면 야생 동물은 쉬지 않고 홀로 1시간을 걷는 경우가 거의 없습니다.

마키아벨리적 지능 | 석기 제작

포유동물의 앞다리는 뒷다리보다 쓸모가 더 있습니다. 먹이를 잡거나 파헤칠 때 등 여러모로 유용하지요. 그렇다고는 해도 주임무는 이동입니다. 그런데 서서 걷게 된 호모의 앞 다리(팔)는 임무에서 완전히 해방되었습니다. 자유로워진 팔과 손은 대신 물건 나르기, 무언가 조작하기, 도구 사용 등 새로운 용도를 찾았습니다. 가령, 가방 정도의 무게를 10리(4km) 이상 옮길 수 있는 동물은 코끼리와 인간밖에 없습니다. 하지만 호모에게 있어서 가장 중요한 팔과 손의 기능은 도구의 사용일 것입니다.

다윈 이래 20세기 중반까지 인류학자들은 도구 사용을 인간만의 고유 능력이라 생각했습니다. 1949년 출간된 영국의 인류학자 케네스 오클리Kenneth Oakley의 『도구 제작자 인간Man the Tool-maker』은 그런 생각을 더욱 확고하게 만들었지요. 1959년 탄자니아의 올두바이 계곡에서 리키 부부가 발견한 175만 년 전 화석의 주인공을 사람의 종류로 보고 호모 하빌리스라는 이름을 붙인 이유도 함께 발견된 석기 때문이었습니다.

하지만 1960년대 초 제인 구달이 침팬지가 나뭇가지를 이용해 개미를 먹는 행동을 보고한 이래 기존의 통념은 서서히 무너졌습니다.* 2016년 10월 『네이처』에 발표된 바에 의하면 브라질 세라다카피바라Serra da Capivara국립공원에 사는 카푸친원숭이들은 앉은 자세에서 한 개의 돌을 쥐고 다른 돌을 두들겨 석기를 만드는 듯한 행동을 합니다.[33] 물론, 이들의 행동은 만든 돌조각을 도구로 사용하지 않기 때문에 석기 제작이라고 할 수는 없습니다. 아마도 깨진 돌조각을 핥는 것으로 미루어 미네랄을 섭취하기 위해서거나 단순한 모방 행동일 것입니다. 하지만 손놀림이 좋고 지능이 가장 높은 유인원인 보노보(피그미 침팬지)는 아무리 교육시켜도 석기를 못 만듭니다.

물론, 석기가 도구의 전부는 아니지요. 나무나 가죽 도구도 있습니다. 그러나 오랜 세월 썩지 않고 남아 있는 석기를 중심으로 알아보는 수밖에 없습니다. 고인류가 만들었다고 추정되는 가장 오래된 석기(2015년 기준)는 케냐 서부 로멕위Lomekwi의 330만 년 전 유적지에서 나왔습니다.[34] 이들은 오스트랄로피테쿠스(A. 아파렌시스)가 제작한 매우 초보적 기술의 '올도완Oldowan석기'입니다. 올도완석기는 탄자니아의 올두바이 계곡에서 처음 발견된 석기 형태를 말합니다. 망칫돌로 몸돌을 타격해 조각들을 떼어내는 방식이어서 '뗀석기', 예전에는 '타제打製석기'라고 불렀지요. 자갈 등 돌의 한쪽 면만 내리쳐 떼어내는 기술로, 떨어져 나간 조각이 통상 30개를 넘지 않는 단순한 형태입니다. 올도완석기는 인류가 300만 년 이상 사용한 도구로 일부 지역에서는 수만 년 전까지도 사용되었습니다.

---

* 제인 구달은 원래 영국에서 비서학교를 졸업하고 대학 사무직과 영화사에서 비서로 일했었다. 케냐에 살던 친구를 방문해 머물던 중 우연히 루이스 리키의 조수가 되었다. 리키는 고인류의 행동을 이해하기 위해 구달에게 침팬지 관찰 프로젝트를 제안했다. 침팬지의 도구의 사용과 폭력성 등을 밝힌 구달은 리키의 주선으로 학사 학위 없이 캠브리지대학에서 박사 학위를 받은 몇 안 되는 인물이 되었다.

올도완석기에서 더 발전된 형태가 아슐리안Acheulean 석기입니다. 아슐리안은 관련 석기가 처음 발견된 프랑스 북부의 마을 생따쉘Saint Acheul의 영어식 이름입니다. 이 석기는 올도완석기와 달리 날이 양면이거나 여러 면인 경우 대칭입니다. 가장 오래된 아슐리안 석기는 2011년 케냐의 투르카나 호수 부근에서 발견된 눈물방울 모양의 정교한 손도끼입니다. 176만 년 전에 H. 에르가스터, 즉 아프리카의 H. 에렉투스가 만들었다고 추정됩니다. 이는 나무를 찍거나 고기를 자르는 등 오늘날의 스위스 맥가이버 칼처럼 H. 에렉투스의 만능도구였을 겁니다. 아슐리안 석기는 인도 서쪽의 유럽과 아프리카에만 있었다고 한동안 믿었습니다.

이를 근거로 '모비우스 라인Movius line'이라는 경계선을 긋고 양쪽의 구석기 문화가 달랐다는 가설이 오랫동안 수용되었지요. 즉, 190만~180만 년 전 아프리카를 떠난 아시아의 H. 에렉투스와 그 후손들은 원시적인 올도완석기를 사용했다는 가설이었습니다. 이 가설은 주한미군 병사였던 그렉 보웬Greg Bowen이 우리나라의 연천군 전곡리에서 대칭형의 돌 주먹도끼를 발견하면서 깨졌습니다. 대학에서 고고학을 전공했던 보웬은 1978년 한국인 애인과 한탄강에서 데이트를 즐기다 범상치 않은 돌들을 발견했습니다. 그는 1년 여에 걸쳐 틈틈이 찾아낸 돌들을 프랑스 전문가에 보냈고, 이듬해 서울대학교 팀의 발굴로 이어져 전 세계 고고학계를 놀라게 했습니다(제대 후 미국으로 돌아가 석사과정을 마친 보웬은 애인이었던 한국 여성과 결혼해 살다가 2009년 59세에 병사했습니다).

참고로, 전곡리에서 석기를 사용했던 구석기인들은 한국인의 조상일 가능성이 거의 없습니다. 전곡리 석기의 연대는 7만~30만 년으로 의견이 분분한데, 어느 쪽이건 당시의 한반도에 살았던 구석기인들은 멸종한 아시아의 H. 에렉투스였기 때문입니다. 현생 인류인 H. 사피엔스가 한반도에 도달한 시기는 아무리 멀리 잡아도 4~5만 년 전입니다. 일부에서는 정교성이 떨어지는 점으로 미루어 전곡리 석기가 아슐리안 석기가 아닌, 올도완석기에서 독자적으로 발전한 형태라는 주장도 있습니다.

아슐리안 석기처럼 정교한 도구는 손재주만으로는 만들 수 없습니다. 목적을 가지고 오랜 시간 지속적으로 작업해야 하며, 이 과정에서 타인을 모방하거나 언어를 통한 습득도 필요합니다. 도구의 제작에 다양한 두뇌활동이 필요하다는 사실은 최근의 연구로 분명해졌습니다.[35] 에모리Emory대학 연구진이 분석한 바에 의하면, 손도끼 모양의 아슐리안 석기는 하루 10시간씩 15주 연습해야 겨우 만들 수 있습니다. 영국 복스그로브Boxgrove에서 발견된 50만 년 전의 석기를 재현하는 데는 무려 300시간의 연습이 필요했지요.

연구진은 도구를 제작하는 사람의 뇌도 분석했는데, 마루엽(두정엽)과 이마엽(전두엽)의 여러 부위가 동시에 활성화되었습니다. 뿐만 아니라 언어와 관련 있다고만 알려진 브로카 영역도 활성화되었는데, 이 영역은 음악, 수학, 손재주의 습득과도 밀접한 연관성이 있음이 1990년대 이후 밝혀졌습니다. 이러한 결과를 종합해 볼 때, 직립보행으로 손이 자유로워져 시작된 도구의 사용은 '마키아벨리적 지능Machiavellian intelligence', 즉 교묘하고 복잡한 인간의 사회성 및 언어의 진화에도 중요한 원동력이 되었다고 추정됩니다.[35]

원래 도구의 목적은 먹이활동이었을 것입니다. 현존하는 침팬지만 보더라도 보고된 도구를 사용한 사례 39건 중 32건이 먹이활동과 관련되어 있었습니다.[36] 그런데 H. 에렉투스는 이전의 고인류에 비해 훨씬 많이 도구를 사용했습니다. 무엇을 먹으려고 그랬을까요? 고기였습니다. 도구, 특히 석기를 사용한 본격적인 육식은 오스트랄로피테쿠스에서 호모로 진화했던 원동력이었습니다. 육식 덕분에 호모의 뇌는 폭발적으로 커졌습니다. 침팬지 수준에서 크게 벗어나지 못했던 오스트랄로피테쿠스의 두개골 크기는 H. 에렉투스에 이르러 현생 인류의 약 2/3에 도달했습니다. 물론 뇌가 크다고 반드시 지능이 높지는 않지요(네안데르탈인의 뇌는 현생 인류보다 컸습니다). 크기보다 중요한 것은 신체에서 뇌가 차지하는 비율입니다. 신체 대비對比 뇌의 부피 비율은 사람이 다른 포유류보다 평균 6배나 큽니다.

호모 이전 오스트랄로피테쿠스 시절의 고인류는 주로 식물성 음식을 먹었습니다. 그렇다고 완전 초식성은 아니었으며, 대부분의 유인원이 그렇듯이 곤충 등 동물성 음식도 가끔 섭취하는 가벼운 잡식성의 채식주의자였을 것입니다. 그러나 290만 년 전부터 가속된 동아프리카의 건조화로 먹이가 없어지자 상황이 달라졌습니다. 초원과 사바나로 내몰린 오스트랄로피테쿠스(A. 아파렌시스)는 굶주림에 서서히 멸종했고 (앞서의 절에서 설명한 대로) 두 부류만 살아남았지요. 강한 턱과 큰 어금니의 파란트로푸스는 거친 C4식물(풀, 수수류 등)과 파피루스 등의 뿌리로 연명했지요. 반면, 우리의 직계인 호모는 동물성 음식을 적극 섭취하는 전략으로 굶어 죽지 않았습니다. 이것저것 가리지 않고 먹는 잡식성 섭생 덕분에 호모는 파란트로푸스보다 변화하는 환경에 보다 더 유연히 대처할 수 있었지요. 결국 최후의 승자인 호모의 후손만 오늘날 생존했습니다.

원래 우리의 조상 오스트랄로피테쿠스는 채식주의자였기 때문에 발톱이나 이빨처럼 내세울 만한 무기가 없었습니다. 게다가 키도 130cm정도로 작고 체격도 연약했지요. 따라서 초기 호모는 맹수들이 먹고 남긴 동물의 사체를 처리하는 청소동물로 육식을 시작한 듯합니다. 게다가 청소동물 중에서도 서열이 낮았으므로 살점이 거의 없는 뼈만 얻었을 것입니다. 다행히 호모에게는 자유로운 손이 있었지요. 손으로 석기를 잡고 뼈를 내려치면 골수가 나옵니다. 골수에 맛을 들인 호모들은, 여럿이 협력해 적극적인 사냥에 나서기 시작했습니다.

스웨덴의 베르델린Lars Werdelin이 이끄는 연구진은 동아프리카에서 발굴된 많은 양의 화석들을 분석해 고인류의 육식활동을 추적했습니다.[37] 분석결과, 우리 조상은 260만~250만 년 전에 이미 육식을 했습니다. 당시 살았던 A. 가르히의 화석 주변에서 발견된 석기와 이를 이용해 손질한 동물의 뼈 흔적이 이를 말해 줍니다. 230만~190만 년 전에 이르자 호모들은 정기적으로, 적극적으로 육식을 했습니다. 하지만 석기를 이용해 뼈에 붙은 살을 발라 먹거나 골수를 빼먹는 청소동물 수준의 식습관은 여전히 남아 있었습니다. 180만~160만 년 전에 이르자 H. 에렉투스는 무리 지어 사냥하는 강력한 포식자가 되면서 육식에 탐닉했습니다. 얼마나 많이 사냥을 했던지 생태계도 바꾸었지요.

연구진이 조사한 바에 의하면, 동아프리카의 육식동물의 수는 200만 년 전부터 서서히 감소하다가 150만 년 전에 이르러 급감했습니다. 특히 직접 사냥을 하는 고양잇과 맹수(사자, 표범 류)만 크게 줄었습니다. 반면 다른 맹수가 사냥한 동물을 먹는 1차 청소동물인 갯과科 동물은 큰 변화가 없었습니다. 이는 사냥 경쟁에서 고양잇과 맹수들이 석기를 이용해 집단으로 활동한 호모에게 밀려났기 때문으로 보입니다. 이로써 육식을 적극적으로 즐기는 유일한 영장류가 되었습니다.

흔히들 채식을 이상적인 건강식이라고 예찬합니다. 과연 그럴까요? 우리의 먼 조상이 채식주의자였던 점은 맞습니다. 그러나 호모는 290~150만 년 전 동아프리카에서 건조기를 거치며 채식보다는 육식을 훨씬 더 선호하도록 진화한 영장류입니다. 이는 본능에 충실한 어린 아이들의 식습관만 보더라도 쉽게 알 수 있습니다. 세계 어느 곳이건 어린이들은 한결같이 고기는 좋아하고 채소는 싫어합니다(어린이들이 단 과자를 좋아하는 이유도 생명 유지에 필요한 높은 열량이 있음을 본능적으로 알기 때문입니다). 샐러드나 파를 안 먹으려는 아이를 설득하는 일은 전 세계 부모의 공통된 노력입니다. 어린이들의 푸성귀 혐오는 몸이 요구하는 본능적 생리현상입니다. 가령, 비타민 C를 보충한다고 유아들에게 신선한 녹색 채소를 분유에 섞여 먹이면 치명적일 수 있습니다. 질산염 과다로 얼굴이 새파래지며 죽는 '창백한 아기 증후군Blue baby syndrome'의 위험 때문이지요(WHO 보고에 의하면 1945~1985년 사이 2,000건의 사례로 160명이 사망했다고 합니다. 익지 않은 채소의 과도한 섭취는 성인에게도 해롭습니다. 유럽과 달리 우리나라에는 질산염 과다에 대한 기준이 없지만, 유기농이건 무기농이건 질소분이 많은 비료로 경작한 농작물의 섭취는 발암의 위험성을 높입니다).

사람은 동아프리카의 건조기를 거치면서 육식으로 업그레이드된 영장류입니다. 동물성 음식을 어느 정도 먹어주어야 균형 잡힌 영양 상태가 되도록 진화했지요. H. 에렉투스가 얼마나 많이 육식을 했는지는 모르나 상당량이라는 점만은 분명합니다. 훨씬 후의 네안데르탈인은 거의 100%를 육식에 의존한 늑대 수준이었지요. 현생 인류의 대부분의 문화에서도 고기는 특별하고 소중한 음식입니다. 채식만 고집하는 문화는 극소수이지요. 최근에는 극단적인 비건Veganism도 생겼지만, 인도 등 대부분의 채식문화도 우유나 계란 등 어느 정도의 동물성 음식은 허용합니다.* 원시 수렵·채집 생활방식을 가장 잘 보존하고 있는 오늘날의 쿵Kung족(부시맨)은 식사의 30~40%를 육식으로 채웁니다. 시베리아의 에벤키Evenki족은 50%, 이누이트는 100% 육식을 하지요.

놀라운 점은 순록 내장 속의 이끼 이외에는 식물성 음식 섭취가 거의 없는 이누이트나, 식단의 절반을 고기와 지방으로 채우는 에빈키족은 성인병으로 고생하지 않는다는 사실입니다(식생활이 바뀐 현대의 이누이트들은 예외입니다). 미국인보다 고기를 2~2.5배나 더 먹는 에벤키족의 저밀도 콜레스테롤 수치는 미국인 평균의 60~70%에 불과합니다. 체질량지수도 훨씬 작지요. 급속하게 살을 찌우는 C4식물 옥수수 대신 방목이나 야생 상태에서 풀을 먹은 동물의 고기를 섭취하기 때문이지요(소는 풀을 먹고 사는 동물로 곡류를 섭취하면 위장이 산성이 되고 심한 성인병에 걸립니다).

본격적인 육식을 시작한 H. 에렉투스는 오스트랄로피테쿠스에 비해 어금니와 턱이 작아졌습니다. 작아진 턱은 뇌가 커질 수 있는 여분의 공간을 만들어 주었지요. 그보다 더 중요한 사실은 동물성 음식을 통해 높은 에너지(열량 혹은 칼로리)와 영양분을 얻을 수 있었다는 점입니다. 육류는 과일에 비해 2배, 잎보다는 10배 이상의 열량을 낼 수 있

---

* 인도 고대인들은 육식을 즐겼다. 그러나 인도는 기원전 수년에 이미 인구과잉 상태에 이른 특별한 대륙이다. 1kg의 고기를 생산하려면 식물 10kg이 필요하다. 그 결과 많은 사람을 먹일 수 있는 농경이 중시되고 육식 관습은 점차 사라졌다. 처음에는 지배 계급인 브라만과 크사트리아만 육식을 하다가 나중에는 모두 채식주의가 되었다.

지요. 오스트랄로피테쿠스는 오늘날의 침팬지가 그렇듯이 하루 종일 열량이 낮은 섬유질의 식물성 음식을 씹었을 것입니다. 침팬지는 하루 평균 6시간을 씹는데, 사람은 기껏해야 30분~1시간 반을 먹는 데 할애합니다(침팬지도 먹이의 3~6%는 사냥한 동물입니다. 그러나 사냥한 수컷들만 이를 먹고 암컷과 새끼에게는 거의 주지 않습니다).

한편, 고기를 먹게 되자 호모의 장腸 길이도 짧아졌습니다. 그 결과 소화기관에 가던 에너지 상당량을 두뇌로 돌릴 수 있었지요. 동물의 몸에서 두뇌는 에너지를 먹는 하마입니다. 사람의 경우, 뇌세포는 근육세포에 비해 1g당 무려 16배의 에너지를 사용합니다. 1.5kg에 불과한 뇌가 신체 에너지의 20~25%나 소모하지요. 유인원은 전체 열량의 8~10%, 통상의 포유류는 3~5%만 뇌로 갑니다. 육식으로 고열량을 섭취하고 장의 길이까지 짧아진 덕분에 호모는 많은 양의 에너지를 공급할 수 있었습니다. 커지는 머리를 감당할 수 있게 된 것이지요.

물론, 육식동물이라고 모두가 머리가 크고 똑똑하지는 않지요. 사자는 사람보다 더 육식을 하는데 왜 지능이 높지 않을까요? 세 가지만 지적하겠습니다. 첫째, 우리의 옛 조상 오스트랄로피테쿠스는 고도의 지능을 가질 준비가 되어 있을 때 육식을 시작했습니다. 직립으로 자유로워진 손, 정교한 손가락, 다른 포유류보다 이미 높았던 영장류의 지능 등 날아갈 준비가 되어 있었습니다. 육식이 날개를 달아준 것이지요. 둘째, 인류는 육식만 하지 않고 다양한 식물도 먹는 잡식성입니다. 따라서 맹수보다 훨씬 다양한 영양분을 섭취할 수 있었습니다. 셋째, 고기나 내장을 먹는 다른 육식동물과 달리 초기 호모들은 그들이 남긴 뼈 속의 골수를 집중적으로 섭취했습니다. 무서운 맹수들이 먹고 난 후 연약한 호모가 얻을 수 있었던 먹거리는 먹다 남은 뼈였습니다.

초기 호모가 석기로 뼈를 부수고 그 속의 골수를 빼먹었다는 많은 화석 증거가 있습니다. 그런데 골수나 뇌에는 머리를 좋게 하고 두뇌활동을 도와주는 DHA가 풍부합니다. 불포화지방산의 일종인 DHA는 포유류의 뇌세포막의 주요 성분이므로 뇌나 골수에 많지요.

결론적으로, 육식과 뇌의 팽창은 서로에게 영향을 미쳤다고 볼 수 있습니다. 육식 덕분에 높은 열량을 필요로 하는 뇌가 커질 수 있었고, 높은 지능 덕분에 도구 사용과 협력을 통한 사냥으로 고기를 얻기가 더 쉬워졌지요.

한 가지 덧붙이자면, 호모는 육식을 시작하면서 수유授乳기간이 짧아졌고, 그 결과 여성들이 많은 자식을 가지는 데도 도움이 되었습니다. 이러한 사실은 2012년 스웨덴 룬드Lund 대학 연구진이 70여 종의 포유동물을 대상으로 육식과 이유기離乳期와의 상관관계를 조사해 밝혔습니다. 가령, 원시 인간사회의 수유기간은 평균 2년 4개월인데 채식위주의 침팬지는 4~5년이나 됩니다. 호모는 본격적인 육식으로 다른 유인원보다 번식력이 높아져 종의 생존에 더 유리한 고지를 차지하게 되었을 것입니다.

요리사 호모 | 불의 사용

그런데 육식만이 큰 뇌의 일등공신은 아니었습니다. 다름 아닌 불의 사용도 뇌의 고칼로리 공급에 큰 도움이 되었지요. 인류가 불을 사용한 가장 오랜 증거는 남아프리카의 원더워크Wonderwerk동굴에서 석기, 동물의 뼈와 함께 발견된 100만 년 전의 타다 남은 목탄입니다. 그러나 실제로는 이보다 훨씬 이전부터 불을 이용했다고 추정됩니다. 아이오와Iowa주립대의 영장류학자 프루에츠Pruetz는 고인류의 불 사용을 세 단계로 추정합니다.

첫 단계는 오늘날의 침팬지가 불을 대하는 행동에서 짐작할 수 있지요. 다른 동물과 달리 유인원은 불을 전혀 겁내지 않습니다. 프루에츠가 관찰한 바에 의하면, 침팬지들은 몇 미터 떨어져 불을 유심히 지켜본 후 타고 남은 자리에서 먹이를 찾습니다. 불의 진행 과정을 정확히 이해하는 것이지요. 오스트랄로피테쿠스와 그 이전의 고인류도 이와 비슷하거나 조금 발전된 형태의 수동적 방식으로 수백만 년간 불을 이용했을 것입니다. 아마도 마른 번개로 발생한 화재 때 생긴 불을 이용했을 것입니다. 마른 번개는 온대지방에서는 드물지만 아프리카나 호주 등지의 건조한 열대 사바나에서는 흔한 현상입니다. 비구름에서 떨어지는 빗방울이 건조한 날씨 때문에 지면에 도달하기 전에 말라 증발하고 벼락만 내리치는 현상이지요.

두 번째는 자연발생한 화재에서 얻은 불을 옮겨와 꺼지지 않게 유지하며 이용하는 단계입니다. 물론 초기에는 실수로 꺼지는 경우가 많아 항상 불을 사용할 수는 없었을 것입니다. 마지막 세 번째는 부싯돌이나 나무를 마찰시켜 불을 피우고 안정적으로 사용했던 단계입니다. 우리는 190만 년 전의 초기 H. 에렉투스가 어떤 단계의 불 사용 기술을 가지고 있었는지 모릅니다. 최소한 침팬지보다는 진보된 두 번째 단계의 초기 수준에는 이르지 않았나 추정합니다. 이를 통해 고기나 식물의 뿌리를 불에 익히면 매우 부드러워진다는 사실을 쉽게 알았을 것입니다.

소화의 목적은 먹이 생물의 분자와 그 속의 유전정보를 분해하는

데 있습니다. 동물은 이를 통해 다른 생물의 분자를 자신의 것으로 재활용하지요. 이를 위해 동물은 음식을 입으로 씹어 잘게 부수고, 침으로 1차 분해한 후 소화기관으로 보내 다시 해체합니다. 우리가 약간 부패(발효)한 음식을 즐기는 이유도 마찬가지 효과가 있기 때문입니다. 그런데 불을 사용하면 음식 분자의 해체가 훨씬 수월해집니다. 하버드대학의 리처드 랭엄Richard Wrangham은 자신의 '요리가설Cooking hypothesis'에서 H. 에렉투스가 190만~180만 년 전 익힌 음식을 먹게 된 사건이 인류의 진화에 큰 도약을 가져왔다고 주장합니다.[38] 그는 자신의 가설을 증명하기 위해 쥐에게 4가지 방법으로 준비한 고구마와 고기를 4일 동안 먹였습니다. 덩어리 채의 날것, 잘게 갈은 날것, 자르지 않고 익힌 상태, 그리고 갈고 익힌 상태의 4종류였지요. 그 결과 익힌 음식을 먹은 쥐는 체중이 크게 불었으나, 잘게 간 생식은 큰 변화를 주지 않았습니다. 또, 자신이 직접 침팬지의 음식을 날로 먹어보았는데, 대개 하루 만에 소화불량에 걸렸습니다.

사실, 생식은 가장 효과적인 다이어트법 중의 하나이지요. 호모는 동물성이건 식물성이건 음식을 익혀 먹음으로써 침팬지보다 수십 배의 열량을 더 얻을 수 있었습니다. 비만은 익힌 음식을 먹는 인간이나 그것을 얻어먹는 개, 돼지에게만 있고 야생 동물에서는 거의 볼 수 없는 현상입니다. 이처럼 익힌 음식으로 높은 열량을 얻게 된 고인류가 큰 뇌, 높은 지능, 작은 치아의 인류로 진화하는 데 기여했다는 것이 요리가설의 요지입니다.

음식을 익혀 먹게 된 호모는 다른 효과도 얻었습니다. 첫째, 거칠거나 독성이 있어 먹기 힘든 음식을 불로 익히면 먹을 수 있습니다. 가령, 비려서 날것으로 먹기 힘든 콩도 익히면 잘 흡수할 수 있습니다. 이로 인해 호모는 먹을 수 있는 음식의 종류가 이전보다 훨씬 다양해졌습니다. 둘째, 음식에 들어 있는 세균이나 기생충을 죽일 수 있어 건강상태가 한층 개선되었습니다. 반면, 불에 익힌 안전한 음식에 오랫동안 적응되다 보니 인간의 소화기관은 다른 동물들에 비해 세균성 식품에 취약해진 단점도 생겼습니다. 야생동물들은 웬만큼 불결한 물과 음식을 먹어도 끄떡없지만 사람은 탈이 나지요. 셋째, 불에 익힌 부드러운 음식을 먹다 보니 턱이 더욱 작아지고, 어금니의 일부인 사랑니는 퇴화했습니다.

냉각 때문인가 취향 때문인가 | 털 없는 호모

그런데 불은 요리뿐 아니라 몸을 따뜻하게 하는 데도 요긴합니다. 덥고 건조한 사바나 지역에도 계절이 있으며, 특히 밤에는 춥지요. 불을 이용한 온기 덕분에 인류는 털 없는 맨몸뚱이로도 생존할 수 있었습니다. 털은 온혈동물인 포유류와 새에게만 있습니다. 체온을 유지하는 데 필요하기 때문이지요. 뿐만 아니라 털은 긁힘이나 자외선 등의 외부 자극으로부터의 보호, 무늬나 색을 이용한 위장, 짝짓기 치장 그리고 털을 세우고 자신의 방어 의지를 알리는 사회적 표식수단 등 다양한 용도로 사용됩니다.

이처럼 중요한데도 사람은 5,000여 종의 포유류 중에서 몸에 털이 거의 없는 몇 안 되는 특이한 존재입니다. 털 없는 포유류에는 3부류가 있습니다. 첫째 부류는 몸집이 큰 초식동물인 코끼리와 코뿔소, 하마 등입니다. 열대지방에 사는 이들은 체중에 비해 피부의 표면적이 작기 때문에 털이 있으면 체열을 몸밖으로 발산하기가 어렵지요. 두 번째 부류는 아프리카두더지쥐처럼 땅속에 사는 무리입니다. 지하에서는 보온도 되고 눈도 보이지 않아 털을 사회적 신호로 사용할 수 없으므로 알몸이 되어도 문제가 없지요. 마지막으로, 수중생활을 하는 고래나 듀공 등도 털이 퇴화했습니다. 털이 있으면 물에 저항력이 생겨 헤엄치는 데 도움이 되지 않기 때문이지요. 다만, 육지와 물 양쪽에 살며 짧은 거리를 헤엄치는 수달이나 물개는 털이 있습니다. 오히려 이들의 털은 공기를 가두어 부력을 얻을 수 있으므로 수중생활에 도움이 됩니다.

그런데 인간은 위의 세 가지 경우 어디에도 해당되지 않습니다. 대부분의 고인류학자들은 초기 호모인 H. 하빌리스 시절에는 땀샘이 없어 털북숭이였지만, H. 에렉투스 때 벌거숭이가 되었다고 추정합니다. 이는 어떤 진화적 이점이 있었기 때문일 것입니다. 그 원인을 설명하는 몇 가지 가설이 있습니다.

첫째, 뜨거운 열대 사바나의 햇빛으로부터 몸의 과열을 방지하기 위해 무모無毛가 되었다는 가설입니다. 조금씩 설명이 다른 여러 버전이 있지만 현재로서는 가장 설득력 있는 가설입니다.[39] 나무 그늘이 드문 사바나의 우리 호모 조상들은 하루 종일 먹이를 찾아 땡볕에서 움직여야 했습니다. 숲과 달리 사바나의 먹이는 띄엄띄엄 분산되어 있기 때문에 하루에 적어도 10~13km는 돌아다녔다고 추정합니다. 이런 곳이라 하더라도 다른 동물들은 사냥하거나 도망갈 때 잠깐 뛰면 그만입니다. 이와 달리 직립보행을 하는 인간은 장거리 이동이 전문입니다. 그런데 고온 건조한 기후에서는 알몸 피부에서 분비되는 땀이 털에 젖으면 체온 냉각효과가 크게 떨어집니다. 더운 여름날 아스팔트에 물을 뿌리면 서늘해지듯이, 물(땀)이 수증기로 바뀔 때는 에너지를 뺏깁니다. 실제로 인간은 땀을 이용해 과열된 열의 95%를 발산합니다. 반면, 다른 포유류는 입과 코로 체온의 약 80%를 조절하지요. 사람은 더워도 혀를 할딱거리지 않는 유일한 포유류입니다. 이는 인간의 땀이 특별하기 때문입니다.

포유류의 땀샘에는 두 종류가 있습니다. 사람의 땀은 털구멍이 아니라 피부 바로 밑에 있는 에크린땀샘eccrine sweat gland이란 작은 구멍에서 나옵니다. 이 땀은 수분이 99%여서 쉽게 증발되기 때문에 몸을 효과적으로 냉각시킵니다. 피부 $1cm^2$당 땀샘이 200~400개나 있기 때문에 고온 건조 조건에서는 하루 12리터의 물(땀)을 뿜어내지요(뒤늦게 진화한 에크린땀샘은 아직 불완전하기 때문에 체온 상승 후 20분 후에 제대로 작동합니다. 일사병은 이 때문에 발생합니다). 에크린땀샘은 인간 이외의 다른 포유류에서는 발바닥에만 조금 있어 주로 미끄럼을 방지해 주는 역할을 합니다. 원숭이의 경우 긴장하거나 도망갈 때 손에 땀이 나와 나무를 잘 움켜잡게 해 주지요. 우리가 긴장할 때 손에 땀이 나는 이유는 원숭이 시절의 흔적입니다(이 현상은 거짓말 탐지기에도 이용됩니다).

사람과 달리 일반 포유류의 땀은 털이 박힌 모공毛孔 부근에 있는 아포크린땀샘apocrine sweat gland에서 분비됩니다. 아포크린 땀은 모공의 피지선皮脂腺과 연관되어 있으므로 기름기가 많고 끈적합니다. 주로 영역 표시 분비물이나 성적 흥분 혹은 스트레스를 동료에게 알리는 화학신호용이어서 피부 냉각효과는 크지 않지요. 그 때문에 포유류들은 주로 코와 입으로 체온을 식힙니다. 개들이 더운 날 힘겹게 입을 벌리고 혀를 할딱거리는 이유이지요. 사자 등의 육식 포유류가 낮에는 가능한 쉬고 밤에 주로 사냥하는 이유도 추격 시 급격히 상승하는 체온을 할

땀거림만으로는 낮추기가 어렵기 때문입니다. 다만, 도망가야 사는 초식 발굽동물들은 모공에서 나오는 땀으로도 몸을 어느 정도 식힐 수 있지요. 경기 후 경주마의 털이 젖어 있는 이유는 기름기 많은 아포크린땀샘의 땀 때문입니다. 하버드대학의 리버만 팀은 2007년의 논문에서 웨일즈의 단축 마라톤 당시 말이 사람에게 진 이유도 바로 냉각효과가 작은 땀과 열 발산을 방해하는 털 때문이라 분석했습니다.[40] 인간의 땀샘은 1%만 아포크린땀샘이며, 나머지 99%는 에크린땀샘입니다. 침팬지나 고릴라의 땀샘은 약 48%가 아포크린땀샘이지요.

그런데 포유류의 신체 중 과열에 특히 치명적인 기관이 뇌입니다. 폴란드의 피아코프스키Konrad Fialkowski는 일찍이 이 점을 간파하고 털이 사라짐으로써 호모가 비로소 큰 뇌를 가지게 되었다고 주장했습니다. 앞서 알아본 대로, 익힌 고기를 먹게 된 호모는 높은 열량을 섭취할 수 있었고, 그중 20%를 뇌로 보낼 수 있게 되었습니다. 그런데 신체의 다른 기관은 어느 정도 버틸 수 있어도, 생명 유지의 사령탑인 뇌는 조금만 과열되어도 혼수상태에 빠져 죽게 됩니다. 체온 조절 능력이 미숙한 갓난아기의 고열이 매우 위험한 이유입니다. 태아는 5개월까지는 옛 포유류 때의 흔적인 아포크린땀샘만 있습니다. 하지만 성장하면서 점차 에크린땀샘이 많아지고 아포크린땀샘은 털이 있는 사타구니와 겨드랑이 그리고 젖꼭지 일부에만 남게 됩니다. 이곳에 털이 남은 이유는 암내나 사회적 스트레스를 알리는 화학물질인 페로몬pheromone의 기능이 퇴화한 흔적 때문이라고 추정됩니다. 혹은 보행 시 마찰을 줄이기 위한 목적이라는 주장도 있지요.

한편, 체온 과열 방지 가설에서는 호모의 머리털이 남게 된 이유를 위에서 내리쬐는 직사광선으로부터 뇌를 보호하기 위해서라고 설명합니다. 실제로 아프리카 원주민이 곱슬머리인 이유는 머리털 사이에 공기가 가둬져 직사열을 상당 부분 차단해 주기 때문입니다. 당연히 우리의 옛 조상인 H. 에렉투스도 곱슬머리였을 것입니다. 유럽인과 아시아인의 직모直毛가 오히려 변종이지요.

현생 인류가 털이 없는 이유에 대한 두 번째 가설은 기생생물로부터의 보호입니다. 털은 진드기나 이 등의 벌레는 물론, 각종 세균의 보금자리입니다. 머릿니는 아직도 머리털에 남아 있지요. 이 가설에 의하면, 호모가 불을 사용하여 추운 밤을 견딜 수 있게 되자 기생생물의 온상인 성가신 털을 과감히 벗어버렸다고 합니다.

털 없는 호모에 대한 세 번째 가설은 성性선택입니다. 성선택은 자연선택에 의한 진화를 보완하기 위해 다윈이 처음 제시했던 개념입니다. 가령, 포식자에게 먹히기 쉬운 공작의 긴 꼬리는 생존에 적응한 개체가 살아남는다는 적자생존適者生存의 진화 원리로는 설명이 안 되지요. 생물통계학자 로널드 피셔Ronald Fisher는 성선택 이론을 조금 더 확장한 '폭주 이론Fisherian runaway selection'에서 이것이 암컷의 특정한 취향과 이에 맞추려는 수컷의 외모가 상승효과를 낸 결과라고 설명합니다.

가령, 오늘날 네덜란드와 벨기에인들의 평균 키는 세계에서 가장 큽니다. 대부분의 학자들은 이들이 칼슘이 많은 우유와 낙농식품을 많이 먹기 때문이라고 생각했지요. 그런데 인근 국가나 몽골인들도 우유를 많이 마시는데 그들만큼 크지 않습니다. 현생 인류의 키는 H. 에렉투스 이래 크게 변하지 않았는데, 그 이유는 남성은 대체로 아담한 여성을, 여자는 키 큰 남자를 선호하는 경향이 균형을 이루어 왔기 때문일 것입니다. 성선택 이론을 지지하는 학자들은 지난 100여 간 네덜란드와 벨기에의 남성들 사이에서 키 큰 여성을 선호하는 풍조가 유행하자 평균 키가 커졌다고 설명합니다.

비슷한 현상이 초기 호모에게 일어나 털이 없어졌다는 가설이 폭주 이론입니다. 아마 초기 호모 시절의 남성들은 털이 적은 여성을 기생생물이 없는 건강한 배우자 감으로 생각했거나, 단순히 유행하는 취향으로 좋아했을 수도 있습니다. 그래서인지 오늘날에도 남성은 체모가 많은 털북숭이 여성을 꺼리는 경향이 있으며, 여성들도 가능하면 털을 깎아 감추려고 합니다. 덧붙이자면, 이와 관련 있는 또 다른 현상은 남자들이 어리고 젊은 여성을 선호하는 경향입니다. 그런데 어릴 때는 털이 적지요(사람과 달리 유인원이나 다른 포유류의 수컷은 오히려 나이가 조금 든 암컷을 선호합니다. 젊은 암컷은 새끼를 낳은 경험이 없어 육아 실패의 위험이 많아 후손을 확실히 보장해 주지 못하기 때문이지요).

그렇다면 인간은 언제 털을 벗어버렸을까요? 유타Utah대학의 연구진은 아프리카인의 검은 피부와 관련 있는 MC1R이라는 유전자를 추적했는데, 원형이 최소 120만 년 전부터 있었다는 사실을 밝혔습니다. 우리의 옛 조상이 최소 120만 년 이전에 털을 벗었다는 결과입니다. 원래 호모 이전 우리 옛 조상의 피부는 침팬지처럼 밝은 핑크색이었을 것입니다. 그러나 털이 없어지자 피부를 자외선으로부터 보호하기 위해 검은색으로 변하게 되었을 것입니다. 아담과 이브가 있었다면 검은 피부에 짧은 곱슬머리였음이 분명합니다.[41]

한편, 털 관련 유전자도 우리의 무모無毛에 대한 단서를 제공해 줍니다. 털의 주성분인 케라틴keratin 단백질은 원래 먼 옛날 원시 동물의 척추 옆에 있다가 피부로 옮겨온 이민자입니다. 이 단백질은 어류나 파충류에서는 비늘이나 단단한 각질 세포로 변했고, 새에서는 깃털로, 포유류에서는 털로 진화했지요. 케라틴 분자가 배아 초기의 발생 단계에서 어떻게 변화하는가에 따라 비늘, 각질, 깃털, 혹은 털이 됩니다. 다행히 케라틴 분자를 합성하는 유전자는 척추동물에서 크게 변하지 않았습니다. 따라서 이를 분석해 털이 사라진 역사를 추적하는 연구가 진행 중입니다. 한편, 인간에게서 거의 사라진 아포크린땀샘 관련 유전자도 추적이 가능합니다. 이러한 연구를 통해 보다 정확한 호모의 무모 시기가 밝혀질 것입니다.

호숫가의 그림 같은 집 | 수생 유인원 가설

호모가 털이 없어진 이유에 대한 마지막 설명은 '수생水生 유인원 가설Aquatic Ape Theory' 입니다.[42] 물속 생활을 하다가 털을 잃었다는 이 가설은 영국의 해양생물학자 하디Alister Hardy가 1930년대 처음 제안했으나 1960년에야 책으로 출판되었습니다. 그 후 1989년 크로포드Michael Crawford가 보강된 내용을 내놓았으나 크게 주목받지 못했으며, 현재도 인간의 무모無毛에 대한 가설 중 지지자가 가장 적습니다. 그러나 묵살하기에는 흥미로운 요소가 너무나 많다고 생각되어 특별히 한 절을 할애해 소개합니다.

첫째, 피하지방의 문제입니다. 수생 포유류인 고래나 물개는 물속에서 체온을 유지하고 부력을 얻기 위해 두꺼운 피하지방을 가지고 있습니다. 그런데 인간도 같은 체중의 다른 포유류에 비해 10배나 많은 250억 개의 피부 지방세포를 가지고 있습니다. 반면, 우리와 가까운 침팬지나 고릴라는 피하지방이 거의 없습니다. 그래서 갓 태어난 유인원이나 포유류 새끼들은 삐쩍 마르고 쭈글쭈글하지요. 인간은 피하지방이 30주 태아 때부터 축적되므로 태어날 때는 체중의 16%나 되어 포동포동합니다.

둘째, 인간의 구강口腔구조가 물속 잠수에 적합합니다. 대부분의 포유류는 호흡 통로인 기도氣道가 콧속과 연결된 입천장 위에 있습니다. 그래서 포유류들은 물을 마시면서도 코로 호흡합니다. 반면 인간의 후두喉頭(기도의 입구)는 식도와 연결된 목구멍 근처에 내려가 있습니다. 이 때문에 음식이 기도로 들어갈 위험이 크지요(갓 출산한 아기도 후두가 완전히 내려오지 않아 포유동물처럼 젖을 빨며 호흡할 수 있습니다. 출산 후 3~6개월이 지나면 후두가 점차 내려와 이것이 불가능해지므로, 이 시기의 아기를 엎어 재우면 질식사의 위험이 있습니다). 반면, 목구멍 가까이 내려온 기도 덕분에 인간은 코와 입으로 동시에 숨쉴 수 있습니다. 그 결과 많은 양의 공기를 머금을 수 있는 큰 기도 공간을 확보했지요. 이처럼 하강한 후두와 기도는 정확히 물개류나 듀공이 가지고 있는 입 안 구조입니다. 따라서 인간은 물개나 고래처럼 호흡을 의도적으로 조절할 수 있습니다. 아이들이 하는 숨 멈추기 장난은 침팬지나 개, 소 등의 다른 육상동물은 절대 따라 할 수 없는 묘기입니다.

셋째, 침팬지 등 대부분의 포유류는 발정기에 암컷의 성기가 붉게 부풀어 오르는 등의 시각적 신호가 나타납니다. 사람에게 전혀 없는 표식이지요. 수상 유인원 가설에 의하면, 반쯤 담근 물속에서는 하체가 보이지 않으므로 표식이 퇴화했다고 봅니다. 뿐만 아니라 여성의 질膣이 깊고 대음순大陰脣으로 덮인 이유도 수상생활에 적응한 결과라고 설명합니다. 실제로 돌고래, 비버, 해달, 듀공의 암컷이 그렇습니다.

넷째, 짝짓기나 영역표시, 스트레스 등의 사회적 통신을 위한 후각성 아포크린땀샘이 피부에서 없어진 이유도 물속에서는 무용지물이기 때문이라고 설명합니다. 실제로 인간의 뇌는 후각을 처리하는 겉질(피질)영역이 유인원에 비해 훨씬 축소되어 있습니다. 냄새 분자는 물속에서 전달되지 않기 때문입니다.

다섯째, 물속이나 몸이 반쯤 잠긴 상태에서는 부력 덕분에 몸을 세워도 척추의 부담이 훨씬 적습니다. 수생 가설에 의하면, 이미 어느 정도 상체를 세울 수 있었던 유인원이 물가 생활을 하면서 직립보행이 가속되었다고 봅니다.

마지막으로, 인간의 높은 지능도 물가에 살던 유인원이 어류를 많이 섭취한 결과라는 설명입니다. 어류에는 두뇌 발달에 좋은 DHA 성분이 풍부하지요.

정통 수생 유인원 가설에서는 이상 살펴본 특징들이 인류가 침팬지의 공통조상과 갈라질 무렵인 700만 년 전부터 나타나기 시작했다고 봅니다. 그러나 동아프리카는 사바나가 주를 이루었던 지역으로 대규모 수생환경을 뒷받침할 지질학적 증거가 부족합니다. 제 짧은 소견이지만, 사바나 가설과 수생 가설을 서로 융합하면 보다 나은 그림이을 그릴 수 있지 않을까 생각합니다. 가령, '사바나의 호숫가' 가설은 어떨까요? 책을 쓰면서 대지구대를 구글 지도로 유심히 살펴보고 깜짝 놀랐습니다. 현재 이 지역은 건조한 사바나 지대임에도 크고 작은 호수들이 줄지어 있습니다. 특히, 고인류 화석이 많이 발견된 투르카나 호수 주변은 현재는 사바나로 변했지만 아직도 길이가 290km, 평균 폭이 30km나 됩니다. 지층 분석결과 이 호수는 기후 변화에 따라 수백만 년 동안 확장과 수축을 거듭했습니다. 특히 지난 300만~100만 년 전 사이 깊이가 100m에 달하는 대형 호수 시절이 최소 3번 있었습니다. 이런 상태는 매번 10만 년간 지속되었다고 추정합니다.

특기할 점은 덥고 건조한 지대에 위치한 투르카나 호수는 수분의 증발이 심해 물에 염분이 있다고 합니다. 그러나 이 물을 마실 수 있다는 사실을 이 글을 쓰면서 알았습니다. 무더운 날씨에 사람은 하루에 최대 12리터의 땀을 흘립니다. 만약 우리의 옛 조상이 사바나에만 의존하고 살았다면 그 물은 어디서 구해 마셨을까요? 또, 땀으로 배출되는 많은 양의 염분은 어디서 보충했을까요? 사람은 체중 대비 1회에 마시는 물의 양이 매우 작은 포유류여서 자주 마셔야 합니다. 그런데 동아프리카의 대지구대에는 오늘날처럼 건조한 시대에도 10개 이상의 호수들이 줄지어 있습니다. 그렇다면 갈증에 취약한 우리 조상들은 사바나 한가운데가 아니라 호숫가에서 살았을 것입니다.

이러한 추론에 대한 간접 증거도 댈 수 있습니다. 2006년 워싱턴 주립대의 연구진은 206명을 대상으로 흥미로운 실험을 했습니다.[43] 연구진은 대상자들에게 사막, 온대림, 열대우림, 침엽수림, 그리고 사바나의 나무 사진을 보여 주고 마음에 드는 것을 고르라고 했습니다. 예상대로 사막 식물이 가장 인기가 없었지요. 사람들이 가장 선호한 그림은 가지 위쪽이 넓게 퍼진 사바나의 나무였으며, 그 다음은 우림에 서식하는 원주형 큰 나무, 침염수의 순서였습니다. 뿐만 아니라, 나무가 빽빽이 들어찬 숲보다는 듬성듬성한 사바나성 풍경을 더 좋아하고 편안하게 느꼈습니다. 특히 사물에 대한 판단능력은 있지만 선입관이 크지 않은 9~10세의 어린이에게서 이런 경향이 뚜렷했습니다. 우리의 옛 조상들이 살았던 사바나에 대한 본능적 향수 때문은 아닐까요?

물가는 또 어떨까요? 잘 아시겠지만 대부분의 사람들은 강이나 호수, 바닷가를 본능적으로 좋아합니다. 또, 그런 곳에서 노는 사람들을 보면 대개 물가에 바짝 붙어 거닐거나 가슴 높이 이하의 얕은 곳에서 주로 물놀이를 합니다. 그뿐인가요? 전 세계 어느 나라 사람이건 호숫가나 강가, 바닷가에 집을 짓고 살고 싶어하는 것은 공통된 로망입니다. 그래서 고급주택은 물가에 몰려 있지요. 또, 같은 물가라도 숲속보다는 나무가 적당히 있는 구릉진 초원 위의 집을 선호합니다. 그래서 '저 푸른 초원 위에 그림 같은 집을 짓고'라는 대중가요도 있지요. 사람들이 이런 풍경에서 느끼는 편안한 느낌이야말로 우리의 조상 호모가 뜨거운 사바나 한가운데가 아니라 그 가장자리의 호숫가에서 반쯤 물에 담그는 생활을 자주했던 결과 때문은 아닐까요?

서로 몰라도 하나로 | 호모의 초사회성

오스트랄로피테쿠스가 호모로 진화하는 과정에서 뇌의 부피는 2배로 커졌고, 현생 인류는 다시 50%가 늘어났습니다. 그에 따라 추상적 생각, 공감 능력, 언어 능력 등의 지능이 현저하게 높아졌지요. 그런데 많은 인류학자들은 높아진 지능의 상당 부분이 사회성, 즉 무리 생활과 관련이 있다고 보고 있습니다. 물론, 유인원을 비롯한 다른 포유류나 개미, 벌 등의 곤충도 협력하며 무리를 이룹니다. 그러나 사람의 사회성은 이들과 다른 특별한 면들이 있습니다.

그에 앞서 우리와 가장 가까운 유인원의 사회성부터 살펴보지요. 침팬지의 협동을 연구한 에모리Emory대학의 여키스Yerkes 국립 영장류연구센터의 연구진은 세 가지 결론을 내렸습니다.[44] 첫째, 침팬지들은 혈연 관계가 없어도 협동했습니다. 둘째, 서로 주고받기 식의 상호성이 강했습니다. '네가 잘하니 나도 잘한다' 식의 계산적 행동이지요.

가령, 아침에 털을 골라준 녀석은 오후에 얻어 먹을 기회가 많았습니다. 셋째, 감정 이입이 협력의 큰 동인動因이었습니다. 당장 이익이 없어도 싸울 때 편을 들어주거나, 평소에 털 고르기를 해주는 순수한 우정의 행동도 있었습니다. 감정 이입이란 남의 입장이 되어서 감정을 함께 느끼는 현상입니다. 이런 행동을 일으키는 뇌세포(뉴런)가 1990년대 마카크원숭이에게서 발견된 거울뉴런mirror neuron입니다(3장 참조).

이 뉴런은 남의 고통이나 기쁨의 공감뿐 아니라 행동도 모방하게 만들어 줍니다. 가령, 태어난 지 40분~72시간 된 아기는 엄마가 혀를 내밀면 따라 합니다. 자신의 혀를 보지 못하는데도 아기는 엄마의 행동을 모방할 만큼 인간의 거울뉴런 활동은 강력합니다.[45] 신생아실에서 한 아기가 울면 모두 따라 우는 이유도 이 때문이지요. 태어나자마자 사회적 상호작용을 시작하는 것입니다. 마음을 읽고 상대방의 입장이 되어보는 공감 능력은 유인원이 아닌 다른 포유류도 어느 정도 있지요. 개나 늑대는 힘센 녀석이 약한 상대의 밑에 깔려 뒹구는 '역할 바꾸기role reversing' 놀이를 통해 서로의 입장이 되어 보는 연습을 합니다. 사회성과 협동을 배우는 중요한 과정이지요. 2002년 에모리대학의 연구진은 협력하는 사람의 뇌에서 보상報償 영역이 활성화됨을 관찰했습니다.[46] 즉, 협력하면 즐거운 감정이 생긴다는 뜻이지요. 더구나 이 기쁨은 중독성이 있습니다. 착한 일을 하거나 이타심을 베풀면 마음이 뿌듯해지고, 선행을 하는 사람이 계속하는 이유도 이 때문입니다.

동물의 협력에서 중요한 또 다른 요소는 무리의 단결을 해치는 불공정 행위에 대한 혐오입니다. 가령, 중남미의 카푸친원숭이는 과일보다 야채를 더 좋아합니다. 그런데 두 마리 중 한 녀석에게 야채를 주고 나머지에게 과일을 주면, 뒤의 녀석은 화를 내고 짖으며 음식을 거부합니다. 굶을망정 불공정한 꼴은 도저히 못 보겠다는 심사이지요. 코요테도 평소 페어플레이를 하지 않는 녀석은 통계적으로 55%가 무리에서 쫓겨나 독립생활을 하다 일찍 죽습니다.[13] 결국 이기적인 개체들은 자손이 잘 이어지지 않아 도태됩니다.

사람도 마찬가지이지요. 2002년의 노벨 경제학상은 인간의 사회적 본성을 경제활동에 적용한 행동경제학자 두 사람에게 주어졌습니다. 이들에 의하면 사람들의 경제활동은 기존의 경제학 이론처럼 수익을 가장 많이 내는 쪽이 아니라 불공정이나 손해를 피하려는 이상한 판단에 의해 자주 결정됩니다.[47] 가령, 노동자는 높은 임금을 받기 위해서가 아니라 불공정할 때 더 격렬히 파업합니다. 일찍이 다윈은 도덕이란 사회적 본능이 확대 발전된 현상이라고 통찰력 있게 분석한 바 있습니다. 생존과 번식을 위해 먹이와 성을 다른 동료보다 더 많이 차지하려는 것은 동물의 가장 원초적인 본능입니다. 그러나 무리생활을 하는 동물에서 이런 이기적 행동은 공멸을 뜻합니다. 따라서 구성원들은 이에 대한 강한 거부 본능이 있으며, 이기적 개체는 결국 자신에게도 손해가 되어 생존경쟁에 불리하게 됩니다.

우리가 숭고하다고 생각하는 도덕이나 정의의 바탕에는 이처럼 지극히 생물학적인 이유가 있습니다. 여기에 절대적인 선과 악이 있는 것은 아니라고 생각합니다. 이기심 못지않게 이타심도 중요한 본능이지요. 이기심을 조절하고 이타심을 가지는 것이 생존에 유리하기 때문입니다. 지능이 높은 유인원은 대가를 치르게 되는 이기적 행위를 교묘히 감추는 '마키아벨리적 지능'이 더욱 발달했지요.

특히 호모는 유인원에 없었던 고도의 사회성을 발전시켰습니다. 이는 여러 요인이 복합적으로 얽힌 선적응先適應의 결과로 보입니다.[48]

가령, 털이 없어지자 아포크린땀샘을 통한 냄새로는 통신이 불가능했습니다. 따라서 몸에 상징적 치장을 하거나, 얼굴 표정, 손짓, 언어 등 다른 동물에 없는 특별한 소통 수단을 발전시켰습니다. 여기다 본격적인 육식으로 사냥을 하게 된 인간은 변변한 신체적 무기가 없었기 때문에 협동하는 수밖에 없었습니다. 또한, 털이 사라져 밤이 추워진 호모들은 모닥불 주변에 모여 앉게 되었고, 이는 서로의 소통과 유대감을 강화시켰을 것입니다. 뿐만 아니라 섬세한 석기의 제작 행위도 사람의 뇌에서 '마키아벨리 지능'으로 불리는 사회성과 관련된 부위들을 활성화시켰습니다.[35] 이러한 여러 요인의 선적응의 결과 인간은 유인원과 차별되는 독특한 사회성을 발전시켰습니다.

첫째, 인간은 전혀 모르는 타인과 협력하는 유일한 동물입니다. 서로 모르는 200여 명이 자발적으로 안전벨트에 묶인 채 얌전히 앉아 몇 시간을 비행기 안에 있을 수 있는 동물은 사람뿐입니다.[49] 우리와 가장 가까운 침팬지를 10시간 동안 그렇게 묶어 두면 어떤 일이 벌어질지 상상이 갑니다. 모르는 사람이나 다른 부족과 소통하고 협력할 수 있는 탁월한 능력 덕분에 인간의 사회조직은 규모 면에서 다른 동물과 비교가 안 됩니다. 오늘날 호모는 지구상의 수십억 명과 협력합니다. 어떤 학자는 이를 인간만의 고유 특성으로 보고 초사회성hypersociality이라 불렀습니다.[50]

독일 막스플랑크연구소 라이프치히의 영장류 연구팀은 약 4년에 걸쳐 침팬지, 오랑우탄, 그리고 2살 반 된 아기들의 지능을 조사했습니다.[51] 2007년 『사이언스』에 발표된 연구결과에 의하면, 아기들의 공간 및 수와 양에 관한 인식, 그리고 사물의 인과관계를 이해하는 지능은 침팬지와 큰 차이가 없었습니다. 아기들이 유일하게 그리고 탁월하게 우수했던 분야는 사회적 지능이었습니다. 즉 다른 사람을 모방하고 배우기, 마음 읽기, 의사소통 등 사회성과 관련된 지능만 유인원보다 월등하게 높았습니다.

연구진은 지난 20여 년간 라이프치히 동물원을 방문한 2만여 명의 어린이 자원자와 유인원의 행동을 비교하는 다양한 실험도 행했습니다. 그중 한 실험은 침팬지 두 마리가 판자 양끝에 연결된 밧줄을 각자 조금씩 끌어당겨 그 위에 놓인 먹이를 먹도록 하는 테스트rope-and-board test였습니다.[52] 대부분의 침팬지는 이 작업을 수행하지 못했습니다. 반면, 5세 정도의 어린이들은 전혀 모르는 사이라도 서로 협력해 각자의 줄을 호흡을 맞춰가며 당겨 판자 위의 음식을 떨어뜨리지 않고 얻었지요. 연구진들은 침팬지의 조상과 분기된 이래 높아진 호모의 지능 대부분이 사회성과 깊은 관련이 있다고 결론지었습니다.

실제로 영장류 종들의 뇌 크기는 무리의 규모와 대략 비례합니다.[44] 막스플랑크 연구진은 9개월 된 아기가 보여 주는 사회성을 '9개월의 혁명nine-month revolution'이라고 불렀습니다. 이 시기 이전의 아기는 자신과 사물을 양자兩者 간의 관계로만 파악합니다. 가령, 엄마가 새 장난감을 주면 아기는 흥미를 갖고 손으로 만지거나 입에 대며 열심히 분석합니다. 그러나 엄마의 표정이나 반응은 살피지 않지요. 장난감에 대한 흥미가 사라져야 비로소 엄마를 쳐다봅니다. 이 단계에서는 '나-사물' 혹은 '나-엄마'의 양자 관계만 있습니다. 반면, 9개월 무렵이 되면 자신과 사물 사이에 다른 사람을 끼워 넣으며 3자 관계를 생각하기 시작합니다. 가령, '엄마가 나를 기쁘게 해 주려고 장난감을 갖고 왔네' 혹은 '엄마가 나와 함께 장난감 놀이를 하려는구나' 등의 생각하며 엄마의 표정과 장난감을 번갈아 봅니다. 유인원에게는 거의 찾아볼 수 없는 행동입니다.

둘째, 인간이 협력을 위해 소통하는 수단은 언어, 표정, 상징적 손짓과 몸짓 등 유인원에 비해 훨씬 다양합니다. 특히, 상징은 유인원에게 없는 소통 방식입니다. 가령, 아기는 레고 쌓기를 몇 번 보여준 후 일부러 한 개를 빠뜨리면 손가락으로 가리키며 부모의 개입을 요구합니다. 침팬지는 레고 대신 먹이로 대체해도 손가락으로 가리키지 않았습니다. 사냥하는 사람들에게서 보듯이 호모는 말을 하지 않아도 다양한 상징적 손짓만으로 소통할 수 있습니다. 하지만 뭐니뭐니 해도 인간의 가장 중요한 소통 수단은 언어이지요. 언어에 대해서는 이 장의 끝 무렵에 알아보겠습니다.

셋째, 무리 내에서 먹이와 성性을 분배하는 방식이 유인원과 크게 다릅니다(성에 관해서는 다음 절 참조). 가령, 야생의 침팬지나 보노보는 먹이를 나누어 먹는 경우가 매우 드뭅니다. 다만 고기는 특별해서 수컷들은 사냥 후 자기들끼리 나누어 먹으며 결속을 다집니다(다만, 성평등 사회를 이루고 있는 보노보는 암수 모두 사냥하고 함께 나누어 먹습니다). 이때 사냥에 참여하지 않아 먹이를 못 얻은 녀석은 집요하게 구걸하거나 털 고르기, 성기 보여 주기 등으로 유혹도 합니다. 이 경우 수컷은 자신과 교미한 암컷의 80%에게 먹이를 나누어 준다고 합니다. 어떤 녀석은 일부러 구걸하여 자신의 존재감을 나타내려 합니다. 또, 일부는 과시하려고 포획물을 굳이 동료 앞에 가져와 먹기도 합니다. 하지만 유인원의 먹이 분배 방식은 서로 달려들어 싸우는 사자 등의 육식동물과는 다릅니다. 침팬지는 먹이의 분배 과정에서는 다소 다투는 일이 있어도 일단 분배 후에는 강제로 뺏지 않습니다. '소유자 존중'의 보이지 않는 규칙이 있지요. 통상적으로 먹이를 가진 녀석 주위에 한 무리가 몰려들고, 이를 다시 두 번째 그룹이 둘러쌉니다. 그러나 서열이 높은 녀석도 폭력으로 뺏는 일은 거의 없다고 합니다. 얼핏 매우 평화적으로 보입니다. 하지만 먹이 분배를 마친 유인원들은 서로 등을 돌린 채 각자 먹지요.

사람이 먹이를 분배하는 방식은 이와 크게 다릅니다. 아마존, 뉴기니, 아프리카 등지의 수렵·채집인 사회에서 보듯이 구한 음식을 뺏으려고 구성원끼리 싸우지 않습니다(물론, 분배에 불평하는 경우는 간혹 있습니다). 통상, 가장 높은 연장자가 공평하게, 그리고 평화롭게 배분합니다. 오히려 보스는 덜 가지는 경우가 많지요. 게다가 모두 둘러앉아 함께 먹습니다. 특히, 나눌 만큼 음식의 양이 충분치 않으면 더욱 그렇지요. 싸움은커녕 사냥 후, 혹은 추운 밤의 모닥불 주변은 화기애애한 식사 자리가 됩니다. 등돌리고 각자 먹는 유인원과 달리 평화로운 공동식사는 인간만이 가지는 독특한 문화입니다.

넷째, 사회결속과 협력을 다지는 '털 고르기' 행동이 유인원과 다릅니다. 털 고르기는 영장류가 서로의 유대감을 다지는 대표적 행동이지요. 침팬지의 경우 깨어 있는 시간의 20%를 털 고르기에 할애합니다. 상대방에게 잘 보이거나 잠재적 동지를 만들기 위해, 혹은 싸움 후 화해 등 대부분 마키아벨리적 행위로 털을 고릅니다. 그런데 털이 없어진 호모는 다른 방법을 찾아야 했습니다. 옥스포드대학의 진화심리학자 로빈 던바 Robin Dunbar 는 이를 흥미로운 숫자로 설명했습니다.[53] 침팬지는 오직 1마리와 1:1로 털 고르기를 합니다. 그러나 털이 없어진 인간은 언어로 대신하면서 여러 사람과 털 고르기를 할 수 있었습니다. 그렇다고는 해도 대화를 통한 털 고르기는 세 사람이 한계입니다.

또 한 가지가 있습니다. 원래 마키아벨리적 행위에서 유래했으므로 밀담의 내용은 대부분이 뒷담화, 즉 남의 이야기입니다. 던바는 인간의 사회구조가 3명을 기본으로 시작해 대략 3배수가 될 때마다 단계가 높아진다고 분석했습니다. 가령, 참석자가 10명쯤 되는 식사 자리를 예로 들어보지요. 처음에는 공통 주제에 대해 한 사람의 말을 경청하지만 시간이 흐르면 3~4명으로 이루어진 몇 개의 대화 그룹으로 자연스럽게 쪼개집니다. 또, 곤궁에 빠졌을 때 진정으로 도와줄 수 있는 친밀한 사람을 꼽아보면 대략 3명 내외입니다. 그럭저럭 친한 사람은 3~5명의 3배인 9~15명쯤 되지요. 그래서 스포츠 팀 구성원의 수, 그리스도의 제자의 수, 배심원의 수는 대략 이 정도됩니다. 한 학급의 학생 수는 이의 3배쯤 되는 30~45명입니다.

던바는 구성원 간에 개별적 관계를 유지할 수 있는 최대 수를 약 150명으로 보았습니다. 집단의 평균 크기가 55마리인 침팬지에 비해 인간의 뇌 용적(특히 새겉질)은 3배쯤 큽니다. 이를 사람에 적용해 침팬지 무리의 3배쯤 되는 약 150명을 집단의 기본 크기로 본 것이지요. 이를 '던바의 수數'라고 부릅니다. 공동 우물을 사용하는 씨족의 평균 구성원 수(약 150명), 로마군의 기본 전투단위인 경보병Hastatus과 중보병Principes의 병력 수(120~130명), 오늘날 전 세계 군대의 직접 지휘 단위인 중대(120~150명)도 던바의 수의 범위에 있지요. 이 정도 병력이면 중대장이 병사 개개인의 신상을 파악하고 직접 통제할 수 있습니다. 또, 대부분의 이메일이나 전화 주소록에 있는 이름도 (비즈니스 명단이 아니라면) 대략 150명입니다. 이보다 많아지면 개인적 접촉이 아니라 간접적으로 연결되는 큰 조직이 됩니다. 그래서 고어텍스의 창립자 빌 고어Bill Gore는 회사가 커진 후에도 150명을 부서의 기본 단위로 삼았지요.

오늘날 인간이 지구를 점령할 수 있었던 가장 큰 원동력은 균등한 분배와 고도화된 털 고르기, 상징과 언어로 소통하며 모르는 타인과도 협력하는 독특한 사회성 덕분입니다. 인간의 사회성 본능은 상상을 초월할 정도입니다. 수치심이나 명예 때문에 자살하는 유일한 동물이 인간입니다. 자신의 소중한 생명보다도 무리에서 외톨이가 되는 상황을 참지 못할 만큼 사회적 본능은 강력합니다.

공짜 없는 당근 | 호모의 짝짓기

인간이 협력을 통해 초사회성을 갖게 된 데에는 H. 에렉투스 이후 변화한 짝짓기 방식도 큰 역할을 했습니다. 그 단서의 일부를 남성과 여성의 체격 차이에서 찾을 수 있지요. 예를 들어, 호모 이전의 오스트랄로피테쿠스는 남성이 여성보다 훨씬 컸습니다. 이는 370만 년 전의 A. 아파렌시스 남녀가 탄자니아의 라에톨리Laetoli에 남긴 70여 개의 발자국으로도 유추할 수 있습니다. 그런데 H. 에렉투스에 이르자 남녀의 신체 차이가 크게 줄었습니다. 암수의 크기 차이를 나타내는, 이 같은 성적이형性的異形, sexual dimorphism은 수컷이 거느리는 암컷의 수에 대한 척도입니다. 가령, 정력이 좋다고 소문난 수컷 물개는 하렘의 수많은 암컷을 유지하기 위해 체중이 암컷보다 2.5배나 큽니다. 유인원도 마찬가지여서 여러 마리의 암컷을 거느리는 오랑우탄이나 고릴라는 수컷이 월등히 큽니다.

사람의 남녀 체격 차이가 크지 않다는 사실은 호모 이래 최소 200만 년 동안 대체로 일부일처一夫一妻를 유지했음을 말해 줍니다. 세계 대부분의 문화도 일부일처제가 압도적입니다. 물론, 일부다처一夫多妻 문화권도 일부 있지만, 이런 지역에서도 대부분의 하층 남성들이 1명의 배우자를 가집니다. 다만 남성이 여성보다 약간 크기 때문에 인간의 짝짓기는 다처 경향이 다소 있는 일부일처제라고 할 수 있습니다. 그런데 일부일처는 포유류에서 흔한 현상이 아닙니다. 약 10%의 포유류만 하나의 암컷과 짝짓기를 합니다. 영장류은 이보다 많은 15~30%의 종이 부부생활을 하지만 평생 지조를 지키는 경우는 드뭅니다. 호모가 다른 영장류와 달리 일부일처제를 선택한 데는 진화적 이점이 있었기 때문일 것입니다.

호모의 아기는 큰 뇌가 소모하는 엄청난 에너지 때문에 성장하기까지 무려 1,300만 칼로리의 음식을 먹어야 합니다. 이는 여성이 혼자서 부담하기 어려운 양으로 배우자의 도움이 절대 필요했을 것입니다. 더구나 수컷만으로 부족해서 무리의 도움도 받습니다. 인간의 여성은 '부모처럼 행동하는 타인들alloparents'에게 아기를 돌보도록 허용하는 유일한 영장류입니다. 조부모나 자매, 친한 암컷이 대표적인 양육 조력자들이지요. 인간의 이 같은 공동양육은 무리 생활을 결속시키는 또 다른 중요한 요소였습니다.

호모의 여성은 많은 양의 음식뿐 아니라 어린 것의 긴 양육기간 때문에도 남성의 협력이 필요했습니다. 호모는 완전한 직립보행으로 골반이 작아졌고, 그 결과 태아의 출산 통로인 여성의 산도產道도 좁아지게 되었지요. 그런데 이전보다 2배나 커진 머리를 가진 아기의 출산은 여성에게 큰 문제였습니다. 오늘날에도 일부 낙후된 국가의 산모 사망률은 7명당 1명에 이릅니다. 한 세기 전만 해도 산모가 출산 시 사망하는 불행은 흔한 일이었지요. 이는 다른 동물에서는 드문 현상입니다. 뿐만 아니라 영아嬰兒도 출산 시 위험했습니다. 앙골라의 출산 전후 영아 사망률은 18%에 이릅니다. 이와 달리 염소와 소의 새끼는 각기 2.6%와 3~4%만이 출산시 죽습니다.

해결책은 하나뿐이었지요. 가능한 머리가 작은 미숙아, 즉 '무능한 신생아'를 낳아야 했지요. 대부분의 포유류는 출산 후 짧은 기간만 제 앞가림을 못합니다. 아프리카 초원의 영양 등은 육식동물로부터 살아남기 위해 태어난 지 몇 분만에 바로 뛸 수 있습니다. 인간의 무능한 아기는 4개월이 되어서야 겨우 도움을 받아 앉을 수 있고, 14개월 후에 혼자 설 수 있지요. 침팬지는 4세에 독립하지만, 아마존의 원시부족인은 18세가 되어야 독자 생존할 수 있는 지식과 경험을 갖춥니다. 굶주림과 각종 위험에 노출되어 있던 사바나의 호모 여성이 이처럼 형편없이 미숙한 새끼를 오랜 세월 혼자 돌본다는 것은 불가능했지요.

더구나 여성은 3~4년에 한 번은 출산하기 때문에 자식이 하나가 아니었습니다. 이기적 수컷들이 배다른 자식들에게 도움을 줄리가 없지요. 럿거스Rutgers대학의 인류학자 헬렌 피셔Helen Fisher는 호모 여성이 지속적인 도움을 받기 위해서는 배우자를 1명만 가지는 것 이외에 다른 선택의 여지가 없었다고 주장합니다. '무능한 아기' 문제를 해결하기 위해 호모는 부부와 자식으로 이루어진 핵가족으로 결속했고, 그 결과 남녀 모두 성공적으로 번식할 수 있었습니다.[54] 오늘날 문란한 성性 문화나 동성연애, 결혼 기피 등 전통적인 부부생활에 반反하는 세태를 걱정하는 목소리가 있습니다. 하지만 이러한 풍조는 역사 이래 여러 번 있었으며, 그때마다 일시적 현상으로 끝나곤 했지요. 가족은 인간이 수백만 년의 진화를 통해 얻은 산물이어서 한때의 문화나 풍조로 쉽게 바뀔 수 없는 조직이지요.

사람의 짝짓기에서 또 하나의 특별한 점은 여성의 감춰진 배란기입니다. 대부분의 동물은 발정기에만 교미합니다. 포유류의 경우, 암컷은 암내를 발산하거나, 침팬지처럼 생식기 부위를 시각적으로 변화시켜 수컷에게 배란을 알립니다. 반면, 배란을 감추는 인간은 번식과 상관없이 아무 때나 성교를 할 수 있습니다. 그 결과 인간은 성을 번식이 아닌 쾌락으로 언제나 즐길 수 있는 독특한 포유류가 되었습니다(보노보도 비슷합니다).

감추어진 배란기에 대한 몇 가지 가설이 있습니다. 첫째는 암컷이 미숙아의 양육을 위해 수컷의 도움을 받는 대신 성性을 보상으로 제공했다는 가설입니다. 출산을 하지 않는 포유류 수컷들은 새끼가 자신의 2세라는 확신이 없기 때문에 가능한 한 많은 암컷과 상대하려는 바람둥이 본능이 있습니다. 그래서 사람의 남성은 여성의 외모 등 단순한 면만 보고 즉흥적으로 상대와 관계를 맺으려 합니다. 특히 젊고 건강해 번식력이 높을 가능성이 있는 여성을 본능적으로 좋아합니다. 남성들은 키나 체중에 상관없이 허리와 엉덩이 비율(WHR)이 0.7 부근인 여성을 무의식적으로 좋아한다고 알려져 있습니다. 젊고 건강한 여성은 0.76~0.8의 값을 갖는다고 합니다. 반면, 여성은 남성의 외모에는 별로 관심이 없고, 대신 배려심 많고 믿을 만한 배우자인지를 신중하게 판단합니다. 여성들이 나이가 조금 있거나 지위가 높은 남성에 끌리는 경향은 이 때문이지요. 자신의 2세를 안정적으로 키우려는 본능이 자리잡고 있다 할 수 있습니다. 그런데 바람둥이 남성을 가족으로 잡아 두려면 당근이 필요했지요. 결국, 여성은 자신의 '무능한 아이'를 지속적으로 양육해줄 수 있는 남성을 잡아 두기 위해 아무 때나 성을 제공하도록 배란기를 감추었다는 설명입니다.

여성의 감춰진 배란기에 대한 두 번째 가설은 남성 사이의 협력을 위해 필요했다는 주장입니다. 몬트리올대학의 인류학자 베르나르 샤페Bernard Chapais는 숨겨진 배란기와 일부일처 문화 때문에 H. 에렉투스는 수컷 간의 투쟁을 크게 줄였다고 주장합니다. 즉, 호모 남성은 배우자와 항시 성생활을 함으로써 다른 수컷들과 번식 투쟁할 필요성을 크게 줄였다는 설명이지요. 실제로 H. 에렉투스의 훨씬 윗대 조상으로 추정되는 440만 년 전의 아르디피테쿠스 라미두스는 이미 수컷의 송곳니가 상당히 퇴화해 있었습니다. 이들의 주식은 식물성이었기 때문에 이전에는 송곳니를 주로 수컷간 싸움에 사용했을 것입니다. 이것이 퇴화했다는 사실은 그만큼 구성원 사이의 투쟁이 줄고 협력이 중요해진 단서로 볼 수 있지요(때와 장소, 대상을 가리지 않고 성교하는 보노보는 평화로운 협력사회를 이룹니다. 난교로 암수 모두 새끼의 아비가 누구인지 모르기 때문에 수컷은 다투지 않고 무리의 모든 새끼를 돌봅니다). 그렇다면 '협동 가설'의 주체는 남성일 것입니다. 수컷들이 사냥에서의 협력을 위해 여성을 변화시켰다고 보기 때문이지요.

고향 떠난 친척들 | 호모의 유라시아 진출

쭉 뻗은 하체 덕분에 장거리 이동의 달인이 된 H. 에렉투스는 먹이를 찾아 사바나에서 하루 평균 10~13km를 이동했다고 추정됩니다. 특히, 본격적인 육식을 위해 시작한 사냥은 호모의 먼 거리 이동을 촉진시켰습니다. 달아나는 사냥감을 쫓는 과정에서 자연스럽게 새로운 땅에 진출했을 것입니다. 지난 수십 년 동안 고인류학자들은 H. 에렉투스가 아프리카를 떠난 최초의 고인류이며, 그 시기는 180만 년 전이라고 생각했습니다.

그런데 이를 재고해야 할 주장이 2013년 『사이언스』에 발표되었습니다. 드마니시Dmanisi화석 때문입니다.[55] 드마니시는 터키의 북서쪽 국경에서 멀지 않은 중앙아시아 조지아공화국의 조그만 마을입니다. 이곳에서 약 185~175만 년 전의 인골 화석들이 발견되었습니다. 그중 2005년 발굴되어 '5번'으로 불리는 화석은 지금까지 알려진 비슷한 시기 고인류의 두개골 중 가장 온전한 형태였습니다. 그런데 동시대의 아프리카 호모에 비해 훨씬 원시적이었지요. 뇌용량도 매우 작아서 H. 하빌리스에도 못 미치는 546cc였습니다. 이처럼 두개골이 작았는데도 발견자들은 이들을 호모로 분류했습니다. 키가 145~160cm로 비교적 작았지만, 직립보행으로 장거리 이동이 가능한 다리를 가지고 있었기 때문입니다.

이는 높은 지능 덕분에 호모가 아프리카 밖으로 이주했다는 기존의 가설을 다시 생각하게 만들었습니다. 뿐만 아니라 고인류가 아프리카 밖으로 나간 시기도 기존 통념보다 10만 년 빠른 190만 년 전으로 올라갔습니다. 드마니시 화석의 주인공들이 비슷한 시기 아프리카에 살았던 호모와 같은 종인지 아니면 별도의 원시 종인지는 논란 거리입니다. 일부 학자는 드마니시의 무리를 호모 조지쿠스H. Georgicus라는 별도 종으로 분류했지만, 이들의 정체는 더 풀어야 할 숙제입니다. 어떤 경우이건 호모는 190만 년 전에 처음으로 유라시아로 진출했습니다. 이 사건을 '출出아프리카 IOut-of-Africa I'라고도 부릅니다.

당시의 유라시아는 테티스 통로Tethys Corridor라는 트인 지대가 대륙의 한가운데를 길게 관통하고 있었습니다. 북위 20~40도에서 유라시아를 남북으로 갈라놓았던 테티스라는 옛 내해內海(지금은 거의 사라져 서쪽의 지중해만 남았습니다)가 있던 자리를 따라 형성된 자연 통로였지요. 지브롤터–프랑스 남부–터키–중앙아시아–티베트 북부로 이어진 후 버마에서 남쪽으로 틀어 동남아의 수마트라와 자바까지 연결되었습니다. 남쪽에도 통로가 있었습니다. 지브롤터–북아프리카 지중해 연안–아라비아 반도–인도–동남아로 이어지는 해안도로였지요. 동아프리카 대지구대를 떠난 H. 에렉투스들은 이들 통로를 따라 서쪽 유럽의 대서양 연안에서 동쪽의 태평양 해안까지 진출했습니다. 긴 다리가 진가를 발휘한 대단한 이주였지요. 하지만 이들의 인구는 모두 합쳐도 수만 명에 불과했습니다.

이들 중 서쪽으로 이주한 유럽의 H. 에렉투스들은 극소수였으며, 따라서 큰 흔적을 남기지 못하고 곧 소멸했습니다. 반면, 동쪽으로 이주한 H. 에렉투스들은 수마트라를 거쳐 자바에까지 이르렀습니다. 동남아의 H. 에렉투스들은 아열대 및 열대의 춥지 않은 기후와 충분한 먹거리 덕분에 이곳에서 180만 년 동안 존속했습니다. 한마디로, 아프리카 밖으로 이주한 H. 에렉투스의 주류는 동남아 무리였지요. 이 지역 H. 에렉투스 중 가장 유명한 화석이 19세기 말 네덜란드의 외젠 뒤브아 Eugène Dubois 가 발견한 '자바원인 Java Man '입니다. 예전 교과서에는 '서서 걷는 유인원'이란 뜻의 피테칸트로푸스 에렉투스 Pithecanthropus erectus 라고 불렀지요. 그러나 분명한 호모입니다. 특히 자바 중부의 산지란 Sangiran 은 유네스코 문화유적으로 지정될 만큼 수많은 H. 에렉투스의 화석이 발견된 지역입니다. 일부 화석은 나이가 180만 년으로 추정됩니다.

동남아의 초기 H. 에렉투스들은 아프리카의 형제들과 비슷했지만 두개골이 약간 작은 900cc였습니다. 이들은 척추동물의 고기를 중요한 음식으로 먹었다고 추정됩니다. 그러나 석기는 많이 발견되지 않았는데 아마도 지역에 풍부한 대나무를 주요 도구로 사용했을 것입니다. 대나무 창으로 숲의 길목이나 나무 위에서 돼지나 옛 코끼리 스테고돈stegodon 등을 사냥했다고 추정됩니다. 당시 이 지역에는 유인원 중 가장 장신으로, 키가 3~4m에 이르렀던 채식성 기간토피테쿠스Gigantopithecus도 살고 있었지요. 이들은 약 1,400만~1,100만 년 전 중동의 유인원 공통조상에서 분화해 동남아로 이주한 라마피테쿠스의 후손 혹은 사촌이었습니다.

일부 학자들은 H. 에렉투스들이 오늘날의 동남아인들이 지역의 유인원을 잡아먹듯이 어린 기간토피테쿠스를 대나무로 사냥했다고 추정합니다. 아무튼 열대와 아열대의 풍요로운 환경과 추위 걱정을 안 해도 되는 동남아는 H. 에렉투스들에게 에덴동산이었습니다. 일부는 나중에 중국으로도 옮겨갔지요. 동남아와 접경한 온난한 기후의 운남성雲南省 원모元謀현에서는 170만 년 전의 고인류 화석이 발견되었습니다. 원모인Yuanmou Man으로 불리는 이 치아 화석은 중국에서 발견된 가장 오래된 H. 에렉투스의 흔적입니다.

아시아의 H. 에렉투스들은 약 160만 년 전부터 아프리카의 형제들과 얼굴과 두개골의 모습이 조금씩 달라지기 시작했습니다. 약 100만 년 전부터는 작은 그룹으로 쪼개져 서로 거의 고립된 채 살았지요. 그중 일부가 80만 년 전쯤 자바 섬 동쪽의 훌로레스Flores 섬으로 건너가 완전 고립된 채 진화한 호모 훌로레시엔시스H. floresiensis입니다(추후 설명이 이어집니다). 아프리카에서 이주 후 오랜 세월이 흐른 70만~60만 년 전에 이르자 아시아의 에렉투스들은 해부학적으로 뚜렷하게 변했습니다. 특히 두개골이 현생 인류와 많이 닮아졌지요. 이를 근거로 일부 중국 학자들은 유라시아의 H. 에렉투스들이 아시아인의 조상이라는 다지역 기원설을 주장합니다. 하지만 그들의 해부학적 특징은 수렴진화의 결과로 보입니다(뒤에 다시 설명할 예정입니다).

아시아 중앙부의 H. 에렉투스 중 가장 유명한 고인류 화석이 북경원인北京猿人, Peking Man입니다. 북경 교외의 주구점周口店, Zhoukoudian에서 1920년대 처음 발견된 이 화석은 큰 얼굴, 강한 턱, 튀어나온 눈썹 뼈 등 아시아 H. 에렉투스의 전형적인 특징을 가지고 있지요. 중국 공산당은 이 화석의 주인공이 중국에서 독자적으로 진화한 자신들의 조상이라고 한때 선전했습니다. 북경원인은 평균 뇌용량이 1,040cc인 중기 아시아 H. 에렉투스입니다. 화석의 연대는 최근의 분석결과 78만~68만 년 전이었습니다. 지역적으로 볼 때 우리나라 전곡리에서 석기를 사용했던 주인공들은 그들의 친척이거나 후손일 가능성이 높습니다.

아시아의 H. 에렉투스들은 약 30만 년 전부터 급감했습니다. 극히 일부만 자바 섬 등의 고립된 지역에서 연명했으나, 수만 년 전 모두 멸종했지요. 그럼에도 불구하고 아시아의 H.에렉투스들은 거의 180만 년 동안 존속했을 만큼 성공적인 고인류였습니다.

고향을 지킨 조상들 | 아프리카의 호모

한편, 아프리카에 남았던 H. 에렉투스들은 어떻게 되었을까요? 형제들을 유라시아 대륙으로 떠내 보낸 아프리카의 H. 에렉투스들은 그 후 약 100만 년 동안, 즉 80만 년 전까지 해부학적으로 크게 변하지 않았습니다. 또 번성하지도 못했지요. 그러나 그 후손 중의 한 무리에서 현생 인류가 탄생했습니다. 그 과정은 대략 다음과 같습니다.

190만 년 전 출현한 평균 뇌용량 900cc의 H. 에렉투스는 이전의 고인류에 비해 확실히 높은 지능을 가지고 있었습니다. 2011년 케냐의 투르카나 호수 주변 코키셀레이Kokiselei에서 발견된 아슐리안 석기가 이를 말해 줍니다. 떨어지는 물방울 모양의 석기인데, 176만 년 전에 만들어졌다고는 믿기지 않을 정도로 정교합니다. 이 같은 고난도의 석기를 만들려면 이전의 올도완 '뗀석기' 때와는 비교가 안 될 만큼 높은 지능이 요구됩니다. 169만 년 전에는 더욱 진보된 석기를 만들었습니다. 아슐리안 양날석기로 불리는 하트 모양의 손도끼인데, 고기 베는 기술이 한층 더 향상되었음을 보여줍니다. 100만~93만 년 전에는 불을 사용한 가장 오래된 증거가(물론 그 이전에도 사용했을 가능성이 크지만) 남아프리카와 케냐에서 발견되었지요.

진화를 계속하던 80만~70만 년 전 무렵 H. 에렉투스에서 호모 하이델베르겐시스Homo heidelbergensis라는 새로운 종이 출현했습니다. 이는 빙하기에 적응하는 과정에서 일어난 결과로 보입니다. 지구는 약 4,000만 년 전부터 서서히 추워졌는데, 약 258만 년 전에 이르러서는 북반구 대륙의 절반이 주기적으로 얼음에 덮이는 본격적인 빙하기에 접어들었습니다. 특히, 지난 90만 년 이래 네 차례의 혹독한 빙기와 온난한 간빙기間氷期가 반복되었지요. H. 하이델베르겐시스는 그 첫 빙기인 90만~62만 년 전의 '귄츠 빙기Günz Glaciation'에 출현했다고 추정됩니다. 추운 기후에 적응한 최초의 호모이지요.

대부분의 학자들은 H. 하이델베르겐시스가 H. 에렉투스와 H. 사피엔스를 이어 주는 우리의 직계로 믿고 있습니다. 이들이 살았던 시기는 논란이 있지만, 80만 년~20만 년 전이 일반적인 추정입니다. 관련 화석은 1907년 독일의 하이델베르크 근교에서 처음 발견된 이래 프랑스, 이탈리아, 영국, 그리스, 스페인 등의 유럽은 물론, 이스라엘, 아프리카 중부의 잠비아, 동부의 에티오피아 등 광범위한 지역에서 발견됩니다(심지어 중국에서 살았다는 주장도 있습니다). 아프리카의 H. 에렉투스에서 진화한 이들은 출현 직후 고향 대륙의 각지와 유럽으로 퍼져나갔습니다. 호모가 아프리카 밖으로 나간 두 번째의 사건이었던 셈이지요.

한편, 기존의 아프리카 H. 에렉투스들은 H. 하이델베르겐시스에 의해 대체되었거나 서서히 사라졌다고 추정됩니다. 아쉽게도 이 과정을 화석으로 확인하기 어렵습니다. 당시 인류는 지구의 주인공이 아니었습니다. 개체수가 얼마 안 되는 평범한 동물이었으므로 화석이 많이 남아 있을 리 만무하지요. 2010년 유타Utah대학 연구팀이 DNA 분석으로 추정한 결과에 의하면, 120만 년 전 지구상에 살았던 고인류의 총인구는 (아시아, 아프리카의 H. 에렉투스 등 모든 종을 통틀어) 18,500명에 불과했다고 합니다.[56] 우리나라 읍 인구에도 못 미치는 숫자였지요.

어찌되었든, H. 하이델베르겐시스는 H. 에렉투스보다 지능이 한 단계 업그레이드된 우리의 직계였습니다. 뇌용량이 현생 인류보다 약간 작은 평균 1,200cc이었습니다. 얼굴도 이전보다 많이 평평했지요. 그러나 돌출된 눈썹뼈, 경사진 이마, 앞뒤로 긴 두개골 등 여전히 H. 에렉투스의 특징을 다소 가지고 있었습니다. H. 하이델베르겐시스는 확실하게 불을 다루었습니다. 또, 나무와 바위로 간단한 주거지를 만든 증거가 있는 최초의 고인류입니다. 몇몇 화석의 주변에서는 적철광 성분의 황토색 연료가 발견되었는데, 의식용 혹은 초보적 미술활동의 흔적으로 보고 있습니다. 죽은 자를 매장도 했지요. 게다가 후기 H. 하이델베르겐시스는 초보적 언어를 사용했을 가능성이 큽니다. 특히,

유럽의 H. 하이델베르겐시스들은 온화한 간빙기에는 북쪽으로 후퇴한 빙하를 따라 영국까지 진출했습니다. 영국 남부 복스그로브Boxgrove에 살았던 무리들은 석회암 절벽 해안가에서 옛 거대 사슴인 메갈로세로스megaloceros와 코뿔소, 말, 하마 등을 나무 창으로 사냥했습니다. 이들 주거지에 남아 있는 동물의 뼈와 그 위의 날카로운 석기 자국들이 당시의 모습을 말해주고 있지요.

그러던 약 50만~40만 년 전 무렵 H. 하이델베르겐시스는 지중해를 경계로 아프리카와 유럽의 두 그룹으로 양분되었습니다. 아프리카 그룹은 우리의 조상 계통으로 이어졌고, 추운 유럽에 살던 무리는 호모 네안데르탈인Homo neanderthalensis이 되었습니다. 네안데르탈인의 출현 시기는 화석상으로는 약 43만 년 전까지 거슬러 올라갑니다. 그러나 DNA 분석결과는 이보다 훨씬 앞선 60만 년 전으로 보기도 합니다. 아무튼 네안데르탈인은 혹독한 추위에 적응해 진화한 북반구의 호모였습니다. 그런데 2010년 H. 하이델베르겐시스의 또 다른 후손이 시베리아 서남부에서 화석으로 발견되었습니다. 알타이 산맥의 데니소바 동굴에서 발견된 4만 1,000년 전 소녀의 손가락뼈와 성인 남자 두 사람의 치아가 그 주인공이었지요.

DNA 분석결과 이들은 네안데르탈인과 가까운 멸종 고인류였습니다. 과학자들은 이들에게 호모 데니소반Homo denisovan이란 이름을 붙였습니다. 데니소바인이 네안데르탈인의 친척이라는 사실은 2014년 발표된 스페인 북부의 시마 데 로스 우에소스Sima de los Huesos에서 발굴된 고인류 넙적다리뼈 DNA 분석결과로 재확인되었습니다.[57] 당초 이 화석은 30만 년 전의 네안데르탈인 뼈로 생각했는데 DNA 분석결과 데니소바인에 가까웠습니다. 어찌 된 영문일까요?

최근의 DNA 분석결과를 종합하면 다음과 같습니다. H. 하이델베르겐시스는 48만~44만 년 전에 두 무리로 갈라졌습니다. 한 무리는 아프리카에 남은 우리의 H. 사피엔스의 조상 계열이지요. 나머지는 유라시아로 건너갔습니다. 이들은 시간이 지나자 서쪽의 네안데르탈인과 동쪽의 데니소바인으로 다시 갈라졌습니다. 스페인 북부에서 발견된 화석의 주인공이 네안데르탈인과 데니소바인의 특성을 모두 가지고 있던 이유는 두 종이 막 분기될 무렵의 고인류였기 때문입니다.

지하철에서 들통 날 사촌들 | 네안데르탈인

먼저, 이들 중 네안데르탈인부터 알아보겠습니다. 이들의 화석은 1856년 독일 뒤셀도르프 근처의 네안데르Neander 계곡-thal의 동굴에서 처음 발견되었습니다(나중에 밝혀졌지만 실제로는 1829년 벨기에서 발견된 두개골 파편이 최초 발견 화석입니다). 그 후 유럽 각지와 중동, 서아시아에서 현재까지 400개 이상의 화석들이 발견되었지요. 네안데르탈인은 인류 진화상 가장 혹독한 추위를 견딘 강인한 호모로 약 40만 년 동안 생존했습니다. 그들은 추위로부터의 열손실을 줄이기 위해 팔다리는 짧았고 목과 허리는 굵었지요. 키는 성인 남자도 165cm를 넘지 않을 만큼 작달막했지만 매우 다부져서 어린이도 근육질이었습니다. 눈썹 위 뼈는 툭 튀어나왔고, 이마는 뒤로 쳐져 있었으며, 찬 공기를 덥히려고 코는 컸지요. 면도를 시키고 양복을 입혀 지하철에 앉히면 금방 현생 인류가 아님이 들통날 모습이었습니다. 소위 말하는 '지하철 테스트'를 통과하지 못할 원시적 외모였습니다.

그러나 뇌의 평균 용적은 1,400cc로 현생 인류보다 오히려 약 10% 더 컸지요. 그렇다고 지능이 우리보다 높지는 않았지만 크게 뒤지지도 않았습니다. 뇌 이마엽은 현생 인류와 비슷해서 복잡한 인식활동도 가능했다고 추정합니다. 네안데르탈인도 현생 인류처럼 대다수가 오른손잡이였습니다.[58] 그런데 오른손 동작을 통제하는 좌뇌는 언어활동과 관련이 깊습니다(침팬지는 좌우 뇌의 비대칭성이 인간보다 훨씬 덜합니다). 또한 후두(음성박스) 위쪽 혀뿌리에 붙어 있는 설골舌骨의 모양을 보아 네안데르탈인들도 분명히 언어를 구사했을 것입니다. 다만, 가슴이 통통했기 때문에 현대인보다 말을 할 때 힘이 들어갔으며, 목소리도 컸다고 추정합니다. 일리노이대학의 인류학자 암브로스Stanley Ambrose는 네안데르탈인은 긴요한 말만 거칠게 했다고 추정했습니다. 예를 들어, '혹시 저에게 그것을 줄 수 있습니까?' 대신 '그거 이리 줘'로 말했다는 식입니다. 발음 또한 덜 또렷했을 것입니다. 2010년의 DNA 분석결과에 의하면, 네안데르탈인의 언어 관련 유전자 중 FOXP2는 현생 인류와 거의 같으나 CNTNAP2는 약간 달랐습니다.[58]

네안데르탈인은 상징적인 사고思考도 했음이 최근 밝혀졌습니다. 2018년 유럽 3국의 국제공동연구진은 스페인의 동굴 3곳에 있는 벽화를 U−Th(우라늄−토륨)동위원소 연대측정법으로 조사한 결과를 『사이언스』에 발표했습니다.[59] 조사결과 적색과 흑색 염료로 그린 동물, 기하학적 도형, 손도장은 6만 4,000년 전의 것으로 밝혀졌습니다. 이 시기는 현생 인류가 유럽에 도착하기 약 2만 년 전이므로 네안데르탈인의 작품이 분명했지요. 스페인 동남부(쿠에바 데 로스 아비노스)에서 발견된 네안데르탈인 화석 주변에는 안료를 칠한 구멍 뚫린 조개껍질들도 있었습니다. 몸치장이나 의식儀式에 사용한 듯한데, 연대가 무려 11

만 5,000년~12만 년이나 되었지요. 현생 인류가 상징적 사고와 예술을 처음 시작했다는 기존 가설을 무너뜨리는 결과였지요.

한편, 프랑스 중부의 라 샤펠 오 생La Chapelle-aux-Saints에서는 노약자를 간호한 증거도 나왔습니다. 노인 남성의 어금니를 조사해 보니 너무 마모되어 음식을 먹을 수 없는 층 위에 치유된 새로운 층이 자라나 있었습니다. 누군가 씹은 음식으로 상당 기간을 공양했다는 증거였지요. 사망 후에는 매장도 했습니다.[60] 2013년에 이 유적지를 추가로 정밀분석한 결과, 유골을 장례 목적으로 변형한 흔적도 드러났습니다.

네안데르탈인들은 거의 100% 육식을 했습니다. 특히 거대동물을 남녀노소가 함께 사냥해 먹었지요. 혹독한 추위에 위험한 사냥으로 연명해서인지 그들의 생활은 매우 거칠고 난폭했던 것 같습니다. 많은 화석에 상처 자국이 남아 있으며, 일부는 심한 폭행이나 서로 잡아먹은 흔적도 있었습니다. 프랑스 아르데슈Ardèche에서 발굴된 유적에서는 사슴과 함께 6명을 도륙해 돌망치로 때려 골수와 뇌를 빼먹은 증거가 나왔습니다. 하긴 현생 인류인 뉴기니나 아마존의 원시부족도 20세기까지 식인 관습이 있었지요. 네안데르탈인의 사냥터는 평지가 숲과 만나는 경계의 덤불이나 나무 뒤였다고 추정됩니다. 이런 곳에 숨어 있다가 단독 행동하는 털코뿔소 등에 민첩하게 접근해 나무창으로 찌르는 방식이 주를 이룬 듯합니다. 돌화살촉이 달린 창의 사정 길이로 보아 대략 8m 이내의 거리에서 사냥했을 것입니다. 그들은 두꺼운 털가죽 옷을 입었습니다. 스페인 엘 시드론El Sidron 동굴에서 나온 4만 3,000년 전 유골의 DNA 분석결과 MC1R유전자가 확인되었는데, 이로 미루어 밝은 피부에 붉은 머리였던 듯합니다. 햇빛이 부족한 유럽에서 비타민 D를 합성하기 위해 적응한 결과로 보입니다.

약 40만 년 동안 잘 버텨온 네안데르탈인은 유럽에서 4만 1,000년~3만 9,000년 전 멸종했습니다. H. 사피엔스인 크로마뇽인이 유럽에 들어간 시기가 약 4만 5,000년~4만 3,000년 전이므로, 네안데르탈인과 유럽에서 최소 수천 년 동안 공존한 셈이지요.[61] 그렇다면 그들은 왜 멸종했을까요? H. 사피엔스에게 몰살당했거나 교배로 흡수되었다는 등의 다양한 가설이 있습니다. 이에 대한 유전자 증거는 나중에 다시 알아보기로 하고 원인부터 살펴보지요.

먼저 외적 원인입니다. 마지막 빙하기가 맹위를 떨치던 4만 5,000년 전 경의 유럽은 기후가 급변을 거듭하며 더욱 춥고 건조해졌습니다. 물론 기후 변화는 그 이전의 빙기에도 있었고, 네안데르탈인은 추위에 잘 적응된 호모였지요. 그런데 당시의 빙기는 조금 달랐습니다. 변화가 예전처럼 긴 기간에 걸쳐 점진적으로 일어나지 않고 수십~수백 년의 짧은 주기로 반복되어 제대로 대처할 수가 없었습니다. 유럽의 숲들은 급속히 사라져 몇 군데의 작은 구역들만 남았고, 대부분 지역이 확 트인 툰드라로 변했습니다. 원래 숲 가장자리 덤불이나 나무 뒤에 숨어 사냥했던 네안데르탈인들에게 매복할 곳이 없어진 것입니다. 주로 가까이서 찌르는 데 사용했던 그들의 창은 멀리 떨어진 동물에 미칠 수 없었지요.

그렇다고 새로운 경쟁자인 크로마뇽인처럼 사냥감을 향해 빠르게 달리거나 오래 뒤쫓을 수도 없었습니다. 원래 두 종 모두 쭉 뻗은 다리를 가진 H. 하이델베르겐시스의 후손이지만, 네안데르탈인은 추위에 적응하느라 몸체가 작달막해지며 팔과 다리의 길이가 현저히 줄었습니다. 사용한 석기의 분포로 볼 때 그들의 활동 반경은 약 50km에 불과했습니다. 반면, 크로마뇽인은 200km였지요. 뿐만 아니라 아프리카에서 이주해 온 크로마뇽인들은 추위에 강하지는 않았지만 벌판에서 살았으므로 숲 없는 생활에 훨씬 더 잘 적응했습니다.

또, 네안데르탈인처럼 육식에만 의존하지 않고 변화하는 환경에 맞추어 다양한 잡식성 먹거리를 찾아냈지요. 육식만 고집한 네안데르탈인은 사냥이 힘들어지자 굶어 죽기 시작했습니다. 원래 7만여 명까지 늘어났던 총 인구는 급감했지요. 겨우 살아남은 극소수는 남유럽, 서아시아, 그리고 이베리아 반도의 세 곳으로 흩어졌습니다. 그중 이베리아 반도 끝의 지브롤터로 간 마지막 무리들의 사투 흔적이 남아 있습니다. 그들은 평소 사냥하던 대형동물 대신 송진으로 접착한 돌촉 달린 나무 창으로 물개를 잡거나 조개를 먹었지요.[62] 그러나 오래 못 버티고 곧 멸종했습니다.

네안데르탈인의 멸종에는 내적 요인도 작용했습니다. 캘리포니아 대학의 저명한 고고학자 브라이언 페이건Brian Fagan은 베스트셀러 『크로마뇽』에서 네안데르탈인이 경쟁자인 현생 인류에 비해 부족한 점으로 창의력과 임기응변적 유연성을 꼽았습니다.[63] 현생 인류인 크로마뇽인은 주변에서 구할 수 있는 다양한 재료로 도구와 무기를 만들어 내는 능력이 뛰어났습니다. 뼈로 만든 실과 바늘, 낚시 바늘, 식물의 줄기로 만든 바구니, 자루 등이 혁신품이었습니다. 특히, 페이건은 뼈로 만든 귀 뚫린 바늘의 발명을 불의 사용에 비견되는 H. 사피엔스의 최고 발명품으로 꼽았습니다. 네안데르탈인도 옷은 입었지만 동물의 털가죽을 단순히 걸치는 데 불과했지요. 하지만 크로마뇽인은 바느질로 여러 겹의 가죽을 덧대어 몸에 맞고 보온성이 훨씬 좋은 옷을 만들었습니다. 바느질로 덧댄 여러 겹의 옷은 기온에 따라 일부를 벗거나 껴입을 수 있어 다양한 기후에 더 잘 적응할 수 있었다는 설명입니다.

이처럼 따뜻하게 몸을 보호하고 환경변화에 유연하게 대처한 H. 사피엔스는 네안데르탈인보다 훨씬 안정된 생활을 했습니다. 그 결과 평균수명이 크게 늘어 조부모가 손자를 돌보는 유일한 동물이 되었지요. 통상적으로 동물은 암컷의 생식기능이 끝날 나이 무렵에 죽습니다. 이와 달리 인간의 여성은 폐경기가 지난 후에도 몇 십 년을 더 살지요. 지난 300만 년 간 살았던 고인류의 화석 768개를 분석한 연구결과, 약 4만 전만 해도 인류는 손자를 볼 나이까지 사는 경우가 극히 드물었습니다.[64] 네안데르탈인도 마찬가지여서 크로아티아 크라피나Krapina에서 나온 13만 년 전의 유골 70구를 분석하니 수명이 35세를 넘긴 경우가 거의 없었습니다. 이처럼 한창 번식할 나이에 죽었기 때문에 네안데르탈인은 H. 사피엔스처럼 대를 이어 문화를 잇기가 어려웠을 것입니다. 뿐만 아니라, 유소년기도 짧았지요. 현생 인류의 아이들은 10세에 어금니가 나는데, 네안데르탈인은 6세에 돋아났습니다. 그만큼 조부모나 연장자로부터 옛 이야기를 듣고 사회성을 익힐 유소년기의 교육기간이 없거나 짧았습니다.

이와 달리, H. 사피엔스는 조부모나 연장자가 선대先代의 기술과 문화, 전설과 경험을 젊은 세대에 전해줌으로써 지식이 쌓여갔습니다. 과거의 실수는 덜 반복되었고 새로운 기술과 경험은 계속 축적되었지요. 2019년 BBC는 '7월의 단어'로 한국의 젊은이들이 연장자를 비하하는 '꼰대kkondae'를 소개했습니다. 안타까운 풍조입니다. 세대 갈등은 인간의 진화에 역행하는 어리석은 일탈逸脫이며, 건강한 문화에서는 나타나지 않는 퇴행적 현상입니다. 우리가 역사상 알고 있는 번성한 문명, 심지어 20세기의 원시부족 사회에서도 원로나 연장자는 존경받는 대상이었고, 그들의 충고나 조언은 소중한 자산으로 활용되었지요. 4만 년 전의 H. 사피엔스는 가혹한 환경에서 살았지만 연장자:젊은이의 비율Old:Young ratio이 그 이전 시대나 네안데르탈인보다 최소 2배는 높았음이 유골 분석으로 밝혀졌습니다. 그 결과 네안데르탈인과의 경쟁에서 확실한 우위를 차지하며 승자가 되었지요. 작은 차이들이 만든 큰 결과였습니다.

오래 전의 우리 모습 | 최초의 호모 사피엔스

한편, 동족인 네안데르탈인과 데니소바인의 공통조상 무리를 유라시아로 떠내 보내고 아프리카에 남은 H. 하이델베르겐시스는 어떻게 되었을까요? 그들의 후손이 20~30만 년 후 H. 사피엔스로 진화하여 우리의 직계조상이 되었습니다. 이는 초기 H. 사피엔스의 화석들이 모두 아프리카에서 발견된다는 사실에서도 알 수 있습니다. 가장 먼저 발견된 화석이 '카브웨-1 두개골Kabwe 1 cranium, Broken Hill 1 skull'입니다. 1921년 아프리카 동남부 잠비아 공화국(예전의 북 로데시아) 아연 광산에서 발견된 이 화석은 두개골의 뇌 용적이 1,280cc로 현생 인류와 거의 비슷합니다. 튀어나온 눈썹 뼈와 뒤로 처진 이마 등 약간의 원시적 특징도 남아 있습니다. 화석 나이는 40만~30만 년으로 아마도 H. 하이델베르겐시스에서 H. 사피엔스로 넘어가는 중간단계로 보입니다.

또 다른 중요 화석은 유명한 리키 부부의 둘째 아들 리처드 리키가 1967년 발견한 오모-IOmo-I이라는 이름의 두개골입니다. 오모는 에티오피아의 강 이름인데, 투르카나 호수에서 멀지 않은 북쪽에 있습니다. 이 두개골은 몇 조각이 깨져 완전치는 않지만 해부학적으로는 거의 현생 인류의 모습입니다. 이처럼 H. 사피엔스가 분명했지만 연대에 대해서는 발견 후 약 40년 동안 논란이 있었습니다. 그러나 화석의 지층을 다시 정밀분석한 결과, 19만 5,000년 전으로 밝혀졌습니다.[65] 2005년 『네이처』에 발표된 이 연구결과로 오모-I은 가장 오래된 H. 사피엔스 화석으로 인정받으며 고인류학계의 VIP가 되었습니다. 화석의 주인공은 20대의 나이에 죽은 키 175cm, 체중 75kg의 청년이었습니다. 그의 두개골은 이마, 머리통, 눈썹뼈, 턱 등이 현대인과 크게 다르지 않았습니다(〈그림 1-6〉 참조). 지하철 테스트에 무난히 통과할 모습이었지요. 더구나 주변에서는 큰 석기부터 사냥감을 베는 데 필요한

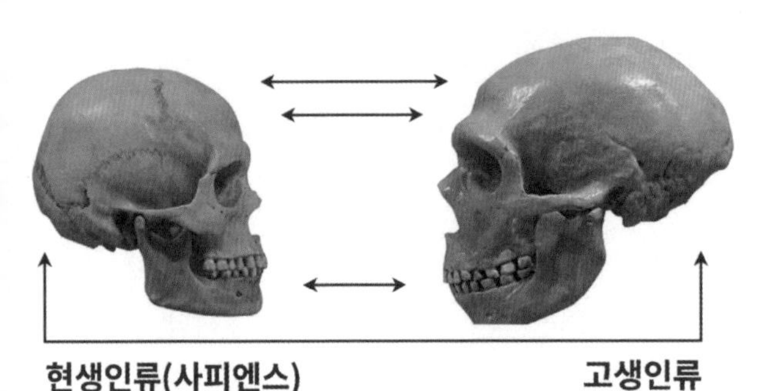

그림 1-6

고생인류(왼쪽)와 현생 인류(오른쪽)의 두개골 비교. 둥글고 튀어나온 이마, 사라진 눈썹뼈, 뒤로 처지지 않은 머리, 그리고 약간 나온 턱이 현생 인류의 특징이다.

작고 날카로운 돌날에 이르기까지 용도별로 다양한 석기들이 발견되어 높은 지능을 짐작할 수 있었습니다.

2017년 6월 『네이처』에는 또 다른 중요한 고인류 화석의 연구결과가 발표되었습니다.[66] 아프리카의 대서양 연안인 모로코의 제벨 이르후드Jebel Irhoud에서 발견된 두개골 화석이었는데, 치아 등 얼굴의 앞 모양이 현생 인류와 거의 같았습니다. 그런데 놀랍게도 화석의 나이가 오모-I보다 무려 12만 년 앞선 31만 5,000년이었습니다. 다만, 눈썹뼈

가 약간 튀어나온 점과 뒷머리가 앞뒤로 긴 모양인 점으로 미루어 H. 사피엔스의 초기 형태로 보입니다. 이 발견은 H. 사피엔스가 기존의 추정 연대인 20만 년 전보다 앞선 30만 년 전부터 서서히 진화했을 가능성은 물론, 이들이 아프리카 동부와 남부는 물론, 대륙의 북서쪽 대서양 연안까지 넓게 퍼져 있었음을 시사했습니다.

현생 인류와 관련된 또 다른 중요 화석은 1997년 에티오피아의 아화르 지역 헤르토Herto에서 발굴된 어른 2명과 어린이 1명의 두개골입니다. 2003년 발표된 분석결과에 의하면, 유골의 주인공들은 15만 4,000년~16만 년 전에 살았습니다.[67] 어른 화석의 뇌용량은 1,450cc에 이르렀으며, 해부학적 특징이 H. 사피엔스와 흡사했습니다. 그러나 심하지는 않지만 돌출한 눈썹뼈 등 원시적 모습이 약간 남아 있었지요. 발견자들은 화석의 주인공들을 우리의 직계에서 약간 벗어난 호모 사피엔스 이달투Homo sapiens idaltu라는 아종으로 분류했습니다(현생 인류는 호모 사피엔스 사피엔스입니다). 그렇다면 우리의 H. 사피엔스 직계 라인에서 마지막으로 갈라져 나간 방계傍系일 것입니다. 이달투는 현지어로 손윗사람이라는 뜻입니다. 아마도 당시 아프리카에는 비슷한 외형의 여러 H. 사피엔스 아종들이 공존했을 가능성도 있습니다.

이상의 화석 증거로 볼 때 현생 인류인 H. 사피엔스는 20만~30만 년 전 아프리카에서 출현했음이 거의 확실합니다. 이들 중 일부가 아프리카 밖 유라시아로 퍼져 나가 유라시아인의 조상이 되었을 것입니다. 이러한 설명을 '아웃 오브 아프리카OOA, Out of Africa' 이론이라고 부릅니다. 1985년 메릴 스트립Meryl Streep과 로버트 레드포드Robert Redford가 주연한 영화의 제목에서 따온 이름이지요.

이와 달리 190만 년 전 아프리카를 떠나 유라시아 각지로 흩어진

H. 에렉투스들이 현지 환경에 맞게 진화해 현생 인류가 되었다는 가설이 다지역 기원설Multiregional hypothesis입니다. 이 가설의 지지자들은 인도네시아 산지란Sangiran에서 발견된 H. 에렉투스의 두개골이 현 호주 원주민의 모습과 매우 흡사하다고도 주장합니다. 또, 아시아인의 삽 모양 어금니가 북경원인이나 자바원인에서 보는 H. 에렉투스의 특징이라고 주장합니다. 실제로 아시아인의 앞니 안쪽 끝은 평평하지 않고 약간 굽어 있습니다. 하지만 아시아 H. 에렉투스와 현생 인류의 공통점은 수렴진화의 결과일 가능성이 높습니다. 수렴진화는 전혀 다른 종이라도 비슷한 환경에 오랜 세월 적응하면 모습이나 기능이 유사하게 되는 현상을 말합니다. 박쥐의 날개, 물고기 모습의 고래 등이 그 예이지요. 따라서 화석의 모습만 가지고 각지의 H. 에렉투스가 현생 인류가 되었다는 주장은 지나친 논리의 비약일 수 있습니다. 편협한 민족주의로 무장한 일부 중국 학자들이 주로 주장하는 다지역 기원설은 학계에서 인정을 받지 못하고 있습니다. 화석 증거뿐 아니라 유전자 분석결과가 말해주기 때문입니다.

에덴동산을 넘어서 | 유전자적 이브와 아담

1980년대 초 캘리포니아대학 버클리분교UC Berkeley의 앨런 윌슨Allan Wilson팀은 분자시계molecular clock 방법을 이용해 현생 인류의 과거를 알아보는 특별한 실험을 했습니다. 분자시계란 유전자가 후대로 전달될 때마다 일어나는 돌연변이의 속도(비율)를 조사해 생물종이 변화한 시기를 추적하는 분자생물학적 개념입니다. 윌슨의 제자인 여성 과학자 레베카 칸Rebecca Cann이 주도한 이 연구는 특히 미토콘드리아DNA(mt DNA)를 조사해 세계인의 조상이 과거에 언제, 어떤 경로로 이동했는지 추적했습니다. 미토콘드리아는 세포 내에서 에너지 발전소 역할을 하는 소기관입니다. 원래는 단세포생물에 공생하던 박테리아였지요. 그러나 단세포생물이 진핵생물로 진화하는 과정에서 세포 안에 들어와 자리를 잡았습니다. 따라서 자신의 고유한 DNA를 아직도 조금은 가지고 있지요(2장 참조).

사람의 경우, 세포핵 속 DNA에는 30억 개의 염기쌍에 약 2만 개의 유전자가 있지만, 미토콘드리아 속 mtDNA에는 겨우 16,569개의 염기쌍과 37개의 유전자만이 들어 있습니다. 그런데 mtDNA는 모계로만 전달됩니다. 남자의 정자에도 미토콘드리아가 있지만 수정受精 시 난자에 들어가지 못하고 제거되기 때문에 후대에 전달되지 않지요. 아무튼 어머니 쪽에서만 유전정보를 받기 때문에 부계 유전자와의 재조합이 일어나지 않으며, 따라서 복제 오류를 검증하는 과정이 덜 엄격합니다. 그 결과 mtDNA는 핵 DNA에 비해 자주 돌연변이가 발생합니다. 이처럼 mtDNA는 핵 DNA에 비해 염기쌍의 수가 작고 빈번하게 돌연변이를 일으키므로 유전자의 과거를 추적하기가 쉽습니다. 이 돌연변이 속도를 역추적하면 유전적 변화가 일어난 시기를 추산할 수 있습니다.

윌슨의 팀은 아프리카, 아시아, 유럽, 뉴기니 및 호주 등 세계 각지 원주민 여성 147명의 mtDNA를 조사했습니다(남자들도 전달만 못할 뿐 mtDNA는 가지고 있습니다). 특히 오염되지 않은 순수한 시료를 얻기 위해 각국 병원의 협조를 얻어 태반에서 mtDNA를 채취했지요. 분석 결과, 돌연변이는 mtDNA 가닥에서 단백질을 합성하지 않는 (즉, 쓰레기 유전자라는 잘못된 명칭으로 불렸던) 비부호화 구간에서 주로 발생했습니다. 그런데 mtDNA의 돌연변이와 지역적 분포를 조사하자 중요한 결과가 나왔습니다.[68]

첫째, 세계 각 지역 원주민 사이의 mtDNA의 평균 차이가 0.04%에 불과했습니다. 편차는 오히려 같은 그룹 내 구성원 사이에서 더 컸지요. 이는 세계 각지 사람들의 유전적 다양성이 매우 작다는 의미입니다. 바꾸어 말해, 현생 인류는 모두 매우 가까운 친척 사이라는 결과이지요.

둘째, mtDNA의 다양성이 아프리카에서 가장 컸습니다. 나머지 지역은 다양성이 현저히 떨어졌는데 아시아, 유럽, 호주, 뉴기니의 순이었습니다. 이는 세계인의 고향이 아프리카라는 강력한 증거였지요. 왜 DNA 다양성이 가장 큰 곳이 H. 사피엔스의 고향일까요? 김치로 예를 들어보겠습니다. 우리나라의 김치는 지역마다 조금씩 다릅니다. 재료에 따라 배추김치, 총각김치, 갓김치, 깍두기 등이 있지요. 뿐만 아니라 같은 배추김치라도 남부 지역은 젓갈을 사용해 짭짤하고 곰삭게 맛을 내지만, 중부 지역은 적당하게 간을 맞추며, 평안도식은 무채를 많이 넣어 싱겁게 만듭니다. 만약 평안도 가족이 먼 나라로 이민을 갔다고 하지요. 그곳은 식재료가 다르기 때문에 현지의 비슷한 채소로 김치를 해먹을 수밖에 없을 것입니다(예: 중앙아시아 고려인들의 김치). 이 경우 어머니에게서 요리법을 배운 딸들은 (마치 모계로만 전달되는 mtDNA처럼) 약간 변형된 평안도식 김치를 아래 대에 전할 것입니다. 하지만 한국에 볼 수 있는 김치의 다양성은 사라지겠지요. 유사한 상황이 mtDNA에서도 일어났습니다. mtDNA 다양성이 아프리카에서만 크다는 사실은 이곳이 H. 사피엔스의 고향이라는 강력한 증거입니다. 실제로 mtDNA의 변이가 일어난 경로를 계통수系統樹로 그려 추적하자 뿌리가 아프리카로 나왔습니다.

윌슨의 팀은 mtDNA 변이가 갈라진 시점도 분자시계 방식으로 추산했습니다. 이를 위해 윌슨 팀은 호주와 뉴기니에 H. 사피엔스가 처음 정착한 고고학적 시기를 표준시점으로 삼았습니다(각기 4만 년 및 3만 년 전으로 기준을 삼았는데, 최근의 증거는 이보다 조금 앞섭니다). 계산 결과 mtDNA는 매 100만 년마다 2%의 속도로 변했습니다. 이를 바탕으로 역산해 보니 세계 각 지역 모든 사람의 미토콘드리아는 약 20만 년 전 아프리카에 살았던 한 여성에게서 시작되었습니다.

레베카 칸은 이 결과를 정리해 1985년 말 『네이처』에 투고는데, 심사 과정에서 40여 회의 수정을 요구 받는 우여곡절 끝에 1987년 1월 논문이 게재되었습니다. 해당 호의 『네이처』는 이들의 연구를 소개하는 별도의 요약 기사에 '에덴 동산을 넘어서'라는 제목을 붙였고, 경쟁지 『사이언스』도 '미토콘드리아 이브mitochondrial Eve'라는 용어를 사용했습니다. 그러나 저자들은 이 유명해진 용어를 논문에서 사용한 바가 없습니다. 20만 년 전 살았던 여성 중 유일하게 1985년까지 자신의 mtDNA를 후손에 전해준 '행운의 어머니lucky mother'라고 묘사했을 뿐입니다. 이브라는 용어가 성경에서 말하는 바의 최초의 여성으로 오해할 소지가 있다고 우려했기 때문이지요.

미토콘드리아 이브는 어머니와 딸로만 이어지는 모계선상에서 끊어지지 않고 가장 멀리 추적할 수 있는 우리의 할머니 조상입니다. 20만 년 전에 살았던 유일한 H. 사피엔스 여성이 아니지요. 당시 살았던 우리 조상 집단의 구성원 중 한 명이었습니다. 물론 그 집단은 매우 작은 규모였을 것입니다. 그녀뿐 아니라 당시 같은 무리에 속했던 다른 여성들도 아이를 낳아 오늘날 우리의 유전자 풀pool을 이루고 있을 것입니다. 다만, 그녀들의 딸들이 여자 아이로 계속 이어지지 않았기 때문에 mtDNA가 오늘까지 전달되지 못했을 뿐입니다. 대를 내려오면서 한 번이라도 딸이 끊겼다면 그녀의 mtDNA는 전달되지 않았을 것입니다.

또한, 미토콘드리아 이브는 최초의 H. 사피엔스 여성도 아닙니다. 무엇보다도 종種을 나타내는 데 '최초'라는 단어를 붙이는 자체가 넌센스이지요. 진화는 각 세대마다 변화를 몰라볼 만큼 점진적으로 진행되기 때문에 특정 시점을 종의 시작으로 볼 수 없습니다. 그녀도 부모와 할아버지, 할머니가 있었습니다.

아무튼 윌슨 팀의 연구결과는 1871년 찰스 다윈이 처음 주장한 이래 많은 고인류학자들이 화석 증거로 믿어 왔던 현생 인류의 아프리카 기원설에 큰 힘을 실어주었습니다. 이들의 발표에 힘입어 Y-염색체를 이용한 인류의 기원 연구도 이어졌습니다. Y-염색체 연구는 부계父系의 유전적 이동 경로를 알려줄 수 있지요. 문제는 Y-염색체의 DNA에 있는 염기쌍 수가 mtDNA의 약 3,500배에 달할 만큼 많다는 점이었습니다. 남성에게만 있는 Y-염색체는 비록 다른 염색체에 비해 염기쌍의 수는 작지만 엄연히 세포핵 DNA이기 때문에 5,900만 개나 됩니다. 그만큼 분석이 어렵지요. 다만 아들에게만 전달되는 성염색체이기 때문에 DNA의 재조합이 일어나지 않아 그나마 다른 염색체보다는 분석이 덜 까다로운 편입니다.

아무튼 Y-염색체 DNA의 돌연변이에 대한 연구도 성공적으로 이루어졌습니다. 여기서도 아프리카인이 가장 높은 DNA 다양성을 보여 주었습니다. 또, 이 경우도 전 세계 모든 남자의 조상인 'Y-염색체

아담Y-chromosomal Adam'을 찾을 수 있었지요.[69] 그 남자 조상이 살았던 연대는 14만 년 전으로 미토콘드리아 이브의 20만 년 전과 차이가 있었습니다. 하지만 개념상 미토콘드리아 이브와 Y-염색체 아담이 동시대인이어야 할 이유는 없지요.

덧붙이자면, 후대에 전달되는 돌연변이 속도는 여러 요인에 영향을 받아 일정치 않을 수 있습니다. 세대 사이의 기간, 유전자의 종류나 DNA 영역에 따른 차이, 오류를 수정하는 세포의 효율성, 주변 온도나 환경 등이 돌연변이 속도에 영향을 미칠 수 있지요. 따라서 분자시계로 추정하는 연대에 지나친 정확도를 요구하는 것은 무리입니다. 그러나 최근까지 이어진 모든 연구결과들은 DNA 상의 이브와 아담이 아프리카에서 30만~20만 년 전에 살았다는 데 이견이 없습니다.

바람둥이 조상들 | 고인류의 성생활

DNA를 이용한 연구결과는 H. 사피엔스의 아프리카 기원설에 결정적으로 힘을 실어 주었습니다. 그런데 역설적으로 다지역 기원설도 100% 틀리지는 않았다는 사실을 보여 주었지요. 현생 인류의 형성에 대해 놀라운 사실이 2010년 발표되었습니다.

스웨덴 출신의 스반테 페보Svante Pääbo가 이끄는 독일 막스플랑크연구소 고인류 진화센터의 연구진은 전 세계 과학계가 큰 관심 속에 기다리던 연구결과를 2010년 5월 『사이언스』에 발표했습니다.[70] 페보(자서전의 국내 번역서 표기에 따르나 정확한 스웨덴어 발음은 패애보에 가깝다)가 4년 전 발표하겠다고 공언했던 네안데르탈인의 핵 DNA의 전체 염기서열(게놈), 즉 멸종한 고인류에 대한 최초의 유전자 지도였습니다. 결과를 언론에 발표하는 날 사복경찰이 기독교 근본주의자들로부터 과학자들을 보호해야 할 만큼 인류의 기원에 관한 민감한 내용이었습니다. 무려 56명의 공동저자가 참여한 이 논문은 40억 개 이상의 문자로 이루어진 네안데르탈인의 핵 DNA 염기서열을 싣고 있습니다. 논문의 웹 보충자료만도 19장 174쪽에 분야별 대표 저자를 따로 명기할 만큼 방대한 결과였지요.

이에 앞선 4년 전 페보의 연구진은 네안데르탈인의 미토콘드리아(mt)DNA 염기서열을 발표한 바 있습니다. 이에 의하면 H. 사피엔스가 네안데르탈인과 짝짓기한 흔적이 없었습니다. 그런데 mtDNA는 모계로만 전달되며, 더구나 염기쌍의 수가 2만 개 미만이어서 수십억 개의 세포핵 DNA에 비해 극히 일부분의 유전정보만을 나타냅니다. 이런 이유로 페보의 연구진은 네안데르탈인의 DNA 염기서열 전체를 밝히려는 야심찬 연구를 계획했던 것입니다.

문제는 수만 년 된 화석에서 온전한 DNA를 얻어야 하는 어려움이었지요. 일반적으로 DNA 분자는 생물이 죽은 직후부터 분해되기 시작합니다. 특히, 수분과 자연 방사선에 취약하지요. 또, 높은 기온이나 산성 토양에서는 오래 버티지 못합니다. 게다가 분석 중 검사자나 주변 미생물이 DNA와 섞여 오염되기 쉬우며, 정제할수록 파괴되는 문제도 있지요. 페보의 팀은 이런 문제를 최소화할 수 있는 풍부한 경험과 특수시설을 독보적으로 갖추고 있었습니다. 옛 화석의 DNA 분석과 관련된 문제점과 일화는 2014년 출판된 그의 책 『잃어버린 게놈을 찾아서』에 자세히 설명되어 있습니다.[71]

그의 연구진은 네안데르탈인의 DNA를 크로아티아 빈디가Vindiga

동굴에서 발견한 3개의 뼈에서 추출했습니다. 4만 4,000년~3만 8,000년 전의 화석이었지만, 서늘한 알칼리성 석회동굴 안에 있었으므로 뼈의 일부분에 DNA가 온전히 남아 있었습니다. 연구진은 이 결과를 아프리카 남부 및 서부, 파푸아뉴기니, 중국, 프랑스 등 다섯 지역 주민의 DNA와 비교했습니다. 그 결과 네안데르탈인과 현생 인류의 DNA가 99.7% 동일함을 밝혔습니다.

그런데 충격적인 사실은 아프리카 이외 지역 사람들의 DNA 중 1~4%가 네안데르탈인에서 유래되었다는 점이었습니다. 즉, 오늘날의 사하라 사막 북쪽에 사는 모든 비非아프리카인이 네안데르탈인의 유전자를 일부 가지고 있었습니다(사하라 북부의 모로코, 알제리, 튜니지의 주민은 유럽계 혼혈입니다). 하지만 H. 사피엔스와 네안데르탈인의 짝짓기 횟수와 기간은 매우 제한적으로 보였습니다. 페보는 화석 자료에 근거해 두 무리가 아프리카와 인접한 중동에서 8만 년~5만 년 전 교접했을 것으로 추정했습니다.

그런데 2017년 7월 깜짝 놀랄 사실이 『네이처』에 발표되었습니다.[72] 막스플랑크연구소의 튜빙겐Tübingen 인류역사연구소 팀은 독일 홀렌슈타인 스타델Hohlenstein-Stadel에서 발굴된 27만 년 전의 네안데르탈인 화석의 mtDNA를 조사했습니다. 놀랍게도 H. 사피엔스의 DNA 조각 일부가 들어 있었습니다! 이는 아프리카가 고향인 H. 사피엔스의 어떤 여성이 유럽에 살던 네안데르탈인과 짝짓기해 혼혈아를 낳았다는 증거였지요. 더구나 이 아이(들)는 H. 사피엔스가 아니라 네안데르탈인 사회에서 살았습니다. 사실, 이 발견이 있기 몇 년 전부터 과학자들은 네안데르탈인의 세포핵 DNA는 데니소바인에 더 가까운데, 왜 mtDNA는 현생 인류와 비슷한지 의문을 가지고 있던 차였습니다.

모든 결과를 종합해 볼 때 다음과 같이 이야기가 정리됩니다. H. 사피엔스의 일부는 적어도 27만 년 전에 이미 아프리카를 떠나 유럽에 살았습니다. 떠난 횟수는 여러 차례였을 수도 있습니다. 다만 이후 유럽에서는 4만 년 전 크로마뇽인이 나타날 때까지 H. 사피엔스의 흔적이 없는 점으로 미루어 그들은 모두 사멸했을 것입니다. 중요한 점은 이들 H. 사피엔스 무리의 일부 여성이 현지 주민이었던 네안데르탈인과 짝짓기를 했다는 사실입니다. 그 흔적이 오늘날 비아프리카인의 DNA에 분명하게 남아 있습니다. 교접이 강간이었는지 혼인이었는지는 알 수 없습니다. 분석결과로 볼 때 그 횟수가 매우 제한적이었음은 분명합니다. 그런데 H. 사피엔스가 교접한 고인류는 네안데르탈인만이 아니었습니다. 페보의 연구진이 2017년 발표한 mtDNA 분석결과, 데니소바인과도 짝짓기를 했습니다.[73] 시료들은 2008년 시베리아 알타이 산맥의 데니소바 동굴에서 발견된 5만~3만 년 전의 손가락뼈였습니다. 동굴 안은 일년 내내 0도의 서늘한 온도를 유지했으므로 DNA의 상태가 잘 보존되어 있었습니다. 분석결과에 따르면 오늘날의 뉴기니와 호주 원주민의 mtDNA 중 1~6%가 데니소바인에게서 유래했습니다. 반면, 아프리카인과 동아시아인, 유럽인의 mtDNA에는 데니소바인과 짝짓기한 흔적이 없었지요. 더 상세한 결과는 핵 DNA를 분석해 보아야 알 수 있지만, 지금까지의 결과로는 데니소바인들과 짝짓기한 H. 사피엔스는 멜라네시아인의 조상을 포함한 극히 일부였다고 추정됩니다.

교접한 장소는 유라시아 중앙지대인 듯합니다. 데니소바인이 동남아시아나 그 남쪽에 살았던 화석 증거가 없기 때문이지요. 특이하게도 아시아인 중에서는 티베트인의 일부만 이들의 DNA를 조금 가지고 있었습니다. 이를 근거로 데니소바인이 알타이, 우랄, 히말라야 등 아시아 중부의 고산지대에 살았던 고인류가 아닌가 조심스럽게 추정합니다. 그들이 살았던 5만~3만 년 전에는 100km 서쪽에 네안데르탈인이 있었습니다. 또, 아프리카를 떠난 H. 사피엔스도 4만 년 전에는 알타이 지방에 진출해 있었지요. 즉, 데니소바인과 네안데르탈인, H. 사피엔스가 비슷한 지역에서 한동안 공존한 것이지요.

그렇다면 아프리카에 남았던 H. 사피엔스 무리는 조신하게 살았을까요? 아프리카의 대부분 지역은 덥거나 습하기 때문에 화석에 DNA가 온전히 남아 있는 경우가 거의 없습니다. 따라서 현재 살고 있는 사람들의 DNA을 분석해 우리 옛 조상의 짝짓기 추적하는 수밖에 없습니다. 이를 위해 애리조나대학 연구진은 아프리카 61개 토착 원주민의 DNA 염기서열에 대한 방대한 데이터를 전산통계법으로 분석했습니다. 2013년 발표된 결과에 의하면, 아프리카에 남았던 H. 사피엔스도 일부가 지금은 멸종한 미지의 고인류들과 3만 5,000년 전에 대륙의 중앙 지역에서 교접한 흔적이 나타났습니다.[74] 즉, 현 아프리카인의 2%가 이 미지의 고인류에서 비롯된 DNA 조각을 가지고 있었습니다. 이 고인류는 70만 년 전 우리의 직계와 갈라졌던 무리로 추정됩니다. 아마도 H. 하이델베르겐시스의 분파, 혹은 H. 사피엔스의 아종이었을 것입니다.

아무튼 H. 사피엔스가 멸종한 고인류들과 제한적이지만 짝짓기를 했다는 분명한 증거가 DNA 분석으로 드러났습니다. 저의 짧은 생각이지만 만약 그렇지 않았다면 오히려 이상할 것입니다. 앞서 보았듯이, 호모는 (보노보와 함께) 성[性]을 번식 이외의 목적으로 아무 때나 즐기는 특이한 동물입니다. 인간이 얼마나 성에 탐닉하는지는 구약성서만 보아도 알 수 있지요. 레위기 18장에는 차마 입에 담지 못할 대상들과 성관계를 갖지 말라고 일일이 쓰여 있습니다. 이는 역설적으로 종교의 율법으로 금지시켜야 할 만큼 그런 행위들이 있었다는 반증입니다. 친모, 장모, 이모, 고모, 숙모, 손녀는 물론, 소나 말, 양과 수간獸姦하지 말라고 언급되어 있습니다. 하물며 외모만 조금 다르고 번식도 가능한 고인류 사이에서 아무 일도 벌어지지 않았다면 더 이상하지 않을까요?

아이러니하게도 우리 조상의 성생활을 처음 밝힌 페보는 그 자신이 사생아였습니다. 의사이기도 한 그는 중년 시절 폐렴에 걸린 적이 있는데, 어떤 치료물질을 알아보다 발견자가 자신의 아버지임을 우연히 알게 되었습니다. 1982년 노벨 의학상 수상자이자 노벨상 위원회 의장직을 10년 이상 맡은 베르그스트룀Sune Bergström이었지요. 페보는 어릴 적 실험을 핑계로 주말마다 집에 찾아왔던 그가 아버지일지 모른다고 의심했지만, 당사자들은 끝까지 사실을 숨겼다고 회고했습니다.[75] 평생 미혼이었던 그의 어머니는 에스토니아 출신의 난민으로 베르그스트룀 실험실의 연구조원이었지요. '토요일 실험'의 생성물이 페보였습니다. 당시 유부남이었던 베르그스트룀은 또 다른 여성과의 사이에도 페보와 동년배인 숨겨둔 아들이 있었습니다. 늦은 나이에 결혼한 패에보도 자신이 양성애자라는 사실을 공개적으로 밝힌 바 있습니다.

다시 본 이야기로 돌아가 DNA 분석결과가 말해주는 H. 사피엔스의 기원을 정리해 보면 다음과 같습니다. 먼저, 190만 년 전 아프리카를 떠난 H. 에렉투스가 각 지역에서 현생 인류로 진화했다는 다지역 기원설은 유전적 증거가 빈약합니다. 일부 중국 학자들이 북경원인 등 H. 에렉투스가 자신들의 조상이라고 주장하지만, 현 중국인들의 DNA가 30만~20만 년 전 아프리카에서 유래했다는 움직일 수 없는 증거가 있습니다. 한편, 아프리카 기원설도 100% 옳지만은 않음이 분명해졌습니다. 현생 인류의 DNA에 훨씬 후지만 유라시아의 네안데르탈인이나 데니소바인의 흔적이 조금이지만 남아 있기 때문입니다.

이러한 사실을 어느 정도 반영해 제창한 가설이 동화同化모델Assimilation Model입니다(〈그림 1—7〉 참조).[74] 이에 대비되는 기존의 '출出 아프리카 이론'을 '대체모델Repalcement Model'이라고 부릅니다. 아프리카에서 기원한 H. 사피엔스가 유라시아의 현지 고인류들을 모두 멸종시키고 대체하며 오늘날의 인류가 되었다는 가설이지요. 이와 달리 동화가설에서는 H. 사피엔스와 바로 윗대 조상(즉, H. 에렉투스가 아닌 아프리카의 H. 하이델베르겐시스)에서 파생한 여러 고인류들이 서로 섞여 현생 인류가 되었다고 제안합니다.

한편, 함부르크대학의 군터 브라우어Günter Bräuer는 멸종한 고인류의 유전적 기여도를 동화모델보다 훨씬 제한적으로 보는 하이브리드 모델Hybridization model을 제안했습니다(〈그림 1—7〉 참조). 이 모델에 의하면, 현생 인류의 뿌리는 분명히 30만 년~20만 년 전에 출현한 아프리카의 H. 사피엔스입니다. 하지만 H. 사피엔스 출현 이전 갈라져 나간 유라시아의 네안데르탈인, 데니소바인 등의 고인류 유전자가 (섞였다기 보다는) 제한적으로 이입移入되었다고 봅니다. 추정에 의하면 불과 수십 명~수백 명만 짝짓기해도 오늘날 인류에 남아 있는 정도의 고인류 유전자가 나타날 수 있다고 합니다. 페보를 비롯한 많은 학자들이 이 이론을 지지하고 있지요.

애리조나대학의 통계유전학자 마이클 해머Michael F. Hammer는 하이브리드 모델을 조금 더 세부적으로 가다듬었습니다.[74] 이 설명에 의하면, 아프리카에 살았던 우리의 직계 H. 하이델베르겐시스가 일부 고인류 아종들과 섞인 결과 30만~20만 년 전에 H. 사피엔스가 탄생했습니다. 그러나 이들이 유라시아로 퍼진 이후에도 또다시 아프리카인과 약간의 섞임이 있었다고 설명합니다. 역이주도 일부 있었다는 것이지요.

그렇다면 멸종한 고인류의 유전정보는 현생 인류에 어떤 영향을 미치고 있을까요? 사실, 비아프리카인의 DNA염기쌍(뉴클레오티드) 30억 개 중에서 네안데르탈인이나 데니소바인에게서 받은 부분은 그리 많지는 않습니다. 하지만 이들 중 일부는 분명히 현생 인류의 유전형질에 영향을 미쳤습니다. 페보 연구진은 네안데르탈인이나 데니소바인들에서 유래한 96개의 유전자(단백질 합성에 관여하는 DNA 영역)를 비아프리카인에게서 확인했습니다.[71] 미확인된 것까지 하면 약 200개의 현생 인류 유전자가 네안데르탈인에서 유래했다고 추산했습니다. 이는 2만 개의 인간 유전자의 1%에 불과한 작은 수치이지요.

물론, 유전자가 아닌 마이크로 RNA(miRNA) 등 형질변화에 영향을 줄 수 있는 작은 DNA 조각들도 일부 유입되었을 가능성이 있지요(2장 참조). 유입된 유전자나 마이크로 DNA의 상당수는 H. 사피엔스가 수만 년 동안 추가적인 진화를 하는 동안 사라지거나 약화되었을 것입니다. 반면, 어떤 조각들은 강화되었습니다. 페보의 연구진은 2010년 이후 이에 대한 많은 연구를 했는데, 몇 가지를 소개하면 다음과 같습니다.

첫째, 네안데르탈인에게서 받은 DNA 유전정보 중 정자의 운동과 관련된 유전자가 현생 인류에서는 크게 약화되었습니다. 이는 H. 사피엔스에 이입된 네안데르탈인 남성의 생식력 관련 유전자가 힘을 못

썼다는 증거이지요. 그렇다면 네안데르탈인은 부계의 번식력 약화로 점차 멸종했을 가능성이 있습니다.[76]

둘째, 현재 일부 지역 사람들이 가지고 있는 EPAS1라는 유전자의 변이는 데니소바인에게서 유래했습니다. 2010년 조사에 의하면, 산소가 희박한 환경에서 심장의 기능을 잘 유지시켜주는 이 유전자를 고산지대 주민인 티베트인은 90% 이상이 가지고 있었습니다. 반면, 타지역의 세계인들은 가지고 있지 않았습니다.

셋째, 자외선으로부터 피부를 보호해주는 단백질을 합성하는 3번 염색체의 HYAL2 변이 유전자는 네안데르탈인에게서 유래했습니다.[77] 흥미롭게도 이 유전자는 H. 사피엔스가 아프리카에 있을 때 원래 가지고 있었으나, 유라시아로 진출하는 과정에서 잃어버렸던 것입니다. 동아시아인은 40~65%가 이 유전자를 되찾은 반면, 유럽인은 거의 그러지 못했지요. 유럽인이 피부암에 취약한 이유는 이와 관련 있는 듯합니다.

넷째, 케라틴 단백질 합성에 관여하는 일부 유전자도 네안데르탈인으로부터 받았다고 추정됩니다. 케라틴은 피부의 각질, 몸털, 머리

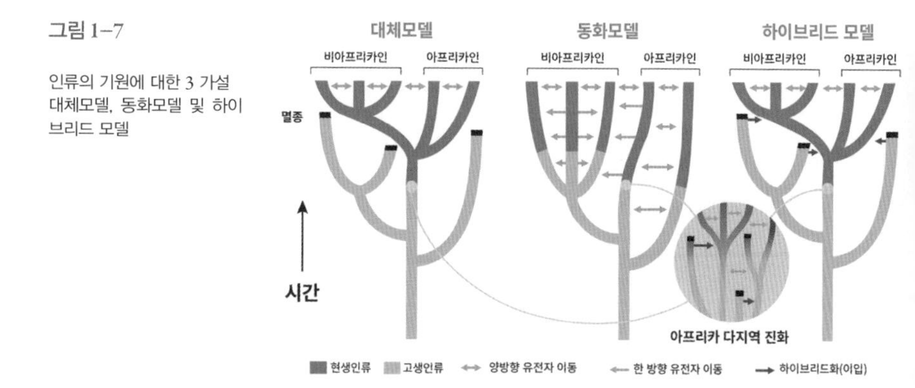

그림 1-7

인류의 기원에 대한 3 가설 대체모델, 동화모델 및 하이브리드 모델

털, 손톱 등의 형성에 관여하는 단백질입니다. 원래 H. 사피엔스는 강한 햇빛으로부터 머리를 보호하기 위해 오늘날의 아프리카인처럼 가늘고 심한 곱슬머리였지요. 그런데 유라시아로 건너간 네안데르탈인은 추위를 이기고자 굵고 긴 털을 가지게 되었습니다. 이 유전자를 받은 유럽인과 아시아인은 머리털이 펴지며 길게 자랐습니다. 특히 동양인의 2/3가 가지고 있는 POU2F3이란 유전자는 굵고 뻣뻣한 머리털과 관련이 있습니다.

다섯째, 세포 표면에서 각종 세균, 곰팡이 등을 찾아내 대항하는 TLR 계열의 면역기능 유전자의 일부도 네안데르탈인에게서 유래했습니다. 특히, 이 유전자가 크게 활성화되어 외부 침입자에 과민하게 반응하는 현상이 알레르기입니다.

여섯째, BNC2라는 피부색소 관련 유전자도 네안데르탈인에RP서 비롯되었습니다. 이 유전자를 70%나 가지고 있는 유럽인은 주근깨가 많지요. 반면, 아프리카인은 거의 없고 아시아인에게는 드뭅니다.

이외에도 유라시아인들의 일부 특징이 네안데르탈인과 관련이 있다는 미검증된 여러 주장들이 있습니다. 예를 들어, 영국인과 스칸디나비아인, 이베리아 반도인들의 머리가 유난히 앞뒤로 긴 이유나 큰 코, 큰 눈구멍을 네안데르탈인과 연관 짓기도 합니다. 그러나 2014년 『사이언스』에 발표된 결과에 의하면, 유럽인보다는 오히려 동아시아인이 네안데르탈인의 DNA 정보를 더 많이 가지고 있다고 합니다.[78]

그렇다면 H. 사피엔스가 멸종한 고인류로부터 받은 약간의 유전 정보가 대륙마다 다른 인종이 출현한 원인은 아닐까요? 결론부터 말하자면, 그들의 유전자는 현생 인류를 인종으로 구분할 수 있는 차이를 만들어 낼 만큼 영향력을 발휘하지 못했습니다. 왜냐하면 네안데르탈인 등의 고인류가 남겨 준 DNA 조각의 대부분은 그들의 고유 유전정보가 아니었기 때문입니다. 그들은 하늘에서 뚝 떨어져 나온 인류가 아니라 약 50만~45만 년 전 우리와 한 뿌리의 같은 조상에서 갈라져 나갔습니다. 다시 말해 네안데르탈인 등에게서 받은 DNA 조각의 대부분은 그들과 우리의 공통조상이 원래 가지고 있었던 유전정보였습니다. 그런데 H. 사피엔스는 이들 조각의 일부를 특정 시기에 잃어버렸던 것입니다.[79] 수만 년 전 H. 사피엔스가 멸종위기에 몰려 극소수가 된 적이 있기 때문입니다(다음 절 참조), 그 결과 소수의 친척 무리만 살아남다 보니 호모 종이 원래 가졌던 DNA의 다양성을 상당 부분 잃어버렸던 것이지요. 반면 네안데르탈인과 데니소바인들은 이들 유전정보를 잘 간직하고 있었던 것입니다. H. 사피엔스는 네안데르탈인, 데니소바인 그리고 아프리카의 멸종한 고인류와 짝짓기를 함으로써 잃어버렸던 옛 DNA 조각들을 일부 되찾은 셈이지요.

멸종위기종 사피엔스 | 인구 병목현상의 실상

그렇다면 H. 사피엔스가 겪은 멸종위기와 그로 인한 극심한 인구 병목bottleneck현상의 실상은 어떠했을까요? 사실, 우리의 고인류 조상들은 침팬지와의 공통조상에서 갈라진 이래 여러 차례 멸종 위기를 맞았습니다. 앞서 잠깐 언급했습니다만, 2010년 유타대학의 연구진은 Alu 계열이라는 DNA 영역을 분석하여 약 120만 년 전 지구상에 살았던 호모의 전체 인구를 추산했습니다. 그 결과 우리의 직계와 방계, 아프리카와 유라시아를 통틀어 호모의 총수는 18,500명에 불과했다는 결과를 얻었습니다.[56] 우리나라 읍 인구수의 기준 2만 명에 미치지 못하는 것이죠. 그런데 H. 사피엔스가 마지막으로 겪은 멸종위기는 멀지 않은 과거에 일어났습니다. 설사 병목현상이 있었다 해도 시간이 오래 흐르면 유전적 다양성이 다시 커지는데 그렇지 못했던 것이지요.

약 19만 년 전, 지구는 MIS-6Marine isotope stage-6이라는 긴 빙하기에 접어들었습니다. 이후 약 6만 년 동안 추운 기후를 맞았지요. 운이 없게도 이 시기는 아프리카에서 출현한 H. 사피엔스가 기지개를 펼 무렵이었습니다. 예전처럼 이번에도 한랭화는 지구 대기 중의 습기를 동결시켜 아프리카의 많은 지역을 건조하게 만들었지요. 또다시 우리의 불쌍한 조상들은 가뭄 속에 굶어 죽어갔습니다. 미국지리협회National Geographic Soc.와 IBM 등이 후원한 제노그래픽 프로젝트Genographic Project의 첫 결과가 이를 증거합니다.[80] 이 프로젝트는 옛 조상들의 이동 경로를 분자생물학적으로 추적하고 있습니다.* 그 첫 단계로 연구진은 사하라 이남의 아프리카 원주민 624명의 DNA(mtDNA), 즉 모계의 유전자를 분석했지요. 특히 부시맨으로 잘 알려진 아프리카의 가장 오래된 토종주민 코이산Khoisan(코이족과 산족)의 DNA에 관심을 집중했습니다.

2008년에 발표된 1차 결과에 의하면, 아프리카 동부에 살던 H. 사피엔스는 약 21만 년~14만 년 전 사이의 어느 때에 일부가 남부로 떠나며 두 무리로 갈라졌습니다. 이들은 다시 코이산족의 조상을 비롯해 최소 5개의 그룹으로 쪼개져 동부와 남부에서 혹독한 기후를 이겨내며 5만~10만 년 동안 고립된 채 살았습니다. 별도의 참조연구를 행한

* 제노그래픽 프로젝트는 인류의 과거 이동경로를 DNA로 밝히려는 대형 비영리 연구사업이다. 일부 반대에도 불구하고 2018년 기준 세계 140여 개국 100만 명의 자원자가 이 프로젝트에 DNA를 제공했다. 미국 아메리카 원주민 등 일부 원주민 단체는 두 가지 이유로 이 프로젝트를 반대하고 있다. 첫째, 과학자들이 호기심의 대상으로 원주민의 DNA를 다룬다는 주장이다. 둘째, 인류의 기원이 같음을 밝히는 연구가 자칫 원주민의 영토권을 침해한다는 주장이다. 유럽 이주민이 자신의 선조들보다 조금 일찍 지금의 영토에 도달했을 뿐이라는 구실을 준다는 주장이다.

스탠포드대학 팀은 이들 무리를 모두 합한 인류의 인구가 한때 2,000명으로까지 줄었다고 추산했습니다. 스웨덴 팀이 『네이처』에 이전에 발표한 mtDNA 분석결과도 크게 다르지 않아 H. 사피엔스의 수가 1만 명 이내였던 적이 있었다고 추정했습니다.[81] 일부 극단적인 추산에서는 당시 생존자를 150명으로 보는 경우도 있습니다. 다만, 이는 생식능력이 있는 남녀의 숫자이므로, 노인과 아이들을 포함하면 숫자가 약간 더 커질 수는 있습니다. 어떤 결과이건, 인류가 멀지 않은 과거에 극심한 인구 병목현상을 거친 후 살아남은 매우 작은 무리의 후손임을 말해주고 있습니다. 오늘날 멸종위기종인 오랑우탄의 개체수가 6만 마리인 점을 감안한다면, 인간이 얼마나 급박한 위기에 내몰렸는지 짐작할 수 있습니다.

한편, 애리조나주립대의 고인류학자 커티스 마리언Curtis Marean은 약 19만 년 전부터 수만 년간 지속된 빙하기에 H. 사피엔스들이 어디를 피난처로 삼아 생존했는지 조사했습니다. 그가 지목한 후보지는 아프리카 남단의 동서 해안을 띠모양으로 잇는 지대였습니다.[82] 이 일대는 넓지는 않으나 건조지대 군데군데에 피난처가 있었습니다. 인도양의 한류와 난류가 교차하는 덕분에 웬만한 빙하기에도 온화한 기후가 비교적 잘 유지되었던 작은 지역들이 있었던 것입니다. 당연히 동식물도 풍부했지요. 대표적 지역의 하나인 케이프 플로럴Cape Floral Region 일대는 서울 면적의 1/8도 안 되는 80km^{2}의 관목지대인데 현재도 무려 9,000종의 식물이 자생하고 있습니다. 영국의 식물 종 전체 수와 맞먹는 다양성입니다.

그중 훼인보스fynbos라는 두꺼운 잎의 토종 식물은 좁은 면적에 150여 종이 자생할 만큼 널려 있습니다. 커티스 마리언은 추위와 가뭄을 피해 모여든 소수의 H. 사피엔스 무리들이 이 식물을 먹으며 수만 년 동안 연명했다고 추정했습니다. 훼인보스 중에는 잎의 과즙이 풍부한 종과 땅속의 구근球根이 커서 훌륭한 탄수화물원이 되는 종들이 많습니다. 특히 뿌리는 씨앗이나 과일처럼 다른 동물이 먹지 않을 뿐 아니라 부드러워서 어린이의 식사로 적합했다고 추정했습니다.

한편, 이들 지대의 해안에는 난류와 한류가 교차하는 덕분에 다양한 해양생물이 살고 있습니다. 실제로 애리조나대학 팀은 해안가 피나클 포인트Pinnacle Point 주변의 여러 동굴에서 16만 4,000년~3만 5,000년 전에 살았던 인류의 주거터들을 발견했습니다. 발굴지에는 게, 고동, 각종 어류, 심지어 물개를 잡아먹은 흔적이 있어 단백질과 오메가3 기름을 충분히 섭취했음을 짐작할 수 있었습니다. 그중 PP13B라는 동굴에서는 16만 4,000년 전의 석기도 발견했는데, 놀랍게도 강도를 높이기 위해 열처리한 작은 날이었습니다. 또한 채색용으로 추정되는 산화철 가루도 있었지요. 그런데 동식물이 풍부한 이 조그만 천국들은 내륙의 사막에 막힌 채 포위, 분산되어 있습니다. 애리조나대학 팀은 아마도 이 때문에 당시 우리 조상들은 멀리 이동하지 못하고 지역에 오랫동안 고립되었다고 추정했습니다.

일부 학자들은 우리 조상의 인구병목이 7만 5,000년 전에 있었던 인도네시아 수마트라의 토바Toba 화산의 폭발이 촉발했다고 주장했습니다. 토바산은 지난 250만 년 이래 지구에서 발생한 가장 큰 규모의 폭발이었습니다. 기록으로 남아 있는 최대 폭발인 1815년의 인도네시아 탐보라Tambora 화산보다 무려 100배나 강한 분출이었지요. 그런 탐보라 화산조차도 폭발한 이듬해에 북반구의 여름을 사라지게 했습니다. 순조 때인 이 시기에 조선은 500년 역사에서 가장 서늘한 여름을 맞아 흉작과 기근, 민란이 빈발했지요. 토바 화산의 폭발은 이와 비교가 안 되는 규모였습니다. 동남아시아 전체에 15cm의 화산재가 덮이고, 60억 톤의 이산화황이 대기로 분출되었지요. 일부 학자들은 폭발 후 6~7년 동안 지구에 핵겨울이 이어졌고 기온이 15도나 급강하한 한랭화가 1,000여 년간 지속되었다고 주장했습니다.

1993년 제기된 토바 화산 가설은 H. 사피엔스의 인구 병목현상을 설명하는 이론으로 새천년 초기에는 많은 호응을 얻었습니다. 그러나 그린란드 빙하를 정밀 조사한 결과, 7만 5000년 전의 지구에는 이를 뒷받침할 대규모 한랭화 흔적이 없었습니다. 결정적인 반론 증거는 옥스포드대학의 레인Christine Lane 팀이 2013년 『미국과학원회보』에 발표했습니다. 이들은 수마트라에서 7,000km 떨어진 동아프리카의 말라위 호수Lake Malawi의 퇴적층을 분석했습니다. 연구진은 그 속에서 7만 5,000년전 토바 화산에서 날아온 100마이크론(0.1mm)의 화산재 입자들을 찾아냈습니다. 그런데 해당 지층의 어디에도 기후 변화나 생태계의 교란 흔적을 찾을 수 없었습니다. 이는 토바 화산의 폭발이 멀리 떨어진 아프리카의 H. 사피엔스를 멸종위기로 내몰 만큼 위협적이지는 않았다는 증거로 보입니다.

토바 화산 가설의 또 다른 문제는 당시 가까운 인도네시아 섬에 살았던 고인류가 멀쩡했다는 사실입니다. 2003년 인도네시아와 호주의 공동조사 팀은 자바 인근 휼로레스Flores섬 리앙부아Liang Bua의 거대 석회동굴에서 10여 명의 고인류 화석 뼈를 발견했습니다. 그중 거의 완벽한 뼈로 발견된 25세쯤 되는 여성은 키가 겨우 106cm에 두개골이 침팬지 수준인 385~470cc에 불과했습니다. 더구나 치아, 턱, 이마, 긴 팔과 짧은 다리 등 해부학적 구조가 영락없는 원시 인류였습니다.[83] 그런데 이처럼 작은 뇌의 원시 인류가 석기를 사용해 큰 동물을 사냥하고 불까지 사용했습니다.

일부 학자는 유전병이나 기형이 원인이었을 가능성을 제기했습니다. 하지만 몇 차례의 정밀 분석 끝에 새로운 고인류 종으로 분류되어 호모 플로레시엔시스H. floresiensis라고 명명했습니다. 화석의 주인공은 소설 『반지의 제왕』에서 나오는 난쟁이족의 이름을 따 호빗hobbit이라는 별칭을 얻었지요. 이들은 원래 보통 크기의 H. 에렉투스였으나 섬에 고립되어 오래 살다 보니 작아졌다고 추정됩니다. 통상적으로 고립된 섬에서 사는 동물은 토끼보다 크면 점차 작아지고, 그보다 작은 포유류는 커지는 현상이 있습니다. 마다가스카르, 크레타 등 큰 섬에 사는 동물에서 이를 확인할 수 있지요.

H. 플로레시엔시스의 생존 시기는 논란이 많았으나 2015년 마타 멩게 섬Mata Menge 에서 70만 년 전에 살았던 3명의 초기 화석이 발견됨으로써 정리되었습니다. 이를 종합하면, 약 100만 년 전에 통상적 크기의 H. 에렉투스가 플로레스 섬에 건너왔습니다. 이들은 고립된 섬에서 30만 년을 사는 동안 키가 작아져 호빗으로 진화했으며, 현생 인류가 막 도착했을 무렵인 6~5만 년 전 멸종했습니다. 이를 고려해 볼 때, 수마트라의 토바 화산에서 그리 멀지 않은 플로레스 섬에 살았던 호빗은 7만 5,000년 전의 폭발에도 피해를 입지 않고 약 2만 년이나 더 생존했습니다. 그렇다면 멀리 떨어진 아프리카 H. 사피엔스가 토바 화산 때문에 인구 병목현상을 겪었을 것 같지는 않지요.

다시 아프리카에서 멸종위기를 겪었던 우리 조상 이야기로 돌아가겠습니다. 최소 5~10만 년 동안 작은 무리로 흩어졌던 인류는 기후가 회복되자 다시 이동해 서로 합류하며 섞였습니다. 제노그래픽 프로젝트의 추정 결과에 의하면, 첫 재회는 아프리카 남쪽의 무리가 북동부로 올라감으로써 이루어졌습니다. 이후 인구가 서서히 불어 7만~6만 년 전에는 40여 개의 혈통집단으로 재편되었으며, 4만 년 전에는 이들이 또다시 서로 섞이며 안정을 되찾았습니다. 가령, 인구 병목현상 이후인 4만 년 전 코이산족의 모계에도 어떤 무리의 mtDNA가 섞여 들어왔습니다. 마지막으로 비교적 최근인 수천 년 전에는 반투Bantu인의 DNA가 들어왔지요.

반투인은 우리가 통상 아프리카인으로 알고 있는 검은 피부와 큰 눈의 흑인들입니다. 하지만 원래 이들은 아프리카 서부 해안의 카메룬 일대에서 살던 한 줌의 무리였지요. 그런데 약 4,000~3,000년 전 대륙의 동쪽과 남쪽으로 서서히 이동하면서 원주민이던 피그미족과 코이산족을 수천 년에 걸쳐 대체하며 크게 번성했습니다. 반투인은 원주민을 대량 학살하거나 정복하지 않았습니다. 대신 농경과 가축을 사육하는 문명생활 덕분에 인구가 크게 늘어나 오늘날 아프리카의 대표 주민이 되었지요.

반면 수렵·채집생활을 최근까지 고집했던 코이산족은 반투인의 농경지와 유목지 확장으로 생활터전을 잃고 크게 쇠퇴했지요. 그 결과 오늘날 아프리카 남부 칼라하리 사막 등지에 약 9만 명만 남게 되었습니다. 인류학자들은 코이산족이 초기 H. 사피엔스의 모습을 그나마 가장 잘 보존하고 있다고 생각합니다. 그들은 다른 아프리카인(반투인)과 달리 피부가 완전히 검지 않고 아시아인보다 조금 진한 황갈색입니다. 눈이나 얼굴 모습도 동양인과 흡사한 면이 있지요. 머리털은 다른 아프리카인처럼 곱슬입니다. 인권 운동가였던 넬슨 만델라가 반투 흑인과 약간 다른 모습인 이유는 모계가 코이산족이기 때문입니다.

또다시 떠난 고향 | 비아프리카인의 조상

그런데 이렇게 기사회생했던 H. 사피엔스가 두 번째 인구 병목현상을 겪었음을 DNA가 알려주고 있습니다. 다만 이번에는 모든 인류가 아닌, 사하라사막 이북의 비非아프리카인의 조상에게만 해당됩니다. H. 사피엔스의 일부 작은 무리가 아프리카 대륙을 떠난 사건이지요. 그 결과 비非아프리카인의 유전적 다양성은 다시 작아졌습니다.

인류학자들은 유라시아인(호주 및 아메리카원주민 포함)의 조상이 세 경로로 아프리카를 떠났다고 보고 있습니다(〈그림 1-8〉 참조). 첫 번째는 북쪽 경로입니다. 나일강 혹은 홍해 연안을 따라 거슬러 올라가 이집트 해안에 도달하는 경로이지요. 이곳을 기점으로 해안을 따라가면 북아프리카에 이를 수도 있고, 레반트Levant를 거쳐 유라시아로 진출할 수도 있습니다.* 두 번째 코스는 서북쪽의 사하라를 가로질러 북아프리카의 지중해 연안으로 향하는 경로입니다. 현재는 사막이지만 사하라 북부는 주기적으로 비옥한 숲으로 변했던 지역이었지요. 세 번째는 동북쪽의 아라비아 반도 남부로 들어가는 경로로 아마도 H. 사피엔스가 아프리카를 떠나는 데 가장 중요한 역할을 했던 길로 추정됩니다. 이 경로는 아프리카 동부의 에티오피아 해안이나 지부티공화국에서 아라비아 반도의 서남부 끝자락에 있는 밥 알 만답Bab al Mandab 해협을 통과합니다. 홍해와 아덴만을 잇는 경계점인 이 해협은 현재도 깊지 않고 폭도 30km에 불과합니다. 한때 오사마 빈 라덴Osama bin Laden의 이복형제가 아프리카인의 메카 순례를 위해 다리 건설을 계획했을 정도로 좁은 해협입니다. 현재보다 해수면이 150m나 낮았던 빙하기에는 육지

* 레반트(levant: 르방)는 불어 단어에서 유래한 지명으로 영어의 'rising' 즉, 해 뜨는 땅이란 뜻이다. 지중해 동부 연안의 이스라엘과 팔레스타인, 레바논, 시리아 지역을 지칭한다.

로 연결되었던 지역입니다.

이곳을 통해 아라비아 반도로 건너간 H. 사피엔스들은 두 가지 선택이 있었습니다. 하나는 반도의 홍해 해안을 따라 북쪽으로 올라가 레반트 지역에 이르는 경로였지요. 또 다른 선택은 반도 남쪽의 예멘과 오만 해안을 따라 오늘날의 아랍에미레이트에 이르는 경로였습니다. 이곳에서는 다시 북쪽의 레반트로 갈 수도 있고, 좁은 바다인 호르무즈Hormuz 해협을 건너 이란으로 진출할 수도 있었습니다. 후자의 경우, 일단 이란 해안에 발을 내딛으면 인도양 해안을 따라 인도, 동남아시아, 그리고 호주까지 도달할 수 있습니다. 이 경로는 해변을 따라 동으로 향하는 H. 사피엔스의 고속도로였지요. 쟁점은 이들 경로를 따라 아프리카를 나온 H. 사피엔스들 중 어떤 무리가, 어느 때 유라시아 각지로 갔느냐 입니다. 고고학적 증거에 따르면 H. 사피엔스는 20만~10만 년 전 사이 최소 세 차례 아프리카를 떠났습니다.

첫 번째는 북쪽 경로를 통한 레반트로의 이주였지요.[59, 84] 2018년

그림 1-8

현생 인류의 아프리카 밖 초기 이주(본대 이전의 이주) 경로

『사이언스』에 발표된 결과에 의하면, 이스라엘의 지중해 연안에 있는 카르멜산의 미슬리아Misliya 동굴에서 발견된 H. 사피엔스의 턱뼈 치아와 주변 석기들은 17만 7,000년~19만 4,000년 전의 것입니다. 이것들은 고고학적 증거로 남아 있는 현생 인류의 가장 오래된 아프리카 밖 흔적입니다.

두 번째로 알려진 아프리카 밖 이주는 MIS-6 빙하기가 끝나가던 약 13만 년 전 시작되었는데 이때도 북쪽 경로를 통해 레반트 지역으로 이주했습니다. 그 증거가 이스라엘 스쿨Skhul과 오아후제Qafzeh 동굴의 12만 5,000~9만 년 전 유적에 남아 있는 약 30명의 뼈 화석입니다. 그런데 이들의 흔적은 9만 년 전에 사라지고 네안데르탈인들이 같은 동굴을 8만 년 전부터 차지해 4만 7,000년 전까지 수만 년 동안 거주했습니다.

세 번째로 알려진 H. 사피엔스의 출아프리카는 대륙의 동쪽 경로를 따라 아라비아 반도로 건너간 이주였습니다. 2011년 발표된 바에 의하면, 아랍에미레이트의 제벨 파야Jebel Faya에서 H. 사피엔스가 후기 구석기 기술로 제작한 12만 7,000년~9만 5,000년 전의 손도끼 등의 석기들이 발견되었습니다.[85] 비록 뼈 화석은 발견되지 않았지만 약 13만 년 전 무렵 H. 사피엔스 무리가 아라비아 반도에서 수만 년 동안 살았다는 증거이지요.

그렇다면 20만~9만 년 전 사이 아프리카를 벗어났던 위 세 곳의 H. 사피엔스들이 비아프리카인의 조상일까요? 일부 중국 학자들은 동남아와 인접한 광서성廣西省지인동智人洞, Zhirendong 동굴이나 유강柳江, Liujiang의 통천암通天岩, Tongtianyang 동굴에서 출토된 12만 년~8만 년 전의 화석 주인공들이 그들의 후손이라고 주장합니다.[86] 큰 지지를 못 얻고 있는 이러한 주장을 '여러 차례 전파Multiple disposal' 가설이라고 부릅니다.

반면, 대부분의 인류학자들은 20만~9만 년 전 산발적으로 아프리카를 나와 레반트 지역이나 아라비아 반도에 살았던 극소수의 H. 사피엔스들은 모두 멸종했다고 봅니다. 대신 7만 7,000년~6만 9,000년 전 아프리카의 북동 경로를 따라 아라비아 반도로 건너간 H. 사피엔스 무리가 빠른 속도로 유라시아에 퍼져 모든 비아프리카인의 조상이 되었다고 봅니다. 대부분의 학자들이 지지하는 '급속 전파Rapid disposal' 가설이지요. 이에 따르면 아프리카를 나온 소수의 H. 사피엔스 무리들은 홍해를 건너 일단 아라비아 반도에 정착했습니다. 머문 기간은 확실치 않지만 일부는 북쪽의 레반트로 이주한 후 해 거기서 다시 유럽과 중북부 아시아로 퍼졌다고 추정합니다. 또 다른 그룹은 호르무즈 해협을 건넌 후 인도양의 해안 고속도로를 따라 인도, 동남아, 호주로 빠르게 전파되었다고 봅니다. 또, 해안 고속도로파의 일부는 인도 부근에서 북쪽으로 올라가 유라시아 내륙에도 진출했다고 추정하지요.

급속 전파 가설에서 유력하게 보는 유라시아인 조상의 출 아프리카 시기인 7만 5,000년 전 전후는 MIS-4라는 빙하기(약 1만 년 간 지속)의 시작과 대략 일치합니다. 이 시기에는 해수면이 현재보다 100~150m 이상 낮았기 때문에 홍해와 페르시아해의 일부가 땅으로 연결되었을 것입니다. 또, 인도네시아의 순다Sunda 열도와 호주 대륙 사이도 지금처럼 먼 바다가 아니라 가까운 섬들로 연결된 보다 짧은 거리였다고 추정됩니다. 급속 전파 가설이 추정하는 시기는 (중국 등 일부 예외가 있지만) 유라시아 각 지역에서 고고학적으로 H. 사피엔스가 처음 나타나는 시기와 비슷하거나, 길어야 1만 년 정도 앞섭니다. 아직 발견되지 않는 유적이 있을 가능성을 염두에 둔다면 고고학적 증거와 대체로 일치하는 셈이지요. 즉, 인도 7만 4,000년 전, 동남아시아 6만 년 전, 유럽 4만 3,000년 전, 동아시아 3만 5,000년 전입니다. 호주 남쪽의 뭉고 호수Lake Mungo에도 5만 년 전의 인류 흔적이 남아 있습니다.

한편, DNA 분석결과도 대체로 급속 전파 가설의 주장을 지지합니다.[87] 특히 인류 유전학에서 조상의 경로를 추적하기 위해 많이 사용하는 하플로그룹Haplogroup 분석결과가 그렇습니다. 하플로그룹은 DNA 상의 SNP(단일염기다양성) 위치를 통계적으로 분석해 분류한 그룹입니다.* 가령, 한 조상에서 비롯된 혈연집단의 사람들은 동일한 하플로그룹을 가집니다. 하플로그룹은 모계의 미토콘드리아(mt)DNA와 부계의 Y-염색체 DNA의 두 방법을 사용해 인류의 이동 경로를 추적할 수 있습니다. 이 책에서는 모계의 mtDNA 하플로그룹을 중심으로 H. 사피엔스가 세계 각지로 퍼져 나간 경로를 알아보도록 하겠습니다(〈그림 1-9〉 참조). 제시된 경로와 시기는 논문마다 약간의 차이가 있어 평균적인 추정임을 밝혀 둡니다.[68,88,89]

먼저, 현재 지구상에 있는 모든 인류의 mtDNA 하플로그룹은 7개의 원조 그룹을 가집니다. L0, L1, L2, L3, L4, L5, L6입니다(그림에서는 일부만 표시). 원래 하나의 L에서 파생된 이들은 작은 그룹인데 모두 아프리카에 있습니다. 한편, 아프리카 밖 모든 사람들은 그중 L3에서 파생되어 나온 하부 하플로그룹에 속합니다. 이는 비아프리카인들의 조상이 아프리카 동부에 살던 작은 무리(L3)였음을 보여 주는 명백한 증거입니다. 오늘날 비아프리카인이 세계 인구의 절대 다수(77억 명 중

* SNP(single nucleotide polymorphism: 단일염기 다양성)는 두 사람의 DNA 염기서열(게놈 염기쌍)을 비교해서 돌연변이로 문자 1개가 달라진 위치를 말한다(주로 아데닌인 A와 구아닌인 G가 서로 바뀐다). 그 위치는 천차만별이어서 집단의 DNA염기서열을 비교할 때는 통계의 신뢰성을 위해 달라진 문자의 위치(SNP)가 인구의 최소 1%에서 공통적으로 나타나면 유의미한 차이로 간주한다. 이를 통계적으로 분류한 것이 하플로그룹이다.

66억)를 차지하는 것은 L3 무리가 유라시아 각지에서 자손을 크게 퍼뜨렸기 때문입니다.

그림 1-9

미토콘드리아DNA 하플로 그룹(모계)으로 추정한 현생 인류(호모 사피엔스)의 세계 전파경로 및 시기

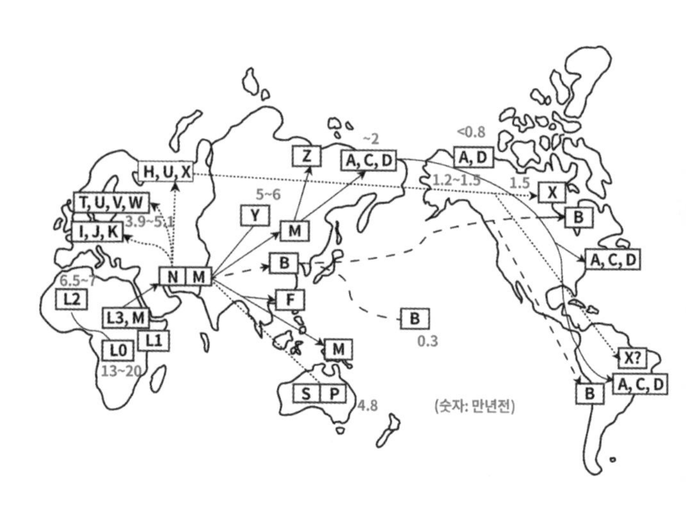

한편, 아프리카 대륙 안에서도 동부의 탄자니아에서 하플로그룹의 분포가 가장 다양합니다. 화석 증거가 말해주는 바와 같이 아프리카 동부가 인류의 고향이라는 사실을 다시 한번 확인시켜 줍니다. 유전자로 추적 가능한 현생 인류의 최초 공통선조Most Recent Common Ancestor, MRCA, 즉 미토콘드리아 이브도 15만 1,600년~23만 3,500년 전 이곳에 살았을 것이며, 그녀의 하플로그룹은 L이었습니다. 그런데 앞서 알아본 대로 이들은 19만~13만 년 전의 MIS-6 빙하기에 굶주림을 피해 작은 무리로 분산되었습니다. 그 결과 L에서 L0과 L1(정확히는 L1-6)의 2개 하부 하플로그룹이 분화되었습니다. 피그미족과 코이산족의 조상은 L0에 속했지요. 뒤이어 13만 년~6만 년 사이 기후가 온난해지자 가뭄에 살아남은 H. 사피엔스들이 아프리카 내에서 이동해 섞이면서 L1그룹은 L5→L2→L6→L4→L3의 순서로 분화되어 나갔습니다.

이들 중에서 특별한 무리는 대륙의 동쪽에 살았던 앞서의 L3그룹의 H. 사피엔스들입니다. 이 그룹의 일부가 (아마도 수백~수천 명이) 북동 경로를 통해 아프리카를 떠나 모든 유라시아인의 조상이 되었지요. 아라비아 반도로 건너간 이들 L3그룹은 약 7만~6만 3,000년 전 M과 N이라는 하부 하플로그룹으로 발전해 갈라진 후 유라시아 각지로 퍼졌습니다. 두 그룹 중 M은 해안선을 따라 아라비아 반도, 인도, 동남아시아, 그리고 호주로 동진東進했으며, 그 흔적이 오늘날 해당 지역 원주민의 미토콘드리아DNA에 남아 있습니다. 해안을 따라 동진하던 M그룹의 일부는 중간의 인도 부근에서 북쪽으로 올라가 다시 분화하며 아시아의 내륙으로 진출했습니다. M 그룹은 지중해 동부 해안의 레반트 지역에는 없는데, 이로 미루어 아라비아 반도에서 생겨났다고 추정됩니다. 한편, N그룹은 아라비아 반도에서 북쪽으로 올라가 유럽, 그리고 일부는 중앙아시아 서부로 이주했습니다. 그 결과 현 유럽인의 대부분은 N에서 파생한 하부 그룹입니다. 아시아인은 M이 주류이지만 N에서 분화한 그룹도 일부 섞여 있습니다.

이처럼 미토콘드리아DNA 하플로그룹 분석결과를 보면, 아라비아 반도가 유라시아 진출의 중요 전진기지였던 듯합니다(일부 학자는 N그룹은 나일강을 따라가는 북쪽 경로를 이용해 레반트로 건너간 무리에서 시작되었다고 추정합니다. 다른 학자들은 L3그룹이 시차를 두고 아프리카를 떠난 결과 M과 N 그룹이 생겨났다고 생각합니다. M그룹이 유럽에 없는 이유도 원래는 있었으나 나중에 사멸했기 때문이라는 주장도 있습니다). 한편, 규모는 작았지만 아프리카로의 역이주도 있었지요. 에티오피아 부근에는 아프리카를 떠난 후 분화되었던 M의 하부 하플로그룹인 M1을 가진 소수의 사람들이 있습니다. 이 변종은 아라비아에서 생긴 후 약 4만 년 전 아프리카로 역이주했다는 결과가 2006년 『사이언스』에 발표되었지요. 지금까지 설명한 급속 전파 가설은 유라시아인들의 위장에 있는 헬리코박터균Helico bacter 유전자가 약 5만 5,000년 전 아프리카에서 갈라져 나간 증거가 있어 힘을 더 보태고 있지요.[90]

7만 년의 위대한 여정 | 사피엔스의 지구 정복

아프리카를 떠난 L3그룹이 (아마도 아라비아 반도에서) M과 N로 분화 후 유라시아 각지로 퍼진 과정을 보다 상세히 추적해 보지요. 먼저, 인도양의 해안을 따라 이동한 M그룹입니다. 해안선 통로의 첫 주요 경유지인 인도의 현재 주민 구성은 유럽계와 검은 피부의 드라비다계의 혼혈로 되어 있습니다. 언어적으로는 인도·유럽어 인구가 약 80%로 다수이며, 드라비다어 인구는 15%이지요. 그러나 미토콘드리아 하플로그룹은 오랜 원주민이었던 드라비다인의 M이 60%로 과반을 넘습니다. 여기에 유럽계통의 N에서 분화한 U그룹이 약 15% 있습니다. M그룹이 인도에 처음으로 도착한 시기는 6만 년 전으로 추정됩니다. 이곳에서 일부는 북쪽으로 올라가 M1~M51, C, D, G, Z 등 아시아 중북부에서 볼 수 있는 여러 하부 그룹으로 분화했지요. 한편, 해안을 따라 동진을 계속한 무리는 말레이 반도를 거쳐, 인도네시아의 순다 제도, 그리고 호주 대륙에까지 하플로그룹 M과 그 하부 그룹을 남겼습니다.

한편, M과 함께 유라시아인의 양대 조상 그룹인 N도 전파 과정에서 여러 차례 분기했지요. N그룹이 시작된 지역은 M그룹처럼 아라비아 반도라고 생각되지만, 일부 학자는 나일강을 따라 올라가는 아프리카 북쪽 경로상의 레반트 지역으로 추정합니다. 아무튼 중동을 벗어나 유럽과 중앙아시아로 이동한 N은 I, W, X와 R의 하부 그룹으로 분화했지요. 특히, R은 다시 H, J, K, T, U, V 등 10여 개 이상의 그룹으로 갈라졌습니다.

베스트셀러 『이브의 일곱 딸들』의 저자인 옥스포드대학의 브라이언 사이키스Bryan Sykes는 '옥스포드의 조상들Oxford Ancestors'이라는 회사를 설립해 원하는 유럽인들에게 자신의 모계 조상이 누구인지를 알려줍니. 현재 이 회사는 유럽인의 이브를 8명으로 분류합니다. 이 이브들은 1만~4만 5,000년 전 사이에 살았던 유럽인의 모계 조상으로, 지역에 따라 분포도가 다릅니다. 8명은 각기 수직적, 독립적인 이브가 아니라 각기 다른 시대를 살았으며, 서로 자손 관계인 경우도 있습니다.[88]

N그룹은 유럽뿐 아니라 아시아에도 하부 그룹들을 전해 주었습니다. 아시아 중북부로 전파된 A와 Y, 그리고 N의 변형인 R에서 파생해 남부로 퍼진 B와 F그룹이 그들이지요. 따라서 아시아에는 M1~M45, C, D, G, Z 등 M계열의 하플로그룹과, N계열에서 유래한 A, Y, B, F가 혼재합니다.

그렇다면 아프리카와 유라시아 이외의 지역 주민은 어떻게 형성되었을까요? 아메리카 원주민의 대부분은 북아시아인과 유사한 하플로그룹 A, B, C, D 중 하나에 속합니다. 이들의 조상은 약 1만 5,000년~4,000년 전 최소 3차례에 걸쳐 베링해를 거쳐 알래스카에 들어갔다고 추정됩니다. 그러나 이들의 DNA가 2만 5,000~1만 년 전의 중앙아시아 알타이 산맥 주민과 비슷하다는 연구결과도 있습니다.[91] 아메리카 원주민의 하플로그룹에서 특이한 점은 스칸디나비아 반도 북부에 분포하는 유럽계 X가 소수 있다는 사실입니다. 다만, 이들의 X는 유럽과는 약간 다른 변형이기는 하지만, 약 1만 5,000년 전 시베리아나 북극 지방의 유럽계 주민 일부도 유입되었다고 추정됩니다. 실제로 북미 워싱턴주에서 발견되어 큰 논쟁거리였던 9,000년전의 '케네윅 사람Kennewick Man'의 골격은 일본의 아이누족이나 유럽계에 가까웠으며, 2015년의 분석결과도 모계의 mtDNA가 X계열이었습니다.

마지막으로 호주의 하플로그룹은 M에서 분화한 M42와 여기서 파생해 이 대륙에만 있는 Q가 있습니다. 또 N에서 유래한 P도 이 대륙에만 있지요. 이들은 DNA 분자시계 분석상 약 6만 년 전에 호주에 들어갔다고 추정됩니다. 유적으로는 대륙의 남쪽 뉴사우스웨일즈의 뭉고 호수에 5만 년 전의 170cm의 인골 화석이 석기와 함께 발견되었지요. 그런데 수수께끼는 호주 원주민의 조상이 인도네시아의 순다 열도와 호주 사이의 400km나 되는 큰 바다를 건넌 사건입니다. 해수면이 낮았던 빙하기에도 이 바다의 거리는 90~250km나 되었습니다.

2002년 NASA는 타 행성 탐사를 위해 오랜 세월 우주선 여행을 하려면 몇 명을 태워 보내야 자손이 끊기지 않는지에 대한 연구를 플로리다대학교에 의뢰했습니다. 시뮬레이션 결과, 아담과 이브처럼 남녀 한 쌍을 보내면 얼마 못 가 자손이 끊겼습니다. 남녀 3쌍의 집단은 76년 만에 소멸했으며, 9쌍이면 130년을 버텼지요. 15쌍이면 인구는 늘어났지만 근친혼으로 인한 유전병 사망이 빈번했습니다. 따라서 안정적으로 인구가 늘려면 남녀 최소 160명은 있어야 한다는 분석이 나왔습니다. 그렇다면 호주로 건너간 무리도 최소 몇 백 명의 남녀노소였을 것입니다. 이들은 많은 인원을 도해渡海시킬 만큼 뛰어난 지능과 상당한 항해술을 가졌음이 분명합니다.

이런 이유로 일부 인류 학자들은 H. 사피엔스의 호주 대륙 정복을 (달 착륙과 함께) 인류가 호기심과 신념을 가지고 미지의 세계를 개척한 획기적 사건으로 꼽습니다. 5~6만 년 전의 호주 원주민 조상은 당시 지구상에 살았던 인류 중에서 가장 앞선 기술과 도전정신을 가진 무리였다고 볼 수 있습니다.

수만 년 전 아프리카를 나온 H. 사피엔스가 미답지未踏地 정복을 완료한 시기는 불과 800년 전이었습니다. 주인공은 오스트랄로네시아인Austronesian입니다. 이들은 같은 어족語族의 언어와 유사한 문화를 공유하고 있습니다. 지리적으로는 중국 남부, 대만, 필리핀, 말레이시아, 인도네시아, 동티모르, 마샬 군도 등의 미크로네시아, 뉴칼레도니아 등의 멜라네시아, 뉴질랜드 및 하와이 등의 폴리네시아, 그리고 아프리카의 마다가스카르에 이르는 방대한 거리에 퍼져 있지요. 이들의 하플로그룹은 N에서 파생된 B와 F가 주류를 이룹니다. 이들의 조상은 원래 유라시아의 북부 계열이었으나, BC 7,000년경 중국 남부와 대만으로 내려왔습니다. 붉은색에 이빨 모양의 무늬가 있는 랍티아Laptia 토기를 사용했던 신석기인들이었지요. 남쪽 해안으로 내려온 이들은 새 정착지에서 어업을 생업으로 삼으며 개, 닭, 돼지를 사육했습니다. 그 결과 인구가 크게 늘자 동남아시아로 남진했습니다. 이 사건을 '아웃 오브 타이완Out-of-Taiwan'이라 부릅니다. 이들은 BC 3,000년경에는 필리핀, BC 2,500년에는 인도네시아와 말레이시아, 베트남 해안까지 진출했지요.

원래 동남아 지역에는 6만~5만 년 전 아프리카에서 이주한 검은 피부의 하플로그룹 M계통의 주민이 선점하고 있었습니다. M그룹은 새로운 이주자가 가져 온 가축의 세균 때문에 사멸했거나 발전된 어로 기술에 제압당한 듯합니다. 그 결과 오늘날 뉴기니 등에만 소수가 남아 있습니다. 하플로그룹 B와 F가 많은 현 동남아인의 외모는 북방계 아시아인의 옛 모습일 것입니다.

오스트랄로네시아인들도 호주 원주민의 조상들처럼 경탄할 항해사였습니다. 이들은 수평선 너머의 옅은 산불 연기, 부유물, 구름의 모양, 해류의 상태, 하천에 의한 염도의 변화 등으로부터 며칠 거리에 육지가 있는지 알아낼 만큼 탁월한 해양인들이었습니다. 특히, 배 양쪽 옆구리에 날개 달린 대나무 카누는 혁신적인 발명품이었습니다. 필리핀이나 동남아에서 이 양 날개 배를 타본 분이라면 그 안정성과 가볍고 빠른 속도에 감탄했을 것입니다. 웬만한 폭풍에 가라앉지 않을 구조이지요. 추정에 의하면, 이들은 약 30m 길이의 날개 달린 카누에 사람과 가축을 싣고 태평양의 섬들을 개척했습니다. 그래서 이들의 후손이 사는 태평양의 섬들에는 개, 닭, 돼지가 공통적으로 있습니다. 이 중 한두 동물이 없는 경우는 항해 중 죽었거나, 생존했지만 현지 번식에 실패한 경우로 추정됩니다.

오스트랄로네시아인들은 BC 1,500년부터 멜라네시아(뉴칼레도니아 등)와 마샬 군도 등의 미크로네시아를 정복했습니다. 그 후 2,400년이 넘은 여정 끝에 수천 km 떨어진 이스터 섬과 하와이에는 AD(기원후) 900년경에 정착했습니다. 오늘날 이 지역의 원주민들은 뉴기니계와 혼혈이 되어 외모는 다르게 보이지만, 미토콘드리아 하플로그룹은 절대 다수가 아시아계의 B그룹입니다. 뉴기니계의 M그룹은 약 5% 섞여 있지요. 탁월한 항해자 오스트랄로네시아인은 AD 500년경 아프리카 옆의 큰 섬 마다가스카르에 도착했습니다. 오늘날도 이곳 원주민의 절반은 외모가 아프리카인과 다르며, 쌀농사를 짓는 마을 풍경은 동남아를 연상시킵니다. 오스트랄로네시아인들이 최후로 개척한 땅은 뉴질랜드로 AD 1,200년경이었습니다. 수만 년에 걸친 H. 사피엔스의 아프리카 밖 대장정이 비로소 완결된 것이지요.

푸른 눈과 금발, 그리고 젖은 귀지 | 인종의 실체

오늘날 세계 각지 사람들의 피부색이나 눈동자 색은 서로 다릅니다. 외모뿐 아니라 주변환경에 적응하는 능력이나 유전질환도 서로 달라 보입니다. 그런데 교류가 제한적이었던 수백 년 전의 사람들은 인종의 개념이 없거나 중요치 않았습니다. 인종에 대한 편견과 차별은 식민지 쟁탈시대인 18~20세기 초에 심해진 현상입니다. 그래서 20세기가 되어서도 백인의 우월성을 상식으로 믿는 서구인들이 다수였습니다. 아시아를 벗어나 유럽처럼 되고자 탈아입구脫亞入歐의 부국강병책으로 강국이 된 일본은 제1차 세계대전의 승전국의 일원으로 베르사이유 조약에 만민평등의 문구를 넣으려 했습니다. 그러나 동양인을 얕본 서구 국가들의 반대로 무산되었지요.

인종에 대한 편견은 20세기 내내 활개친 우생학優生學이라는 사이비과학이 날개를 달아 주었습니다. 결국 이러한 편견이 나치에 의한 유대인과 슬라브인의 학살로 이어졌습니다. 역사는 대학살은 자행한 나치만을 단죄하고 있지만, 유대인에 대한 차별과 탄압은 당시 대부분의 유럽 국가에서 정도의 차이일 뿐 크게 다르지 않았습니다. 편견은 제2차 세계대전 이후 많이 개선되었지만 오늘날도 일부 남아 있습니다.

문명국이라는 미국에서조차 아직도 인종이라는 단어를 공식 문서에 사용하고 있습니다. 미국은 인종을 통계에 이용하는 유일한 구미 국가입니다(중국은 민족이라는 용어도 공민증에 공식 사용합니다).[91] 조상 중 한 사람만 흑인이어도, 흑인으로 간주했던 1920년대의 '한 방울 규칙 One Drop Rule' 때에 비하면 그나마 나아진 편입니다. 1960년대 이후 인구 조사에서는 어떤 인종인지 자신이 선택하도록 완화했으며, 1997년부터는 2개 항도 기입할 수 있도록 대단한 관용(?)을 베풀고 있지요.

그렇다면 인종은 과학적으로 얼마나 근거가 있을까요? 국제 공동 연구콘소시엄은 8년간의 '1000 게놈 프로젝트 1000 Genomes Project'를 통해 전 세계인들의 게놈(DNA 전체의 염기서열)을 분석했습니다.[92] 2015년 발표한 결과에 의하면, 전 세계인의 염기서열에서 문자 1개가 달라진 위치, 즉 SNP(단일염기 다양성)는 전체 염기쌍 30억 개의 3%에도 못 미치는 8,479만 개였습니다. 이중에서 유전형질을 결정 지은 부분은 다시 그 중 3~5%입니다. 2005년 『사이언스』에 발표된 백인, 흑인, 아시아인 71인의 유전정보 차이(SNP) 조사 결과도 비슷합니다.[93] 이에 의하면 인간의 유전정보 차이의 85~90%는 개인 사이에서 비롯된 결과입니다. 이와 달리 각 대륙에 사는 사람들 사이의 평균적 DNA 차이는 5~10%에 불과합니다. 나머지 5~10%의 차이는 같은 대륙에 사는 집단(예: 특정 국가) 사이에서 비롯됩니다. 바꾸어 말해, 서울 시내 거리에서 임의로 뽑은 두 사람 사이의 유전정보 차이는 한국인과 아프리카 마사이족 간의 평균 차이보다 최소 5배, 심지어 10배 이상 큽니다.

2000년 스웨덴 연구진이 『네이처』에 발표한 바에 의하면, 수십억 명 인간 사이의 유전적 차이는 침팬지 한 무리 사이의 다양성보다 작다고 합니다. 이처럼 한 종의 유전자가 좁은 분포로 거의 동일한 포유류는 매우 드뭅니다. 이는 앞서 알아본 대로 멀지 않은 과거에 있었던 인구 병목현상 때문입니다. 한마디로 DNA를 기준으로 인간 집단을 인종이나 민족으로 구분하는 일은 비과학적이고 21세기 시민으로서의 의식이 덜 깨인 무지입니다. 페보는 2004년의 논문에서 인종이 얼마나 비과학적인 개념인지를 지적하고 있습니다.[94] 다만 그는 지역마다 다른 환경적, 풍토적, 혹은 문화적 요인 때문에 독특한 유전형질들이 통계적으로 많이 나타날 수는 있다고 보았습니다. 그러나 이 경우도 인종이나 민족과 같은 기준으로 분류할 수 없다고 지적했습니다.

예를 들어 보겠습니다. 잘 알려진 대로, 세계의 주민들은 지역마다 고유한 유전병을 가지고 있습니다. 그런데 이를 빌미로 일부 의료계, 특히 미국에서는 인종에 바탕을 둔 연구를 과학으로 포장하는 경우가 있습니다. 가령, 미국 FDA는 2005년 흑인의 울혈성 심부전증鬱血性心不全症 예방을 목적으로 개발된 BiDil이라는 약의 판매를 승인했습니다. 이 약은 특정 인종을 대상으로 시판된 최초의 제품입니다(동시에 더 이상 없어야 할 상품이기도 합니다). BiDil를 개발한 산업체 과학자들은 65세 이하 미국 흑인의 심부전 사망률이 백인보다 2배 높다는 통계자료를 제시합니다. 그런데 이 말에는 트릭이 숨어있으며 흑인의 상당수가 심부전으로 죽는다는 착각을 불러일으킵니다. 대다수 학자들은 이런 종류의 의료행위를 상업적 사기라고 생각합니다.[91] 이 병으로 사망하는 흑인은 흑인 전체 인구에서 극소수입니다. 더구나 65세 이후에는 이 병으로 인한 사망자가 흑인, 백인 사이에 큰 차이가 없지요. 인구 비율로 볼 때 심부전 위험이 있는 미국 흑인은 소수이므로 대다수는 BiDil를 먹을 필요가 없습니다. 오히려 비율로는 절반이지만 그 병에 취약한 백인들이 복약해야 합니다. 심부전으로 일부 흑인이 젊은 나이에 사망하는 원인은 전적으로 개인 가계家系의 유전적 문제이지, 인종 때문은 아닙니다. 어떤 인종이나 종족이 머리가 좋다는 주장도 똑같은 논리가 적용되는 무지한 이야기입니다.

특정한 병에 취약하거나 특출한 재능이 있다면, 그의 직계 조상 중 누군가가 관련 유전자를 전해주었기 때문입니다. 그들은 지리적으로 가까이 있는 사람들과 짝을 맺어 왔을 것입니다. 당연히 친척 관계를 맺을 확률이 높은 해당 지역 주민들은 같은 유전병에 걸릴 확률이 높을 수 있습니다. 하지만 사람은 DNA 유전정보를 부모로부터 각기 0~100% 확률 범위에서 무작위로 받습니다. 따라서 같은 가계의 사람이라도 유전병이 전혀 안 나타날 수도 있지요. 형제 간에도 모습과 체질이 전혀 다른 경우를 우리는 흔히 봅니다.

굳이 특정 유전 형질의 통계적 확률을 말하려면 인종이나 종족처럼 집단이 아니라 개인의 가계ancestry로 판단해야 할 것입니다. 가계란 직계조상과 나를 개인적으로 잇는 극히 사적인 연결이지요. 반면, 인종이나 민족은 유전자의 과학적 상관성에 근거하지 않고 주관적 범주, 혹은 틀pattern에 개인을 억지로 집어넣은 개념입니다. 이런 이유 때문에 유전학이나 분자생물학을 연구하는 주류 과학자들은 인종이나 민족 같은 개념을 인정하지 않습니다. 그 대신 제대로 된 과학자들은 특정 집단을 나타낼 때 인종 대신 통계적 의미의 '인구' 혹은 '주민population'이라는 용어를 사용합니다.

과학계뿐 아니라 정치, 사회적으로도 인종이라는 용어의 사용은 온당치 않습니다. 오늘날 서유럽 국가들은 인종이란 용어를 공식적으로 쓰지 않습니다. 프랑스는 1946년 이래 공식 문서에서 인종이란 단어를 삭제했으며, 연관된 상업용 유전자 분석도 법으로 처벌합니다. 이들 국가에서는 인종이나 민족이란 단어 대신, 공통된 문화와 사회,

정치제도를 가지는 집단을 굳이 표현하려면 '에스닉 그룹ethnic group'이라는 용어를 사용하고 있습니다. 혈통보다 '역사적으로 같은 문화를 공유한 현지 주민'을 뜻하는 용어이지요. 아쉽게도 우리나라에서는 인종이나 민족이란 용어를 별 의식 없이 쓰고 있습니다. 인종, 즉 인간의 종류란 없습니다. 인간은 유전적으로 매우 가까운 한 종밖에 없다는 사실을 21세기 초 인간게놈 연구가 분명히 밝혀주었기 때문입니다.

그런데 세계인들의 유전자가 거의 동일한데도 실제로 우리가 보는 세계인들의 피부색이나 겉모습은 매우 달라 보입니다. 이는 극미한 유전적 차이가 만든 드라마틱한 착시 효과 때문입니다. 똑같은 한국인이더라도 어떤 사람은 완벽한 미남, 미인인데 어떤 사람은 전혀 그렇지가 않습니다. 그렇다고 두 부류 사람의 지적 능력, 심성, 혹은 성인병이나 암 발병에 대한 유전적 차이를 볼 수 있나요? 둘 사이에 어떤 상관관계도 없다고 생각합니다. 인류의 진화사에 비추어 볼 때 지구 곳곳의 사람들이 외형적으로 다르게 보이게 된 것은 최근의 현상입니다. H. 사피엔스는 수만 년 전 아프리카를 나오면서 매우 다양한 환경에 적응해야 했습니다. 그 과정에서 사소하지만 다양한 유전적 변이가 일어났습니다. 특히, 1만여 년 전 농경이 시작되면서 인구가 약 1,000배 가까이 폭증했지요.[96] 그 과정에서 많은 돌연변이가 생겨 이런 외형적 차이가 증폭되게 보였습니다. 몇 가지 예를 들어보지요.

먼저, 피부색은 세계인의 외모를 달리 보이게 하는 가장 큰 요인입니다. 원래 털북숭이 시절의 옛 인류는 침팬지나 고릴라처럼 피부색이 밝았습니다. 그러나 털을 없애자 호모의 피부는 유해한 자외선에 노출되었지요. 이를 해결하고자 피부는 세포에 멜라닌 색소를 생성해 자신을 보호했습니다. 그런데 자외선은 세포를 파괴하는 나쁜 효과도 있지만 유익한 기능도 있습니다. 인간의 원활한 생체반응을 위해 꼭 필요한 비타민 D를 합성하기 때문입니다. 비타민 D는 화학구조상 11종이 있습니다. 그중에서 사람은 식물성 및 동물성 음식에 주로 있는 D2와 D3의 두 형태로 섭취하는데, 생체에 미치는 효과는 거의 같습니다. 이중 D3는 피부에서도 생성됩니다. 피부의 디하이드로크레스테린7-Dehydrochorsterin이라는 물질이 파장 280~305nm의 태양 자외선을 받아 합성합니다. 이렇게 음식이나 햇빛에서 얻은 비타민 D는 혈액을 타고 간에 들어가 25D라는 분자로 변환되고, 다시 콩팥으로 이동해 1,25D라는 구조로 변합니다.

최근 연구에 의하면 1,25D는 인체 내 여러 기관의 각종 단백질 수용체와 결합해 최소 1,000개 이상 유전자 스위치를 켜기도 하고 끄기도 합니다.[96] 다양한 생체 반응에 관여한다는 의미이지요. 특히, 면역계 강화에 큰 역할을 하여 항균, 항염, 항바이러스, 항암 등의 효과를 안겨줍니다. 봄철에 질병에 잘 걸리는 이유는 겨울 몇 달 동안 햇빛이 부족했기 때문입니다. 그래서 항생제가 없었던 20세기 초까지만해도 결핵 치유의 가장 효과적인 방법은 따뜻한 남쪽 지방에서의 햇볕치료Sunshine cure였습니다. 면역 강화 이외에 비타민 D의 빠뜨릴 수 없는 또 다른 중요한 기능은 뼈의 생성입니다. 비타민 D는 혈액의 칼슘 농도를 유지하고 흡수를 도와 뼈의 생성이나 건강에 결정적인 도움을 줍니다. 부족하면 뼈가 기형이 되는 구루병이나 골다공증의 문제가 생기지요.

비타민 D를 섭취하는 가장 효과적인 방법은 단연코 햇볕 쬐기입니다. 비타민 D가 풍부하다는 간유 1스푼에는 1,360IU(비타민의 양을 나타내는 국제 단위), 마른 표고 100g에는 1,600IU가 있지만, 여름날의 햇볕은 15분만 쬐어도 무려 10,000IU가 생성됩니다. 물론 과다하면 피부나 눈에 손상을 주며, 심하면 피부암이나 실명失明으로 이어집니다. 이처럼 자외선은 양면의 효과를 가지기 때문에, 흑인들의 피부는 햇빛을 일부만 흡수하고 나머지는 차단하도록 적응했습니다. 이 때문에 중북부 유럽에 거주하는 흑인들은 건강 문제에 빈번히 노출됩니다. 늦은 봄에서 여름 사이를 제외한 연중 거의 매일 안개비가 내리는 궂은 날씨 때문이지요. 저도 벨기에서 공부하던 시절 아프리카에서 온 흑인 친구에게서 그런 예를 보았습니다. 버짐 비슷한 피부증상이 심해 의사를 찾았더니 얼마 안 되는 햇볕을 피부가 차단해서 생기는 현상이라고 했습니다. 반면, 중북부 유럽 백인의 창백한 피부는 적은 양의 햇빛도 한껏 흡수합니다. 호주의 백인들이 피부암에 취약한 이유는 강한 자외선을 그대로 다 흡수하기 때문입니다.

아프리카를 떠나 유라시아로 건너 간 네안데르탈인이나 H. 사피엔스도 비슷한 문제에 봉착했습니다. 원래 이들의 피부는 검은색이었지요. 그런데 일조량은 아프리카에서보다 줄었는데 피부는 자외선을 잘 흡수하지 않았지요. 그 결과 피부가 평균보다 검어 햇빛의 상당량을 흡수하지 않는 사람의 후손은 어린 나이에 구루병이나 각종 질병에 취약해 점차 도태되었지요. 반면, 상대적으로 밝은 피부의 사람들은 부족한 자외선을 잘 흡수하기 때문에 생존에 유리했습니다.

이런 효과가 누적되자 유라시아로 이주한 후손들(네안데르탈인 및 유럽인과 아시아인의 조상)의 피부는 점차 밝아졌습니다. 또, 자외선으로부터 머리를 보호할 필요성이 줄자 머리털도 곧게 펴졌지요. 그런데 맑은 날이 연중 50여 일에 불과하고 위도가 높아 태양이 낮게 뜨는 중북부 유럽의 H. 사피엔스들은 자외선이 부족해 흰 피부만으로 비타민

D 부족 문제를 완전히 해소하기가 어려웠습니다. 더구나 추운 지방이라 보온을 위해 옷으로 피부를 감싸다 보니 햇볕이 더욱 부족했지요.

이를 위해 두 가지 적응 전략이 작동했습니다. 첫째는 피부가 자외선을 더 잘 받아들이도록 더욱 하얗게 되는 전략이었지요. 2007년 PNAS에 실린 결과에 의하면, 유럽인들의 흰 피부와 관련된 SLC24A5 유전자 돌연변이는 약 5,800년 전에 출현했다고 합니다.[97] 즉, 그 이전의 유럽인은 아시아인 수준의 피부 밝기였으며, 오늘날처럼 하얗지 않았다는 이야기입니다. 유전자 분석에 의하면 3,000년 전의 유럽인은 25%만이 오늘날처럼 하얀 피부였다고 추정합니다. 실제로 영국을 정복했던 로마인도 스코틀랜드 원주민인 픽트Picts족의 피부가 구릿빛이라고 기록했습니다. 유럽인의 피부색은 현재도 위도에 따라 밝기가 각기 다르지만 약 85%만 흰 피부에 속합니다. 1만 년 전만 해도 유럽인은 백인이 아니었지요.

비타민 D 문제를 해결하기 위해 중북부 유럽인이 적응한 두 번째 전략은 음식, 즉 우유였습니다. 칼슘이 풍부한 우유의 섭취는 비타민 D의 문제를 크게 해결해 줍니다. 그런데 사람을 비롯한 포유류는 유아기가 지나면 젖을 끊게 되어 있습니다. 새끼가 젖을 떼야 어미가 호르몬을 평상으로 되돌려 출산 능력을 회복하기 때문이지요. 이를 위해 포유류는 출생 후 일정 기간이 지나면 젖 속의 당분인 락토오스(유당)를 소화하지 못하도록 진화했습니다. 락토오스는 분자구조가 복잡하기 때문에 유아기 때만 분비되는 락타아제Lactase라는 특별한 효소가 있어야 소화됩니다. 만약 성인이 젖을 먹으면 그 속의 락토오스가 위나 소장에서 소화되지 못하고 대장까지 내려가 세균의 작용으로 겨우 일부만 분해됩니다. 이때 발생하는 가스 때문에 속이 더부룩하거나 설사를 하게 되지요.

그런데 어른이 되어서도 락타아제를 합성하는 돌연변이 유전자가 7,500년전 발칸 반도에서 나타났습니다.[98] 아마도 한 사람에서 비롯된 듯한 이 유전자는 전 유럽으로 퍼졌습니다. 이를 물려받은 후손들은 성인이 되어서도 우유를 먹을 수 있어 생존 경쟁에서 유리한 고지를 차지했지요. 햇빛이 부족한 지역에서 우유 속 칼슘을 섭취해 다른 동족보다 건강했기 때문입니다. 1991년 알프스에서 냉동 미이라로 발견된 5,500년전의 아이스맨Iceman만하더라도 이 돌연변이 유전자가 없었습니다. 하지만 이 유전자는 점진적으로 전파되어 현재는 중부 유럽인의 약 75%가 보유하고 있습니다.

사실, 성인은 우유를 소화할 수 없어야 정상입니다. 대부분의 포유류도 마찬가지이지요. 다만 물개류와 북극곰은 예외입니다. 이들은 평소 비타민 D가 풍부한 바다생물을 먹기 때문에 거추장스러운 락토오스를 굳이 젖에 함유할 필요가 없었지요. 한국인과 일본인은 90%, 동남아인과 뉴기니인은 100%, 덴마크인도 5%는 이 돌연변이 유전자가 없어 성인이 되면 우유를 소화하지 못합니다. 다만, 어릴 때부터 우유를 계속 마시면 커서도 락타아제가 분비되므로 문제가 덜 합니다.

푸른 눈도 흰 피부와 마찬가지로 최근의 현상입니다. 수천 년 전에 HERC2라는 유전자가 돌연변이를 일으켰지요. 이와 밀접한 유전자가 OCA2입니다. 이 유전자가 돌연변이를 일으키면 피부, 머리털, 눈에 멜라닌 색소가 결핍되어 발생하는 알비노, 즉 백색증albinism으로 나타납니다. 백색증은 세계 인구 4만 명 중 한 명꼴로 발생하는데, 역설적이게도 아프리카인의 발병률이 평균보다 높습니다. 나미비아의 어떤 지역에서는 인구의 절반이 하얀 흑인입니다. 알비노는 OCA2 변이 유전자를 부모부터 각기 1개씩 모두 2개를 받은 사람에게 발병하지만, 1개만 얻은 사람은 나타나지 않습니다. 따라서 아프리카를 떠나 유라시아의 고위도로 이주한 알비노들은 생존에 유리했습니다. 즉, 자외선이 강하지 않아 피부암의 위험성은 줄었는데, 반면 비타민 D는 더 잘 합성할 수 있어 생존에 더 유리했지요.

그런데 이들 중 일부에서 OCA2 바로 옆에 있는 비슷한 유전자인 HERC2가 돌연변이가 일으켜 푸른 눈이 나타났습니다. 이 변이는 약 9,000년 전 지금의 리투아니아의 한 지역에서 최초로 발생했다고 추정됩니다.[99] 오늘날에도 발트해 주변과 스칸디나비아 반도는 푸른 눈동자의 비율이 가장 많은 곳입니다. 이 지역은 게르만족의 일파인 반달족Vandals의 고향이었습니다. 반달족은 게르만족의 대이동 때 폴란드, 독일, 프랑스, 스페인을 거쳐 5세기 중반에 북아프리카로 건너가 반달왕국을 세웠지요. AD 455년에는 로마도 침공했습니다. 그들은 가는 곳마다 약탈했습니다. 오죽하면 문화재를 파괴하거나 공공시설에 낙서를 하는 등의 야만 행위를 반달리즘vandalism이라고 부를까요? 그런데 이들이 거쳐간 폴란드, 헝가리, 독일, 프랑스, 스페인, 루마니아(옛 로마인), 그리고 북아프리카의 곳곳에는 약탈과 함께 푸른 눈동자도 남겼습니다. 소수의 정복자가 원주민 여성을 차지했고, 그 결과 푸른 눈의 혼혈이 출현했지요. 그들은 소수였지만 성선택도 힘을 발휘했습니다. 서양 대중 잡지에 실리는 취향 조사를 보면, 푸른 눈의 남자는 대체로 같은 색 눈동자의 여자를 선호합니다. 반면, 갈색 눈의 남성은 자신의 색은 물론 푸른 눈도 좋아하지요, 결국, 푸른 눈의 여자는 양쪽 모두에서 사랑받았지요.

금발도 흰 피부나 푸른 눈의 경우와 비슷한 길을 걸었습니다. 진한 구릿빛 피부의 남태평양 솔로몬 제도 원주민은 인구의 5~10%가 금발입니다. 머리를 금발로 만드는 TYRP1 유전자가 돌연변이를 일으켰기 때문임이 근래에 밝혀졌습니다. 또, 아시아인의 굵고 뻣뻣한 머리 털을 만드는 EDAR이라는 변이 유전자도 아메리카 대륙까지 전파되었지요. 약 3만 년 전에 아시아에서 출현한 돌연변이입니다.

그뿐 아닙니다. 젖은 귀지와 땀내와 관련된 ABCC11 유전자는 3만~2만 년 전 동아시아에서 돌연변이를 일으켰습니다. 원래 H. 호모 사피엔스는 이 유전자 때문에 땀내가 나고 귀지는 젖어 있어야 정상입니다. 그런데 돌연변이로 이 유전자의 기능이 상실된 사람은 귀지가 마르고 땀냄새도 덜 납니다. 이 변이는 북중국, 한국 및 서부 일본에서 높은 비율로 나타납니다. 유럽인도 약 5%가 있는데, 아프리카인은 0%입니다. 2013년 영국 브리스톨대학 연구진의 발표에 의하면, 이 변이 유전자의 비율이 가장 높은 지역이 다름 아닌 한국입니다.[100] 우리나라 사람 중에 백인이나 흑인의 땀냄새에 기절할 정도로 거부감을 느끼는 경우를 자주 보았는데(특히 격렬한 운동 후), 굳이 말하자면 우리가 비정상이지요. 이 유전자의 기능이 상실되지 않은 다른 지역의 사람들은 서로 같은 땀내를 내므로 이를 잘 느끼지 못합니다.

이상을 요약해 보면, 인종의 큰 잣대로 생각했던 피부색 등 외모나 그 밖의 차이는 최근 수만 년, 수천 년 사이 일어난 매우 미소한 돌연변이가 만든 결과에 불과합니다. 결국 피부색 등 외모의 차이가 발생하는 원인을 찾는 과정에서 세계 각지 모든 사람들의 유전자가 거의 같다는 사실을 역으로 재확인한 셈이지요.

예술, 상징 그리고 귀 달린 바늘 | 대도약 여부

인류학자들은 H. 사피엔스가 아프리카를 나온 이후에 인지 능력이 급작스럽게 도약한 시기가 있었는지를 놓고 의견이 양분되어 있습니다. 그렇다고 보는 학자들은 '대도약Great Leap Forward'이 6만~4만 년 전에 일어났다고 주장합니다. 주로 동굴벽화, 예술품 등 고고학적 유물에 기초한 추정이지요. 대도약 가설의 지지자들은 뼈 화석으로 나타나지 않는 혀나 후두, 뇌 신경처럼 부드러운 부분에서도 변화가 생겼을 것으로 봅니다. 특히 이 시기에 상징적 사고思考와 언어가 크게 도약했다고 주장합니다. 한편, 대도약을 부정하는 학자들은 H. 사피엔스는 30만~20만 년 전 출현한 이래 현대에 이르기까지 점진적으로 진보했다고 봅니다. 현대적 특징을 가지는 고고학적 유물이 6만~4만 년 전 사이에 많아지는 이유는 단순히 인류가 유라시아로 퍼지며 인구가 급증했기 때문이라고 설명합니다.

양쪽 주장 중 어느 쪽이 맞는지 논란이 있지만 인류의 높은 지적 활동을 나타내는 흔적이 수만 년 전부터 갑자기 증가한 것은 사실입니다. 먼저 도구의 혁명입니다. 특히, 던지는 창이나 화살 등 발사체를 본격적으로 사용했습니다. 창을 사용한 최초의 간접 증거는 50만 년 전 남아공의 유적(Kathu Pan 1)에서 발굴된 조그만 석기 조각인데, 나무에 고정한 돌촉인 듯합니다. 따라서 오래전부터 사용했다고 생각되지만, 네안데르탈인을 비롯한 옛 인류의 창은 비교적 근접 거리에서 사냥감을 찌르는 수준이었지요. 그러나 멀리 떨어진 안전거리에서 던질 수 있는 가벼운 창으로의 혁신은 4만 5,000년 전부터 확실히 있었습니다. 돌촉 이외에도 가는 선을 새길 때 사용하는 뷔렝burin, 돌을 갈아 만든 양날 마제磨製 석기, 음식을 으깨기 위한 막자사발 등 석기의 형태나 용도도 이전보다 훨씬 세분화되었지요.

사실, 6만~4만 년 전을 기준으로 H. 사피엔스들이 그 이전에 사용한 석기는 네안데르탈인의 것과 큰 차이가 없었습니다. 두 인류는 수천 년~2만 년의 짧지 않은 기간을 공존했다고 보여지는데, 이는 당시만해도 H. 사피엔스가 크게 앞서지 않았다는 반증일 수도 있습니다. 석기뿐 아니라 귀 달린 바늘 등의 골기骨器, 토기, 그리고 식물의 줄기를 꼬아 만든 끈이나 바구니 등 도구의 재료나 종류도 수만 년 사이 급격히 다양해졌습니다. 특히, 관련 기술들이 먼 지역에서도 비슷하게 표준화되었다는 사실은 장거리 수송이나 물물교환 교역이 시작되었음을 말해 줍니다.

그러나 대도약 가설의 지지자들이 도구나 생활방식의 변화 등 물질적 면보다 더 중요하게 생각하는 이 시기의 혁명은 상징적 사고와 언어 능력입니다. 먼저, 상징적 사고부터 보지요. 여러 고고학적 증거에 의하면 H. 사피엔스는 수만 년 전부터 먹고 사는데 긴요하지 않는 행위나 물건을 사용 흔적한 뚜렷이 증가했습니다. 가령, 이전에 드물었던 형상을 모방하는 미술이 5만~4만 년 전부터 급증했지요. 벽화, 암각화, 토기인형 등이 그 예입니다. 스페인의 4만 1,000~3만 7,000 년 전 엘 카스티요El Castillo 동굴, 3만 6,000년 전의 알타미라Altamira 동굴, 2,000여 동물이 그려진 프랑스 남부 라스코Lascaux 동굴의 벽화는 원근화법을 적용한 정밀화로 당시 인류가 상당한 수준의 인지능력을 가졌음을 증거합니다. 또, 독일 홀렌슈타인 스타델Hohlenstein-Stadel동굴에서 발견된 4만~3만 년 전의 사자사람Lion-man이라는 상아 조각품은 사람을 동물에 형상화시킨 가장 오래된 증거입니다. 미술품뿐만 아니라 독일의 홀레펠스Hohle Fels동굴에서는 4만 2,000년 된 피리도 발견되었지요. 이 밖에도 광물 가루나 식물의 즙을 이용한 안료나 장신구 사용의 급증은 추상적 사고와 원시적 종교활동의 가능성을 보여줍니다.

그런데 최근 대도약 가설의 입지를 흔드는 몇 건의 유적이 아프리카에서 잇따라 발굴되었습니다. 가령, 남아공의 블롬보스Blombos 동굴의 7만 1,000년 전 유적지에서는 달팽이나 조개 껍질에 구멍을 뚫어 만든 장신구가 나왔습니다. 몇 년에 걸친 추가 발굴의 결과, 2011년에는 붉은 색의 철광석 가루와 노란색의 안료를 담았던 전복껍질 용기도 발굴되었습니다. 상징적 활동을 증거하는 이들 광물 안료의 연대는 무려 10만 년이나 되었지요. 이는 약 4만 년 전에 남유럽 동굴에서 처음 상징적 활동이 본격적으로 시작되었다는 기존 대도약설의 입지를 흔드는 발견이었지요.

따라서 가설의 수정이 불가피해졌습니다. '수정된 대도약' 가설에 의하면[101], H. 사피엔스는 30만~20만 년 전 출현하여 서서히 지능이 높아지다 MIS-3 간빙기의 온난한 기후 때 작은 1차 도약을 했습니다. 즉, 10만~6만 년 전 아프리카에서 인구가 일정 규모 이상 커지자(임계 인구) 돌연변이가 자주 나타나게 되었고, 그 결과 언어의 사용이나 상징과 추상적 사고를 할 수 있는 뇌 기능이 준비되었다는 설명입니다. 인구의 증가가 무리 간의 경쟁이나 아이디어의 교환을 촉진하며 지적 활동에 중요한 역할을 했다는 것이지요.

이처럼 준비된 상태에서 각 대륙으로 퍼진 인류는 새로운 환경에 적응하면서 다시 한번 크게 진전했을 가능성이 큽니다. 이 도약은 4만 년 전 유럽에서 먼저 일어났고, 세계로 확산되었다는 설명입니다. 그 결과 인간의 뇌는 새겉질(신피질)이 강화되었고, 뇌신경의 연결상태도 변했다고 봅니다. 2005년 『사이언스』에 발표된 결과에 의하면, 뇌의 크기와 새겉질(신피질)의 발달과 관련 있는 마이크로세팔린microcephalin 유전자는 3만 7,000년 전 변이를 일으켰다고 합니다(3장 참조).

노래하는 호모 | 언어의 기원

인간의 언어가 수만 년 전의 '대도약'으로 고도화되었는지는 아직 확실치 않습니다. 침팬지도 음성과 몸짓으로 감정 표현을 하거나 다른 개체와 통신하지요. 그러나 문장언어가 없기 때문에 인간처럼 복잡한 내용은 전달하지 못합니다. 또한, 언어의 기능에서 다른 사람과의 의사소통 못지않게 중요한 것은 자신의 추상적, 상징적 생각을 다듬는 일입니다. 즉, 언어는 고차원적 생각을 엮어주는 틀이지요.

그런데 인간의 언어에는 중요한 전제 요소가 있습니다. 다름 아닌 고도의 발성 능력입니다. 새나 포유동물들도 간단한 발성으로 서로 소통합니다. 그러나 인간처럼 다양한 소리를 내지는 못하지요. 사람과 가장 가깝다는 침팬지도 가장 초보적 모음인 '아' 혹은 '이'조차 발음하지 못합니다. 인류의 옛 조상들도 오늘날과 같은 형태의 발성 구조를 가지기 전에는 정확하게 발음하지 못했을 것입니다.

올바른 발성을 위해서는 음성박스, 즉 후두가 중요합니다. 그런데 H. 에렉투스가 본격적으로 직립 보행을 하자 대후두공과 후두가 몸의 수직 중심축에 위치하게 되었습니다. 또, 원통형 가슴 덕분에 호흡조절도 가능하게 되었지요. 그렇다고는 해도 후두가 오늘날의 현생 인류처럼 식도 가까이 내려오지는 못했을 것입니다. 이런 상태로는 날숨을 완벽하게 제어하지 못하므로 짧고 엉성한 소리밖에 내지 못합니다.

현대인도 후두를 잘못 제어할 때가 있지요. 술 취한 사람이 우스꽝스럽게 말하는 이유는 혀가 꼬부라진 것이 아니라 후두 제어를 올바로 하기 못하기 때문입니다. 또, 생후 3~6개월 이전의 아기들이 제대로 된 발음을 할 수 없는 이유도 후두가 아직 내려오지 않았기 때문이지요. 신생아나 취객의 예에서 보듯이 후두의 하강은 비교적 근래에 진화한 것으로 보입니다. 만약 H. 에렉투스가 간단한 언어를 사용했다면 술 취한 사람처럼 말했을 것입니다. 하지만 근육과 연골로 이루어진 후두는 화석으로 남지 않으므로 확인이 어렵습니다.

발성 능력이 하드웨어라면 언어에서 중요한 또 다른 요소는 소프트웨어에 해당하는 문장, 즉 단어의 배열입니다. 해부구조가 발성에 맞게 갖춰진 인간은 개개의 음들을 연결해 문장을 만들었을 것입니다. 현재 세계 언어의 대다수는 주어+동사+목적어(SVO)의 순서로 말합니다. 물론 알타이어처럼 목적어가 동사 앞에 오는 언어(SOV)도 있지요. 웨일즈어나 스코틀랜드의 게일어 등 약 15%의 언어는 동사+주어+목적어(VSO)의 어순도 가집니다. 이러한 구조가 틀을 잡기 전의 옛 호모들은 어떻게 단어를 연결했을까요? 원시언어proto-language를 설명하는 가설들은 크게 두 개의 범주로 나뉩니다.[102]

첫 번째는, 단어들을 문법 없이 몇 개씩 나열하다 어느 단계에서 언어로 발전했다는 가설들입니다. 단어가 먼저이고 문장은 나중이라는 설명이지요. 이 범주의 가설들은 20세기 후반까지 지지를 받았으나 지금은 설득력을 많이 잃었습니다. 두 번째 범주는 전일적全一的 음성들이 언어로 발전했다는 가설들입니다. 즉, 웅얼거림과 비슷한 한 뭉치의 음성에서 단어가 분리되면서 언어로 발전했다는 설명이지요.

마치 아기들이 옹알거리다 어느 순간 말문을 여는 과정과 비슷합니다.

그 과정을 잠시 살펴보지요.[103] 아기들은 배 속에서부터 주변의 소리, 특히 음악이나 운율에 큰 관심을 가집니다. 생후 2~3개월이 되면 들은 소리를 모방해 옹알이를 하며, 말을 걸면 반응을 보입니다. 후두가 내려오는 생후 6개월에는 모음을, 8~9개월 후에는 자음을 말할 수 있게 되지요. 8~10개월 사이에 단어에 의미가 있다는 사실을 깨닫지만 무슨 뜻인지는 모르고 음만 흉내 냅니다. 12~17개월에는 소리 대신 1개의 단어를 말하는데, 대개 '맘마', '다다' 등 단순한 어휘들이지요. 생후 15개월쯤 되면 질문할 때 말끝을 올리거나, 손가락으로 사물을 가리키는 동작언어를 터득합니다. 또 '이리와', '먹어' 등 간단한 말도 이해합니다. 18개월에는 6~20개의 간단한 단어를 사용하다가 24개월이 되면 50개쯤으로 늘어납니다. 이 무렵에는 '밥 먹어', '이리 와' 등 2단어로 된 문장을 사용할 줄 알며, 혼자서 중얼거리며 놉니다.

그러나 추상적인 생각은 미흡해서 '너', '나', '멀리', '가까이' 등의 개념이 혼동되어 있습니다. 25~36개월이 되면 약 300개의 단어를 사용합니다. 그러나 말의 강약 등 음성을 조절하는 능력은 여전히 미흡합니다. 이 무렵에는 '너', '나' 등의 추상적 개념을 이해하며. '아냐'라는 말을 자주 사용합니다. 자신의 정체성이 형성되는 시기라고 할 수 있지요. 또한 3단어로 된 문장도 말합니다. 물론, 토씨(유럽어라면 관사나 대명사)를 빼먹는 등 엉성한 문장들이지요. 그러나 이 단계는 경탄할 만한 발전입니다. 인류의 모든 언어가 주어, 동사, 목적어의 3단어를 기본으로 삼기 때문입니다. 비록 알고 있는 어휘는 많지 않지만 3살에 이미 문법의 천재가 되는 것입니다. 한국의 똑똑한 성인이 수십 년 노력해도 쩔쩔매는 영어를 영국의 3살난 꼬마, 심지어 정신박약자도 올바른 문법의 문장으로 말합니다(오히려 지능이 높은 어린이에게서 말이 늦거나 실어증인 경우가 많습니다. 5살까지 말을 제대로 못했던 아인슈타인은 단어를 쓰지 않고 직관으로 생각할 때가 많았다고 고백한 적이 있습니다). 이를 두고 노엄 촘스키Noam Chomsky는 사람에게는 아기는 언어를 습득하는 뇌의 특별한 생득적生得的 장치가 있어 지능에 관계없이 문법을 이해한다고 주장한 바가 있습니다.

웅얼거림과 유사한 최초의 음성언어에서 단어가 분리되며 문장언어로 발전했다는 가설에는 설득력 있는 내용들이 많습니다. 가령, 웅얼거림 언어에서는 개별 단어보다 덩어리 채의 전일적 메시지가 중요합니다. 따라서 단어보다는 음률, 리듬 등의 음악적 요소가 중요합니다. 다윈은 일찍이 『인간의 유래와 성』에서 언어와 음악이 공진화共進化했다고 주장한 바 있습니다. 그의 지적대로 음악에는 전일적 메시지를 전달하는 요소가 분명히 있습니다. 이는 대부분의 음악에 뜻이 들어있고 대화형식이 많다는 사실로도 알 수 있지요.

그런데 인간의 대화는 아기와 엄마의 사이에서부터 시작됩니다. 그렇다면 엄마의 흥얼대는 자장가가 최초의 언어였는지 모릅니다. 실제로, 아기들은 엄마가 하는 말보다는 노래에 더 관심을 기울입니다. 또, 전 세계 어느 곳에서나 엄마나 어른이 아기에게 말하는 방식에는 공통점이 있습니다. 한 옥타브 높은 음으로 과장되게 말하지요. 아울러 모음을 강조해 길게 말하고, 음 높이를 크게 변화시키거나 리듬을 많이 사용합니다. 아기는 그 말의 메시지를 단어보다는 전일적인 소리로 파악합니다. 최초의 언어도 이와 비슷했을 것입니다. 그러다 어느 단계에 이르자 음악적 요소, 의성어, 다른 사람의 음성 모방, 공감각에서 비롯된 각종 소리 등 너무 많은 요소들이 중얼거림 언어 속에 들어오게 되었을 것입니다. 이를 해소하려고 각 요소들은 단어로 쪼개졌으며, 그 결과 문장언어로 발전했을 가능성이 큽니다.

이 과정에서 음악적 요소들은 정보전달의 역할을 언어에게 넘겨주고 독립했다고 생각됩니다. 그 대신 문장언어가 충분히 흡수하지 못하는 전일적 언어구사 시절의 일부 요소들을 떠맡은 듯합니다. 가령, 무리의 일체감 고양高揚이나 감정 이입 등의 역할 등이지요. 군가, 종교음악, 합창이 집단을 결속시키는 것은 이 때문으로 보입니다. 남녀의 사랑노래를 비롯한 모든 음악은 사람들을 묶어주는 또 다른 언어라고 볼 수 있습니다. 음악은 또한 감정을 북받치게 해주며, 말을 하지 않아도 모두를 동조시켜 들썩거리게 만듭니다. 모두 옛 중얼거림 언어에서 비롯된 전일적 메시지의 흔적이 아닌가 생각합니다.

우리는 언어의 주요 기능이 다른 사람과의 정보 교환, 즉 소통임을 너무도 잘 알고 있습니다. 하지만 원시시절의 초기 웅얼거림 언어는 통신과 무관했을지도 모릅니다. 즉, 처음에는 개인이 혼자만의 생각에 몰입할 때 하던 행동이었을 수도 있습니다.[102] 가령, 아이들은 어른보다 혼잣말을 많이 합니다. 어른들도 복잡한 문제를 생각할 때는 가끔 중얼거리지요. 어린이의 혼잣말은 언어 습득이 끝나 성인이 되면 없어집니다. 언어가 없는 유인원은 아예 중얼거림이 없지요.

언어는 자신과 다른 사람을 잇는 강력한 사회적 아교 역할도 합니다. 그래서 타인과 어울리지 못하고 자신의 세계에서만 사는 자폐증 어린이는 언어에 큰 문제를 겪습니다. 한 실험 결과에 의하면[104], TV나 오디오로 외국어를 장시간, 반복적으로 틀어준 어린 아기들은 언어를 습득하지 못했습니다. 그러나 어른의 얼굴을 보고 직접 접촉하며 배운 아기들은 쉽게 외국어를 터득했습니다. 언어의 습득이 사회적 교류로 이루어진다는 증거이지요.

그렇다면 원시언어에서 벗어나 오늘날처럼 종속절을 갖춘 구문句文 형태의 복잡한 언어는 언제 생겨났을까요? 미국 언어학회장을 맡았던 예일대의 스티븐 앤더슨Stephen R. Anderson은 10만~6만 년 전으로 추정합니다. 당시의 언어 상황을 알기는 어렵지만 오늘날의 원시 수렵인들에서 대략 유추할 수는 있습니다. 아프리카에서 가장 오래된 코이산족의 언어는 입술로 빽빽대거나 혀 차는 소리(!, ≠ 등으로 표시) 등 100여 개 이상의 음을 사용합니다(다른 언어들은 통상 30~40개의 음을 사용합니다). 그들의 언어는 약 140개로 분류하는데, 사실은 정확한 숫자의 추산이 불가능합니다. 그중에는 수십 명만 사용하는 언어도 많기 때문입니다. 호주 원주민의 언어도 250개로 구분하지만, 명칭이 붙은 것은 700개입니다. 따라서 이들처럼 수렵·채집 생활을 했던 H. 사피엔스도 수십 명, 아무리 많아도 2,000명 이내의 무리가 각각의 언어를 사용했을 것입니다. 1만 년 전 무렵, 농경이 시작되기 직전의 세계 인구는 600만 명으로 추산되므로, 수렵·채집 집단의 크기를 고려하면 지구상에는 수만 개의 언어가 있었을 것입니다.

그러나 다양했던 당시의 언어들은 오늘날 흔적도 없이 사라졌습니다. 빙하기 직후 신석기 혁명이 시작되면서 인류가 대이동한 결과 서로 섞이며 사회 집단이 재편되었기 때문이지요. 오늘날 인류가 사용하는 174개 주요 언어를 분석한 결과에 의하면, 그 기원은 오래된 경우도 1만 2,000년을 넘지 않았습니다.[105] 현재의 어족語族들이 농경 이후에 형성되었다는 분석입니다.

오늘날 지구상에는 약 7,000개의 언어가 남아 있습니다(여기에 방언은 포함하지 않았습니다. 어휘와 문법이 70% 같으면 방언으로 간주합니다). 사용자 수로만 본다면 약 440개 언어에 30억 명이 말하는 인도·유럽어족이 가장 큽니다. 알타이어족은 약 60개 언어에 7,000만 명의 사용자가 있지요. 여기에 (최근의 학설들은 부정하는 추세이지만) 한국어와 일본어를 포함시켜 '매크로 알타이Macro-Alatic'어족으로 묶으면 2억 5,000명이 되는데, 큰 어족이라 할 수는 없습니다.

한편, 언어의 개수로만 보면, 무려 약 820개가 있는 파푸아뉴기니어가 단연 압도적입니다. 여기에 서쪽의 인도네시아령 뉴기니까지 포함시키면 1,100개 언어가 있습니다. 인구 750만 명이 사는 섬에 세계 언어의 15%가 있는 셈이지요. 이는 산악 등 담장 역할을 한 독특한 지형으로 인해 뉴기니인들이 서로 고립된 채 살았기 때문입니다. 대략 15~30km마다 언어가 바뀌는데, 1개 언어의 평균 화자話者가 3,000명에 불과합니다. 심지어 100명 이내가 사용하는 언어도 있지요. 더 놀라운 사실은, 같은 섬에 살며 유전적으로도 거의 동족인 뉴기니인들의 수백 언어에 공통점이 없다는 점입니다. 어휘나 문법으로 볼 때, 뉴기니어는 완전히 다른 24개의 어족으로 구분됩니다. 이는 언어가 종족적 근친성과 크게 일치하지 않음을 보여 주는 좋은 사례입니다.

또 하나 중요한 사실은 인간의 언어에는 (설사 여전히 원시적인 생활을 영위하는 부족은 있어도) 엉성한 언어가 없다는 점입니다. 모든 언어는 나름대로의 엄격한 문법 체계가 있으며, 어휘 또한 각자의 문화에 맞게 전문화되어 있습니다. 예를 들어, 호주 원주민 언어의 하나인 렘바룬가Rembarunga어는 '우리가 캥거루에 슬며시 다가가도 이 동물은 우리의 땀내를 맡을지 모른다'라는 문장을 단지 6개의 단어(yarran-mə?-ku?pi-popna-ni-yuwa)로 나타낼 수 있습니다.[106]

한편, 정보 전달의 효율성은 모든 언어가 대체로 비슷합니다. 가령, 한국어, 일본어, 스페인어는 빠르게 말하는데, 중국어나 독일어는 매우 느리지요. 1초 동안 말하는 음절 수가 일본어는 7.84개인데, 중국어는 5.18개밖에 안 됩니다.[107] 하지만 주어진 시간에 전달하는 정보의 양은 모든 언어가 비슷합니다.

그런데 우리는 언어로 어떤 정보를 전달할까요? 『사피엔스』의 저자 유발 하라리는 크게 2가지 내용이라고 보았습니다.[108] 첫째는 남의 이야기입니다. 인간은 제3자를 험담함으로써 대화 상대자를 같은 편으로 포섭하려는 숨겨진 본능이 있습니다. 또 남의 사연 듣기를 좋아합니다. 추후의 정략적 판단에 참고하려는 본능일 것입니다. 그 결과 소문은 퍼지게 마련이고 많은 사람이 공유하게 됩니다. 아마존의 원시 부족 사람들이 마을에 남아 나누는 대화의 대부분은 자리에 없는 다른 사람에 대한 이야기라고 합니다. 오늘날의 신문, 방송, 인터넷, 소설, 영화의 주제도 따지고 보면 모두 남의 이야기입니다.

둘째, 인간은 보지 않았거나 실재實在하지 않는 상징적, 추상적 내용을 언어를 통해 다른 사람에게 전달합니다. 내용은 전달을 거듭할수록 각색되며, 집단 효과에 힘입어 상징은 확고한 실체로 바뀌지요. 전설, 신화, 종교, 은행, 국가 등은 기본적으로 이런 과정을 통해 만들어졌다는 설명입니다. 하라리는 언어와 상징이 만들어 낸 대표적 3대 허구虛構로 국가(제국), 종교, 화폐를 들었습니다. 예를 들어, 전혀 이해 관계가 없는 모르는 사람끼리 서로 모여 만든 (기껏해야 같은 도시 등) 스포츠 팀을 응원하기 위해 열광적으로 뭉치고 때로는 혈투도 벌입니다. 그들을 단결하게 만든 대상은 사실은 허깨비이지요. 또, 출신과 배경이 전혀 다른 사람들이 조국이라는 이름으로 뭉쳐 전쟁터에서 목숨까지 던집니다.

이 점에서 인간은 유인원과 크게 다릅니다. 유인원은 남의 이야기를 공유하지도 않고 허구의 상징물을 위해 뭉치지도 않지요. 그 때문에 인간은 축복과 저주를 동시에 받고 있습니다. 축복은 전혀 모르는 이방인과 협력하는 유일한 동물이 되었다는 점입니다. 저주는 허상의 상징을 위해 어리석게 폭력을 사용하며 분쟁한다는 점이지요.

침팬지와 인간의 폭력성 | 협력으로 성공한 유인원

동물은 생존을 위해 싸웁니다. 개체들은 먹이와 짝짓기를 놓고 경쟁하며, 집단이 되면 다른 무리와 다투지요. 인간도 동물이기 때문에 생존을 위해 본능적으로 싸웁니다. 그 본능을 수행하기 위한 심리적 바탕이 배타심排他心입니다. 아기들도 사물을 구분할 나이가 되면 다른 사람을 경계하며 낯가림을 하지요. 어른이 되면 낯가림은 약해지지만 대기실 벤치의 가운데 자리는 항상 마지막 선택입니다. 심지어 자기 집에서도 남편과 아내가 앉는 소파의 자리는 정해져 있지요.

배타본능은 너무 강력해서 때로는 생존과 관계가 없는데도 잔혹한 폭력으로 이어집니다. 뉴기니 고원의 다니Ndani족이나 알라스카의 이누피아크Inupiaq족은 불가피한 사고로 강물에 떠내려와 자신들에 경계에 들어온 이웃 부족인을 잔인하게 죽입니다. 특히, 자원이 풍부하고 자급자족하는 부족일수록 이런 경향이 심하다고 합니다. 반면, 자원이 부족해 이웃의 경계를 자주 드나드는 코이산(부시맨)족은 배타성이 훨씬 덜하며, 평화롭게 지냅니다.[109] 상징과 추상적 생각을 하는 인간은 대부분의 경우 생존이나 물자와 직접적으로 관계가 없는 일로 집단간 싸움을 합니다. 자존심, 복수, 종교, 조상 때의 옛 일 때문에 불필요한 전쟁을 벌이는 것을 우리는 수없이 보아 왔습니다.

1969년 언어도 같고 유전적으로도 가장 가까운 중남미의 온두라스와 엘살바도르는 축구 때문에 전투기까지 동원해 전쟁을 벌였습니다. 월드컵 축구 예선전 직후 감정이 폭발해 벌어진 100시간의 어리석은 전쟁으로 무려 3,000여 명이 사망했고 수십만 명의 이재민이 발생했습니다. 1994년에는 국제사회의 무관심 속에 르완다의 다수 부족인 후투Hutu족과 소수의 투치Tutsi족 사이에 일어난 분쟁으로 100일 동안 무려 80만 명이 학살 당했습니다. 후투족은 외국인은 전혀 건드리지 않은 반면, 상대 투치족은 물론, 동족끼리도 배반자로 몰아 강경파와 온건파로 갈라져 서로를 학살했습니다. 어제의 이웃이나 교사, 학생들이 서로 죽이는 잔혹성이 나치의 홀로코스트에 비견되는 이 불행한 사건의 원인은 감정적 편가르기였습니다. 두 부족은 지난 세기까지 수천 년을 평화롭게 살아왔습니다. 그런데 인근의 콩고, 부룬디와 함께 르완다를 식민지로 삼았던 벨기에인들이 키가 조금 더 크고 순종적인 투치족을 선호해 하급관리로 이용해 통치했습니다. 독립 후에도 투치족의 우위가 이어지자 후투족들의 쌓인 감정이 폭발한 것입니다.

탄자니아의 곰베Gombe강 유역 국립공원에서 침팬지의 행동을 현장 관찰했던 제인 구달은 그때까지 알려지지 않았던 유인원의 도구 사용과 폭력성을 보고해 유명해졌지요. 구달은 평화롭게 산다고 믿었던 침팬지 사회에서 서열 높은 암컷이 잠재적 경쟁 상대와 그의 새끼를 죽이는 폭력 장면을 관찰했습니다. 심지어 이를 먹고 즐기는 카니발리즘도 목격했지요. 또, 1974년 그의 수석 마타마H. Matama는 수컷들이 이웃 무리의 영역을 몰래 침범해 3년에 걸쳐 그들을 하나씩 처치하는 과정을 세밀하게 기록했습니다. 가해자들은 자기 무리에 강제 편입시킨 암컷 두 마리만 살려 두고 모두 몰살했습니다. 원래 이들은 같은 무리에서 갈라져 나간 친척들이었지요. 이는 가까운 종족일수록 전쟁이 잦은 인간과 비슷했습니다.

미시간대학의 존 미타니John Mitani도 우간다의 키발레Kibale국립공원에서 10년간 관찰하며 폭력을 기록했습니다. 침팬지 수컷들의 전쟁은 특징이 있었습니다. 20여 마리의 수컷들은 통상 10~14일마다 계획적으로, 그리고 서로 소리 없이 적지를 정찰했습니다. 여러 마리의 상대를 만나면 흩어져 도주하고, 경계구역에서 홀로 다니는 수컷만 골라 잔인하게 두들겨 패 죽였습니다. 집단간 정면 대결은 드물었고 기습을 선호했지요.

대학원생 때 제인 구달의 곰베 연구센터에 참여했던 하버드대학의 인류생물학자 리처드 랭엄Richard Wrangham은 침팬지의 전쟁을 분석한 『악마 같은 남성』이란 책을 1997년에 내놓았습니다.[110] 그는 이 책에서 4,000종의 포유류 중 약한 이웃 무리를 기습하고 암컷에게 폭력을 휘두르는 등 불필요한 폭력과 살해를 일삼는 동물은 침팬지와 인간밖에 없다고 주장했습니다. 랭엄은 인간의 폭력성이 유인원적인 본성이라고 주장했습니다. 사례로 든 인구 2만 명의 아마존 야노마니Yanomani족은 20세기 중반까지 옛 방식대로 평균 90명이 마을 공동체를 이루며 살았습니다. 이들은 자원이 부족하지 않은데도 이웃 마을과 끊임없이 싸웠습니다. 때문에 남성의 30%, 심하면 50%가 전쟁으로 죽었지요.

분쟁의 원인은 주로 경계 다툼과 여자 문제였습니다. 승리한 쪽은 상대 마을의 아이들을 모두 죽이고 여자들은 구타, 강간한 후 자기 마을에 편입시켰습니다. 하지만 여자들은 분풀이와 질투의 대상일 뿐이어서, 편입 후에도 남편에게 순종을 명목으로 수시로 몽둥이 찜질을 당했습니다. 랭엄은 침팬지 수컷이나 야노마니족, 뉴기니 고지대의 다니족의 남성 사망률이 비슷한 점을 예로 들었습니다. 또, 강력 범죄의 대부분이 10대 말~20대의 남자들이라는 점을 들어 이것이 전성기 수컷의 영역싸움이나 서열다툼을 하는 침팬지와 다를 바 없다고 보았습니다. 실제로, 서로 모르는 두 남성이 함께 30분 있으면 우열이 나타난다고 합니다. 랭엄은 남성들이 집단적 충성심과 '그들'과 '우리'를 분리하는 적대적 배타심에서 안정감을 느낀다고 보았습니다. 조국이나 민족의 이름으로 벌어지는 전쟁도 크게 다르지 않다고 보았지요.

그러나 유인원이나 인간이 폭력적이라는 주장은 21세기에 접어들면서 많은 학자들의 반론에 직면해 있습니다. 영국 동물원의 보노보가 다친 새를 날려 보내주는 행동은 어떻게 설명해야 할까요? 현 교토대학교 총장으로 오랫동안 아프리카에서 고릴라를 관찰한 야마기와 주이치山極壽一는 그들이 외모와 달리 약자를 괴롭히지 않는 평화적 동물임을 밝혔습니다. 고릴라들은 절대로 치명적인 싸움을 하지 않으며, 가슴 두드리기도 싸움을 피하려는 허세라고 합니다. 또, 침팬지들도 구성원과의 싸움 후 화해에 적극적이어서 대개 2분 이내에 서로 입맞추거나, 손잡기, 껴안기, 털 고르기를 합니다. 침팬지와 고릴라는 분풀이 행동도 거의 하지 않지요. 그런 어리석은 행동을 하는 녀석들은 따돌림을 당해 결국은 손해를 보게 됩니다. 또, 공격받는 녀석들은 누군가가 보호해 주고 중재해 줍니다. 침팬지는 사람처럼 제3자를 위로하는 유인원입니다. 그들은 하루 시간의 20%를 이웃 사랑, 즉 다른 녀석의 털 고르기에 할애합니다. 물론, 집단에서 보호를 받으려는 본능이거나 동맹을 위한 정략적 행동일 수도 있지요. 하지만 유인원이 다른 개체를 도와줄 때 정말로 기쁨을 느낀다는 사실이 뇌과학 실험으로 밝혀졌습니다.

이러한 선한 행동들은 무리의 협동을 위해 각인된 본능일 것입니다. 그래서 유인원이나 인간은 협동을 해치는 행위에 분노합니다. 아무리 착한 사람도 오래 기다린 줄에서 새치기를 하는 인간을 보면 화를 냅니다. 또, 인간과 유인원은 가능하면 무리 내에서는 이기심을 감추고 튀지 않게 행동하려는 본능이 있습니다. 큰 피해를 주지 않는데도 지각생이 이방인 취급을 받는 이유도 그 때문이지요.

또한, 자신의 배타성은 최대한 줄이려 노력합니다. 전철 안의 사람들이 타인의 시선을 피하기 위해 얼마나 열심히 딴청을 부리는지 우리는 잘 압니다. 인간은 침팬지보다 무리 내에서 200배나 덜 공격적이라고 합니다.[111] 본성적으로 타인의 비위를 맞추려고 노력하지요. '고마워요', '아기가 귀여워요', '멋집니다' 등 우리의 일상 언어는 하얀 거짓말로 가득 차 있습니다. 남을 도와주거나 협동을 하면 뇌의 보상 영역이 활성화되어 기쁨을 느끼도록 진화했습니다.[112] 만 2살 반의 어린이는 물건을 잃어 곤경에 처한 척하면 기꺼이 찾아 줍니다. 그러나 일부러 떨어뜨리면 도와주지 않지요.

특히, 인간은 다른 사람의 생각을 읽고 입장을 바꾸어 공감하는 '마음 이론Theory of Mind, TOM'의 달인입니다. 1999년, 캐임브리지대학의 진화심리학자 바론코헨Simon Baron-Cohen은 이러한 마음 이론이 약 4만 년 전 언어가 고도화되면서 업그레이드되었다고 보았습니다. 가령, 아이들이 좋아하는 동화는 모두 거짓말입니다. 꾸며낸 줄 알면서 즐기지요. 가짜 게임으로 타인의 마음을 읽고 공감하는 연습을 하는 셈이지요.

아무튼 인간의 폭력 본성이 유인원 시절에 근원을 두고 있다며 비관적으로 보는 주장들은 새천년 들어 급격히 설득력을 잃어가고 있습니다. 앞서 언급한 교토대학교의 저명한 영장류 학자 야마기와는 행동방식의 측면에서 인간이 수컷적 본능에 바탕을 둔 폭력적 유인원이 아니라는 점을 다음과 같이 강조하고 있습니다.[3]

첫째, 인간의 성생활이 침팬지와 근본적으로 다르다는 점입니다. 세계 각지 대부분의 문화에서 보듯이 인간도 침팬지처럼 다소 부계사회 쪽에 치우쳐 있습니다. 그러나 그들과는 비교가 안 될 정도의 강력한 근친상간 회피 본능이 있어 아는 사람과는 짝짓기를 하지 않습니다. 이스라엘의 협동농장 키부츠에서는 6세까지 남녀 어린이들이 공동생활을 하는데, 이들이 커서 맺어지는 경우는 극히 드물다고 합니다. 데릴사위 풍속이 남아 있는 대만 원주민들의 경우도 마찬가지입니다. 어린 나이부터 알고 지냈던 이들은 결혼한 후 가정폭력이 심하고 이혼이 잦다고 잘 알려져 있습니다. 이런 경향 때문에 인류는 거의 대부분의 문화에서 딸들이 조금 떨어진 마을이나 부족으로 시집갔습니다. 따라서 여자를 납치하는 극히 일부의 호전적 부족을 제외하고는 대부분의 부족들은 딸을 매개로 근처의 마을이나 집단과 밀접한 평화관계를 유지했습니다.

뿐만 아니라, 무리 내에서도 마을의 수장은 우두머리 침팬지 수컷처럼 암컷을 독차지하지 않았습니다. 물론 일부 권력자가 다수의 여자를 차지하는 경우도 있지만, 이는 집단이 커진 농경생활 이후의 현상이었습니다. 설사 그런 문화권의 약한 남성이라도 대부분 짝을 가졌습니다. 다시 말하자면, 인간은 부부 중심의 가족이라는 독특한 구조를 통해 성을 배분해 왔습니다. 남성들이 여자를 독차지하기 위해 무리 내, 혹은 다른 무리의 남성들을 폭력으로 제압할 필요성이 거의 없어졌다는 의미입니다.

둘째, 먹이의 분배방식도 인간과 침팬지는 전혀 다릅니다. 인간은 무리 혹은 가족과 함께 평화롭게 공동식사를 하는 유일한 동물입니다. 침팬지도 평화롭게 식사를 하는 편이지만 모두 등을 돌리고 각자 먹습니다. 이와 달리 인간은 손바닥만 한 음식도 한데 놓고 둘러앉아 공평하게 먹습니다. 원시부족의 연장자는 음식을 분배하고 오히려 자신은 덜 가지는 경우가 허다합니다. 그렇지 않은 이기적 우두머리는 자리를 유지하기 힘들 것입니다. 권력자가 재화를 독점하는 행태는 인류 역사의 1%도 안되는 기간인 농경 이후 부족국가가 생겨난 이후의 특별한 현상이었습니다. 먹이와 성性을 이처럼 평화롭게 분배하는 동물을 인간 말고는 찾아 보기 힘듭니다. 식욕과 성욕은 동물의 2대 생존 본능이지요. 인간은 양대 본능인 먹이와 짝짓기 경쟁을 대폭 줄였기 때문에 폭력을 휘둘러야 할 절박한 이유가 없었습니다.

그런데 왜 싸우고 전쟁을 할까요? 언어와 상징이 만든 허깨비 때문일 것입니다. 먹이나 짝짓기 등 생존을 위해 싸우는 동물이나 침팬지는 죽을 때까지 싸움을 계속하지 않고 적당한 선에서 끝냅니다. 살기 위해서 죽는다면 모순이기 때문이지요. 침팬지가 전면전을 피하고 기습을 선호하는 이유도 이 때문입니다. 이와 달리 인간은 자존심이나, 공유하는 상징, 무리에 대한 무조건적인 충성 본능 때문에 주로 싸웁니다. 그래서 집단을 위해 목숨까지 던집니다. 6.25나 월남전에 참전했던 노병들의 경험담을 들어보면 전쟁터의 병사는 처음부터 전사戰士가 아닙니다. 옆에 있는 전우가 총에 맞아 쓰러지는 모습을 보는 순간 피가 솟구쳐 개인의 목숨 따위는 잊어버리게 된다고 합니다. 역사 이래 있었던 수많은 전쟁의 전사자들도 처음에는 죽기를 두려워했지만 어느 순간에 기꺼이 자신을 버렸습니다. 잠재된 무리 본능이 작동하는 것이지요.

따라서 집단의 목적이 선하냐 악하냐는 중요치 않습니다. 의리와 명예심이 훨씬 앞섭니다. 동료에게 비겁하게 보이는 것보다 죽음을 선택합니다. 조직폭력배도 그래서 목숨을 걸고 칼부림하지요. 아무도 본 적 없는 추상적 존재 때문에 무고한 인명이 희생되는 종교분쟁도 마찬가지이지요. 9.11테러의 테러범 19명 중 어느 누구도 자신의 행동이 잘못되었다고 생각하지 않았을 것입니다. 그들은 집단최면이 만든 허구적 상징에 대한 확신과 명예심으로 행동했습니다. 이데올로기나 민족, 국가와 관련된 전쟁도 크게 다르지 않습니다.

적당한 배타심과 경쟁심이 만든 집단에 대한 균형된 충성은 인간 사회를 건강하게 발전시킨 원동력이었습니다. 그러나 부작용도 뒤따랐습니다. 개인들을 집단으로 범주화해 상대 구성원 전체에 감정을 덧씌우는 행동이죠. 죽은 조상의 원한이나 영토, 자존심을 위해 그것에 직접 책임이 없는 후손에 분개하고 갈등합니다. 분쟁하는 종족들의 특징은 현재가 아니라 과거에 얽매어 있다는 점이지요. 반면, 코이산족처럼 평화롭게 사는 수렵·채집인 사회의 공통점은 무덤 문화가 없다고 합니다. 현재가 훨씬 더 중요하기 때문이지요.

우주생명학자 그린스푼 David Grinspoon 이 지적했듯이[113] 인류가 성공한 열쇠는 다른 사람과 생각을 공유하도록 해 준 언어와 사회적 협업이었습니다. 역설적이게도 바로 그 때문에 전쟁과 폭력도 덩달아 커지긴 했습니다. 상징이 만든 허상과 무리에 대한 지나친 협력성 때문이었지요.

다행히 21세기는 우리의 한계와 선한 본성을 깨닫기 시작한 시대입니다. 여기에는 20세기 후반 이래 비약적으로 발전한 과학과 지식의 확장이 큰 기여를 했으며, 우리가 의식하지 못하는 사이에 우리를 바꾸고 있습니다. 사실, 인간의 폭력은 1만 년 이래 지속적으로 감소했습니다. 많은 사람들이 문명화가 인간의 폭력성을 키웠으며, 전쟁에 의한 대량살상도 증가했다고 막연히 생각합니다. 20세기 후반만 해도 이런 생각이 만연했지요. 제1, 2차 대전의 암울한 역사를 경험했던 아놀드 토인비Arnold J. Toynbee는 『전쟁과 문명War and Civilization』에서 인간은 원래 평화를 사랑하는 족속이 아니라고 비관했습니다. 제인 구달이 보고한 침팬지의 폭력성, 리처드 랭엄의 수렵과 부계사회에 기원한 인간 수컷의 전쟁 본능 등도 모두 이런 맥락에서 공감을 받았지요.

하지만 이러한 주장들은 새천년을 전후해 이루어진 보다 분석적인 연구를 통해 재검토되기 시작했습니다. 가령, 하버드대학의 스티븐 핑커Steven Pinker는 2011년 발간된 저서 『우리 본성의 선한 천사들』에서 방대한 통계자료를 제시하며 인간의 폭력이 지속적으로 감소했음을 제시했습니다.[114] 그의 분석에 의하면 선사시대의 부족간 전쟁에 의한 사망률은 평균 14%였습니다(세계 21개 유적지 분석결과로, 지역에 따라 5~60%의 큰 편차를 보입니다).

이 비율은 지난 세기의 원시부족들에서도 비슷했습니다. 그러나 국가가 출현한 시대인 콜럼버스 직전의 잉카제국은 5%, 17세기 유럽 종교전쟁 시에도 2%로 전쟁사망률이 점차 줄었습니다. 20세기는 대형 살상무기가 동원된 제1, 2차 대전을 포함해 수많은 전쟁이 일어난 폭력의 세기로 인식되고 있습니다. 실제로 4,000만 명이 전쟁으로 희생당했지요(병사와 민간인 포함). 그러나 전체 인구사망률에서 차지하는 전쟁 희생자의 비율은 0.7%에 불과했습니다. 전쟁이 아닌 사적 폭력인 살인도 원시사회 이래 지속적으로 줄었지요.

21세기의 서유럽이나 한국, 일본의 살인 사망률은 0.001% 이하로, 원시사회의 수만 분의 1 수준입니다. 치안이 엉망인 미국의 대도시조차 0.004%를 넘지 않지요. 『사피엔스』의 저자 하라리도 비슷한 자료를 제시했습니다. 2000년의 전 세계 사망자는 5,600만 명이었습니다. 이 중 전쟁 희생자는 31만 명(0.55%), 범죄 피해자는 52만 명(0.93%)에 불과했습니다. 교통사고 사망자 126만 명(2.25%)이나 자살자 81만 명(1.45%)에 크게 못 미치는 수치입니다. 하라리는 인류가 역사상 처음 맞는 평화의 시대에 살고 있다고 보았습니다.

사실이 그렇습니다. 핑커는 이를 지난 1953년 이래 65년 이상 지구상에 없었던 다섯 개의 제로(0)로 예시했습니다. 첫째, 강대국 간의 전쟁이 전무했습니다*(한국전쟁에 참전했던 1953년의 중국을 약체 후진국으로 간주한다면, 평화기간은 1945년으로 거슬러 올라가 75년이 넘습니다). 둘째, 선진국 간의 전쟁이 없었지요. 여기서 선진국이라 함은 시민의식이 깨인 모든 민주국가를 지칭합니다. 셋째, 화약고였던 서유럽에서 전쟁이 없었습니다. 넷째, 강대국이 약한 나라를 공격해 영토를 확장하거나 식민지로 만든 사례가 전무했습니다.* 다섯째, 국제적으로 공인된 국가가 정복 당해 소멸한 경우가 전무했습니다. 한마디로, 약육강식의

* 미국의 이라크 및 그라나다 침공, 소련의 아프카니스탄 침공이 있었으나 이는 정복이 아니라 마음에 맞는 정권 수립이 목적이었다. 또, 2014년 러시아가 우크라이나의 영토인 크림 반도를 침공해 점령한 예도 있다. 그러나 크림 반도는 소련 시절 후르시쵸프가 같은 국가 내에서 연방 구성원인 우크라이나에게 선물로 준 러시아 영토였다. 주민 다수가 러시아계이며 우크라이나계는 20%에 못 미치므로 복잡한 내부 사정이 얽힌 이 경우를 단순히 정복이라 볼 수 없는 면이 있다.

영토쟁탈 시대는 오래 전에 끝났으며, 재발 가능성도 거의 없다고 단언했습니다. 대부분의 사람들이 잘 안 믿겠지만 인류의 의식수준이 이를 용납하지 않게 되었기 때문입니다.

여기서 우리는 21세기에도 여전히 영토 분쟁을 하거나 이에 대해 과민 반응하는 집단적 감정 조장이 얼마나 깨이지 못한 후진적 행위인지를 알 수 있습니다. 역사상 대부분의 비참한 전쟁은 강국의 탐욕 때문에 일어나지 않았습니다. 약소국은 흡수하면 되므로 큰 충돌이 필요 없었지요. 불행한 전쟁은 생존이나 물질적 충족을 위해서가 아니라 혈연적으로 가까운 이웃 종족이나 국가 사이의 과거 감정 때문에 주로 일어났습니다. 그런데 상징이 만든 집단인 국가는 감정을 느낄 수 없으며 그 안의 구성원은 모두가 피해자입니다.

남쪽 슬라브족의 나라라는 뜻의 옛 유고슬로비아 7개국 주민은 유전적, 언어적으로 동일한 사람들입니다. 방언도 아니고 단어 몇 개만 다를 뿐인 같은 언어를 크로아티아어, 세르비아로 각기 다르게 불러달라고 요구하는 기이한 주민들이지요. 역사적 요인 때문에 종교가 달라져 관습만 조금 차이가 날 뿐인데 어리석은 집단 감정으로 20세기 후반 가장 잔혹한 살육전쟁을 벌였습니다. 지구촌 최대의 화약고인 중동의 국가들은 반세기 이상 서로 살상하고 있습니다. 먹고 살기 위한 생존이나 탐욕 때문이 아니지요. 명분이나 자존심, 헤게모니와 같은 허깨비를 위해 목숨을 던지고 있습니다. 그들은 혈연적으로 가장 가까운 친척이고 종교적으로는 형제이지요.

이런 몽매가 아직도 존재하지만 무엇이 인간의 폭력과 전쟁을 줄였을까요? 핑커와 여러 학자들의 분석을 요약하면 다음과 같습니다. 첫째 군장사회나 국가의 출현입니다. 통치체제가 출현하자 사적인 살인은 원시사회에 비해 1/5로 줄었습니다. 대신 국가가 개인을 착취하는 새로운 형태의 폭력이 생겼지만, 전체적으로는 잔혹한 행동이 감소되었습니다. 전쟁의 횟수도 줄었지요. 지난 세기의 원시부족들은 65~70%가 평균 2년마다, 90%는 평생 최소 1회 전쟁을 겪었다고 조사되었습니다.[114] 집단의 규모가 커진 국가가 부족들처럼 잦은 전쟁을 할 수는 없었지요.

둘째, 문명화입니다. 국가가 커지고 문자가 사용되자 법 체계, 윤리, 도덕, 종교가 다듬어졌으며, 살인율은 원시사회에 비해 다시 1/30로 감소했습니다.

셋째, 상업과 교역의 확대입니다. 특히 중세 이탈리아의 도시국가와 네덜란드가 나섰던 교역은 폭력 감소에 큰 역할을 했습니다. 이전에는 힘으로 강탈했던 재화를 상업과 교역을 통해 선의로 교환하게 되자 공격 대상이었던 적들은 환심을 끌어야 할 고객으로 바뀌었지요. '온순한 상업gentle commerce'을 통해 정직, 신용, 예절, 올바른 행동 등이 중요하게 되었습니다. 반면, 부작용도 나타났지요. 산업혁명으로 생산량이 급증하자 원료를 확보하고 넘쳐나는 물건을 판매할 새로운 영토와 착취의 대상이 필요해졌습니다. 그 결과 온순한 상업은 대내적으로는 노동자를 착취하는 냉혹한 자본주의로 변모했고, 대외적으로는 약소국을 식민지로 삼는 침략의 시대로 이어졌습니다. 통제를 잃은 이러한 냉혈적 경쟁은 결국 두 차례 전쟁의 큰 참화로 이어졌고, 1945년의 종전을 끝으로 비로소 막을 내렸습니다.

그런데 이상 알아본 세 가지 요인(국가의 출현, 문명화, 온순한 상업)에 의한 폭력과 야만의 감소는 공짜 선물이었습니다. 이성理性의 자각없이 부수적으로 이루어졌다는 의미입니다. 흔히들 역사에서 배워야 한다고 말합니다.* 그럴듯하고 아름다운 말로 들립니다. 그러나 인간의 본성은 그렇지 못합니다. 중세 유럽인들은 과거 그리스의 민주주의와 로마의 법 정신에서 그 어느 것도 배우지 못하고 1,000여 년 동안 역사를 퇴행시켰습니다. 중국은 진秦나라에서 청나라에 이르기까지 2,000년 동안 역사를 모든 학문의 전면에 내세우며 중시했지만 봉건적 사회 시스템은 기본적으로 변한 것이 없었습니다. 조선시대의 지배층은 500년 동안 중국의 고사古事를 규범 삼아 정의를 위하고 사악한 것을 배척(위정척사)한다고 되뇌였습니다. 그러나 당쟁과 부패로 백성의 생활은 피폐했고 국가는 허약해져 멸망했습니다. 인간의 행동, 특히 무리 본능은 똑같은 잘못을 반복하도록 프로그램되어 있습니다. 1만 년 이래 인류의 진전은 역사의 교훈 아니라 지식과 기술의 발달이 촉발한 신석기 혁명 → 농업혁명 → 산업혁명으로 인해 사회 시스템이 바뀐 결과였습니다.

하지만 지난 몇 세기 이래 이성의 자각도 평화에 기여하기 시작했지요. 여기에는 대략 세 가지 흐름이 있었습니다. 첫 번째는 17세기에 싹튼 계몽사상입니다. 과학과 이성의 힘으로 인류의 발전을 추구하려는 흐름이었지요. 계몽사상은 소수의 과학자나 사상가들에 의한 학문적 움직임이었으므로 현실적으로는 구질서를 타파하는 데 큰 도움이 되지는 못했습니다. 그러나 자유와 평등 정신을 널리 확산시킨 계기가 되어 노예제의 폐지나 민주주의에 일부 기여를 했지요. 두 번째 흐름은 제2차 세계대전 이후에 일어난 각종 권리운동이었습니다. 시민

* 지극히 동양적 사관에 입각한 관점이다. 중국, 특히 유학에 영향을 받은 역사관은 감계(鑑戒)주의와 상고(尙古)주의를 바탕으로 한다. 감계주의란 과거는 오늘의 거울이라는 관점이다. 과거의 역사에서 선악을 구분하고 정치, 사회적 교훈을 얻어야 한다는 것이다. 한편, 상고주의는 옛 성인이나 문물을 숭상하는 자세이다. 요순 시대를 이상향으로 삼고 그 시대의 정신으로 돌아가자는 것이 대표적 예이다. 반면, 서양의 역사관은 역사는 정반합으로 되풀이된다는 견해가 지배적이었다.

의 권리 찾기, 여성해방, 인종차별에 대한 저항, 환경보존 및 반전운동 등 각종 민간운동이 그 예입니다. 마지막으로 가장 최근에 일고 있는 세 번째 흐름은 '공감 범위의 확대'입니다.

공감 범위의 확대는 '우리'의 대상과 공감의 폭을 넓히는 마음 현상을 말합니다. 가령, 20세기 중반만하더라도 일부 식자층識者層을 제외한 세계인의 대부분은 자신의 지역이나 나라에서 일어나는 일에만 겨우 관심을 가졌습니다. 그러나 오늘날은 문맹의 감소, 도시화, 활발한 인구 이동, 언론매체나 인터넷 등에 힘입어 보통사람들도 지구 먼 구석에서 일어나는 일들을 상세히 알고 공감하게 되었습니다. 시리아군의 화학무기로 숨진 어린아이의 불행이나 미국의 총기 난사사건, 코로나 감염으로 인한 불행은 몇 시간 만에 전 세계로 전파되어 많은 사람들의 마음을 움직입니다.

공감의 확대는 단순히 대상이 되는 사람의 숫자나 지역 범위의 확대에만 그치지 않습니다. 사람들의 의식 자체를 근본적으로 변화시키고 있습니다. 이에 대해 조금 더 알아보겠습니다. 뉴질랜드 오타고Otago대학의 제임스 훌린James R. Flynn은 사람의 IQ가 지난 세기 중에 지속적으로 증가했음을 알아냈습니다(3장 참조).[115] 즉, 1930년대 이래 징병검사 기록을 검토한 결과, 장정들의 키는 (영양상태의 개선으로) 매년 0.1cm 늘었는데 IQ는 0.3이나 증가했습니다. 50년 동안 IQ 평균값이 네덜란드와 벨기에, 이스라엘에서는 30년간 20이나 올라갔지요. 이를 두고 인간 지능이 지난 세기 동안 크게 진화했다고 해석할 수는 없습니다. 높아진 IQ의 원인으로 몇 가지를 추정할 수 있습니다. 크게 높아진 고등교육 진학율로 각종 테스트에 익숙해진 점, TV와 컴퓨터의 등장으로 시각적 자극이 증대한 점 등이지요.

훌린은 여기에 더해 테스트 점수가 향상된 또 다른 항목이 비유, 유사점 찾기 등의 추상적 영역임에 주목했습니다. 그는 이를 설명하기 위해 흥미로운 사례를 들었습니다. 구소련의 인지 과학자가 오지에 사는 농부에게 물고기와 까마귀의 공통점이 무엇이냐고 물었다고 합니다. 농부는 '물고기는 물에, 까마귀는 뭍에 산다'고 답했지요. 답답해진 과학자가 둘 다 동물이라는 공통점이 있지 않느냐고 반문했습니다. 그러자 농부는 '틀렸다. 공통점이 없다. 사람은 물고기를 먹지만 까마귀는 잡아먹지 않는다'고 답했다고 합니다. 농부는 유용성이나 자신이 통제할 수 있는 사실에만 관심을 가진 것이지요.

훌린은 농부의 말에 일리가 있다고 보았습니다. 농부는 분석적 명제와 종합적 사고를 구분했을 뿐입니다. 그러니 IQ테스트에서 낮은 값을 받았음은 당연했지요. 또, 아일랜드에서 출생해 교육을 제대로 받지 못한 자신의 아버지의 예도 들었습니다. 흑인에 대해 심한 언사를 하는 아버지를 보고 '입장을 바꾸어 만약 어느 날 검은 피부가 되신다면 어떠하겠냐'고 반문했습니다. 플린의 아버지는, '멍청한 소리, 일어날 수 없는 일을 왜 가정하냐'라고 했답니다. 개인의 경험을 넘는 사실은 수용하지 않겠다는 자세였지요.

오늘날의 우리 세대는 어떨까요? 과학적 사고 방식을 가르치는 학교 교육 덕분에 사람들은 알게 모르게 추상적, 보편적 사고가 확대되고 있습니다. 개인의 경험을 뛰어넘어 타인의 관점도 더욱 반영함으로써 우리는 보다 나은 도덕 기준을 점차 받아들이고 있습니다. 20년 전만해도 부모들은 내 자식 내가 때리는데 무슨 문제냐 생각했지요. 교사의 학생 체벌은 의무에 가까웠고, 간혹 지나칠 정도의 심한 폭력도 있었습니다. 2004년에 고교 생활을 소재로 한 〈말죽거리 잔혹사〉라는 영화가 히트한 것은 사람들이 자신의 학창시절을 떠올리며 공감했기 때문입니다. 지금 기준으로는 상상이 안 되는 내용들이지요. 불과 몇 년 전만 해도 여성에 대한 성희롱은 일상적인 관습이었습니다. 예전 같으면 그냥 넘어갔을 행동으로 남성 상사들이 법의 처벌을 받는 일이나 미투운동은 상상을 못했습니다. 행위에 대한 판단을 말하기 어려운 조직의 약자이자 여성인 입장에서도 똑같이 생각해주어야 한다는 관점이지요.

그뿐일까요? 예전에는 동물에 대한 폭력은 인간이 가지는 정당한 권리로 생각했지요. 요즘은 애완견이 사람 수준의 복지를 누리고 있습니다. 애완견을 집어 던졌다는 기사가 (그것도 동물병원에서) 전국적인 화제가 되는 세상이 되었습니다. 동물의 아픔까지 생각하게 된 것이지요. 이 모두 타자他者의 입장에서 관점을 수용하는 공감의 확장이 만든 최근의 현상입니다.

간혹 언론에서 유럽의 강소국強小國, 즉 작은 강국을 이야기합니다. 스칸디나비아 3국, 덴마크, 베네룩스 3국, 스위스 등의 나라를 지칭하는 듯한데 적절한 용어인지 모르겠습니다. 이들 나라는 강해지는 경쟁을 오래전부터 자발적으로 중지했기 때문입니다. 뉴질랜드나 호주, 캐나다, 독일과 프랑스 등의 선진국가들도 정도의 차이는 있지만 대단해지는 데 관심이 없는 나라들입니다. 그 대신 시민의 행복과 복지 증진에 관심을 쏟아 왔습니다. 대외적으로는 배타적 자국 이익을 지나치게 추구하지 않고 세계 시민으로서의 의무를 다하려고 노력하는 나라들입니다. 이들 나라에서의 국민이란 혈통이 아닌 영토 내에 함께 사는 주민들의 계약으로 간주합니다. 이들 나라도 예전에는 예술가들이 애국심을 고취하거나, 전쟁과 국가 영웅을 찬양하는 문학작품이나 미술품, 동상들을 만들었습니다. 그러나 이런 활동들은 의식이 깨인 위의 나라에서는 사라진 지 오래됩니다. 바이킹의 영광이나 골족의 창의성, 게르만족의 우수성을 내세웠다가는 정신병자 취급을 받지요. 언론이나 활자매체에서 오래전부터 영광, 조국, 민족, 애국 등의 단어 사용이 거의 사라진 사실은 통계에서도 확인할 수 있습니다(정치인들도 마찬가지입니다. 그들은 구체적 정책이나 수치를 놓고 다툽니다).[122]

이처럼 새천년 이후 인간의 의식은 달라지고 있습니다. 많은 사람이 자각하지 못하는 사이에 20세기 말 무렵부터 시작된 흐름입니다. 합리적 사고에 바탕을 둔 과학과 기술 덕분에 21세기의 인류는 서서히 새롭게 깨어나고 있습니다.

계속되어야 할 인류의 여정 | 인간의 미래

얼마 전까지도 일부 학자들은 안락한 생활과 외부 환경 자극의 감소 때문에 인간의 진화는 느려지고 있다고 생각했습니다. 그러나 지난 수만 년 사이 진화가 오히려 가속되고 있다는 증거들이 근래의 유전자 분석으로 속속 밝혀졌습니다. 가령, 3만 7,000년 전 처음 돌연변이를 일으켜 사람의 뇌를 크게 만드는 데 관여했던 ASPM과 마이크로세팔린microcephalin 유전자만 해도 현재도 진화 중임이 밝혀졌습니다.[116] 특히 마지막 빙하기가 끝난 지난 1만 년 이래 농경의 시작으로 촉발된 인구의 대이동과 폭발적 증가는 돌연변이를 가속시켰습니다. 일부 과학자들은 인류가 지난 600만 년 보다 최근의 1만 년 사이 100배 이상 빠르게 진화했다고 보고 있지요.[99] 10만 년마다 발생했던 주요 돌연변이가

400년마다 출현했다는 추산도 있습니다.[117] 특히 약 1만 여 년 전 중동의 비옥한 초생달 지역에서 시작된 농경으로 인간의 생활은 급변했고 이에 적응하느라 새로운 돌연변이들이 출현했습니다.[118]

예를 들어, 평균적으로 연간 40여 종의 다양한 음식을 먹던 수백만년 동안의 섭생방식을 버리고 밀이나 쌀 등의 한두 가지 곡식만 주로 먹는 탄수화물 편식이 당뇨병과 충치 등의 새로운 병을 출현시켰습니다. 식단의 영양 불균형 때문에 평균 키는 13cm나 줄었지요. 잃었던 키는 녹색(질소화학비료)혁명으로 굶주림에서 해방된 20세기에 이르러서야 겨우 회복되었습니다. 게다가 가축 사육과 농경 생활의 밀집된 인구 때문에 전염병에 시달렸습니다(감기, 독감, 천연두, 홍역 등 대부분의 전염병은 가축이 원인입니다. 50만 명 이하의 분산된 인구에서는 바이러스가 성공적으로 전파해 지속되기가 어렵지요).

그뿐 아니라, 농경으로 집단이 커지자 통제에 순응하기 위해 인간의 성격은 유순하게 변했습니다.[99] 1637년 미국 동부의 피쿼트Pequot 전투에서 유럽인에게 포로로 잡힌 아메리카 원주민은 멍에를 견디지 못했으며, 쿠이산족(부시맨)은 소수 부족 정책이 먹혀 들지 않는 무정부주의자들입니다. 잡은 양도 즉시 먹어 치우기 때문에 사육까지 기다리지 못했습니다. DRD4라는 도파민 수용체 유전자가 7번 반복되어 나타나는 주의력결핍 과잉행동장애ADHD도 비슷한 경우입니다. 변화무쌍한 주변 환경을 살펴야 했던 수렵·채집생활에서는 이러한 행동을 하는 소수의 사람들이 무리를 굶주림에서 벗어나게 해주는 데 도움이 되었습니다. 그러나 좁은 지역에서 똑같은 노동을 반복해야 되는 농경생활에서는 비정상적 행동으로 간주되었지요.

달라진 식단도 인류의 빠른 유전자 돌연변이에 기여했습니다. 농경으로 부드러운 음식을 먹게 되자 1만 년 전에 비해 인류의 치아 크기는 평균 10% 감소했고 턱도 작아졌습니다. 특히, 곡류를 섭취하게 되자 전분澱粉(녹말–다당류의 일종)의 소화 능력이 높아지도록 진화했습니다. 사람은 전분을 침 속에 들어 있는 아밀라아제라는 분해효소로 1차로 처리합니다. 침팬지도 과일 중의 전분을 소화하기 위해 아밀라아제를 만드는 AMY1 유전자를 2개 가지고 있지요. 그런데 약 12만 년 전 AMY1 유전자가 중복 복제 돌연변이를 일으켜 숫자가 늘더니, 농경으로 식단의 대부분이 탄수화물이 된 1만 년 전부터는 크게 증가했습니다. 오늘날의 인류는 사람에 따라 2~20개의 AMY1 유전자를 가지고 있습니다. 한국인을 포함한 농경문화권의 사람들은 평균 6.5개, 수렵으로 살아가는 탄자니아인이나 시베리아인은 훨씬 적게 가지고 있지요.

농경뿐 아니라 인류가 세계의 곳곳으로 이동, 분산한 것도 돌연변이를 가속시켰습니다. 지역적으로 격리된 일부 집단에서 유전적 부동genetic drift현상이 나타났기 때문이지요. 유전적 부동이란 작은 집단의 개체들이 교배를 반복한 결과 큰 집단에서는 드물던 대립유전자가 우세해지는 현상을 말합니다. 일종의 '창시자 효과'이지요. 이 효과에 의해 머리카락과 눈동자, 피부색이 다양해졌음은 앞서 인종에 대한 설명에서 언급했습니다.

한편, 산업혁명 이후 출현한 기계의 사용, 인공 불빛, 발달된 의술과 의약 등도 1만 년 전의 신석기 혁명에 못지않게 인간의 진화에 큰 영향을 미치고 있습니다. 그런데 200년 전 시작된 산업혁명의 여파가 채 끝나기도 전에 우리는 21세기의 IT혁명을 맞고 있습니다. MIT의 사회학자 셰리 터클Sherry Turkle은 IT가 기존의 기계나 인쇄물, TV가 출현했을 당시와는 비교가 안 될 정도로 인류에게 큰 변화를 안겨 주고 있다고 주장합니다.[119] 실제로, 웬만한 세계 오지까지 휴대폰과 PC가 보급된 결과 많은 사람들이 IT기기와 대화하며 가상현실에 탐닉하기 시작했지요. 더구나 IT기기는 강한 중독성이 있어 하루 종일 놀아도 지루함을 못 느끼지요. 인류가 이제까지 전혀 겪어보지 못한 경험입니다. 그 결과 주변 사람과의 어울림은 줄어들고, 가족끼리의 식사도 점차 사라지고 있습니다.

이처럼 완전히 다른 환경에 접하게 된 인간이 앞으로 어떤 모습으로 진화할지 예측하기는 어렵습니다. 그러나 한 가지만은 분명합니다. 수백만 년 동안의 진화를 통해 오늘의 모습을 이룬 인간은 단시간에 큰 변화에 적응할 수 없다는 사실입니다. 따라서 IT를 포기하지 않는 한 이에 따른 부작용은 당분간 불가피할 것입니다. 그 기간이 수천 년이 될지 수십만 년이 될지는 알 수 없지만, 가까운 미래일 수는 없습니다. 인간은 1만 년 전에 시작된 신석기혁명이 가져 온 변화에도 아직 제대로 적응하지 못하고 있습니다.

이런 의미에서 우리는 여전히 원시인입니다.[120] 인류는 호모 이래 99% 이상의 기간을 사바나에서 기아와 싸우며 살아왔습니다. 최소 100만 년 이상을 사냥 캠프나 동굴 안 모닥불 앞에 둘러 앉아 담소하며 살아왔지요. 그래서 동물과 달리 사람은 불가를 본능적으로 좋아합니다. 모닥불과 불꽃놀이에 환호하지요. 낭만적인 분위기를 만들기 위해 벽난로에 불을 피우고 촛불을 켭니다. 인류는 가족이나 무리 구성원과 함께 식사하고, 대화하며 협동으로 살아왔습니다. 하루 중 깨어 있는 시간의 대부분을 다른 사람과 접촉하고 대화하는 데 할애해왔지요. 혼자 식사하고, 종일 홀로 지내는 수렵·채집인은 없었습니다.

그런데 기기와 가상 대화에 중독되면 가족, 친구, 주변과 담을 쌓고 무리의 구성원인 다른 사람과 어울리지 않습니다. 기기와의 대화는 가짜 소통입니다. 많은 연예인들이 소셜 미디어 상에 수백만의 친구를 가졌지만 외로워 자살하고 우울증에 빠지는 경우를 흔히 봅니다. IT 게임은 또 어떨까요? 원시시대에는 몇 달, 몇 년에 한 번 겪었을 동물이나 적에게 쫓기는 스트레스 상황을 IT게임을 하는 뇌는 불과 몇 분 동안에 수십 번 경험합니다. 인간의 뇌는 이를 건강하게 소화할 준비가 되어 있지 않습니다. 코로나 사태로 중요성이 커졌다고는 하나, 직장의 CEO는 화상회의를 보조수단으로만 여길 뿐이며, 중요사항은 긴장해 떨며 보고하는 직원의 눈빛 1분에서 더 많이 파악합니다.

20세기 말, 일부 미래학자들이 PC나 이메일 때문에 종이는 곧 소멸할 것이라 예상했지만 소비는 20년 전에 비해 몇 배 급증했습니다. 중요한 내용은 모두 프린트해 두기 때문이지요. 전자책은 도서계의 혁신품으로 생각했지만 점유율은 일정 수준 이상을 넘지 못하고 답보하고 있습니다. 뇌가 종이책을 선호하는 이유는 지난 20년간의 연구로 분명해졌습니다.[121] 종이책은 자연스런 빛과 밝기, 책장 넘기기 동작, 책 두께와 촉각 인식, 어디쯤 읽는지의 쉬운 파악 등 여러 요소들이 뇌를 적당히 자극해 줍니다. 스크린의 글에 비해 더 잘 집중할 수 있으며, 기억과 이해에 훨씬 효과적임이 밝혀졌지요.

급속히 진행되고 있는 IT혁명이 새로운 형태의 초지능으로 진화할지 아니면 암울한 미래로 결말이 날지 우리는 모릅니다. 일부 미래학자는 인공지능이 인간의 두뇌를 앞서는 특이점singularity이 조만간 도래한다고 주장합니다. 또, 어떤 학자는 인간과 기기가 서로 결합하는 포스트 휴먼시대가 올 것이라고도 합니다. 어느 것이건 관계없습니다.

테크놀로지가 아무리 발달해도 인간은 수백만 년의 진화의 결과이며 생물체로서의 기본 특성을 금방 벗어날 수는 없습니다. 손가락 운동에 따라 나타나는 휴대폰의 정보 검색활동이나 게임의 가상상황에 의해 훈련되는 뇌가 높은 지능으로 진화할 가능성은 거의 없다고 봅니다. 오히려 이러한 뇌는 몇 가지 기능만 남겨두고 점차 퇴화할지도 모릅니다. 이미 그런 전조가 나타나고 있습니다. 예전에는 심하지 않았던 고독, 우울증, 자살, 사이코패스적 행동 등의 정신적 문제들이 증가입니다. 오스트랄로피테쿠스에서 H. 에렉투스, 그리고 H. 사피엔스에 이르는 수백만 년 동안 인류는 하루 종일 다른 사람의 표정을 살피고, 눈을 맞추고, 서로 통신하는 사회적 관계 속에서 살아왔습니다.

물론, 우리가 하루가 다르게 진화하는 IT혁명에 적극 동참해야 함은 두말할 나위가 없습니다. 그러나 기기에 지나치게 몰입해 노예가 된다면 미래는 암울합니다. 인간이 주인이 되기 위해서는 적절하고 절제된 방식으로 IT를 이용하되, 오늘의 인간을 있게 만들어 준 가족이나 다른 사람과의 어울림을 가능한 많이 유지할 필요가 있지요. 아무리 IT가 우리의 미래생활을 크게 바꾼다 해도, 적어도 가까운 미래에는 인류가 수백만 년 동안 해 왔던 옛 방식을 가능한 많이 활용하는 개인이나 문화가 빛을 볼 것입니다. 그렇지 못한 부류들은 기계 속에 던져진 고독하고 불행한 부품으로 전락할 것입니다.

중생대 말 설치류와 토끼류의 공통 조상에서 갈라져 나간 원시영장류가 원숭이와 유인원의 단계를 거쳐 오늘날 지구를 정복한 인간이 되었습니다. 영장류는 원래 유라시아 대륙의 안온한 아열대와 열대 지역의 나무 위를 생활 터전으로 삼았던 포유동물이었습니다. 하지만 원숭이와 유인원, 호모로 진화하는 과정 중 여러 번 혹독한 환경에 직면하며 반복된 멸종의 위기를 거쳐야 했습니다. 우리가 현재 알고 있는 바로는 최소 25종의 고인류가 있었습니다. 불과 수만 년 전까지도 H. 사피엔스 이달투, 네안데르탈인, 데니소바인 등 우리와 거의 비슷한 방계 인류들이 살았습니다. 이제 그들 모두는 멸종하고 우리만 남았습니다. 높은 지능 덕분이었지만, 그 핵심은 다른 유인원에게서 볼 수 없었는 초사회성과 협동 덕분이었지요.[122] 그 결과 인간은 지구의 모든 대륙을 점령했으며, 1만년 전에는 신석기 혁명과 농업 혁명으로 아사餓死로 인한 멸종 위협에서 벗어났습니다. 수백 만년 동안 호모종 앞에 따라붙었던 멸종위기 종의 딱지를 뗐습니다. 그리고 지난 두 세기의 산업혁명과 녹색혁명은 인간을 굶주림에서 해방시켰습니다. 수백만 년의 여정에서 이제야 비로소 두 다리 뻗고 자는 생활을 영위하게 된 것입니다.

7만년 전 아프리카를 떠났던 수백 혹은 기껏해야 수천명의 무리가 오늘날 66억 명으로 불어났습니다. 1만년전 신석기 시대 시작 무렵 400만 명이었던 세계인구는 그후 기하급수적으로 늘어나 1650년에 5억명, 1800년에 10억을 넘어섰고, 2020년에는 무려 78억이 되었습니다. 미국 인구조회국Population Reference Bureau, PRB이 추산한 바에 의하면, H.사피엔스가 제대로 된 현생 인류의 모습을 갖추었던 지난 5만년 이래 지구에 살았던 인구의 총 숫자는 약 1,070억 명이라고 합니다.[123] 아기였을 때 죽은 인구도 모두 포함한 수치이지요. 지금 이 순간 지구상에 숨쉬고 있는 인구가 지금까지 살았던 모든 인류의 7%나 되는 셈입니다. 반면, 같은 조상에서 600만년 전 갈라졌던 침팬지는 25만 마리만 남았습니다. 개체수로만 볼 때 인간은 대단한 성공을 이루었지요.

하지만 이 성공은 지구역사에서 볼 때 극히 짧은 시간에 일어났습니다. 나무 위 생활을 접고 큰 뇌를 가지게 된 호모 에렉투스 이래를 인류라고 보면 그 기간은 겨우 200만년에 불과합니다. 이는 공룡이 존속했던 1억7000만년의 1.2%에 불과한 기간입니다. 지구의 역사를 하루 24시간에 비유한다면 밤 11시 59분 25초에 호모가 출현했습니다. 그후 많은 고인류종들이 명멸했지만 대부분 수십 만년 동안 존속했지요. 해부학적으로 우리와 같은 모습의 호모 사피엔스가 출현한 때는 겨우 20만년~30만년전입니다. 만약 지금처럼 높은 지능을 가지고 지구를 명실상부하게 지배하기 시작했던 시점을 진짜 사람이라고 한다면 그 기간은 불과 수 만년에 불과합니다. 고인류뿐 아니라 생물종의 존속기간은 대체로 길지 않습니다. 세상이 그렇듯이 생물종도 영원할 수는 없습니다.

현생인류도 마찬가지일 것입니다. 수 만년 후에는 인류가 현재의 우리와 다른 모습, 다른 정신세계를 가진 다른 종으로 진화할 것입니다. 더구나 호모 시절에 비해 최소 10만배 이상 폭증한 인구, 수백 년 사이 산업화로 완전히 달라진 생활환경과 IT혁명으로 인한 두뇌활동의 변화로 돌연변이는 가속될 것이고 진화는 더욱 빨라질 것입니다. 만약 몇 만년 후의 인류의 모습을 본다면 도저히 우리의 후손이라는 생각이 들지 않을지도 모릅니다. 그나마 그와 같은 모습을 가지기 위해서는 스스로 자멸하는 어리석은 행동을 하지 않는다는 조건이 필요합니다. 인류를 오늘에 이르게 한 협력과 초사회성, 이타적 특성을 현명하게 유지한다면, 고도의 기술을 발전시킨 인류는 비록 현재와는 다른 종으로 변모하더라도 충분히 오랜 동안 존속할 것입니다.

시야를 돌려 먼 미래가 아닌 현재를 보지요. 오늘의 인류는 그 어떤 포유동물보다도 유전적으로 서로 가깝습니다. 반복된 멸종의 위기

속에서 수백, 수천 명만 살아남은 극심한 인구병목 현상을 몇 차례, 그것도 비교적 근래에 겪었기 때문입니다. 그 결과 오늘날 78억명이나 되는 지구 곳곳 사람들의 DNA의 평균적 차이는 아프리카의 조그만 언덕에 있는 한 무리의 침팬지 사이의 유전적 다양성 보다도 작습니다. 우리 모두는 매우 가까운 친척입니다.

지금으로부터 멀지 않은 20세기까지만해도 우리는 이런 사실을 몰랐습니다. 또, 대부분의 사람들은 인간이 다른 동물과 달리 특별하다고 생각했습니다. 하지만 우리가 자랑스럽게 생각했던 인간의 여러 특질들이 영장류 시절의 나무 위 생활과 유인원과 호모 시절에 겪었던 아사餓死의 위협으로부터 벗어나는 과정에서 만들어진 결과임을 깨닫게 되었습니다. 또 인간만이 가지고 있다고 생각한 고유의 특징도 정도의 차이일 뿐 다른 동물, 아니 다른 생물도 가지고 있음을 알게 되었습니다. 인류가 유전적으로 매우 가까운 친척이며, 지구의 다른 생물 위에서 군림할 권리를 부여 받았을 만큼 특별한 존재가 아님을 깨달은 것은 지난 세기 과학지식이 던져준 소중한 교훈입니다. 인간과 모든 생물은 인간과 마찬가지로 자신을 유지하고 후손을 번식하며 살아가는 지구 공동체 속의 동등한 일원일 뿐입니다. 다음 장은 그 생명에 관한 이야기입니다.

S C I E N C E

2장

생명이란 무엇인가?

O D Y S S E Y

생명은 분자들 사이의 관계이지 분자의 성질이 아니다.[1]

라이너스 폴링 Linus Pauling

지구상에는 수많은 종류의 생물이 있습니다. 약 0.001mm(=1μm; 마이크론)에 불과한 대장균이 있는가 하면, 무려 10km²의 면적을 차지하고 있는 미국 오리건주 블루마운틴의 꿀버섯Armillaria ostoyae도 있습니다. 미국 플로리다 남부의 하루살이Dolania Americana 암컷은 성체成體가 된 후 겨우 5분 사이에 짝짓기와 알 낳기를 모두 마치고 수명을 다하는가 하면, 지중해의 어떤 해초Posidonia oceanica는 20만 년을 살았습니다. 이처럼 생물은 모양, 크기, 기능, 생존환경, 수명 등에서 큰 다양성을 가졌습니다. 그런데 놀랍게도 지구의 모든 생명체는 하나의 공통점을 가지고 있습니다. 즉, 박테리아이건 식물이건 사람이건 모든 생물은 5 종류의 뉴클레오티드nucleotide 분자를 기본으로 삼아 생명을 이어갑니다(구아닌, 아데닌, 티민, 시토신, 우라실이며, RNA와 DNA를 구성하는 분자입니다).

뿐만 아니라 생체물질을 구성하는 주요 원자도 기본적으로 비슷합니다. 우주에서 가장 흔한 원소들을 원료로 삼아 만들어졌기 때문입니다. 잘 알려진 대로 생물을 구성하는 4대 원소는 수소(H), 탄소(C), 질소(N), 산소(O)입니다. 이들은 우주에서 각기 1, 3, 4, 5번째로 풍부한 원소이지요. 예외적으로 두 번째로 많은 헬륨(He)만 빠져 있습니다. 원소주기율표의 맨 오른쪽 줄에 있는 비활성非活性 기체이기 때문입니다. 비활성 원소는 화학적으로 안정하기 때문에 화합물을 만들지 않습니다.

먼저, 수소입니다. 우주에서 91%나 차지하는 수소는 지구의 생명체들이 물 분자를 비롯한 각종 생체분자의 뼈대 원소로 활용하고 있습니다. 한편, 뒤를 잇는 2~4위의 탄소, 질소, 산소는 모두 별에서 만들어진 원소들입니다. 그 대부분은 20~80억 년 전 별 내부에서 핵융합 반응으로 생성되었지요.

2위인 탄소는 수소와 함께 생체분자의 뼈대를 이루는 생명의 원소입니다. 우주 안에 있는 탄소 원자들 대부분은 죽은 별 속에 갇혀 있습니다. 하지만 일부가 일산화탄소(CO), 이산화탄소(CO_2), 메탄(CH_4), 훌러렌fullerene,(C_{60}) 등의 형태로 우주 공간을 떠돌고 있지요. 그들 중 일부가 흘러 들어와 오늘날 우리 몸을 이루고 있는 것입니다. 몸무게 70kg의 성인이라면 약 5kg가 탄소이지요. 생체 탄소는 죽은 후 이산화탄소 등의 기체 혹은 고체의 형태로 대기와 지표, 해저를 순환하며 생물의 재료로 재활용됩니다.

한편, 3위의 질소는 생명의 품질을 결정 짓는 원소입니다. DNA, RNA, 단백질 등을 구성하는 핵심 원자이지요. 다음, 4위의 산소는 설명이 필요 없는 생명의 핵심 원소입니다. 우리 몸만 해도 무게의 65%를 차지합니다. 하지만 우주 전체로 볼 때 산소 원자는 6,250m^3의 공간에 평균 1개 밖에 없습니다. 따라서 성인 한 명의 몸속에 들어 있는 산소의 양을 구하려면 우주 공간 $9 \times 10^{30} m^3$, 즉 한 변의 길이가 지구에서 달까지 거리의 50배 되는 정육면체 부피가 필요한 셈이지요.[2]

이상 살펴본 대로, 지구 생명체를 구성하는 원료는 수소를 제외하고는 거의가 별의 내부 혹은 초신성 폭발 때 만들어졌습니다. 〈코스모스Cosmos〉라는 TV 프로그램과 동명인 과학교양서로 잘 알려진 칼 세이건Carl Sagan은 그래서 다음과 같은 말을 남겼습니다.[3]

> **우리 몸을 이루는 DNA 속의 질소, 치아 속의 칼슘, 혈액의 철분, 사과 파이 속의 탄소, 이 모두는 붕괴한 별 속에서 만들어졌다. 우리는 별의 물질로 이루어졌다.**

그런데 지구 생물의 주요 구성 원소가 우주에서 가장 흔한 원소들이라는 사실은 생명이 우주의 보편적 현상일 수 있다는 추론을 낳습니다. 외계 생명체는 아직 확인된 바가 없지요. 그러나 1992년의 첫 발견 이래 2019년 11월까지 태양계 인근에서 확인된 외계행성은 4,126개나 됩니다. 이를 토대로 추산하면 우리은하에는 지구와 비슷한 행성이 최소 400억 개는 있을 것입니다.[4] 그럼 관측 가능한 우주에 있는 유사한 행성의 수는 400억×1,000억 개쯤 되겠지요. 이 많은 행성 중에 생명이 없다면 오히려 기적이 아닐까요? 또, 생명체가 있다면, 그 구성 원료는 지구에서처럼 가장 흔한 우주 원소들일 가능성이 클 것입니다. 이 장은 그런 생명에 대한 이야기 입니다.

이야기는 네 부분으로 구성되어 있습니다. 첫 부분에서는 생명이 우주의 일반적인 현상인지 추론해 보기 위해 그 의미를 생각해 보았습니다. 다음, 이러한 생명이 어떻게 물질로부터 생겨날 수 있었는지 살펴 보았습니다. 후반부에서는 오늘날 지구에 살고 있는 생물들이 어떤 진화적 사건을 겪었는지 중요한 것만 요약해 보았습니다. 마지막으로 생명이 유지되고 복제되는 과정인 유전 현상에 대해 살펴 보았습니다.

후손을 퍼뜨리는 무생물 | 바이러스와 프리온

생물이 무엇인지 알기 위해 먼저 생물과 무생물의 경계에 있는 바이러스부터 살펴 보겠습니다. 이 글은 오래 전에 써 두었던 것인데, 원고를 정리하는 지금 코비드-19 사태로 역사상 처음 경험하는 고통을 인류가 겪고 있습니다. 많은 분들이 전문가가 되셨을 터이니 일반적인 사항만 기술하겠습니다. 흔히들 바이러스는 메르스MERS, 사스SARS, 에이즈, 구제역, 감기 등 병을 옮기는 병원체病原體로만 알고 있지만, 사실은 지구상에 10×1,000조×1,000조(=10^{31})개의 어마어마한 양의 분자가 존재합니다. 대략 바닷물 200리터에 5,000종, 해저 퇴적물 1kg에 100만 종 이상의 바이러스가 있다고 추정됩니다.[5] 이들 중 상당수는 박테리아에 기생하는 파지phages의 형태이며 무해한 '물질'입니다.

바이러스를 처음 발견한 과학자는 19세기 말 러시아의 드미트리 이바노프스키Dmitri Ivanovsky였습니다. 그는 담뱃잎에 모자이크처럼 얼룩이 생기는 병충해가 어떤 물질 때문임을 확신했습니다. 이바노프스키는 이 병원체가 유약을 바르지 않은 초벌구이 도자기의 0.2마이크론(0.0002mm) 기공을 통과할 만큼 작다는 사실을 알고 '여과성濾過性병원체'라고 이름 붙였지요(박테리아는 수~수십 마이크론의 큰 크기여서 도자기의 기공을 통과하지 못하고 걸러집니다). 이처럼 작기 때문에 광학현미경으로는 실체를 볼 수 없었습니다. 과학자들은 이 정체불명의 병원체에 라틴어로 독물毒物입자라는 뜻의 바이러스Virus라는 이름을 붙였습니다. 하지만 그 실체는 1938년 독일 지멘스Siemens사가 전자현미경을 개발한 이후에 비로소 볼 수 있었지요.

지난 100여 년 동안 과학자들은 바이러스에 대해 여러 차례 해석을 바꾸었습니다. 처음에는 유해물질로, 다음에는 박테리아처럼 병을 옮기는 생명체로, 이어 생화학물질로, 그리고 최종적으로는 생물과 무생물의 경계 물질로 규정했지요. 손상 없이 그냥 놓아두면 언제까지나 그대로인 한마디로 '물질'입니다. 그러니 '바이러스를 죽인다'는 표현은 맞지 않지요. 하지만 자신을 복제해 퍼뜨린다는 점에서 생물과 유사하지요. 병원성 바이러스가 전염되는 것은 복제를 통해 자신의 유전정보가 다른 생물 속에서 증식하기 때문입니다. 물론 무생물인 물질도 병을 일으킬 수 있지만 복제나 증식을 하지 않기 때문에 전염을 시키지는 않지요. 바이러스와 생물의 가장 중요한 차이는 생명현상의 핵심물질인 단백질을 만드는 도구, 즉 리보솜이라는 세포 소기관이 없다는 점입니다. 따라서 단백질 합성정보를 담은 DNA가 매우 작거나 혹은 없어서 다른 생물의 것을 빌려야 합니다. 생물은 핵산(DNA, RNA)을 두 개 모두 가지고 있는데 바이러스는 이 중 하나만 있지요. 예컨대, 감기나 코비드-19 바이러스는 RNA만 가지고 있습니다. 이런 한계 때문에 2배로 증식하는 생물과 달리 바이러스는 1배수 복제를 합니다. 또한, 생물처럼 스스로 단백질을 합성하지 않으므로 영양섭취, 호흡, 배설, 에너지 생산과 같은 대사代謝작용을 못하지요. 따라서 숙주宿主, 즉 기생할 생물이 있어야만 활동합니다. 숙주생물이 없는 상태의 바이러스는 그냥 물질입니다.

생물과 무생물의 중간적 특성을 뚜렷이 보여 주는 예가 1993년 프랑스의 디디에 라울Didier Raoult 팀이 발견한 미미바이러스Mimi virus입니다. 이 바이러스는 크기가 작은 박테리아만해서 직경 0.4마이크론(0.0004mm), 길이가 0.6마이크론이나 됩니다. 따라서 세균처럼 도자기의 기공을 통과하지 못하는 경우도 있습니다. '미미'라는 이름은 '흉내

내는 미생물mimicking microbe'이라는 뜻이지요. 크기뿐 아닙니다. 2003년 발표된 후속 연구에 의하면, 미미바이러스는 일부 작은 박테리아에도 없는 아미노산 합성 유전자도 가지고 있습니다.[67] 그러나 물질대사작용을 스스로 못 하고 증식을 위해 숙주생물이 필요하다는 점에서 분명한 바이러스입니다.

생물과 무생물의 회색지대에 있는 또 다른 물질이 프리온prion이라는 작은 단백질입니다. 프리온은 단백질protein과 전염infection의 합성어입니다. 광우병으로 알려진 크로이츠펠트 야콥병Creutzfeldt-Jakob Disease의 원인이 프리온이었기 때문에 붙여진 이름이지요. 이 단백질은 원래 양洋의 뇌를 스폰지 모양으로 구멍을 내 손상시키는 스크래피Scrapie병의 원인물질로 처음 연구되었습니다. 하지만 이 병에 걸린 양의 뇌를 분쇄해 전자현미경으로 조사해 보아도 병원물질을 찾을 수 없었지요. 너무 작았던 것입니다. 그런데 1967년 남아공의 여성 과학자가 이 병원체가 끓는 물이나 방사선에도 잘 버티는, 바이러스의 약 1/1,000 크기의 매우 작은 단백질이라고 추정했지요. 1982년 미국의 프리스너Stanley B Prusiner가 이를 확인하고 프리온(PrP)이라는 이름을 붙였습니다. 그는 이 공로로 1997년도 노벨 생리의학상을 수상했지요.

하지만 핵산(RNA, DNA)이 없는 작은 단백질이 어떻게 복제와 증식을 하는지는 아직도 명확히 밝혀지지 않았습니다. 프리온은 건강한 사람의 뇌나 몸에도 있으며 각종 기능에 중요한 역할을 한다고 추정됩니다. 그러나 이것이 변형되거나 그런 물질이 생체에 들어오면 치명적인 질병의 발병으로 이어진다고 추정됩니다. 프리온이 양, 고양이, 소, 사람 등 생물종의 경계를 쉽게 넘나들며 전염되는 이유는 매우 작고 핵산이 없기 때문으로 보입니다.

덧붙이자면, 생명의 경계 물질인 바이러스나 프리온은 진화에 중요한 역할을 했습니다(비부호화 DNA절 참조). 또, 생명의 탄생 과정에서 무생물과의 징검다리 역할을 했을 수도 있습니다.

흩어지고 모으는 끊임없는 흐름 | 생명현상

2011년 발표된 정밀한 연구결과에 의하면 지구상에는 870만±130만 종의 생물이 있다고 추산합니다.[7] 이 가운데서 확인 혹은 분류된 것은 200만 종도 안됩니다. 우리가 모르고 있는 생물종이 훨씬 더 많은 셈이지요.

그런데 생명은 무엇일까요? 오래전부터 과학자와 철학자들은 생명의 정의定義를 놓고 논쟁을 벌여 왔습니다. 물론, 아직도 논란은 수그러지지 않았지요. 생물학자들은 생명의 징후로 움직임, 영양, 호흡, 배설, 생식, 감각, 성장 등을 언급합니다. 어떤 학자들은 이런 특징 중 몇 개가 없어도 피드백(되먹임) 메커니즘을 가진 네트워크가 있다면 생명이라고 넓게 규정합니다. 또, 미래의 AI를 생명에 포함시키기도 합니다. 여러 의견이 있지만 스크립스연구소The Scripps Research Institute의 제랄드 조이스Gerald Joyce가 내린 정의가 과학자들 사이에서 널리 수용되고 있습니다. NASA도 자주 인용하는 생명에 대한 그의 정의는 다음과 같습니다.[8]

스스로 자신을 유지하며 다윈식의 진화를 할 수 있는 계系(시스템)

조금 딱딱하게 들리지만 생명을 매우 잘 축약한 표현이라고 생각합니다. 이를 쉬운 말로 풀어보면 2가지 성질로 요약할 수 있습니다.

첫째, '스스로 유지'하는 성질입니다. 한마디로 살려고 하는 특성이지요. 생명체의 내부(몸속 혹은 세포 안)는 바깥 환경과 다릅니다. 가령, 모든 생물은 세포막을 경계로 내부와 외부의 물질, 농도, 온도 등이 완전히 다릅니다. 따라서 생물이라면 주변 환경으로부터 자신의 고유한 상태를 보호하고 유지하는 능력, 즉 항상성恒常性, homeostasis을 가져야 할 것입니다. 예를 들어, 사람은 기온이 높아지면 땀을 흘려 신체 내부의 온도가 일정 범위 이상 높아지지 않도록 합니다. 그러기 위해 생명체는 주위 환경과 끊임없이 물질과 에너지를 주고받습니다. 그 과정이 바로 대사작용metabolism이지요.

둘째, '다윈Darwin식의 진화'를 하는 성질입니다. 모든 생명체는 자신의 항상성을 영원히 유지하려고 시도하지만, 이는 불가능합니다. 잠시 후 알아보겠지만, 만물은 끊임없이 흘러가며, 언젠가는 흩어지는 것이 자연법칙입니다. 따라서 생물은 간접적인 방법, 즉 복제본을 만들어 자신을 지속시키려는 편법을 발명했습니다. 그런데 여기에 문제가 있습니다. 생명체는 원본과 똑같은 복제본을 만들 수 없습니다. 이 완벽치 않은 복제가 '다윈식 진화'입니다. 이는 불행이자 축복입니다. 완벽치 않은 복제 덕분에 생물은 진화할 수 있습니다. 자신의 몸의 상태를 끝까지 유지해 살려는 성질, 그리고 이 이룰 수 없는 꿈을 불완전한 복제로 이어가는 시스템이 생명입니다.

조이스의 정의를 따르면, 바이러스나 프리온은 생명체라 할 수 없습니다. 복제와 증식증식으로 진화할 수 있지만 스스로를 유지하는 능력이 없기 때문이지요. 생체를 모방한 로봇이나 인공지능 또한 생명이 될 수 없습니다. 왜 그럴까요? 기계나 장치의 핵심은 신뢰성과 정확성입니다. 오류나 확률성이 용납된다면 기계라 부를 수 없을 것입니다. 따라서 잘 만든 기계는 완벽한 항상성을 유지하고 복사도 할 수 있을 것입니다. 그런데 정확한 작동과 완벽한 복제는 생명의 속성이 아닙니다. 약간의 오류나 오작동은 생명의 결점인 동시에 핵심입니다. 이런 관점에서 생명은 정교한 기계가 아니라 복잡한 구조의 화학계일 수밖에 없습니다.

그렇다면 그런 화학계는 왜 오류를 만들까요? 이유는 생체분자가 매우 작고 복잡하기 때문입니다. 미시 규모의 원자에서는 불확정성 원리에 의해 양자교란quantum disturbance이 필연적으로 일어납니다. 따라서 수많은 원자로 이루어진 분자들의 복합체, 혹은 시스템에서는 양자교란의 누적 효과를 피할 수도, 무시할 수도 없지요.

생명체가 복잡한 화학계이어야 한다는 점을 처음으로 간파한 사람은 화학자가 아닌 물리학자 슈뢰딩거Erwin Schrödinger였습니다. 전자의 파동함수로 유명한 그는 자신이 크게 기여한 양자역학에 실망하여 말년에는 생명현상에 관심을 쏟았습니다(『과학 오디세이 유니버스』 2장 참조). 슈뢰딩거는 1944년에 발간된 『생명이란 무엇인가What is life?』라는 기념비적인 책에서 생명체를 '평형상태를 벗어나려는 물질'로 규정했습니다. 이 말이 무슨 뜻일까요? 열역학 제2법칙에 의하면 이 세상의 모든 물질과 에너지는 질서정연한 상태에서 벗어나 점차 흩어지고 무질서해집니다(『과학오디세이 유니버스』 3장 '시간' 관련 절 참조). 세상은 점점 엉망이 된다는 뜻이지요. 이렇게 흩어져 가장 무질서해진 상태가 평형상태입니다.

물에 잉크 방울을 떨어뜨리면 점차 뒤섞이다 나중에는 평형상태에 도달합니다. 섞인 잉크물은 처음의 정돈된 상태인 물과 잉크로 분리되지 않지요. 식어버린 커피의 열을 다시 주워 담을 수는 없습니다. 이처럼 우주의 모든 현상은 (물리현상이건 화학반응이건) 사물이 흩어지는 방향으로 반응이 진행된다는 것이 열역학 제2법칙입니다.

그런데 생명현상은 얼핏 이 법칙에 위배되는 듯 보입니다. 흩어졌던 원자들이 모여 질서정연한 분자 구조와 조직을 만드는 현상이기 때문입니다. 생명이 질서를 만드는 현상이라는 사실은 죽음으로도 확인할 수 있지요. 생물은 죽으면 무질서한 원자와 분자상태로 분해되고 흩어져 자연으로 돌아갑니다. 슈뢰딩거는 생명이 평형(무질서하고 균일하게 뒤섞인 상태)을 회피하려는 현상이라고 보았습니다.

그런데 여기서 중요한 점은, 열역학 제2법칙에서 말하는 무질서도(엔트로피)란 어디까지나 통계적 확률에 바탕을 둔 개념이라는 사실입니다. 균일하게 섞인 잉크 물의 예로 다시 돌아가보지요. 이 경우 전체적으로는 잉크와 물이 무질서하게 섞여 있습니다. 하지만 극히 작은 부분에서는 잉크나 물 분자가 얼마든지 몰려 있을 수 있습니다. 즉, 통계적으로 무질서한 상태 안에서도 국소적으로는 질서가 가능하지요. 슈뢰딩거는 생체분자의 구조가 크고 복잡한 이유가 바로 이 때문이라고 지적했습니다. 무질서 속에서 국부적으로 질서 있는 구조가 나타나려면 전체적으로 거대한 수의 원자와 분자가 있어야 한다고 본 것이지요. 실제로 생체분자들이 그렇습니다. 단세포의 박테리아마저도 2,000억 개의 원자가 200만 개의 단백질 분자를 이루고 있지요.

슈뢰딩거의 지적대로 생명체는 그 자체만으로는 엔트로피를 감소시키는 현상입니다. 그러나 그 대가로 체온의 열이나 에너지, 배설물인 물질을 주위에 퍼뜨립니다. 따라서 전체적으로는 무질서도를 더 증가시키므로 열역학 제2법칙에 위배되는 것은 아닙니다. 유사한 예가 컴퓨터입니다. 컴퓨터는 정리가 안 된 초기 조건으로부터 연산을 통해 정돈된 정보의 질서를 만드는 장치입니다. 그런데 작동 중에는 기판에서 열이 발생해 기기와 주변의 공기 분자를 교란시킵니다. 따라서 질서화시킨 정보보다 훨씬 더 크게 주변의 물질과 에너지를 무질서하게 만듭니다. 생명도 마찬가지여서 국소적, 일시적으로 질서를 만들 뿐 주변을 흩뜨리는 현상입니다.

슈뢰딩거의 해석은 세부에 있어 일부 정확하지 않은 면도 있지만 20세기 후반의 생화학 발전에 큰 영향을 미쳤습니다. 그는 앞서의 책에서(원래는 강연 내용을 정리한 것입니다) 유전자는 불규칙한 결정結晶 분자라고 추정했습니다. 슈뢰딩거의 생명관은 DNA 구조를 밝힌 왓슨과 크릭, 『우연과 필연Le Hasard et la Nécessité』의 저자로 노벨상을 수상한 프랑스의 저명한 생화학자 자크 모노Jaques Monod 등에 큰 영향을 미쳤습니다.[9]

그렇다면 생명은 어떤 방식으로 질서 구조를 유지할까요? 일본 아오야마가쿠인대학의 생물학자 후쿠오카 신이치福岡伸一는 『생물과 무생물』과 후속 저서 『동적動的평형』에서 슈뢰딩거의 생각을 잘 설명했습니다.[10] 그는 생물체가 가지는 열역학적 특성을 세 가지로 요약했습니다. 이를 소개하면 다음과 같습니다.

첫째, 생명체는 한시적으로 마이너스의 엔트로피, 즉 질서를 만드는 물질 시스템입니다. 하지만 열역학 제2법칙에 따라 만물은 엔트로피를 증가시키는 방향으로 나아갈 수밖에 없지요. 따라서 생명은 탄생하는 순간부터 죽음을 향해 해체됩니다. 이를 피하려고 생물체는 쉴새없이 외부에서 물질과 에너지를 흡수해 질서(음의 엔트로피), 즉 정돈된 분자를 보충합니다. 그 방식은 생물에 따라 다릅니다. 가령, 식물은 햇빛과 물, 대기, 토양에서 물질과 에너지를 공급받지요. 생체물질인 녹말과 셀룰로오스를 광합성을 통해 스스로 만들며, 세포의 연료인 당 분자도 자체적으로 합성합니다.

반면, 동물은 독자적으로 생체분자나 에너지를 만들지 못하므로 음식으로 섭취한 식물 분자를 사용해 생명 유지에 필요한 질서를 보충합니다. 즉, 생존에 필요한 모든 에너지와 물질을 식물에 의존합니다. 가령, 초식성 동물은 식물을 직접 먹지요. 육식성 동물은 식물을 먹은 초식성 동물을 먹는 간접 방법으로 식물 분자를 취합니다. 잡식성 동물은 동, 식물을 모두 먹지만 결국 모든 먹이의 근원은 식물입니다. 다만, 동물은 섭취한 생물 분자를 그대로 사용하지 않지요. 소화를 통해 자신이 먹은 생물의 유전정보를 철저히 지워버립니다(다음 박스 글 참조). 즉, 섭취한 생물의 탄수화물이나 단백질, 지방분자를 작은 분자로 분해해 자신의 것으로 재활용합니다. 가령, 소의 간을 먹었다고 그것이 사람의 간의 일부가 되지는 않지요. 돼지 껍데기의 콜라겐을 먹었다고 사람 몸에서도 같은 분자로 되지는 않지요. 아무튼 동물이건 식물이건 생물은 끊임없이 진행되는 와해(죽음)를 피하려고 광합성 혹은 음식물 섭취를 통해 질서를 보충해 넣습니다. 또한, 생물은 창출된 질서를 영원히 지속하지 않고 적당한 때 죽어 해체됨으로써 열역학 제2법칙을 거스르지 않고 자연의 원리에 순응하지요.

둘째, 생명체가 만드는 질서와 이어지는 해체는 살아 있는 동안 끊임없이 동적인 균형을 이루며 쉴 새 없이 흘러갑니다. 즉, 생체물질은 끊임없이 해체되고 새 것으로 교체됩니다. 생체의 원자는 절대로 고정적이지 않지요. 사람의 경우 위벽의 세포는 5일, 피부세포는 2~4주, 간肝세포는 6주마다 새로 교체됩니다. 물론, 뇌세포나 망막세포처럼 평생 동안 분열하지 않는 세포도 있기는 합니다. 그러나 이 경우도 세포의 구조나 형태가 유지된다는 말이지 원자 수준에서도 그렇다는 의미는 아닙니다. 사람 뇌세포를 구성하는 원자들도 1년 사이에 대부분이 교체됩니다. 심지어 수십억 년 동안 한 번도 끊김 없이 전해진 유전정보를 담고 있는 DNA조차도 그 구성 원자들이 6주가 지나면 모두 교체됩니다. 인체를 구성하는 원자는 7조×1,000조(7×10^{27})개나 되지만[2], 그중 무려 98%가 1년 안에 새로운 원자로 바뀝니다. 나머지 2%도 2년 반을 넘기지 못하지요. 물질적으로 볼 때 현재의 나는 몇 주 전, 몇 년 전의 나와는 전혀 다른 실체입니다. 내 몸의 원자들은 우주를 순환하다 지금 이 순간 잠시 내 안에 머물고 있을 뿐입니다.

가령, 몸속의 탄소는 우리가 먹은 다른 생물의 탄소에서 왔습니다. 그 탄소를 거슬러 올라가면 먹이사슬의 맨 밑에 있는 광합성 식물이 나올 것입니다. 다시 그 식물의 탄소는 공기 중의 이산화탄소에서 왔습니다. 이 원자들은 먼 옛날 다른 별에서 생성되었으며, 앞으로도 우주를 순환할 것입니다. 생체 구성 원자의 수가 수백조의 수조인 점을 감안한다면 지금 우리 몸의 원자 중 적지 않은 수가 예수님과 부처님, 세종대왕의 몸에 있던 원자였을 것입니다. 생명은 탄생과 죽음의 끊임없는 동적 균형 속에서 우연히, 그리고 일시적으로 정돈된 분자가 모인 집합체입니다. 후쿠오카 신이치의 표현으로는, '미세 규모에서 우연히 밀도가 높아진 분자들이 조화롭게 잠시 머무르는' 상태가 생명입니다. 단, 외발 자전거처럼 쉬지 않고 가야 유지되지요.

셋째, 생명체의 동적 평형은 시간적으로 비가역적입니다. 다시 말해 시간을 거슬러 올라갈 수 없는 흐름입니다. 생체분자들은 기하학적 모양이 서로 맞는지(상보성相補性, 물과 어울리는지(친수성과 소수성疏水

性, 전기를 띠는지(전하電荷 등 까다로운 여러 조건들을 매 순간 아슬아슬하게 맞추면서 분해, 결합, 대체되고 있습니다. 이 모든 반응은 너무 복잡해서 역주행이 불가능합니다. 시간적으로 일방통행이지요. 바로 이 점이 기계와 다릅니다. 기계는 잠시 쉬어도 됩니다. 또, 고장나거나 수명이 다한 부품은 아무 때나 교환하면 됩니다. 그러나 부품이 빠지면 작동하지 않지요. 생물은 부품 몇 개가 누락되어도 기능을 유지합니다. 예를 들어, 특정 유전자를 작동하지 못하게 만드는 녹아웃knock-out테스트를 받은 생물도 그럭저럭 살아갑니다. 췌장의 세포막 형성과 효소 분비에 관련된 GP2라는 단백질을 제거하고 이를 만드는 유전자까지 없앤 녹아웃 쥐도 무사히 잘 자랍니다. 죽을 때까지 큰 이상도 보이지 않습니다.[10] 생명은 끊임없는 흐름이지만 매 순간이 완성된 시스템이기 때문입니다.

먹은 음식은 얼마나 몸이 될까?

동물은 음식 섭취를 통해 질서 구조, 즉 생체를 만든다. '당신은 당신이 먹은 음식(You are what you ate)'이라는 말은 전적으로 옳다. 실제로 우리가 먹은 음식은 대소변과 땀을 통해 배출된 것과, 에너지로 연소되어 버린 것을 제외하고는 정확히 우리 몸의 구성 성분이 된다. 단순하지만 중요한 이 사실을 최초로 확인한 사람은 독일의 생화학자 쉔하이머(Rudolph Schönheimer)였다.

그는 일찍이 1930년대 후반, 질소의 동위원소인 중질소(N-15)를 아미노산에 주입한 후 성장한 쥐에게 먹이고 음식물 원자들이 어떻게 이동하는지를 조사했다. 3일 후 조사해보니 먹은 음식물 원자들은 대변과 소변으로 30% 배출된 것을 제외하고는 대부분이 쥐의 몸 곳곳에 들어가 박혀 있었다. 아미노산

속에 들어 있었던 탄소 원자들이 몸의 재료를 이루고 있었던 것이다.

지방脂肪을 구성하는 원자를 대상으로 한 실험에서도 비슷한 결과를 얻었다. 크게 보면, 우리 몸의 상당 부분은 며칠 전 먹은 음식물 원자가 이루고 있다고 볼 수 있다. 굶으면 죽는 이유는 기력(연료인 탄수화물)이 떨어졌기 때문이 아니다. 음식물을 통해 보충되어야 하는 생체조직의 필수 아미노산과 각종 호르몬 등 생체분자의 원료가 보충되지 않기 때문이다.

무질서에서 저절로 나타나는 질서 | 창발 현상

그렇다면 무질서한 구조에서 생명처럼 정교하고 복잡한 질서가 어떻게 저절로 생겨날 수 있을까요? 오늘날 과학기술이 발달했다고 하지만 풀잎 하나 인공적으로 재현해 내지 못합니다. 그만큼 생체의 분자구조는 정교하고 복잡하지요. 다윈의 진화론을 맹렬히 공격했던 영국의 성직자 윌리엄 페일리William Paley는 생명체의 놀라운 질서와 복잡성이 창조주의 설계를 증거한다고 주장했습니다. 정교한 시계가 있다면 그것을 만든 사람이 있을 것입니다. 그런 사물이 목적없이 저절로 생겨났을 리 없다는 것이지요. 하지만 기적이라는 현상은 자연법칙을 몰랐을 때 사용하는 언어임을 우리는 근대 이래의 과학 역사에서 많이 보아 왔습니다.

무질서에서 생명처럼 고도로 정돈된 구조가 저절로 생겨나는 현상을 체계적으로 연구한 선구자는 벨기에 브뤼셀자유대학Université Libre de Bruxelles의 일리야 프리고진Ilya Prigogine입니다. 그는 열역학 제2법칙의 엔트로피 개념이 적용되는 평형계가 아니라 비평형반응의 여러 현상을 연구했습니다. 프리고진은 열역학적 평형으로부터 멀리 떨어진 열린계에서는 질서 구조가 자발적으로 나타날 수 있으며, 이를 '소산계消散系, dissipative system'라고 불렀습니다(열린계는 에너지와 물질을 주변과 주고받는 계이며, 소산이란 흩어져 사라진다는 뜻입니다).

그의 주장에 따르면, 열역학적으로 비평형인 열린계에서는 물질과 에너지를 더욱 효과적으로 흩뜨리기 위해 '일시적'으로 질서를 만드는 소산구조가 생깁니다. 이 같은 소산계가 형성되기 위해서는 주위 환경으로부터 물질과 에너지가 끊임없이 흘러 들어와야 합니다. 그 흐름이 중단되면 소산계는 붕괴됩니다. 프리고진은 1977년도 노벨 화학상 수락 연설에서 소산계를 다음과 같이 요약했습니다.

> **(생명현상 등의 소산계에서는) 거대 분자의 새로운 질서가 나타나는데, 이는 근본적으로 외부 세계와 에너지를 교환하는 과정에서 생긴 안정화된 커다란 요동이라 할 수 있다.**[11]

프리고진의 소산계가 확인된 예를 두 가지만 들어 보겠습니다. 2015년도 아카데미 각색상을 받은 영화 〈이미테이션 게임〉의 실제 주인공이었던 수학자 앨런 튜링Alan Turing은 1952년 「형태 발생의 화학적 근거」라는 한 편의 논문을 발표했습니다.[12] 컴퓨터 이론의 선구자 튜링은 독일군의 암호체계를 해석해 연합군의 승리에 크게 기여한 인물이지요. 그러나 동성연애죄로 화학적 거세를 당한 얼마 후 독물을 먹고 자살했는데, 옆에는 자신이 좋아했던 백설공주 동화를 연상시키 듯 반쯤 먹은 사과가 놓여있었다고 합니다. 튜링은 평생 글쓰기와 맞춤법 때문에 애를 먹었고 왼쪽을 구분하기 위해 왼손 엄지에 빨간 점을 찍고 다닌 기이한 천재였지요. 그는 논문에서 화학성분들이 무질서하게 섞인 상태에서 분자들을 일정한 속도로 확산시키면 안정적이고 질서정연한 구조가 나타난다고 예측했습니다.

무질서에서 자발적으로 생겨나는 이 규칙적인 구조를 '튜링패턴Turing pattern'이라 부릅니다. 튜링패턴은 1990년 프랑스의 드께페P. de Kepper가 겔gel 속에서 여러 화학물질을 반응시켜 확인했습니다.

소산구조의 두 번째 확인 사례는 화학반응에서 농도가 주기적으로 반복(진동)해 변하는 현상입니다. 1921년 윌리엄 브레이William Bray는 요오드를 과산화수소와 섞으면 용액 속에서 농도가 저절로 증감을 반복하는 현상을 관찰했습니다. 이는 비커를 사용해 간단히 확인할 수 있는 반응인데 수십 년 동안 화학자들이 무시했습니다. 잉크 물이 잉크와 순수한 물로 되돌아간다는 뜻이므로 열역학 제2법칙에 위배된다고 믿었기 때문입니다.

유사한 반응을 40여 년이 지난 1958년 소련의 보리스 벨루소프Boris Belousov가, 그리고 다시 10년 후 아나톨 쟈보틴스키Anatol Zhabotinsky도 보고했지만 역시 설득에 어려움을 겪었습니다. 프리고진과 제자들은 자신들의 학교 이름과 진동자oscillator의 합성어인 브뤼셀레이터Brusselator라는 간단한 수학적 모델을 개발하고, 이를 통해 벨루소프–쟈보틴스키 반응과 튜링패턴을 명쾌히 설명했습니다. 오늘날 이 현상들은 열역학적 비평형과 관련된 프리고진 소산구조의 일종이며, 무질서에서 생명체의 규칙구조가 생성되는 모델 반응으로서의 중요성을 인정받고 있습니다.

2003년 타계한 프리고진의 비선형 열역학은 완성되지 않았습니다. 그러나 그의 선구적 이론은 20세기 후반에 전개된 카오스chaos 이론, 비선형 열역학, 자기 조직화self-organization 현상, 창발創發,emergence 등의 과학 분야와 사상에 큰 영향을 미쳤습니다. 특히 창발은 '많은 입자계'에서 에너지가 상호작용하면 생명처럼 질서 있는 구조가 생성될 수 있다는 소산계를 보다 일반화한 개념이라 할 수 있습니다.

원래 창발이란 용어는 19세기 영국의 철학자 조지 루이스George H. Lewes가 처음 사용했습니다. 과학적 의미로는, 개별 입자나 개체에서 보이던 무질서가 집단적 큰 규모에서 갑자기 새로운 질서 구조로 나타나는 현상을 말합니다. 가령, 물고기떼나 새떼에서 극히 초보적인 창발 현상을 볼 수 있지요. 몇 마리밖에 안 될 때는 각기 제멋대로 행동하지만, 기러기떼처럼 무리를 지으면 놀랍도록 질서 있는 패턴을 만듭니다. 끓는 물도 온도를 높여 무질서도를 증가시키면 어떤 조건에서 갑자기 규칙적인 패턴이 나타나는 경우가 있습니다. 이 현상을 발견자인 프랑스 물리학자의 이름을 따 '베르나르 셀Bénard cell'이라고 합니다. 더 좋은 예는 파도와 바람이 만드는 해변이나 사막의 모래무늬입니다(〈그림 2-1〉 참조). 창발 현상은 이 밖에도 암 세포의 성장, 곤충 집단의 안

그림 2-1

사막의 모래언덕에 나타난 규칙적 무늬. 초보적 형태의 창발 현상이라 볼 수 있다.

정성, 은하의 나선팔 구조, 토성의 고리, 태풍의 구름 모양 등 많은 자연현상에서 나타납니다. 뿐만 아니라 사회과학적 현상, 도시 교통의 흐름, 월드 와이드 웹의 네트워크 변화, 그리고 3장에서 알아볼 뇌의 활동에서도 나타납니다.

프리고진의 비선형 열역학과 마찬가지로 창발 현상도 아직 그 개념을 정량화定量化해 수식으로 나타내는 단계에는 이르지 못했습니다. 복잡계의 수학이 단순하지 않기 때문이지요. 그러나 많은 연구들이 진행되고 있습니다. 예를 들어, 뉴멕시코주 산타페연구소의 크래이그 레이놀즈Regis. Craig Reynolds 등의 과학자들은 보이즈BOIDS라는 프로그램을 통해 새나 물고기, 곤충의 집합적 행동을 창발과 연관 지어 연구하고 있습니다. 이 분야의 과학자들은 아마도 20~30년 안에 창발 현상을 비교적 잘 예측할 수 있는 수학이 가능하리라 기대하고 있습니다. 아무튼 아직 정량적 수학은 미흡하지만, 창발을 정성적定性的으로 설명할 수는 있습니다.

가령, 생명의 기원을 연구하는 카네기연구소의 로버트 헤이즌Robert Hazen은 창발이 일어나는 필요조건으로 4가지를 제시한 바 있습니다.[13] 첫째, 개체의 밀도(화학반응인 경우 농도)가 일정 값 이상이어야 합니다. 그는 모래알을 바람에 흩날리게 하는 실험으로 이를 보여 주었습니다. 가령, 일정한 면적에 100개의 모래알을 뿌려 놓고 바람을 불어넣자 아무런 패턴도 생기지 않았습니다. 그러나 1,000개의 모래를 넣자 작은 더미가 형성되었고, 3,000~4,000개에서는 불연속적인 띠가 나타나기 시작했습니다. 모래알 수가 1만 개에 이르자 매우 규칙적인 물결무늬 띠가 형성되었지요. 이후에는 모래알의 숫자를 더 늘려도 물결무늬 띠의 깊이만 깊어질 뿐 모양은 비슷했습니다.

이로부터 창발이 일어나기 위해서는 일정한 값 이상의 개체 밀도가 필요함을 유추할 수 있습니다. 우리은하나 안드로메다처럼 큰 은하에서 볼 수 있는 나선팔은 1,000억 개 이상의 별이 있어야 형성된다고 합니다. 개미들도 몇 마리일 때는 제각각 움직이지만 일정한 수 이상이 되면 줄지어 이동합니다. 알츠하이머 환자가 인식능력에 문제가 생기는 원인은 뇌의 일부가 파괴되어 정상적인 뇌 활동(창발)을 위한 뇌세포의 수가 어떤 값(임계값)에 못 미치기 때문으로 보입니다. 그렇다면 최초의 생명체도 주어진 조건에서 물질 분자들이 어떤 숫자와 농도 이상이 되었을 때 탄생했을 것입니다.

헤이즌이 관찰한 창발의 두 번째 조건은 외부 에너지와의 상호작용입니다. 모래알의 경우 외부에서 가해지는 바람, 파도, 중력 등이 있어야 규칙적 패턴이 생깁니다. 이는 프리고진의 소산구조가 외부 환경과 에너지를 교환하는 과정에서 생성된다는 설명과 잘 일치합니다. 바람, 파도 등 외부 에너지의 공급이 없으면 모래알의 소산구조는 생기지 않습니다.

셋째, 이 외부 에너지의 강도가 적당해야 합니다. 폭풍이나 태풍처럼 너무 센 바람이나 파도가 몰아치면 모래알의 규칙 패턴은 생기지 않지요. 당연히 외부 에너지가 너무 약해도 안 될 것입니다. 3장에서 알아보겠지만 의식意識활동도 이와 매우 유사한 면이 있습니다. 뉴런의 전기신호 연결이 너무 약하면 잠과 같은 미약한 의식으로 나타나며, 너무 강하면 발작이나 정신분열 상태가 되지요. 앞서 화학계의 튜링패턴에서도 규칙적인 형상은 구성성분들이 적당한 확산속도를 가질 때만 나타났습니다.

마지막 네 번째 창발의 조건은 외부에서 공급되는 에너지의 흐름이 주기적으로 반복되어야 한다는 점입니다. 위의 세 조건들이 몇 번 주어지는 조건에서는 창발이 일어나지 않는다는 의미입니다. 가령, 바닷가의 파도나 밀물, 썰물은 무수히 반복됩니다. 마찬가지로, 변화없이 똑같은 세기로만 부는 바람도 모래의 규칙적인 물결무늬를 형성하지 않을 것입니다.

이상 알아본 창발의 세부 조건들에 대해 우리는 아직 초보적 수준에서 이해하고 있습니다. 그러나 복잡계에서 일어나는, 옛것과는 전혀 다른 새로운 성질이나 구조가 어느 순간 나타나는 창발은 많은 자연현상에서 확인된 바 있습니다. 대부분의 과학자들은 지구 최초의 생명도 창발 현상으로 출현했다는 사실에 큰 이의를 달지 않습니다. 아마도 생명이 출현했던 창발은 1회가 아니라 몇 차례에 일어났을 수도 있습니다. 예를 들어 맨 먼저 무기물에서 다양한 유기물 분자들이 합성되었고, 이들이 복잡하게 상호작용하는 과정에서 막의 형성, 자기 조립화, 거대 분자로의 중합 반응, 유전 기능의 출현 등 점차 높은 단계의 창발이 순차적으로 일어났을 가능성이 있습니다.

지옥불 속의 탄생 | 지구 첫 생명체

지질학적 증거에 의하면 지구는 45억 4,000만 년 전에 생성되었습니다.[14] 서부 호주 나레어산Mount Narryer의 지르콘 광물입자로 추정한 바에 의하면, 바다는 그로부터 1억~2억 년 후인 44억~43억 년 전에 이미 있었던 것으로 보입니다. 소행성에서 포획한 막대한 양의 수증기가 응축해 생성되었을 것입니다. 그렇다면 생명은 그로부터 아무리 늦어도 수억 년 사이에 출현했을 가능성이 높습니다. 문제는 최초의 생물은 세포핵이 없는 단세포의 박테리아였기 때문에 흔적을 찾기가 매우 어렵다는 점입니다.

하지만 옛 암석 속의 탄소 입자를 정밀 분석해 미생물의 흔적을 추정하는 방법이 있기는 합니다.* 2015년 UCLA와 스탠포드대학 연구팀은 이 방법으로 서부 호주 잭힐Jack Hill의 암석에서 채취한 지르콘이라는 광물입자를 조사했습니다. 그 결과 약 41억 년 전의 미생물로 추정되는 흔적을 찾았습니다.[15] 또, 그린란드 남서부의 이수아Isua supercrustal belt와 인근의 아킬리아 제도Akilia Islands의 태곳적 암석에서 채취한 시료의 탄소 분석에서도 38억 년 전에 살았던 미생물의 것으로 보이는 탄소 입자가 나왔습니다.[16]

더욱 놀라운 결과가 2018년 『네이처-환경과 진화』에 발표되었습니다. 현존하는 지구 생물의 유전자를 추적해 보니 지구 생성 직후인 45억 년 전에 생명이 출현했다는 결과였습니다(〈모든 생물의 공통조상〉 절 참조).[17] 물론 이 결과들은 간접적 추정에 근거하였으므로 연대와 관련한 논란의 여지는 있습니다.

보다 직접적인 증거는 원시 미생물들의 활동 흔적 혹은 그들의 사체입니다. 암석 속에 남아 있는 이러한 미생물 흔적을 미화석微化石, microfossil이라 부릅니다. 대표적인 예가 남조류藍藻類 박테리아가 남긴 흔적이지요. 이들은 끈적끈적한 점액을 분비하므로 모래나 흙이 잘 달라붙습니다. 스트로마톨라이트stromatolites는 바로 이 남조류 주변의 광물입자들이 사슬 모양으로 붙어 퇴적된 암석이지요. 가장 오래된 미화석은

---

* 탄소는 15종의 동위원소 중 ^{12}C와 ^{13}C의 2종만 안정하다. 이들의 분포 비율은 99:1로 ^{12}C가 풍부한데, 생물은 무거운 ^{13}C를 이 비율보다 덜 흡수한다. 따라서 암석 속 탄소의 ^{13}C 비율을 조사하면 생물의 흔적인지 알 수 있다. 흔히 알고 있는 탄소 동위원소 ^{14}C는 불안정해서 최근 6만 년 이내의 연대측정에만 유효하다.

호주 서부의 필바라Pilbara에서 발견된 스트로마톨라이트입니다. 2013년에 발표된 결과에 의하면, 이곳 사암沙巖 퇴적층에서 찾은 스트로마톨라이트 미화석의 나이는 34억 8,000만 년이었습니다(남조류는 12억 5,000만 년 전에 크게 번성했습니다. 스트로마톨라이트는 오늘날에도 호주 서부 해안 등지에서 생성되고 있습니다).[18]

2017년 12월에는 이보다 더 정밀한 지구 초기 미생물에 대한 증거가 발표되었습니다.[19] 이 분야의 최고 권위자인 UCLA의 윌리엄 쇼프J. William Schopf 연구진이 밝힌 호주 서부의 에이펙스 각암Apex chert층의 미화석은 나이가 34억 6,500만 년이었습니다. 원래 이 화석들은 20여 년 전에 발굴했던 것인데, SIMS라는 첨단장비를 통해 새로운 사실을 밝혀낸 것입니다. 놀랍게도 이 미화석 속에는 5종류, 11마리의 박테리아가 있었습니다. 이들은 광합성을 하거나, 메탄올을 생성 혹은 에너지로 사용하는 등 형태와 기능이 각기 다른 박테리아들이었지요. 한 곳의 미화석에서 이처럼 다양한 박테리아의 흔적이 나왔다는 사실은 이들이 살았던 35억 년 전보다 훨씬 이전에 생명체가 출현했다는 것을 시사합니다.

얼마 전까지도 과학자들은 지구가 생성된 직후인 45.4억~40억 년 전의 명왕누대Hadean eon에는 생명이 존재할 수 없었다고 생각했습니다(누대는 지질학 시대 분류 중 가장 큰 단위로 5~20억 년의 기간입니다). 이 시기의 지구는 맨틀과 내핵이 중력작용으로 마찰열을 발생했기 때문에 격렬한 지질활동을 겪었습니다. 게다가 방사성 원소들의 활발한 핵분열반응과 소행성들의 잦은 충돌로 지각의 상당 부분이 용암과 흡사한 상태였지요.

특히 41억 년~38억 년 전 사이는 태양계의 거대 행성인 목성과 천

왕성, 해왕성이 궤도를 조정하던 시기였습니다. 그 결과 수많은 소행성과 '불덩이 유성bolide'들이 수성, 금성, 지구, 화성 등의 내행성을 강타했지요. 이를 태양계가 생성될 무렵의 원시행성 충돌시대와 구분하여 '후기 대폭격Late Heavy Bombardment'이라고 부릅니다. 달 표면의 크레이터 대부분도 이때 생긴 흔적이지요. 이런 상황에서는 생명이 출현하기가 어려웠다는 것이 그동안의 생각이었습니다. 그런데 앞서 소개한 일부 간접 증거들은 41억 년 전, 혹은 그 이전에 생물이 출현했을 가능성을 보여줍니다.

만약 41억~45억 년 전 지구에서 첫 생명체가 출현했다는 사실이 확실하다면, 당시의 원시 생명체들은 소행성과 혜성의 잦은 대충돌로 멸종했다가 다시 탄생하기를 반복했을 가능성도 있습니다.[20] 6,600만 년 전 공룡을 포함해 지구 생물종의 70%를 멸종시켰던 소행성의 크기는 겨우 10~15km였습니다. 그런데 명왕누대에는 이처럼 작은 것들은 물론, 지름이 300km를 넘는 대형 천체가 최소 10개는 충돌했다고 추산됩니다. 만약 지름 500km급 소행성이 지구와 충돌했다면 바닷물의 상당량이 증발하여 지구는 두꺼운 수증기 구름에 수천 년간 덮였을 것입니다. 물론 몇 달 후 비가 내려 구름은 얇아졌겠지만 해수면이 원래대로 회복되는 데 3,000년이 걸렸을 것입니다. 더구나 이 시기의 태양은 생명체에 매우 유해한 강한 자외선을 방출했습니다.

이런 상황에서 생명의 출현과 멸종이 지구에서 반복되었다면, 두 가지 가능성을 생각해 볼 수 있습니다. 첫째, 초기 지구에 명멸했던 수많은 박테리아 중 살아남은 것이 현존하는 지구 생물의 조상이 된 경우입니다. 둘째, 현재의 생물은 지구가 어느 정도 안정된 이후에 새롭게 출현한 박테리아의 후손일 가능성입니다.

어떤 경우이건, 첫 생명체가 초기 지구의 혹독한 환경 속에서 출현했음은 의심의 여지가 없어 보입니다. 그렇다면 그 속사정은 어떠했을까요?

걸쭉한 원시수프 | 무기물에서 생명의 분자로

생명의 기원을 말할 때 자주 등장하는 단골메뉴가 외계 유입설입니다. 스웨덴의 아레니우스Scante Arrhenius 이래 프레드 호일 등 적지 않은 과학자가 동조한 가설이지요. 실제로 전파천문학 쪽 증거에 의하면 우주 공간에는 수십 종의 유기有機분자들이 존재합니다. 유기분자는 수소가 결합된 탄소 기반의 화합물이자 생체분자의 원료로, 지구에 충돌했던 소행성이나 혜성의 잔재에서도 볼 수 있습니다. 1969년 호주 빅토리아주의 머치슨Murchison에 떨어진 운석에서는 지구 생물이 사용하는 19종을 포함해 모두 90종의 아미노산이 발견되었습니다. 2008년에 이 운석을 다시 정밀 분석했는데 DNA와 RNA의 구성 분자인 우라실과 잔틴도 검출되었습니다. 하지만 생명체의 외계 유입설은 생명의 기원을 잠시 미루는 것에 불과하므로 근본적인 설명일 수는 없습니다.

앞서 생명은 창발 현상에 의해 일어났을 것이며, 그것이 가능하려면 충분히 많은 구성요소와 적당한 에너지의 반복적인 흐름이 필수 조건이라고 했습니다. 생명이 출현하기 전의 초기 지구도 이런 조건을 충분히 갖춘 상태였다고 추정됩니다. 무엇보다도 생체분자의 원료가 될 분자들이 널려 있었지요. 메탄, 암모니아, 일산화탄소, 이산화탄소, 수증기 등의 기체분자와 인燐 및 황 화합물 등의 광물이 그들입니다. 에너지도 풍부했지요. 활발한 지각활동과 소행성 및 혜성 충돌로 생긴 열에너지, 번개 등의 전기에너지, 태양에서 오는 빛에너지 등이 넘쳐났지요. 생명의 탄생은 이런 물질들의 무수히 많은 화학반응의 결과일 것입니다. 원시지구의 표면에서는 매초 약 10^{30}회의 화학반응이 일어났을 것입니다.[21]

사실, 19세기 이전의 과학자들은 무생물에서 생명이 출현한다는 생각에 거부감이 없었습니다. 그러나 세균이 저절로 생겨날 수 없음을 증명한 프랑스의 루이 파스퇴르Louis Pasteur의 유명한 실험 이후 생명의 '자연발생설'은 사이비 과학으로 취급을 받았지요. 파스퇴르가 증명했듯이 생명은 실험실에서는 며칠 몇 달 사이에 출현할 수 없습니다. 하지만 자연적으로 발생하지 않았던 그 유리관 속 생명(세균)의 조상은 어디서 왔을까요? 생명의 탄생은 보다 근원적 문제입니다.

파스퇴르와 동시대인이었던 찰스 다윈은 이를 간파했습니다. 그는 1871년 친구에게 보낸 편지에서 생명의 첫 불꽃은 아마도 '따뜻하고 조그만 연못warm little pond'에서 생겨났을 것이라고 썼습니다.[22] 그는 암모니아, 인산염, 빛, 열, 전류 등이 있는 물에서는 단백질이 화학적으로 생성되며, 이것이 점차 복잡한 생체분자로 변했다고 생각했습니다.

다윈의 생각은 이후 몇 십 년 동안 과학자들의 관심에서 멀어졌다가 1924년 구소련의 오파린Alexander Oparin이 부활시켰습니다. 그는 오늘날의 대기에는 산소가 있기 때문에 유기물의 합성, 즉 생명이 탄생하기 어렵다는 매우 논리적인 주장을 폈습니다. 실제로 지구 역사의 중반까지 대기에는 산소가 거의 없었습니다. 오파린은 산소가 희박한 초기 지구에서는 간단한 탄소 유기물 분자들이 쉽게 생성될 수 있으며, 이들이 '원시수프primeval soup'를 이루었을 것이라고 추정했습니다. 특히 생성되는 유기분자 중에서 기름성분은 물과 분리되어 층을 이루는데, 여기에 적당한 조건을 가하면 지름 약 0.01mm의 코아세르베이트coacervate라는 공 모양의 주머니가 형성됩니다. 코아세르베이트는 세포처럼 성장이나 분열을 합니다. 오파린은 코아세르베이트 안에서 응축된 유기물들이 서로 반응해 생명체로 발전했다고 보았습니다.

소련 공산정권은 이 같은 오파린의 유물론적 가설을 크게 반겼습니다. 그러나 러시아어로 쓴 그의 저작은 서방에 크게 전파되지 않았습니다. 몇 년 후 영국의 홀데인J.B.S. Haldane도 비슷한 주장을 독자적으로 펼쳤습니다. 그는 '뜨겁고 희석된 수프hot dilute soup'라는 표현을 썼지요. 우연이지만 홀데인도 공산주의자였습니다. 나중에는 조국을 버리고 인도에 귀화해 거기서 여생을 마쳤습니다. 홀데인은 4살 때 자신의 다친 머리를 진료해 주던 의사에게 이것이 산화헤모글로빈이냐 카복시헤모글로빈이냐를 물었을 정도로 총명했던 인물이라고 합니다. 하지만 말년에는 유물론과는 거리가 먼 힌두교에 심취했지요. 두 사람의 원시수프 개념은 흥미로운 가설이었으나 증거가 없었습니다. 하지만 오늘날 생명의 기원을 다루는 모든 이론들은 결국 다윈-오파린-홀데인으로 이어지는 '물질로부터의 생명 출현biopoiesis' 개념에 뿌리를 두고 있습니다.

오파린과 홀데인의 원시수프 가설은 20년 후 시카고대학 해롤드 유리Harold C. Urey의 제자 스탠리 밀러Stanley L. Miller가 처음 실험으로 확인했습니다. 1951년 가을, 화학과 대학원 신입생이던 밀러는 원시수프의 개념을 소개한 유리의 강의를 듣고 큰 흥미를 느꼈습니다. 1년이 지난 1952년 가을, 학위 연구에 진척이 없던 밀러는 지도교수 유리에게 원시수프에 대한 실험을 하고 싶다고 요청했습니다. 학위 주제로는 모험이라고 생각한 유리는 대신 운석의 성분 분석을 연구해 보라고 제안했습니다. 하지만 밀러가 계속 간청하자 1년 기한의 조건으로 이를 허락했습니다.[23]

밀러는 1주일 만에 초기 지구의 조건을 재현하는 장치를 고안, 제작하고 실험에 착수했지요. 그는 뜨거운 바닷물을 재현하기 위해 플라스크에 물을 넣어 밑에서 가열하고 여기서 증발된 수증기가 위에 있는 또 다른 플라스크로 들어가도록 유리관으로 연결했지요. 플라스크 안은 원시 대기를 재현하기 위해 메탄, 수소, 암모니아로 채웠습니다. 또 번개를 재현하기 위해 전기방전도 했지요. 요즘 대학의 실험실 안전기준이라면 징계를 받을 실험이었습니다.

다행히 이틀간의 실험은 사고없이 끝났습니다. 그런데 실험 후 전극에는 타르가 들러붙었고, 아래 쪽 채집관에는 노란 물질이 고여 있었습니다. 분석결과를 보니, 노란 물질은 가장 간단한 구조의 아미노산인 글리신이었습니다. 흥분한 밀러는 출장 중이던 유리에게 이를 보고하고 실험을 계속했지요. 그 결과 몇 개월 후에는 5~6개의 다른 아미노산도 생성되었습니다. 생명의 물질인 단백질의 구성분자를 인공적으로 만든 최초의 사건이었습니다.

지도교수 유리는 즉시 『사이언스』의 편집장에게 전화를 걸어 6주 이내 게재 약속을 받고 논문을 제출했습니다. 엄정한 심사를 생명으로 하는 과학계에서는 극히 이례적인 일입니다. 그만큼 밀러의 결과는 놀라운 사건이었지요. 물론 유리가 중수소重水素를 발견한 공로로 1934년도 노벨 화학상을 받은 저명한 화학자라는 점도 작용했을 수 있습니다. 유리는 자신의 학생을 띄워 주기 위해 논문에서 자신의 이름을 빼도록 지시했습니다. 약간의 우여곡절 끝에 밀러의 논문은 1953년 5월

15일자 『사이언스』에 게재되었습니다.[24] 같은 날 뉴욕타임즈가 유리관 안에서 생명의 물질을 인공적으로 만들었다고 사설로 보도할 만큼 여론도 흥분했습니다. 당시 밀러는 23세의 풋내기 대학원생이었습니다. 단독 논문이라 유리의 이름은 없었지만, 이 역사적인 실험을 우리는 오늘날 '밀러-유리의 실험Miller-Urey experiment'이라고 부르고 있습니다.

밀러-유리의 실험은 이후 수십 년에 걸쳐 밀러와 그의 제자들, 동료, 그리고 다른 여러 그룹의 연구자들이 조건을 바꾸며 이어갔습니다. 그 결과, 아미노산 이외에도 다양한 유기분자들이 합성될 수 있음이 확인되었습니다. 예를 들면, 1960년대 스페인의 오로Joan Oro는 물 대신 시안화수소(HCN) 용액을 가열해 유전물질의 구성분자인 아데닌, 리보스ribose당, 그리고 에너지 분자인 ATP를 합성했습니다. 약 60년이 지난 2011년 밀러-유리의 실험을 보다 현대적인 정밀 장치로 재현해 보았는데, 밀러가 당초 얻은 것보다 훨씬 많은 23종의 아미노산과 다양한 유기분자들이 합성되었습니다.[25]

그런데 문제가 있었습니다. 밀러는 환원성 기체인 수소, 메탄, 암모니아 등을 원시대기로 사용했지요(환원은 산화의 반대되는 화학반응입니다). 오파린의 주장대로 초기 지구의 대기가 산소가 없는 환원성이라고 믿었기 때문이지요. 이것이 사실이 아님이 옛 암석을 분석한 2005년의 연구로 밝혀졌습니다.[26] 지구가 생성된 이후 수억 년 동안 지구의 대기는 환원성도 아니고 산화성도 아니었습니다. 다른 물질과 잘 반응하지 않는 질소와 이산화탄소가 주를 이루었음이 밝혀진 것입니다. 물론 지구 생성 바로 직후에는 수소와 같은 환원성 기체도 적지 않았습니다. 하지만 수소는 너무 가벼워 지구의 중력을 벗어나 곧 외계로 누출되었으며, 메탄과 암모니아는 반응성이 너무 커서 얼마 후

각종 화합물을 생성하는 데 모두 소진되어 버렸습니다. 이러한 수정된 지식을 적용해 밀러-유리의 실험을 환원성 기체가 아닌 이산화탄소나 질소로 대신했더니 유기분자들이 잘 생성되지 않았던 것입니다.

또 다른 문제는 원시수프가 잡다하게 많은 유기분자를 포함하고 있으며, 게다가 용액도 너무 묽다는 것이었지요. 이처럼 수프가 너무 묽으면 다음 단계의 복잡한 중합체를 생성하는 반응이 극히 더디거나 불가능할 수도 있습니다. 일반적으로 묽은 용액에서는 당과 아미노산이 생성되기보다는 분해됩니다. 이런 여러 이유로 밀러-유리의 실험은 생명의 출현 조건에 맞지 않는다는 결론에 도달했습니다.

그럼에도 불구하고 밀러-유리의 실험은 생명의 기원 연구에 중요한 전환점이 되었습니다. 무엇보다도 실험실에서, 그것도 짧은 시간에 생명체를 구성하는 다양한 유기분자들이 너무도 쉽게 합성되었지요. 또, 초기 지구처럼 혹독한 환경에서 생명체의 구성분자들이 합성될 수 있음도 분명히 보여 주었습니다.

한편, 원시수프가 너무 묽다고 생각한 일부 과학자들은 대안으로 이들이 농축되는 조건을 찾아 보았습니다. 밀러 자신도 1990년대의 실험에서 원시수프를 냉장고에 보관하면 농도가 높아짐을 발견한 바 있습니다. 냉동뿐 아니라 건조와 젖음을 반복해도 비슷한 효과를 얻지요. 이런 일은 호숫가나 고립된 웅덩이 주변, 밀물 썰물의 반복과 증발이 뚜렷이 드러나는 물가에서 흔히 나타납니다. 바닷가 바위 위에 하얗게 농축된 소금결정이나 커피잔 둘레의 커피자국에서 그런 예를 볼 수 있지요.

그러나 이 정도로는 부족하다고 생각한 글래스고Glasgow대학의 케언즈-스미스A. Graham Cairns-Smith는 지구의 생명이 진흙에서 탄생했다고 제안했습니다. 무엇보다도 용액들은 적셔진 점토에서 훨씬 잘 농축됩니다. 더구나 점토를 구성하는 광물들은 일종의 주형鑄型(거푸집) 역할을 하며 복잡한 유기분자들을 복제할 수도 있지요. 2007년 워싱턴대학의 연구진은 유기물 용액에 담근 광물의 표면에서 격자결함(원자배열 구조의 결함)이 그대로 복제된 딸 분자가 생성되는 것을 보고했습니다.[27] 뿐만 아니라 점토는 미세하기 때문에 같은 무게의 모래알에 비해 수천 배의 표면적을 가집니다. 잘 알려진 대로 광물이나 금속의 표면적이 크면 화학반응을 촉진하는 훌륭한 촉매 역할을 하지요.

한편, 미국의 지구물리학자 로버트 헤이즌Robert M. Hazen은 점토보다는 암석이 생명 출현에 더 유리하다고 주장했습니다.[28] 무엇보다도 암석은 단단하기 때문에 보다 안정적으로 거푸집 역할을 하면서 원시수프 분자들을 더 잘 생성할 수 있다고 보았습니다.

점토나 암석을 생명이 시작된 보금자리라고 주장하는 몇 가지 다른 이유들도 있습니다. 가령, 광물 표면에 드러난 결정구조는 복제되는 생체분자가 특정한 방향성을 가지도록 거푸집 역할을 할 수 있지요. 잘 알려진 대로 지구 생물의 유기분자들은 키랄성chirality이라는 구조적 비대칭성을 가지고 있습니다(키랄성은 좌우 손처럼 모양은 같지만 대칭으로 겹쳐지지 않는 성질입니다). 생체분자들이 왜 키랄성을 가지는지는 수수께끼입니다. 가령, 자연계에 존재하는 아미노산이나 당糖 분자들은 왼쪽 혹은 오른쪽 나사방향으로 결합하는 두 가지 형태가 있습니다. 그리스어로 오른쪽을 뜻하는 D형(dextro)분자와 왼쪽 L형(levo)분자는 통계적으로 50:50의 비율로 자연계에 존재합니다.[29]

그런데 모든 지구 생물은 단백질을 만들 때 L형 아미노산만 사용합니다. 반면 핵산(DNA, RNA)을 구성하는 뉴클레오티드와 당 분자는

D형만 사용하지요. 암석 가설은 생체분자의 이러한 키랄성을 어느 정도 설명합니다. 헤이즌에 의하면, 광물(예: 방해석)의 표면에서는 L형과 D형의 딸 분자가 대략 비슷한 비율로 복제되는데, 어느 시점부터 통계적으로 조금 우세해진 분자가 지배적이 된다고 합니다.

암석(및 진흙) 가설은 생체분자의 키랄성 이외에 또 다른 난제도 설명합니다. 가령, 아미노산 분자는 자연계에 500여 종이 존재하지만 지구 생물은 그중에서 단지 20종으로만 단백질을 구성합니다. DNA와 RNA를 구성하는 뉴클레오티드 염기분자도 5개만 사용하지요. 암석 가설에 의하면, 광물은 각기 독특한 결정結晶구조(원자의 배열 구조)를 가지므로 그 표면의 모양에 맞아 흡착이 가능한 분자만 골라서 화학반응을 시킨다는 설명입니다.

무기물에서 유기물이 초기 우주의 다양한 조건에서 쉽게 생성된다는 오파린과 할데인의 가설은 유리-밀러의 실험으로 분명해졌습니다. 그러나 이 유기분자들은 작은 부품일 뿐입니다. 실제의 생체물질인 단백질이나 핵산(DNA, RNA)은 엄청나게 크고 복잡한 화합물이지요. 그 크기와 복잡성에 비하면 유리-밀러가 합성한 유기분자는 순진한 발상처럼 보입니다. 어느 저명한 생화학자가 탄식했습니다.[30]

DNA는 RNA를 만들고, 이는 다시 단백질을 만들며, 이 모든 것들이 지질로 둘러싸인 주머니(세포) 속에 들어 있습니다. 이것을 보면 '휴~'라는 한숨만 나옵니다. 너무 복잡해요.

종이접기의 달인 | RNA 세계 가설

잘 아시다시피 DNA는 박테리아에서 사람에 이르기까지 모든 지구 생물이 가지고 있는 생명의 핵심 물질이지요. DNA의 임무를 한마디로 요약하자면 단백질을 만드는 작업지시서의 보관입니다. 단백질이 없으면 소화도, 호흡도, 심장 박동도, 우리 몸체의 구성이나 자손 번식도 불가능합니다.

이처럼 중요하기 때문에 DNA는 보관을 위해 두 가지 안전 장치를 가지고 있습니다. 첫째, 유전정보를 이중나선의 가닥에 두 벌로 기록해 보관하고 있지요. 둘째, 단백질 합성 정보를 전달할 때도 직접 나서지 않고 외줄의 짧은 RNA 가닥에 임시로 복사해 사용합니다. DNA가 두툼한 매뉴얼이라면 RNA는 그때 그때 필요한 부분만 베껴 적은 메모지입니다. 그래서 RNA의 분자량은 DNA의 10만 분의 1에 불과한 2.5만~100만입니다. 그렇다면 최초의 생명체는 DNA처럼 거대하고 복잡한 분자가 아니라 보다 단순한 RNA였고, 이것으로 생명의 분자인 단백질을 만들지 않았을까요?

이런 생각을 처음 체계화한 인물은 옥스포드의 화학자 레슬리 오겔Leslie Orgel이었습니다. 그는 최초의 생명체는 단백질도 DNA도 아닌 RNA에서 시작했다는 가설을 1968년 제안했습니다. 원시적 RNA가 스스로 복제하는 기능을 발전시키는 과정에서 생명이 출현했다는 주장이었지요. 그의 생각은 DNA 이중나선 구조를 발견한 프랜시스 크릭의 즉각적인 지지를 받았습니다. 무엇보다도 DNA는 두 가닥이어서 잘 굽혀지지 않는데 RNA는 외가닥에다 길지도 않습니다. 따라서 뉴클레오티드(DNA와 RNA의 구성 단위)들로 이어진 RNA의 사슬 구조는 잘 꼬이고 접힙니다. 그런데 단백질도 아미노산들로 이어진 사슬이 뒤틀리고 접힌 구조입니다. 단백질은 이런 성질을 이용해 다양하고 복잡한 구조들을 만듭니다.

한편, 단백질 중에는 생화학반응이 빠르게 일어나도록 도와주는 촉매, 즉 효소도 있습니다. 효소들이 없다면 생물은 생존할 수 없습니다. 가령, 우리가 먹은 음식 분자를 잘게 쪼개 세포가 이용할 수 있도록 만들어 주는 것은 소화기관에 있는 다양한 효소들입니다. 오겔과 크릭은 종이접기의 달인인 RNA가 짧은 단백질인 효소를 분명히 만들 것이라고 예상했습니다. 그런데 1982년 미국의 토마스 체크Thomas Cech가 스스로 효소 작용을 하는 작은 RNA 조각을 단세포 박테리아에서 발견했습니다. 다름 아닌 리보자임ribozyme입니다. 리보핵산ribonucleic acid(RNA)과 효소enzyme의 합성어이지요. 작은 RNA 조각 리보자임의 발견은 단백질만이 효소여야 한다는 기존의 통념을 깼습니다. 이름에서 알 수 있듯이 할아버지가 체코 사람이었던 체크는 이 발견으로 1989년도 노벨 화학상을 수상했습니다.

이어 여러 종류의 리보자임들이 발견되자 또 다른 노벨 화학상 수상자인 하버드대학의 월터 길버트Walter Gilbert는 'RNA 세계RNA World'라는 생명의 기원 가설을 1986년 정식으로 제창했습니다. 이 가설에 따르면, 생명 진화의 첫 단계는 뉴클레오티드들을 묶어 RNA를 형성하도록 도와주는 리보자임, 즉 작은 조각의 RNA효소들이 출현한 사건입니다. 이들의 특기는 분자들을 붙이고 자르는 일종의 '종이접기'였지요. 그중 일부는 자신의 몸체를 스스로를 복잡하게 변형시키며 다양한 형태의 RNA를 만들었을 것입니다. 다음 단계는 RNA효소의 일부가 특기를 이용해 다른 물질, 즉 단백질을 만들기 시작한 사건이었습니다. 같은 종이접기 기술로 종류가 다른 두 물질 RNA와 단백질이 출현하자, 둘은 서로의 기능을 분화했습니다. 즉, RNA는 복제 기능을 주로 맡고 촉매 기능은 단백질에게 대폭 넘겨주었지요. 마지막 단계는 RNA의 복제 기능이 고도화되면서 아예 이를 전담하는 DNA가 출현한 사건입니다. 이렇게 되자 RNA가 맡고 있던 유전정보 저장 기능은 보다 안정한 DNA가 전담하게 되었을 것입니다. 즉 DNA, RNA, 단백질이 각자 전문화된 기능을 가지고 공존하는 온전한 형태의 생명체가 출현했다는 설명입니다. 실제로 오늘날 지구상에 있는 모든 생물은 유전정보를 오직 DNA에만 저장하고 있으며, 촉매(효소) 작용은 단백질이 주로 맡고 있습니다.

한편, RNA의 경우 촉매 기능은 일부만 맡고 있으며, 유전자 기능도 DNA가 유전정보를 복제할 때 이를 중재하는 도우미 역할로 일부 유지하고 있지요. 결국 원래 주인공은 RNA 분자였는데, 이들이 단백질과 DNA가 출현하도록 징검다리 역할을 했다는 것이 'RNA 세계' 가설의 요지입니다.

RNA 세계 가설은 '간단한 분자들이 어떻게 복잡, 거대한 구조의 생체물질로 발전했는가?'라는 골치 아픈 난제를 팔방미인인 RNA 분자가 한 방에 해결해 준다는 점에서 매력적이었습니다. 더욱이 2000년에는 예일대학의 토머스 스타이츠Thomas Steitz가 리보솜이라는 세포 내 소기관의 3차원 구조를 밝힘으로써 가설의 지원군이 되어 주었습니다. 리보솜은 우리 몸의 구성성분인 단백질을 만드는 공장입니다. 그런데 리보솜의 구조를 살펴보니 단백질을 합성하는 반응의 핵심적 촉매가 RNA였습니다. 생명의 가장 오래된 장치인 리보솜의 핵심이 RNA였음이 밝혀진 것이지요. 스타이츠는 이 공로로 2009년 노벨 화학상을 수상했습니다. 사실, RNA는 유전자 복사와 전달, 중합체 분자 형성 등 각종 생체 반응에 약방의 감초처럼 개입되어 있습니다. 뿐만 아니라 세포의 중요 구성 성분들도 대부분 RNA를 필요로 합니다.

이처럼 'RNA 세계' 가설은 생명의 기원을 매력적으로 설명하지만 두 가지 약점을 가지고 있습니다. 첫째, RNA가 스스로 복제되는 현상을 실험실에서 재현할 수 없었고 관측된 바도 없었습니다. 생명의 유지와 번식에 필요한 유전정보가 스스로 복제되지 않는다면 이 가설의 설명은 의미를 잃습니다. 둘째, RNA는 뉴클레오티드 분자들이 고리로 길게 연결된 중합체이지요. 그런데 구성 분자들을 아무리 반응시켜도 한 조각의 뉴클레오티드도 합성할 수 없었습니다. RNA의 구성 분자인 당(리보스)과 염기가 서로 잘 결합하지 않기 때문입니다.

다만, 실험실에서 구성 분자를 바꾸어 주면 유사 물질은 생성됩니다. 가령, 당을 단백질로 대체하면 단백질핵산Peptide Nucleic Acid, PNA이라는 유사 물질이 합성됩니다. 또, 5탄당인 리보스를 4탄당으로 바꾸어 주어도 4탄당핵산Tetrose Nucleic Aid, TNA이라는 분자가 합성됩니다. 이들도 DNA처럼 이중나선 구조를 가지고 있습니다. 따라서 일부 과학자들은 PNA나 TNA가 원시적 형태의 RNA로 먼저 나타났다는 '선先RNA 세계Pre-RNA world'라는 가설을 내놓았습니다.

하지만 PNA나 TNA는 실험실에서 만들 수 있지만 자연 상태로는 존재하지 않습니다. 아무튼 'RNA 세계' 가설은 생명의 핵심이 유전정보이므로 첫 생명체가 핵산에서 출발했다는 명료한 개념을 바탕으로 합니다. 그러나 핵산이 자연 반응으로 복제되거나 합성되지 않는다는 약점을 가지고 있지요.

한편, 전혀 다른 가설도 있습니다. 자신의 상태를 스스로를 유지할 능력이 있어야 유전자도 복제하고 번식도 할 수 있지 않느냐는 주장입니다. 즉, 주변 환경의 에너지와 물질을 이용해 자신을 유지하던 분자가 먼저 출현했다는 것이지요. 이러한 '물질대사–먼저metabolism-first' 가설은 독일 뮌헨의 특허 변호사였던 귄터 베히터스호위저Günter Wächtershäuser가 1980년 후반 처음 체계화했습니다. 대학에서 화학을 전공했다고는 하지만 연구가 부업이었던 그는 화산지대의 열수와 광물에 주목했습니다. 그는 암모니아 등 각종 물질이 녹아 있는 화산열수가 광물과 반응해 다양한 유기분자들을 생성한다고 보았습니다. 이 분자들이 어느 단계에서 물질대사를 하는 유기체로 발전했다는 것이지요.

물질대사란 어떤 분자가 일련의 과정을 거쳐 원래의 상태로 되돌아오는 사이클 반응이라고 요약할 수 있습니다. 예를 들어 동물과 식물, 곰팡이 등 현존하는 지구 생물의 세포에서 가장 보편적으로 일어나는 물질대사인 '시트르산 회로citric acid cycle'를 보지요. '크레브스Krebs 회로' 혹은 'TCATricarboxylic acid회로'라고도 부르는 이 회로에서는 아세트산이 복잡한 반응을 거치면서 10여 종의 유기분자로 변환됩니다. 하지만 회로를 한 바퀴 돌고 나면 원래의 아세트산이 다시 생깁니다. 생물은 그 과정에서 발생한 에너지를 이용해 살아가지요(〈부록 1〉 참조).

베히터스호위저는 유사한 반응이 태곳적에도 일어났다고 보았습니다. 그는 이처럼 사이클 반응을 반복했던 한 무리의 분자들을 '전구前驅유기체precursor organism'라고 불렀습니다. 화학반응에서 발생하는 에너지를 이용해 자신의 상태를 스스로 유지하는 무생물 분자들이지요. 이

전구체가 점차 단백질과 유전물질을 갖춘 생명으로 발전했다는 설명입니다.

베히터스호위저는 첫 발표 이후 이론을 더욱 가다듬어 '철-황 세계Iron-Sulfur World'라는 가설을 내놓았습니다.[31] 잘 알려진 대로 철은 지구에서 가장 풍부한 원소의 하나이지요. 자석으로 지구 어느 곳의 흙을 훑어도 쇳가루가 묻어납니다. 코를 치르는 유황 또한 화산지대에 흔한 원소입니다. 그는 화산열수에 풍부히 녹아 있는 황화수소(H_2S)가 황화철(FeS)을 만나 황철석(FeS_2)이 되면서 수소와 에너지를 발생하는 반응에 주목했습니다($FeS + H_2S \rightarrow FeS_2 + H_2$ + 에너지). 여기서 나온 에너지를 이용해 수소가 대기 중의 이산화탄소와 반응하면서 각종 생체 유기분자를 만든다는 설명이지요. 그의 가설은 논리적으로 매우 설득력이 있었습니다. 다만 증거가 부족했지요.

그런데 '철-황 세계' 가설에 적합한 예가 10여 년 전에 이미 발견되어 있었습니다. 해저 화산지대에 있는 심해열수공熱水孔, hydrothermal vent입니다. 이런 구조는 전 세계 바다 속에 널리 분포되어 있습니다. 하지만 그 존재는 1977년 오리건Oregon주립대의 해양지질학자 잭 콜리스Jack Corliss 팀이 갈라파고스 제도 부근의 해저 2,400m에서 처음 확인했습니다. 그들이 본 것은 굴뚝 모양의 구멍에서 시커멓게 뿜어져 나오는 열수였습니다. 이를 '검은 연기black smoker'라고 이름 붙였지요. 열수의 온도는 400도를 넘었습니다. 이런 고온 고압의 열수에는 각종 화학성분이 고농도로 녹아 있습니다. 따라서 열수가 주변의 차가운 바닷물과 만나 식으면 녹아 있던 물질들이 석출하게 됩니다. 주로 탄산염과 황화물, 산화규소, 철 화합물인 석출물이 굴뚝 모양으로 쌓이지요.

놀랍게도 햇빛이 없는 심해인데 주변에는 조개류 등 다양한 생물들이 서식하고 있었습니다. 그중에는 직경 4cm에 길이가 2.4m나 되는 튜브 모양의 기이한 벌레도 있었습니다. 입과 소화기관과 없는 이 벌레는 황화수소를 이용하는 호열성好熱性 박테리아와 공생하고 있었습니다. 박테리아들은 121도의 고온에서도 살고 있었습니다.

그렇다면 태양 빛이 도달하지 않는 이런 곳에서 어떻게 생물들이 살아갈 수 있을까요? 열쇠는 수소와 이산화탄소의 산화-환원반응redox입니다.[32] 이 반응이 일어나려면 원료인 수소가 필요하겠지요. 해저 지각에는 마그네슘-철-규소가 주성분인 감람석橄欖石이라는 광물이 풍부합니다. 이 암석이 열수와 만나면 사문암화작용serpentinization이라는 화학반응을 합니다. 이때 $1m^3$에서 약 1kg이나 되는 막대한 양의 수소(H_2)가 발생합니다.

한편, 반응의 또 다른 원료인 이산화탄소(CO_2)는 어디서 나올까요? 열수에 풍부히 녹아 있습니다. 그런데 이 두 분자, 즉 수소와 이산화탄소는 생명의 핵심 원료입니다. 가령, 지상 생물의 먹이사슬 맨 밑바닥에 있는 식물은 기본적으로 이 두 분자를 사용해 에너지와 생체분자를 만듭니다. 식물이 광합성할 때는 물이 분해되며 수소가 생기지요. 이산화탄소는 더 중요합니다. 생체의 뼈대를 이루는 탄소 원자가 기본적으로 이산화탄소에서 비롯되기 때문입니다. 식물은 대기 중에 있는 이산화탄소를 이용해 탄소고정carbon fixation, 즉 생체탄소(유기화합물)를 만듭니다. 동물은 이 능력이 없으므로 식물을 직간접으로 먹어 그 속의 탄소분자를 취하지요. 한마디로 모든 생물의 몸체 구성이나 에너지 이용에 사용되는 탄소화합물은 이산화탄소에서 나온 것입니다.

그런데 광합성은 지구 역사의 절반이 지난 20억 년 전에 본격적으로 출현했습니다. 따라서 초기의 지구 생명체는 보다 원시적 방식으로 유기분자들이 만들었을 것입니다(〈부록 2〉 참조). 자연계에는 6개의 탄소고정 방법이 알려져 있는데 기본 원리는 비슷합니다. 대표적 반응을 화학식으로 요약해 보면 다음과 같습니다.

$$4H_2 + CO_2 \rightarrow CH_4 + 2H_2O$$

$$\text{혹은 } 4H_2 + 2CO_2 \rightarrow C_2H_4O_2 + 2H_2O$$

이 반응식에서 보듯이 수소분자는 산소원자를 얻어 물이 됩니다(즉, 수소의 산화반응으로, 이때 수소는 자신은 산화되지만 상대 물질을 환원시키므로 환원제입니다). 한편, 이산화탄소(CO_2)는 유기분자인 메탄(CH_4)이나 아세트산($C_2H_4O_2$) 혹은 (CH_3COOH). 식초의 원료로 초산이라고도 합니다)으로 변합니다(산소를 잃거나 수소를 얻는 환원반응입니다). 그런데 중요한 점은 이 반응의 결과로 생성되는 두 분자가 생물체를 구성하는 각종 생화학물질들의 전구체前驅體, 즉 전 단계 원료물질이라는 사실입니다.

훌륭한 과학자들은 핵심을 정확히 간파하지요. 헝가리 출신의 노벨 생리·의학상을 수상한 센트 지로지Albert Szent-Györgyi는 '생명은 전자가 쉴 자리를 찾는 현상'이라고 요약했습니다. 이산화탄소가 전자를 받아(혹은 산소를 잃어) 안정화하려는 과정에서 생명의 물질이 생겨난다는 의미입니다. 지금도 지구에는 매년 약 2,580억 톤의 이산화탄소가 각종 생물의 몸 속에서 생체 탄소화합물로 변환되고 있습니다. '지구 생명의 목적은 이산화탄소를 수소화(환원)하는 데 있다'고 요약할 수 있지요. 이처럼 이산화탄소와 수소는 생명현상의 중심에 있습니다.

그런데 열수공 주변은 지구상에서 이산화탄소와 환원성還元性분자인 수소가 가장 풍부한 곳 중의 하나입니다. 앞서 초기 지구의 대기에는 메탄(CH_4)이나 암모니아(NH_3), 수소 등의 환원성 기체가 희박했으며, 따라서 유리–밀러의 실험은 문제가 있다고 했습니다. 그런데 심해열수에는 이런 물질들이 풍부히 녹아 있습니다. 특히 수소 농도는 현재까지 알고 있는 지구의 환경 중에서 가장 높습니다.

심해열수공은 생명이 출현할 후보지로서의 다른 이점도 있습니다.[33] 무엇보다도 소행성이나 혜성의 충돌이 잦았던 초기 지구에서 수천 미터의 심해는 지표의 혹독한 재앙으로부터 안전한 피난처가 되었을 것입니다. 현존하는 원시 미생물들 중에 유난히 뜨거운 환경에서 사는 호열성 박테리아가 많은 점도 시사하는 바가 큽니다.

콜리스는 이런 여러 이유로 심해열수공이 지구 생명의 탄생지라 생각하고 이를 논문으로 정리했습니다. 그러나 그의 논문은 여러 학술지에서 게재를 거부당하다가 1년 후에 학술지가 아닌 프로시딩(학술회의 논문집)에 겨우 실렸습니다.[34] 당시 학계를 지배하고 있던 밀러와 그의 제자, 동료들의 반론이 너무 컸기 때문이었습니다. 밀러는 열수공에서는 아미노산 등이 생성과 동시에 파괴된다는 점을 실험으로 보여주며 반박했습니다. 또, 생체물질인 당 분자도 몇 초밖에 버티지 못한다고 지적했지요.

이런 반박에 대해 영국의 지질학자 마이크 러셀Mike Russell이 해결사로 끼어들었습니다. 원래 그는 고교 졸업 후 런던 근교의 아스피린 공장에서 일하던 노동자였습니다. 하지만 대학 지질학과 야간 과정을 5년에 걸쳐 마치고, UN 지원사업의 자원봉사자로 남태평양 솔로몬제도에서 일했습니다. 화산 분화구를 조사해 주민을 미리 대피시키는 업무였지요. 그 과정에서 해저 화산을 연구하는 호주 대학의 연구자들을 알게 되었고, 그들의 권유로 캐나다와 아일랜드 등지를 돌아다니며 광물에 대한 많은 경험을 쌓았습니다.

러셀은 그가 관찰한 일부 황철석으로부터 해저에 150도 이하의 열수공이 존재할 것이라는 추정을 하고 있었습니다. 바로 그즈음 베히터스호위저의 '철-황 세계' 가설이 발표된 것입니다. 러셀은 이 가설이 지상의 화산지대가 아니라 해저 열수공에 적합하다고 생각했습니다. 특히 그가 지목한 황철석은 1mm 크기의 원통형 혹은 거품 모양의 빈 구멍들이 있는 것들이었습니다. 그런 구멍들은 원시 대사반응이 일어나기 적합한 보호 공간이지요. 더구나 150도 이하의 열수라면 밀러가 주장한 유기분자의 분해를 피하기에 충분히 낮은 온도입니다. 러셀은 '철-황 세계' 가설을 중저온의 심해열수공과 연관 지은 통합 이론을 1993년 발표했습니다.[35] 그의 이론은 유리-밀러의 실험만큼 여론의 관심을 끌지는 못했지만 훨씬 중요한 내용을 포함하고 있었습니다. 해저 광석에 갇힌 유기물 분자들이 어떻게 에너지를 얻는지 설명했기 때문입니다.

세포들이 에너지를 얻는 기본원리를 밝힌 인물은 영국의 생화학자 피터 미첼Peter Mitchell입니다. 에든버러대학 강사였던 그는 심한 위궤양 때문에 퇴직한 후 외딴 시골에 개인 연구소를 차리고 연구를 계속했습니다. 약간의 기부금과 키우던 젖소들이 연구비를 대주었지요. 학계와 멀어진 그의 이론은 무시당하기 일쑤였지만 15년의 외로운 싸움 끝에 1978년 노벨 화학상을 단독 수상했습니다.

오늘날 생물학이나 생화학 교과서에 실린 그의 이론의 요점은 다음과 같습니다. 생물은 살아가는 데 필요한 에너지를 세포 속 ATP, 즉 아데노신 3인산이라는 분자를 통해 얻습니다(가령, 음식으로 섭취한 포도당 분자 1개는 38개의 ATP를 만들 수 있습니다). ATP는 아데노신이라는 분자에 3개의 인산염(인산기)이 꼬리처럼 붙은 구조입니다. 생물은 에너지가 필요하면 (가령 근육을 움직일 때) 세포 속 ATP 분자가 물과 반응해 꼬리의 인산염 중 1개를 떼어놓으면서 ADP(아데노신 2인산)로 변합니다. 이 과정에서 인산염을 묶어 두었던 결합에너지가 방출됩니다. 생물은 이 에너지를 이용해 살아가지요. 1개의 ATP 분자는 평균 7.3kcal의 에너지를 방출합니다. 반대로 ADP에 에너지를 가해 인산기를 붙여주면 ATP가 만들어집니다. 이때 가한 에너지는 결합에너지의 형태로 다시 ATP에 저장되지요. 이런 방식으로 우리 몸은 하루에 1만 번이나 ATP 분자를 생성, 분해합니다. 이 작업은 1~2분 만에 이루어지므로 매 순간 우리 몸에 있는 ATP는 20g에 불과합니다. 하지만 하루 동안 생성되는 총량은 체중의 1/3~1/2이나 되지요.

이처럼 세포는 ATP 분자에 인산기 1개를 붙였다 뗐다 하면서 생체 에너지를 얻습니다. 그런데 인산기는 음(-)전하를 띠고 있기 때문에 3개나 붙은 ATP는 불안정합니다. 따라서 양(+)전하를 띤 물질과 만나 안정해지려고 하지요. 이 양전하 물질이 수소이온(H+), 즉 물이 분해되어 생긴 양성자입니다. ATP가 합성과 분해를 반복할 수 있는 것은 세포 안의 양성자 농도에 차이가 있기 때문입니다. 댐을 경계로 물높이에 차이가 생겨 전기에너지를 만들 수 있는 이치와 유사하지요.

미첼은 막이 댐의 역할을 한다고 보았습니다(세포막, 동물과 식물의 미토콘드리아 내막, 엽록체의 막 등). 더 중요한 것은 막에는 효소가 붙어 있으며 이것이 댐의 수문 역할을 한다고 보았습니다. 이 효소가 댐의 수문과 다른 점은 아래쪽 물을 위로 퍼 올리는 펌프 작용도 한다는 사실입니다. 양성자 농도를 낮출 뿐 아니라 원래대로 높이는 일도 한다는 것이지요. 즉, 미첼 이론의 핵심은 양성자 펌프질입니다. 막에 붙어 있는 ATP효소가 바로 모터 펌프라는 겁니다. 양성자의 펌프질은 ATP효소 이외에도 세포의 섬모운동 등 몇 가지 방법이 있습니다. 어떤 방식이든 양성자 농도의 기울기를 조정하기 위한 펌프질이 생명이 에너지를 이용하는 메커니즘의 핵심입니다.

러셀의 발상이 훌륭했던 것은 '물질대사-먼저' 가설에 미첼의 '양성자 농도 기울기' 개념을 적용한 점이었습니다. 초기 지구의 바닷물은 여러 물질이 녹아 있어 강한 산성, 즉 양성자(수소이온)의 농도가 매우 높았을 것입니다. 그런데 러셀은 심해 황철석에서 볼 수 있는 1mm 내외의 미세한 반투과성 거품들이 막의 역할을 했다고 추론했습니다. 즉, 황철석의 거품이 내부의 알칼리성 분자들을 보호한다고 생각했지요. 그래야 양성자 농도(pH로 표시되는 수소이온 농도)의 기울기가 형성되어 에너지를 뽑을 수 있기 때문입니다.

이런 점에서 콜리스가 발견한 '검은 연기' 열수는 강한 산성이므로 이 조건에 맞지 않습니다. 때마침 러셀의 가설을 뒷받침하는 발견이 있었습니다. 워싱턴대학의 데보라 켈리Deborah S. Kelley가 이끄는 연구팀이 기존의 '검은 연기' 열수공과 전혀 다른 형태의 열수공을 발견한 것입니다. 그녀의 팀은 2000년과 2004년의 정밀탐사로 대서양의 800m 해저산맥Atlantic Massif에서 '잃어버린 도시 해저 열수대Lost City Hydrothermal Field, LCHF'라고 불리는 화산지대를 발견했습니다.[35] '잃어버린 도시'라는 이름은 거의 20층 건물 높이(60m)의 열수공들이 굴뚝처럼 늘어선 모습이 마치 죽은 도시와 흡사했기 때문에 붙였습니다. 이 곳의 열수는 40~75도의 높지 않은 온도로 천천히 순환했습니다. 화산중심대로부터 수 km 떨어진 안정한 지질대 위에 있기 때문이지요. 덕분에 이런 형태의 열수대는 수백만 년간 안정적으로 지속될 수 있습니다.

이와 달리 기존의 검은 연기 열수대는 화산지대 중심부의 마그마 바로 위에 있기 때문에 온도도 400도로 매우 높으며, 겨우 10년~5만 년 동안 짧고 격렬하게 활동하는 형태입니다. 충분한 시간이 요구되는 생명 출현의 화학반응에는 불리한 조건이지요. 무엇보다도 '검은 연기 열수'는 강한 산성(수소이온 농도 값 pH=2~3)인데, '잃어버린 도시 열수'는 알칼리성(pH=9~11)이었습니다. 따라서 '검은 연기' 열수와 달리 분출되는 물질도 하얀색이어서 '하얀 연기' 열수라고도 부릅니다.

'잃어버린 도시'는 러셀의 이론에 딱 들어맞는 해저 열수대였습니다. 지질학자인 그는 자신의 가설을 생화학으로 보강하기 위해 독일 하인리히하이네대학의 윌리엄 마틴William Martin과 협력했습니다. 두 사람은 러셀의 원래 아이디어를 개선한 매우 설득력 있는 가설을 2008년 내놓았습니다.[31] 모의실험에 의하면 아미노산, 지질, 핵산, 당질 등의 크고 끈적한 유기물들은 거품이나 기공 안에 갇히는 반면, 아세트산이나 메탄 등의 작은 분자들은 쉽게 빠져나갔습니다.[36] 만약 이런 일이 초기 지구의 해저에서 일어났다면 거품 안은 걸쭉한 유기물의 저장고가 되어 복잡한 분자를 생성시키는 공장 역할을 했을 것입니다.

한편, 화학반응의 원료가 되는 이산화탄소, 황화물, 금속 등은 알칼리성 열수 주변의 차가운 산성의 해수가 지속적으로 공급해 주었을 것입니다(〈부록 3〉 참조). 이처럼 양성자 농도의 기울기가 황화철 속의 거품막을 경계로 형성되었다면 그 안의 유기체들은 물질대사를 반복하며 오랜 기간 생존하다가 어느 시점에서 유전물질을 가진 첫 생명체로 발전했을 것입니다. 더구나 뜨거운 산성의 검은 열수에서는 유기분자의 생성과 분해가 같은 속도로 일어나지만, 중저온의 알칼리성 '잃

어버린 도시' 열수에서는 생성 반응만 일어났습니다.[32]

'철-황 세계'와 알칼리성 중저온의 해저 열수에 바탕을 둔 러셀과 마틴의 '물질대사-먼저' 가설은 생명의 기원을 다루는 선도적인 이론의 하나로 떠올랐습니다. 특히, 현존하는 미생물들의 먼 조상을 유전자로 추적 조사해 2016년『네이처 미생물학』에 발표한 연구결과는 이 가설에 힘을 실어 주었습니다.[37] 수십억 년 전 살았던 우리의 최초 조상 박테리아들이 양성자 농도 기울기를 이용하는 심해열수공 부근에서 생활한 듯한 흔적이 보이는 유전자가 있었기 때문입니다.

하지만 다음 절에서 설명할 경쟁 이론의 지지자들은 러셀과 마틴의 '대사-먼저' 가설은 생명의 출현을 단계적, 논리적으로 설명하지만, 구체적 실험 증거가 미흡하다고 반박합니다. 또한, RNA의 구성 단위인 뉴클레오티드는 효소 없이 물에서 연결(중합)되지 않는 문제도 지적하고 있습니다.

뒤범벅 세계에서 단숨에 | 모든 것이 먼저 가설

생명의 2대 특성인 물질대사와 유전자 복제 중 어느 쪽이 먼저 출현했는지를 겨루는 두 가설은 닭과 계란의 논쟁처럼 역설적입니다. 그런데 제3의 가설도 있습니다. 세포막이 먼저 출현했다는 '칸막이-먼저compartmentalisation-first' 가설이지요. 사실 생명이란 세포막 안쪽을 의미합니다. 막을 경계로 바깥쪽은 그냥 물질이지요. 이 가설을 처음 제창한 화학자는 이탈리아 로마트레Roma Tre대학의 루이지 루이시Luigi Luisi였습니다. 그는 태곳적에 지질脂質(기름)과 몇몇 유기물이 결합해 '원시세포protocell'가 만들어졌으며, 이것이 생명으로 발전했다는 '지질세계Lipid World' 가설을 제창했습니다. 실제로, 기름의 일종인 인지질燐脂質을 적당한 조건에서 물과 섞으면 다양한 형태의 막을 가진 작은 방울들이 쉽게 그리고 저절로 생성됩니다(〈그림 2-2〉 및 다음 박스 글 참조). 루이시는 막 안에 갇힌 유기물들은 좁은 공간에 농축되어 있으므로 생명 출현에 필요한 복잡한 화학반응들을 훨씬 잘 일어날 것이라고 추정했습니다.

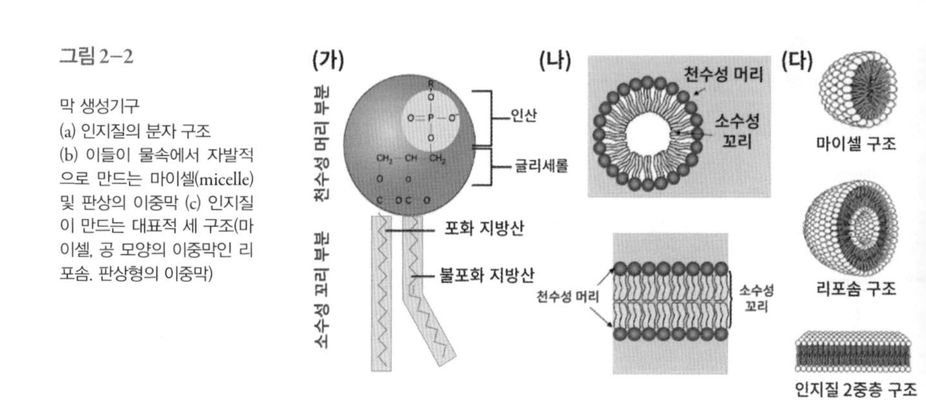

그림 2-2

막 생성기구
(a) 인지질의 분자 구조
(b) 이들이 물속에서 자발적으로 만드는 마이셀(micelle) 및 판상의 이중막 (c) 인지질이 만드는 대표적 세 구조(마이셀, 공 모양의 이중막인 리포솜. 판상형의 이중막)

세포막의 출현

세포막의 주성분은 기름의 일종인 인지질燐脂質이다. 그 구조는 글리세롤 분자에 2개의 지방산과 1개의 인산기燐酸基가 붙어 있는 형태이다(〈그림 2-2〉 가) 생체의 또 다른 기름인 지방脂肪)은 글리세롤에 지방산만 3개 붙어 있는 구조이다). 그런데 인지질 구조의 꼬리에 해당하는 지방산은 물을 싫어하는 소수성疏水性인데, 머리 쪽의 인산기는 친수성親水性이다.

이처럼 한 물질 안에 물과 친하거나 원수인 두 부분이 공존하다 보니 인지질이 물과 만나면 흥미로운 현상이 나타난다. 머리 쪽의 인산기는 물과 닿으려하고 꼬리인 지방산은 물을 밀쳐낸다. 그 결과 다양한 형태의 막膜구조가 형성된다(〈그림 2-2〉 참조). 그중 생명체에 중요한 구조가 텅 빈 공 모양의 2중막인 리포솜(liposome)이다.

세포막이 바로 이런 구조이다. 리포솜 구조는 보다 후에 진화한 진핵생물의 세포핵과 미토콘드리아의 막, 그리고 엽록체의 막에도 적용된다. 리포솜은 정교하고 복잡한 질서 구조가 스스로 형성되는 자기조직화(self-organization) 현상의 대표적 예이다.

그런데 원시세포가 생명체로 발전하려면 자신을 닮은 딸세포를 만들어 번식할 수 있어야 할 것입니다. 루이시는 이를 확인하려고 20여 년 이상 실험했지만 만족스러운 결과를 얻지 못했습니다. 결국 그는 1994년 'RNA-세계'와 '지질세계' 가설을 타협하는 가설을 제안했습니다. 즉, 막과 RNA가 동시에 생성된 원시세포 가설입니다. 그는 생명의 전 단계인 이런 원시세포는 딸세포로 분열하지만 번식은 못했다고 추정했습니다. 이 아이디어는 염색체의 텔로미어를 연구해 2009년도 노벨 생리·의학상을 수상한 하버드대학의 잭 쇼스택Jack Szostak의 전폭적인 지지를 받았습니다.

그는 루이시의 가설을 확인하기 위해 이중지질막으로 둘러싸인 구형의 유기물 방울(원시세포)에 대한 많은 실험을 했습니다. 그러던 중 몽모리요나이트Montmorillonite라는 점토를 첨가하면 원시세포가 100배나 빠르게 생성된다는 사실을 발견했습니다. 점토가 촉매, 즉 효소처럼 작용한 것이지요. 게다가 점토입자와 RNA가 쉽게 세포 안에 들어갔습니다. 2006년에는 다른 연구진이 같은 점토를 촉매로 사용해 뉴클

레오티드가 50여 개나 중합된 RNA를 합성하는 데 성공했습니다.[38]

몽모리요나이트는 화산재가 풍화된 흙입니다. 화산활동이 왕성했던 초기 지구에는 매우 풍부했을 것이며 지금도 고양이가 일을 볼 때 깔개 흙으로 쓸 만큼 흔하지요. 1년 후 쇼스택 팀은 스스로 성장하는 원시세포를 재현하는 데 성공했습니다. 게다가 성장하는 원시세포는 팽팽해지는 세포막의 장력을 완화하려고 막의 구성성분인 지방산을 이웃 세포에서 끌어왔습니다. 그 과정에서 상대방 세포는 쭈그러들며 소멸했지요. 약육강식이 일어난 겁니다. 승자는 항상 RNA를 더 많이 가진 쪽이었습니다. 생명체가 왜 유전물질을 가지게 되었는지 힌트를 주는 결과였지요.

남은 문제는 원시세포가 딸세포를 만들며 번식할 수 있는지 여부였습니다. 앞서 살펴본 대로 'RNA 세계' 가설의 약점은 스스로 복제하는 RNA를 실험으로 본 적이 없다는 것이었지요. 쇼스택은 'RNA 세계' 가설의 제창자 오겔의 먼지 쌓인 옛 논문들을 들춰보다 번뜩했습니다. 오겔의 대학원생이 마그네슘(Mg)이 첨가된 실험에서 짧지만 RNA를 복제했던 것입니다. 다만 금방 파괴되었기 때문에 올바른 조건이 아니라 여겨 잠깐 언급하고 지나쳤던 것이지요.

쇼스택 팀은 많은 실험 끝에 레몬즙과 식초의 성분인 시트르산이 들어가면 원시세포가 파괴되지 않고 RNA를 복제할 수 있음을 알아냈습니다. 결과는 당장 2013년 『사이언스』에 게재되었습니다.[39] 획기적인 결과였지요. 외막으로 보호된 원시세포는 섭씨 100도에도 안정적이었으며, 서로 경쟁하고 성장했고, 분열해서 딸세포를 증식할 뿐 아니라 RNA도 복제할 수 있었습니다! 생명체와 놀랍도록 흡사했지요.

세포막과 RNA가 동시에 합성될 수 있다는 루이시의 가설을 확인한 쇼스택의 2013년 연구결과는 생명의 기원에 대한 새로운 시각을 던져 주었습니다. 생체의 주요 물질이 동시에 출현했다는 점에서 이를 '모든 것이 먼저Eveything-first' 가설이라 부를 수 있지요. 러셀과 마틴의 '물질대사-먼저' 가설이 아직 건재하지만, 이 가설은 2019년 현재 매우 설득력 있는 생명의 기원 이론으로 평가받고 있습니다. 쇼스택과 함께 이 가설을 선도하고 있는 과학자는 케임브리지대학의 존 서덜랜드John D. Sutherland입니다.

이 이론은 나머지 가설들의 난제도 상당 부분 풀어 주었습니다. 가령, 'RNA 세계' 가설은 RNA는커녕 구성 부품인 뉴클레오티드조차 실험적으로 합성하지 못하는 어려움에 봉착해 있다고 했습니다. 그런데 2009년 당시 맨체스터대학에 있었던 서덜랜드 팀은 효소도 없이 뉴클레오티드의 일부(4개 중 2개)를 합성하는 데 성공한 바 있습니다.[40] 얼핏 보기에는 'RNA 세계' 지지자들이 기뻐할 뉴스였지만 그의 생각은 달랐습니다. DNA와 RNA의 구성 단위인 뉴클레오티드는 당糖과 염기, 그리고 인산기의 3종류 분자로 이루어져 있습니다. 그런데 당과 염기는 분자의 기하학적 구조상 서로 결합하기 어렵습니다. 그 때문에 이 세 분자를 연결해 뉴클레오티드를 합성하려는 시도가 모두 실패한 것이지요. 서덜랜드는 온갖 종류의 간단한 분자들을 가지고 지지고 볶았습니다. 그러다 우연히 뉴클레오티드가 합성된 것입니다. 결과는 대박이었지요.

초기 지구에는 온갖 분자들이 잡탕으로 생성되어 있었을 것입니다. 유리-밀러의 실험 이래 연구자들은 논리적으로 정해진 몇 개의 분자들을 반응시키는 실험을 해 왔습니다. 하지만 서덜랜드는 태곳적 지구는 실험실과는 비교가 안 될 정도로 지저분하고 잡다한 분자들로 넘쳐났다고 보았습니다. 그는 이들 분자들이 마구 반응하다가 딱 들어맞는 골디락스Goldilocks의 화학적 조건이 우연히 나오자 어느 시점에 생체물질을 모두 갖춘 세포가 한 방에 탄생했다고 추정합니다. 이런 방식으로 생명이 출현한다면 짧은 시간, 아무리 길어도 1,000만 년의 시간이면 충분했을 것입니다. RNA 세계나 세포막 세계가 아니라 '뒤범벅 세계Hodge-Podge World'였다는 겁니다.

이런 접근 방법으로 그의 팀은 2010년에는 뉴클레오티드와 밀접한 관련이 있는 물질을 합성했으며, 2013년에는 시안화구리(CuCN)를 첨가해 아미노산의 전구체前驅體도 얻었습니다. 이어 2015년에는 간단한 분자인 시안화수소(HCN)와 황화수소(H_2S) 등을 자외선과 반응시켜 RNA가 합성되는 경로도 발견했습니다.[41] 더욱 놀라운 점은 이 반응 경로를 통해 아미노산과 지질도 합성되었습니다. 생체의 3대 주요 성분인 유전물질(RNA, DNA), 단백질(물질대사 효소), 지질(세포막)의 생성이 한꺼번에 해결된 것입니다(서덜랜드 팀의 반응경로에서는 핵산과 지질은 생성되었지만 단백질은 구성분자인 아미노산만 생성되었습니다. 2015년에 이에 대한 중요한 단서가 될 수 있는 결과가 다른 연구진에 의해 발표되었는데, 지면 관계상 〈부록 4〉에 소개하겠습니다)!

서덜랜드 팀의 실험은 '뒤범벅 세계'였지만 그래도 공통 물질은 있었습니다. 시안화물, 구리, 그리고 자외선이었지요. 시안화물은 청산가리(KCN)도 포함하는 질소-탄소 화합물입니다. 간단한 형태의 시안화수소(HCN, 청산)는 혜성에 풍부한데, 지구 생성 직후 수백만 년 동안 비처럼 내렸다고 추정합니다. 한편, 구리(Cu)는 쇼스택의 실험의 마그네슘이나 '철-황 세계' 가설의 철처럼 금속입니다. 사실, 생화학반응의 촉매인 효소의 핵심은 그 안에 박혀 있는 금속 원자입니다. 마지막으로 적당한 자외선입니다. 그렇다면 첫 생명은 햇빛이 풍부한 지표에서 탄생했을 것입니다. 이 점은 심해열수공 가설과 상충합니다.

오늘날 우리가 보는 세포는 놀랄 만큼 복잡하긴 하지만 완벽하게 잘 짜인 기계는 아닙니다. 기계와 달리 몇 개가 빠져도 잘 굴러갑니다. 세포의 이런 특징은 지저분한 뒤범벅 속에서 일부 분자들이 우연히 조건이 맞은 결과 생명이 태어났기 때문은 아닐까요? 그렇다면 이처럼 엉성한데 첫 생명체는 어떻게 혹독한 초기 지구의 환경에서 살아남았을까요?

무엇보다도 당시 환경은 혹독했지만 포식자도 없었고 위협이 될 경쟁자도 많지 않았을 것입니다. 오히려 냉혹한 적자생존의 원칙이 지켜지는 오늘날의 생명체가 사는 환경이 훨씬 더 지옥일 수 있습니다. 아무튼 '뒤범벅 속에서 모든 것이 동시에 함께 출현했다'는 가설은 현 시점에서 매우 설득력 있는 생명의 기원 이론으로 평가 받고 있습니다. 다만, 물질대사를 충분히 설명하고 있지 않다는 미흡함이 있습니다. 그 점이라면 심해 알칼리성 열수대에 바탕을 둔 '철-황 세계'가 훨씬 논리적으로 설명합니다. 이 점은 서덜랜드나 쇼스택도 인정합니다. 그래서 두 사람은 생명의 탄생지가 자외선이 비추지만 심해열수대의 조건도 일부 갖춘 화산지대의 온천이나 간헐천, 혹은 소행성 충돌로 금속이 풍부하게 녹아 있던 크레이터 주변일 것이라고 조심스럽게 제안합니다.

지금까지 우리는 첫 생명체의 출현에 대한 여러 가설들을 알아보았습니다. 40억 년 전에 일어난 일을 정확하게 안다는 것은 과욕입니다. 설사 실험실에서 완벽하게 생명체를 만들었다 해도 그것으로 이론을 증명했다고는 말할 수는 없을 겁니다. 하지만 다윈 이전에도 물고기가 양서류와 파충류가 되고 포유류를 거쳐 인간으로 진화했다는 사실을 아는 사람은 없었습니다. 또, 그 후에 누가 실험실에서 증명한 적도 없지요. 그럼에도 불구하고 오늘날 정상적인 과학교육을 받은 사람이라면 그 사실을 의심치 않습니다. 서로 다른 과학분야에서 너무나 많은 직간접적인 증거들이 얽혀 뒷받침하기 때문입니다. 그것이 뒤집힐 가능성은 단연코 없습니다.

지구 생명의 기원도 마찬가지라고 생각합니다. 어느 그림이 맞는지는 초기 지구의 상태에 대한 상세한 정보, 태고 생명체의 유전학적 흔적, 그리고 실험실의 화학을 통한 간접적 증거들을 종합해 판정할 수 있을 것입니다. 다행히 과학자들의 지난 수십 년의 노력 덕분에 생명의 기원에 관한 많은 사항이 밝혀졌습니다. 이 분야를 연구하는 과학자들은 보다 뚜렷한 모습이 머지 않은 미래에 시야에 들어올 것이라고 믿고 있습니다. 그 이전이지만 지난 수십 년의 연구로 한 가지 사실만은 분명히 말할 수 있습니다. 생명이 화학적 진화를 통해 탄생하는 일이 전혀 기적으로 보이지 않는다는 사실입니다. 노벨 생리·의학상을 수상한 벨기에의 세포학자 크리스티앙 드 뒤브 Christian de Duve 는 '생명은 우주에서 꼭 일어나야 할 사건 cosmic imperative event '이라고까지 말했습니다.

모든 지구 생물의 공통조상 | LUCA

지금까지 알아본 지구 첫 생명체의 출현에 대한 가설들은 기본적으로 화학에 바탕을 둔 추정입니다. 그런데 또 다른 방법이 가능합니다. DNA는 생명의 핵심이기 때문에 매우 안정한 물질이어서 일부 조각들은 수십억 년의 긴 세월이 지나도 원형을 놀랄 만큼 잘 유지합니다. 물론, 후대로 내려갈 때마다 DNA 유전정보는 돌연변이로 인해 조금씩 변하지요. 이를 역이용하면 옛 생물을 유추할 수 있습니다. 특히 지난 십수 년 사이 괄목할 만하게 발전한 분자생물학 덕분에 유전자를 분석해 생물의 옛 과거를 상당히 정확하게 추적할 수 있게 되었습니다. 이를 따라 계속 과거로 올라가면 최초의 조상이 나올 것입니다.

오늘날 지구상에 있는 모든 생물이 한 조상에서 비롯되었다는 생각은 일찍이 다윈도 했습니다. 그래서 『종의 기원』에서 이를 두 번이나 언급했지요. 하지만 화석에 주로 의존했던 19~20세기의 지질학이나 생물학으로는 확인이 불가능했습니다. 분자생물학에 근거해 생물의 공통조상 개념을 처음 도입한 사람은 1990년대에 생물을 3영역으로 새롭게 분류했던 일리노이대학의 칼 워즈Carl Woese였습니다. 그는 박테리아를 포함한 지구상의 모든 생물이 35억~38억 년 전에 살았던 LUCAlast universal common ancestor라고 부르는 고古세포progenote의 후손이라고 제안했습니다.[42] LUCA란 '모든 생물의 최후의 공통조상'이라는 뜻입니다.* LUCA는 지구의 첫 생명체일 수도 있고 아닐 수도 있습니다. 분명한 점은 유전자로 추적할 수 있는 가장 윗대의 첫 조상이란 사실입

* 동서양인의 생각의 차이를 보여 주는 표현이다. 서양인은 말하려는 대상을 자신의 위치에서 표현하므로 현재로부터 가장 멀리 떨어진 조상이라는 의미에서 '최후'라는 단어를 사용했다. 반면, 동양인은 자신이 아닌 상대를 중심에 놓고 표현하므로 '최초'라고 했을 것이다. 이 책에서는 '최초의 공통조상'으로 표기했다.

니다. 따라서 통상적으로 생각하는 아담과 이브와는 다른 개념입니다.

워즈는 LUCA를 DNA를 가진 단순한 형태의 박테리아로 추정했습니다. 또한 그들의 DNA 안에는 수백 개의 유전자밖에 없었을 것이라고 보았습니다. 무엇보다도 LUCA는 단일 개체가 아니며, 수평적으로 유전자를 서로 교환했던 원시 박테리아 집단이라고 보았습니다.

그러나 2010년 뉴질랜드와 미국의 두 연구팀이 각기 독립적인 연구를 통해 워즈의 설명과 조금 다른 결과를 발표했습니다.[43,44] 현존하는 지구 생물의 분자생물학적 데이터를 분석한 연구였는데, 두 팀 모두 LUCA가 단일 생명체에 매우 가깝다는 결론에 도달했습니다. 두 연구진은 초기 지구에서는 생명체가 여러 번 출현했다 멸종했으며, LUCA는 마지막에 나타났던 생물로 현재 지구상의 모든 생물의 조상이라고 추정했습니다. 하지만 이들도 LUCA가 단일 개체라고 보지는 않았습니다. 다만 극히 작은 무리의 단세포 박테리아로 보았습니다.

사실, LUCA가 단일 개체인가 작은 무리인가의 논쟁은 큰 의미가 없어 보입니다. 당시는 섹스, 즉 유성생식有性生殖이 출현하기 훨씬 전입니다. 아담과 이브가 있었을 리 없었지요. 대신, 자신의 몸의 일부를 떼어내 독립시키는 세포분열로 자손을 퍼뜨렸을 것입니다. 그렇다면 자신이나 후손이나 크게 보아서는 단일 개체나 거의 마찬가지였을 것입니다. 잘 알려진 바와 같이, 박테리아는 동료, 친척, 심지어는 윗대의 개체와도 유전자를 수평적으로 교환합니다. 사체를 먹거나 서로 접합해 상대의 DNA를 흡수, 교환하지요. 이처럼 조상과 후손의 선후관계가 모호한 데다 유전자도 수평적으로 교환할 수 있었기 때문에 가까운 무리라면 유전적으로 거의 한 개체라고 보아도 무방할 것입니다.

LUCA에 대해 또 하나 궁금한 점은 출현 시기입니다. 이 장의 앞부분에서 소개했듯이 현재까지 밝혀진 가장 오래된 미생물 화석의 나이는 약 35억 년이며, 간접 증거인 암석 속 탄소입자의 분석결과로는 그린란드의 암석의 38억 년, 호주의 지르콘 입자는 41억 년입니다.

한편, 앞서 소개한 '대사작용-먼저' 가설의 대표 주자의 한 사람인 윌리엄 마틴은 지난 20년간 축적된 현존 박테리아들의 610만 개 유전자 데이터를 분석해 보았습니다. 그 결과를 2016년 발표했는데, 놀랍게도 355개의 유전자가 한 곳, 즉 LUCA로 모아졌습니다.[37] 그 시기는 40억 년 전으로 추정했습니다. 또, 이들의 몇몇 유전자로 볼 때 LUCA는 산소 없이 살아갔으며, 수소와 이산화탄소를 이용해 생체분자를 만드는 오늘날의 호열박테리아와 유사했을 가능성이 있는 흔적이 나왔습니다.

더 충격적인 결과가 2018년 『네이처-환경 및 진화』에 발표되었습니다.[17] 영국 브리스톨대학의 연구진은 현존하는 102개 생물체의 29개 유전자에 대한 정밀 분석결과와 미화석 자료를 바탕으로 LUCA가 약 45억 년 전에 살았을 것이라고 주장했습니다! 사실이라면 당시는 지구가 생성된 직후입니다. 그러나 박테리아는 후손이 아닌 동료나 다른 종과 유전자를 교환하는 수평적 전달도 있기 때문에 연대 추정에 오차가 있을 수 있습니다. 브리스톨대학 연구진도 자산들의 연구는 1차 결과이므로 바탕 자료의 세부 사항에 따라 수정의 여지가 있다고 했습니다. 아무리 그렇다 해도 45억 년 전은 정말로 놀라운 결과입니다. 어떤 경우이건, 지구의 모든 생물이 LUCA라는 같은 조상의 후손이라는 사실은 현대과학이 밝힌 놀라운 발견입니다.

새로운 생명 계통수 | 3영역 분류법

20세기 중반까지도 우리는 생물을 동물, 식물, 세균의 세 종류로 분류했습니다. 생물을 처음 분류하고 라틴어 학명법을 만든 스웨덴의 식물학자 린네Carl Linnaeus의 영향 때문입니다. 그는 생물을 동물과 식물의 2계界, kingdom로 구분했지요. 그러나 세균이 발견되자 식물계에 포함시켰다가 나중에 별도로 분류했는데 이를 1970년대 초까지 사용했던 것입니다. 1969년 미국 코넬대학의 로버트 휘태커Robert H. Whittaker는 린네의 분류법을 수정한 '5계 분류'를 제안했습니다. 일부 생물 교과서에서 얼마 전까지도 소개했던 분류법입니다. 휘태커의 생물 5계는 다음과 같습니다.

첫째, 원핵생물로 번역된 모네라moner는 세포핵이 없는 단세포 박테리아, 즉 우리가 흔히 알고 있는 세균들입니다.* 둘째는 원생생물인데, 세포핵은 가졌지만 매우 원시적인 모든 생물을 말합니다. 짚신벌레, 아메바, 원시식물인 조류藻類(미역류 등) 등이지요. 셋째인 균계는 동물과 식물의 중간적 특징을 가진 버섯과 곰팡이를 말합니다. 네 번째와 다섯 번째는 우리가 잘 아는 식물과 동물입니다. 휘태커의 '5계 분류체계'는 육안이나 현미경 조직으로 관찰되는 형태적 특징에 근거한 분류 방식입니다.

그런데 앞 절 LUCA에서 소개했던 미생물학자 칼 워즈는 20세기 후반부터 급속히 발달한 분자생물학을 이용해 9종의 박테리아를 조사해 보았습니다. 그는 이들이 가진 리보솜RNA라는 분자의 염기서열을 조사했습니다. 그 결과 고온의 환경에서 사는 일부 박테리아는 나머지

* 박테리아의 우리말은 세균(細菌)이다. 그러나 세균을 병을 옮기는 생물체로 흔히 인식하고 있으므로 이 책에서는 박테리아로 통일해 부를 것이다. 사실, 병을 옮기는 박테리아는 전체의 1%도 안 된다.

종들과 전혀 다른 분자생물학적 특징을 가지고 있었습니다. 워즈는 이들 호열성 박테리아들이 초기 지구와 비슷한 환경에서 산다는 점에 착안해 고세균古細菌, archaebacterial이라는 이름을 붙였습니다. 이와 구분하기 위해 통상적으로 알고 있던 박테리아들은 진정세균眞正細菌, eubacteria으로 불렀지요.

워즈는 박테리아에 이어 동식물 등 다른 생물의 염기서열도 조사해 보았는데, 뜻밖의 결과를 얻었습니다. 동물, 식물, 버섯의 분자생물학적 특성이 크게 다르지 않았던 겁니다. 따라서 그는 이들은 한데 묶고 박테리아는 고세균과 진정세균으로 나누는 세 부류로 생물을 구분했습니다. 워즈의 분류 방식에 대해 대부분의 생물학자들은 몇 종 안 되는 고세균 때문에 생물의 분류체계 전체를 바꾸는 상황을 못 마땅하게 여겨 그의 주장을 받아들이지 않았습니다. 그러나 극한 환경에서 서식하는 고세균들이 연이어 발견되면서 그의 주장이 합리적이라는 여러 증거들이 나왔습니다.

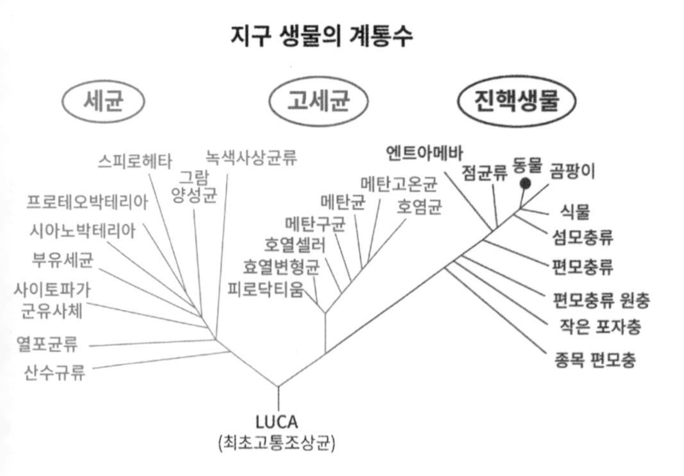

그림 2-3

계통수(系統樹)로 나타낸 지구 생물의 3대 분류. 오른쪽 맨 위의 곰팡이와 동물, 식물이 가장 늦게 출현했다.

이에 워즈는 자신의 주장을 수정, 보완하여 1990년 새로운 '생명 계통수系統樹, phylogenetic tree'를 제안했습니다.[42] 분자생물학에 바탕을 둔 워즈의 새로운 분류체계에 의하면 생물은 원핵생물, 고세균, 그리고 진핵생물의 3종류로 대별됩니다. 그는 분류 단위를 '영역domain'이라 부르고, 고세균이라는 용어도 약간 수정했습니다(이유는 잠시 후에 설명됩니다). 현재는 대부분의 생명과학 교재들이 워즈의 3영역 분류법을 채택하고 있지요. 이를 자세히 살펴보면 다음과 같습니다(〈그림 2-3〉 참조).

첫째, 원핵생물prokaryote입니다. 우리가 흔히 알고 있는 대부분의 단세포 박테리아(세균)가 여기에 속합니다. 원핵原核이란 용어는 '원시적 핵'이라는 의미인데, 엄밀히 말하자면 원핵생물에는 세포핵이 없습니다. 핵이 없기 때문에 이들의 DNA는 세포질 안에 그냥 있는데, 실처럼 뭉쳐 있기 때문에 원시적 핵처럼 보일 뿐입니다. 원핵생물의 DNA는 다른 생물과 달리 외가닥입니다. 또, 고리 모양을 이루지만 단백질과 어울러 붙어 있지도 않습니다. 세포핵뿐 아니라 미토콘드리아나 엽록체 등의 소기관도 없습니다. 이처럼 간단한 구조이다 보니 크기도 1μ(마이크론, 1/1,000mm) 내외로 매우 작지요.

두 번째 생물군은 1977년 워즈가 처음으로 정의 내린 고세균古細菌, archaea입니다. 고세균도 원핵생물처럼 핵이 없는 단세포생물입니다. 그러나 통상적으로 알고 있는 박테리아와 여러 면에서 다릅니다. 무엇보다도 일반 진정세균(원래 고세균과 구분하기 위해 사용한 용어이나, 수정된 3영역 분류체계에서는 원핵생물입니다)과 달리 대부분의 고세균은 극한 환경, 예를 들면 100도 이상의 고온이나 높은 염도 등에서 삽니다. 대표적인 서식지는 앞서의 심해열수공이나 지상의 화산지대 등이지요. 이런 환경은 초기 지구와 흡사하기 때문에 당초에는 고세균이 원핵생물보다 진화적으로 더 오래되었다고 생각했습니다. 그런데 고세균은 온화한 조건에서는 생존하지 못하므로 실험실에서 배양하기가 힘들고 따라서 정확한 실체를 밝히기가 어려웠지요.

하지만 많은 연구를 통해 고세균이 핵이 없다는 점만 원핵생물과 같을 뿐, 오히려 진핵생물에 더 가깝다는 사실이 밝혀졌습니다. 가령, DNA 정보를 RNA를 통해 전사轉寫할 때 이용되는 RNA중합효소의 구조만 보더라도 고세균의 것은 원핵생물보다 훨씬 복잡해 진핵생물에 가깝습니다.

또, 원핵생물과 달리 DNA가 진핵생물처럼 히스톤histone 단백질과 함께 어우러져 있는 경우가 많습니다. 히스톤이란 진핵생물에서 DNA를 보호해주는 단백질입니다. 뿐만 아니라 원핵생물의 DNA에는 인트론(유전자 염기서열 중 단백질의 합성에 관여하지 않아 불필요하다고 여겨졌던 부분)이 없는데 고세균은 진핵생물처럼 이들을 가지고 있습니다.

고세균과 원핵생물의 또 다른 중요한 차이점은 세포벽의 구조입니다. 원핵생물의 세포벽은 펩티도글리칸peptidoglycan이라는 원시적 막 물질로 구성되어 있습니다. 그런데 고세균이나 진핵생물에는 이 물질이 없습니다(다만 고세균에는 이와 유사한 물질은 있습니다). 아무튼 여러 증거가 고세균이 원핵생물보다 더 진화한 생명체임을 말해 줍니다. 이런 이유로 워즈는 '옛 세균archaebacterial'이라는 당초의 용어를 변형해 '아케아archaea'라는 새로운 이름을 붙였습니다. 한마디로 고세균은 전혀 옛 세균이 아닙니다. 우리말로는 따로 작명하지 않았으므로 고세균은 잘못된 뜻의 용어인 셈이죠.

마지막 세 번째 생물군은 진핵眞核생물eukaryote입니다. 세포에 핵이 있는 생물이지요. 진핵생물의 DNA는 핵막으로 둘러싸인 세포핵 속에 안전하게 보호되어 있습니다. 남조藍藻균을 제외한 모든 조류藻類(미역류)와 아메바와 같은 원생동물, 버섯과 곰팡이 등의 균류菌類가 이에 포함됩니다. 하지만 가장 중요한 진핵생물은 동물과 식물이겠지요(즉, 진화 후반에 출현한 다세포생물은 원칙적으로 모두 진핵생물입니다). 결국, 사람과 은행나무, 버섯은 형태도 다르고 사는 방식도 전혀 다르지만 생화학적 분자구조로 보면 같은 종족인 셈입니다.

진핵생물의 세포는 단순히 핵만 더 가지고 있는 것이 아닙니다. 세포의 발전소인 미토콘드리아, 엽록체(식물) 등 독자적인 세포 소기관들도 가지고 있지요. 이처럼 여러 기능을 가진 구조들이 추가되다 보니 진핵생물의 세포 크기는 원핵생물의 0.1~5μm보다 훨씬 큰 10~100μ입니다. 진핵생물의 또 다른 중요 특징은 DNA가 원핵생물처럼 한 줄이 아니라 두 가닥으로 꼬인 나선형이라는 점입니다. 게다가 히스톤이라는 단백질에 감겨 있지요.

2016년에는 워즈의 3분류를 새로운 자료로 업데이트해 구성한, 훨씬 정밀한 생명계통수가 『네이처-미생물학』에 공개되었습니다.[47] 이를 보면 우리가 통상적으로 알고 있는 동물, 식물, 균류 등의 진핵생물이 전체 생물계에서 차지하는 비중이 얼마나 작은지 놀라게 됩니다. 계통수에서 압도적 다양성을 가진 생물은 원핵생물, 즉 박테리아입니다. 모든 생물의 최초 조상인 LUCA도 당연히 원핵생물이었지요. 여기서 고세균과 진핵생물이 순차적으로 분기했지요(〈그림 2-3〉 참조).

잡아먹다 친구가 된 사이 | 진핵생물의 출현

지구의 역사에서 약 38억~25억 년 전 사이를 시생누대始生累代, Archean 라고 부릅니다. '시생'이란 생명이 시작되었다는 뜻인데, 앞서 알아본 대로 LUCA는 그 이전에 출현했을 가능성도 있습니다. 아무튼 시생누대와 (아마도 그 이전을 포함하는) 최소 12억 년 이상 지구의 생물은 원핵박테리아와 고세균이 전부였습니다. 따라서 눈에 보이지 않는 미생물만 존재했던 당시 지구의 모습은 황량했을 것입니다. 그런데 약 35억 년 전 광합성으로 살아가는 시아노박테리아(남조세균)가 출현했습니다. 잘 알려진 대로 광합성은 햇빛을 이용해 이산화탄소와 물로부터 포도당과 산소를 만들어 내는 반응입니다. 따라서 이 박테리아 덕분에 초기 지구의 표면에 거의 없었던 산소는 조금씩 양을 늘려갔습니다. 하지만 대기 중의 산소는 여전히 희박했지요. 생성된 산소의 대부분이 지각의 금속, 특히 철을 산화하는 데 수억 년 동안 소모되었기 때문입니다. 화산 퇴적토를 제외하고 전 세계 어디서나 흙의 색갈이 불그스레한 이유는 그 당시 철이 산화되어 생성된 산화철 때문입니다.

그런데 지금으로부터 약 23억~21억 년 전 '산소 대급증 사건Great Oxygenation Event'이라는 큰 변혁이 일어났습니다.[46] 바다에 살던 시아노박테리아의 활동이 갑자기 활발해진 것입니다. 그 원인에 대해서는 빙하의 해빙 등 여러 추정들이 있습니다. 아무튼 이 사건으로 인해 지표의 금속들은 급속히 산화되었고, 남아돌게 된 많은 양의 산소가 기체 분자(O_2)의 형태로 대기 중에 방출되었습니다. 현재 지구상에 있는 광물 4,500여 종 중 2,500종이 이때 일어난 금속의 산화반응으로 생성되었지요(광물은 기본적으로 산화된 금속입니다).[47] 시아노박테리아는 지구 역사의 절반 동안 대기에 없었던 산소를 대량으로 만들어 줌으로써 오늘날 우리가 숨쉬고 살 수 있도록 해준 은인입니다.

원인이야 어찌되었든 23억 년 전의 산소 대급증은 생태계에 엄청난 변화를 가져왔습니다. 무엇보다도 산소가 없는 환경에서 살던 박테리아와 고세균들 대부분은 멸종을 피할 수밖에 없었습니다. 운 좋게 화를 면한 생존자는 지하나 바닷속 깊은 곳처럼 산소가 희박한 곳에 살던 소수의 무리였지요. 그들의 후손인 오늘날의 박테리아도 공기 중의 산소를 싫어하는 혐기성嫌氣性이 대부분입니다. 가령, 사람의 소화기관에 있는 대장균을 비롯해 인체에 있는 대부분의 세균은 혐기성 원핵생물입니다. 몸에 좋은 발효 음식을 만들어 주는 젖산균(유산균)도 마찬가지이지요. 김치를 담글 때 공기가 안 들어가게 꾹꾹 눌러 두는 이유도 그들이 혐기성이기 때문입니다.

한편, 일부 재빠른 박테리아는 환경변화에 적응해 산소를 물질대사에 이용하도록 진화했습니다. 양조식초를 만들어 주는 호기성好氣性 초산균(아세트산 균)이 대표적인 예이지요. 그래서 양조주인 생막걸리를 공기 중에 오래 두면 시어지고 결국에는 식초가 됩니다.

더 순발력을 발휘한 무리는 아예 산소를 적극 이용하도록 세포의 구조를 바꾸었습니다. 다름 아닌 우리의 조상이었던 진핵생물입니다. 이들의 후손은 나중에 동물, 식물, 그리고 균류菌類(명칭이 세균과 혼동하기 쉬운데, 기생생활을 하며 포자로 번식하는 버섯, 곰팡이 등을 말합니다)로 진화했지요. 흔히 산소를 생명의 상징처럼 말하지만, 이는 진핵생물에만 해당됩니다. 말만 들어도 즐거운 생막걸리를 예로 다시 들어 보지요. 누룩 곰팡이, 즉 효모(이스트)는 가장 원시적인 진핵생물입니다. 효모는 산소가 희박한 환경에서는(예: 공기가 차단된 양조용기 속) 원핵생물처럼 무산소호흡, 즉 알코올 발효로 에너지를 얻습니다. 이 과정에서 맛있는 술이나 빵이 만들어지지요. 그러나 산소가 많아지면 산소호흡을 합니다. 무산소 환경에서 살다가 산소가 많아지자 양쪽 다 적응하도록 진화했던 것입니다. 하지만 더 진화한 다세포 진핵생물인 동물은 산소호흡만 합니다.

진핵생물이 산소를 이용해 살아갈 수 있는 것은 세포 속 소기관인 미토콘드리아 덕분입니다. 크기 0.3~2μm의 약간 기다란 모양의 소기관이지요. 이곳은 진핵생물이 호흡을 통해 에너지 화폐인 ATP를 생산하는 세포의 발전소입니다. 미토콘드리아의 수는 에너지 수요가 큰 세포일수록 많습니다. 동물의 간[肝]세포 1개에는 1,000~3,000개의 미토콘드리아가 있지만 식물의 세포에는 겨우 100~200개가 있지요.

진핵생물이 출현한 시기는 산소 대급증 사건 직후인 21억 년 전 무렵(학자에 따라 16억~27억 년 전)으로 추정됩니다. 그로 인해 지구의 생태계는 크게 바뀌었습니다. 물론, 개체 수와 종의 다양성만으로 보면 진핵생물은 원핵박테리아에 비교가 안 될 만큼 미미합니다. 하지만 부피가 엄청나지요. 현미경으로나 보이는 작은 박테리아와 달리 덩치가 큰 진핵생물, 특히 나중에 출현한 다세포생물은 지구의 풍경을 지배하고 있습니다(그럼에도 불구하고 개체수가 작기 때문에 지구상에 있는 진핵생물의 총 무게는 박테리아와 비슷하거나 작습니다).

그들은 어떻게 출현했을까요? 1966년 보스턴대학의 신참 조교수 린 마굴리스[Lynn Margulis]는 원핵박테리아와 고세균이 공생하는 과정에서 우리의 단세포 조상 진핵생물이 진화했다는 '세포 내 공생[Endosymbiosis]' 가설을 내놓았습니다. 당시 이 주장이 얼마나 황당하게 보였던지 그녀의 논문은 무려 15개의 저널에서 거절 당하다가 겨우 한 곳에 게재될 수 있었습니다.

마굴리스가 펼친 내용은 다음과 같습니다. 시생누대의 어떤 때에 한 무리의 고세균이 주변의 원핵박테리아를 잡아먹고 살았습니다. 그러던 중 잡아먹힌 녀석이 포식자의 세포 안에서 소화되지 않고 가끔 예쁜 짓을 했습니다. 예쁜 짓이란 척박한 환경에서 에너지 대사를 도와주는 일이었지요. 이렇게 되자 고세균은 사는 것이 편해졌고, 원핵박테리아는 소화 당하는 불상사를 피하게 되어 누이 좋고 매부 좋은 공생관계로 발전했습니다. 결국 고세균은 아예 먹이를 자신의 몸, 즉 세포 안에 들어와 함께 살도록 했습니다.

마굴리스는 이렇게 들어와 살게 된 먹이가 오늘날 진핵생물의 세포 속에 있는 소기관 미토콘드리아라고 주장했습니다. 또, 그 포식자는 고온의 산성 환경에서 살던 고세균이었으며, 먹이였던 녀석은 나선 모양의 원핵박테리아로 추정했습니다.[48] 『코스모스』의 저자로 잘 알려진 천문학자 칼 세이건Carl Sagan의 첫 배우자였던 그녀의 가설은 점차 사실로 드러나기 시작했습니다. 특히, 이 가설은 워스가 새로운 생물군으로 정의해 생물학자들을 골치 아프게 했던 고세균을 스타로 만들어 주었으며, 이는 1990년대 이후 집중적인 연구의 대상이 되었습니다.

마굴리스의 공생설은 많은 직간접 증거를 가지고 있습니다. 무엇보다도 진핵생물의 유전정보는 세포핵 속의 DNA에 담겨 있는데, 미토콘드리아는 이와 별도로 독자적인 DNA를 가지고 있습니다. 뿐만 아니라 이 유전정보를 이용해 스스로 증식도 하고 고유의 단백질도 합성합니다. 또, 독자적인 이중막으로 스스로를 보호하지요. 마치 세포 안에서 자신이 독자적인 생물인 양 행동합니다. 먹이였던 시절의 정체성을 아직도 일부 유지하고 있는 것이지요. 물론, 원핵박테리아 시절의 유전자 대부분은 포식자인 고세균으로 옮겨가거나 상실되었습니다. 그러나 필수적인 소수의 유전자만은 그대로 유지되어 자존심을 지키고 있는 셈입니다. 한편, 산소가 없는 환경에서 살았던 포식자인 고세균은 자신의 물질대사 기능을 폐기했습니다. 그 대신 잡아먹다 친구가 된 원핵박테리아가 산소호흡을 하도록 유전자를 재조정했습니다.

또 다른 추가적 증거들도 있습니다. 첫째, 미토콘드리아의 DNA는 진핵생물 핵 속의 DNA처럼 이중나선이 아니라, 원핵생물처럼 외가닥입니다. 둘째, 세포 안에서 단백질을 합성하는 소기관인 리보솜 구조의 차이입니다 진핵생물은 80S이라는 구조체인데, 미토콘드리아는 원핵생물의 것인 70S체입니다. 이 때문에 뜻하지 않은 부작용이 근래에 생겼습니다. 스트렙토마이신은 원핵세균을 죽이기 위해 70S 리보솜을 타깃으로 작용합니다. 그런데 이 항생제를 복용하면 죄 없는 미토콘드리아의 단백질 합성을 억제하는 부작용이 발생합니다. 우리 세포 속의 미토콘드리아가 원래 원핵박테리아였다는 증거이지요.

마지막으로, 리보솜RNA의 유전자(염기배열)를 분석해 보니 발생학적으로 미토콘드리아와 원핵생물이 같은 계통이라는 사실이 밝혀졌습니다. 과학자들은 그들이 현재 지구상에 살고 있는 고세균과 원핵박테리아 중에서 어떤 종에 가까운지 밝히는 연구를 했지만 학자들 간에 다소 이견이 있습니다. 두 생물이 공생체를 이룬 세부 과정에 대해서도 논란이 있었으나 지금은 다소 교통정리가 되어 가는 있는 듯합니다(다음 박스 글 참조).

21세기에 들어선 오늘날 진핵생물의 조상이 고세균과 원핵박테리아의 공생체였다는 사실을 부인하는 과학자는 거의 없어졌습니다. 중요한 사실은 미토콘드리아 덕분에 진핵생물의 에너지 효율이 획기적으로 좋아졌다는 점입니다. 통상적인 박테리아 발효에서는 포도당 1 분자에서 에너지 화폐인 ATP를 겨우 2~4개 만들 뿐인데, 미토콘드리아의 산소호흡은 36~38개나 생산합니다. 그 결과 풍부한 에너지를 확보한 진핵생물들은 원핵생물보다 수백~수만 배 덩치를 키울 수 있었습니다. 복잡하고 정교한 기능의 세포 소기관들과 다세포생물의 출현도 이런 토대 위에서 생겨났습니다.

진핵생물의 공생 과정에 대한 가설들

고세균과 원핵박테리아가 공생을 발전시켜 진핵생물로 진화한 세부과정을 설명하는 몇 가지 가설이 있다. 첫 번째 시나리오는 진핵생물의 세포핵이 스스로 형성되었다는 자생설(Autogenous model)이다. 즉, 고세균 중에서 핵막을 가진 원시적 진핵생물(archezoa)이 먼저 생기고 원핵박테리아는 나중에 들어왔다는 것이다.

두 번째 시나리오는 핵과 미토콘드리아가 거의 동시에 생겼다는 영양공생설(Syntrophy hypothesis)이다. 즉, 두 미생물이 영양이나 대사작용에서 서로 이득을 취하며 공생하다가 진핵생물로 통합되었다는 설명이다. 이 가설에서는 메탄생성 고세균과 델타-프로테오박테라아(δ-proteobacteria)의 공생이 진핵생물이 기원이라고 주장한다(프로테오박테리아는 알려진 것만 450개의 아종이 있다). 즉, 유기물을 분해해 수소와 이산화탄소를 생성하는 델타-프로테오박테리와, 이 들 기체를 이용해 메탄을 생성하는 고세균이 공생했다고 본다. 수소와 이산화탄소는 쉽게 날아가는 기체이므로 고세균이 이를 확보하기 위해 원핵박테리아 옆에 붙어 공생하다 나중에 함께 살게 되었다는 설명이다.

비슷한 개념으로 '수소 가설(Hydrogen hypothesis)이 있다. 이 가설은 포획된

세균을 알파-프로테오박테리아로 본다. 영양공생설이나 수소 가설의 문제는 설명에 등장하는 주인공들이 모두 산소가 없는 환경에서 사는 미생물이라는 점이다. 이에 대해 이 가설의 지지자들은 포획된 박테리아가 처음에는 메탄이나 수소를 만들어 공급하는 역할을 했지만, 대기 중에 산소가 많아지자 이 기능이 산소호흡으로 변하며 미토콘드리아로 발전했다고 설명한다.

팽팽히 맞섰던 두 시나리오는 2016년 발표된 2개의 연구결과로 자생설로 승부가 다소 기울어졌다. 먼저, 스페인 연구진이 단백질을 분석해 본 결과, 진핵세포가 미토콘드리아보다 먼저 생겼다는 증거가 나왔다.[49] 즉, 고세균에서 원시적 핵이 생기고 난 후에 원핵박테리아가 들어와 미토콘드리아가 되었다는 설명이다.

공생 전에 핵이 이미 있었다는 또 다른 결과는 체코, 폴란드, 캐나다 공동연구 팀에서 나왔다.[50] 이들은 미토콘드리아가 없는 모노세르코모노이데스(Monocercomonoides)라는 원시 진핵생물의 유전체 염기서열을 분석했는데, 미토콘드리아 합성 유전자의 흔적이 전혀 없었다. 이는 있었던 미토콘드리아가 퇴화한 것이 아니라 당초부터 없었던 원시 진핵생물이라는 의미이다. 2016년 발표된 두 연구결과로 원시적 세포핵을 가졌던 고세균 속에 원핵박테리아가 나중에 들어와 미토콘드리아가 되었다는 이론이 힘을 얻게 되었다.

식물이 동물보다 고등생물? | 엽록체의 출현

사람, 개, 느티나무, 버섯, 곰팡이는 모두 진핵생물이지요. 이들은 세포에 핵과 함께 미토콘드리아를 가지고 있다는 공통점이 있습니다. 이들의 세포는 서로 다른 두 생물의 연합체라는 의미입니다. 조상이 둘인 셈이지요. 그런데 둘이 아니라 조상을 셋 모신 생물도 있습니다. 다름 아닌 식물입니다. 식물도 진핵생물이므로 당연히 세포 속에 핵과 미토콘드리아가 있습니다.

그런데 여기에 추가해 동물에 없는 엽록체라는 세포 소기관이 또 있지요. 바로 이 엽록체도 고세균에 붙어 공생했던 원핵박테리아의 후손입니다. 광합성을 하는 남조세균(시아노박테리아)류가 그 유력한 원핵생물 후보입니다. 엽록체는 식물의 광합성을 담당하는 세포 소기관으로만 흔히 알고 있지만, 여러 면에서 미토콘드리아와 비슷합니다. 무엇보다도 미토콘드리아처럼 한때는 독립적인 생물이었기 때문에 고유의 DNA와 리보솜을 가지고 있지요. 따라서 스스로 증식도 하고 단백질도 합성합니다. 또, 외막과 내막으로 이루어진 이중의 지질막을 가진 점도 같지요. 미토콘드리아처럼 식물의 세포 1개에는 여러 개의 엽록체가 들어 있습니다. 미역류는 1~2개, 유채과 식물에는 100개 이상이 들어 있지요. 생체의 에너지 분자 ATP를 만든다는 점도 같습니다. 엽록체는 미토콘드리아에 없는 여러 추가적 기능도 담당하는데, 그중 하나가 면역 기능입니다. 뿐만 아니라 포도당, 아미노산, 지질 등 생존에 필요한 각종 유기화합물도 합성합니다.

식물에게는 이처럼 진핵생물에 날개를 달아준 미토콘드리아와 같은 장치가 하나 더 있습니다. 그 결과 식물은 동물에 없는 추가적 기능을 가지고 있지요. 즉, 엽록체 덕분에 식물은 햇빛과 물로부터 자신이 살아가는 데 필요한 각종 생화학 물질과 에너지를 자급자족합니다. 독립영양체인 것입니다.

반면, 동물은 다른 생물이 만든 물질을 먹어 의존해야 살 수 있는 종속영양체입니다. 한마디로 스스로 삶을 꾸려가지 못하는, 뭔가 부족한 생물이지요. 생명의 정의에서 알아보았듯이 모든 동물은 초식성이건, 육식성이건, 잡식성이건 식물의 분자를 먹어야 살 수 있습니다. 어떤 면에서 볼 때, 햇빛과 물만 있으면 스스로 살 수 있는 식물이 동물보다 더 완벽한 생물이라 말할 수 있지요. 식물은 받은 빛 에너지의 약 2%만 흡수해 살아갑니다. 반면 동물은 식물이 만든 에너지의 약 10%를 먹어야 살 수 있지요. 이처럼 에너지 효율이 떨어지다 보니 지구상에서 차지하는 총 생물체량biomass도 식물에 크게 못 미칩니다. 스스로 자신을 유지하고 번식하는 생명 본연의 기능 면에서 본다면 식물이 동물보다 더 훌륭하게 삶을 유지하고 있는 셈이지요.

물론, 식물은 동물이나 사람에 있는 감정이나 의식이 없으므로 하등하지 않느냐 반문할 수 있습니다. 그러나 3장에서 펴보겠지만, 마음과 의식意識은 동물이 이동하기 위해, 즉 다른 생물을 먹고 살기 위해 발명한 부수적 효과였습니다. 식물은 스스로 살 수 있었기 때문에 그런 것을 굳이 만들 필요가 없었지요. 마음이 없으니 생로병사의 고통도 없지요. 수명만 보아도 50년을 넘기는 동물은 드물지만, 식물은 수백, 수천 년을 사는 경우가 허다합니다. 2002년 미국 캘리포니아주 팜스프링스에서 발견된 상록관목Larrea tridentata은 나이가 1만 1,700살이었습니다. 동물들은 이런 기록은 엄두도 못 냅니다. 더구나 이 장수 식물은 척박한 사막지대 인근에서 서식했습니다. 진화의 순서로 보아도,

미토콘드리아가 먼저이고 엽록체는 나중에 출현했습니다. 다세포식물은 동물보다 약 4억 년 후에 진화했지요.* 따라서 미토콘드리아가 있고 엽록체가 없는 진핵생물은 있지만 그 반대는 없습니다. 적어도 세포의 측면에서는 식물이 동물보다 더 진화했다고 볼 수 있습니다.

아무튼 약 23억 년 전의 산소 대급증 사건 무렵 출현한 진핵생물은 미토콘드리아와 엽록체 덕분에 세포 내 여러 소기관을 발전시키며 보다 다양한 기능을 갖춘 진핵생물로 진화했습니다. 이들은 다시 수억 년의 진화를 더 거쳐 오늘날의 3대 다세포 진핵생물인 동물, 식물, 균류(버섯, 곰팡이)의 세 부류로 분화했습니다. 진핵생물의 출현은 20억 년 이상 박테리아와 고세균이 지배하던 생물계에 큰 다양성을 안겨 주었습니다. 거기에 성sex과 다세포생물의 출현이 다양성을 더욱 가속시켰지요.

난봉꾼 거품 | 성의 기원

생식生殖이란 생물이 자신과 닮은 2세를 만드는 작업을 말하지요. 그런데 생물은 왜 2세를 만들까요? 영원히 살 수 없으므로 자신의 복사본을 만들어 간접적으로 삶을 이으려는 변형된 생존욕망 때문입니다. 이 본능은 워낙 강해서 때로는 생존 본능도 뛰어넘습니다. 사력을 다해 고향의 강을 거슬러 올라와 새끼를 낳은 후 기꺼이 죽는 연어가 그 예이지요.

첫 생명체였을 원시 박테리아는 섹스가 없는 무성생식無性生殖을 했

* 남조세균을 포획해 엽록체를 얻은 진핵생물 중 식물의 조상은 녹조, 홍조류 등의 조류(미역류)로 먼저 진화했다. 오늘날 우리가 알고 있는 다세포의 식물은 한참 후인 4억 7,500만~4억 년 전, 이들 중 녹조류가 진화한 생물이다.

을 것입니다. 가장 간단한 무성생식은 자신의 세포 일부를 단순히 나누는 방법이지요. 여기서 조금 더 진화한 효모, 말미잘, 산호 등은 몸에 생긴 일부 돌기가 떨어져 나와 독립하는 출아법出芽法으로 번식합니다. 또, 모체가 세포분열로 미리 준비한 조그만 포자胞子(홀씨)를 퍼뜨린 후, 이들이 새로운 환경에서 다시 세포분열해 2세를 만드는 포자법도 있습니다. 고사리, 이끼, 버섯, 미역 등이 이용하는 이 방법은 자손을 널리 퍼뜨릴 수 있는 이점이 있지요. 고등생물인 일부 식물이 자신의 몸체인 뿌리, 줄기, 잎 등에서 싹을 틔운 후 새로운 생명체로 독립시키는 영양생식도 무성생식의 일종입니다.* 무성생식은 자신의 일부를 나누어 빠르게 2세를 퍼뜨리는 생물의 가장 오래된 생식 방법이지요.

그러나 생존 기능과 함께 생명의 2대 기능인 진화의 측면에서 본다면 자신의 몸 일부를 떼어내어 2세를 만드는 방식은 유전자의 섞임이 없는 단순한 형태의 생식이라 할 수 있습니다. 그런 일은 무생물 원시세포인 코아세르베이트도 할 수 있지요. 진정한 의미의 생식은 다른 개체와의 핵산분자(DNA, RNA) 가닥을 서로 교환하는 유전자 재조합일 것입니다(상세한 내용은 이 장의 후반부 참조).

재조합은 암수의 성이 없는 원핵생물도 원시적 형태로 합니다. 가령, 박테리아는 세포의 미세 돌출부인 섬모纖毛를 다른 박테리아에 연결해 자신의 유전자를 주입하는 접합conjugation을 합니다. 또, 바이러스나 죽은 동료의 DNA 조각을 먹거나 받아들이는 형질形質도입transduction, 형질전환transformation 등을 통해서도 유전자를 섞지요. 하지만 박테리아들의 유전자 섞임은 한쪽으로만 전달되므로 불완전합니다. 두 개체의

* 식물은 원칙적으로 유성생식을 하지만 환경이 좋아지면 빨리 번식하려고 영양생식도 한다. 영양생식은 모체와 동일한 유전자를 2세에 전해주는 무성생식이므로 빠르게 진행된다. 따라서 인공 접붙이기, 포기 나누기 등은 씨앗을 통한 유성생식보다 결실이 빨라 농업에 많이 활용된다.

유전자가 양방향으로 교환되어 섞이는 진정한 의미의 유전자 재조합은 진핵생물에서 약 12억 년 전에 출현한 것으로 보고 있습니다. 즉, 두 개체 사이에 성性을 통한 유성생식有性生殖이지요.

이 방식의 중요한 특징 중 하나는 감수減數분열을 통해 배우자配偶子라고 불리는 생식세포, 즉 정자와 난자의 유전자를 섞는다는 점입니다(이 장 후반부에 더 다루겠습니다). 그런데 무엇이 정자이며 무엇이 난자일까요? 기준은 명확합니다. 크고 운동성이 없는 쪽이 난자, 작고 움직임이 활발하며 숫자가 많은 쪽이 정자입니다. 가령, 해마海馬는 수컷이 육아관育兒管이라는 기관에서 새끼를 임신하고 분만까지 합니다. 그러나 작고 움직임이 큰 생식세포를 가졌기 때문에 이들은 수컷입니다. 임신과 분만을 하지 않아도 크고 움직임이 적은 생식세포를 가졌다면 암컷입니다.

그러나 유성생식이 반드시 암수 사이의 짝짓기만을 의미하지는 않습니다. 성이 같은 동형同型 배우자들이 감수분열을 통해 서로 유전자를 섞는 경우도 넓은 의미에서 유성생식이라고 봅니다. 사실, 생물의 세계에서는 유성생식과 무성생식을 병행하는 경우가 허다합니다. 가령 단세포 진핵생물인 효모나 짚신벌레는 평상시에 무성생식을 하지만, 환경이 나빠지면 두 개체가 서로 붙어 유전자를 교환하는 접합이라는 일종의 유성생식을 합니다. 단세포 녹조생물 클라미도모나스Chlamydomonas도 양분이 부족하면 두 마리가 몸을 합쳐 자원을 절약하지요.

또, 잔디 등의 풀과科 식물도 환경이 좋을 때는 무성생식(영양생식)으로 번식하지만, 주변 여건이 나빠지면 유성생식을 합니다. 물벼룩이나 일부 개미도 암컷이 무성생식을 하다가, 환경이 열악해지면 유성생식으로 돌아섭니다. 이러한 사례들은 성이 부족한 자원에서 살아남으려는 생물의 생존전략에서 나왔음을 보여줍니다. 일부 생물은 아예 일생의 정해진 시기에 무성 혹은 유성생식으로 전환합니다. 고사리, 이끼, 그리고 말라리아 원충이 그들이지요.

한편, 암수 성이 바뀌거나 한 몸에 양성이 있는 자웅동체雌雄同體의 경우도 있습니다. 영화 〈니모를 찾아서〉의 주인공 흰동가리anemonefish는 수컷으로 태어나지만 번식을 맡은 암컷이 죽으면 성전환으로 역할을 바꿉니다. 값비싼 횟감으로 잘 알려진 다금바리의 사촌 능성어도 몇 분 사이에 암수 역할을 바꿔어 짝짓기하는 난잡한 녀석입니다. 일반적으로 어류나 파충류는 성염색체에 의해 유전적으로 성이 결정되지 않고, 주변 환경에 따르지요. 잘 알려진 대로 악어류와 거북은 알이 부화되는 온도에 따라 암수가 결정됩니다. 햇볕이 드는 곳에서는 암컷이, 응달에서는 수컷이 태어나지요. 포악하기로 악명 높은 인도네시아의 코모도왕도마뱀도 수컷이 부족하면 처녀끼리 유성생식을 합니다. 암컷끼리의 섹스이지만 다른 개체의 유전자를 섞는다는 점에서 유성생식과 유사하지요.

고등생물인 식물도 유성생식을 원칙으로 합니다. 식물의 생식기관인 꽃의 수술에는 꽃가루가, 암술 아래쪽 씨방의 밑씨 속에는 알(난모세포)이 들어 있지요. 이동 가능하고 숫자가 많은 수컷 꽃가루가 움직이지 않는 알에 닿아 2세인 씨앗을 만듭니다. 식물의 유성생식이 동물과 다른 점은 암수 생식기관이 같은 몸에 있는 자웅동체라는 것뿐입니다(은행나무나 뽕나무처럼 암수가 따로 있는 예외도 있습니다).

한편, 섹스는 가장 고도로 진화한 동물인 온혈동물에서 발달시킨 유성생식 방법입니다. 즉, 새(조류)와 포유류에서는 수컷과 암컷의 생식기관이 확실하게 분리되어 있습니다. 따라서 난자와 정자를 결합시키려면 교미, 즉 성행위가 필요하지요. 이와 달리 대부분의 어류나 파충류는 교미없이 체외수정을 합니다. 암수 구분이 뚜렷하고 교미를 한다는 공통점 이외에, 새와 포유류는 새끼를 극진히 양육한다는 점도 비슷합니다. 어류나 양서류, 파충류는 알을 돌보는 경우는 있어도 새끼를 양육하지는 않지요.*

포유류와 조류의 또 다른 공통점은 (특히 암컷이) 짝짓기 상대를 까다롭게 고른다는 점입니다. 어류, 양서류, 파충류는 대충 아무 놈이나 고르기 때문에 맞선을 볼 필요가 거의 없습니다. 참고로, 새의 성기는 몸안에 있기 때문에 암수가 항문을 정확히 일치시켜야만 교미가 가능합니다. 따라서 암컷이 조금만 거부해도 사랑이 이루어질 수 없지요. 새장에 홀로 있는 새가 딱하다고 이성의 짝을 넣어주었는데 몇 년이 지나도 새끼가 생기지 않는 것은 이 때문이지요. 바람 피우는 일은 있어도 약 90%의 조류는 정해진 짝하고 사랑을 합니다. 원앙, 앵무새, 기러기, 펭귄 등은 금슬 좋은 부부의 상징으로 유명하지요. 남반구의 일부 앵무새는 수십 년을 해로偕老합니다.

그런데 자손 전파라는 생식의 본래 목적에서 볼 때 유성생식은 무성생식에 비해 전혀 이득이 없어 보입니다. 무엇보다도 에너지와 물질의 낭비가 너무 크지요. 생식기관이나 세포를 따로 만들어야 하며, 짝짓기에 많은 노력, 심지어는 희생도 뒤따릅니다. 인간만 해도 짝짓기 관련 활동이 생존 본능만큼 중요합니다. 세계 각지의 민요, 설화, 영화, 대중음악이 다루고 있는 주제의 대부분이 사랑입니다. 2세가 만들어지기까지 소요되는 시간도 만만치 않지요. 이와 달리 무성생식을

* 새와 포유류의 높은 지능은 새끼 양육과 이것의 연장선인 사회성과 관련이 있다. 앵무새, 까치, 까마귀 등에서 보듯이 조류는 높은 지능을 가지고 있다. 연구에 의하면 까마귀의 일부 지능은 침팬지와 맞먹을 정도라고 한다. '닭대가리'라는 오명을 안고 있는 닭조차 동료와 인간의 얼굴을 100건 이상 기억하며, 30여 가지의 울음소리로 서로 소통하고 꿈도 꾸며, 우울증 같은 복잡한 감정도 가지고 있음이 최근 밝혀졌다.

하는 박테리아는 노래와 춤, 혈투로 배우자를 찾는 수고를 할 필요가 없습니다. 가급적 많은 유전자를 후대에 전달하려는 '이기적 유전자'의 관점에서도 유성생식은 손해처럼 보입니다. 암컷과 수컷의 유전자는 각기 50%만 2세에게 전달되기 때문입니다(50%도 확률의 평균값일 뿐, 극단적인 경우 0%가 될 수도 있습니다). 자신의 유전정보를 몽땅 2세에게 넘겨주는 박테리아와 달리, 유성생식 생물은 유전자의 절반을 기꺼이 포기합니다. 무엇이 고등생물로 하여금 에너지와 물질, 시간, 그리고 유전자의 손해를 감수하면서까지 유성생식을 선택하도록 했을까요? 분명히 진화적 이점이 있었을 것입니다. 이에 대한 몇 가지 가설을 소개하면 다음과 같습니다.[51]

가장 잘 알려진 설명 중의 하나는 성이 유전자의 다양성을 증진시켜 환경 변화에 잘 적응하도록 도와준다는 것입니다. 무성생식 생물은 자신의 유전자만을 사용해 2세를 만들기 때문에 다양성 부족으로 환경이 급변할 때 대응하지 못하고 멸종할 위험성이 높지요. 더구나 유전자 복사 과정 중에 생긴 오류가 쉽게 수정이 안 되므로 대를 거듭해 누적되면 치명적일 수 있습니다. 이를 '멀러의 한 방향 톱니바퀴Muller's ratchet'라고 부릅니다.

반면, 유성생식하는 개체는 설사 유전자에 오류가 있어도 상대 짝이 가지고 있는 여분의 유전자를 이용해 고칠 수 있어 톱니를 역방향으로 돌릴 수 있지요. 유성생식은 유전적으로 다양한 자손을 생산하므로 오랜 기간 종을 지속시키며, 다양한 환경에 적응할 수 있다는 설명입니다. 그러나 이 가설은 성의 기원을 만족하게 설명하기에는 미흡합니다. 가령, 유전적 다양성이 그리 유리하다면 왜 유성생식을 하는 일부 동물은 오랜 세월 거의 변하지 않았을까요? 실러캔스와 같은 어류는 3억 년 동안 거의 변하지 않았지요.

이를 보완하는 설명이 시카고대학의 베일른Leigh van Valen이 주창한 '붉은 여왕 효과Red Queen Effect'에 기반한 여러 가설들입니다. 진화학자인 베일른은 한 생물종이 진화하면, 그 생물의 생존을 좌우하는 생물들도 거기에 맞춰 함께 진화하므로 다양성 자체가 핵심은 아니라고 보았습니다. 붉은 여왕은 동화 『이상한 나라의 앨리스』의 속편인 『거울 나라의 앨리스Through the Looking-Glass』에서 따온 이름입니다. 이 여왕이 사는 나라에서는 땅이 빠르게 움직이므로 제자리에 있으려면 죽어라 뛰어야 합니다. 다시 말해 생태계에서는 서로 앙숙이 되는 생물들이 계속 경쟁을 벌이기 때문에 여기서 잠시라도 머문 쪽은 멸종한다는 설명이지요. 가령, 사자와 가젤 중 달리기 경쟁에서 균형을 잃고 뒤쳐지게 진화하는 쪽은 멸종의 길을 밟을 것입니다.

영국의 해밀턴William D. Hamilton을 비롯한 몇몇 과학자들은 이 논리를 기생생물이나 질병균에 적용해 성의 기원을 설명했습니다. 즉, 붉은 여왕의 원리가 지배하는 생태계에서 생존에 유리한 유전자를 가진 2세를 만드느냐가 문제가 아니라, 좋건 나쁘건 신속하게 유전자를 변화시키는 것이 급선무라는 것이지요. 이를 위한 최고의 전략이 성이라는 설명입니다. 예를 들어, 바이러스나 병원성 세균은 빠르게 세대교체를 하며 세포벽을 뚫는 열쇠를 개발해 숙주생물에 침투하려 합니다. 이에 대항하여 숙주생물은 유성생식으로 다양한 유전자를 조합해 단백질 합성을 변화시킴으로써 자물쇠를 바꿔버립니다. 그러면 바이러스나 세균은 다시 거기에 맞는 열쇠로 바꾸고, 숙주생물도 다시 이에 대처하는 식으로 경쟁을 벌입니다. 이런 식의 경쟁에서 고등생물인 식물이나 동물 등의 숙주생물은 바이러스나 세균을 이길 수 없습니다. 20분만에 자손을 퍼뜨리는 대장균처럼 이들의 빠른 세대교차와 변화를 당해낼 재간이 없기 때문입니다. 여기서 살아 남으려면 좋건 나쁘건 무조건 열쇠를 복잡하게 바꾸어야 합니다. 숙주생물이 자물쇠를 바꾸는 작업은 다른 말로 면역계 강화입니다. 실제로 면역시스템은 3억년 전 파충류에서 첫 출현했는데, 암수의 구분이 뚜렷하고 섹스를 하는 조류와 포유류에서 잘 발달했습니다. 곤충이나 어류, 양서류에는 면역기능이 거의 없지요. 다시 말해, 발달된 유성생식은 적자생존에 유리한 유전자의 생산이 아니라, 일단 살아남으려고 취한 불가피한 생존전략이었다는 것이 붉은 여왕 효과의 요지입니다.

유성생식과 관련한 또 다른 의문은 성이 다양성에 그렇게 유리하다면 왜 여러 개가 아니고 암수 두 개만 있는가 하는 점입니다. 『붉은 여왕』의 저자 리들리Matt Ridley는 유전자들의 협력과 경쟁의 결과라고 설명합니다. 암수 생식세포의 유전자들은 서로 협력해 생존경쟁에 유리한 2세를 만들지만, 협력 관계는 섹스와 함께 끝납니다. 수컷의 정자는 작다고는 하지만 세포핵은 물론, 미토콘드리아, 편모 등 독자적인 세포 소기관을 가지고 있습니다. 하지만 난자에게 필요한 것은 1개 정자 속의 유전정보 뿐입니다(쌍둥이 혹은 일부 다산 동물의 경우 몇 개 더 될 수는 있습니다). 따라서 난자는 정자의 모든 소기관들을 없애 버리고 자신의 세포 물질만으로 2세를 만듭니다. 그렇지 않고 다른 개체의 물질이 세포 안에 들어오면 거부반응이나 질병 감염 등 다른 문제를 일으킬 수 있기 때문입니다. 새와 포유류가 암수 몸체를 분리한 이유도 사실은 교미를 하지 않는 평시에 수컷의 생식세포가 암컷의 세포를 망가뜨리는 반란을 막기 위한 목적일 것입니다.

그렇다면 암수가 한 몸인 식물은 어떨까요? 140여 종의 식물을 조사한 결과, 수컷의 웅성雄性을 파괴하는 유전자가 발견되었습니다. 이 유전자들은 알(난모)세포의 핵이 아니라 세포질에 있었습니다. 암수의 성이 2개인 이유는, 어차피 많은 정자 중에서 하나만을 골라 쓰는 마당에, 굳이 여러 수컷의 물질로 문제를 복잡하게 할 이유가 없기 때문입니다.

유성생식의 기원을 유전자의 다양성 확보나 오류 복구, 붉은 여왕 가설 등으로 설명하는 이론들은 설득력이 있어 보입니다. 그러나 이는 성의 이점이나 결과를 설명하는 데는 훌륭하지만, 성의 기원을 설명하기에는 다소 부족하다고 보는 학자들도 있습니다.

보다 근본적으로 성의 기원을 설명하는 가설도 있습니다. 가령, 프랑스 렌느Rennes대학의 티에리 로데Thierry Lodé는 성의 기원을 원핵박테리아 때보다 훨씬 이전 시기에서 찾는 '난봉꾼 거품 가설Libertine bubbles hypothesis'을 제안했습니다.[52] 그에 의하면, 무생물인 원시거품(혹은 원시세포)의 막은 나중에 진화한 생명체의 세포막보다 훨씬 엉성했으므로 유전자 물질이 상대방으로 쉽게 이동했을 것입니다. 그 결과, 거품에 따라 유전 물질이 과다하거나 부족한 편차가 있었을 것입니다. 유전 물질을 너무 많이 받은 거품은 과도한 에너지 소모를 줄이려고 세포를 스스로 쪼개 유전자를 줄이게 되었는데, 이것이 감수분열과 유전자 재조합의 기원이라는 설명입니다.

한편, 스트레스나 위험한 환경이 닥치면, 거품들은 이에 대처하는 필요한 유전자 조각을 받아들여 새로운 단백질을 합성함으로써 변화에 더 잘 대처했다는 주장입니다. 실제로 박테리아들은 위험한 환경이 되면 적극적으로 유전자 재조합을 하는 경우가 많습니다. 이런 관점에서 성과 섹스는 원시거품이나 세포들이 유전자 물질의 교환을 통해 생화학적 효율을 높이고 스스로 안정하려는 과정에서 출현했다는 설명입니다. 즉, 성이나 생식은 생명체가 자손을 전파시키려는 의도적 목적에서 시작한 것이 아니라, 생명분자들이 서로 안정화하는 과정에서 생긴 화학적 현상이라는 설명입니다.

불쌍한 자여, 그대의 이름은 남자 | 섹스와 죽음

앞서 진핵생물의 기원을 두 세균의 공생으로 설명했던 마굴리스는 섹스와 죽음에 대해서도 훌륭한 가설을 제안했습니다. 그녀는 미토콘드리아가 그랬듯이 섹스도 먼 옛날 살았던 단세포 미생물들의 포식 활동과 공생에서 비롯되었다고 추정했습니다. 뿐만 아니라 프로그래밍된 죽음도 이 과정에서 나타났다고 주장했지요. 마굴리스의 이 흥미로운 가설은 아직 구체화되지 않았고 증명된 바도 없으나, 공감할 부분이 많다고 생각됩니다. 2011년 11월호 『사이언티픽 아메리칸』은 그녀의 죽음을 애도하며 1994년에 실렸던 기사를 인터넷에 회고回顧판으로 다시 게재했습니다.[53] 이를 정리하고 보충해 여기에 소개합니다.

생명은 태어나자마자 죽음을 향해 해체를 시작합니다. 그리고 때가 되면 완전히 해체되지요. 물론 동물과 식물은 마지막 죽음이 아니더라도 살아 있는 동안 신체의 일부가 죽음을 맞습니다. 피부의 때, 여성의 생리 부산물, 낙엽 등은 모두 세포의 사체들입니다. 그런데 이렇게 노화되어 죽는 생물들은 모두 유성생식을 하는 진핵생물입니다.

어떤 생물들은 늙지도 않고 예정된 죽음도 없습니다. 세포핵이 없으며, 섹스도 하지 않는 원핵박테리아가 그들입니다. 원래 생명이 처음 탄생했던 태곳적에는 예정된 죽음이 없었습니다. 생물의 프로그래밍 된 죽음, 즉 노화에 의한 죽음은 약 20억 년 전 우리의 조상 진핵생물이 암수의 성을 가지면서 시작되었다는 것이 마굴리스의 주장입니다. 물론, 죽음은 그 이전도 있었지요. 박테리아는 사고나 자신이 감당 못하는 극한 조건에서 죽습니다. 몸체의 심한 훼손, 뜨거운 온도, 굶주림, 포식자에게 먹힘, 강한 자외선, 유독 가스 중독 등 외부 요인에 의한 죽음이지요. 그러나 이러한 불의의 사고만 없다면 원핵박테리아는 늙지 않으며, 그로 인한 죽음도 원칙적으로 없습니다. 물론 사고로 죽을 확률은 매우 높을 것입니다.

마굴리스는 단세포의 진핵생물이 출현한 이후 아직 다세포의 동물과 식물, 균류로 분화하기 이전 상태의 생물을 통틀어 원생原生생물protoctist이라 불렀습니다. 이들은 단세포였으므로 세포분열로 무성생식을 했으며, 서식지는 민물, 바닷물, 다른 생물체의 몸체 등 물이 있는 곳이었을 것입니다. 그런데 예나 지금이나 가혹한 환경은 수시로 찾아왔지요. 그때마다 먹이는 고갈되었으며, 굶어 죽게 된 원생동물들은 때때로 옆에 있는 동족을 잡아먹었습니다. 그런데 원생생물은 소화기관이 제대로 발달하지 못한 단세포생물이므로, 먹힌 녀석을 천천히 소화할 수밖에 없었습니다.

문제는 먹힌 녀석의 유전자가 들어 있는 세포핵이었습니다. 핵막에 둘러싸여 보호되고 있으므로 쉽게 분해가 되지 않았지요. 그 결과 1개의 세포에 유전물질을 2별 가지고 있는 비정상적인 상태가 일시적으로 되풀이되었을 것입니다(감수분열을 하는 오늘날 유성생식 생물에서 정자를 받아들인 수정란이 바로 그런 상태입니다). 그런데 환경이 다시 좋아져 먹이가 풍부해지자, 포식자의 세포 속에 있던 과잉의 유전물질과 소화가 덜 된 먹이는 골치덩어리로 변했습니다. 포식자는 이전의 날씬한 상태로 돌아가기 위해 유전자를 반으로 줄이고 세포 속에 아직 살아 있는 녀석은 처치해야 했습니다.

먼저, 유전자를 반으로 줄이기 위해 자신이 늘 하던 세포분열을 이용했습니다. 이 과정이 섹스 후 일어나는 감수분열의 기원이라는 것이 마굴리스의 번뜩이는 아이디어입니다. 한편, 소화가 덜 된 녀석을 처치하기 위한 방편으로, 죽음을 유도하는 유전자를 발전시켰습니다. 단, 굶주려 먹이를 소화하고 있을 때는 살려주고, 환경이 좋아지면 죽이는 타이밍이 필요했지요. 실제로 매사추세츠대학의 슈바르츠Lawrence M. Schwartz는 유성생식하는 생물의 세포 안에는 때에 맞추어 죽음을 유도하는 유전자가 여러 개 있음을 확인했습니다.

한마디로, 원생생물 시절의 우리 옛 조상은 유전자를 절반으로 줄이는 능력(유성생식 중에 일어나는 감수분열)과 불필요한 세포를 처치하는 기술(프로그래밍 된 죽음)을 개발함으로써 생존경쟁에서 유리한 고지를 차지했다는 설명입니다. 반면, 이를 발전시키지 못한 원생생물들은 생존경쟁에서 밀려났을 것입니다. 섹스와 예정된 죽음이 우리의 옛 미생물 조상들이 불가피하게 선택한 생존전략이었다는 것입니다.

그런데 오늘날 유성생식을하는 생물들은 염색체의 수를 반으로 줄이는 감수분열뿐 아니라 암수의 유전자를 뒤죽박죽 섞었다가 다시 재편도 합니다. 상대만 없애면 되는데 왜 굳이 자신의 DNA를 손보았을까요? 마굴리스는 암수가 DNA를 재편하게 된 이유는 환경에 보다 효과적으로 적응할 수 있는 이점이 잡아먹은 녀석에게 있었기 때문이라고 추정했습니다.

가령, 초기 지구에서는 강한 자외선이나 유해물질 등에 의한

DNA의 파괴가 흔했을 것입니다. 이 경우 포식자는 유전자의 손상된 부분을 잡아먹은 생물의 온전한 DNA로 대체하여 복구할 수 있었을 것입니다. 그런데 만약 먹힌 녀석이 다른 종이라면 DNA 정보가 달라 신속하고 효과적인 대체가 어려울 것입니다. 이런 점에서 마굴리스는 섹스와 죽음의 기원이 된 포식자와 먹힌 녀석이 같은 종의 생물이라고 추정했습니다. 즉, 같은 공생이라도 진핵생물의 기원은 다른 종끼리의 연합인 데 반해, 섹스와 죽음은 같은 종 사이에서 벌어진 일의 결과라는 설명입니다. 아직 증명되지 않은 가설이지만 마굴리스의 설명은 너무 설득력이 있어 보입니다.

또 하나의 기막힌 설명이 남아 있습니다. 왜 정자는 숫자가 많으며, 또 짝을 이루지 못한 나머지 녀석들은 모두 죽어야 할까요? 마굴리스는 정자들은 원래 힘이 없고 약한, 작은 새끼들이었다고 추정했습니다. 크기가 비슷한 성체는 잘못하면 먹힐 위험도 있고 잡아먹기도 힘들었을 것입니다. 또, 먹었다 해도 물질의 양이 많아 소화도 힘들었겠지요. 다루기 쉽고 숫자도 많은 새끼들을 먹었다가 그중 한 놈만 선택해 필요한 유전자를 뽑으면 그만이었을 것입니다.

실제로 그런 일이 유성생식에서 벌어지고 있습니다. 정자는 셀 수 없이 많고 작은데, 난자는 커다랗고 1개뿐이지요. 정자는 짝을 맺은 놈만 살고 나머지는 모두 죽습니다. 또, 난자는 정자의 DNA만 취합니다. 새로 탄생하는 2세의 몸은 정자의 DNA만 제외하고는 모두 난자의 물질을 바탕으로 만들어집니다. 사람의 경우 수정 후 약 2주에서 8주 사이의 배아기를 거쳐 그 다음에 태아가 됩니다. 태아의 물질은 기본적으로 모체가 먹은 음식, 즉 다른 생물의 분자에서 왔습니다.

수명 또한 난자가 훨씬 깁니다. 자연의 법칙은 어차피 일찍 죽을

생존경쟁이 치열한 생물계에서 큰 몸집은 여러모로 유리합니다. 2013년 발표된 연구결과에 의하면 이런 필요성 때문에 박테리아들은 최소 46번이나 다세포성을 시도했습니다.[54] 물론, 최초의 다세포성은 단세포생물들의 느슨한 연합이었지요. 이미 30~35억 년 전에 원핵생물인 녹조균(시아노박테리아)도 수십 마리가 필라멘트 모양으로 뭉쳐 무리를 이루었습니다. 진핵생물에서 나타난 가장 오래된 다세포성의 증거는 2010년 발표된 그리파니아 스피랄리스Grypania spiralis라는 박테리아의 미화석입니다. 이들은 21억 년이 된 가봉의 암석 속에 약 12cm 크기의 군체群體, colony 흔적을 남겼습니다.[55] 군체란 함께 행동하는 단세포 박테리아들의 집단을 말합니다.

오늘날 볼 수 있는 대표적인 군체로 500~5,000마리의 민물 녹조박테리아가 0.2~1mm 크기의 공 모양으로 무리 지은 볼복스volvox를 들 수 있습니다. 여름날 논이나 웅덩이에서 볼 수 있는 녹조 현상의 주범이지요. 편모를 이용해 이동하는 이들 진핵박테리아는 각 개체들이 실 모양의 원형질사原形質絲라는 물질로 서로 연락을 취하며 함께 움직입니다. 주로 영양 섭취나 자극에 반응해 같은 방향으로 이동하지요.

그런데 볼복스를 구성하는 대부분의 단세포 개체는 생식능력이 없습니다. 그 대신 무리 뒷부분의 15~25마리가 편모를 버리고 생식포生殖胞를 만들어 세포분열로 무성생식을 합니다. 원시적 형태의 세포 분업分業이지요. 2015년 UC 샌디에이고의 연구진은 군체의 크기가 너무 커져 굶어 죽을 위험에 처하게 되면 무리 바깥쪽 개체들이 안쪽의 박테리아들을 살리려고 칼륨(K)이온으로 통신해 번식을 멈추는 현상을 『네이처』에 발표했습니다.

단세포생물이 군체를 이루는 이유는 좋은 환경으로의 이동, 먹이

활동, 포식자부터의 도피 등입니다. 위스콘신대학의 마틴 보라스Martin E. Boraas 팀은 클로렐라 불가리스c. vulgaris(건조된 분말은 피부미용제로도 시판됩니다)라는 녹조세균을 배양한 후 여기에 포식자 세균을 집어넣어 보았습니다. 약 100세대가 지나자 클로렐라 박테리아들은 포식자에 먹히지 않으려고 서로 뭉쳤습니다. 그런데 포식자를 제거한 후에도 이들은 8마리로 이루어진 군체를 계속 유지했습니다. 분석결과, 이 크기는 포식자에게 먹히지 않고 빛과 영양을 방해없이 흡수할 수 있는 최적의 크기였습니다.

하지만 군체 단계를 벗어나 하나의 통일된 생명체로서 복잡한 조직을 가진 진정한 의미의 다세포성은 6종의 진핵생물에서만 일어났습니다. 버섯, 갈조류褐藻類, 적조류赤藻類, 녹조류綠藻類, 육지식물 그리고 동물이 그들입니다. 이중에서 동물은 1번(혹은 2번), 광합성을 하는 육지식물과 녹조류은 여러 번, 버섯은 3번에 걸쳐 다세포성을 강화하는 진화가 일어났다고 합니다. 그 과정은 크게 다음의 두 가지 조건을 충족하는 작업이었습니다.

첫째, 세포를 묶는 일과 이들 사이의 통신입니다. 다세포생물은 이를 위해 특별한 화학물질들을 개발했습니다.[56] 먼저, 세포를 서로 접착시켜 주는 물질입니다. 동물의 경우 콜라겐, 프로테오글리칸 등의 단백질복합체나 다당류, 식물의 경우 펙틴성 물질이나 다당류가 그 역할을 합니다. 뼈 세포 사이의 수산화인회석, 눈의 흰자위 세포 사이를 채우고 있는 단백질 등도 마찬가지입니다.

다음으로 중요한 물질은 세포 사이의 통신을 담당하는 분자들입니다. 이들 통신병 분자는 양분과 에너지를 공급하는 대사작용을 하도록 세포들을 연결해 주며, 전기신호를 먼 세포에 전달해 하나의 몸으로 통일성을 가지게 하지요. 특히, 다세포 진핵생물의 세포막 표면에는 엔도솜endosme이라는 주머니가 있어 통신 분자들이 머물 수 있도록 합니다. 접착분자와 달리 통신 분자는 하등 다세포생물에서는 덜 발달했습니다.

둘째, 다세포생물에서 세포를 묶는 일과 통신 못지 않게 중요한 요소는 역할 분담입니다. 현존하는 다세포동물의 몸에는 각기 다른 기능을 맡은 100~200종(피부세포, 근육세포 등)의 세포가 있습니다. 식물과 버섯도 10~20종의 세포가 각자의 역할을 맡고 있지요. 이것이 가능하도록 만들어 주는 것은 당연히 유전자이지요. 2016년 발표된 연구에 의하면[57], 약 8억~7억 5,000만 년 전 어떤 단세포 진핵생물에서 GK-PID라는 단백질 유전자가 작은 돌연변이를 일으켜 세포의 기능을 분화하도록 유도했다고 합니다. 또한, 이러한 돌연변이가 촉발된 주요 원인의 하나가 바이러스에서 유래한 유전자 조각들 때문이라는 사실도 2000년 이후의 여러 연구로 밝혀졌습니다.

오랫동안 과학자들은 다세포생물의 출현이 단세포생물들의 협동의 결과만이라 생각했습니다. 그러나 엄밀히 말하자면, 세포들의 협동과 경쟁이 타협한 결과라 보는 편이 더 타당합니다. 협동 못지않게 경쟁 본능을 가진 단세포생물들의 이기적 행동을 막는 장치의 개발도 중요했기 때문입니다. 생물의 세계에서는 조직을 배반하여 이득을 취하려는 녀석들이 항상 있게 마련이지요. 가령, 어패류를 부패시키는 박테리아인 슈도모나스 훌루오레센스Pseudomonas fluorescens는 끈적한 물질을 분비해 판 모양으로 무리를 이루고 삽니다. 산소를 더 잘 흡수하기 위해서지요. 그런데 간혹 일부 녀석이 자신의 영양을 아끼려고 슬쩍 분비물 생산을 멈춥니다. 그렇게 되면 판은 깨지고 박테리아들은 단세포

상태로 흩어집니다.

다세포생물은 이런 폐단을 방지하기 위해 자발적으로 개인이 희생하는 정교한 장치를 발전시켰습니다. 다름 아닌 세포의 예정된 죽음, 아포토시스apoptosis입니다(섹스과 관련된 마굴리스 가설의 예정된 죽음이 단세포 수준의 설명이라면, 아포토시스는 다세포생물의 죽음 프로그램입니다). 세포의 자살인 아포토시스는 개별 세포에게는 손해이지만 종족의 유전자 보존에는 이득을 주는 장치입니다. 다세포생물로 진화하기 직전 단계의 생물인 효모(이스트)균에서 이런 면의 초기 형태를 엿볼 수 있습니다. 효모균들은 일정한 크기 이상으로 무리가 커지면 일부 개체가 아포토시스와 비슷한 메커니즘으로 죽습니다. 그러면 균들 사이의 결합이 약해져 무리가 작은 조각으로 나뉘어지지요. 그 덕분에 남은 균들은 새로 생긴 여유 공간에서 쉽게 영양을 섭취합니다.

다세포동물인 사람은 어떨까요? 우리 몸은 피부세포, 간세포, 뇌세포 등 기능이 다른 200여 종, 37조 개의 세포로 이루어져 있습니다. 그런데 사람이 질병이나 사고로 죽음을 맞으면 그 순간 어떤 일이 벌어질까요? 손상되어 죽음을 맞은 세포와 관련이 없는 신체 다른 부위의 멀쩡한 세포들은 영문도 모르고 따라 죽어야 합니다. 우리 몸의 각 세포들은 원칙적으로 단세포생물에서 유래한 독립적인 생명체들입니다. 그래서 DNA도 각자 가지고 있고 수명도 서로 다르지요. 하지만 사고가 닥치면 각자 능력에 따라 버티다 시차를 두고 죽어갑니다. 어떤 세포들은 하루 이상도 버티지요. 대부분 산소를 공급받지 못해 죽습니다. 죽은 사람의 장기를 이식할 수 있는 것은 그 덕분입니다. 뇌와 심장 중 어느 쪽을 사망 시점으로 할지의 논쟁도 그래서 발생하지요.

영국 뉴캐슬대학 노화 및 건강연구소의 토마스 커크우드Thomas

Kirkwood는 노화와 죽음을 아포토시스와 연관 지은, 설득력 있는 이론을 내놓았습니다.[58] 그의 '처분되는 체세포 이론Disposal soma theory'에 의하면, 다세포생물에서는 생식과 관련한 세포 이외의 모든 체세포soma(몸의 세포)는 소모품입니다. 생물은 한정된 에너지와 양분을 사용해 대사작용과 세포 보수작업, 그리고 자손번식을 위한 생식작용을 모두 수행해야 합니다. 이런 상황은 생물에게 무거운 짐입니다. 특히 주변에 먹이나 자원이 부족할 때는 생존과 직결된 문제였지요.

커크우드에 의하면 다세포생물은 이 문제를 해결하기 위해 체세포들이 자신과 같은 유전자를 가진 생식세포를 하나만 대표로 살게 하고, 나머지는 때가 되면 스스로 사라지는 장치를 개발했다고 설명합니다. 실제로 모든 체세포들은 세포분열을 통해 끊임없이 교체되고 재생됩니다. 세포분열을 거듭할수록 염색체의 끝부분인 텔로미어telomere는 점차 닳아 짧아지지요. 반복 횟수가 일정 값에 이르러 텔로미어의 손상이 심해지면 세포는 더 이상 분열하지 않고, 아포토시스라는 세포 자살을 실행합니다. 반면, 생식세포인 정자와 난자는 정교한 자기치유 및 선별기구를 통해 텔로미어가 거의 손상을 입지 않습니다. 당연히 세포 자살도 하지 않지요. 그 대신 체세포들의 유전자를 2세에 전달해, 동료의 희생에 보답합니다.

생식세포가 불멸한다는 그의 주장을 뒷받침하는 예가 있습니다. 민물에서 사는 해파리의 사촌 히드라hydra는 길이 10mm의 작은 생물입니다. 자연 상태에서 이들은 여러 외부 환경요인 때문에 대부분 일찍 죽습니다. 하지만 사고로부터 보호 받고 있는 실험실의 히드라는 노화가 거의 진행되지 않습니다. 끝까지 지켜보지 않아 모르지만 최소 1,400년, 심지어 1만 년 이상 산다고 추정됩니다. 히드라가 노화되지 않는 이유는 돋아나는 새 살이 배胚세포이기 때문임이 밝혀졌습니다. 유성생식이 발달하지 못한 일부 무척추동물에서는 체세포에서도 배세포를 생성하는 능력(somatic embryogenesis)이 있는데, 히드라가 바로 그런 경우입니다.

이와 달리 유성생식을 하는 고등 다세포생물에서는 배세포가 생식샘에서만 생산되도록 진화했지요. 나머지 체세포는 모두 때가 되면 죽게 프로그래밍되어 있습니다. 그런데 생식세포도 아닌데 혼자 살려는 약삭빠른 체세포가 있습니다. 오래 사는 동물에서 주로 나타나는 암세포입니다. 암세포는 배세포와 마찬가지로 세포분열을 거듭해도 텔로미어의 손상이 거의 일어나지 않아 노화로 죽지 않습니다. 이들은 때가 되면 죽기로 한 체세포들 사이의 약속을 어긴 배신자들입니다.

커크우드의 이론을 달리 해석하면, 노화와 죽음은 생물이 한정된 자원을 놓고 생존과 번식 중 무엇을 우선할 것인지 조절하는 과정에서 나온 고육지책苦肉之策입니다. 실제로 다산多産하는 종은 수명이 짧고, 새끼를 적게 낳는 동물이 대체로 장수長壽합니다. 쥐와 코끼리를 보면 알 수 있지요.

수족관 벽의 우리 조상 | 최초의 다세포동물들

그렇다면 최초의 다세포생물은 언제쯤 출현했을까요? 유전자 추적을 통한 최근의 분자시계 연구결과를 종합해 보면 약 8억 년 전으로 추정합니다. 바로 이 무렵 지구의 3대 다세포생물인 동물과 식물, 그리고 균류fungi(버섯, 곰팡이 등)가 단세포 공통조상에서 분기되었다고 추정됩니다. 이들 중 식물과 조류藻類(미역류)의 공통조상이 가장 먼저 갈라져 나갔고, 이어 균류, 동물의 순서로 분기했다고 봅니다. 분자생물학적 분석에 따르면 8억±1억 년 전은 단세포 진핵생물이 크게 다양해진 시기입니다. 또, 지질학적 증거로도 진핵생물에 유해한 황화물의 농도가 줄고, 대신 바닷물의 산소 농도가 크게 증가한 시기였지요. 이런 풍족한 환경이 다세포생물의 출현을 촉진했다고 보여집니다.

또 하나 궁금한 점은 어떤 단세포생물이 다세포생물로 진화했느냐의 문제입니다. 우리의 관심사는 동물이므로 지금부터 다세포동물을 중심으로 살펴보겠습니다. 과학자들은 약 9억~8억 년 전의 깃편모충choanoflagellate류를 단세포와 다세포동물을 잇는 중간 단계로 보고 있습니다. 깃편모충은 편모鞭毛, 즉 채찍 모양의 꼬리를 움직여 이동하는 단세포 진핵생물입니다. 현존하는 편모충은 옷깃(동정) 모양으로 둥글게 군체를 이루며 생활합니다. 이들은 티로신키나제tyrosine kinases라는 분자를 이용해 서로 통신하며 다세포생물처럼 행동하는 단세포생물입니다.

깃편모충에서 발전해 화석으로 흔적을 남긴 최초의 다세포동물은 해면류海綿類, sponge입니다. 스폰지라는 이름처럼 지중해 연안 사람들이 수세미로 사용했던 해면은 다공성 조직을 가진 원시 다세포동물이지요. 크기는 좁쌀 만한 것에서 1m에 이르기까지 다양한데, 속이 빈 원통형 몸체의 안쪽 벽에 깃(동정)세포들이 있습니다. 편모를 움직여 바닷물을 통 안에 들어오게 한 다음 깃세포로 먹이를 걸러 먹지요. 이러한 원시적 소화 방법과 각 세포의 형태는 깃편모충에서 발전한 것이 분명합니다. 식물처럼 바위에 붙어 고착생활을 하지만 먹이활동을 하는 분명한 동물입니다. 이들은 다세포이지만 세포 간의 결합이 약해

균체와 비슷한 면도 있습니다. 체에 내리면 단세포로 분리되어 독자적으로 생존과 번식도 할 수 있지요. 세포의 결합과 분업이 덜 된 가장 원시적인 다세포동물인 셈입니다.

그러나 해면류는 우리의 직계 조상이 아닙니다. 진화선상에서 살짝 옆으로 샜다고 해서 측생側生동물Parazoa이라는 분류에 넣지요. 그들의 친척인 우리 조상을 포함해 당시의 초기 다세포동물들을 통틀어 후생後生동물Metazoa이라 부릅니다(아메바 등의 단세포 진핵동물을 지칭하는 원생동물protozoa과 구분하기 위한 용어이다). 우리의 직계로 추정되는 후생동물은 판형板形동물Placozoa입니다. 겨우 2,000~3,000개의 세포로 구성된 작고 납작한 동물이지요. 현존하는 판형동물은 극소수인데 털납작벌레Trichoplax adhaerens가 대표적입니다.[56] 바닷물 수족관의 끈적한 물질에서 발견된 이 0.5mm 크기의 생물은 등과 배에 뚜렷이 구별되는 2개의 세포층이 있습니다. 그 사이에 끈적한 유체가 들어 있으니 모두 3개층으로 이루어진 구조이지요. 납작한 몸통의 바깥쪽에는 편모들이 있으며, 이를 통해 단세포 조류(미역류)를 걸러 먹습니다. 신경계는 없지만 소화와 편모이동 등 분업을 담당하는 4종류의 세포가 있어, 해면동물보다 훨씬 발전된 형태이지요. 이들의 몸체는 가장자리가 아메바처럼 불규칙하게 변하는 비대칭입니다.

그런데 약 6억 8,000만 년 전 판형동물의 일부가 소화기관을 분화시키고 대칭적 몸체를 가진 동물로 진화했습니다. 진정후생동물眞正後生動物, Eumetazoa이라고 부르는 동물입니다. 다름 아닌 해면동물(및 그 조상인 판형동물)을 제외한 모든 동물의 조상이지요. 당연히 우리의 조상이기도 합니다.

다세포생물의 진화에서 몸체의 대칭성은 매우 중요합니다. 크게 방사放射형(예: 단면이 원)과 좌우대칭형의 두 부류로 구분하지요. 식물은 방사형 혹은 원추형입니다. 움직임이 적은 최초의 대칭형 동물도 방사형이었습니다(보다 후에 진화했지만 움직임이 작고 몸체 노출을 피하는 성게, 불가사리, 해삼 등의 극피동물도 마찬가지이지만 대부분 5방사형입니다). 방사형이 더 원시적인데, 대표적인 진정후생동물이 자포刺胞동물Cnidaria이었습니다. 그들의 당시 그들의 모습이 어떠했는지를 알 수는 없지만, 현존 자포동물인 해파리, 산호, 말미잘처럼 제한된 움직임으로 물에 뜨거나 혹은 고착생활로 먹이를 취한 다양한 모양의 바다 생물들이었을 것입니다.

방사형 자포동물의 일부는 더욱 진화해 좌우대칭동물Bilateria의 조상이 되었는데 약 6억 3,000만 년 전의 일입니다. 이들의 몸은 상하 축을 기준으로 좌우대칭이며 앞(예컨대 머리)과 뒤(꼬리)가 구분됩니다. 좌우대칭동물 중 가장 원시적인 부류는 무장류無腸類, Acoela, 즉 내장이 없는 동물입니다. 현존하는 동물로는 수 mm 크기의 납작벌레가 있습니다. 입은 있지만 내장 대신 주머니 비슷한 원시 소화기관을 가지고 있는 동물이지요.

좌우대칭동물에는 지렁이에서 곤충, 어류, 포유류, 사람에 이르기까지 거의 대부분의 동물이 포함됩니다. 이들을 삼배엽三胚葉동물Triploblastica 또는 체강體腔동물Coelomates이라고도 부르지요. 체강이란 몸의 구멍이란 뜻인데, 동물의 배아 발생 초기에 나타나는 몸체의 껍데기(외배엽)와 안쪽 소화 통로(내배엽) 사이에 있는 중배엽이라는 빈 공간을 말합니다. 중배엽은 나중에 심장, 혈관, 근육, 뼈, 생식기관 등의 다양한 기관으로 발전하는 부위입니다. 좌우대칭동물의 출현은 동물의 진화에서 중요한 도약입니다. 왜냐하면 이전의 해면동물은 배아기에 배

엽을 형성하지 않았고 자포동물(해파리, 말미잘)에서도 중배엽이 없었기 때문에 복잡한 기관이 생기지 않았습니다.

이와 달리 3배엽성의 좌우대칭동물은 이들과는 비교가 안 될 정도로 복잡한 몸의 구조를 가지게 되었지요. 이러한 도약은 다세포동물의 기능이 분화되어 몸의 세포(체세포)와 생식세포(정자, 난자)가 구분되기 시작한 6억 년 전 무렵부터 나타나기 시작한 것으로 보입니다. 화석으로는 중국 남부 두산퉈층Doushantuo Formation에서 발견해 2014년 미국과 중국팀이 밝힌 6억 년 전의 메가스페라Megasphaera가 있습니다.[59] 직경이 불과 0.7mm인 작은 화석들인데 원시 좌우대칭동물의 배아 형성 모습을 볼 수 있습니다. 약 5억 5,000만 년 전에는 지렁이 등의 환형環形동물, 즉 등과 배도 구분되는 더욱 발전된 좌우대칭동물이 나타났습니다. 지렁이와 거머리는 매우 원시적 동물로 생각되지만 머리와 꼬리, 등과 배가 구분되는 형태를 갖춘, 꽤나 발달된 생물인 셈입니다.

결국 약 8억 년 전 출현한 다세포동물이 복잡한 좌우대칭형으로 진화하는 데 2~3억 년이나 걸린 셈입니다. 동물 역사에서 30~40%나 차지하는 긴 기간이지요. 오늘날 좌우대칭동물은 전체 동물의 90% 이상을 차지합니다. 반면, 해파리 등의 자포동물은 1,000만 종의 동물 중 2만 종도 안되지요. 식물도 암수 생식세포가 따로 있는 유배有胚식물을 거쳐 관다발(줄기)을 가진 대칭적 모습으로 진화하는 데 수억 년이 걸렸습니다.

자포동물에서 좌우대칭동물이 갈라지던 무렵의 과도기적 상황을 잘 보여 주는 예가 에디아카라Ediacara 화석입니다. 고생물학자들은 20세기 중반만 해도 화석으로 발굴될 수 있는 동물은 5억 4,200만 년 전에 시작된 고생대古生代에 처음 나타났다고 생각했습니다.* 그런데 1946년 호주 남부 애들레이드Adelaide시에서 북쪽으로 500여 km 떨어진 에디아카라 힐스Ediacara Hills에서 주 정부의 지질조사원이 기이한 화석들을 발견했습니다. 발견한 이는 스피리그Reginald C. Sprigg라는 사람이었는데, 그는 양 목장에서 폐광의 재개발 가능성을 조사하던 중이었습니다. 그가 발견한 화석들은 그 때까지는 전혀 보고되지 않은 희한한 모습의 동물들이었습니다. 이 화석들은 6억 2,000만년 전에 형성된 사암층에 있었습니다. 사실이라면 고생대 이전, 즉 선캄브리아기의 화석이라는 의미인데, 당시까지만 해도 그런 사례가 보고된 바가 없었지요. 스피리그는 발견 내용을 〈네이처〉에 논문으로 투고했으나 게재가 거부되었습니다. 크기가 있는 다세포동물은 고생대 이전에 없었다는 기존의 학설을 통째로 뒤엎는 내용인 데다, 전혀 알려지지 않은 인물의 주장이었기 때문이었지요.

스피리그는 2년 후 런던에서 열린 국제지질학회에서 같은 내용을 다시 주장했으나 수용되지 않았습니다. 그러나 1960년대 이후 세계 30여 곳에서 비슷한 화석들이 추가로 발견되면서 그의 주장은 점차 사실이 되었습니다. 결국, 2004년 국제지질학연합International Union of Geological Sciences,, IUGS은 120년 전에 규정했던 지질시대를 수정했습니다. 고생대

* 고생대 이전을 선(先)캄브리아기라고도 부른다. 고생대의 첫 시기인 캄브리아기 이전이라는 뜻이다.

직전에 에디아카라기期를 추가한 것입니다. 공스피리그는 공적을 인정 받았지만 오래 전에 직장을 사직하고 천연가스와 우라늄 탐사로 거부巨富가 된 후였습니다.

에디아카라기는 6억 3,000만~5억 4,200만 년 전 사이의 기간입니다. 이 시대의 동물 화석은 특히 후반부 지층으로 갈수록 풍부하고 다양하게 나타납니다. 에디아카라 동물들의 특징은 딱딱한 껍데기가 없는 물렁물렁한 몸체를 가졌다는 점입니다. 형태는 원판, 타원형, 나뭇잎 모양 등 매우 다양합니다. 이들은 운동성이 크지 않아 해파리처럼 물 위를 떠다니거나 고착생활을 하며 플랑크톤 등의 먹이를 섭취했습니다. 일부는 해저 바닥에 기어 다닌 흔적을 남겼습니다. 그러나 먹이를 사냥하지는 않았습니다. 운동성이 크지 않았고 포식자가 거의 없었음을 말해 주지요. 서로 잡아먹지 않고 평화롭게 살았다는 의미에서 이 시대의 바닷속 모습을 '에디아카라 정원'으로 묘사도 합니다. 화석으로 남아 있는 에디아카라 동물은 대다수가 자포동물(해파리와 그 친척들)이며, 소수의 해면동물과 좌우대칭동물도 포함됩니다.

에디아카라기에 동물들이 번성한 원인은 지구를 덮었던 빙하의 해빙과 관련이 있다고 추정됩니다. 사실, 그 전에도 지구는 몇 차례의 혹독한 빙하기를 겪었습니다. 24억~21억 년 전에는 휴론 빙기Huronian Glaciation가 있었으며, 그 직후의 찾아온 해빙, 온난기에 '산소 대급증 사건'이 일어나 진핵생물이 탄생했다고 추정됩니다. 7억 2,000만 년~6억 3,500만 년 사이에도 스타티아Sturtian 및 마리노아 빙기Marinoan Glaciation라는 두 빙하기가 있었지요. 이를 연구한 캘리포니아공과대학과 하버드대학의 연구진은 당시의 지구를 '눈덩이 지구snowball earth'라고 불렀습니다. 당시의 평균기온은 -50도여서 적도 부근도 -20도에 이를 만큼 지구는 눈과 얼음으로 덮였었지요. 눈덩이 지구의 증거는 지구 곳곳에서 발견되는 빙퇴석冰堆石으로 확인됩니다.

그중 마리노아 빙기는 가장 혹독했습니다. 이 빙기는 이어진 활발한 화산활동으로 방출된 이산화탄소의 온실효과 덕분에 6억 3,500만 년 전에 막을 내렸습니다. 그러자 해빙으로 많은 양의 양분과 광물, 특히 철분이 풍부한 인산염이 바닷물 속에 다량 녹아 들어가 산소를 생산하는 조류(미역류)의 번식을 도왔습니다.[60] 다세포동물이 본격적으로 번창한 에디아카라기는 그 직후 시작되었습니다. 물론, 육상동물은 아직 없었지요.

그런데 무려 9,000만 년 동안이나 바다에서 번성했던 에디아카라 동물은 에디아카라기의 마지막 300만 년 사이에 갑자기 멸종했습니다.[61] 너무 갑작스러운 멸종이었기에 디킨소니아(Dickinsonia, 트리브라키디움Tribrachidium 등 당시에 번창했던 수많은 에디아카라 동물들은 후손도 남기지 못했습니다. 해파리류의 조상만이 극소수 생존했을 뿐입니다. 이 급속한 멸종의 원인은 소행성 충돌이나 격렬한 화산활동과 같은 자연적 요인이 아니었습니다! 놀랍게도 다른 생물에 의한 것이었지요. 사실 비슷한 상황이 현재의 지구에서도 벌어지고 있습니다. 우리 인류가 그 주인공이죠.

적극적 사냥과 방어 경쟁 | 캄브리아 대폭발

에디아카라기가 끝나자 현생누대累代(고생대~신생대)가 시작되었습니다. 고생대의 첫 시기를 캄브리아기(5억 4,200만 년 전~4억 8,830만 년 전)라고 부릅니다(캄브리아는 관련 화석이 처음 발견된 영국 웨일즈의 라틴어 이름입니다). 새 시대를 열게 만든 대멸종의 주범은 다름 아닌 좌우대칭동물이었습니다. 물론, 이들은 캄브리아기 직전인 에디아카라기의 마지막 1,000만~1,500만 년 동안에도 있었습니다. 문제는 그들 중 일부가 능동적으로 사냥을 시작한 것이었습니다. 적극적인 사냥은 이전에는 없었던 중요한 진화상의 사건이었습니다. 여러 번 언급했지만 동물은 다른 생물의 분자를 먹어야 살 수 있는 종속영양체입니다. 따라서 에디아카라 동물들도 먹이를 먹었지만 바닷물의 플랑크톤 등을 걸러 먹는 등 수동적인 방식이었지요.

그런데 복잡한 몸체를 가지게 된 좌우대칭동물의 일부가 특별한 무기를 개발했습니다. 빠르게 움직일 수 있는 튼튼한 근육, 먹이를 깨물 수 있는 치설齒舌(까칠한 혀)이나 이빨, 그리고 잘 갖춰진 소화기관입니다. 물렁이만 살던 세상에 첨단 무기를 갖춘 좌우대칭동물이 출현하자 나머지 동물들은 운명의 갈림길에서 양자택일을 강요 받게 되었습니다. 한쪽은 대폭적인 변신의 길이었고, 다른 쪽은 그대로 멸종하는 길이었지요.

굼뜨고 물렁물렁한 에디아카라 동물은 멸종의 길을 갔습니다. 그들은 자신의 모습을 고집하다 잡아 먹혀 멸종했습니다. 단단하지 못한 몸체를 가졌던 일부 원시 좌우대칭동물도 마찬가지였지요. 미국 밴더빌트Vanderbilt대학의 발굴팀은 그 증거를 나미비아 남부의 언덕에 노출된 5억 4,500만 년 된 지층에서 찾아냈습니다.[62] 2015년 발표된 결과에 의하면, 이 지층은 에디아카라 동물의 멸종 직전 마지막 300만 년의 모습을 생생히 보여 주고 있습니다. 그곳에는 특이한 구멍과 이동의 흔적들이 있었는데, 새로 출현한 좌우대칭 포식동물들이 만들어 놓은 것이었지요. 아울러 동물화석의 다양성은 이전 지층에 비해 급격히 줄어 있었습니다. 에디아카라 동물이 대량으로 사라지기 시작했다는 증거였지요.

한편, 갑자기 출현한 사냥꾼들로부터 살아남기 위해 재빠른 변신을 택한 무리들이 있었습니다. 포식자의 신무기에 대처해 빠르게 새로운 전략을 발전시킨 동물들이었지요. 이들은 사냥꾼과 마찬가지로 좌우대칭동물이었지만 먹히는 입장에 있었던 녀석들이었습니다. 자포동물이 주를 이루는 에디아카라 동물과 달리, 좌우대칭동물인 이들은 발달된 다세포성 덕분에 새로운 대항무기를 신속히 발전시킬 수 있었습니다. 포식자보다 빠르게 도망갈 수 있는 근육, 유선형 몸매, 위장술, 단단하고 두꺼운 외피 등이 그 예이지요. 이에 질세라 포식자도 더욱 크고 강하게 몸체를 키웠습니다. 커진 덩치 때문에 산소와 양분을 먼 부위까지 공급해야 했기 때문에 혈액도 등장했지요. 결국, 포식자와 먹이동물의 치열한 무기와 방어 경쟁이 다양한 몸체를 탄생시켰습니다. 그 결과 캄브리아기 초기인 5억 4,200만년 전부터 불과 500~1,200만년 사이의 짧은 지질학적 기간에 동물의 종류가 폭발적으로 증가했습니다(2,500만년까지 보는 추정도 있습니다). 이 격동적인 사건을 '캄브리아 대폭발Cambrian Explosion'이라고 부릅니다. 당시 동물이 얼마나 다양하게 진화했는지 보여 주는 유명한 사례가 캐나다 서부 록키산맥에서 발견된 버제스 셰일Burgess Shale 화석군입니다. 물렁한 몸체에서 단단한 갑각류에 이르기까지 완벽에 가깝게 보존된 8만 개 이상의 화석들은 캄브리아 중기에 이르러 해저동물들의 다양성이 얼마나 폭발적으로 늘어났는지 잘 보여 주고 있습니다.

아울러 포식자와 피포식자로 이루어진 당시의 생태계 모습도 잘 보여 주고 있습니다. 오늘날 지구상에 있는 38문門의 동물(분류방법에 따라서는 32~36문) 중 33문이 캄브리아 대폭발 때 출현했습니다. 그 이전의 동물은 4개 문에 불과했지요. 나머지 1문은 훨씬 뒤에 출현한 태형苔形동물(이끼동물)인데, 동물의 세계에서 그리 중요하지 않은 위치에 있습니다. 물론, 적극적 사냥의 출현을 동물종이 폭발적으로 증가한 모든 원인으로 돌릴 수는 없겠지요. 다세포성의 발달과 체강을 가진 좌우대칭동물의 출현 등, 선결조건이 준비되어 있었습니다. 이 상태에서 사냥이 동물종의 폭발을 촉발한 것이지요. 아무튼 절지節肢동물, 연체軟體동물, 척추동물 등 우리가 오늘날 알고 있는 동물의 조상 대부분이 캄브리아 폭발 때 표준 체형을 갖추며 출현했습니다.

그중에서 동물종의 3/4을 차지하며 숫자도 가장 많은 절지동물의 예를 들어볼까요? 게, 가재, 새우, 그리고 육지로 진출한 곤충에서 보듯이 대부분의 절지동물은 딱딱한 외피로 무장해 포식자에 대항하고 있습니다. 캄브리아기에 살았던 대표적 절지동물이 그 유명한 삼엽충三葉蟲입니다. 화석으로만 6만 종이 알려진 삼엽충은 단단한 외피로 보호되어 있는 데다가, 몸체를 말아 연약한 배를 감출 수 있는 구조 덕분에 2회의 대멸종을 버티고 3억 년 동안이나 생존했습니다. 삼엽충은 지구상에 살았던 가장 성공적인 동물이었습니다. 두 번째로 성공적이었던 공룡은 그 절반인 1억 5천 년 동안 생존했죠.

물론, 모든 생물이 갑옷으로 무장한 것은 아니었지요. 절지동물 다음으로 종류가 많은 연체동물은 이름 그대로 물렁한 몸체를 가졌습니다. 이들은 두 가지 전략을 구사했지요. 조개류처럼 단단한 껍데기를 뒤집어쓰거나, 오징어처럼 민첩하게 달아나는 방법입니다. 그러기 위해서는 다른 중요한 신체기관이 필요했지요. 다름 아닌 눈(眼)입니다.

모두가 노출된 냉혹한 세상 | 눈의 출현

베스트셀러 『눈의 탄생』으로 잘 알려진 옥스포드대학(당시)의 동물학자 앤드류 파커Andrew Parker는 캄브리아 폭발의 핵심은 눈의 출현이었다고 강조했습니다.[63] 눈은 위험을 미리 감지하고 도망가기 위해서도 필요하지만, 포식자의 입장에서는 먹이를 수색하고 섬멸하기 위해서 필수적이었습니다. 눈의 출현으로 사냥꾼과 먹이감이 서로 상대방을 볼 수 있게 되자 동물계는 대혼란에 빠졌습니다. 어느 쪽이건 보지 못하게 되면 굶어 죽거나 먹히거나 둘 중 하나였습니다.

이렇게 되자 대부분의 동물이 눈을 개발하는 필사적인 경쟁에 들어갔습니다. 예를 들어 어류의 눈은 지질학적으로 순간에 불과한 40만 세대(약 50만 년), 일부 학자들에 따르면 10만 세대 사이에 완성되었다고 추정합니다.[64] 그렇다면 왜 이때 눈이 출현했을까요? 일부 과학자들은 갑자기 밝아진 지구의 빛이 원인이라는 가설을 제시합니다. 즉, 캄브리아기 초기에 태양계가 별이 밀집한 우리은하 안의 나선팔 구역에 진입했으며, 이때 주변에 밝은 별들이 많아져 지구가 환하게 되었다는 추정이지요. 어찌 되었건 육지동물이 없었던 당시의 바다 속은 환해지자 서로의 비밀을 감출 수 없는 세상이 되었습니다.

그러면 동물의 몸에서 눈은 어떻게 진화했을까요? 태곳적부터 단세포생물도 빛 감응感應분자들을 이용해 명암을 구분했습니다. 실제로 대부분의 생물은 세포 안에 이런 분자들을 갖고 있습니다. 파래 등의 녹조식물이나 원시 미생물인 연두벌레euglena도 안점眼點, eye spot이라는 빛 감지 소기관을 갖고 있습니다. 안점 안에는 빛을 받아들이는 빛 수용체photopreceptor 단백질과 빛을 받아 색을 내는 발색단chromophore이라는 작은 입자들이 있습니다.

원시 단세포생물에도 있는 이 안점이 바로 눈을 만든 출발점입니다. 동물의 눈은 매우 다양다양해서 서로 다르지만 공통적으로 안점에는 옵신opsin이라는 빛 수용체 단백질이 있습니다. 그래서 배아胚芽 발생 초기에 눈 세포가 생겨나는 것을 결정하는 PAX6라는 유전자는 모든 동물에서 동일합니다. 안점은 원래 원시 단세포 박테리아들이 살아가는 데 있어 중요한 기관이었습니다. 이를 이용해 어두운 곳과 밝은 곳, 밤과 낮의 하루 주기를 감지했기 때문이지요. 올챙이도 피부로 밤낮을 감지해 피부색을 위장하지요. 하지만 안점만으로는 광원光源의 정확한 방향이나 물체의 형상을 탐지하지 못합니다. 더구나 미생물의 안점은 세포 안에 있었지요.

안점이 광원의 위치를 정확히 탐지하고 물체의 형상을 파악할 수 있는 눈으로 발전하는 과정은 쉬운 일이 아니었습니다. 이런 이유로 38문의 동물 중 6개 문에서만 눈이 진화했습니다. 하지만 이 6개 문의 동물이 오늘날 전체 다세포동물의 96%나 차지합니다. 그만큼 먹거나 먹히는 것이 운명인 동물에게 있어 눈의 출현은 진화상의 중요한 진전이었습니다. 과학자들은 안점이 눈으로 발전한 큰 줄거리는 잘 파악하고 있습니다. 첫 단계는 안점 안에 있는 옵신과 같은 빛 수용체 분자가 숫자를 늘려 표면적을 넓게 하는 단계였습니다. 실제로 눈의 구조에서 가장 중요한 망막은 빛 수용체 분자의 수를 최대한 많게 하기 위해 털 모양으로 층을 이루고 있지요.

두 번째 단계는 크기가 커진 안점 혹은 원시 망막이 표면적을 더욱 늘리기 위해 그릇 모양으로 움푹 파이는 단계였습니다. 이처럼 안점이 모여 오목한 막이 되자 빛이 오는 방향을 파악할 수 있었습니다. 일부 연체동물과 오늘날의 달팽이가 바로 그런 움푹 패인 눈을 가지고 있지요. 마른 곳에서 살 수 없는 달팽이는 형체는 인식하지 못하지만 빛의 방향과 강도를 정확히 파악해 직사광선(빛)이 약한 젖은 곳으로 이동합니다.

세 번째 단계에서는 빛 수용체로 이루어진 막이 극단적으로 깊어져 아예 공 모양이 되었습니다. 공은 면적이 최대가 되는 기하학적 모양이지요. 그러나 빛을 감지해야 하므로 공 모양의 입구는 풍선의 주둥이처럼 약간 열려 있어야 했습니다. 좁은 빛 구멍을 가진 일종의 카메라 상자가 만들어진 것입니다. 그 결과 희미하지만 형체를 알아볼 수 있게 되었습니다. 앵무조개가 바로 이런 원시적 카메라 눈을 가지고 있습니다. 이들은 각막과 수정체(렌즈)는 없지만 낮은 해상도의 희미한 상을 얻습니다. 마지막 단계에서는 렌즈 역할을 하는 수정체, 유해한 자외선을 거르고 빛의 굴절률을 높여주는 안구 내부의 투명 유리체액, 빛 초점을 맞추게 해주는 각막 등이 나타났습니다.

이는 대략적인 원리이며, 빛 수용체들이 모여 눈으로 진화하는 데에는 여러 방법이 있었습니다. 가령, 척추동물의 눈은 뇌 근처에 있지만, 문어는 표피에서 만들어집니다. 과학자들은 동물의 종에 따라 약 40~65회나 독립적으로 눈이 진화되었다고 추정합니다. 세부 생성과정은 달랐지만 오늘날 동물의 눈은 크게 두 부류로 나눌 수 있습니다. 첫째는 방금 설명한 카메라 눈입니다. 사람을 비롯한 척추동물과 문어, 오징어 등의 두족류頭足類가 갖고 있는 눈이지요. 두 번째는 복안複眼으로도 불리는 겹눈입니다. 여러 개의 낱눈이 모여 하나의 눈을 이루는 경우입니다. 곤충이나 갑각류 등의 절지동물이 이런 눈을 가졌지요. 낱눈의 수는 일개미의 6~8개에서 잠자리의 28,000개까지 다양합니다. 겹눈은 일종의 화소畵素 역할을 하는 낱눈이 모인 것이므로 정보를 모두 통합해야 하나의 시각을 만들 수 있습니다. 하지만 360도 방향을 볼 수 있고, 특히 미세한 움직임을 탁월하게 포착하지요.

알아본 대로 눈의 목적은 사냥, 즉 포식과 도주를 위해 생겨났습니다. 따라서 움직이는 물체에 민감하도록 진화했지요.[65] 개구리는 가만히 앉아 있는 파리를 알아채지 못합니다. 눈의 주임무는 움직이는 물체의 파악이었기 때문입니다. 사람의 눈 역시 시선을 고정해도 무의식적으로 끊임없이 움직이는 고정안구운동fixational eye movement을 합니다. 즉, 안구는 한 곳을 보는 동안에도 초점을 산만하게 계속 바꾸는 미세도약, 지그재그 이동 및 미세떨림 운동으로 주변을 살피고 있습니다.

그런데 눈만으로는 아무 소용이 없습니다. 눈에서 얻은 정보를 처리하고 해석할 수 있는 장치가 있어야 비로소 효용성이 나타나지요. 따라서 캄브리아기에 출현한 눈 달린 동물들은 또 다른 새로운 장치가 필요했지요. 뇌입니다. 뇌가 있어야 상대방의 움직임을 예측할 수 있고, 이에 근거해 근육에 명령을 내리고 필요한 행동을 만들 수 있지요.[66] 그 과정에서 마음이 생겼습니다. 즉, 마음은 캄브리아 폭발 때 출현한 적극적 포식활동의 결과입니다. 자세한 내용은 3장에서 살펴볼 것입니다.

모든 생물은 새로운 종 | 중간 화석 문제

지금까지 물질에서 생명이 탄생한 과정에서 시작해 현존 동물의 기본 틀이 완성된 캄브리아 폭발까지의 긴 여정을 살펴보았습니다. 지구 역사의 약 90%를 차지하는 시간이었지요. 그런데 대부분의 생물학 책은 이 부분을 매우 짧게 서술하고 넘어갑니다. 아직 모르는 내용이 많기 때문입니다. 반면, 고생대 이후 동식물의 진화과정, 예컨대 어류에서 양서류, 파충류, 포유류로의 진화과정에 대해서 비교적 자세히 설명하고 있습니다. 중복을 피하기 위해 고생대 이후는 중요한 진화적 사건만 이어지는 3개 절에서 요약해 간단히 다루겠습니다.

진화를 말할 때 중요한 관심사 중의 하나는 아마도 새로운 생물종의 출현 시기일 것입니다. 그런데 진화론을 부정하는 사람들이 흔히 하는 주장 중에 진화 선상에는 종種과 종 사이에 중간 화석이 없다는 단골 메뉴가 있습니다. 몽매한 이야기입니다. 진화에 의해 생물이 다른 종이 되는 이유는 많은 세대를 거치기 때문입니다. 오래전의 진화라면 중간 단계의 화석을 일일이 다 찾을 수는 없습니다.

하지만 멀지 않은 과거, 예컨대 우리의 조상이 침팬지와의 공통조상에서 갈라진 지난 600만 년 사이만 예로 들지요. 지금껏 얼마나 많은 고인류의 중간 화석들이 발견되었습니까? 이 화석들은 인류가 점진적으로 변해 온 중간 과정을 잘 보여 주고 있습니다. 사실, 생물종의 경계를 명확히 내리기도 쉽지 않습니다. 통상적인 정의에 의하면 교배해 낳은 2세가 번식 능력이 없으면 다른 종으로 봅니다. 가령, 말과 당나귀가 교배하여 낳은 노새는 번식을 못하므로 다른 종이라는 식이지요. 그러나 드물지만 노새도 번식하는 경우가 있으므로 엄격한 기준은 아닙니다. 비슷한 예는 여럿 있습니다. 더구나 식물은 다른 종끼리, 즉 이종교배異種交配를 통해 수많은 새 품종을 만듭니다.

표. 우리 조상과 타 생물종이 합류하는 시점 및 대代 수(리처드 도킨스 분류)[67]

합류 시점(년 전)	조상(대)	오늘날의 유사 생물	합류 시점(년 전)	조상(대)	오늘날의 유사 생물
현재	1대	현생 인류	4.6억	2억	연골어류(상어류 등)
600만	25만 대	침팬지, 보노보	5.3억	2.4억	칠성상어, 먹장어
700만	30만	고릴라	5.6억	2.61억	창고기류
1.400만	75만	오랑우탄	5.65억	2.75억	우렁쉥이, 멍게(원시척삭)
1.800만	100만	긴팔원숭이(유인원)	5.7억	2.8억	암블라크라리아
2.500만	150만	구대륙원숭이	5.9억	3억	선구동물(곤충, 연체류, 벌레)
4.000만	300만	신세계원숭이	6.3억	이하 추정 부정확	무장동물, 편형동물 모든 좌우대칭동물 합류
5.800만	600만	안경원숭이	7억		자포동물(해파리, 산호)
6.300만	700만	여우원숭이(영장류)	추정 부정확		빗해파리
7.000만	1.000만	나무두더지(원시 영장류)	7.8억		판형동물
7.500만	1.500만	설치류, 토끼류	약 8억		해면(초기 다세포동물)
8.500만	2.500만	로라시아 포유류(7개목 포유류의 조상)	9억		깃편모충(단세포)
9.500만	3.500만	빈치목 포유류(나무늘보, 개미핥기 조상)	9.5억		드립(깃편모충과 균류 중간)
1.05억	4.500만	아프로테리아 포유류(코끼리, 듀공 조상 합류)	추정 부정확		균류, 버섯
1.4억	8.000만	유대 포유류	추정 부정확		아메바
1.8억	2.1억	단공 포유류	추정 부정확		식물 및 조류
2.2억	1.6억	시냅시드(단궁류)	약 20억		진핵생물(편모충, 녹조류)
3.1억	1.7억	양막류	38~20억		고세균
3.4억	1.75억	양서류	38~20억		원핵생물
4.17억	1.85억	폐어	38~45억		LUCA(최종 공통조상)
4.4억	1.95억	경골어류(조기류 등)	46.4억		지구 생성

어떤 의미에서 보면 모든 생물은 중간종입니다. 유전자 복제 시에는 필연적으로 오류가 생기며, 따라서 모든 2세는 정도의 차이이지 부

모와 다른 새로운 종이라 볼 수 있지요. 다만 그 차이가 너무 작아 알아채지 못할 뿐입니다. 그래서 부모는 자식을 다른 종이라고 생각하지 않고 사랑으로 정성껏 돌봅니다. 하지만 인간만 하더라도 1만 대쯤 거슬러 올라가면 해부학적으로 조금 다른 모습의 조상을 만날 것입니다. 만약 15만 대(약 300만 년 전) 위의 우리 조상이 바로 앞에 나타난다면, 그들을 사람이라고 생각하기는 어려울 것입니다. 한마디로, 생물이 다른 종이 되는 것은 세대의 간격이 매우 클 때 식별되는 현상입니다.

『이기적 유전자』로 잘 알려진 리처드 도킨스는 『조상 이야기』라는 책에서 점차 다른 모습으로 변해가는 조상의 모습을 추적하는 흥미로운 방식으로 진화를 설명했습니다.[67] 생물학 책에서 흔히 소개하듯 진화가 일어난 순서가 아니라, 역으로 현재에서 과거로 거슬러 올라가는 방식이었습니다. 그 과정에서 점차 다른 종으로 변해 가는 우리 조상의 모습을 39개의 진화적 분기점을 기준으로 설명했습니다. 각 분기점에서는 우리의 직계가 친척 생물의 조상과 만나는 '공통조상concestor'이 있을 것입니다. 도킨스는 각 분기점 사이가 몇 세대 쯤 되는지를 해당 생물의 수명, 번식 가능한 나이, 짝짓기의 습성, 개체수 등을 고려한 수학적 모델로 추산했습니다(표 참조). 이어지는 3개의 절에서는 이를 보충하고 요약하면서 우리가 진화해 온 과정을 진화적 분기점을 중심으로 소개해 봅니다.

설명에 앞서 짚고 넘어가야 할 것이 있습니다. 600만 년 전으로 올라가 보지요. 그 무렵 인간과 침팬지의 조상은 같았습니다. 그 공통조상은 인간은 물론, 현재의 침팬지와도 다른 모습이었을 것입니다. 침팬지도 공통조상에서 분기 이후 진화했기 때문이지요. 하지만 사람보다는 침팬지의 모습에 훨씬 더 가까웠을 것입니다. 분기 이후 침팬지 계열은 인간의 조상들보다 훨씬 덜 변했기 때문입니다(1장 참조).

비슷한 현상이 윗대의 다른 공통조상들에도 적용될 수 있습니다. 가령, 우리의 조상은 과거에 어류였다가 그중 한 무리가 양서류로, 다시 포유류로 진화해 갈라져 나갔었습니다. 그런데 어류나 양서류는 그 후에도 자신들의 주요 특징을 유지하며 이어졌습니다. 왜냐하면 어떤 생물군의 일부가 변화된 환경에 적응해 새로운 종으로 진화해 갈라져 나가도, 남은 무리는 그대로 있기 때문입니다. 설사 기존 생물이 급변한 환경에 적응하지 못해 멸종을 겪었다 해도 문(연체동물문, 절지동물문 등)이나 강(연골어강, 포유강 등)처럼 큰 분류의 종이 완전히 사라지는 경우는 드뭅니다. 일부가 살아남아 자신의 종의 특성을 유지, 회복하기 때문입니다. 그 결과 과거와 모습이 크게 다르지 않은 어류나 양서류의 후손들을 오늘날에도 볼 수 있습니다. 따라서 우리 옛 공통조상의 모습은 (비록 정확하지는 않더라도) 진화의 분기점에 있었던 생물군의 현재 모습으로 유추해도 큰 무리가 없을 것입니다. 이 점을 상기하면서 타임머신을 타고 시간을 거슬러 올라가 보겠습니다.

상하로 움직였던 우리의 네 다리 조상들 | 육지 동물

전 세계 어느 문화권이라도 100대 위의 조상을 아는 사람은 없을 것입니다. 가장 오래된 고대 문명이라도 역사시대는 200대를 넘지 않지요. 하지만 25만 대쯤 거슬러 올라가면 우리 조상의 모습을 대충은 떠올릴 수 있습니다.600~700만년 전에는 우리의 할아버지 할머니가 침팬지와 같은 조상을 가졌기 때문입니다. 더 올라가면 인간은 30만

대 위에서는 고릴라, 65만 대에서 오랑우탄, 100만 대에서는 긴팔원숭이와 같은 조상을 가집니다. 6,300만 년 전(700만 대)으로 올라가면 사람을 비롯한 모든 영장류의 조상이 같아지지요(1장 참조).

영장류의 조상은 약 1,500만 대 조상 때(7,500만 년 전) 설치류와 토끼류의 공통조상과 갈라졌습니다. 당시 우리의 조상이 쥐나 토끼와 비슷했다고 해서 자존심 상할 필요는 없습니다. 설치류는 빠른 번식력과 썩은 것도 먹는 유연한 잡식성 덕분에 현존하는 포유류 중에서 개체 수로는 40%, 종의 수는 2,000여 종을 차지할 만큼 성공한 동물이기 때문입니다

시간을 더욱 거슬러 올라가 4,500만 대 조상(1억 500만 년 전)에 이르면 개, 소, 말, 고래, 박쥐 등 태반胎盤을 가진 모든 젖먹이 동물Placentalia의 조상이 하나의 공통조상으로 합류하지요. 젖먹이 동물, 즉 포유류哺乳類는 이전 동물과 달리 어미가 새끼에게 젖의 형태로 영양을 빠르게 전달하는 새로운 장치를 발명한 혁신가였습니다. 그 결과 대사효율이 높아져 뇌가 발달하게 되었지요. 그런데 포유류는 흔히 알고 있는 태반류 이외에 유대류有袋類, Marsupialia와 단공류單孔類, Monotremeta가 더 있습니다.

유대류는 이름 그대로 주머니를 가진 포유류입니다. 주머니란 원시적 태반을 말합니다. 이들은 겨우 수 mm~수 cm의 작고 미숙한 새끼를 낳은 후 어미의 주머니에서 젖을 먹고 자랍니다. 캥거루, 코알라, 웜벳 등이 그들이지요. 호주의 토종 젖먹이 동물은 모두가 유대류입니다(예외적으로 개와 비슷하지만 짖지 못하는 맹수 딩고가 있으나, 1만~2만 년 전 동남아에서 옮겨간 개의 변종입니다). 심지어 호주에는 쥐 종류도 주머니를 가지고 있는데, 당연히 유대류이며 설치류가 아니지요. 유대류

의 나머지 25%는 남미에 있습니다. 호주와 남미에 유대류가 있는 까닭은 과거 남반구에 있었던 거대 대륙 곤드와나Gondwana와 관련이 있습니다. 곤드와나는 포유류의 진화 초기에 대륙의 일부가 떨어져 나가면서 나머지 북쪽 대륙과 4,000만 년 이상 분리, 고립되었습니다. 그 결과 호주, 남미, 남극 대륙의 초기 포유류들은 나머지 대륙과 약간 다르게 진화했지요.

한편, 호주와 뉴기니에서만 볼 수 있는 단공류는 유대류보다 더 원시적인 포유류로, 이들은 아예 태반 없이 알에서 태어납니다. 그러나 젖으로 새끼를 키운다는 점에서 분명한 포유류이지요. 얼마나 원시적인지 항문과 오줌구멍이 따로 있지 않고 파충류나 양서류처럼 하나입니다. 단공류란 이름도 그래서 붙여졌지요. 현존하는 단공류는 고슴도치처럼 생긴 에키드나echidna와 오리너구리platypus 두 종밖에 없습니다.

아무튼 태반류와 유대류, 단공류를 포함하는 모든 포유류의 조상도 1억 8,000만 년 전(1억 2,000만 대 조상)같은 조상에서 갈라졌습니다. 가장 오래된 포유류 조상의 화석은 2016년 발표된 땃쥐 비슷한 동물입니다.[68] 그린란드에서 2억 1,000만년 전 살았던 이 동물은 포유류로 진화하기 직전 단계의 키노돈트cynodont 계열로 보입니다. '개의 이빨'이란 뜻의 키노돈트는 파충류나 양서류처럼 먹이를 물어 그냥 삼키지 않고 이빨로 씹어 먹는 혁신적 기술을 개발했지요. 그들의 후예인 포유류는 이빨이 없는 갓 난 새끼들은 젖을 먹고, 어릴 때는 유치幼齒, 커서는 영구치로 씹어 먹지요. 키노돈트는 '포유류와 유사한 파충류'라고 불리는 시냅시드Synapsid의 한 부류입니다. 시냅시드는 단궁류單弓類라고도 번역되었는데, 두개골 안에 활처럼 생긴 뼈가 있다는 뜻이지요. 이는 파충류와 구분되는 해부구조입니다. 얼마전까지도 포유류는 파충류에서 진화했다고 생각했는데, 최근의 연구로 사실이 아님이 밝혀졌습니다. 포유류의 조상인 시냅시드는 양서류(양막류)에서 갈라질 때 이미 파충류의 무리와 다른 길을 갔습니다. 갈라진 무리가 사우롭시드Sauropsid라는 동물군입니다. 사우롭시드는 조류鳥類와 공룡, 그리고 파충류의 공통조상입니다(새와 공룡은 온혈동물로 후에 파충류와 다시 갈라졌습니다. 새천년 이후의 연구로 새는 깃털을 가진 수각류 공룡의 후손임이 밝혀졌지요. 7,500만년 전에 살았던 벨로키랍토르가 유력한 후보입니다. 즉, 새는 살아있는 공룡입니다). 아무튼 포유류의 직계 혹은 그 친척인 시냅시드는 공룡이 번성하기 이전인 3억 1,000만년 전부터 1억 8,000만년 전까지 살았습니다. 당시에는 포유류와 흡사한 많은 종의 파충류가 공존했지만 모두 멸종하고 오늘날에는 화석만 일부 남았지요.

시냅시드와 사우롭시드의 조상은 약 3억 1,000만년 전에 갈라졌습니다. 당시에는 인간과 토끼, 새, 공룡, 악어, 뱀, 거북, 개구리의 조상이 같았다는 의미이지요. 이 공통조상은 네 다리로 걷고 폐로 호흡했던 양막류Amniota였습니다. 양막羊膜이란 임신 중에 새끼나 알을 외부 충격에서 보호해주는 막으로 파충류와 조류, 포유류에는 있지만 그 이전 단계의 양서류에는 없었던 조직입니다. 양막류의 조상은 3억 4,000만년 전(1억 7,500만대 조상) 양서류에서 갈라져 나간 무리였습니다. 양서류에서 완전한 육상 4지동물인 양막류로 진화하는데 3,000만년이 걸린 셈이지요. 양서류는 문자대로 물과 육지 양쪽에서 사는 동물입니다. 이들의 피부는 파충류나 포유류와 달리 방수가 되지 않아 쉽게 수분이 증발됩니다. 따라서 육상생활만 할 수는 없고 자주 물에 들어가야 합니다.

화석으로 남아있는 가장 원시적인 양서류는 3억6500만년 전에 살았던 이크티오스테가Ichthyostega입니다. 이들은 폐로 호흡하며 완전한 네 다리를 가진 최초의 육상동물입니다. 그러나 해부학적으로 볼 때 물개처럼 땅 위를 힘들게 이동했습니다. 따라서 물에서 지내는 시간이 많고 얕은 물가에서는 기어 다니며 생활한 것으로 추정됩니다. 하지만 이크티오스테가는 등뼈를 이용해 상하로 움직였습니다. 이는 양서류 이후 진화한 육상동물의 운동방식입니다. 반면, 모든 어류는 좌우로 움직이지요. 가령, 포유류인 고래나 물개는 다시 물로 돌아갔지만 헤엄칠 때는 어류와 달리 상하로 움직입니다.

멍게 비슷했던 우리 조상들 | 바다 동물

19세기 말 이래 과학자들은 3억8000만년 전에 살았던 유스테놉테론Eusthenopteron이 최초로 육상생활을 병행한 어류이며, 모든 4지동물의 조상이라고 생각했습니다. 콧구멍이나 이빨, 머리뼈 등이 4지동물의 전단계였으며, 특히 지느러미가 네 다리로 진화하기 직전의 모습이었기 때문입니다. 일반 어류와 달리 이들의 지느러미에는 살이 붙어 있으며, 그 속에 장차 네 다리로 발전할 상완골, 종아리뼈 등 6종의 뼈가 들어있었습니다. 하지만 최근의 연구결과, 이들은 수중생활만 했다는 것이 정설입니다. 왜냐하면 육상생활을 위해 네다리보다 더 필요한 것은 팔 굽혀 펴기를 할 수 있는 손목이기 때문입니다. 그래야 물 밖으로 몸을 들거나 기어 다닐 수 있는데, 유스테놉테론은 다리는 있었지만 손목, 발목이 없었지요. 유스테놉테론과 네 다리 육상동물을 이어주는 중간단계의 어류가 유명한 틱타알릭Tiktaalik입니다.[56] 2004년 북극에서 발견되어 이누이트어로 큰 민물고기라는 뜻의 이름을 붙인 이 어류는 3억7500만년 전에 살았습니다. 이들은 비늘과 아가미를 가졌지만 육상생활을 준비하는 몇 가지 특징이 있었습니다.[69] 첫째, 상하좌우로 자유롭게 움직일 수 있는 원시적인 목이 나타났습니다. 목은 물 밖의 소리를 듣기 위해 귀를 발달시킨 어류가 커진 머리를 몸통과 구분하면서 생겼다고 추정합니다. 둘째, 아가미로 주로 호흡했지만 원시적인 허파도 있었습니다. 셋째, 손가락뼈는 아직 없었으나 손목이 있었습니다. 그 덕분에 틱타알릭은 가끔씩 얕은 물가에서 몸을 들어 물 밖을 보거나 기어 다닐 수 있었을 것입니다. 2016년 시카고 대학의 닐 슈빈Neil Shubin 팀은 어류의 지느러미와 인간의 팔, 다리, 손 발가락이 동일한 유전자에서 기원했음을 밝혔습니다.[68] 틱타알릭을 비롯한 양서류 직전의 어류들은 물 밖의 상황을 가끔씩 염탐하느라 눈의 위치와 크기를 변화시켰습니다. 그런데 물 밖의 물체를 식별하기 위해서는 물 속보다 약 500만배의 정보처리가 더 필요합니다. 어류에서 양서류로 진화하면서 지능이 높아진 이유는 이 때문으로 추정합니다.

지느러미의 원조는 틱타알릭이 아니라 그보다 조금 앞선 3억 8,000만 년 전의 어류 유스테놉테론Eusthenopteron으로 추정됩니다. 인간을 비롯한 모든 네 다리 육지동물은 그들이나 그 친척의 후손일 것입니다. 이들 양서류 직전의 어류들은 물 밖의 상황을 가끔씩 염탐하려고 눈의 위치와 크기를 변화시켰습니다. 그런데 물 밖의 물체를 식별하기 위해서는 물 속보다 약 500만 배의 정보처리가 더 필요합니다. 어류에서 양서류로 진화하면서 지능이 높아진 이유는 이 때문으로 추정합니다.

한편, 어류가 네 다리로 물밖으로 나와 육상생활을 시작한 원인에 대해서 지금까지는 천적으로부터의 도망설, 건조한 물가에서의 이동설 등 여러 가설이 있었습니다. 도망설이 사실이라면 어릴 때 물고기(올챙이)로 사는 개구리는 육지로 도망가지 못해 멸종했을 것입니다. 또, 메마른 물가에서의 이동설도 왜 망둥이가 일부러 반건조한 개펄을 선호해 사는지 설명하지 못합니다. 그보다는 캄브리아 대폭발 이후 다양해진 신체조건이 진화적으로 준비되었을 때 어류가 생활환경을 다변화하는 과정에서 육상으로 나왔다고 보아야 할 것입니다. 실제로 이전에도 수중생물은 다리를 몇차례 진화시켰습니다. 새우나 게도 다리로 기어 다니지만 물 속에서 살지요. 따라서 어류가 의도적으로 육상진출을 위해 지느러미를 다리로 발전시켰다기보다는 땅 위 생활을 병행하기 알맞은 신체조건이 어느 정도 갖춰진 상태에서 자연스럽게 팔다리가 진화했다고 보는 편이 합당할 것입니다.

아무튼 이들 지느러미에 살이 붙은 육기肉鰭어류들은 4억 1,700~4억 2,500만년 전에 분기한 실러캔스나와 폐어肺魚의 후손들입니다. 둘 중 어느 쪽이 더 조상인가에 대해서는 오랜 논란이 있었는데 최근의 유전자분석 연구로 실러캔스가 약간 더 윗대 임이 밝혀졌습니다. 원래 실러캔스는 고생대 페름기의 화석으로만 알려져 멸종했다고 생각했습니다. 그러나 마다가스카르와 인도네시아 바다에서 발견되어 '살아있는 화석'으로 유명해진 어류입니다. 왁스 수준으로 기름기 많은 육질 때문에 현지 어부들이 버리던 맛없는 물고기였습니다.

실러캔스나 폐어는 물속에서는 아가미로 호흡했지만 가끔씩 물밖으로 주둥이를 내밀어 페로 공기호흡도 했지요. 육기어류의 조상은 4억 4,000만년 전(1억 9,500억대 조상 때) 경골硬骨어류에서 갈라져 나간 한 무리였습니다. 경골어류란 단단한 등뼈와 가시를 가진 물고기입니다. 소수의 육기어류를 제외한 경골어류 대부분은 아가미로 호흡하고 부레를 이용해 물에 뜨는 조기와 유사한 어류, 다시 말해 통상적인 물고기입니다. 오랫동안 과학자들은 부레가 진화해서 폐가 되었다고 생각했습니다.

하지만 최근의 연구로 그 반대임이 밝혀졌습니다. 경골어류 중에는 육기어류가 아닌 데도 폐를 가진 종이 극소수 있기 때문입니다. 즉, 경골어류의 초기 조상에서 소화기관의 일부가 변형되어 폐가 되었고, 이것이 나중에 일반 어류에서 부레로 발전했다고 보고 있습니다. 부레는 원래 물밖으로 입을 내밀어 흡수한 공기나 물 속의 산소를 모아두던 호흡용 주머니입니다. 물 속보다 공기 중에서 산소의 확산이 훨씬 효과적이기 때문입니다. 경골어류는 오늘날 어류의 95%인 32,100종을 차지할 뿐 아니라 최다의 척추동물군이기도 합니다. 이들의 조상도 원래는 4억 6,000만 년 전 연골어류에서 갈라져 나온 변종이었습니다. 그러나 현재는 상어와 홍어류 등의 연골어류는 소수가 되고 변종이 오히려 다수가 되었습니다. 연골어류는 이름대로 물렁뼈(연골) 물고기입니다. 사실 경골어류는 물론, 인간을 포함하는 모든 척추동물도 발생 초기 배아 때는 연골만 가집니다. 성장 과정에서 인산칼슘을 흡수해 물렁뼈가 단단하게 변하지요. 즉, 연골은 모든 뼈의 원조입니다. 상어는 자라면서 이빨만 경골로 바꿉니다. 연골어류는 부레가 없기 때문에 물에 뜨기 위해 끊임없이 지느러미 운동을 해야 합니다.

그들의 조상은 캄브리아기 초기인 약 5억 3,000만 년 전(우리의 2억 4,000만 대 조상 때) 먹장어류에서 진화한 일부 무리였지요. 먹장어(곰장어)는 턱이 없다고 해서 무악無顎류, 혹은 입이 동그랗다 해서 원구圓口

류'라고도 부르는 원시 어류입니다.* 이들은 턱 운동을 못하므로 빨판처럼 생긴 입으로 어류의 즙이나 죽은 사체를 빨아 먹습니다. 눈은 있지만 못 알아볼 정도로 작지요. 한마디로 가장 원시적인 척추동물이라 할 수 있습니다.

이 먹장어류도 5억 6,000만 년 전에 창槍고기류Branchiostoma)에서 갈라져 나온 종이었습니다. 현존하는 창고기lancelet는 등뼈동물의 기원을 연구하는 데 매우 중요하므로 분자생물학자들이 쥐, 초파리와 함께 가장 많이 실험으로 사용하는 불쌍한 동물입니다. 약간 투명한 버드나무 잎을 닮은 이 동물은 없는 것이 너무 많은 원시 어류입니다. 먼저, 먹장어처럼 턱이 없지요. 몸에 지느러미도 없습니다. 다만 꼬리 부분에 형태가 불분명한 지느러미 비슷한 조직이 있기는 하지요.

무엇보다도 뇌가 없습니다! 그 대신 꼬리에서 등쪽으로 뻗어 있는 신경삭nerve cord이라는 신경다발이 있는데, 뇌가 있어야 할 머리 부분에서 약간 부풀어 있을 뿐입니다. 뇌가 없으니 눈이 있을 리 없지요. 척추(등뼈)도 없습니다. 그 대신 원시적 척추라 할 수 있는 척삭脊索은 있습니다. 척삭은 꼬리에서 머리 부분으로 뻗어 있는 막대 모양의 기관인데, 등에 있는 신경다발을 받쳐주고 있습니다. 뼈만큼 강하지는 않지만 근육보다는 단단해 탄력이 있는 조직이지요. 원래 척삭은 지느러미 없는 원시 어류가 헤엄을 치기 위해 진화한 조직으로 추정됩니다. 탄력성 있는 이 부위를 굽혔다 폈다 하면 눌린 용수철이 펴질 때처럼 탄성 에너지가 생겨 헤엄치기가 쉬워집니다.

이처럼 헤엄치거나 몸을 지탱하기 위해 생겨났던 척삭이 단단한

---

* 먹장어는 뱀장어, 붕장어(속칭 아나고), 갯장어와 전혀 다른 종이다. 뒤의 3종은 입과 등뼈가 있는 경골어류이다. 뱀장어는 수천 km 밖 열대 심해에서 태어나 여러 차례 변태하며 강에 올라와 살다 산란을 위해 다시 먼 바다로 간다. 즉, 민물장어와 바다장어는 같은 생물이 생애 중 다르게 변태한 모습이다.

척추로 진화하면서 뇌를 탄생시키는 결정적 역할을 했습니다. 그 증거를 척추동물의 배아 발생 과정에서 볼 수 있습니다. 어류, 양서류, 파충류, 포유류 등 모든 등뼈동물은 개체 발생 초기에 진화의 순서대로 조직들이 나타납니다. 즉, 제일 먼저 몸의 중심축에 척삭이 생기고, 이어서 그 주위를 감싸는 물렁물렁한 척추골이 나타나지요. 이 연골성 척추골은 경골어류처럼 인산칼슘을 흡수해 단단한 척추 뼈로 변합니다. 그런데 바로 이 척추는 뇌에서 나온 신경다발인 척수를 감싸 보호해줄 뿐 아니라, 뇌와 온몸의 말초신경 기관들을 연결해 주는 역할을 합니다. 더 중요한 점은 척추의 맨 위에 있는 관 모양 중추신경이 부풀어 뇌가 되고, 나머지 뒷부분은 척수가 된다는 사실입니다.

이처럼 척삭에서 척추로의 진화는 고등동물에서 뇌가 탄생하는 데 중요한 역할을 했습니다. 척삭이 처음 나타난 시기는 (다소 유동적이지만) 5억 6,000만 년 전, 즉 캄브리아 폭발(5억 3,500만 년 전후)이 시작되기 조금 전입니다. 능동적 사냥의 결과인 척추와 뇌의 출현에 앞서 그 전 단계 조직인 척삭이 에디아카라기 말엽부터 서서히 준비되고 있었던 것입니다.

이렇듯 중요한 기관인 척삭을 처음 가진 동물은 창고기가 아니라 그들의 조상인 우렁쉥이, 즉 멍게류였습니다. 창고기류가 멍게류에서 분기된 시점은 5억 6,500만 년 전(우리의 2억 7,500만 대 조상)으로 추정됩니다. 멍게는 기괴한 형상과 붙박이 생활 때문에 동물처럼 보이지 않지만 어린 유생幼生은 척삭을 가진 분명한 연골어류입니다. 어릴 때는 물고기로 살다가 어른이 되면 척삭을 해체하고 식물처럼 암초에 붙어 생활하지요. 즉, 멍게가 어른 단계를 생략하고 어린이 생활만 하도록 진화한 형태가 창고기입니다.

이처럼 생체기관의 발생이 (호르몬 분비 조절로) 촉진 혹은 지체되는 현상을 이시성異時性, heterochrony이라고 부르는데, 진화의 중요한 원동력 중 하나입니다. 가령, 양서류인 개구리는 폐로 호흡하고 동물성 먹이인 곤충을 먹지요. 그러나 올챙이 때는 이전 진화 단계의 물고기처럼 아가미로 숨쉬고 식물성 수초水草를 먹고 삽니다. 이처럼 어릴 적 특징이 다음 진화단계에서 강화되는 유형진화幼形進化는 동물의 세계에서 자주 보는 현상입니다. 어린 새끼처럼 솜털만 있는 미발달된 깃 때문에 날지 않는 타조, 장난을 좋아하고 사람의 귀여움을 받으려고 유순해진 어린 늑대의 모습인 개도 그 예입니다.

아무튼 멍게류는 유생 때는 연골성 척삭을 가지므로 절반은 물고기인 셈입니다. 그런데 더 윗대로 올라가면 우리 조상들의 모습은 눈뜨고 못 볼 형상이 됩니다. 멍게류는 암불라크라리아Ambulacraria라는 동물군에서 약 5억 7,000만 년 전에 갈라져 나간 변종이었습니다. 현존하는 암불라크라리아로는 해삼, 불가사리, 성게 등이 있습니다. 우리 조상이었을 암불라크라리아는 뇌는 물론 단단한 기관이 전혀 없었습니다. 에디아카라기의 동물답게 물렁한 몸체를 가졌으며, 척추나 뼈는 물론 척삭이나 연골처럼 탄력 있는 기관이 전혀 없었지요. 인간을 비롯한 모든 척추동물은 이 뼈 없는 동물의 후손입니다. 우리는 뼈대 없는 집안 출신이지요.

해삼, 성게, 불가사리 등 현존하는 암불라크라리아의 모습이 크게 다르듯이 당시 우리 직계조상이 어떤 모습이었는지를 추측하기는 어렵습니다. 따라서 그 윗대 생물의 진화관계는 몸의 형태가 아닌 발생 초기의 배아 발달 과정으로 파악해야 하는 수밖에 없습니다. 이를 살펴보면, 정자를 받아들인 동물의 수정란은 세포분열을 거듭해 일반 세포보다 훨씬 커진 후 속이 빈 공 모양의 포배胞胚를 형성합니다. 포배가 더욱 커지면 바람이 빠져 움푹 들어간 공 모양의 낭배囊胚가 되지요. 낭배의 안쪽 빈 공간은 나중에 소화관이 되고, 그 입구인 원구原口는 항문 혹은 입이 됩니다. 이처럼 기다란 튜브 모양이 모든 동물의 기본형입니다. 튜브 속 빈 공간은 소화기관이 되며, 원구가 입이 되느냐 항문이 되느냐에 따라 각기 선구先口동물(전구동물이라고도 함)과 후구後口동물로 나뉘어지지요. 보다 뒤에 진화한 후구동물은 원구가 항문이 되고 입은 나중에 따로 발달합니다. 암불라크라리아는 후구後口동물에 속합니다. 인간을 비롯한 모든 척추동물과 척삭동물, 그리고 어릴 때 척삭이 나타나는 멍게류는 모두 후구동물이지요. 한마디로 척추와 척삭이 있는 모든 동물은 후구동물인데, 이것이 없는 유일한 예외가 암불라크라리아입니다. 한편, 후구동물은 5억 9,000만 년 전(우리의 3억 대조상 때)에 갈라져 나간 선구동물의 후손이지요. 현존하는 선구동물은 조개, 오징어 등의 연체동물, 지렁이 등의 원통형 환형동물, 촌충처럼 납작한 편형동물, 그리고 곤충 등의 절지동물입니다. 모두 무척추동물이지요. 이들의 몸은 상피上皮(피부 바깥층)에서 분비된 단단한 무기질이 물렁한 몸을 보호해주는 경우가 많지요. 절지동물의 껍데기, 연체동물의 패각貝殼(조개껍질), 환형동물의 강모剛毛(가시) 등이 그 예입니다. 선구동물들은 모양이 매우 다양하며, 대부분이 작은 몸체와 짧은 생식주기를 갖고 있습니다. 또, 후구동물에 비해 30배나 많은 종이 있지요. 요. 이들은 원구가 입이 되기 때문에 척추, 척삭동물과 반대방향의 해부구조를 가집니다. 가령, 새우는 등에 소화관이 있으며(요리 때 제거하는 모래정맥이라는 부분), 신경다발은 배쪽에 있지요.

하지만 선구동물도 6억 3,000만 년 전 무렵에는 모든 좌우대칭동물의 조상이 되는 무장류無腸類, Acoela인 편형동물 계열에서 갈라져 나간 무리였습니다. 이에 대해서는 다세포동물의 절에서 알아보았으므로 여기서는 설명을 생략하겠습니다. 편형동물의 윗대를 다시 요약만 하자면, 방사형 몸체의 자포동물(해파리 등) → 털납작벌레류의 판형동물 → 가장 원시적인 동물인 해면류로 이어졌지요.

단세포였던 우리 조상들 | 단세포생물

해면류를 비롯한 모든 동물의 조상은 단세포 진핵생물인 깃(동정)편모충이었습니다. 이들의 조금 윗대 조상인 메소미케토조에아Mesomycetozoea도 편모를 가진 진핵생물이었는데, 꼬리 쪽 편모를 움직여 먹이활동을 했지요. 그런데도 붙박이 생활을 하는 버섯처럼 포자(홀씨)로 번식했습니다. 이는 메소미케토조에아의 조상이 균류(곰팡이, 버섯 등)에서 갈라졌기 때문입니다.

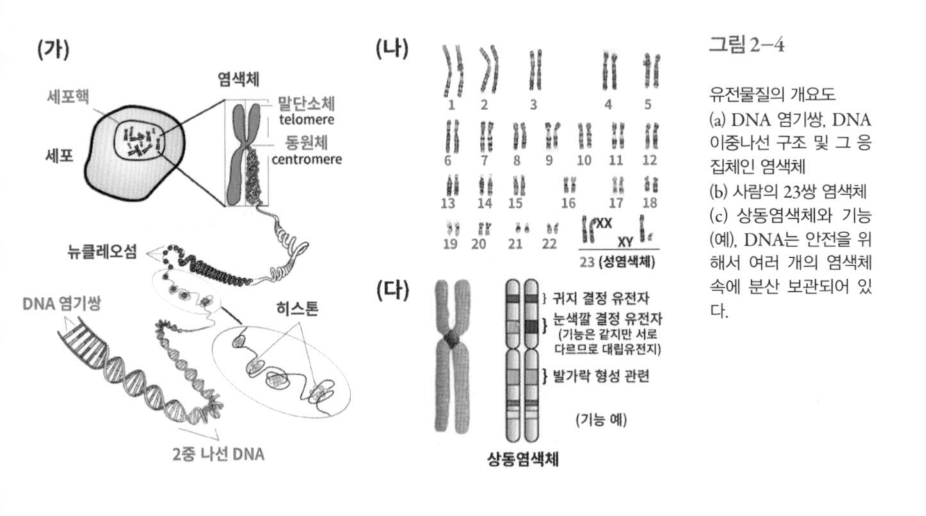

그림 2-4

유전물질의 개요도
(a) DNA 염기쌍, DNA 이중나선 구조 및 그 응집체인 염색체
(b) 사람의 23쌍 염색체
(c) 상동염색체와 기능(예). DNA는 안전을 위해서 여러 개의 염색체 속에 분산 보관되어 있다.

얼핏 보잘것없어 보이지만, 버섯은 현재 최소 150만 종이 번성할 만큼 성공한 생물입니다. 동물, 식물과 함께 지구상의 당당한 3대 다세포생물이지요. 우리가 버섯의 모습으로 떠올리는 갓과 줄기는 포자(홀씨)를 만들고 이를 지지하는 번식용 부속기관에 불과합니다. 진짜 몸체는 지표나 흙속에 퍼져 있는 실 모양의 다세포 조직인 균사菌絲입니다. 균사를 가진 생물이 다음 아닌 곰팡이입니다. 즉, 버섯은 곰팡이의 일종이지요. 균사가 없는 단세포의 균류가 효모(이스트)입니다.

균류와 동물의 공통조상은 조금 윗대로 올라가면 식물의 조상과 합류합니다. 결국, 현존하는 3대 다세포생물은 과거의 어느 한때에 같은 조상을 가졌던 사촌지간인 셈입니다. 효모, 표고버섯, 선인장, 멍게, 우럭, 개구리, 뱀, 새, 쥐, 그리고 인간은 모두 한 조상에서 나왔습니다! 지구의 모든 생명은 정말로 한 가족입니다.

다세포생물의 조상이 갈라진 시기는 지질학적 규모에서 보면 동시에 가깝습니다. 그래도 분자생물학적 분석에 의하면 식물이 조금 앞서 분기되었고 얼마 후 균류와 동물이 갈라져 나갔다고 합니다. 한 가지 오해를 사기 쉬운 점은, 동물의 조상이 균류나 식물의 조상과 같았다고 해서 당시의 우리 조상이 버섯이나 나무였다는 의미는 아닙니다. 공통조상은 단세포였으며, 다세포인 버섯과 동물, 식물은 훨씬 나중에 출현했기 때문입니다.

세 생물의 공통조상은 세포핵을 가진 단세포 진핵생물이었습니다. 진핵생물에는 6종이 있는데(분류법에 따라 다소 다를 수 있습니다), 균류와 동물의 조상은 후편모後鞭毛, Opisthokonta 진핵생물에 속합니다. 그리스어의 뒤opistho와 채찍 모양의 털 편모kontos의 합성어이지요. 그 흔적이 있습니다. 동물의 정자와 버섯의 포자(홀씨)는 모두 세포의 뒤에 붙은

1개의 편모를 움직여 앞으로 이동하지요. 우리의 직계와 달리 편모가 2개이거나 앞쪽 편모로 전진하는 등 형태와 특징이 다른 진핵생물들도 있었습니다. 하지만 시간을 계속 거슬러 올라가면 결국 모든 종의 단세포 진핵생물도 하나의 조상으로 합쳐집니다. 그 조상은 이 장의 전반부에서 설명한 고세균과 그에 포획 당했던 원핵박테리아였지요. 이들도 다시 어느 시점에서는 원핵생물의 조상과 합쳐졌고, 결국에는 지구 모든 생물의 최초 공통조상인 LUCA로 모아집니다.

염색이 잘 받는 세포 속의 멋쟁이 | 염색체

이 장의 첫 부분에서 알아보았듯이 생명의 2대 기능은 자신의 상태를 유지해 살고자 하는 것과 복제본인 2세를 만들어 간접적으로 삶을 지속하려는 것입니다. 이를 가능케 해주는 것이 유전물질이지요. 즉, 유전물질은 2세의 번식뿐 아니라 현재의 삶의 상태를 유지 보수하고 성장하는 데도 필요합니다. 그러니 생명의 핵심물질이라고 부를 만도 하지요. 이 장의 나머지 부분은 유전물질과 그 작동방식에 대해 알아보겠습니다.

유전현상을 과학적 방법으로 처음 연구한 인물은 오스트리아의 브르노Brno(현재는 체코)에 살았던 카톨릭 신부 멘델Gregor J. Mendel이었습니다. 대학에서 식물학과 수학을 전공한 그는 수도원의 텃밭에서 모양과 색이 다른 완두콩으로 6년 동안 교배실험을 했습니다. 그 결과 유명한 '멘델의 유전 법칙'을 발견했지요. 가령, 노란 콩과 녹색 콩을 교배했더니 노란 콩만 나왔습니다. 이전 사람들은 양쪽 색깔의 콩이 절반씩 나오거나 혼합된 색이 나올 것으로 생각했지요. 그런데 이 2세의 노란 콩을 다시 교배시켰더니 1:3의 비율로 녹색 콩이 나왔습니다.* 멘델은 무언가 '보이지 않는 인자因子'가 있어 손자 대에 나타났다고 생각했습니다. 하지만 그 인자가 무엇인지는 몰랐지요. 그는 이 실험 결과를 어려운 문장의 논문으로 작성해 1865년과 이듬해 두 차례에 걸쳐 브르노의 자연사 학회지에 발표했습니다. 잘 알려지지 않은 지역 학술지에 실린 멘델의 난삽한 논문은 40여 년 동안 묻혀 있다가 20세기 초반 네덜란드의 드 프리스Huego de Vries 등 다른 학자들이 재발견해 알려지게 되었지요.

생물이 대를 이어가는 것이 '보이지 않는 인자'에 의해 이루어진다는 멘델의 발견은 근대 유전학의 출발점이었습니다. 1908년 토마스 모건Thomas H. Morgan은 그 인자가 세포핵 속의 염색체chromosome에 있음을 초파리 실험을 통해 알아냈습니다. 이듬해인 1909년 덴마크의 빌헬름 요한센Wilhelm Johannsen은 염색체 속의 미지의 인자에 유전자gene라는 이름을 붙였습니다.

그러면 염색체는 무엇일까요? 세포핵이 없는 원핵생물에서는 소중한 DNA가 세포 안에 그냥 퍼져 있습니다. 이와 달리 진핵생물의 DNA는 매우 길기 때문에 세포의 핵 속에 응축되어 들어가 있습니다. 사람의 경우, 세포 한 개의 크기는 5~10μ(0.005~0.01mm)인데, 그 안에 들어 있는 DNA의 총 길이는 2m나 됩니다. 이것을 세포의 하부 구조인 핵 속에 다시 집어넣으려면 단백질과 함께 응축된 특별한 구조가 필요합니다. 이것이 염색질chromatin입니다. 염색질이라는 이름은 세포

---

* 멘델의 실험을 20세기 후반에 당시와 같은 조건으로 재현해 본 결과, 그가 얻은 교배종의 출현 비율은 통계적으로 얻기 힘들다는 사실이 밝혀졌다.[69] 우연히 얻은 첫 결과를 나중 자료에 끼워맞추었거나, 원하는 시점에 고의로 실험을 중지한 의혹이 제기되었다.

를 특정 시약으로 처리할 때 눈에 띄게 염색되기 때문에 붙여졌습니다. 그 구조는 실처럼 긴 DNA 분자가 히스톤histone이라는 단백질에 돌돌 말려 작은 실패 모양의 뉴클레오섬nucleosome들을 이루고, 이들이 다시 여러개 이어진 복합체입니다(〈그림 2-4〉 참조).

평상시에 이런 상태로 있는 염색질을 염색사染色絲라고 합니다. 그런데 세포분열이 일어나면 염색사는 다시 굵은 실타래 모양으로 뭉치면서 뭉치의 길이가 1만 분의 1까지 짧아집니다. 이들이 바로 염색체입니다. 즉, 염색체는 진핵생물이 세포분열을 할 때만 형성되며, 평상시에는 DNA가 실처럼 풀어진 염색사의 형태로 핵 속에 있습니다. 염색사가 염색체로 뭉치는 이유는 세포분열 시 DNA의 손상을 막고 새로 생기는 딸세포들에게 유전물질을 균등히 분배하기 위한 목적입니다. 비유하자면, 염색체는 새로 구입할 PC에 기존 자료들을 복사해 넣기 위해 정보를 잠시 모아둔 USB라 할 수 있지요.

그런데 염색체 안에 보관된 DNA는 여러 군데 분산되어 있습니다. 그래야 안전하게 보관하고 복제도 효과적으로 수행할 수 있기 때문이지요. 사람의 경우, 세포마다 23쌍, 즉 46개의 염색체에 분산되어 있습니다. 우리의 몸은 약 37조 개의 세포로 구성되어 있으므로 한 사람이 가지고 있는 염색체의 수는 1,500조 개가 넘는 셈이지요. 하지만 각 세포에는 동일한 46개의 염색체가 들어 있습니다.

한편, 염색체의 수가 많다고 해서 생물의 지능이나 조직이 복잡하고 정교한 것은 아닙니다. 돼지는 사람보다 적은 38개를 가지고 있지만, 개와 닭은 78개, 잉어는 104개나 가지고 있지요. 파인애플도 사람보다 많은 50개의 염색체를 가지고 있습니다. 침팬지와 고릴라도 사람보다 2개 많은 48개(24쌍)를 가지고 있습니다. 이는 지난 600만년 사이 유인원 시절 가지고 있었던 12번과 13번 염색체가 사람으로 진화하는 과정에서 2번 하나로 합쳤기 때문입니다. 염색체의 이 같은 통합이나 분리는 같은 종에서도 가끔 일어납니다. 정신장애와 신체기형이 나타나는 다운증후군은 염색체가 47개여서 발생하는 유전질환입니다. 이 증후군 질환자는 21번 염색체가 쌍이 아닌 3개입니다.

염색체의 번호는 길이가 긴 쪽에서 작은 순서로 매깁니다. 인간의 경우 1번이 가장 길고(약 100조 개의 원자), 22번 염색체 쌍이 가장 짧지요(〈그림 2–4 b〉 참조). 한편, 각 번호마다 쌍으로 있는 2개의 염색체는 모양과 크기가 서로 같습니다. 뿐만 아니라 유전적 기능도 같지요. 안전을 위해 같은 염색체를 2개 가지고 있는 것이지요. 이처럼 모양과 크기, 기능이 같은 짝꿍의 두 염색체를 상동相同염색체라고 합니다(〈그림 2–4 c〉 참조). 그중 하나는 어머니, 나머지는 아버지로부터 받은 것입니다.

따라서 기능이 같은 상동염색체라고 해도 각기 다른 개체인 어버이로부터 받은 유전정보이기 때문에 나타내는 세부 유전 형질(생물학적 특징)은 다를 수 있습니다. 가령, 눈의 색깔을 결정짓는 유전자는 둘

그림 2–5

염색체 내 DNA 유전정보의 복제
(a) 체세포분열
(b) 생식세포의 감수분열
(c) 감수분열시의 염색체 교차 및 재결합에 의한 유전정보 섞임

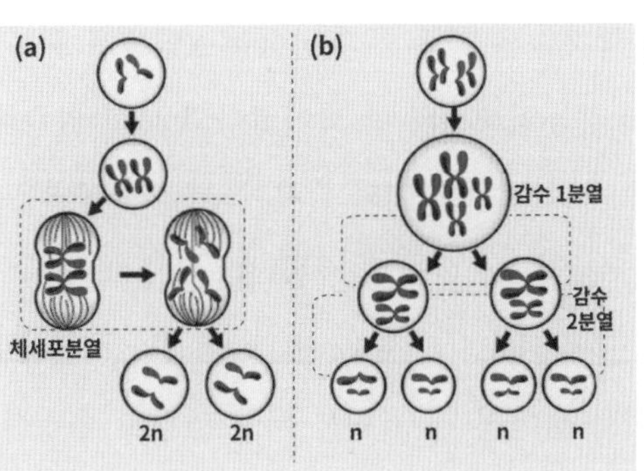

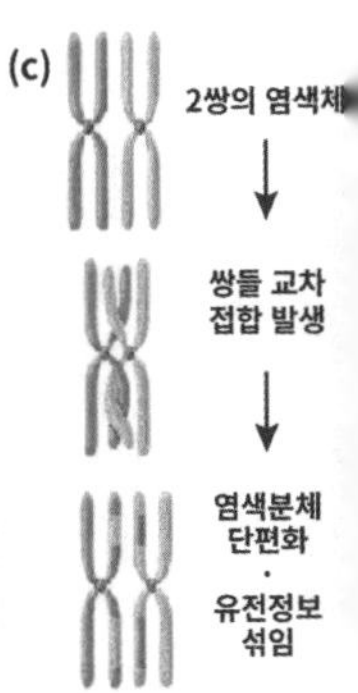

다 동일 번호 염색체의 같은 위치(15번 염색체 EYCL3 위치)에 있습니다. 하지만 2세의 눈 색깔은 부모로부터 받은 두 개의 염색체 중 한 쪽만 선택하므로 푸른색 혹은 갈색 중 하나가 됩니다. 이처럼 상동염색체에서의 위치와 기능은 같지만 다른 형질을 나타내는 두 유전자를 대립유전자[allele]라고 합니다. 유전정보가 더 우세하게 나타나는 쪽이 우성, 그렇지 않은 쪽이 열성 대립유전자이지요.

그런데 〈그림 2-4 b〉에서 보듯이 1~22번과 달리, 23번 염색체는 특별합니다. 다름 아닌 성[性]염색체이지요. 생물시간에 익히 배웠듯이 23번 염색체는 여자 XX, 남자 XY의 쌍으로 구성되어 있습니다. 성전환 수술을 해도 세포 속의 이것만은 바꿀 수 없습니다. 여자의 경우 23번 성염색체는 두 개가 똑 같은 XX의 짝궁이므로, 나머지 1~22번과 다를 바 없는 상동염색체입니다. 문제는 XY인 남자의 성염색체입니다. 무엇보다도 길이부터 서로 다릅니다. 어머니로부터 받은 X염색체는 23개 염색체 중 8번째로 긴데, 아버지에게 받은 Y염색체는 꼴찌에서 3번째로 짧습니다. 당연히 Y염색체는 그 안에 들어 있는 유전자의 수도 적지요. 더구나 Y염색체는 성별을 결정짓는 역할 이외에는 특별히 중요한 기능이 없어 보입니다.[70]

과학자들은 아주 먼 옛날에는 Y염색체가 성별의 결정과 관련 없는 평범한 상동염색체의 한 짝이었다고 보고 있습니다. 실제로, 유성생식을 하는 거북이나 악어와 같은 양서류의 성별은 염색체가 아니라 주변 환경(알의 온도)에 따라 결정됩니다. Y염색체는 약 3억 년 전쯤(2010년의 다른 연구에 의하면 1억 6,600만 년 전) 한 쌍의 상동염색체 중 한쪽이 돌연변이로 짧아진 데 기원을 두고 있다고 추정합니다. 다운증후군에서 보듯이 비정상적인 염색체는 후손에 전해지지 않는 것이 정상입니다.

그러나 이 경우 짝꿍이었던 X염색체가 살려준 것으로 보입니다. X염색체가 가지고 있던 여분의 가닥이 Y염색체의 오류를 수정해 주었다는 설명입니다. 그러나 임시 땜질로 보수를 할 수는 있지만 다음 세대에는 전달되지 않으므로 Y염색체는 대를 거듭할수록 짧아졌을 것입니다. 그 결과 2~3억 년 전 X염색체와 상동관계에 있었던 시절 600개였던 Y염색체의 유전자 수는 지금은 고작 19개만 남았습니다.

2003년 호주국립대학ANU의 제니퍼 그레이브스Jennifer Graves는 '아담의 저주Adam's Curse'라는 가설에서 Y염색체가 약 1,000만 년 후에 소멸한다는 슬픈 예측을 했습니다. 심지어 2014년 『사이언스』에 발표된 한 연구에 의하면, 고등동물의 Y염색체 안에는 성별을 결정하는 유전자가 단지 2개밖에 남아 있지 않다고 합니다. 물론, 그렇다고 수컷이 멸종하지는 않을 것입니다. 일부 양서류에서 보듯이 Y염색체가 없어도 수컷은 존재할 수 있기 때문입니다. 사실, 사람도 배아기의 첫 6주 동안은 암수의 구별이 없습니다. 7주째에 Y염색체에 있는 SRYSex-determining Region Y라는 유전자가 작동하면서 비로소 남녀가 구분되지요.

물론, 반론도 있습니다. 2014년 『네이처』에 발표된 연구에 따르면[71], Y염색체가 쇠퇴해 온 것은 사실이지만 2,500만 년 전부터는 안정적으로 유지되고 있다고 합니다. 더구나 Y염색체에는 호흡, 심장박동 등 그동안 알려지지 않았지만 생존에 필요한 중요한 유전적 기능이 들어 있으므로 소멸될 리 없다는 반박입니다. 사실, Y염색체의 유전자 암호는 짧은 회문回文(거꾸로 읽어도 같은 문장)을 유난히 많이 포함하고 있는데, 그 결과 유전자의 재조합이 쉬워 오류의 수정과 안정화가 가능하다는 설명도 있습니다.

현재로서는 어느 쪽이 맞는지 판단하기 어렵지만, Y염색체가 취약하다는 점은 의심의 여지가 없습니다. 오류가 발생하면 여자의 XX 성염색체는 여분으로 대체가 가능합니다. 반면, 남자의 Y염색체는 상동의 짝이 없으므로 수정이 불가능합니다. 그 결과 일반적으로 남성이 여성보다 질병에 취약하지요. 그래서인지 여성의 평균 수명은 남성보다 최소 5년 이상 높습니다. 특히 남자는 여자보다 각종 유전병에 취약합니다. 혈우병, 색맹, 근육퇴화 질환 등은 대부분이 남성에게 나타납니다. 타인과 대화하지 않고 스스로 담을 쌓는 자폐증도 마찬가지입니다(보다 상세한 내용은 3장 참조).

새로운 탄생을 위한 쪼개짐 | 세포의 분열

방금 전 알아본 대로 염색체는 평상시 염색사의 형태로 느슨하게 있던 유전물질이 세포분열을 위해 응축되는 임시 구조입니다. 분열을 위한 구조이지요. 그러나 새로운 탄생을 위한 분열이지요. 생물이 세포분열을 하는 목적은 두 가지입니다, 자신과 똑같은 세포를 만들어 몸을 유지, 보수 혹은 성장시킬 때와, 2세 생산을 위한 생식세포를 만들 때입니다. 어떤 목적인지에 따라 세포분열의 세부 과정은 다소 다릅니다.

먼저, 체세포분열mitosis의 경우입니다(〈그림 2-5a〉 및 다음 박스 글 참조). 이 경우 세포는 복제를 통해 세포물질과 염색체(DNA)를 일단 2배로 만든 후 분열을 통해 다시 나누어 처음과 똑같은 상태를 2개 만듭니다. 체세포분열의 특징은 결과물로 만들어진 딸세포의 염색체가(DNA 복제 과정에서 발생하는 극히 일부의 오류(돌연변이)를 제외하고는) 원칙적으로 원래의 모세포와 동일하다는 점입니다. 이러한 체세포분열은 아마도 최초의 단세포생물들이 자신의 물질과 에너지를 효율적으로 관리하기 위해 시작했을 것입니다. 세포분열로 증식하는 박테리아 등의 무성생식도 이 방식이지요.

다세포생물의 경우에는 성장, 손상된 세포를 재생, 보수 혹은 교체할 때 체세포분열이 일어납니다. 가령, 인간의 세포는 한 개의 수정란 세포가 체세포분열을 거듭해 37조 개가 되지요. 물론, 세포분열 없이 액포液胞에 물을 채워 세포의 크기만 늘리는 경우도 있습니다. 대부분의 식물이 기관을 크게 만드는 방식인 생장生長이지요. 하지만 식물도 뿌리나 줄기 끝의 생장점에서는 체세포분열이 활발히 일어납니다. 식물과 달리 동물은 생장부위가 신체 여러 곳에 분포하며, 특히 특정 시기(어릴 적)에 집중적으로 일어나지요.

다세포동물의 체세포분열은 신체의 부위마다 빈도가 다릅니다. 가령, 간세포는 평생 분열하며 죽은 세포를 계속 새 세포로 대체합니다. 반면 뇌의 신경세포는 발생 초기 아주 어릴 적에 생성된 후 평생 동안 세포분열을 하지 않지요. 아무튼 체세포분열로 새로 생긴 딸세포의 DNA 유전정보는 모세포의 짝퉁입니다. 상처 난 피부조직에서 간세포나 뇌세포가 나타나지 않고 새살이 돋아나는 이유입니다.

두 번째는 유성생식을 하는 암수 생물이 자손 번식을 위해 생식세포를 만들 때 일어나는 감수분열meiosis입니다. 동물의 정자와 난자, 식물의 밑씨와 꽃가루에서 생식세포를 만들 때 일어나는 분열이지요. 그런데 1개의 세포에서 일어나는 체세포분열과 달리 유성생식에서는 암수 서로 다른 2개체의 생식세포가 만나야 합니다. 앞서 한 사람의 유전정보인 염색체 23쌍은 각기 어머니와 아버지, 두 개체로부터 절반씩 받은 것이라고 했습니다. 체세포 분열의 경우 이것은 2배로 복제되어 46쌍이 되었다가 분열 시 분배되어 딸세포에서는 23쌍의 원래대로 되지요. 이와 달리 유성생식에서는 암수도 각자 어버이가 있으므로 그들의 정자와 난자가 합쳐져 만드는 수정란에는 4사람의 유전정보가 있는 셈입니다.

그렇다면 사람의 경우 수정란의 염색체의 수는 46쌍(92개)이 92쌍로 되었다가 유성생식으로 얻어진 딸세포에서는 46쌍이 되어야 할 것입니다. 만약 이를 정리하지 않는다면 30대 후손에서는 10억개나 될 만큼, 대를 내려갈수록 후손들의 세포는 염색체로 넘쳐날 것입니다.

이를 방지하기 위해서 생식세포를 만들 때 염색체의 수를 미리 반으로 줄여 놓습니다. 다름 아닌 감수분열입니다. 감수減數란 염색체의 수를 반으로 줄인다는 뜻이지요. 사람의 경우 감수분열로 만들어진 딸세포의 염색체 수는 23쌍이 아니라 23개입니다. 그 덕분에 난자가 정자를 만나 만든 수정란 세포의 염색체 수는 넘쳐나지 않고 체세포처럼 23쌍이 되지요.

감수분열은 체세포분열에서처럼 1번이 아니라 2차례 분열해서 4개의 딸세포를 만듭니다. 제1분열에서는 암수 각 세포의 상동염색체 쌍을 분리해 염색체의 수를 반으로 줄이고, 제2분열에서는 분리된 염색분체(상동염색체의 각 가닥)들을 다시 분리합니다(〈그림 2-5 b〉 및 다음 박스 글 참조).

이렇게 만들어진 4개의 딸세포는 모두 다릅니다. 그 이유는 제1분열기에 암, 수의 염색체 구역들이 서로 섞이기 때문입니다. 즉, 동원체(〈그림 2-4 a〉 참조)를 중심으로 X자 형으로 꼬인 상동염색체들이 서로 꼬이며 조각의 일부를 교환하는 '교차crossing-over'가 일어납니다(〈그림

2-5 c〉 참조). 게다가 그로 인해 달라진 상동염색체 쌍들은 제1분열 후기에 분리 → 재정렬된 다음 말기에 딸세포에 분배됩니다.

그런데 23개 상동염색체 쌍들의 분리는 독립적으로 일어난 뒤 정렬 후 무작위로 딸세포에 분배됩니다. 그 결과 분배 후 조합되는 경우의 수는 8,388,608(=2^{23})이나 됩니다. 이 두 과정으로 엄청나게 다양한 가능성의 생식세포가 만들어집니다. 그것이 모두가 아니지요. 이렇게 만들어진 각기 4개 딸세포의 정자와 난자는 그중 한 개씩만 선택되어 수정란을 이루고 다시 유전자가 무작위적으로 섞입니다. 같은 부모에서 나온 자식들이 유전적으로 다른 것은 이 때문입니다. 즉, 감수분열은 유전적 다양성에 중요한 역할을 합니다.

조금 더 부언하자면, 유성생식하는 동물의 수컷은 정소精巢에 있는 정원精原세포, 암컷은 난소卵巢에 있는 난원卵原세포라는 생식세포가 감수분열해 각기 정자와 난자를 만듭니다. 이 정원 및 난원세포가 성성장해 감수분열을 준비하고 있는 대기 상태를 각기 정모精母 및 난모卵母세포라고 부릅니다. 정자와 난자의 어머니 세포라는 뜻이지요. 정원세포가 감수분열해 만든 4개의 딸세포는 모두 정자가 되는데, 평생 만들어집니다. 반면, 난원세포는 제1분열로 생긴 2개의 세포 중 1개만이 커지며, 이것이 제2분열로 2개가 된 후 또 다시 1개만 커집니다. 즉, 4개의 딸세포 중 1개만 크게 성장해 난모세포가 되고 나머지 셋은 폐기되는 것이지요.

이런 방식으로 인간의 남성은 사춘기 이후 평생 동안 약 5,000억 개의 정자를 생산합니다. 하지만 난자가 선택한 극소수만 살고 모두 죽는 소모품이므로 정자는 물자 절약 차원에서 인체의 세포 중 가장 작습니다. 반면, 난자는 사람의 세포 중 가장 큰 0.2mm여서 맨눈으로도 볼 수 있지요. 무게도 정자의 15만 배나 됩니다. 놀랍게도 난자의 모세포인 난모세포는 태아 때만 만들어집니다. 즉, 어머니 배 속에서 몇 주 지난 여아는 이미 수십만 개의 난모세포를 가지고 있습니다. 5개월 태아 때 700만 개로 피크를 이루고 출생 무렵에는 상당수가 도태되어 100만 개만 살아남지요.

출생 후에는 더 이상 난모세포를 만들지 않기 때문에 초경初經기에 이른 여성은 약 40만 개를 가집니다. 이 남은 난모세포들이 폐경閉經 때까지 28일마다 한 개씩 배출, 즉 배란됩니다. 결국, 태아 때 만들어진 700만 개의 난모세포 중 가임 연령 동안 난자가 되는 것은 겨우 400~500개입니다. 이렇게 보면 나이를 출생 후의 시간으로 세는 계산법은 잘못되었습니다. 진짜 나이는 어머니의 태아 시절부터 계산해야 할 것입니다. 가령, 어머니가 30살 때 낳은 사람의 나이가 50살이라면, 진짜 나이는 0~9개월(어머니 태아에서 그를 만든 난자가 형성된 때부터 출산 시까지 시간)+30년+50년이 될 것입니다. 물론, 어머니가 우리를 출산하기 전의 수십 년 동안은 온전한 인간이 아니었지요. 그러나 난모세포도 엄연히 살아 있는 생명입니다.

체세포분열 과정

세포는 생체의 어떤 부위가 손상을 입으면 화학신호를 인접 세포에 보내 세포분열을 유도한다. 성장기에 있는 동물의 뼈나 근육도 비슷한 신호를 방출한다. 신호를 받은 세포는 세포분열 여부를 결정한 후 실행한다. 그 첫 단계인 간기(interphase)는 준비 기간으로 세포분열 주기의 90%를 차지한다(예: 골수세포 18시간, 대장 상피세포 6일). 간기 중에는 세포질과 핵의 물질이 2배로 늘어난다. 당연히 DNA도 복제되어 2배로 된다. 만약 어떤 요인 때문에 세포질이 충분히 만들어지지 않으면 세포분열은 중지된다. 이 단계의 DNA는 히스톤 단백질과의 실 모양 복합체인 염색사 안에 있다.

간기가 끝나면 분열기(mitotic phase)가 이어진다. 분열기는 매우 짧지만 4개의 기간으로 세분할 수 있다. 그 첫 단계인 전기前期에서는 실 모양의 염색사가 뭉친 염색체로 변한다. 이때 복제된 딸염색체들은 상동의 짝을 이루며, 동원체(centromere)를 축으로 X자 모양으로 붙는다(〈그림 2-4〉 참조). 동원체는 상동염색체의 중앙부가 심하게 수축된 부위로, DNA 염기 길이가 170염기쌍(포유류)에 불과한 짧은 구간이지만, 분열 중 염색체를 이동시키는 중요한 역할을 한다. 한편, 각 염색체의 양쪽 끝부분을 텔로미어, 말단소체라 부른다. 이 부분은 복제를 반복할수록 짧아진다.

전기에서는 핵막도 없어지기 시작한다. 또한 핵 밖 세포질에서는 방추사紡錘絲라는 실모양의 단백질 구조가 나타난다(〈그림 2-5〉 참조). 이어 세포분열이 중기中期에 이르면 핵막이 완전히 없어진다. 동시에 원본 및 딸염색체 쌍이 세포의 중앙에 일렬로 배열한다. 염색체는 이때 선명하게 관찰된다. 분열의 후기에서는 염색체쌍이 분리된 후 방추사에 이끌려 각 세포의 양끝으로 이동한다. 끝으로 분열 말기에서는 염색체가 풀어져 원래의 염색사 상태로 돌아간다. 또한 핵막이 생성되어 세포 양쪽으로 이동한 염색체를 2개의 핵으로 나눈다.

마지막으로 새로 생긴 두 핵을 중심으로 세포질을 나누는 세포막이 만들어진다. 이로써 세포질도 분리되면서 세포분열은 완료된다. 그 결과 2개의 동일한 딸세포가 만들어진다.

생식세포의 감수분열 분열 과정

생식세포의 감수분열은 체세포분열과 달리 분열이 두 번 연속 일어난다(제1분열, 제2분열). 그 결과 4개의 딸세포가 형성된다. 첫 번째 단계인 제1분열은 체세포분열과 유사하다. 즉, 준비기간인 간기 동안 DNA가 복제되어 염색체가 2배로 된다. 이어지는 제1분열의 전기도 비슷하다. 염색사가 뭉쳐 염색체를 이루며, 핵막이 서서히 사라진다. 그러나 체세포분열과 크게 다른 점이 있다. 동원체를 축으로 X자형을 이룬 상동염색체들이 서로 접합해 염색체 조각들을 교환하는 교차(crossing-over)가 일어난다(〈그림 2-5 c〉참조). 그 결과 암수로부터 받은 염색체 조각들이 혼합, 재조합된다. 쌍을 이룬 이 염색체들은 이어지는 중기에 세포의 중앙에 일렬로 배열되었다가, 후기에 쌍이 분리되고, 말기에 딸세포에 분배된다.

염색체 쌍들의 분리는 독립적으로 일어나므로 말기에 분배되는 염색체 조합의 경우의 수는 엄청나다. 이를 자유조합(independent assortment)이라고 한다. 그 결과 체세포분열 때와 달리 딸세포의 염색체는 모세포의 복사판이 아니며, 동일하지 않은 수많은 염색체 조각의 조합이 나온다. 제1분열이 끝난 후 일어나는 제2분열은 준비기간인 간기 없이 곧바로 분열기에 들어간다. 즉, 염색체의 복제가 생략된다. 분열기의 전기, 중기, 후기, 말기는 체세포분열과 비슷하다. 다만, 제1분열로 이미 2개의 세포가 만들어진 상태에서 또다시 분열하기 때문에 결과적으로 4개의 딸세포가 만들어진다.

잠시 정리해 보겠습니다. 염색체 안에는 DNA 분자가 있지요. 유전자는 다시 그 속에 있습니다. DNA 가닥 중의 일부 구역들이 유전자입니다. 한편, 1개의 세포가 가지고 있는 DNA 유전정보(염기서열) 전체를 게놈genome(유전체)이라 부릅니다. 유전자gene와 염색체chromosome의 합성어인 게놈은 한 생물이 가지는 모든 DNA 정보를 말합니다.

DNA는 뉴클레오티드라는 짧은 분자들이 사슬처럼 길게 이어진 중합체(폴리머) 분자입니다(〈그림 2-6〉 참조). 그 기본단위인 뉴클레오티드는 다시 세 부분으로 구성되어 있지요. 당糖의 한 종류인 5탄당炭糖, 인산燐酸(H_3PO_4), 그리고 염기鹽基라고 줄여 부르는 질소화합물이 그들입니다. 이중 5탄당과 염기는 자연 중에 여러 종류가 있습니다. 이들이 인산과 결합할 수 있는 방법은 여러 개이므로 다양한 종류의 뉴클레오티드가 존재합니다. 일부는 인공적으로 합성도 할 수 있지요.

그림 2-6
DNA 이중나선 구조

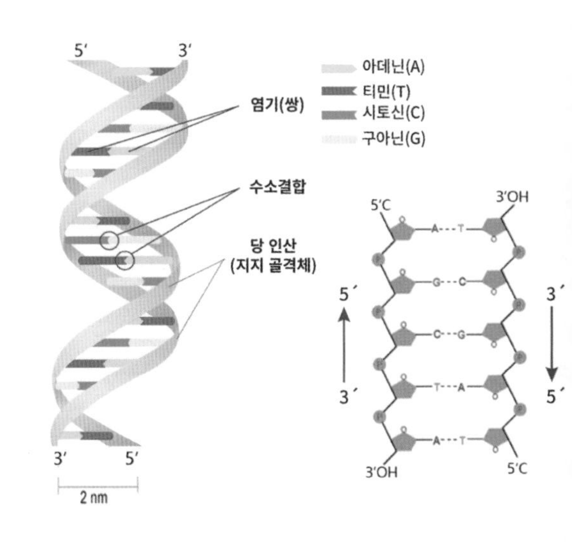

물론, 생체 내에도 다양한 뉴클레오티드 분자들이 있습니다. 예를 들면 세포의 에너지 저장 분자(ATP), 신호전달 분자(cGMP, cAMP), 그리고 다른 물질과 결합해 효소 반응을 돕는 분자(FAD, NAD)등이 그들입니다. 이처럼 개별 뉴클레오티드로 있지 않고 여러 개가 사슬로 이어진 중합체가 핵산입니다. 핵산이란 이름 그대로 세포핵 속에 들어 있는 산성 물질이란 뜻입니다. DNA와 RNA가 바로 핵산이지요. 둘은 얼핏 보면 유사합니다. 다른 점은 뉴클레오티드 구성성분 중의 당糖이 디옥시리보오스이면 디옥시리보 핵산Deoxyribonucleic acid(DNA), 리보오스이면 리보 핵산Ribonucleic acid(RNA)이지요.

구조적으로는 DNA가 RNA보다 훨씬 안정합니다. 핵산에서 중요한 또 하나의 뉴클레오티드 구성성분은 흔히 염기라고 부르는 질소화합물입니다. 인체의 핵산에는 아데닌adenine(A), 구아닌guanine(G), 시토신cytosine(C), 티민thymine(T)과 우라실uracil(U)의 5종류가 있지요(이하 A, G, C, T, U로 표시). DNA는 이중 A, G, C, T의 4개를 사용합니다. 반면, RNA는 DNA의 T 대신 U를 사용하는 점이 다릅니다. 결국, DNA와 RNA는 염기가 다른 4종의 뉴클레오티드가 여러 조합을 이루며 길게 연결된 분자입니다(그래서 염기와 뉴클레오티드를 혼용해 부르기도 합니다). 염기서열이란 4종의 염기들이 조합한 순서를 말합니다(AGTTC 등).

원래 DNA는 1869년 스위스의 프레데리히 미셔Frederich Miescher가 상처 속의 고름과 (연어의) 정자에서 분리해 일찍부터 알려졌던 물질입니다. 그러나 그 기능과 분자구조는 20세기 중반까지 몰랐습니다. 1950년대 초에 이르러서는 구성분자들이 무엇인지는 알았지만 어떻게 결합되었는지가 큰 의문이었습니다. 따라서 유전현상의 열쇠인 DNA의 구조를 밝히려는 연구가 경쟁적으로 진행되었지요.

1951년 미국의 라이너스 폴링Linus Pauling은 DNA가 3가닥으로 꼬인 나선구조라고 추정했습니다. 그런데 바로 전 해에 DNA 속 어떤 염기들은 짝으로 항상 같은 양이라는 사실이 밝혀졌었습니다(예: A와 T, G와 C). 이에 캠브리지대학의 제임스 왓슨James D. Watson과 프랜시스 크릭Francis Crick은 DNA가 짝으로 이루어진 2가닥의 나선 구조일 것이라 추정하고 실험을 계획했습니다. 하지만 캠브리지대학는 앞서가는 다른 팀의 연구분야를 침범하는 행위라고 여겨 두 사람의 연구를 지원하지 않았습니다. 당시 크릭은 물리학에서 전향한 생물학자였으며, 왓슨은 그보다 12살 아래의 풋내기 연구원이었지요.

다른 팀의 연구진은 바로 영국 킹스대학의 모리스 윌킨스Maurice Wilkins와 여성 연구원 로잘린드 프랭클린Rosalind Franklin으로 당시 이 분야의 선두주자였습니다. 두 사람은 X선 회절回折실험으로 단백질과 핵산의 구조를 밝히는 연구를 하고 있었습니다. X선 회절이란 고체에 X선을 쬔 후, 여기서 튀어나온 파장의 회절 패턴을 분석해 재료의 원자배열 구조를 알아내는 고체물리나 재료공학의 기술입니다. 하지만 DNA는 매우 복잡한 원자배열 구조를 가지기 때문에 회절 결과의 해석이 쉽지 않았습니다.

그러던 1953년 1월, 크릭과 왓슨은 폴링 팀의 미발표 논문의 예비 인쇄본을 입수했습니다. 두 사람은 폴링이 발표하려는 내용이 자신들의 생각과는 다르지만 잘못을 바로잡기는 시간 문제라고 생각했습니다. 이에 왓슨은 폴링의 예비 논문을 들고 급히 킹스대학에 있는 크릭의 친구 윌킨스를 찾아갔습니다. 마침 윌킨스가 부재중이었으므로 대신 그의 까칠한 조수 프랭클린을 만났습니다. 왓슨은 그녀에게 폴링이 따라잡기 전에 네 사람이 서둘러 공동연구를 하자고 제안했습니다.

앞서가고 있던 프랭클린은 크게 화를 내고 거절했습니다. 당시 그녀는 DNA가 이중나선 구조라는 사실을 이미 간파하고 확실한 추가 증거를 찾던 중이었습니다. 살벌한 눈총과 직설화법으로 악명 높았던 프랭클린은 동료들과 관계가 원만치 않은 여성이었지요. 작은 소란 끝에 뒤늦게 연구실에 돌아온 온화한 성품의 윌킨스는 거절에 낙담한 왓슨을 위로했습니다. 그러면서 프랭클린의 X선 회절 사진을 허락도 없이 보여 주었지요. 실험자료가 전혀 없었던 왓슨은 회절 사진을 신문지에 스케치한 후 돌아와 크릭과 상의했습니다. 한 달 후 윌킨스는 두 사람에게 프랭클린이 다른 학교로 이직했으니 안심하라며 협조를 약속했습니다. 이에 고무된 왓슨과 크릭은 DNA의 구조가 이중나선이라는 내용의 논문을 급히 작성해 『네이처』에 제출했고 1953년 4월 25일자에 게재되었습니다.

이 역사적인 논문은 심사와 승인 과정이 의문이 갈 정도로 내용이 빈약합니다.[70] 한 페이지를 겨우 넘긴 분량의 논문에는 DNA의 나선 구조를 나타내는 엉성한 그림 1개만 실려 있지요. 게다가 이를 뒷받침하는 실험 데이터가 전혀 없이 6개의 참고논문만 인용했습니다. 논문의 각주에는 프랭클린과 윌킨스의 미발표 결과에 자극을 받아 행한 연구라고 언급했습니다. 한마디로 다른 연구자의 결과를 참고해 모형을 예측했을 뿐이었지요. 다행히 독자들은 이 논문 뒤에 이어지는 윌킨스와 프랭클린의 논문 2편에 실린 X선 회절의 결과를 보고 무슨 내용인지 짐작할 수 있었습니다. 찜찜해서인지 왓슨과 크릭은 한 달 후 같은 저널에 보다 상세한 설명의 추가 논문을 발표했습니다. 발표 초기 이처럼 엉성했던 DNA 이중나선 모형은 10여 년에 걸친 후속 연구로 서서히 학계의 인정을 받게 되었습니다.

이 업적으로 왓슨과 크릭 그리고 윌킨스는 1962년에 노벨 생리·의학상을 받았습니다. 진짜 공로자인 프랭클린이 1957년 37세의 나이에 난소암으로 세상을 떠난 후였지요. 왓슨은 후에 『이중나선』이라는 베스트셀러를 통해 알려지지 않았던 프랭클린의 역할을 상세히 소개했습니다. 그러나 솔직한 고백에도 불구하고 왓슨과 크릭은 플랭클린의 연구결과를 도용했다는 암묵의 비난에 평생을 시달렸습니다.

덧붙이자면, 정치적이었던 왓슨은 나중에 많은 직책을 맡았는데 말년에는 지능과 관련한 잦은 인종차별적 발언으로 학계에서 추방되었습니다. 파산으로 곤궁해진 2014년에는 자신의 노벨상 메달을 경매로 내놓았으나, 410만 달러에 낙찰 받은 익명의 독지가가 돌려주었지요. 보다 학구적이었던 크릭은 수상 이후 활발한 연구로 분자생물학의 토대를 쌓는 데 중요한 역할을 했습니다. 뿐만 아니라 말년에는 의식에 대한 연구로 전환해 큰 기여를 했습니다(3장 참조).

과정이야 어찌 되었든 DNA의 이중나선 구조 규명은 생물학의 역사에서 획을 긋는 사건이었습니다. 생명이 어떻게 유지되고 대를 잇는지 수수께끼를 풀 열쇠를 제공했기 때문입니다.

놀라운 안정성과 저장성 | DNA의 특별함

DNA는 40억여 년의 세월 동안 단 한 번도 끊기지 않고 이어진 생명의 핵심 물질입니다. 그 중요한 특성을 두 가지로 요약하자면 놀랄 만한 안정성과 엄청난 정보 저장능력을 들 수 있습니다.

먼저 DNA의 안정성입니다. DNA는 생체분자임에도 습기나 자외선 등만 없다면 몇 만 년도 보존할 수 있는 대단한 저장장치입니다. 현대의 첨단 자성 마이크로 필름이나 반도체도 DNA를 따라올 수 없지요. 가령, 반도체는 딱딱한 고체여서 정보를 오래 보존할 수 있을 것 같지만 5~10년만 지나도 물리적 성질이 조금씩 변합니다. 이와 달리 DNA는 조건에 따라 수만 년 동안도 안정적일 수 있습니다. 그래서 6만 년 된 네안데르탈인의 뼈에서 DNA를 찾아내 그들의 유전자를 분석할 수 있었지요(1장 참조).

생물의 세포 안에서도 수십억 년 동안 유전정보를 보존했습니다. 가령, 사람과 침팬지의 조상은 갈라진 지 600만 년이 지났지만 유전자는 98%가 동일합니다. 인간의 유전자는 알려진 것만 최소 1,300개가 6억 년 전부터 존재했습니다. 가령, 히스톤 단백질을 합성하는 유전자는 수억 년 동안 거의 변치 않아 대부분의 동물이 같습니다. 심지어 사람의 유전자는 맥주 효모균과 46%, 초파리와 61%가 동일합니다.[72]

DNA의 높은 안정성은 독특한 구조에서 비롯됩니다. 알아보았듯이 DNA는 뉴클레오티드들이 사슬처럼 이어진 2개의 중합체 가닥이 꼬인 이중나선 구조이지요(〈그림 2-6〉 참조). 이 두 가닥을 연결해 주는 분자는 질소화합물인 염기들입니다. 마치 사다리의 발판처럼 0.34nm(나노미터=1백만 분의 1mm)의 간격으로 두 가닥을 연결해 주고 있지요. 다만 뱅글뱅글 뒤틀려 돌아가는 사다리 모양이지요. 약 2nm 폭의 나선 사다리는 오른쪽 방향으로 도는 모습입니다(자연계에는 왼쪽 나선의 DNA가 존재합니다).

한편, 뉴클레오티드의 또 다른 구성요소인 당과 인산은 강한 화학적 결합으로 가닥을 세로 방향으로 튼튼하게 지탱해 주고 있습니다. 그 덕분에 통상적인 DNA는 수천만~수억 개의 뉴클레오티드가 등뼈

모양으로 연결되어 있지요. 사람의 경우, 세포 한 개에 있는 DNA를 모두 이으면 2m나 됩니다. 몸 전체의 DNA를 한 줄로 세우면 지구와 태양을 200번 왕복하는 거리입니다.

그런데 인산과 결합해 가닥의 뼈대 구실을 하는 DNA와 RNA의 당은 약간 다릅니다. DNA의 당은 디옥시리보오스이며, RNA의 당은 리보오스입니다. 둘은 구조가 흡사하지만, RNA의 당 분자는 2번 탄소라는 자리에 수산기(OH)가 붙어 있는 반면, DNA의 당에는 수소(H)가 붙어 있습니다. DNA의 당 분자 이름의 접두사 '디옥시-deoxy-'란 산소(O)가 없다는 뜻입니다. 이 작은 차이가 큰 결과로 나타납니다. 수산기(OH)는 다른 분자나 원자와 잘 반응하는 성질이 있으며, 특히 물과 반응해 분자들을 분해시키는 가수분해加水分解 반응을 합니다. 그 결과 RNA는 주변의 다른 분자와 잘 붙기 때문에 문제가 있습니다. 친구가 너무 많은 것이지요. 특히, 가수분해로 해체가 잘 되기 때문에 불안정해서 길게 이어지기가 힘듭니다.

하지만 세상만사가 그렇듯이 약점은 곧 장점이지요. 길이가 짧고 불안정하기 때문에 RNA는 유전자 복제 과정에서 잠깐 나타나 임무를 수행하고 곧 분해되어 사라져 줍니다. 이와 달리 DNA의 디옥시리보오스 당은 다른 원소나 분자와 잘 반응하지 않기 때문에 안정적으로 길게 이어질 수 있지요. 더구나 외가닥인 RNA와 달리 가닥이 두 개 붙어 있기 때문에 한쪽에 오류가 생겨도 다른 쪽으로 수정이 가능합니다. 따라서 돌연변이 확률이 낮아 안정적으로 유전정보를 유지하는 데 유리합니다.

DNA 분자의 안정성은 바이러스에서도 확인됩니다. 생물과 달리 바이러스는 RNA와 DNA 중 하나만을 가지고 있지요. RNA형 바이러스(RNA만 가지고 있는 바이러스)에서는 돌연변이가 DNA형 바이러스보다 수십만~수백만 배 더 잘 일어납니다. 인플루엔자, 에이즈, 코비드-19 바이러스 등 흉악한 녀석들은 대부분 RNA형 바이러스입니다. 이들이 일으키는 병의 백신을 만들기 어려운 이유는 RNA가 쉽게 조금씩 변하기 때문입니다. 반면에 DNA형 바이러스는 천연두의 예에서 보듯이 백신의 성공률이 높습니다.

DNA의 두 번째 중요한 특성은 엄청난 저장능력입니다. 이론적으로 1g의 DNA 안에 4,550억 기가바이트GB의 정보를 저장할 수 있습니다(1GB=1,024MB 혹은 10.74억 byte). 전 세계에서 한 해 동안 출판되는 모든 책의 정보를 4g의 DNA에 집어넣을 수 있는 어마어마한 양이지요. 사람의 세포 1개에는 약 3.6pg(피코그램, 1pg=1조 분의 1g)의 DNA가 있으므로 37조 개나 되는 세포 수를 감안하면 우리의 몸안에는 약 135g의 DNA가 있습니다.

실제로 2012년 하버드대학 연구팀은 책 1권의 정보를 컴퓨터 하드디스크보다 100만 배나 높은 밀도로 DNA에 저장하는 데 성공했습니다. 이듬해인 2013년에는 유럽전자정보연구소European Bioinformatics Institute 팀이 이를 3배 더 개선해 1g의 DNA에 2.2PB(페타바이트, 2.2PB=약 230만 GB)의 정보를 저장했지요.[73] 이는 영화 DVD 46만 8,000장에 해당하는 정보량입니다.

DNA를 이용한 정보저장은 입자물리학을 연구하는 유럽의 입자물리연구소Conseil Europeen pour la Recherche Nucleaire, CERN에서도 관심을 보이고 있습니다. 프랑스와 스위스 국경에 있는 대형 강입자가속기 LHCLarge Hadron Collider는 매년 15PB의 방대한 데이터를 쏟아내고 있습니다(월드 와이드 웹 www도 원래는 CERN의 과학자들이 데이터를 공유하기 위해 개발되었던 기술입니다). 이 데이터들은 워낙 방대해 금방 분석이 안 되므로 손상 없이 장시간 저장해야 하는데, 현재는 정기적으로 자성테이프에 정보를 복사한 후 값비싼 특수 시설에 보관하고 있습니다.

만약, 이 데이터를 DNA에 담아 건조하고 한랭한 곳에 보관하면 저비용으로 최소 수천 년은 안전하게 사용할 수 있다고 예상합니다. 다만 현재의 기술로는 DNA를 합성하는 비용이 더 비싸기 때문에 데이터를 600년 이상 보관하는 경우만 경제적이라고 합니다. 하지만 조만간 DNA 합성기술이 개선되어 비용이 낮아지면 수~수십 년 저장 용도의 정보매체로도 각광받을 가능성이 큽니다.

DNA가 이처럼 엄청나게 많은 정보를 저장할 수 있는 이유는 A(아데닌), T(티민), G(구아닌), C(시토신)의 4종류 염기 덕분입니다. 앞서 보았듯이 질소화합물인 염기는 DNA의 두 가닥을 서로 연결해 줍니다. 즉, DNA의 유전정보는 염기의 배열 순서로 부호화되어 있습니다. 가령, AGCTTCC 등으로 표현되지요.

그런데 DNA 가닥은 매우 길어 그 안에 담긴 염기쌍의 숫자도 방대합니다. 사람의 경우, 23개 염색체 안에 있는 DNA의 염기는 약 33억 개입니다. 게다가 염색체는 어버이로부터 각 하나씩 받아 쌍으로 있으므로(46개), 한 개의 세포에 66억 개의 염기문자가 있는 셈이지요.

이를 컴퓨터의 정보와 비교해 보면 대략 다음과 같습니다. 컴퓨터는 0과 1이라는 두 개의 문자, 즉 비트bit를 사용하지요. 두 문자로 만들 수 있는 조합은 00, 01, 10, 11의 네 개이며, 이에 사용된 문자는 여덟 개, 즉 8개(비트)입니다. 이 8비트를 1 바이트byte라고 부릅니다.

한편, DNA의 염기문자는 컴퓨터보다 2배 많은 4개이지만 A–C, A–G, C–T, G–T끼리는 결합하지 못하고 A–T, T–A, G–C, C–G의

4개 조합만 가능합니다(다음 절에서 설명). 즉, 이 4개의 염기쌍(혹은 뉴클레오티드)을 1바이트로 볼 수 있지요. 따라서, 1개 세포 속에 들어 있는 66억 염기쌍에는 16억 5천만 바이트(=66억÷4)의 정보가 있는 셈입니다. 이는 약 1.54GB에 해당하므로, 통상적인 CD 두 장에 담을 수 있는 정보량입니다. 그런데 사람 몸에는 37조 개의 세포가 있으므로 약 CD 74조 장 분량의 유전정보가 기록되어 있는 셈이지요.

지퍼와 붕어빵 | DNA 복제

그런데 생물은 DNA에 담긴 정보를 어떻게 자신의 생명활동에 이용할까요? 한마디로 DNA 정보를 복사해서 이용합니다. 이에는 두 가지 방법이 있습니다. 첫째, DNA 가닥을 통째로 복사하는 복제複製,replication입니다. 체세포분열과 감수분열 때 일어나는 복사이지요. 생물이 몸을 유지하고, 성장하고, 자손을 번식하는 것은 모두 세포분열을 통해서입니다. 둘째, 단백질을 합성할 때 유전자, 즉 DNA에서 필요한 작은 구역만 잠시 베끼는 전사傳寫,transcription입니다. 생물의 소화, 호흡 등 모든 생화학 반응은 단백질(효소 포함)을 통해서 이루어집니다. 결국 생명 반응의 모든 핵심이 DNA 복사로 이루어지는 셈입니다.

먼저, 복제부터 알아보지요. 앞서 보았듯이 세포분열의 준비기간인 간기間期 동안에는 DNA를 일단 2배로 만들기 위한 복제가 일어납니다. 이를 위해 DNA를 구성하는 원료 분자들이 합성되어 복제할 부위 부근에 널려 있게 됩니다. 이들이 충분히 합성되면 '복제원점'이라

그림 2-7

DNA 복제과정

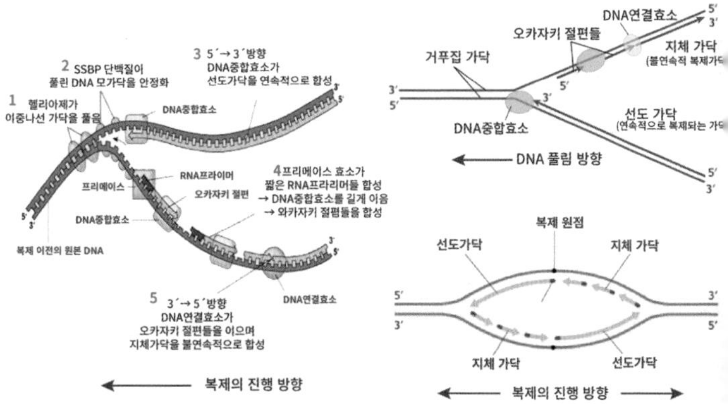

는 DNA 가닥의 특정 위치에서 복제가 시작됩니다.

먼저 헬리카아제helicase라는 효소분자가 나타나 이중나선의 두 가닥을 연결하고 있는 사다리 발판, 즉 염기들을 끊습니다. 염기들은 수소결합이라 불리는 약한 화학결합을 하고 있기 때문에 이중나선의 두 가닥은 필요에 따라 쉽게 풀리고 재결합할 수 있습니다. 지퍼와 비슷하지요. 통상적으로 염기들의 결합이 느슨해 끊기 쉬운 부위(A-T 쌍)가 복제원점이 됩니다. 아무튼 헬리카아제 효소가 지퍼의 손잡이처럼 DNA의 두 가닥을 열어 놓습니다(〈그림 2-7〉 참조). 거의 동시에 SSBPSingle Strand Binding Protein라는 작은 단백질이 나와 풀어진 DNA에 임시로 들러붙어 가닥이 다시 붙지 않도록 해 줍니다.

곧이어 새로 생성되어 주변에 대기하고 있던 원료물질인 뉴클레오티드 분자들이 갈라진 두 가닥의 노출된 면 위에 하나씩 들러붙습니다. 이처럼 들러붙은 뉴클레오티드 분자들은 DNA중합효소DNA polymerase라고 불리는 특별한 효소의 도움을 받아 길게 연결, 즉 중합됩니다. 이 과정이 모두 끝나면 풀어진 DNA의 한쪽 가닥을 거푸집template 삼아 새로운 가닥이 만들어집니다. 빵틀에서 붕어빵이 만들어지는 것과 유사합니다. 단, 매우 긴 붕어빵이지요. 그 결과 풀어지기 전의 상대방 가닥과 똑같은 가닥이 생깁니다. 한편, 빵틀 역할을 한 본 가닥도 같은 과정으로 복제되므로 결국 1쌍이었던 DNA 가닥은 2쌍이 됩니다.

이 같은 DNA 복제는 우리가 통상적으로 생각하는 문서나 물질의 복사와는 3가지 면에서 다릅니다. 첫째, 원본 가닥과 복제되는 가닥은 붕어빵과 틀의 관계처럼 기하학적 상보성相補性的을 가집니다. 이는 이중나선 두 가닥을 연결해 주는 염기들이 분자구조상 기하학적으로 모양이 서로 맞아야 결합하기 때문입니다. 즉, 염기의 끝부분 홈이 다른 쪽 가닥의 것과 열쇠와 자물쇠처럼 맞아야 결합합니다. 마치 지퍼의 홈과 흡사하지요. 즉, A–T와 G–C의 짝끼리만 결합합니다.

가령, 원본 가닥의 염기가 AAGTCC로 쓰여 있다면 복제된 가닥은 TTCAGG가 됩니다. 이는 풀어졌던 상대 가닥의 염기배열입니다(따라서 이중나선의 어느 가닥을 기준으로 삼는가에 따라 달리 읽힐 수 있습니다). 둘째, DNA는 반半보존적 복제semiconservative replication를 합니다. 2개의 가닥 중 절반, 즉 하나만 보존되는 복제라는 뜻이지요. 한 가닥은 원본, 다른 하나는 그것을 거푸집 삼아 새로 복제되어 만들어진 가닥이라는 뜻입니다. 셋째, DNA 두 가닥은 역평행성antiparallel을 가지며 복제됩니다. 역평형성이란 지퍼를 여는 방향으로 닫을 수 없듯이 복제도 특정방향으로 진행된다는 의미입니다(다음 박스 글 참조).

그러면 복제는 얼마나 빠르게 진행될까요? 박테리아의 DNA 가닥에는 복제원점이 하나밖에 없습니다. 그러나 DNA가 외가닥으로 단순하기 때문에 초당 수백~1,000염기쌍의 매우 빠른 속도로 복제가 진행되어 20~40분 만에 끝납니다. 한편, 이중가닥으로 구조가 복잡한 진핵생물의 경우는 복제 속도가 초당 약 50개 염기쌍(뉴클레오티드)입니다. 따라서 수십억 개의 염기쌍을 복제하려면 몇 달이 걸릴 것입니다. 그러나 실제로는 가닥에 있는 복제원점 수가 수백~수십만 개(세포 당)에 이르기 때문에 통상적으로 수시간 이내에 끝납니다.

부언하자면, DNA 복제에서 중요한 역할을 하는 물질은 DNA중합효소입니다(〈부록 5〉 참조). 이 효소의 주기능은 복제 시 뉴클레오티드를 5'→ 3'라는 방향으로 붙여주는 일입니다(〈그림 2-7〉 및 다음 박스글 참조). 뿐만 아니라 간혹 잘못된 뉴클레오타이드가 붙는 복제 오류도 자가교정proofreading해 줍니다. 그런데 이 교정 작업은 3'→ 5'의 반대 방향으로 진행됩니다. DNA중합효소가 골치 아프게 굳이 5'→ 3' 방향으로만 복제하는 이유는 자가교정 반응과 동시에 병행할 수 없기 때문입니다. 아무튼 DNA중합효소에 의한 복제는 매우 정확해서 1,000만 개의 뉴클레오티드를 합성할 때마다 1개 정도의 오류가 발생합니다. 이 오류조차도 99%를 DNA중합효소가 자가교정 반응으로 재차 걸러 수정합니다. 따라서 DNA 복제는 전체적으로 10억 염기쌍에 겨우 1개 정도의 오류만 발생하는 셈이지요.

이 같은 완벽에 가까운 복제반응에도 불구하고 DNA에는 원본과 다른 오류가 여전히 무시 못 할 만큼 들어 있습니다. 복제하는 염기쌍의 수가 워낙 방대하기 때문이지요. 게다가 살아 있는 세포는 1회가 아니라 끊임없이 세포분열을 하기 때문에 오류가 누적될 수밖에 없습니다. 세포 1개당 하루에 대략 1만 개의 DNA 오류가 발생한다고 추정됩니다.

하지만 여기서도 정확성을 담보하려는 DNA의 경이로운 복제기구가 다시 한번 작동합니다. 즉, DNA가 복제된 후에도 원본과 복제본이 일치하는지 확인하고, 오류가 있으면 수리하는 또 다른 과정이 있습니다. 이 작업을 불일치 쌍의 수리mismatch repair라고 하는데, 여러 종류의 효소와 물질들이 복잡한 반응을 거쳐 수행됩니다. 하지만 완벽이란 있을 수 없습니다. 오류로 인한 돌연변이는 이 장의 끝부분에서 다시 알아보겠습니다.

DNA 복제의 선도가닥과 지체가닥

DNA 가닥의 분자구조를 보면 모양이 약간 다른 5'와 3'라고 불리는 2개의 위치가 번갈아 이어져 있다(〈그림 2-6〉 및 〈부록 5〉 참조). 그 결과 이중나선의 두 가닥 중 하나는 3'→ 5' 방향, 다른 하나는 5'→ 3'이라는 방향으로 이어져 있다. 마치 지퍼의 양쪽 홈이 같은 듯하지만 방향이 다른 것과 유사하다.

그런데 DNA중합효소는 3'의 위치에만 뉴클레오티드를 붙인다. 따라서 거푸집 위에 복사되는 가닥은 그 반대인 5'→ 3' 방향으로 중합된다. 이러한 복제의 역평형성 때문에 작은 문제가 발생한다. 두 가닥 중 복제가 5'→ 3' 방향으로 진행되는 쪽에서는 뉴클레오티드가 별 문제 없이 연속적으로 중합된다. 이 가닥을 선도가닥(leading strand)이라 한다(〈그림 2-7〉 참조).

반면, 상대 가닥에서는 3'→ 5' 방향으로 복제해야 하므로 정상적으로는 중합이 불가능해 편법을 쓴다. 즉, 군데군데의 3'의 위치에 뉴클레오티드 대신 특수 효소의 도움으로 프라이머(primer)라는 짧은 RNA조각이 붙는다. 프라이머는 서로 이어 붙은 작은 DNA 조각인 오카자키 절편(Okazaki fragment)을 이루게 하며, 이들이 다시 연결되는 방식으로 중합된다.

이처럼 중합이 불연속적으로 매끄럽지 못하게 일어나므로, 이 가닥을 지체가닥(lagging strand)이라 부른다. 이로 인해 두 가닥이 서로 다른 속도로 복제될 것 같지만 실제로는 가닥의 여러 곳이 동시에 풀어지기 때문에 문제가 안 된다

(〈그림 2-7〉 참조).

이처럼 중간에 풀어진 작은 구역들을 복제거품(replication bubble)이라 부른다. 이곳에서는 복제원점이 양쪽에 있으므로 복제도 서로 마주보며 두 방향에서 진행된다. 즉, 선도가닥과 지체가닥이 양쪽에 있으므로 복제거품 안의 두 가닥은 평균적으로 같은 속도로 복제된다.

팔방미인 임시 조각들 | DNA 전사와 RNA들

생명체가 DNA의 유전정보를 복사해 이용하는 두 번째 경우는 단백질을 합성할 때입니다. 왜 그 중요한 DNA 정보로 하필이면 단백질을 합성할까요? 단백질은 생물의 유전형질遺傳形質을 발현, 즉 나타나게 하는 생명의 핵심 물질이기 때문입니다. 어떤 생명체가 가지고 있는 외형은 물론, 습성, 능력 등 고유한 특징을 나타내는 것이 유전형질입니다. 사람이 저마다 모습이 다르고, 식물과 동물, 벌레와 물고기, 소와 개가 다른 이유도 유전형질의 차이 때문입니다. 이 차이를 만드는 물질이 단백질이지요. 무엇보다도 단백질은 세포와 몸의 주성분으로 물 다음으로 많지요. 또한 세포 반응을 촉진하고 도와주는 효소나 호르몬도 대부분이 단백질입니다. 심지어 면역을 담당하는 항체도 단백질이지요.

이처럼 중요한 단백질을 용도에 맞게 합성하는 설계도가 유전자에 들어 있습니다. 그런데 유전자는 DNA 가닥의 매우 작은 구역들입니다. 사람의 경우 DNA 전체 가닥(게놈)에서 유전정보를 담고 있는 구역은 2%에도 못 미칩니다. 나머지는 특별한 기능이 없다고 생각되어 속칭 '쓰레기 DNA[junk DNA]'라고 불렀던 부분이지요(다음 절 참조).

1990~2003년 진행되었던 '인간 게놈프로젝트[Human Genome Project]'의 결과, 인간은 약 22,300개의 유전자를 가지고 있다고 추산했습니다. 인간은 고등동물이므로 매우 많을 줄 알았는데 예상을 크게 밑도는 수치였지요. 게다가 추가 연구를 거듭함에 따라 이 숫자도 계속 줄어들어 현재는 2만 개에도 약간 못 미친다고 추정합니다. 이는 초파리(13,600)나 이스트(6,250)보다는 많지만, 개(25,000)나 벼(46,000~56,000)보다 작은 숫자입니다. 심지어 밀도 16만~34만 개의 유전자를 가지고 있습니다. DNA 염기문자나 유전자의 수가 많고 적음이 고등생물의 척도가 되지 않음을 알 수 있습니다. 숫자보다 중요한 것은 어떤 단백질을 언제, 어디서, 어떻게 합성해야 하는지입니다. 그에 대해서는 다음 절에 알아보기로 하고, 이번 절에서는 단백질 합성을 위한 DNA 정보의 전사에 대해서만 살펴보겠습니다.

유전자에는 단백질의 합성에 대한 정보 혹은 지시서가 들어 있습니다. 그런데 유전자는 DNA의 작은 구간이므로 통째로 복제하는 세포분열 때와 달리 그 부분만 복사하면 될 것입니다. 문제는 단백질이 DNA가 들어 있는 핵 속이 아니라 그 바깥쪽의 세포질에서 합성된다는 점입니다. 따라서 핵 속에서 유전자를 복사한 후 핵막 밖으로 이동시키는 작업이 필요합니다. 세포는 이를 위해 두 가지 작업을 합니다. 첫 번째는 DNA가 들어 있는 핵 안에서 유전자만 임시로 복사하는 작업, 즉 전사[轉寫]입니다. 옮겨 복사한다는 뜻이지요. 다음은 전사된 물질을 핵막의 핵공[核孔]이라는 구멍을 통해 바깥쪽의 세포질로 옮긴 다음 이 유전정보를 번역[translation]해 단백질을 합성하는 작업입니다.

그런데 이 두 작업을 실행하는 주인공들은 DNA가 아니라 RNA입니다. 프랑스의 저명한 분자생물학자 자크 모노Jacques Mond는 일찍이 DNA의 단백질 합성 정보가 RNA를 매개로 번역될 것이라고 예견했지요. 무엇보다도 RNA는 DNA와 비슷한 구조를 가졌으므로 기판 역할을 훌륭히 수행할 수 있습니다. 게다가 RNA는 DNA보다 불안정하므로 임무수행 후 해체될 수 있어 임시로 사용하기에 적격입니다. 실제로 전사와 번역과정에는 기능이 특화된 여러 종류의 RNA가 등장하는데 이를 요약하면 다음과 같습니다. (진핵생물의 경우) 먼저 전령傳令분자인 mRNAmessenger RNA가 DNA 가닥에서 유전자 부분을 복제해 핵 밖으로 전달합니다. rRNAribosomal RNA는 다른 단백질과 결합해 리보솜이라는 세포 소기관을 만듭니다. 리보솜은 세포의 단백질 합성 공장으로, 이곳에서 mRNA가 번역됩니다. tRNAtransfer RNA는 단백질의 원자재인 아미노산을 리보솜에 운반해 주는 임무를 맡습니다.

한편, 짧은 조각의 srRNAsmall nuclear RNA는 번역과정 중에 생긴 유전자 염기서열의 불필요한 부분을 자르거나 제거하는 역할을 합니다. 그보다 더 작은 마이크로RNAmiRNA는 전사된 RNA의 번역을 억제하거나 침묵시키는 역할을 하지요. 그야말로 팔방미인의 다양한 RNA 분자들이 동원되어 유전자 정보가 지시하는 대로 단백질을 합성합니다. 전사는 임시 복제틀인 mRNA를 만드는 작업이므로 DNA를 통째로 복사하는 복제에 비해 오류의 자가교정이 미흡합니다. 전사 과정은 '개시initiation', '신장elongation', '종결termination'의 3단계로 진행됩니다.

단백질 생산이 필요하다는 신호를 받은 세포는 전사를 시작합니다. 그 첫 과정인 '개시'는 DNA 이중나선이 풀리는 단계입니다. 그러나 세포분열 때처럼 DNA 가닥의 전체가 아니라 작은 유전자 부분만 열어야 하므로 '억제자'라는 효소가 DNA 가닥에 붙어 이를 조절합니다. 이어 먼저 RNA중합효소들이 전사할 DNA 구간을 선택하고 이중나선 가닥을 풀어줍니다.

그런데 DNA는 히스톤 단백질과 염색질을 이루고 있기 때문에 평상시에는 RNA중합효소가 접근하기가 어렵습니다. 따라서 '전사인자轉寫因子'라고 불리는 다양한 단백질들이 중합효소와 결합해 DNA 가닥의 분리작업을 도와줍니다(원핵생물의 경우는 보다 단순합니다). 전사인자들은 전사의 위치, 속도, 양, DNA에 붙는 세기 등을 정교하게 조절해줍니다.

한 가지 흥미로운 점은, RNA중합효소들을 구성하는 수많은 종류의 작은 분자들, 즉 소단위체subunit라고 불리는 분자들이 박테리아에서 인간에 이르기까지 거의 동일하다는 사실입니다. 원핵생물 → 고세균 → 진핵생물 → 다세포 동식물 등 나중에 진화한 생물로 올라가도 소단위체의 종류는 겨우 일부만 조금씩 추가될 뿐입니다. 이는 유전반응의 핵심물질인 RNA와 DNA가 이들 소단위체 분자로부터 발전했을 가능성을 시사합니다. 또한 지구 모든 생명체의 유전물질을 이루는 기초 분자가 기본적으로 동일함을 말해 줍니다.

전사의 준비 단계인 '개시'가 끝나면 RNA가 본격적으로 DNA를 복사(전사)하며 점차 길어지는 '신장伸張'' 단계에 들어갑니다. 중합효소들은 전사가 완료된 DNA의 두 가닥을 다시 닫아주고, 진행할 앞쪽의 이중나선은 풀어줍니다. 전사 속도는 초당 약 30~50 염기쌍(원핵생물 기준)으로, 세포분열 시의 DNA 복제 때보다 훨씬 느립니다. 이때 DNA중합효소가 복제 때 그랬듯이 RNA중합효소도 뉴클레오티드를 5'에서 3'방향으로 붙여 줍니다.

전사의 마지막 단계인 '종말'에 이르면, RNA중합효소가 DNA 가닥의 특정한 염기인 '종결신호'에 도달합니다. 그러면 더 이상 RNA를 만들지 않게 되며, 전사된 RNA가 DNA에서 떨어져 나가면서 전사가 완료됩니다. 그런데 유전자 구역에는 단백질 합성의 알짜 정보를 담고 있는 엑손exon뿐만 아니라 인트론intron이라는 불필요한 부분도 섞여 있습니다. 이러한 엑손과 인트론은 '신장' 단계에서 구분 없이 일단 모두 전사됩니다. 이처럼 대충 복사된 mRNA의 전 단계 분자를 'pre-mRNAprecursor messenger RNA'라고 부릅니다.

이들 전구체 mRNA는 매우 짧은 기간 존재하다 '전사 후 수정post-transcriptional modification'이라는 중요한 반응을 통해 인트론 부분이 제거됩니다. 이와 같이 임시로 전사된 mRNA를 개조하는 작업을 '잘라 이어 맞추기splicing'라고 합니다. 이 과정을 마치면 알짜 단백질 합성 정보만을 담은 mRNA가 만들어집니다. mRNA는 매우 작기 때문에 쉽게 핵 밖으로 나가 세포질에 전달됩니다. mRNA뿐만 아니라 아미노산 운반을 맡은 tRNA, 리보솜을 만드는 rRNA도 비슷한 과정으로 DNA를 임시로 전사한 후 인트론을 제거하고 알짜 엑손의 RNA가 됩니다.

쓸 만한 쓰레기 | 비부호화 DNA 구역들

앞서 DNA 가닥에서 유전자는 겨우 2%이고 나머지는 98%는 속칭 쓰레기 유전자라고 했습니다. 그런데 방금 전 알아보았듯이 DNA의 유전자 구역 안에서조차도 일종의 쓰레기 DNA인 인트론이 대부분을 차지하고 있습니다. 인간의 게놈의 경우 1개의 유전자가 차지하는 구역은 평균적으로 28,000 염기쌍의 길이를 가지는데, 그중 알짜 구역인 엑손은 겨우 120염기쌍 정도에 불과합니다. 그 나머지 사이사이에 끼여 있는 인트론이 유전자 구간의 99~98%나 차지하지요.

원래 쓰레기 DNA라는 용어는 서울 출생의 일본계 미국인 스스무 오노Susumu Ohno가 1970년대 처음 사용한 용어입니다. 하지만 그때 이후 많은 연구를 통해 쓰레기 DNA라고 불리는 DNA 가닥의 상당 부분이 중요한 생화학적 기능을 맡고 있음이 밝혀졌습니다. 가령, 염색체의 동원체centromere와 텔로미어(말단소체) 속에 들어 있는 DNA 구역들도 단백질 합성 정보를 가지고 있지 않으므로 유전자는 아닙니다. 하지만 세포분열에서 중요한 역할을 맡고 있지요.

또, 전사과정을 담당하는 여러 RNA들, 즉 tRNA, rRMA, srRNA, miRNA(마이크로RNA)의 합성 정보를 담고 있는 DNA 염기서열 부분도 유전자가 아니므로 쓰레기 DNA에 포함될 것입니다. 따라서 단백질 합성 정보를 가지고 있지 않는 구역을 무조건 쓰레기 DNA라고 볼 수는 없습니다. 이런 이유로 지금은 비부호화noncoding DNA라는 점잖은 이름으로 부릅니다.

비부호화 DNA의 상당 부분은 짧은 염기서열이 반복되는 구간입니다. 이들 중에는 과거에는 유전자였으나 심한 돌연변이 때문에 현재는 퇴락한 '유사 유전자pseudogene'들도 있지요. 비부호화 DNA 중에서 가장 중요한 부분은 '전이인자transposable elements, TE'라고 불리는 짧은 조각들입니다. 이들은 진화과정 중에 메뚜기처럼 DNA 상에서 이리저리 옮겨 다닙니다. 특히, 환경변화로 인한 스트레스가 있을 때 이들의 이동이 빈번하다고 추정됩니다. 전이인자들 때문에 DNA는 가닥의 일부가 삽입, 누락, 혹은 뒤바뀌거나 게놈의 전체 길이가 변하기도 합니다.

DNA 전체 가닥, 즉 게놈 중에서 전이인자의 비율은 짧은 기간에도 크게 변할 수 있습니다. 좋은 예가 중남미의 원시 풀이었던 떼오신떼teosinte입니다. 초라한 풀은 농경을 통한 거듭된 유전자 변형의 결과(좋은 말로는 품종개량으로) 불과 1만 년 사이에 전이인자가 전체 게놈의 85%나 차지할 만큼 모습이 딴판으로 바뀌었습니다. 다름 아닌 옥수수입니다. 이처럼 전이인자는 게놈을 창의적으로 변모시킬 수 있지요.

인간의 경우 전이인자는 전체 게놈의 약 45%를 차지한다고 추정합니다. 이들은 크게 네 부류로 나뉩니다. 긴 조각인 LINElong interspersed nucleotide elements이 21%, 짧은 조각인 SINEshort interspersed nucleotide elements이 13%, 귀화한 바이러스인 LTRlong terminal repeats이 8%, 그리고 먼 옛날 박테리아의 수평적 유전자 이동에 기원한 DNA트랜스포존DNA Transposon이 3%를 차지합니다.

LINE 중에서 가장 잘 알려진 계열이 짧은 염기서열이 반복되는 Alu라는 구간입니다. Alu는 인간의 게놈 전체 길이에서 10%나 차치하는데, DNA 가닥에서 30만~100만 번이나 나타납니다. 이 전이인자는 영장류의 공통조상에서 처음으로 출현한 이래 인간의 진화에 큰 영향을 미친 것으로 추정됩니다.[74]

사실, 전이인자의 대부분을 차지하는 LINE이나 SINE, LTR은 모두 RNA의 '역전사逆轉寫'에 기원을 둔 DNA 조각들입니다. 원래 전사는 DNA 정보를 RNA에 임시로 옮기는 과정인데, 역전사란 그 반대로 바이러스 등에 의한 돌연변이로 RNA 정보가 DNA에 복사되는 현상을 말합니다. 특히 게놈의 8%를 차지하는 LTR은 우리의 먼 조상이 레트로바이러스retrovirus에 감염되어 역전사로 만들어진 DNA 조각으로 추정됩니다.

레트로(거꾸로)라는 이름에서 알 수 있듯이, 레트로바이러스는 RNA 역전사를 이용해 살아가는 바이러스들이지요. 이 녀석들은 단일 가닥의 RNA만 가지고 있어 독립적으로는 살 수 없습니다. 따라서, 숙주생물에 침입해 자신의 RNA를 숙주의 DNA에 역전사시킵니다. 이처럼 자신의 유전정보를 숙주의 게놈에 슬쩍 끼워 넣고 이용하기 때문에 평소에는 해害가 없이 잠복해 있습니다. 멍청하게 숙주를 죽이면 자신도 죽기 때문이지요.

그러나 숙주 생물이 쇠약지면 면역체계가 버티지 못해 발병됩니다. 대표적인 레트로바이러스가 에이즈AIDS로 잘 알려진 HIVHuman Immunodeficiency Virus와 대상포진 바이러스입니다. 그런데 체세포가 아닌 생식세포에 레트로바이러스가 감염되면 DNA에 역전사된 흔적이 자식에게 전달되어 게놈의 일부가 됩니다. 귀화한 바이러스 LTR이 그들이지요. 다행히 역전사로 게놈에 들어간 전이인자는 대다수가 활성을 잃었기 때문에 큰 문제를 일으키지 않습니다. 그렇다고는 하지만, 인간의 게놈 속에 유전자보다 바이러스에서 유래한 DNA 조각들이 몇 배나 더 많다니 찜찜합니다.

아무튼 DNA 정보의 상당 부분은 출신이 떳떳치 못한 전이인자들입니다. 옥스퍼드대학의 생물학자 리처드 도킨스가 주창한 '이기적 유전자'도 이러한 사실을 토대로 세운 혁신적 가설이었습니다.[75] 그는 진화의 주체는 개체나 종種이 아니라 유전자이며, 생물은 이들을 보존하기 위해 맹목적으로 프로그래밍 된 기계에 불과하다고 주장했지요.

도킨스는 유전자라는 용어를 원래 의미인 단백질 합성 정보를 가진 구역보다는 '수시로 이합집산하는 작은 DNA 조각'이라는 개념으로 사용했지요. 또, 유전자를 장수長壽, 다산多産, 그리고 정확히 복제하려는 속성을 가지고 끊임없이 경쟁하는 분자로 보았습니다. 이런 관점에서 생물의 외형이나 특징은 작은 DNA 조각들이 활동해 만든 결과일 뿐이라고 설명했지요. 무명의 생물학자를 유명하게 만든 이기적 유전자 가설은 작은 DNA 조각들을 진화의 중심에 놓음으로써 생물학에 새로운 시야를 열어주었지요.

물론 이기적 유전자에 동의하지 않는 과학자도 많습니다. 일부는 '협력하는 유전자'를 더 강조합니다. 앞서 보았듯이 일부 비부호화 DNA는 진화나 생화학 반응에 무시 못 할 기여를 하고 있습니다. 이들의 역할을 몇 가지만 더 소개해 보면 다음과 같습니다. 첫째, 비부호화 DNA가 게놈, 즉 유전체를 보호하는 완충 역할을 한다는 추론입니다. 실제로 생식세포의 감수분열 때 일어나는 두 염색체의 교차crossover 과정에서 비부호화 DNA가 유전자의 변형을 상당부분 막아준다는 연구결과도 있습니다.

둘째, 평소에 별 기능이 없어 보이는 비부호화 DNA가 새로운 유전자를 만드는 비축창고 역할을 한다는 추론입니다. 특히 전이인자들이 자유롭게 위치를 옮기며 재조합함으로써 생물의 게놈이 역동성을 가지며, 그 결과 변화하는 환경에 잘 적응해 다양한 형태로 진화할 수 있었다는 주장이지요.

셋째, 비부호화 DNA의 일부가 RNA 전사에서 중요한 역할을 맡는다는 추론입니다. 무의미한 듯 보이는 짧은 염기서열의 반복이 인트론의 효과적인 절단을 도와주어 mRNA 생산에 기여한다는 것이지요. 파면화된 전이인자가 그 예일 것입니다.

넷째, 유전자가 언제, 어디서 표현될지 결정하는 스위치 역할을 일부 비부호화 된 염기서열들이 한다는 설명입니다. 유전자는 아니지만 단백질 합성에 중요한 역할을 하는 마이크로RNA^miRNA^가 대표적 예인데, 이어지는 절에서 조금 더 자세히 알아볼 것입니다.

2012년 9월 『네이처』, 『사이언스』, 『셀』 등 6개 학술지에 세계 32개 연구기관의 과학자 442명이 수행한 연구결과가 30여 편의 논문으로 동시 발표되었습니다. 2007년부터 진행되었던 DNA 기본요소 백과사전Encyclopedia of DNA Elements, ENCODE 프로젝트의 결과였지요. 이들은 인간의 게놈, 즉 전체 DNA 가닥의 최소 80%가 생물학적 기능을 가진다고 결론 내렸습니다.

그러나 이에 대한 반론도 만만치 않습니다. 무엇보다도 ENCODE 과학자들이 말한 '생물학적 기능'의 기준이 너무 느슨하다고 반박합니다. 가령, 전체 DNA 가닥의 2%가 단백질 합성 정보를 가진 유전자라고 간주하지만, 사실은 그 구역 안에서도 또다시 2~3%만이 알짜 정보를 가진 엑손이기 때문입니다.

더 큰 문제는 DNA의 최소 80% 영역이 기능을 나타낸다면 잠재적으로 중요한 쓰레기 DNA, 즉 비부호화 DNA가 설 자리가 거의 없어진다는 점입니다. 가령, 진핵생물의 게놈(전체DNA) 크기는 생물마다 크게 널뛰니다. 폐어의 게놈은 사람보다 40배나 길며, 양파는 인간보다 5배 많은 160억 개의 염기쌍을 가지고 있습니다. 동물에 따라서는 7,000배, 심지어 척추동물 안에서도 350배나 차이가 납니다. 또, 비슷한 종인데도 게놈의 크기가 큰 폭으로 다른 경우가 흔합니다. 하지만 게놈이 크다고 생체조직과 기능이 복잡하다는 증거는 없지요. 만약 비부호화 영역 대부분이 생물학적 기능정보를 담고 있다면, 양파가 사람보다 훨씬 정교한 조직과 기능을 가져야 합니다.

한편, 비부호화 DNA에서 가장 중요한 부분은 게놈 안에서 메뚜기처럼 자리를 바꾸는 전이인자들이라고 합니다. 하지만 비부호화 DNA의 역할이 너무 과장되었다고 생각하는 과학자들은 전이인자의 대부분은 퇴락해 활성을 잃은 평화주의자들이며, 그들 대부분은 정말로 기능을 상실했다고 반박합니다. 비부호화 DNA의 또 다른 중요 부분인 반복되는 짧은 염기들도 마찬가지입니다. 사람의 DNA에서 짧은 염기들의 반복은 개인에 따라 큰 차이가 있습니다. 하지만 사람은 비슷비슷하지요.

요약하자면, 비부호화 DNA의 일부가 생물학적으로 중요한 기능이 있음은 의심의 여지가 없습니다. 고등 진핵생물일수록 비부호화 DNA의 비율이 많은 것도 사실이지요. 실제로 원핵생물인 박테리아의 DNA에는 인트론이 거의 없고 알짜 엑손만 있습니다. 또 진핵생물의 일부 비부호화 DNA가 수억 년 동안 거의 변치 않았다는 사실은 진화적으로 이득이 되는 어떤 중요한 생화학적 기능이 있다는 반증일 수 있습니다.

하지만 생물학적 기능은 유전자만으로 다 작동할 수 없습니다. 일부 비부호화 DNA가 염색체의 원활한 작동, 유전체의 보호, RNA 전사 반응의 조절, 유전자 스위치 기능, 전이인자의 재조합을 통한 진화의 다양성을 분명히 부여했을 것입니다. 그래서 '협력하는 유전자'를 선호하는 과학자들은 개개의 DNA 조각은 독립 지휘관이 아니며, 따라서 이기적일 수 없다고 주장합니다.[76] DNA 조각들은 경쟁보다는 서로 협력하며 조화롭게 활동한다는 주장이지요.

또 이기적 유전자 가설이 암울한 환원주의적인 결정론이라고도 비판합니다. 도킨스는 『이기적 유전자』의 출간 30주년 기념판 서문에서 반대론자들의 비판은 불완전한 이해에서 비롯되었거나 악의적 왜

곡이라고 반박했습니다.[75] 자신은 유전자가 의도를 가지고 이기적이라는 뜻으로 말하지 않았다는 점을 강조했습니다. 다만 제3자가 보기에 DNA 조각들의 흐름이 이기적으로 비쳐진다는 설명이지요.

'협력하는 유전자'와 '이기적 유전자'의 어느 쪽 의견을 선호하든, 혹은 그 타협을 취하든 한 가지 사실은 분명해 보입니다. 도킨스도 강조했듯이, 진화에는 동기가 없으며 떠다니는 핵산(DNA, RNA) 조각들이 어쨌든 중요한 역할을 한다는 사실입니다.[77]

경이롭지만 단순한 규칙 | 유전자 암호와 단백질 합성

다시 유전자 이야기로 돌아가지요. DNA에 들어 있는 유전자의 단백질 합성 정보는 RNA에 의해 세포질로 복사, 즉 전사됩니다. 이것 못지않게 중요한 과정이 전사된 정보를 번역하는 작업입니다. 분자생물학에서의 번역이란, 전사된 mRNA의 정보를 리보솜에서 해석해 단백질을 만드는 과정을 말합니다. 잘 알려진 대로 단백질은 아미노산 분자들이 사슬처럼 결합(중합)된 폴리펩타이드들을 이루고, 이들이 다시 더욱 길게 이어진 물질이지요. 자연계에는 80종 이상의 아미노산이 존재하는데, 지구 생명체는 이중에서 20종의 L형(왼쪽) 분자만 사용합니다.

그런데 생물의 유전형질을 결정 짓는 단백질은 이 20종의 아미노산이 어떤 조합과 순서로 사슬을 이루는가에 따라 수많은 종류가 나올 수 있습니다. 당연히 기능이 복잡한 고등생물일수록 단백질의 종류도 많지요. 대장균은 수천 종, 인간은 100만 종 이상이 있습니다. 2014년 시점에서 구조가 밝혀진 단백질은 101,500여 종입니다. 그 형태는 간단한 1차원에서 3차원의 복잡한 입체구조에 이르기까지 다양하지요.

이러한 구조는 아미노산 사슬이 접히는 방식에 따라 결정되는데, 원리는 의외로 단순합니다. 예를 들어 사슬에 이어 붙을 아미노산이 기름처럼 물을 싫어하는 소수성疏水性이면(예: 글리신) 안쪽으로, 친수성親水性이면(예: 글루타민) 바깥쪽으로 접힙니다. 또 사슬 방향으로는 공유결합이라는 강한 화학결합을 하는 반면, 접히는 쪽은 약한 비공유결합을 하고 있습니다.[9] 이런 간단한 원리로 형성되는 단백질은 아무리 복잡한 구조라도 결국 1차원의 사슬이 접힌 구조입니다. 즉, 어떤 순서로 아미노산이 이어지느냐에 따라 다양한 단백질이 만들어집니다.

바로 그 아미노산의 배열 순서에 대한 설계도가 유전자에 염기문자로 암호화되어 있습니다. 앞 절에서 보았듯이 암호 문자는 mRNA에 전사(복사)된 후 세포핵 밖의 리보솜으로 옮겨져 해독解讀됩니다. 그런데 mRNA에 쓰여진 암호의 중요한 특징은 3개의 염기문자 세트가 1개의 아미노산을 나타낸다는 점입니다. 가령, AGU는 세린serine, GGA는 글리신glycine이라는 아미노산을 지정하지요. 따라서 염기서열이 AGUGGA로 쓰여졌으면 세린 다음에 글리신이 붙는다는 뜻입니다(RNA의 염기문자이므로 T대신 우리실, 즉 U를 사용합니다).

이 같은 mRNA의 3개 문자 세트를 유전 암호genetic code, 혹은 줄여서 코돈codon라고 부릅니다. 아마도 초기의 원시 생명은 수많은 문자 조합을 무작위로 사용하다 그중 가장 효율적인 3문자의 조합만 선택했을 것입니다. 그런데 3문자를 조합하다 보니 약간의 문제가 생겼습니다. RNA의 염기는 A, C, G, U의 4개이므로 3개의 문자를 조합할 수 있는 경우의 수는 64입니다. 즉, 20종류의 아미노산만 지정하면 그만인데 쓸데없이 코돈이 64개나 있는 것이지요. 이런 이유로 하나의 아미노산을 암호화하는 데 여러 개의 코돈이 중복 사용되는 경우가 대부분입니다. 예를 들어 GGA, GGC, GGG, GGU는 마지막 글자가 다르지만 모두 글리신을 나타냅니다. 세린, 류신, 아르지닌을 지정하는 코돈은 6개나 됩니다.

반면, 메티오닌methionine과 트립토판tryptophan은 단 1개의 코돈이 암호화합니다. 이중에서 메티오닌(원핵생물에서는 변형된 메티오닌)을 지정하는 코돈(AUG)을 특별히 '개시 코돈'이라고 부릅니다. 모든 아미노산 사슬이 메티오닌으로부터 시작되기 때문이지요. 반대로 번역을 끝내고 더 이상 아미노산을 붙이지 말라는 '종결 코돈'도 3개(UAA, UAG, UGA)가 있습니다. 지구의 모든 생물은 단백질을 번역할 때 이 코돈이라는 동일 규칙을 사용합니다.

암호를 해독했다면 다음은 그 아미노산을 합성해 연결해 붙이는 과정이 뒤따를 것입니다. 먼저, 리보솜 안에서 코돈이 읽히면 mRNA의 한쪽 끝에 아미노산의 운반을 맡은 tRNA가 붙습니다. tRNA의 한쪽 끝은 mRNA에 붙는 부위이고, 다른 쪽 끝은 생성될 아미노산이 들러붙을 자리입니다. 둘 다 약한 결합 부위이므로 부착된 분자는 쉽게 분리될 수 있지요. 이런 방식으로 tRNA의 한쪽 끝에 mRNA가 붙었다 떨어지고 나면 그 자리에 상보적 짝, 즉 홈의 모양이 맞는 '안티코돈anticodon'이 복제됩니다.

안티코돈을 만든 tRNA는 곧바로 세포질로 이동해 해당 아미노산을 찾아 자신의 다른 한쪽 끝에 붙이고, 이를 리보솜에 전달합니다. 전달받은 아미노산이 붙으면 리보솜은 mRNA 가닥 위에 있는 다음번 코돈 위치로 조금 이동하며, tRNA는 같은 작업을 반복합니다. 이런 방식으로 리보솜 안에서 순차적으로 들러붙으며 이어지는 아미노산의 중합은 종결코돈에 도달하면서 끝납니다. 그 결과 다양한 단백질이 형성되지요. 매우 복잡한 듯 보이지만 결국은 모든 것이 기하학적 모양에 바탕을 둔 붙이기 놀이입니다.

유전자만큼 강력한 티끌들 | 마이크로RNA

이 같이 아미노산들이 이어져 중합된 단백질은 생명체의 형질, 즉 형태와 기능을 발현시킵니다. 그런데 불과 얼마 전인 새천년 무렵까지도 과학자들은 유전자의 염기서열이 단백질을 합성하는 전부인 줄 알았습니다. 그런데 대부분 생물의 유전자는 서로 비슷하다는 사실이 게놈 분석으로 밝혀졌습니다. 가령 사람과 돼지의 인슐린 유전자는 똑같습니다. 그래서 이를 이용해 당뇨병 약을 만들기도 하지요. 그렇다면 생물의 종이 다양한 데는 유전자 못지않게 중요한 또 다른 요소가 있어야 할 것입니다. 다름 아닌 유전자 조절 스위치입니다. 유전자들이 언제, 어디서 켜지고 꺼지는지를 미묘하게 조절하는 스위치가 다양한 생물종을 만든다는 사실이 밝혀진 것이지요.

그런 스위치의 기능이 있다고 알려진 분자 중의 하나가 마이크로RNA(miRNA)라는 핵산 조각입니다. 마이크로RNA는 겨우 19~25개의 염기 길이를 가진 매우 짧은 RNA입니다(통상의 RNA는 수천 개의 염기 길이입니다). 이러한 분자는 1993년에 미국의 암브로스Victor Ambros와 그 연구진이 꼬마선충C. elegans의 유충幼蟲에서 성장을 조절하는 유전자를 연구하다 우연히 발견했습니다. 그들은 유전자 발현을 방해하는 조그만

RNA 조각을 찾아냈는데, 당시에는 꼬마선충에만 있는 특이한 분자이리라 생각했습니다.

그러나 2000년 이후 다수의 마이크로RNA가 발견됨으로써 그 역할이 재조명되었습니다. 마이크로RNA는 동식물 등 진핵생물뿐만 아니라 DNA형 바이러스 등에도 있는데, 15,000종 이상이 발견되었습니다. 사람에서도 수천 종이 발견되었지요. 이들은 대개 DNA 가닥에서 인트론(유전자 내의 불필요 부분)에 부호화 되어 있습니다. 즉, 쓰레기 DNA 속에 숨어있지요.

마이크로RNA가 만들어지는 방식은 mRNA와 유사합니다. 먼저, 세포핵 속에서 DNA의 인트론 부분이 전사되고, 이후 불필요한 뉴클레오티드들이 제거되며 1차 전사체(pri–miRNA) → 전구체前驅體전사체(pre–miRNA)의 순으로 변합니다. 형성된 전구체 전사체는 약 70뉴클레오티드의 작은 크기여서 핵 밖으로 쉽게 빠져나갑니다. 세포질로 들어간 이들은 다시 불필요한 부분을 제거한 후 머리핀 모양의 정식 마이크로RNA가 되지요.

이렇게 만들어진 마이크로RNA들이 여러 단백질과 결합해 RISC라는 복잡한 결합체를 형성합니다. 바로 이 RISC복합체라는 것들이 mRNA에 들러붙어 이들을 분해하거나 불안정하게 만듭니다. 그 결과 mRNA의 번역이 방해를 받습니다(마이크로RNA는 mRNA에 열쇠와 자물쇠처럼 상보적으로 붙습니다. 하지만 작은 크기 때문에 상보적 결합의 정확성이 떨어져 보다 쉽게 붙습니다). 바꾸어 말하자면, 특정 아미노산이 나타나는 시점과 장소를 억제함으로써 유전자 발현을 조절하는 효과가 생깁니다. 예를 들어 마이크로RNA가 작동하면 발달단계에 있는 같은 식물에서 전혀 다른 모양의 잎이 나옵니다. 또, 쥐의 두뇌와 털 색이 변화하는 등 유전형질도 달라집니다.

인간의 경우, 전체 유전자 발현의 무려 30% 정도가 마이크로RNA에 의해 조절된다고 추정됩니다. 한마디로 마이크로RNA는 유전자 스위치 기능을 통해 생명의 발생과 성장, 동식물의 기관 형성, 신호전달, 면역, 신경계 발달 등 생명현상 전반에 중요한 역할을 하고 있습니다. 뿐만 아니라 암과 노화 관련 질병, 신경질환, 면역계 질환 등에도 마이크로RNA가 관여하는 것으로 밝혀졌습니다. 우리나라에도 이 분야 연구에 큰 활약을 하는 과학자들이 있습니다.

마이크로RNA가 발견되기 전까지 과학자들은 단백질 합성 정보를 담지 않은 작은 DNA 조각들이 유전자를 조절하리라고는 상상하지 못했습니다. 마이크로RNA의 발견은 다시 한번 부호화되지 않은 DNA 조각들의 중요성을 일깨워 주었지요. 빅토리아 호수에 사는 아프리카 열대어 시클리드cichlid는 1만 5,000년의 짧은 기간 동안 무려 500종으로 진화했습니다. 다윈이 갈라파고스에서 관찰한 휜치finch라는 새가 수백만 년 동안 14종으로 진화한 데 비하면 엄청난 속도입니다. 그 원인은 마이크로RNA의 잦은 출현으로 아미노산 생성 유전자의 돌연변이가 빈발했기 때문으로 밝혀졌습니다.[78]

마이크로RNA를 만드는 DNA 조각들은 워낙 작아서 수억 년 동안 돌연변이가 극히 드물게 일어났다고 추정됩니다. 즉 변형이 거의 일어나지 않고 오늘날까지 이어져 온 것으로 보입니다. 2011년의 한 연구에서는 실험 대상이었던 21명의 사람 몸 속에서 밀, 쌀, 양배추에 흔히 있는 마이크로RNA를 최소 30개 찾아냈습니다.[79] 뿐만 아니라 이들은 혈액 내 콜레스테롤을 조절하는 등 비타민이나 미네랄과 흡사한 기능도 가지고 있었습니다.[80]

정리하자면, 마이크로RNA는 단백질을 직접 합성하지는 않지만, 특정한 시점과 장소에서 mRNA를 침묵시키는 조절 방식을 통해 단백질 합성을 변화무쌍하게 만들어 줍니다. 그 결과 수많은 생물종이 탄생하는 데 큰 기여를 했다고 여겨집니다.

오랫동안 생물학자들은 눈과 같은 복잡한 구조가 다윈의 생각처럼 단순한 구조가 자연선택을 통해 진화한 결과로 믿어 왔습니다. 그러나 사람의 망막만 해도 각기 다른 기능을 가진 60종의 뉴런으로 구성된 복잡한 구조인데, 이를 적자생존의 자연선택만으로 설명하기에는 미흡했습니다. 이에는 분자생물학적 규모의 DNA 작은 조각들이 돌연변이를 일으킨 효과가 크게 일조했을 수 있습니다. 이러한 관점을 '건설적 중성 진화Constructive neutral evolution, CNE'라고 합니다.[80] 실제로, 듀크Duke대학 연구진은 따뜻하고 먹이가 풍부한 실험실의 초파리가 춥고 먹거리가 없는 야생 초파리보다 다리 색이나 날개 색, 안테나 모양 등의 돌연변이가 더 많이 나타나는 현상을 관찰했습니다. 자연선택에 의한 진화만으로는 설명할 수 없는 현상이지요.

유전자가 생물 형질의 모든 것을 결정짓지 않는다는 사실은 일란성 쌍둥이의 예에서도 볼 수 있습니다. 쌍둥이들은 동일한 DNA를 가지고 태어나지만 어른이 되면 각자 개성 있는 개체가 됩니다. 성장하고 살아가는 동안 반복되는 세포분열로 수많은 DNA 복제오류가 생겨 조금씩 다른 개체로 변하기 때문이지요.

당연히 복제동물도 원래 동물과 같을 수가 없습니다. 복제 양 '돌리'는 일반 수명의 절반만 살고 죽었습니다. 세포 분열을 반복할 때마다 염색체의 끝부분인 텔로미어가 짧아지는데, 돌리는 어미가 6살 때 복제되었습니다. 어미가 태어날 때 가지고 있던 DNA와는 많이 달라

진 중고품으로 복제된 것이지요.[80]

이처럼 선천적으로 물려 받은 DNA 염기서열이 아닌, 후천적 요인으로 유전자 발현이 달라지는 현상을 연구하는 새로운 분야가 후생유전학epigenetics입니다. 후생유전의 좋은 사례가 네덜란드에서 있었습니다. 1944년 나치 독일은 이 나라의 철도 노동자들이 연합군에 협조해 파업을 단행했다는 이유로 징벌 차원에서 식량 공급을 막았습니다. 그 결과 네덜란드어로 '배고픈 겨울Hongerwinter'이라는 대기근을 맞았습니다. 그런데 굶주림을 겪었던 여성들이 전쟁 후 출산한 2세들에게서 당뇨, 비만, 심장질환 등이 유난히 많았습니다. 모체의 DNA가 혹독했던 환경을 기억하고 후세에 전했다고 볼 수밖에 없는 현상이었습니다. 결론적으로, 생물에 있어 선천적 유전자는 당연히 중요하지만 평소에 기능이 없는 작은 DNA 조각이나 후천적 요인들도 무시할 수 없는 역할을 가지고 있다는 것이지요.

오류와 실수 - 진화의 원동력 | 돌연변이

아무리 안정하다고는 해도 염기서열로 쓰여진 DNA의 유전정보는 아래 대로 내려갈수록 원본과 달라지게 마련입니다. 즉, 돌연변이mutation가 불가피합니다. 지금 이 순간에도 우리 몸에서는 수많은 돌연변이가 일어나고 있습니다. 물론, 대부분은 다양한 형태의 자가교정 기능에 의해 제거됩니다. 그러나 일부가 남아 DNA를 변화시키면 이를 전사하는 mRNA가 달라지고, 그 결과 단백질도, 생물의 특징을 결정짓는 유전형질도 변할 것입니다. 매우 작은 돌연변이가 촉발한 염기서열의 조그만 변화이지만 오랜 세월 대를 이어 누적된 결과가 박테리아와 인간의 차이를 만들었습니다.

돌연변이는 크게 내부적 요인과 외부 자극에 의한 원인으로 나뉠 수 있을 것입니다. 먼저 내부적 요인으로는 세포분열 때 일어나는 유전자 수준의 돌연변이를 들 수 있습니다. 앞서 보았듯이 세포분열 시의 DNA 복제는 매우 정확하지만 자가교정 과정을 거쳐도 염기서열 10억 개마다 1개의 비율로 발생하는 통계 확률적 오류는 불가피합니다. 대표적인 복제오류는 코돈을 구성하는 3개의 염기문자 중 1개가 다른 문자로 바뀌거나, 누락 혹은 삽입되는 경우입니다.

그런데 앞서 알아보았듯이, 코돈의 마지막 문자 1개는 다른 염기로 바뀌어도 같은 아미노산을 지시하는 경우가 많습니다. 따라서 문제를 일으키지 않지요. 이를 침묵돌연변이silent mutation이라고 합니다. 또, 설사 다른 아미노산이 번역되어도 원래 것과 비슷한 화학적 특성(친수성 등)을 가진다면 생물체에 큰 변화를 일으키지 않지요.

문제는 전혀 다른 특성의 아미노산이 합성되는 염기문자가 돌연변이로 나타나는 경우입니다. 특히 1개 문자가 바뀌어 종결코돈이 없어지거나 새로이 만들어지면 원래보다 단백질이 길거나 짧아져 큰 문제가 됩니다.[81]

더 심각한 문제는 염기문자 한 개가 새로이 끼어들거나 누락되는 경우입니다. 왜냐하면 단백질의 원료인 아미노산 합성 정보는 3개의 염기문자를 한 개의 단위로 읽기 때문에 이런 일이 일어나면 일련의 서열이 몽땅 변해버려 엉망이 되지요. 이를 '틀이동 돌연변이frameshift mutation'라고 합니다. 가령, AAACCCTTT의 9문자로 된 3개의 코돈 앞에 T가 하나 더 끼어들었다 가정해 보지요. 그렇게 되면 원래의 세 코돈 AAA, CCC, TTT가 TAA, ACC, CTT가 되고 마지막 T는 의미를 상실한 외톨이 문자가 됩니다. 세포는 전혀 다른 아미노산과 단백질을 생성하게 되지요.

세포분열 시 일어나는 돌연변이는 유전자 규모의 작은 변이뿐 아니라 염색체 자체의 변이도 있습니다. DNA의 일부 덩어리가 집단적으로 변화되는 큰 규모의 돌연변이지요. DNA와 어우러져 있는 염색체 일부 구간이 세포분열 중에 몽땅 누락, 중복, 혹은 뒤바뀌거나 다른 부위로 옮겨지며 일어나는 오류입니다. 심한 경우 염색체의 수까지 변하지요. 대표적 사례가 앞서 언급한 다운증후군입니다. 21번 염색체가 쌍이 아니라 1개 더 늘어난 3개가 되어 발생되는 유전적 결함이지요. 하지만 염색체 수준의 돌연변이는 유성생식을 하는 고등생물에 주로 해당되는 특별한 경우입니다.

외적 요인도 돌연변이에 한몫을 하지요. 생체 안에 있는 DNA는 얌전히 있을 수가 없습니다. 세포활동을 위해 쉬지 않고 움직이는 수많은 분자들, 특히 단백질인 효소와 초당 수천 번 충돌합니다. 그 결과 하루 수만 개가 손상되지요. 대부분은 자가 교정되지만 그래도 손상은 피할 수 없습니다. 화학적 요인도 있습니다. 각종 독성 물질, 예컨대 유독가스와 질소계의 식물염기인 알칼로이드alkaloid, 그리고 산업화 이후에 등장한 각종 공해물질, 살충제 등이 있습니다. 한편, 물리적 원인으로는 자외선, X-선 등의 전자기파 노출이 대표적입니다. 외부요인에 의한 돌연변이는 초기의 단세포 생명체에서는 특히 중요했을 것입니다.

흔히들 유별나게 다른 짓을 하는 사람을 돌연변에 빗댑니다. 비정상적 혹은 부정적인 의미가 숨어 있습니다. 실제로 유전자의 경우 부정적인 효과가 있지요. 세포의 돌연변이에 의한 암 발생, 생식세포의 변이에 의한 유전적 기형이나 질환은 나쁜 효과의 예입니다.

하지만 돌연변이는 대부분 탈없이 잠복하며, 오히려 좋은 효과를 주는 경우도 있지요. 좋은 예가 아프리카와 인도의 일부 주민이 겪는 '낫 모양 적혈구 빈혈증sickle-cell anemia'이라는 유전질환입니다. 정상적인 사람의 적혈구 헤모글로빈은 움푹 패인 원판형입니다. 그런데 이 질환을 가진 사람의 헤모로글빈은 낫 모양이어서 혈액이 원만하게 산소를 운반하지 못합니다. 헤모글로빈 단백질을 구성하는 140개의 아미노산 중 친수성 1개가 소수성으로 대체되면서 모양이 변했기 때문이지요. 더 구체적으로 보자면, 11번 염색체의 헤모글로빈 베타 유전자의 코돈 문자 1개가 다른 글자(GAG→ GTG)로 바뀐 데 있습니다. 그런데 이 돌연변이 유전자를 부모로부터 1개씩 모두 2개를 받은 사람은 빈혈과, 뇌일혈, 통증에 시달립니다. 반면, 돌연변이를 부모 중 한쪽에서 1개만 받은 사람은 이런 증상이 나타나지 않습니다. 오히려 피 속 분자의 모양이 달라 모기가 잘 물지 않아 말라리아에 걸리지 않지요.

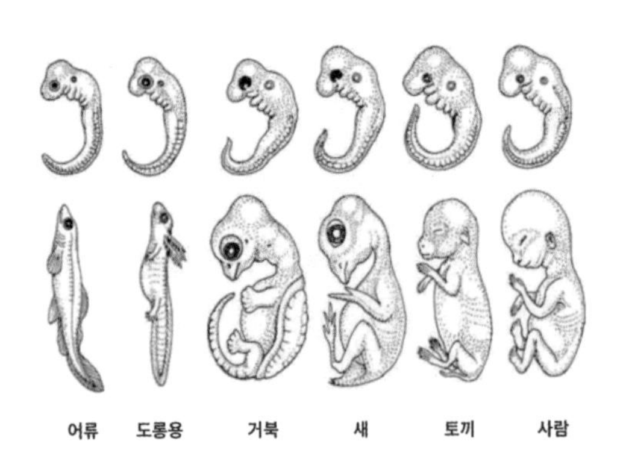

그림 2-8

여러 척추동물의 배아발생 시 모습(어류, 양서류, 파충류, 새, 사람)

2013년의 조사에 의하면, 사하라 이남의 아프리카인 300만 명이 이 돌연변이를 2개 갖고 있다고 합니다. 반면, 1개만 있어 말라리아 저항을 갖는 인구는 4,300만 명에 이릅니다. 그런데 이들이 사는 지역은 예로부터 말라리아가 빈발했던 곳입니다. 돌연변이를 가진 사람들이 더 잘 살아남아 인구의 다수를 차지한 것이지요. 돌연변이로 생긴 새로운 특질이 현지 환경에 적응하여 생존에 도움을 준 사례입니다.

사실, 돌연변이는 변화하는 환경에서 생물이 순발력 있게 적응할 수 있게 해줌으로써 생존을 돕고, 그 결과 새로운 종을 나타나게 하는 진화의 원동력이었습니다. 예를 하나만 더 소개하겠습니다. 유럽인은 1만 명당 1명 비율로 중년에 헌팅턴Huntington병이 발병한다고 합니다. 안면 경련이나 춤추듯 걷는 등의 이상을 보이다가 점차 신경기능을 잃고 사망하는 유전질환이지요.

최근 밝혀진 바에 의하면, 이 병을 앓고 있는 환자들의 DNA 한 구역에는 CAG라고 쓰여진 염기서열의 세 글자(코돈)가 36번 이상 반복된다고 합니다.[82] 그런데 보통 사람은 이 코돈이 8~35회로 적당히 반복되며, 그 횟수가 많을수록 신경세포(뉴런)의 기능이 향상되는 경향이 있습니다. 이 CAG 코돈은 10억 년 전에 어떤 단세포생물에서 처음 생겼다고 추정됩니다. 현존하는 단세포생물 중에는 토양이나 낙엽 밑에서 발견되는 한 종류의 아메바(D. discoideum)에서 나타납니다. 그런데 이 유전자가 없는 아메바는 타 개체와 통신하는 데 어려움을 겪습니다. 이로 미루어 코돈 CAG가 단세포에서 다세포동물로 진화하는 과정에서 큰 기여를 했음을 알 수 있습니다.

분석에 의하면, 약 5억 5,000만 년 전 선구동물(곤충, 갑각류, 연체동물)의 조상 중에서 CAG 코돈이 반복되는 돌연변이가 일어나면서 후구동물(멍게류, 척삭, 척추동물)의 조상이 갈라져 나갔다고 봅니다. 즉, 진화과정 중 최초로 CAG 염기서열이 2회 반복된 동물은 척삭(원시 척추)이 처음 나타난 멍게(유생)와 창고기류라는 것입니다. 더 진화한 소나 개 등의 포유류는 10~15번, 사람에게는 8~35회 반복되지요.

결국, CAG 코돈의 반복 돌연변이가 (모든 원인은 아니겠지만) 고등동물의 진화에 큰 기여를 한 셈이지요. 돌연변이가 진화의 원동력이며 생명의 핵심임을 보여 주는 사례입니다. 2세의 DNA는 부모와 동일할 수 없으므로, 어떤 의미에서 우리를 포함한 모든 생물은 돌연변이 종이라 할 수 있습니다. 돌연변이 때문에 진화가 일어나는 것이지요.

사소한 중복과 변형의 힘 | 사람과 초파리가 다른 이유

지구의 모든 생물은 같은 원리로 작동하는 DNA를 가지고 있습니다. 그런데도 서로 너무 다릅니다. 파리와 거북이, 도마뱀과 코끼리, 원숭이와 사람은 크게 다르지요. 무엇이 이런 큰 차이를 만들었을까요? 언젠가 아는 사람이 귀엽지만 어리석게 재롱을 떠는 애완견을 보며 동정 섞인 한마디를 던진 적이 있습니다. "그러니까 너는 개야. 네가 사람을 따라올 수 있겠니?" 그렇지 않을 수도 있다고 설명하고 싶었으나 그냥 넘어갔습니다. 이 기회에 그때 하고 싶었던 이야기를 대신해볼까 합니다.

인간의 우월성을 말할 때 흔히들 감정이나 지능을 거론합니다. 하지만 모든 동물은 생존을 위해 발달시킨 기능이 저마다 다릅니다. 인간이 동물보다 우월하다는 생각은 어디까지나 우리의 기준이 아닐까요? 가령, 지능의 한 부분인 단기 기억력은 침팬지가 인간보다 월등합니다(1장 참조). 물고기와 개와 사람이 전혀 다른 이유는 자신에게 주어진 환경에 맞도록 외형과 기능을 특화했기 때문입니다. 여기에 우열을 비교하는 것은 공정치 않아 보입니다.

고등동물과 원시동물의 구분도 마찬가지입니다. 생물은 자신의 서식환경에 최적으로 맞춰져 있으므로 모두가 고등생물이라 할 수 있지요. 다만 우리가 고등하다고 부르는 동물은 신체구조와 기능이 복잡한 것은 사실입니다. 하지만 복잡하다고 우월한 생물일까요? 오히려 간단한 구조로 적은 자원과 에너지를 사용하고도 생명을 유지하는 생물이 더 효율적이라고 볼 수도 있습니다. 모든 생물은 각자의 환경에 적응한 성공작입니다.

더구나 고등동물의 복잡성이라는 것도 사실은 사소한 차이가 누적된 결과일 따름입니다. 예컨대 초파리와 물고기, 파충류와 사람은 외형적으로 크게 다르지만 유전자의 측면에서 보면 놀랄 만큼 유사합니다. 생물 교과서에서 자주 소개되는 내용 중에 척추동물의 배아발생 그림이 있습니다(〈그림 2-8〉 참조). 어류, 양서류, 파충류, 새 그리고 인간의 배아 때 모습을 비교한 그림인데, 발생초기에는 각 동물이 놀랍도록 비슷합니다. 당초 이 그림의 아이디어는 19세기 말 독일의 생물학자 핵켈Ernst Haeckel이 진화반복설을 주장하기 위해 처음 사용했습니다(현대 생물학에 의하면 진화반복설은 잘못된 주장입니다). 그런데 그는 자신의 가설을 강조하기 위해 그림을 약간 과장되게 변조했습니다. 창조론자들은 이를 진화론을 비판하는 단골 메뉴로 이용하고 있지요. 그렇다고 그림이 전하는 메시지가 잘못된 것은 아닙니다(〈그림 2-8〉은 제대로 된 것입니다). 실제로 동물의 발생 초기 모습은 도마뱀이나 새나 사람이 거의 같습니다.

동물이 크게 다른 이유는 여러 원인이 있으나 혹스유전자hox gene로 상당부분 설명할 수 있습니다. 1980년대 초파리에서 처음 발견된 이 유전자는 호메오박스homeobox, 혹은 줄여서 혹스라고 부르는 DNA의 구간 몇 개를 묶은 유전자 세트를 말합니다(〈그림 2-9〉 참조). 각각의 호메오박스는 약 180개의 짧은 염기문자 서열이 들어 있는 구간입니다. 이 안에 호메오 도메인homeodomain이라는 단백질을 합성하는 정보가 들어 있습니다. 60여 개의 아미노산 사슬로 이루어진 호메오 도메인은 전사인자轉寫因子의 한 종입니다. 앞서 알아보았듯이, 전사인자란 RNA가 세포핵 속의 DNA 유전정보를 복사(전사)하여 핵 밖의 리보솜에서 단백질을 만들 때 합성반응을 촉진 또는 억제하는 조절 단백질입니다.

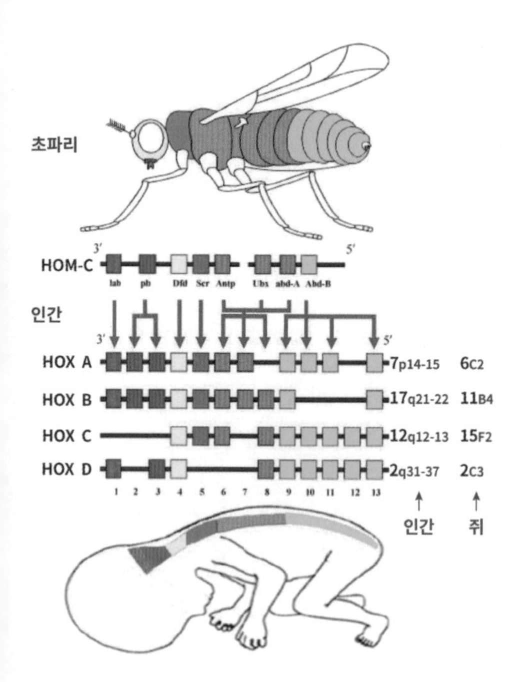

그림 2-9

몸의 형상을 결정짓는 초파리의 HOM-C 유전자 세트(맨 위)와 인간의 HOX 유전자(아래 2~5열)의 호메오박스 비교
초파리의 HOM에 비해 인간의 HOX-A, B, C, D는 여러 벌 복제되어 약간씩 변형되었을 뿐 기본적으로 배열순서, 형태 그리고 기능이 같다.
인간의 HOX-A, B, C, D는 같은 포유류인 쥐와도 기본적으로 동일하다(맨 우측). 다만 각 호메오박스가 들어 있는 염색체 번만 다르다(사람: 7, 17, 12, 2번. 쥐: 6, 11, 15 및 2번).

바로 이 호메오 도메인이 동물의 몸을 만드는 데 중요한 역할을 합니다. 발생단계에 있는 동물의 줄기세포가 머리가 될지, 몸통이 될지 등을 조절하기 때문이지요. 가령 사람의 경우, 발생초기 2~4일 사이에 호메오 도메인들이 스위치 기능을 작동해 언제, 어디서 특정한 단백질의 합성을 작동 혹은 중지할지 조절하지요. 그 결과 머리, 가슴, 장기 부위, 팔다리, 꼬리 등의 신체 기본 모양이 만들어집니다. 호메오박스의 개수는 동물에 따라 다릅니다.

그러나 놀랍게도 모든 동물의 혹스유전자는 배열 순서나, 형태, 기능 면에서 거의 동일합니다. 초파리이건 인간이건 염색체 내의 호메오박스가 배열한 순서에 따라 머리에서 꼬리 쪽으로 몸이 차례로 출현하지요. 가령, 초파리의 호메오박스를 생쥐의 배아에 이식해도 제대로 된 몸이 형성됩니다. 혹스유전자는 매우 탄력적입니다. 예를 들어 척추동물의 신경계는 등 쪽에 있으며 곤충은 배 쪽에 있지요. 그러나 신경계를 만드는 혹스유전자는 동일합니다. 한마디로, 혹스유전자는 동물의 몸을 만드는 공통 도구상자인 셈이지요.

호메오박스의 기능이 이처럼 모든 동물에서 유사한 이유는 먼 옛날 동물의 공통조상이 가졌던 1개의 유전자에서 유래했기 때문입니다. 그 유전자는 원시적 호메오박스였기 때문에 당시 동물의 조상은 매우 단순한 형상을 가졌을 것입니다. 그러던 중 어느 후대 생물에서 이 원시 호메오박스가 중복 돌연변이를 일으켜 2개가 되었습니다. 뒤이어 그중 1개가 약간 다르게 돌연변이했지요. 호메오박스는 몸체 형상에 관여하기 때문에 유사한 유전자가 또 하나 생겼다는 것은 몸에 새로운 모습이 추가되었음을 뜻하지요. 즉, 먹이의 출구와 입구가 구분되는 몸체가 만들어진 것입니다(입과 항문).

약 9억~8억 년 전에는 유사한 방식으로 중복 돌연변이가 또 일어나 호메오박스가 모두 4개인 동물이 나타났습니다. 이 뒤를 이어 나타난 후손이 자포刺胞동물(해파리, 말미잘 등)입니다. 그러나 자포동물은 조상이 갖고 있던 4개의 호메오박스 중 2개를 잃었기 때문에 방사대칭형의 몸체는 가졌으나, 항문과 입의 구분은 도로 없어졌습니다. 세월이 흘러 6억 3,000만 년 전에 이르자 호메오박스를 7개나 가진 동물이 나타났지요. 다름 아닌 인간을 포함해 모든 좌우대칭Bilateria동물의 조상입니다. 이 초기 좌우대칭동물의 후손들은 약 5억 4,000만 년 전 시작된 캄브리아 대폭발 기간 동안 또다시 호메오박스를 잃거나 얻으며 다양한 형태의 동물종으로 진화했습니다. 예를 들어 조상이 물려준 혹스유전자의 수를 지키지 못하고 잃어버린 얼뜨기 그룹이 회충 등의 선형線形동물입니다. 이들은 호메오박스를 5개만 가지고 있기 때문에 내부구조는 좌우대칭형이지만 입 주위가 방사대칭형이지요.

반면, 초기 좌우대칭동물의 나머지 똘똘이 후손들 대부분은 호메오박스를 추가하며 복잡한 형태로 발전했습니다. 초파리나 새우 등의 절지동물은 8개, 오징어나 달팽이 등의 연체 동물은 11개, 불가사리나 성게 등의 극피동물은 12개, 원시 척추인 척삭을 가진 창고기는 15개를 가지게 되었지요. 인간을 포함해 네 다리를 가진 모든 척추동물(양서류, 파충류, 조류, 포유류)은 39개를 가지고 있습니다.

호메오박스의 수는 진화에 따라 증가만 하지 않았습니다. 돌연변이가 중복 발생하면 숫자가 짝수가 되어야 함에도 홀수의 호메오박스를 가진 동물이 있는 이유는 유전자를 잃기도 했기 때문입니다. 분자생물학적 추적에 의하면, 호메오박스는 진화의 역사상 동물종에 따라 크게는 십여 개가 늘어났다 사라지기도 했습니다.[56] 중복 돌연변이로 늘어난 유전자들은 처음에는 원본과 같았지요. 그러나 시간이 지남에 따라 일부가 미소하게 염기서열이 변했으며, 그 결과 다양한 몸체를 만들게 되었습니다.

가령, 초파리 날개를 형성해 주는 호메오박스는 척추동물의 사지를 만들게 되었습니다. 만약 같은 종에서 돌연변이가 생기면 어떻게 될까요? 초파리의 유전자 조작실험에서 밝혀졌듯이 더듬이에 다리가 만들어지는 등 전혀 다른 형상이 나타납니다. 미소한 차이가 만드는 이 같은 다양성에도 불구하고 호메오박스는 첫 등장 이래 오늘날까지 수억 년 동안 기본 형태가 놀랄 만큼 잘 유지되어 왔습니다.

초파리와 사람이 같은 유전자로 몸의 모양을 만들었다는 사실이 믿기지 않는 독자 분들을 위해 조금 구체적으로 살펴보겠습니다. 〈그림 2-9〉에서 보듯이, 인간의 7번 염색체에 있는 호메오박스(두 번째 박스줄)의 혹스유전자 HOXA들과 초파리의 유전자 HOMC들(첫 번째 줄)은 기본적으로 같습니다. 즉, 호메오박스의 유전자 구성과 종류, 배열 순서가 거의 일치합니다. 그 결과 머리, 가슴, 배, 꼬리의 체축體軸을 형성하는 방식이 동일합니다.

다만 초파리의 호메오박스는 8개인데, 사람은 일부가 중복되어 11개라는 점만 다릅니다. 아울러 사람은 7번 염색체 이외에도 17번, 12번, 2번 염색체(밑의 3줄)의 3세트가 더 있습니다. 즉, 모두 39개의 호메오박스가 4개의 조로 나뉘어 각기 다른 염색체에 분산되어 있습니다. 놀라운 것은 사람의 호메오박스는 같은 척추동물인 쥐와 동일합니다(그림의 오른쪽). 다른 점이라면 들어 있는 염색체의 번호가 다른 것뿐이지요(염색체 번호는 길이 순으로 매긴 것이므로 큰 의미가 없습니다). 다시 말해, 초파리나 쥐, 사람의 몸을 형성하는 조리법은 동일한데 몇 차례 되풀이 되거나 그중 미소하게 변형된 것이 있다는 점만 다를 뿐입니다.*

유전자의 중복 돌연변이는 비단 동물의 외형만 변화시키는 것이 아닙니다. 동물의 생물학적 기능이 서로 다른 이유도 유전자의 중복과 조그만 변화가 만들어 낸 경우가 많지요. 예를 들어, 어류에서 양서류 → 포유류로 진화하는 동안 동물의 후각유전자는 크게 늘어났습니다. 하지만 이는 한 개의 유전자가 중복적으로 복제된 결과입니다. 후각유전자도 진화 중에 증가만 하지는 않았습니다.

가령, 인간은 시각을 발달시키는 대신 옛 포유류에 있었던 후각유전자를 약 1,000개에서 300여 개로 대폭 잃었습니다. 동물의 시각유전자도 마찬가지이지요. 눈을 가진 동물은 빛 에너지를 전기화학적 신호로 변환하는 광수용체인 옵신 단백질을 가지고 있습니다. 그런데 이 단백질을 만드는 유전자는 원래 1개였으나, 중복 돌연변이를 거듭해 다양한 형태의 시세포視細胞로 발전했지요. 이 변화도 증감 양방향으로 진화했습니다. 어류와 파충류에 있는 붉은색 센서 유전자는 포유류에서 잃었다가 영장류에서 다시 되찾았지요.

지금까지 알아본 대로 모든 생물은 기본적으로 비슷한 유전자, 즉 거의 동일한 생명의 설계도를 가지고 있습니다. 하지만 혹스유전자나 후각, 시각유전자의 예에서 보듯이 동일한 재료와 방식으로 만든 조그만 요리법의 차이가 증폭되어 외형적, 기능적으로 크게 다른 생물을 만듭니다(이는 동물에만 국한되지 않습니다. 예를 들어 식물과 버섯에도 유

* 물론 혹스유전자가 동물의 몸 형태를 모두 결정하지는 않는다. 형태생성물질(morphogen)이라는 화학물질과 여러 단백질도 동물의 발생초기에 몸을 형성하는 데 중요한 역할을 한다. 형태생성물질은 특정 세포에서 만들어져 주변 세포로 확산되는 물질인데, 이 과정에서 농도의 기울기가 생긴다. 발생 중인 세포는 이 농도에 따라 자신의 위치를 파악한 후, 머리, 날개, 다리 등 신체의 어디로 갈지를 결정한다. 예를 들어 초파리의 경우, 두흉부발생(bicoid)단백질이라는 물질은 농도가 어디가 높은지에 따라 이동해 머리와 가슴 부분이 결정된다. 포유류의 경우에는, 레티노산(retinoic acid), SHH(sonic hedgehog, 일명 고슴도치 유전자) 등의 형태생성물질이 있다.

사 혹스유전자가 있습니다). 결국, 인간은 모든 동물이 공통적으로 가지는 특정 유전자가 돌연변이로 중복되거나 미소한 변형을 일으킨 결과로 만들어진 개조된 초파리, 변형된 물고기, 조금 다른 유인원인 셈이지요.[21]

앞서 예를 들었던 애완견은 25,000개의 유전자를 가지고 있습니다. 사람의 21,000개보다 많지요. 유전자들이 중복으로 늘거나 줄어들기도 했기 때문입니다. 약 40억 년 동안 유전자가 변화해 온 과정에는 어떤 목적도, 고등한쪽으로의 방향성도 없었습니다. 우리의 기준으로 다른 생물이 열등해 보이는 이유는(특히 지능면에서) 단순히 그럴 필요가 없었기 때문입니다. 그래도 인간은 다른 생물을 지배하지 않느냐고 반문한다면, 그렇게 하는 방식이 인간의 생존 조건이었기 때문이라고 답할 수밖에 없지요. 유전자의 관점에서 볼 때 인간이 유인원이나 다른 동물보다 우월하다고 말할 수는 없습니다. 특징일 뿐이지요.

닭뼈가 표준화석 될 지질시대 | 지혜의 누대

이 장에서 우리는 지구의 생성 이래 오늘에 이르기까지 생명이 걸어 온 긴 여정을 추적해보았습니다. 지구는 생명이 있기 때문에 특별한 행성입니다. 그래서 지질시대도 생명체를 기준으로 삼습니다. 지질시대의 가장 큰 단위는 수~수십억 년의 기간을 나타내는 누대累代, eon입니다. 지구에는 지금까지 4개의 누대가 있었지요. 가장 오래된 하데스누대Hadean eon는 지구가 생성된 46억 년 전부터 38억 년 전(학자에 따라서는 40억 년 전) 사이의 기간으로, 활발한 화산활동, 뜨거운 지각, 빈번한 천체의 충돌이 있었던 혹독한 시기였습니다.

첫 생명체는 이미 이 누대에 출현했다고 추정됩니다. 지구의 온도가 식고 안정되자 시생누대Archean eon가 이어졌습니다. 38억 년 전~25억 년 전 사이의 기간이지요. 단세포의 원핵박테리아가 지구 생물의 모두였던 시기였습니다. 그러던 25억 년 전 지구의 대기에 산소가 급증하는 대변혁이 일어나며 원생누대Proterozoic eon가 시작되었습니다. 산소급증의 원인은 시생누대에 이미 출현했던 시아노박테리아의 폭발적 증가 때문이었습니다. 풍부해진 산소 대기 덕분에 진핵생물과 다세포생물이 출현했고, 말엽에는 부드러운 에디아카라 동물들도 나타났지요.

약 20억 년 간 계속된 원생누대는 5억 4,200만 년 전 갑자기 막을 내렸습니다. 이어진 현생누대Phanerozoic eon의 첫 시대인 캄브리아기의 '대폭발'때 동물의 종이 폭발적으로 증가했으며, 이후 오늘에 이르고 있습니다. 현생누대는 우리가 익히 아는 고생대, 중생대, 신생대의 3개 대代, era로 나누며, 더 세분된 여러 개의 기peroid(쥬라기 등)와 세epoch(홍적세 등)가 있지요. 이러한 지질시대 구분은 생물의 대멸종 사건을 기준으로 삼고 있습니다. 현생누대만 해도 지구 생물의 75% 이상이 멸종한 사건이 5번이나 있었지요.

우리가 현재 살고 있는 지질학적 시대는 현생누대의 신생대, 제4기, 홀로세Holocene epoch입니다. 충적세沖積世라고도 부르는 홀로세는 홍적세Pleistocene epoch에 맹위를 떨쳤던 빙하가 약 1만 년 전에 물러가며 시작된 신생대 제4기의 2번째 세世입니다. 그런데 일부 학자들은 이를 고쳐야 한다고 제안합니다. 지난 46억 년간 지구에서 일어났던 그 어떤 멸종보다 빠른 속도로 생물종이 사라지고 있기 때문입니다.

어떤 학자는 멸종이 산업혁명 이후 최근 수백 년 사이의 현상이 아니라, 현생인류가 본격적으로 지구 곳곳으로 퍼져 나간 지난 수만 년 전에 이미 시작되었다고 봅니다. 시베리아 등의 인간이 살지 않는 오지奧地를 흔히 전인미답前人未踏의 자연이라 표현합니다. 하지만 큰 오해라는 것이지요. 지난 수만 년 동안의 인간의 활동이 지구 구석구석의 자연 생태계를 완전히 바꾸어 놓았기 때문에 때묻지 않은 자연은 현재 없다는 주장입니다.

대표적인 예가 거의 모든 대륙에서 멸종한 수많은 대형 포유류들입니다. 수천만 년 동안 문제없이 살았던 이들은 인간의 사냥활동으로 약 1만 년 사이에 대부분 멸종했습니다. 그 결과 생태계의 먹이사슬은 크게 달라졌지요. 1만 년 전에 시작된 농경은 생태계뿐 아니라 지구의 풍경도 완전히 바꾸었습니다. 수많은 숲이 벌목되어 농경지로 변했고, 오늘날에는 곳곳에 콘크리트 구조물들이 들어섰습니다. 1만 년 전에는 새를 포함한 육상 척추동물의 99.9%가 야생에서 살았습니다. 인간과 가축은 모두 합해 겨우 1%였지요. 오늘날은 가축이 65%, 인간이 32%이며, 야생동물은 3%로 추산됩니다.

이런 배경에서 1995년도 노벨 화학상 수상자인 네덜란드의 대기과학자 크뤼천Paul Jozef Crutzen은 우리 인류가 수만 년 전부터 새로운 지질시대에 살고 있으며, 그 이름을 인류세人類世, Anthropocene epoch라고 제안했습니다. 또한 그 정도로는 턱없이 미흡하다고 생각하는 과학자도 있습니다. 미국 행성과학연구소Planetary Science Institute의 우주생명학자 데이비드 그린스푼David Grinspoon은 훨씬 더 큰 분류의 지질시대인 누대가 시작되었다고 주장합니다. 고생대, 중생대, 신생대가 속한 현생누대는 이미 막을 내렸으며, 5번째 누대인 인류누대Anthropocene eon가 시작되었다고 그는 주장합니다.

실제로, 만약 수억 년 뒤 누군가가 오늘의 지구 지층을 조사한다면 급작스러운 변화에 충격을 받을지 모릅니다. 불과 200여 년 사이에 이전의 지층에는 없었던 플라스틱과 콘크리트, 산화된 금속 화석들이 대량으로 발굴될 것입니다. 일부 과학자들은 현세를 대표하는 표준화석이 닭뼈가 될 것이라고 예측합니다. 오늘날 인류는 75억 명인데, 닭은 196억 마리, 소는 14억, 돼지가 7억 마리입니다. 그들의 사촌인 야생 닭과 들소, 야생돼지가 멸종위기에 처한 점을 생각한다면 대단한 성공처럼 보입니다. 그러나 좁은 우리에 갇혀 수명이 닭의 경우 15년→40일, 소는 20년→1.5~2년, 돼지는 20년→7개월로 형편없이 줄었지요. 과연 이를 성공했다고 말할 수 있을까요?

아무튼 46억 년의 지구 역사에서 지금처럼 짧은 기간에 급격하게 생태계가 변한 적은 없었습니다. 그린스푼은 인류누대를 지혜누대 Sapiezoic eon라고도 불렀습니다.[83] 대규모 화산활동, 소혹성 충돌 등의 물리적 요인 때문에 바뀌었던 지난 지질시대와 달리, 우리가 맞고 있는 새로운 누대는 인간의 능동적 지적활동이 지구를 변모시키고 있다는 뜻입니다. 높은 지능을 가진 인간의 출현은 지질시대마저 바꾸고 있지요. 이어지는 3장의 주제는 지질시대를 바꾸고 있는 인간의 지능과 마음입니다.

S C I E N C E

3 장

마음은 어떻게 만들어질까?

O D Y S S E Y

지나가는 한 조각의 생각 속에 우주 삼라만상이 있다. 一念三千 [1]

지의智顗

역사 이래 수천 년 동안 마음은 철학이나 심리학 혹은 종교의 연구대상이었습니다. 과학이 다룰 분야라고 생각하지는 않았지요. 호주의 철학자 데이비드 차머스David Chalmers는 1995년의 유명한 논문 〈의식의 문제를 직시하며〉에서 의식意識은 인간이 가지는 근본적인 속성이기 때문에 물리학 법칙을 따르지 않는다고 주장했습니다.[2] 그는 이를 '어려운 문제Hard problem'라고 불렀습니다. 이에 대해 의식을 본격적으로 연구했던 크리스토프 코흐Christof Koch는 객관적인 근거 없이 난삽한 논리를 내세워 어떤 사항이 과학의 영역 밖에 있다고 단언함은 경솔한 짓이라고 비판했습니다.[3]

사실, 우리는 새천년을 전후하여 급속히 발전한 뇌과학 덕분에 마음에 대해 이전에는 상상할 수 없었던 많은 내용을 알게 되었습니다. 물론, 현재도 아직 길이 1mm의 토양 벌레인 예쁜꼬마선충Caenorhabditis elegans의 신경활동조차 완전히 파악하지 못하고 있습니다. 신경세포가 302개에 불과한 이 원시동물의 신경연결망 지도(컨넥톰)connectom는 1986년에 이미 밝혀졌습니다. 하지만 30여 년의 연구에도 불구하고 그 연결망이 먹이활동처럼 초보적 행동을 어떻게 일으키는지 그 세부 사항을 모르고 있습니다.[4]

하지만 이 같은 세부 내용의 무지는 복잡성의 문제일 뿐, 과학자들은 뇌에서 일어나는 의식, 무의식, 자아 등에 대한 큰 줄거리와 기본 개념들을 이해하기 시작했습니다.[5] 일부 학자들은 지난 십수 년 이래 뇌과학이 안겨 준 지식이 철학자와 심리학자들이 수천 년 동안 제시했던 내용보다 훨씬 많고 중요하다고 강조합니다. 그래서 '뇌의 10년' 혹은 '뇌의 세기'라는 표현까지 나왔지요. 어떤 사람들은 마음에 관한 한 철학과 심리학은 곧 다시 써져야 한다고 단언하고 있습니다.

뇌과학이 밝힌 새로운 내용들은 일반인들에게도 단편적으로 많이 알려졌습니다. 따라서 이 장에서는 마음의 작동에 대한 큰 줄거리 개념 위주로 소개하고자 합니다. 다만, 초반부에는 뇌의 해부학적 구조와 기능에 대한 설명을 불가피하게 실었습니다. 이 부분(뇌의 대략적인 얼개~신경전달물질 설명 절)의 세부 내용들이 복잡하다고 생각되면 생략하고 다음 내용으로 넘어가도 무방합니다.

심장에서도 마음이 생길까? | 뇌의 중요성

오늘날 우리는 마음이 뇌에서 비롯된다는 사실을 너무도 잘 알고 있습니다. 하지만 옛사람들은 마음이 심장에서 생긴다고 생각했지요. 그래서 동서양 사람들 모두 심장을 '마음'과 같은 뜻으로 사용하고 있습니다(한자: 心, 영: heart, 불: cœur). 마음의 상태를 나타낼 때 '가슴 아프다', '심장이 솟구친다'라는 표현을 씁니다. 또 마음이나 사랑을 심장(하트)으로도 표시하지요. 물론 뇌를 지칭하는 '머리를 쓰다', '골이 비었다'라는 표현도 있지만, 비교적 근래에 사용된 듯합니다.

서양 과학의 방법적 토대를 제공했던 아리스토텔레스조차도 심장이 마음의 본거지이며, 뇌는 몸을 식히는 무혈無血의 물질일 뿐이라고 했습니다. 반면, 의학의 아버지로 불리는 히포크라테스나 로마 황제의 시의侍醫였던 갈레노스Claudios Galenos는 환자를 치료한 경험을 바탕으로 뇌가 사람의 감정과 기억을 담당한다고 정확히 짚었습니다.

하지만 두 사람의 견해는 크게 주목받지 못했지요. 동양 의학의 원전原典으로 유네스코 세계문화유산에 등재된 『황제내경黃帝內經』의 소문素問 편 영란비전靈蘭秘典論에는 '심장은 임금과 같은 으뜸 장기이며, 정신활동이 일어나는 곳'이라고 자신있게 언급하고 있습니다.[6] 동양의학은 기氣 사상과 음양오행설을 무리하게 신체기관에 꿰맞추어 마음이 오장육부五臟六腑의 조화로 일어나며, 이를 심장이 통솔한다고 믿었습니다.

이런 관점은 역시 세계문화유산인 우리의 『동의보감』도 마찬가지였습니다. '내경內景' 편 2권에는 뇌를 오장육부에 속하지 않으면서 기능이 기이한 6개의 기타 기관, 즉 '기항지부寄恒之腑'의 하나로 매우 짧게 언급했습니다.[*] 심지어 '눈물과 콧물은 뇌에서 나온다. 뇌는 음陰이며, 뇌에서 콧물이 스며 나온다'라고 했습니다.[7] 기껏해야 눈물이나 콧물을 내보내는 그저 그런 부위로 여긴 것입니다. 주변에서 동의학서를 맹신하는 경우를 자주 보는데, 역사적 기록물로서의 중요성과 내용의 사실성을 혼동하는 데서 비롯된 잘못된 자세라고 생각합니다.

잘 알려진 대로, 뇌는 생명활동을 총괄하는 사령탑으로 오장육부에 비교될 수 없는 신체기관입니다. 다른 기관은 일부가 없어도 살 수

---

* 동양의학에서의 5장(五臟)은 내용물이 기(氣)로 채워진 심장, 간(肝臟), 폐(肺臟), 신장(腎臟), 지라(脾臟)이다. 6부(六腑)는 배설물을 처리하며 속이 비어 있는 소장, 대장, 위, 쓸개(膽), 방광 및 삼초(三焦)이다. 삼초는 애매한 개념으로, 대체로 호흡, 비뇨 및 소화와 관련된 여러 부위를 지칭한다. 한편, 기항지부는 기이하게 항상 있는 6개 기관으로 뇌, 골수(髓), 뼈(骨), 맥(脈), 쓸개(膽), 자궁(女子胞)이다. 이들은 배설물을 담지 않는 점에서 장(臟)과 비슷하지만 형태적으로는 부(腑)와 유사하다고 보았다. 다만, 쓸개는 6부이지만 즙이 깨끗해 기항지부에도 포함시켰다.

있습니다. 가령, 동양 의학에서 으뜸 장기라는 심장은 일시 정지했다 되살아날 수 있고, 심지어 인공으로 대체도 가능하지요. 반면, 뇌는 한 순간도 정지해서는 안 되며 다른 장기처럼 이식도 불가능합니다. 그래서 굶어 죽기 직전에 이른 신체는 다른 기관을 모두 무시하고 에너지를 뇌에만 최우선적으로 공급합니다. 기아 상태의 어린이들이 몸에 뼈만 남았는데 머리만 크게 보이는 이유는 이 때문입니다.

뇌에 대한 무지는 근세에 들어 해부학 지식이 쌓이면서 조금씩 바로 잡혔습니다. 중국에서는 유네스코 세계문화유산에 등재된 16세기 중엽의 책 『본초강목本草綱目』의 저자 이시진李時珍이 뇌가 기억과 관련이 있다고 처음 추론했습니다. 또, 이 책을 보완해 『본초비요本草備要』를 저술한 청나라 때의 왕앙汪昻도 같은 생각을 했습니다. 유럽에서도 데카르트René Descartes가 뇌 아래쪽의 한 부위인 솔방울샘(송과선)松果腺이 영혼과 육체를 이어준다고 주장했지요. 1664년에는 영국의 의사 토마스 윌리스Thomas Willis가 『뇌 해부학Cerebri anatome』이란 책을 펴내면서 신경의학의 문을 두드렸습니다.

하지만 뇌가 정신활동과 관련 있다는 직접적 증거는 19세기에 비로소 알려졌습니다. 1848년 미국 버몬트주 철도공사장의 근로자였던 25세의 피니어스 게이지Phineas Gage는 작업 중의 사고로 1m 길이의 쇠 막대가 왼쪽 뺨에서 오른쪽 머리까지 관통하는 중상을 입었습니다. 그는 몇 주간의 혼수 상태를 넘기고 기적처럼 살아났습니다. 그러나 평소 쾌활했던 성격이 거짓말과 욕설을 일삼는 거친 성격으로 변했습니다. 다른 사람과의 공동작업을 못 할 만큼 이기적으로 변해 직장에서도 쫓겨났지요. 그는 사고 후 13년을 더 살다 사망했는데, 뇌를 해부해 본 결과 전두엽(이마엽)前頭葉이 거의 소멸한 상태였습니다.

이 사례는 뇌의 어떤 부위가 특정한 행동이나 성격과 관련이 있다는 사실을 보여준 첫 증거였지요. 이어 1861년에는 프랑스의 외과의사 브로카 Pierre-Paul Broca 가 언어구사에 장애를 일으키는 뇌 부위를 발견했습니다. 그가 접한 한 환자는 문장을 제대로 말하지 못해 겨우 '탄 tan (프랑스어 발음으로는 '떵'에 가깝습니다)'이라는 발음밖에 하지 못했습니다. '탄'이라는 가칭으로 불린 이 환자는 팔, 다리의 거동도 힘들었는데 며칠 후 사망했습니다. 그의 뇌를 해부한 브로카는 귀 부근의 왼쪽 이마엽 부위가 손상되었음을 알게 되었습니다. 몇 년 후에는 독일의 의사 베르니케 Carl Wernicke 가 또 다른 언어 관련 부위를 왼쪽 뇌에서 발견했습니다. '베르니케 영역'이라 불리는 이 부위에 이상이 있는 환자는 (브로카 영역과는 반대로) 말은 할 수 있으나 그 의미를 이해하지 못했지요.

한편, 20세기 초 스페인의 의학자 라몬 이 카할 Santiago Ramon y Cajal 은 뇌의 신경세포가 다른 세포와 다르며, 이곳에 전류가 흐른다는 사실을 발견했습니다. 이 공로로 그는 1906년도 노벨 생리·의학상을 수상했으며, 이것이 근대 뇌과학의 문을 여는 계기가 되었습니다. 이후 20세기 말엽까지 많은 연구가 있었지만 뇌에 대한 지식은 현미경을 들여다보는 수준에서 크게 벗어나지 못했습니다.

마음 읽는 기계가 이끄는 혁명 | 뇌과학 연구 기기들

새천년을 전후해 뇌과학이 크게 도약한 계기는 1990년대부터 급진전된 분석장비 때문이었습니다. 이 상황은 광학 현미경의 출현이 생물학 혁명에 기여한 것과 유사합니다. 17세기 말 네덜란드의 포목상 레이우엔훅A. van Leeuwenhoek이 만든 현미경을 통해 세포와 미생물의 존재가 알려지자 생물학은 천지개벽을 하며 새 시대를 맞았지요. 비슷한 상황이 오늘날의 뇌과학에서 일어나고 있습니다. 이들 중 중요한 기기 몇 개를 간략히 소개하면 다음과 같습니다.

먼저, EEG로 불리는 뇌전도腦電圖입니다. EEG는 심전도나 근전도筋電圖 검사처럼 우리 몸 세포의 전기활동을 측정합니다. EEG의 경우 뇌의 바깥쪽 겉질(피질皮質)에서 발생하는 매우 미약한 전위(전압)를 측정하지요. 원래 독일에서 1920년대에 발명된 이 기술은 최근 급진전한 컴퓨터 분석기술이 접목되어 날개를 달았습니다. 머리 여러 곳에 전극을 부착해 측정된 뇌의 활동은 뇌파腦波로 표시됩니다. 이를 이용하면 뇌의 병변病變은 물론, 사람이나 동물의 감정 상태도 어느 정도 파악할 수 있지요.*

특히 EEG는 시간 분해능分解能(구분 가능한 가장 작은 크기)이 우수해 뇌의 변동 상태를 1/100만 초 단위로 읽을 수 있습니다. 장치가 간단한데다, 전극이 부착된 헬멧을 사용함으로써 편의성도 높아졌습니다. 그러나 뇌의 내부를 조사하기 어렵다는 한계가 있지요. 또, 정해진 행동을 하는 동안 측정하므로 뇌의 수동적인 기능만 알 수 있으며 손가

* 심령술에서 말하는 텔레파시(telepathy)가 뇌파의 작용이라 주장하는 사람들이 있다. 그러나 뇌파는 매우 미약해 다른 사람의 뇌에 직접 전달될 수 없다. 다만, 기계로 뇌파 신호를 증폭시킨 후 특별한 장치를 사용해 다른 사람의 뇌에 공명(共鳴) 시키려는 시도는 있다. 아울러 염력(念力)이나 기(氣)도 과학적으로 전혀 증명되지 않은 개념이다.

락만 까닥해도 오류가 생길 수 있지요. 해상도解像度가 높지 않은 것도 단점입니다.

MEG(뇌자도腦磁圖)는 EEG의 단점을 개선하기 위해 만들어진 것으로 전기장 대신 두개골을 더 잘 투과하는 자기장을 이용해 측정합니다. 특히 SQUID라는 초전도 소자素子를 이용하면 지구 자기장(0.5가우스)의 1/10억의 작은 값도 감지해 약 $1cm^3$의 높은 해상도를 얻을 수 있지요. 또, 시간 분해능도 1/1,000초로 나쁘지 않습니다. 그러나 뇌 내부의 측정은 여전히 어려우며, 다른 경쟁 기기보다 해상도가 크게 앞서지 않으면서 장비의 가격과 유지비가 비싼 편입니다.

한편, 일반에 잘 알려진 MRI는 EEG나 MEG에 비해 높은 해상도의 뇌 영상을 얻을 수 있는 장치입니다. 원래 명칭은 화학분석에 사용되는 '핵자기공명영상기Nuclear Magnetic Resonance Imaging, NMRI'인데, (원자)핵이라는 단어에 겁을 내는 일반인의 우려를 고려해 의료용 기기에서는 MRI라고 부르고 있지요. MRI는 X-선 검사나 컴퓨터 단층촬영Computed Tomography, CT과 달리 인체 유해성이 거의 없는 장치입니다. 약한 에너지의 라디오파(전파)를 이용해 영상을 얻기 때문이지요. MRI는 물 분자 중 수소의 원자핵을 분석합니다. 알려진 대로 인체는 약 60%가 체액 등의 수분이지요. 따라서 뇌나 장기臟器처럼 부드러운 조직의 영상을 얻는 데 적합합니다. 뼈처럼 단단한 물체를 조사하는 X-선이나 CT 촬영과는 사용 목적이 다르지요.

그러나 진단 목적으로 사용되는 MRI는 정적靜的 영상만 제공하므로 변화하는 생체반응을 알기에는 미흡합니다. 따라서 뇌과학 연구에서는 보다 첨단의 '기능성functional MRI', 즉 fMRI를 사용합니다. fMRI는 뇌에서 소모되는 에너지의 변화를 측정할 수 있습니다. 이 장치를 이용하면 특정 정신활동을 할 때 활성화되는 뇌 부위를 약 1mm의 높은 분해능으로 알 수 있지요. fMRI의 출현 덕에 뇌의 기능 관련 부위는 예전의 약 30곳에서 300곳 이상으로 새롭게 파악되었습니다.

단점이라면, 신경세포의 활동을 간접적으로 분석하는 기술이므로 시간 분해능이 다소 떨어집니다. 또한 수 T(테슬라)의 높은 자장이 필요하므로 영구자석이나 전자석이 아니라 영하 약 270도의 극저온에서 작동되는 초전도 자석을 이용합니다. MRI가 고가인 이유도 비싼 금속 초전도체와 극저온을 유지하기 위해 복잡한 장치가 필요하기 때문입니다. MRI 영상은 초전도 자장의 세기가 클수록 좋아집니다. 그러나 치아 등 인체에 금속 보철補綴이 있는 사람은 높은 자장에서 화상火傷 등의 사고 위험이 있으므로 낮은 자장의 MRI도 필요합니다. 고가의 단점 이외에 MRI는 피검사자가 밀폐된 공간에서 심한 소음을 겪는다는 문제도 있습니다. 이는 정신활동을 조사받는 사람에게 부담이 될 수 있으며 결과에 영향을 미칠 수도 있지요.

PET(양전자 단층 촬영)는 생체 구성 원자들의 움직임을 조사하는 기술입니다. 이 장치는 MRI가 체액(물)의 수소 원자만 추적하는 단점을 보완해 주지요. 검사를 위해서는 탄소, 불소, 질소, 산소 등의 방사성 동위원소가 들어간 약품을 주사합니다. 이들은 동위원소이지만 생체 내에서는 통상의 원소와 똑같이 행동합니다. 몸안에 들어간 원소들은 방사성 붕괴가 되면서 양전자를 방출합니다. 이들을 추적해 각종 생체반응을 알아내지요. 가령, 방사성 약품인 F-18-FDG은 포도당 유사 물질인데, 이 분자가 몸안에 들어가면 암처럼 당糖대사작용이 활발히 일어나는 부위에 모여들어 양전자를 방출합니다. PET는 원래 이런 원리를 이용해 암의 진단 등 핵의학 분야에서 발전했지만, 뇌 기능의 연구에도 활용되고 있습니다. 다만 해상도가 낮아 정확한 위치를 알기 어렵다는 단점이 있지요. 또한, 유해한 방사성원소를 사용하므로 연간 검사횟수가 제한되는 문제점도 있습니다.

이 밖에도 DBS(뇌심부자극술), TMS(경두개자기자극술), NIRS(근적외분광법) 등의 여러 첨단 기기들이 뇌과학의 발전에 기여하고 있습니다. 이처럼 새천년을 전후해 급진전한 뇌과학의 배경에는 첨단 기기의 원리를 제공하는 물리학이 자리잡고 있습니다.

에너지 먹는 1.5kg의 하마 | 뇌의 대략적 얼개

어른의 뇌는 무게가 1.3~1.5kg으로 체중의 약 2%에 불과합니다. 그러나 인체 에너지의 20~25%를 사용하지요. 갓난아기는 무려 65%나 사용합니다. 또, 인간이 가지고 있는 약 2만 개의 유전자 중 80%가 뇌의 기능과 직간접적으로 관련이 있습니다. 사람을 비롯한 동물의 뇌는 이처럼 생명 유지에 가장 중요하므로 수정란의 발생 초기부터 나타납니다. 척추동물의 경우, 배아발생 초기에 장차 중추신경계(뇌와 척수)가 될 기다란 신경관神經管이 등쪽에 모습을 드러냅니다. 신경관은 앞쪽이 굵고 꼬리로 갈수록 가느다란 모양입니다. 얼마 후 앞쪽이 점차 부풀어 올라 뇌포腦胞라고 부르는 뇌의 원시 구조가 되고 꼬리 부분은 척수가 되지요(사람의 경우 배아 발생 4주쯤 생성됩니다).

뇌포는 그 후 3부분으로 볼록해집니다. 이 부분들이 나중에 뇌의 기본구조가 되는데 머리 위부터 순서대로 각기 앞뇌forebrain, 前腦, 중간뇌midbrain, 마름뇌hindbrain라고 부릅니다(〈그림 3-1 a〉 참조). 이중 중간뇌를 제외한 나머지 두 뇌는 발생 단계에만 나타나며 나중에는 알아볼 수 없게 변합니다(마름뇌의 일부는 뒤뇌, 즉 후뇌가 됩니다). 배아 초기 형성되는 뇌포의 3부분을 중심으로 뇌의 구조를 살펴보면 대략 다음과 같습니다(이 책의 뇌 부위 명칭은 대한의학협회 의학용어사전의 한글 표기를 따랐습니다. 다만 이미 많이 통용되는 용어는 예외로 했습니다).

먼저 3개의 초기 뇌 중에서 가장 밑에 있는 마름뇌입니다(한자 용어는 마름모꼴이라는 뜻의 능뇌[菱腦]입니다). 이 부분은 점차 발달해 완성된 뇌에서는 숨뇌(연수[延髓]), 다리뇌(뇌교[腦橋]), 그리고 소뇌[cerebellum]로 변하면서 원래 모습이 사라집니다(《그림 3–1b》 참조). 이들은 뇌에서 가장 아래 부분에 위치하며, 생명 유지에 필수적인 기능을 맡습니다. 이중에서 숨뇌와 다리뇌는 척수와 머리 위쪽을 연결하는 통로입니다. 숨뇌는 이름에서 알 수 있듯이 호흡과 순환을 제어합니다. 뿐만 아니라 심장박동과 혈압, 소화도 맡고 있지요. 또 침 분비, 기침, 재채기 등의 반사 운동도 조절합니다. 바로 위의 다리뇌는 숨뇌와 소뇌, 중간뇌를 다리처럼 연결해 정보를 중계합니다. 호흡도 일부 조절하지요. 한편 소뇌는 잘 알려진 대로 몸의 균형과 근육조절 등 운동을 담당합니다. 뇌 전체

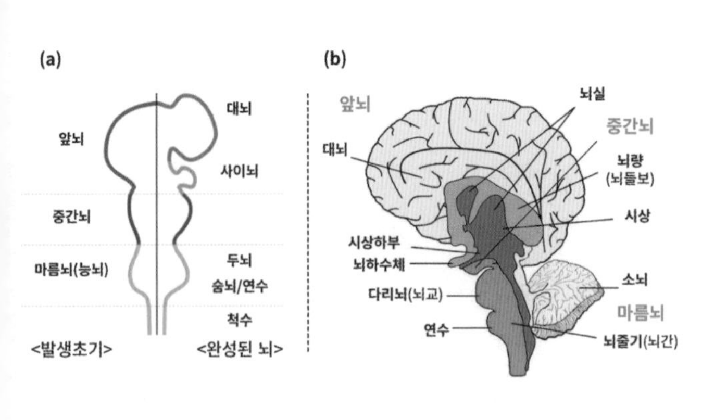

그림 3–1

뇌의 대략적인 구조
(a) 발생 초기의 뇌
(b) 완성된 뇌의 대략적인 단면도

용적의 10%를 차지하면서 각종 감각정보를 처리해 몸을 정밀하게 움직이도록 해 주지요. 또, 중요하지 않은 동작(예: 옷 스침)이나 일상적인 예상 감각을 걸러내는 기능도 합니다. 스스로 간지럼을 탈 수 없는 이유는 소뇌 때문입니다.

한편, 두 번째 뇌인 중간뇌는 발생 중에 크게 발달하거나 분화하지 않으므로 완성된 뇌에서도 원래 모습을 대체로 유지합니다. 하지만 작은 크기에도 불구하고 중요한 신경 구조물들로 가득 차 있지요. 중간뇌의 윗부분은 시각을 주로 담당합니다. 다만 인간을 비롯한 포유류는 시각정보 대부분을 대뇌겉질에서 처리하므로 중간뇌는 안구운동, 동공의 수축, 수정체 초점 맞추기 등 눈의 운동과 관련된 기능만 맡고 있지요(하늘을 나는 조류는 고도의 시력이 요구되므로 중간뇌가 여전히 시각을 처리하는 주된 부위입니다). 중간뇌의 아랫부분은 청각을 주로 맡고 있습니다. 해부학적으로는 중간뇌와 다리뇌, 숨뇌를 한데 묶어 뇌줄기(뇌간腦幹)라고 부릅니다. 생명 유지의 원초적 기능을 맡고 있으므로 뇌줄기는 '생명의 뇌'라는 별칭을 갖고 있습니다. 참고로, 마름뇌와 중간뇌에서 소뇌만이 뇌줄기에서 제외된 것은 소뇌가 고차원적 의식 활동에도 어느 정도 관여하고 위치도 약간 뒤쪽에 있기 때문입니다.

마지막으로, 발생 초기 3개의 뇌포 부위 중 가장 위쪽에 있는 앞뇌는 완성된 뇌에서 대뇌cerebrum와 사이뇌diencephalon(간뇌間腦)로 발전하고 원래의 모습은 사라집니다. 보다 안쪽에 묻힌 부위가 사이뇌입니다. 사이뇌를 구성하는 주요 부위는 시상視床, thalamus과 시상하부視床下部, hypothalamus입니다. 시상은 눈 뒤쪽에 있는 달걀 모양의 부위인데, 이름 그대로 시신경이 모아지는 곳입니다. 시각뿐 아니라 후각을 제외한 거의 모든 감각정보가 이곳에 모아져 대뇌로 중계됩니다. 시상의 유럽어 명칭이 그리스어로 '휴게실'인 것에서 알 수 있듯이 우리 몸에서 일어난 감각과 운동정보가 대뇌로 가기 전에 잠시 모아지는 중계소이지요. 뿐만 아니라 통증 및 온도의 해석, 감정, 기억에도 일부 관여합니다. 즉, 대뇌의 활동 수준을 통제함으로써 깨어 있는 의식 상태를 만드는 데 기여합니다.

한편, 시상의 바로 밑에 붙은 시상하부는 신체의 항상성恒常性을 유지해주는 부위입니다. 체온, 혈당, 면역(백혈구의 수), 수분의 유지 등에 관여하지요. 이런 기능은 식욕, 성욕, 졸림, 갈증 등과도 관련이 있으므로 시상하부는 본능적 욕구를 맡고 있다고 할 수 있습니다. 즉, 자율신경계의 교감신경(긴장, 촉진)와 부교감신경(이완, 억제)을 적절히 조절해 신체가 일정한 상태를 유지되도록 해 줍니다. 이를 위해서는 호르몬 분비가 필요하겠지요. 시상하부가 각종 호르몬을 분비하는 뇌하수체 바로 위에 있는 이유도 이 때문입니다.

사이뇌를 덮으며 머리의 맨 꼭대기 부분을 차지하고 있는 부위가 고차원적인 정신활동을 수행하는 대뇌입니다(〈그림 3-2〉 참조). 사람의 경우 뇌 전체 무게의 약 80%나 차지하지요. 대뇌를 위에서 바라보면 좌우 2개의 반구半球가 대칭을 이루고 있습니다. 두 반구는 속에 파묻힌 뇌들보corpus callosum(뇌량)가 서로 연결해 줍니다. 대뇌를 단면으로 보면 대뇌겉질cerebral cortex(피질)과 둘레계통limbic system(대뇌변연계)의 2대 부위가 드러납니다. 이중 바깥쪽의 대뇌겉질은 고차원적 정신활동을 담당하며, 안쪽의 둘레계통은 겉질의 의식활동과 뇌줄기의 무의식적 작용을 연결해 줍니다. 중간 수준 차원의 정신작용을 하는 곳임을 알 수 있지요.

더 세부적으로 보면 대뇌겉질과 둘레계통 사이에 대뇌속질cerebral medulla(수질髓質과 바닥핵basal ganglia(기저핵)이 있습니다. 호두의 표면과 흡사한 대뇌겉질의 단면은 두 종류의 물질로 이루어져 있습니다(〈그림 3-2 a〉 참조). 그 안쪽 부분인 대뇌속질은 백질white matter이라 불리는 흰색 물질로 채워져 있지요. 이들은 신경섬유들로 대뇌겉질의 여러 영역들을 연결해 줍니다. 한편, 백질 사이에는 회색을 띤 물질, 즉 회백질gray matter이 분포되어 있습니다. 이들은 신경세포 덩어리로 바닥핵이라 부릅니다. 바닥핵은 4종류가 있습니다. 이들은 척수를 통해 출입하는 운동 및 감각정보를 대뇌겉질에 연결해 주며, 무의식적인 움직임과 근육의 긴장 등도 조절하지요(바닥핵이 손상된 질환이 파킨슨병입니다). 한마디로 대뇌겉질영역 사이의 수평적 연결을 대뇌속질이 맡고 있다면, 바닥핵은 겉질과 척수 사이를 수직적으로 이어 주는 기능을 맡고 있다 볼 수 있습니다.

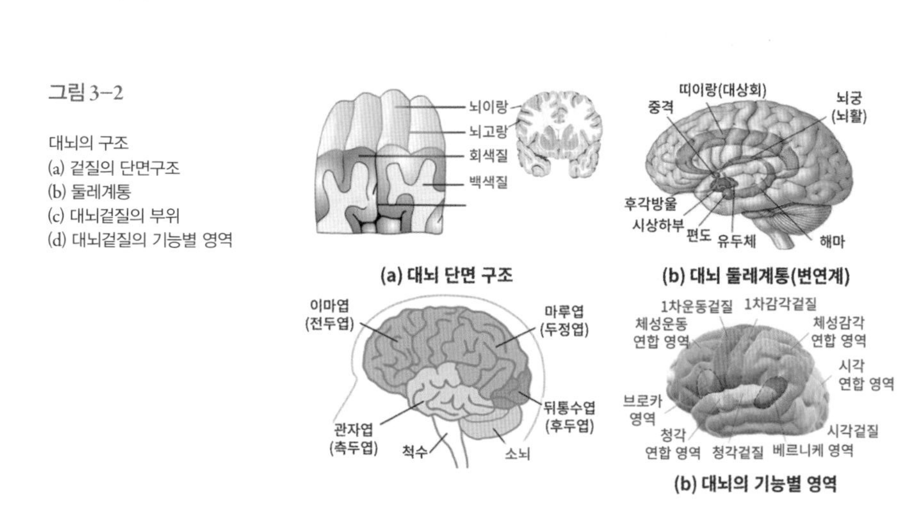

그림 3-2

대뇌의 구조
(a) 겉질의 단면구조
(b) 둘레계통
(c) 대뇌겉질의 부위
(d) 대뇌겉질의 기능별 영역

이상 대략 살펴본 대로 뇌는 척수 부근의 아래쪽에서 위로 올라갈수록 높은 차원의 신경활동을 담당합니다. 예일대학의 신경과학자 맥린Paul D. MacLean은 이를 동물의 진화 순서에 빗대어 3개 층으로 분류했습니다. 이중 맨 아래층에서 호흡, 심장 박동 등 생명 유지의 기본 기능을 담당하는 뇌줄기를 '파충류의 뇌'라고 불렀습니다. 그 위 중간층에서 감정을 다루고 있는 둘레계통은 '옛(원시) 포유류의 뇌'라고 했습니다. 맨 꼭대기 층에서 고차원적인 정신활동을 맡고 있는 대뇌겉질은 '영장류의 뇌'라고 지칭했지요.

실제로, 동물의 뇌는 고등 상태로 진화함에 따라 이러한 계층적 구조가 순차적으로 나타났습니다. 여기서 특기할 점은 분자생물학 개척자의 한 사람인 프랑스의 프랑수와 자코브François Jacob가 지적했듯이 진화는 의도된 설계가 아니라 그때그때 땜질 식으로 이루어졌다는 사실입니다. 뇌도 마찬가지여서 기존 구조에 나중 것이 덧붙여졌습니다. 진화의 이러한 방식 때문에 다른 기관이 그렇듯 뇌도 비효율적인 면이 많습니다. 그 대신 기계와 달리 유연하게 작동하지요.

다만, 예외가 있습니다. 뇌의 맨 아래층에 있는 파충류의 뇌(뇌줄기)는 다릅니다. 원초적 생존 기능과 무의식적 신경활동을 관장하므로 여기에 문제가 발생하면 생명이 위태롭지요. 따라서 이 부위의 기본 기능은 하등동물인 어류나 개구리, 인간이 크게 다르지 않습니다. 반면, 나중에 발전된 맨 위의 대뇌는 식물인간에서 보듯이 다소 손상을 입어도 버틸 수는 있습니다.

하지만 우리의 관심은 인간과 지능 높은 동물들의 고차원적 정신 활동을 관장하는 대뇌일 것입니다. 따라서 이를 구성하는 2대 부위인 둘레계통(변연계)과 대뇌겉질(피질)에 대해 더 자세히 살펴보겠습니다.

먼저, 둘레계통은 프랑스의 신경학자 브로카가 양쪽 귀 바로 위의 두개골 속에 고리 모양으로 늘어선 일련의 부위들에 대해 붙인 이름입니다(〈그림 3-2b〉 참조). 중간적 위치가 말해 주듯이 둘레계통은 대뇌겉질의 의식과 뇌줄기의 무의식 활동을 연결하는 역할을 수행합니다. 대표적인 예가 공포나 노여움, 기쁨처럼 갑자기 강하게 나타나는 감정상태, 즉 정동精動을 일으키는 기능입니다. 정동은 경험적이거나 의식적 사고思考로도 생겨나지만 생리적 혹은 본능에 바탕을 둔 무의식적 요소도 있지요.

둘레계통의 여러 부위 중에서도 특히 편도체는 강렬하고 무의식적인 감정을 처리하는 회로의 중심에 있습니다. 한자나 그리스어로 아몬드를 뜻하는 편도扁桃, amygdala는 실제 크기나 모양도 그와 유사합니다. 당초 편도체는 공포를 느끼게 하는 부위로만 알고 있었습니다. 그러나 1990년대 이후의 연구로 슬픔, 분노, 혐오 등 주로 부정적인 감정 모두를 처리한다는 사실이 밝혀졌지요. 편도체는 위쪽에 있는 대뇌겉질과 자율신경을 조절하는 아래쪽의 시상하부나 뇌줄기에도 정보를 전달합니다.

가령, 감지된 위험을 공포감이나 불안감의 강한 자극으로 처리해 뇌 전체에 비상사태임을 알려줍니다. 또, 겉질에 있는 이마눈확이랑(전두안와회)과 정보를 서로 주고받으며 먹이활동, 싸움, 도피 등의 행동에도 관여합니다. 일반적으로 둘레계통은 이마눈확영역fronto-orbital area과 연계되어 처벌 및 보상과 관련된 감정적, 정서적 정보를 처리하는 기능도 있습니다. 이를 통해 무리 내에서 이기적 행위를 자제하게 하고 이타심을 북돋아 적절한 사회적 행동을 하도록 유도하지요.

한편, 둘레계통의 또 다른 중요 부위는 해마입니다. 이 부위는 편도체나 감각기관에서 만들어진 기억 정보를 장기 보관에 앞서 단기적으로 저장하는 역할을 합니다. 또 안쪽등쪽시상핵이나 편도 등과 연계해 대뇌겉질과 정보를 주고받으며 학습에도 관여합니다. 뿐만 아니라 사이막과 함께 성욕과 관련된 감정도 생기게 합니다.

한마디로 둘레계통은 당장 급한 생존 활동(먹이활동, 도피)과 무리의 종족 보존에 필요한 행동을 유도하는 감정들을 만들고, 또 표출하는 역할을 한다고 볼 수 있습니다. 예컨대, 식욕, 성욕, 슬픔, 공포감, 분노, 쾌감과 불쾌감, 어미와 새끼 사이의 애정, 무리 간의 유대감 등이지요. 뿐만 아니라 둘레계통은 개체로서의 주관감, 시간과 공간의 인식, 기억과 학습, 동기부여도 다룹니다. 또 후각도 다루지요. 그런데 이런 것들은 모두 포유류의 특징입니다. 개는 기뻐하며 주인을 반기는데 거실 어항 속의 물고기는 그렇지 않은 이유는 둘레계통이 없거나 발달하지 않았기 때문입니다. 어류나 양서류, 파충류는 자극에는 본능적으로 반응하지만, 화를 내거나 슬퍼하는 등의 감정은 없습니다. 또, 후각도 포유류에 훨씬 못 미치지요.

또한 이들은 본능적으로 알은 보호하지만 새끼를 양육하는 경우가 거의 없습니다. 파충류 이하 동물에서는 양육 행동을 유도하는 둘레계통의 띠이랑 및 관련 부위(시상핵 등)가 현저히 덜 발달되었습니다. 이 부위는 모성에 의한 양육 행동뿐 아니라 새끼와 어미 사이의 통신,

그리고 놀이활동과도 관계가 있지요. 즉, 포유류가 양서류에서 진화하면서 생긴 여러 행동들은 둘레계통에서 만들어졌다고 볼 수 있습니다. 둘레계통을 '옛 포유류의 뇌'로 규정한 것은 이 때문입니다. 덧붙이자면, 조류도 포유류처럼 새끼를 정성껏 양육합니다. '닭 대가리'라는 선입관과 달리 새들은 지능도 높고 감정도 풍부합니다(닭도 우울증이 있으며 지능이 낮지 않다는 사실은 최근에 밝혀졌습니다). 포유류와 조금 다른 구조이지만, 새들도 둘레계통이 잘 발달되어 있습니다.

한편, 대뇌의 또 다른 2대 부위인 대뇌겉질(피질)은 잘 알려진 대로 높은 정신활동을 주관합니다. 그래서 '영장류의 뇌'로 불리며 뇌의 가장 위층에 있지요. 하지만 이 곳의 세부 구조도 옛 조직 위에 새 것이 땜질 식으로 추가되었으므로 모두 첨단은 아닙니다. 즉, 대뇌겉질은 크게 옛겉질paleocortex(고피질古皮質, 구피질舊皮質과 새겉질neocortex(신피질新皮質로 나뉩니다. 해마도 발생학적으로는 원시겉질에 속합니다. 옛겉질은 감정을 담당하는 둘레계통과 관련된 겉질들입니다. 여기서 유래한 구조들을 통틀어 둘레엽(변연엽)이라 하지요. 한편, 새겉질은 진화적으로는 파충류에서 처음 나타났지만 포유류에서 현저하게 발달한 부위입니다. 특히 영장류의 뇌에서는 가장 큰 부위이지요. 사람의 경우 새겉질이 90%, 옛겉질은 10%에 불과합니다. 새겉질은 6개의 층으로 이루어졌는데, 옛겉질의 층은 이보다 적어서 원시 겉질인 해마의 경우 3개 층만 있습니다.

대뇌겉질의 표면은 앞서 언급했듯이 주요 구성 물질이 신경세포(뉴런)인 회백질입니다. 인간의 경우 860억 개의 신경세포 중 160억 개가 대뇌겉질에 있지요. 겉질의 두께는 1.5~4.5mm입니다. 두께보다 중요한 것은 면적이지요. 높은 수준의 사고를 수행하는 고등동물일수록 대뇌겉질의 면적이 넓어서 쥐는 우표 크기, 원숭이는 엽서, 침팬지는 A4 용지만 합니다. 사람은 신문지 한 면(A4 용지 4장) 크기인 2,200cm^{2}쯤 되며, 무게도 뇌 전체의 40%를 차지하지요. 이처럼 큰 면적을 한정된 부피의 두개골 속에 집어넣기 위해 대뇌겉질의 표면은 호두처럼 심하게 주름 잡혀 있습니다. 주름 중에서 돌출되어 표면에 노출된 부위를 이랑gyrus, 움푹 패여 접혀 들어간 부위를 고랑sulcus이라고 부릅니다(〈그림 3-2 a〉 참조).

사람의 경우, 대뇌겉질 전체 면적의 약 2/3가 고랑입니다. 이들은 안쪽으로 접혀 들어가 있으므로 표면에서는 보이지 않지만 몇몇 뚜렷한 고랑은 대뇌겉질의 영역을 구분하는 경계가 됩니다. 즉, 각각의 좌우 반구는 큰 고랑을 기준으로 이마엽(전두엽前頭葉), 마루엽(두정엽頭頂葉), 관자엽(측두엽側頭葉), 뒤통수엽(후두엽後頭葉)의 4부위로 나뉩니다(〈그림 3-2 c〉 참조). 이들 엽lobe들은 고유의 기능이 특화되어 있는데, 요약하면 다음과 같습니다.

먼저, 머리 앞쪽에 있는 이마엽은 인간의 특징인 높은 정신활동과 관련 있는 부위입니다. 따라서 인간의 이마엽은 다른 영장류보다 훨씬 크며, 전체 대뇌겉질의 40%를 차지합니다. 둘레계통과 밀접히 연결되어 감정과 운동, 자율기능의 조절은 물론, 주어진 상황이 위험한지 여부를 판단해 행동을 결정하는 중요한 역할을 하지요. 또 동기를 부여해 주의를 집중하거나 계획을 세우는 등 목표 지향적이며 창의적인 사고도 주관합니다. 뿐만 아니라 사회성과 도덕성도 관장합니다.

이마엽은 다시 몇 개의 구역으로 세분할 수 있는데, 그중 가장 중요한 부위가 맨 앞쪽의 이마앞엽prefrontal lobe(전전두엽前前頭葉입니다. 대뇌겉질의 29%를 차지하는 이 부위는 이성적 사고, 자기 인식, 의사결정,

추리, 작업기억, 동기, 주의, 행동의 순서 및 계획 등 인간의 각종 고차원적 정신능력을 담당합니다. 또, 시상하부와 둘레계통을 비롯한 뇌의 여러 부위와 연결해 기능들을 통합하고 감정과 운동도 조정하지요. 이마엽의 또 다른 부위인 이마눈확(전두안확)영역fronto-orbital area은 사회적 행동 조절과 정서적 안정을 맡습니다. 그 밖에 뒤가쪽이마겉질dorsolateral frontal cortex은 작업기억 등 최근에 얻은 정보를 처리합니다.

한편, 머리 위 중앙에 있는 마루엽은 대뇌겉질의 약 21%를 차지합니다. 촉각, 통증, 압력감 등을 통해 자신의 몸을 인지하며, 이를 종합해 운동중추가 적절한 자세를 취하도록 명령을 내리지요. 뿐만 아니라 피부, 근골격계, 내장, 맛봉오리(미뢰) 등에서 보내온 감각정보도 처리합니다. 특히, 인간의 마루엽은 지식 형성과 관련 있는 영역입니다. 즉, 들어온 정보를 이전에 기억된 정보와 비교해 사물을 인식하고 이해하는 작업을 합니다. 정보나 문자를 조합해 의미 있는 생각이나 언어로 만드는 작업도 하지요. 따라서 마루엽이 손상되면 인식불능증agnosia 상태에 빠져 학습이 불가능합니다.

대뇌겉질의 세 번째 부위인 관자엽은 눈과 귀 사이의 맥박이 뛰는 곳 부근에 있습니다. 대뇌겉질의 21%를 차지하지요. 위치가 말해 주듯이 관자엽은 소리와 관련된 정보를 주로 처리하는 부위입니다. 즉, 청각영역과 언어중추가 있는 영역입니다. 우표만 한 크기의 청각중추는 온갖 소리 정보를 종합해 처리합니다. 오른쪽 관자엽이 손상되면 음악처럼 비언어적 소리를 해석하는 능력이 상실됩니다. 반면, 왼쪽 관자엽이 고장 나면 언어의 구사와 기억에 문제가 생기지요. 관자엽은 사실적 기억과 얼굴 인식 등의 시각적 기억에도 관여합니다. 가령, 오른쪽 관자엽에 자극을 가하면 기억 속의 과거와 현재가 겹쳐 동시에 두 장소에 있는 듯한 환각을 느끼게 됩니다.

마지막으로, 대뇌겉질의 17%를 차지하는 뒤통수엽이 있습니다. 이번에도 위치가 말해 주듯이, 뒤통수엽의 주기능은 앞쪽의 눈에서 들어오는 시각정보를 처리하는 것입니다. 따라서 이곳에는 시각과 관련된 부위가 30여 개나 있습니다. 사물의 모양, 위치, 운동상태를 분석하는 뒤통수엽이 손상되면 눈이 정상이라도 장님이 됩니다. 뒤에 설명하겠지만 시각은 동물의 뇌에서 가장 중요한 감각입니다.

한편, 대뇌겉질을 4개의 엽이 아닌 기능별로도 분류할 수 있습니다. 감각을 인지하는 감각영역sensory area, 움직임을 만드는 운동영역motor area 그리고 이 두 영역을 연결해 종합하는 연합영역association area의 세 부분이지요. 각각의 엽을 기능성 영역들로 나눌 수도 있습니다(〈그림 3-2d〉 참조). 대뇌겉질의 영역들이 서로 다른 기능을 가진다는 사실은 프랑스의 브로카가 좌뇌 이마엽에서 발견한 언어영역이 최초였습니다. 그 후 1909년 브로드만Korbinian Brodmann이 제시한 52개 영역(대뇌겉질 47곳, 대뇌속질 5곳) 분류법이 지난 세기 동안 사용되었습니다. 새천년 이후에는 더욱 세분화한 83개 영역이 제시되었지요. 2016년에는 미국 국립보건원NIH과 영국 과학자들이 이보다 무려 97개가 추가된 총 180 영역의 대뇌겉질 지도를 발표했습니다.[8]

특별한 통신선이 만드는 연결망 | 뉴런과 시냅스

복잡한 해부구조를 가졌지만 뇌의 구성하는 세포는 크게 보아 두 종류입니다. 즉, 뉴런neuron이라 불리는 신경세포와 이들을 지탱해주고 영양공급 등의 보조 역할을 하는 신경교세포神經膠細胞, neuroglia cell(혹은 신경아교질 세포)입니다. 당연히 뇌의 주인공은 뉴런이지요. 이들의 모습은 신체의 일반 세포와 크게 다릅니다. 전기 신호로 통신하기 위해 끈처럼 길게 늘어선 모양을 하고 있지요. 뉴런이란 명칭도 그리스어의 '끈'에서 유래했습니다.

뉴런은 기능에 따라서 3종류로 대별합니다. 첫 번째는 신체 곳곳에 분포해 촉각, 시각, 청각 등의 각종 자극을 상부의 중추中樞신경계(뇌와 척수)에 전달하는 감각뉴런sensory neuron입니다. 두 번째는 중추신경계에서 결정한 명령을 하달 받아 근육의 움직임을 만들거나 생존에 필요한 호르몬 등의 각종 분비샘을 작동시키는 운동뉴런motor neuron입니다. 운동뉴런과 감각뉴런은 신체 구석구석 퍼져 있으므로 통틀어서 말초신경계라고도 부릅니다. 마지막으로, 중추신경계인 뇌와 척수에 있는 연합뉴런association neuron입니다. 이들은 감각뉴런과 주고받은 정보들을 통합, 분석하는 역할을 합니다. 또, 여기서 결정된 정보들을 운동뉴런에 전달해 필요한 행동이나 생체반응을 하도록 명령합니다. 연합뉴런은 이처럼 감각뉴런과 운동뉴런을 이어주므로 중간뉴런interneurons이라고도 부릅니다.

뉴런의 구조를 밝히는 데는 대왕오징어가 큰 기여를 했습니다.[9] 이 거대 바다동물의 일부 뉴런은 길이가 13m나 되고 굵어서 조직을 연구하는 데 큰 도움이 되었기 때문입니다. 뉴런의 기본 구조는 모든 동물이 (특히 척추동물은) 대동소이大同小異하며, 다른 세포와 달리 독특한 구조를 가지고 있습니다. 〈그림 3-3〉에서 보듯이 신경세포인 뉴런도 세포이므로 세포핵이 있으며, 세포질 안에 세포소기관들이 있습니다. 그런데 일반 세포와 달리 뉴런의 둘레에는 신호를 주고받을 수 있는 기다란 돌기들이 있습니다. 신호를 수신하는 돌기를 가지돌기dendrite(나무 모양이라는 뜻의 수상樹狀돌기)라고 합니다. 가지돌기는 길지는 않지만 1개의 뉴런에 여러 개가 있습니다.

한편, 신호를 내보내는 송신기 역할은 축삭軸索, axon이 맡고 있는데, 가지돌기와 달리 각 뉴런에 한 개만 있고 깁니다. 그 대신 축삭의 말단에는 축삭끝가지axon telodendron(축삭종말)와 축삭곁가지axon collateral(측지側枝라는 수많은 잔가지들이 있어 이웃 뉴런의 가지돌기와 붙어 있습니다. 축삭의 본 줄기는 매우 길어서, 특히 등뼈 쪽 일부 운동뉴런은 사람의 경우 목 뒤에서 엄지발가락까지 1m, 기린은 3.7m, 대왕오징어는 13m나 됩니다.

뉴런의 갯수는 고등동물일수록 많은 편입니다. 가령, 예쁜꼬마선충은 302개에 불과하지만 초파리는 25만, 집쥐 7,100만, 비둘기 3억, 고릴라 334억, 사람은 860억 개가 있습니다.[10] 그렇다고 뉴런의 수가 지능과 비례하지는 않아서 아프리카코끼리는 사람보다 많은 2,570억 개의 뉴런을 가지고 있지요.[11] 물론, 높은 지능을 위해서는 뉴런의 수가 중요하지만, 그보다는 그들 사이의 연결성이 더 중요합니다.

이를 결정 짓는 구조가 시냅스synapse(연접)로 불리는 뉴런 간의 연결부입니다. 통상 한 개의 뉴런에는 수천 개의 (동물의 종이나 부위에 따라서는 수십~수만 개의) 시냅스가 있지요. 예를 들어 302개의 뉴런을 가지고 있는 예쁜꼬마선충도 7,500개의 시냅스를 가지고 있습니다. 사람의

그림 3-3

척추동물의 뉴런과 시냅스 구조

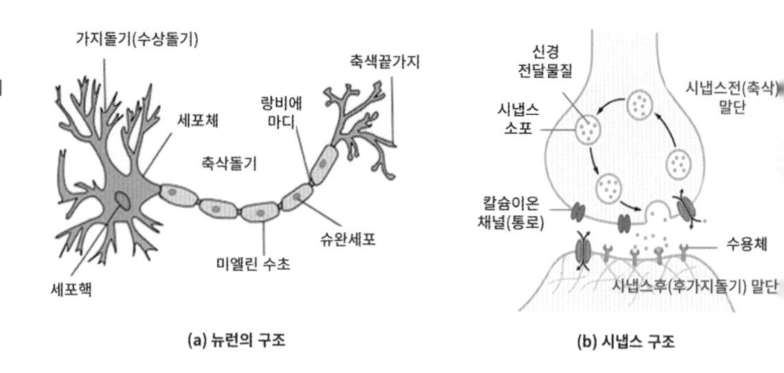

(a) 뉴런의 구조

(b) 시냅스 구조

뇌에는 무려 100조~300조 개의 시냅스가 있다고 추정됩니다(1,000조라는 추산도 있습니다). 시냅스에서는 1초에 수십 회의 정보가 왕복할 수 있습니다. 사람의 뇌 전체로 본다면, 매초 18조~640조 개의 신호가 뉴런들 사이를 오갈 수 있는 셈이지요.

이처럼 뇌의 정보전달의 핵심은 시냅스에 달려 있습니다. 개개의 뉴런이 전달하는 신호는 미미하지만 시냅스의 연결을 통해 방대한 정보를 가질 수 있기 때문이지요. 시냅스에서 전달되는 신호가 (실제로는 더 복잡하지만) 단순히 연결/차단(on/off) 방식만 있다고 가정해도, 860억 개의 뉴런을 가진 인간의 뇌는 무려 2^{860}억 개의 정보를 처리할 수 있습니다. 하지만 개개 뉴런의 연결보다 더욱 중요한 것은 이들의 조합입니다. 뇌의 다양한 기능은 뉴런들이 어떤 조합으로 연결되는가에 달려 있기 때문이지요. 추산에 의하면 시냅스를 매개로 연결될 수 있는 뉴런 조합의 경우의 수는 무려 10^{100000}이나 됩니다.[5] 우주에 존재하는 원자가 10^{80}개이니 얼마나 큰 수인지 짐작조차 안됩니다.

그렇다면 2만 개에 불과한 인간의 유전자로 어떻게 그 무궁무진한 정보의 조합을 만들어 낼 수 있을까요? 놀랍게도 유전자에는 뉴런들의 조합을 지시하는 구체적인 청사진이 거의 없습니다.[12] 아마 있더라도 유전자는 극히 기본적인 배선에만 관여하는 듯합니다. 가령, 태아의 뇌에서는 1분에 약 25만 개의 뉴런들이 폭발적인 속도로 생성되므로 이들이 연결될 수 있는 경우의 수는 어마어마합니다. 일란성 쌍둥이가 유전자는 같지만 성격이나 기호가 서로 다른 이유도 출생 후 조금씩 상이한 자극과 환경을 뇌가 경험하기 때문입니다. 한마디로 어른 뇌의 정교하고 복잡한 배선은 대부분이 성장과정에서 만들어진 결과라고 할 수 있습니다(물론, 뇌의 기본 얼개를 만드는 발생과정에는 유전자가 관여하기 때문에 선천적 요인도 무시할 수는 없습니다).

지금까지 밝혀진 바로는, 어른 뇌의 정교한 배선은 몇 개의 유용한 뉴런의 조합 패턴들이 오랜 진화과정을 통해 반복, 증폭되어 프로그래밍 된 결과로 보입니다. 이는 뇌의 배선에서 단순하지만 여러 번 반복되는 뉴런의 조합 패턴들이 많다는 사실로 유추할 수 있습니다. 이 배선 조합들은 일생 중 언제든지 바뀌고 변할 수 있습니다.

한편, 뉴런의 전기신호 전달에서 중요한 또 다른 부위는 뇌의 통신선이라 할 수 있는 축삭입니다. 실제로 축삭은 에나멜로 코팅된 구리 전선처럼 미엘린myelin(수초 혹은 말이집)이라는 물질이 감싸고 있습니다(〈그림 3-3〉 참조). 미엘린은 아교세포의 막이 겹겹이 쌓인 층인데(말초신경계는 슈반세포, 중추신경계는 희소돌기아교세포), 구성 성분의 70%가 절연체인 지질입니다(축삭을 감싸고 있는 미엘린이 빛에 굴절되어 하얗게 보이는 것이 대뇌겉질 안쪽의 백질입니다). 마치 전선의 폴리머 피복처럼 전기신호가 누전되지 않도록 축삭을 감싸고 있지요. 하지만 가느다란 축삭은 미엘린 피복이 없는 경우가 많습니다. 특히, 출생 직후 아기들은 미엘린의 양이 어른의 30%에 불과하며, 청소년기에 이르러서야 비로소 제대로 축삭들이 감쌉니다.

미엘린은 축삭의 누전을 방지하므로 없는 경우보다 약 1,000배 빠르게 신호를 전달할 수 있습니다. 나이 먹어 배운 외국어가 모국어처럼 되기 힘든 이유나, 어릴 때부터 예체능 기술을 연습해야 대가大家가 될 수 있는 이유도 미엘린의 형성과 관련 있습니다.[13] 스웨덴 연구진이 DTI라는 기기로 조사한 바에 의하면, 피아니스트들은 손가락 운동을 제어하는 대뇌겉질의 아마엽 영역과 바로 밑의 백질 속 미엘린이 두껍게 잘 발달되었다고 합니다. 그런데 늦게 피아노를 배운 사람은 이마엽의 겉질은 발달했으나 미엘린 형성이 미흡했습니다(높은 사고를 담당하는 이마앞엽의 미엘린은 25~30세에 비로소 완성되는데, 청소년이 종합적인 판단력이나 의사결정이 미흡한 이유도 이와 관련 있다고 여겨집니다). 피아노 연주처럼 복잡한 기술을 배울 때는 뇌의 여러 영역으로 신호들이 분주하게 왕복합니다. 그런데 미엘린이 있으면 신호가 뇌의 좌우 반구를 이동하는 데 30ms(밀리 초)밖에 안 걸리지만, 없으면 150~300ms나 걸립니다.

그렇다고 미엘린이 있는 빠른 전달속도가 무조건 좋은 것은 아닙니다. 여러 영역에서 들어오는 정보가 뇌의 한 곳에 동시에 도달하려면 일부 축삭은 전달을 약간 지연시킬 필요가 있기 때문입니다. 이 점이 축삭과 일반 통신선의 큰 차이입니다. 뿐만 아니라 미엘린이 있는 곳도 통상적으로 대략 1mm마다 피복이 벗겨진 랑비에 결절node of Ranvier이라는 부분이 반복되어 있습니다(〈그림 3-3 a〉 참조). 랑비에 결절은 먼 거리 송신으로 약해지는 신호를 증폭해주는 기능이 있음이 근래 밝혀졌습니다. 또, 축삭의 끝부분(축삭끝가지)도 이웃 뉴런의 가지돌기와 스냅스 접촉을 하기 위해 피복이 벗겨져 있습니다.

그렇다면 뉴런의 전기신호는 어디서 비롯될까요? 세포의 안과 밖에는 많은 물질들이 있습니다. 그들 중 일부는 이온ion의 형태로 녹아 있지요. 이온이란 원래 전기적으로 중성인 원자나 분자가 전자를 1~2개 잃거나 얻은 상태입니다. 즉, 중성에서 벗어나 약하게 플러스 혹은 마이너스의 전하를 띤 원자나 분자를 말하지요. 세포 안쪽과 바깥쪽의 체액은 물질 구성도 다르며, 그 농도도 다릅니다. 이온도 마찬가지입니다. 세포막을 경계로 안팎의 이온농도는 다르며, 따라서 플러스 마이너스 전하 값에 차이가 발생합니다. 그 결과 전위(전압) 차이가 막에 작용하는데, 이를 '막 전위'라 부릅니다. 이 전위차를 줄이려고 이온들이 막 사이를 이동하는 과정이 전기신호, 즉 정보의 전달입니다.

이를 조금 더 자세히 알아보지요. 뉴런의 안팎에 있는 많은 이온 중에서 전기신호 전달에 특히 중요한 것은 K^+와 Na^+이온입니다.(다음 박스 글 참조). 세포막 바깥쪽은 Na^+이온이 많으므로 양의 전하를 띱니다. 반면, 뉴런의 내부에는 양전하의 K^+가 많지만 음전하의 유기분자들이 훨씬 다량으로 있기 때문에 음전하를 띱니다. 전체적으로는 세포막 안쪽의 음전하가 우세합니다. 따라서 자극이 없는 평상시에는 건전지의 1/20쯤 되는 −70mV(밀리볼트)의 전위차가 발생해 세포막에 작용하게 됩니다. 이를 휴지休止전위resting potential라고 합니다.

이런 상태가 유지되는 것은 세포막에 박힌 이온채널(통로)과 이온펌프라는 단백질 분자들이 이온들의 이동을 끊임없이 조정하며 균형을 맞추기 때문입니다. 그런데 빛, 소리 등의 외부 자극을 받은 뉴런은 화학물질에 변화가 일어나 전기신호를 발생합니다. 이 같은 전기자극은 Na^{+}이온 채널들을 열게 하여 다량의 나트륨 양이온들이 세포(뉴런) 안으로 들어가게 만듭니다. 그 결과 막 전위는 수천 분의 1초 사이에 마이너스에서 플러스로 역전됩니다. 이를 활동전위action potential라 합니다. 급속히 일어나므로 스파이크전위spike potential라고도 부르지요. 하지만 막 전위는 빠르게 정점에 이른 후에 원래의 휴지전위 상태가 회복됩니다.

활동전위의 지속시간은 뉴런에서는 통상 1~2ms이지만 심장의 근육세포처럼 500ms(0.5초)로 긴 경우도 있습니다. 청각의 어떤 뉴런은 초당 1,200회나 활동전위가 생깁니다. 평균적으로 뉴런들은 매초 수백 회의 스파이크를 일으키며 분주히 일합니다.[14] 하지만 초당 100억 회 이상 연산을 하는 현대의 PC에 비하면 매우 느린 셈이지요.

활동전위는 동물뿐 아니라 먹이활동을 위해 움직이는 끈끈이주걱 등의 일부 식물세포에서도 볼 수 있습니다. 특히, 동물은 전기신호를 몸의 먼 곳에도 보내야 하므로 축삭의 역할이 중요합니다. 그 전달 방식은 경기장에서 하는 파도타기 응원과 흡사하지요. 즉, 플러스의 활동전위가 축삭의 매우 작은 구역에서 생기면 휴지상태에 있는 마이너스 전하의 이웃 뉴런이 순간적으로 자극됩니다. 그 결과 도미노처럼 이웃 뉴런들에게 활동전위를 전파하지요. 전달 속도는 통상 시속 400km이지만, 미엘린이 없는 축삭에서는 누전 때문에 시속 2km에 불과한 경우도 있습니다.[14]

축삭의 전기 전달에서 또 하나 중요한 점은 신호가 섞이지 않고 한 방향으로만 흐른다는 사실입니다. 다음 박스 글의 설명대로, 세포막의 전위는 활동전위 직후 회복되는 과정에서 관성 때문에 순간적으로 휴지전위(-70mV)보다 약간 낮은 값(-90mV)으로 떨어집니다. 이 단계를 불응기refractory period라고 부릅니다. Na이온 통로가 먹통이 되어 아무리 강한 자극이 와도 축삭이 불통되기 때문이지요. 따라서 활동전위가 겹쳐 일어나지 않아 신호도 섞이지 않지요.

이웃 뉴런에서 전달받은 전기신호는 축삭가지의 끝부분인 시냅스마디synaptic knob(연접단추, 종말단추)에 도달합니다. 여기서 뉴런들의 또 다른 특별한 전기신호 전달방식이 모습을 드러냅니다. 시냅스는 두 뉴런 사이의 경계부입니다(〈그림 3-3 b〉 참조). 그런데 이곳은 컴퓨터 회로나 전선의 스위치처럼 직접 연결되어 있지 않고 시냅스틈새synaptic cleft라는 작은 공간으로 분리되어 있습니다. 물론, 물질이 전혀 없는 빈 공간은 아니지요. 두 뉴런이 서로 떨어지지 않도록 도와주는 섬유성 단백질들과 체액은 있습니다. 시냅스를 통해 전기가 전달되는 방식은 형태에 따라 두 가지 방식이 있습니다. 제3의 물질을 매개로 접촉하는 전기적 시냅스와 화학반응을 이용하는 화학적 시냅스입니다.

먼저 전기적 시냅스는 틈새가 3~4nm(나노미터=1/100만 mm)로 매우 좁습니다. 또, 시냅스 막에는 짧은 빨대 모양의 코넥손connexon(틈새이음)이라는 단백질 분자들이 박혀 있습니다. 이를 통해 활동전위 이온들이 이웃 뉴런으로 전달되지요. 전용통로로 이온들이 이동하므로 신호 전달속도는 초속 2m로 매우 빠릅니다. 따라서 전기적 시냅스는 신속한 반응이 필요한 도망, 반사, 위장색으로의 변화, 척추동물의 망막 및 심장 운동 등에 이용되고 있습니다. 또, 양방향으로 이온이 흐를 수도 있습니다. 그러나 전기적 시냅스는 뉴런 간의 연결이 1:1이어서 조합의 유연성이 부족하며, 따라서 특수한 경우에만 국한됩니다.

이와 달리 화학적 시냅스에서는 두 뉴런을 직접 접촉시켜 주는 물질이 없으며, 시냅스의 틈새도 20~50nm로 전기적 시냅스의 10배나 됩니다. 따라서 화학물질인 신경전달물질neurotransmitter의 반응을 통해 전기신호가 간접적으로 전달됩니다. 당연히 신호전달 속도는 전기적 시냅스의 1/10에 불과한 초속 0.2m로 매우 느립니다. 그 대신 신경전달물질과 뉴런의 수용체 분자들이 다양하게 조합한 연결을 만들 수 있지요. 즉, 컴퓨터의 게이트처럼 '전부 아니면 전무'의 실무율悉無律 방식이 아니므로 다양하고 섬세한 신호전달이 가능합니다. 이런 이유로 복잡한 기능을 가진 고등동물 뇌는 화학적 시냅스를 바탕으로 합니다. 그 원리는 대략 다음과 같습니다.

먼저, 활동전위가 축삭의 말단 부위인 시냅스마디에 도달하게 되면 그곳 세포막이 있는 칼슘(Ca^{++})이온 통로가 자극을 받아 열립니다. 그 결과 칼슘이온들이 시냅스마디로 유입되지요. 그런데 뭉툭한 모양의 이곳 마디에는 시냅스소포小胞, synaptic vesicles라는 약 40nm(0.00004mm) 크기의 조그만 주머니들이 들어 있습니다(〈그림 3-3b〉 참조). 유입된 칼슘이온들은 소포를 '시냅스전 막(신호를 보내려는 뉴런의 시냅스 세포막)'에 들러붙게 하면서 구조를 바꿔줍니다. 그 결과 축삭 끝에 붙은 소포가 오메가(Ω) 글자 모양처럼 한쪽이 열려 터지면서 수많은 신경전달물질 분자들이 시냅스틈새로 방출됩니다.

방출된 신경전달물질들은 신호를 받으려는 이웃 뉴런, 즉 '시냅스후 막'으로 이동해 그곳에 박혀 있는 수용체受容體, receptor단백질에 들러붙습니다. 신경전달물질과 수용체는 열쇠와 자물쇠 관계와 같아서 서로 맞으면 특정한 이온 통로가 열립니다. 그 결과 이온들은 자신에게 맞는 이온 통로를 통해 '시냅스후 뉴런' 속으로 들어갑니다. 이 같은 선택적 개폐성 이온 통로Ligand-gated ion channel, LGIC 덕분에 막 안쪽의 이온농도는 다양한 방식으로 조절됩니다. 그 조절 방식의 특징을 요약하면 다음과 같습니다.

첫째, '시냅스전 뉴런'이 전해준 전기신호는 '시냅스후 뉴런'에 있는 수용체에 의해 선택적으로 받아들여집니다. 확률적으로 약 30%의 신경전달물질만이 수용체에 붙어 신호를 살립니다.[15] 둘째, 수용체의 종류에 따라 신호가 흥분 혹은 억제됩니다. 가령, 어떤 수용체가 어떤 이온 통로를 여는지에 따라 막 안쪽이 플러스 전하의 흥분성 전위excitatory post-synaptic potential, EPSP(탈분극) 혹은 마이너스 전하의 억제성 전위Inhibitory post-synaptic potential, IPSP(과분극)가 생성됩니다. 셋째, '시냅스후 뉴런'은 통상적으로 수백~수천 개의 이웃 뉴런 축삭종말에서 동시에 신호를 받습니다. 즉, 한 개의 뉴런이 이웃 뉴런으로부터 수많은 흥분성 및 억제성 전위를 받습니다. 1개의 뉴런 당 평균적으로 약 4,500개의 흥분성 전위와 500개의 억제성 전위 신호를 받지요.[15] 이는 중요합니다. 이웃 뉴런에서 전달받은 1개의 전기신호만으로는 '시냅스후 뉴런'에 활동전위를 일으키기에 부족하기 때문입니다. 최소 5~20개의 신호가 합쳐진 일정한 세기 이상의 값, 즉 역치閾値를 가져야 활동전위를 생성할 수 있습니다. 바꾸어 말해, 뇌는 작은 소음 신호들은 무시합니다.

역치에 이르는 방식은 두 가지가 있습니다. 일정한 시간 동안 흥분성 전위를 모아 역치에 도달하는 시간합temporal summation과 여러 개의 흥분성 전위를 동시에 한 장소에 모으는 공간합spatial summation입니다. 똑같은 원리가 억제성 전위에도 적용되지요. 이처럼 화학적 시냅스에서는 흥분성 혹은 억제성의 작고 많은 신호들이 다양하게 조합됩니다. 그리고 그 결과에 따라 활동전위를 생성하기도 하고 일시적으로 침묵도 합니다.

한편, 신호 조합의 결과로 만들어진 역치 전압 자체도 진동수(주파

수)에 따라 다양한 신호를 생성합니다. 일반적으로 자극이 클수록 빠르고 높은 진동수의 신호를 만듭니다. 한마디로 뇌 속 뉴런의 정교한 신호전달과 기능은 화학적 시냅스의 다양한 조합 덕분이라 할 수 있습니다. 컴퓨터 회로에서는 사실상 이런 기능이 불가능합니다.

뉴런의 전기신호 발생 과정

세포 안팎에 있는 이온들은 지표에 풍부한 원소 중에서 이온이 되려는 경향이 큰 것들이다. 나트륨(Na)과 칼륨(K)은 지각에서 각기 6번째 및 7번째로 많다. 1~4위는 산소, 규소, 알루미늄, 철이지만 이온화 경향이 이들보다 작다. 칼슘은 5위로 풍부하고 이온화 경향도 크지만 반응성이 너무 커서 대부분은 조개껍질이나 석회암으로 존재한다. 세포 주변에는 바닷물 속 소금의 원소인 음이온 Cl^-이온도 많다. 이들은 세포막 양쪽에 공평하게 분포되어 있다. 양이온인 Na^+은 세포막 안쪽보다 바깥쪽에 10배나 더 많다.

또 다른 양이온 K^+은 막 바깥쪽보다 안쪽에 40배 더 많지만 음이온의 유기분자가 많아 전체적으로 세포막 안은 음의 전하를 띤다. 이온들의 이 같은 전하 차이로 인해 세포 안은 −70mV의 약한 마이너스의 휴지전위가 유지된다. 하지만 세포막의 두께가 10나노미터(1/10만 mm)에 불과하다는 점을 고려한다면 매우 강한 전기력이 막에 작용한다고 볼 수 있다.

그런데 세포막에는 이온을 선별적으로 받아들이는 통로(채널)라고 불리는 단백질들이 박혀 있다. 이들은 자극에 의해 열리거나 닫힌다. 그중 가장 기본적인 전위의존성(voltage gated) 통로는 전압의 변화에 의해 개폐된다. 이 밖에도 신경전달물질에 의해 활성화되는 통로, 물리적 원인 때문에 열리는 통로 등이 있다. 이중 K이온 통로는 자극이 없는 휴지기休止期에도 열려 있어 K^+이온들이 농도가 낮은 바깥쪽으로 확산하려 하지만 세포막 안쪽 내벽 부근의 Cl^-음이온들이 정전기력으로 묶어 두고 있다.

한편, 세포 밖에 과다하게 있는 Na^+ 양이온들은 농도가 낮고 음이온도 많은 세포 안쪽으로 이동해야 되는데 Na이온 통로가 닫혀 있어 확산이 거의 일어나지 않는다. 게다가 세포막에는 나트륨-칼륨(Na-K)펌프라는 단백질 분자가 과잉의 K^+와 Na^+들을 쉴 새없이 펌프질해 세포막 안쪽이 음의 값의 휴지전위를 유지하도록 만든다. 이 펌프질에 필요한 에너지는 생체의 연료인 ATP 분자가 공급해 주며, 뉴런이 밀집된 뇌에서는 인체 에너지의 20%나 소모한다.

그런데 감각이나 신경세포에서 빛, 소리, 화학물질 등의 외부 자극을 받아 전기 신호가 만들어지면 약 1ms(1/1,000초)만에 축삭의 일부 통로가 열리면서 Na+가 세포막 안으로 들어간다. 이에 따라 세포막 내부 전압이 -70mV에서 -55mV로 높아진다. 이때 막 전위가 특정한 값, 즉 역치閾値에 이르면 수천 개의 전위의존성 Na^+이온 통로가 열리면서 다량의 Na^+이 세포 안으로 들어간다. 그 결과 세포 안 전위는 +40mV의 양의 값으로 빠르게 역전된다(탈분극). 이것이 활동전위(스파이크전위)이다.

이어 활동전위 값이 정점에 이르면 세포막 안의 과도한 양전하를 줄이기 위해 Na^+ 통로가 닫히며 Na^+이 더 이상 못 들어오도록 한다. 대신 세포 안에 다량 존재했던 양전하인 K^+들이 열린 K^+이온 통로를 통해 세포막 밖으로 방출된다. 따라서 막 전위는 다시 마이너스로 되돌려진다(재분극). 이 과정에서 회복의 관성 때문에 활동전위 후 약 3ms 사이에 -90mV까지 잠시 급락한다(과분극). 하지만 1~2ms 후 곧 안정을 되찾아 -70mV의 휴지전위가 회복된다.

이처럼 유연성을 가진 화학적 시냅스의 전기신호 전달 방식의 중심에 신경전달물질이 있습니다. 최초로 발견된 전달물질은 제1차 세계대전 무렵 독일의 오토 뢰비Otto Loewi가 개구리의 심장에서 찾아낸 아세틸콜린acetylcholine이었습니다. 그 이후 이래 현재까지 100여 종의 신경전달물질이 보고되어 있습니다. 하지만 전달물질로 확고히 분류된 경우는 일부에 지나지 않으며, 상세한 기구는 아직도 많은 규명이 필요합니다. 시냅스에서 정보를 전달하는 물질로 분류되기 위해서는 몇 가지 기준을 충족해야 합니다. 첫째, 뉴런 안에서 합성되고 저장되어야 합니다. 둘째, 자극에 의해 (송신자 뉴런의) '시냅스전 막'에서 방출되어야 하지요. 셋째, '시냅스후 뉴런(수신자 뉴런)'에서 흥분성 혹은 억제성 변화를 가져올 수 있어야 합니다. 넷째, 짧은 시간 작용한 후 불활성화(분해 등)할 수 있어야 합니다.

신경전달물질의 종류는 실로 다양합니다. 심지어 일산화질소(NO)나 일산화탄소(CO) 등의 기체도 있지요. 1998년도 노벨 의학·생리학상은 기체 전달물질을 발견한 과학자가 수상했습니다. 신경전달물질을 분류하면 대략 다음과 같습니다.

첫째, 단백질 구성분자인 아미노산이 신경전달물질이 되는 경우입니다. 글루타민산, GABAγ-aminobutyric acid, 글리신 등이 이에 속하지요. 이중 GABA는 대뇌에 있는 가장 일반적인 신경전달물질의 하나로 뉴런활동을 억제합니다. 즉, 항抗우울작용, 항불안작용, 항경련작용, 혈압강하효과 등을 유도하지요. 이것이 부족하면 우울증, 불안감, 기억력 감퇴 등을 야기합니다. 또 다른 아미노산계 신경전달물질인 글루타

메이트(글루타민산의 염)는 뉴런을 흥분시키는 전달물질입니다. 따라서 적당한 분비는 뉴런의 활동을 강화해 집중력을 높이고, 각성, 학습력 강화에 도움을 주지요.

두 번째 부류는 최초로 발견되었던 신경전달물질인 아세틸콜린입니다. 중추신경계와 말초신경계 모두에 작용하는 분자이지요. 중추신경계에 작용하면 감각 자극에 대한 반응의 강화, 지속적인 주의 집중, 꿈과 관련된 렘REM수면의 유도 및 이에 따른 기억 강화 등 많은 효과를 주지요. 또 다른 중요한 작용은 이완과 억제를 담당하는 자율신경계인 부교감 신경의 자극입니다. 즉, 심장박동의 감소, 신진대사의 강하, 동공의 축소, 그리고 소화와 배뇨를 촉진하지요.

세 번째 부류는 모노아민이라는 질소화합물 계열의 신경전달물질인데, 여러 종류가 있습니다. 대표적으로 잘 알려진 노르에피네프린norepinephrine, 도파민dopamine, 세로토닌serotonin 등이 있지요. 이중 노르에피네프린(혹은 노르아드레날린)은 교감신경계(긴장, 촉진)를 자극하는 신경전달물질입니다. 따라서 대사활동 증가, 집중력 강화, 경계심, 혈압 상승, 동공 확대 등을 야기하지요. 우리가 흔히 활력의 대명사로 말하고 있는 아드레날린adrenaline, 즉 에피네프린epinephrine과 기본적으로 같은 물질입니다(부신에서 만들어지는 차이점이 있습니다). 뇌 속에서 만들어지는 노르에피네프린은 흥분 및 억제 작용을 모두 하지만 행동과 관련해서는 흥분성으로 작용합니다. 특히, 긴박한 상황이나 위험에 처했을 때 경계하고 긴장하게 만들지요. 또한 식욕과 성욕 등의 쾌감도 유발합니다. 한편, 잘 알려진 도파민은 흥분성 신경전달물질로 행복감, 의욕, 흥미, 동기부여, 보상감, 성취감 등에 관여하지요. 그러나 지나치면 환각이나 조현증調絃症(정신분열증), 부족하면 우울증이나 파킨슨병을 유발합니다. 또 다른 중요한 신경전달물질은 행복의 물질로 유명세를 탄 세로토닌입니다. 세로토닌은 대뇌겉질의 조용한 각성과 관련이 있습니다. 조용한 각성이란 마치 운행 준비를 위해 차에 시동을 걸어 둔 상태와 흡사하지요.

이 밖에도 신경전달물질은 아니지만 뉴런의 화학적 시냅스 반응을 직접 행하거나 도와주는 신경펩타이드neuropeptide들도 있습니다. 펩타이드는 단백질보다 작은 아미노산 중합체이므로 통상의 신경전달물질에 비해 분자가 큽니다. 따라서 단백질인 호르몬의 기능을 병행하는 경우가 많습니다. 대표적인 신경펩타이드로는 스트레스와 통증 완화 작용을 하는 오피오이드opioid, 아기 양육과 부부간 사랑의 감정을 솟게 하는 옥시토신oxytocin, 짝짓기와 남성의 공격성과 관련이 있는 바소프레신vasopressin 등이 있지요. 또 펩타이드는 아니지만 뉴런의 신호전달 작용을 도와주는 코르티솔cortisol(스트레스 시 편도체 자극, 해마 억제), 에스트로겐estrogen(성욕에 영향) 등도 있습니다.

앞서 알아보았듯이 신경전달물질은 각자에 맞는 수용체에 붙어야 작용합니다(아세틸콜린의 경우 아세틸콜린수용체). 그런데 하나의 전달물질이라도 이를 받아들이는 수용체 단백질은 여러 개인 경우가 많습니다. 가령, 세로토닌은 알려진 수용체만도 9개가 넘지요. 이처럼 뇌는 다양한 방식으로 신경전달물질의 반응을 조합함으로써 변화무쌍한 신호를 만들고, 그 결과 정교한 작업을 할 수 있습니다.

흔히들 컴퓨터를 뇌에 비유합니다. 그러나 둘은 전기신호로부터 정보를 처리한다는 점에서 같지만 많은 면에서 다릅니다. 최근에는 뇌를 컴퓨터로 재현하려는 야심 찬 시도들이 있습니다. 하지만 뇌는 단순히 정교하고 복잡한 전기·전자 기계가 아닙니다. 생화학반응에 기초한 시스템이지요. 일부에서는 인공지능이 인간의 두뇌를 능가할 것이라고 법석입니다. 그러나 이는 어느 쪽이 우수한지 비교할 문제가 아니라고 생각합니다. 둘은 존재의 목적과 작동 방식이 근본적으로 다르기 때문입니다. 뇌와 컴퓨터의 차이점을 요약해 봅니다.

첫째, 정보처리 방식이 다릅니다. 컴퓨터는 전적으로 디지털에 바탕을 두고 있지만 뇌는 매우 유연한 방식으로 신호를 전달합니다. 컴퓨터 신호의 연결부(게이트)는 2진법 방식으로 신호를 통과시키느냐 또는 차단하냐(on/off 혹은 1과 0) 둘 중의 하나이지 중간은 없지요. 반면, 화학적 시냅스에 의존하는 뇌는 어느 정도 공시성(共時性, synchronicity)이 있어 신호들을 동시에 조합할 수 있으며, 더구나 그 연결은 다소 확률적이고 임의적이기도 합니다. 또, 뉴런에서 발생하는 활동전위는 누전도 되며 역치에 못 미치는 신호는 묵살도 됩니다.

둘째, 정보처리의 주체에 큰 차이가 있습니다. 컴퓨터에는 모든 데이터를 처리하는 CPU(Central Processing Unit), 휴대폰에는 AU라는 중앙처리장치가 있지요. 모든 정보는 그곳에서 해석, 연산, 통합되어 결과가 출력됩니다. 중앙처리장치의 핵심 기능을 한 곳에 집적한 회로가 마이크로프로세서(microprocessor)이지요. 이와 달리 뇌에는 정보를 총괄하는 중앙 사령탑이 없습니다. 각각의 뉴런들 모두가 주인입니다. 끊임없이,

그리고 일시적으로 모아졌다 해체되는 뉴런들의 네트워크 연결만이 있을 뿐입니다.

셋째, 뇌는 컴퓨터처럼 모듈(조립단위나 블록) 방식으로 작동하지 않습니다. 지난 세기의 인지과학자들은 특정한 기능을 담당하는 뇌의 부위를 찾으려고 노력했습니다. 해마는 기억을 담당하며, 브로카 영역은 언어를 맡고 있다는 식이지요. 물론, 특정 기능을 주로 담당하는 뇌 영역이 있기는 합니다. 그러나 서로 배타적이거나 절대적이지 않지요. 가령, 해마는 단기기억뿐 아니라 상상력, 새로운 목표의 설정, 공간적 탐색 등 여러 다른 기능에도 관여합니다. 또, 언어의 구사도 뇌의 많은 영역들이 협동하는 결과임이 밝혀졌습니다. 따라서 뇌는 어떤 부위가 손상을 입어도 컴퓨터처럼 먹통이 되지는 않습니다. 완벽하지는 않지만 다른 경로들이 기능을 대신해 주지요. 그래서 컴퓨터는 고장 부위를 수리하거나 교체하면 되지만 뇌에서는 이것이 불가능합니다. 설사 가능해도 이전과 같은 상태가 절대로 될 수 없지요.

넷째, 컴퓨터는 계열적, 순차적으로 정보를 처리하지만 뇌는 병렬적입니다. 컴퓨터는 알고리즘algorithm, 즉 명령들로 구성된 일련의 순서화된 절차에 따라 문제를 해결합니다. 컴퓨터의 제어장치들은 정보를 내보내기 전에 다음 순서의 장치(혹은 위치)에 송신 유무를 문의합니다. 만약 OK하면 그곳에 송신하지만, 그렇지 않으면 차순위 장치나 주소에 문의하는 방식으로 전송을 제어하지요. 이처럼 컴퓨터는 여러 곳에 단계적으로 문의해 정확한 논리적 위치에서 정보를 끄집어 내는, 이른바 '바이트 주소화 메모리byte-addressable memory' 방식입니다.

반면, 뇌는 상호 유사성이 있는 여러 곳에서 병렬적으로 내용을 검색해 불러내는 '내용 주소화 메모리content-addressable memory' 방식입니다.

가령, '여우'라는 단어가 주어지면 뇌는 관련 동물뿐 아니라 간교한 사람, 깜찍한 여자, 심지어 여우털 목도리 등 온갖 대상과 경험을 무의식적으로 불러내 분석합니다. 물론 네트워크상의 키워드로 내용을 찾는 구글 등의 검색엔진도 이와 비슷하게 작동합니다. 또 컴퓨터도 중앙처리장치CPU칩에 여러 개의 코어core를 연결한 멀티코어 방식을 이용해(통상 2~18개) 각기 다른 계산을 동시에 할 수는 있습니다. 하지만 인간 뇌의 천문학적 병렬 연결과는 비교가 안 됩니다.

가령, AI의 능력을 측정하는 테스트 중에 '인칭대명사 명확화 문제pronoun disambiguation problem'가 있습니다.[16] '시의회 의원들이 시위자들의 집회를 허가하지 않았다. 그들의 폭력을 우려하기 때문이다'라는 문장이 있다고 하지요. AI에게 여기서 말하는 '그들'이 누구냐 물으면 쩔쩔맵니다. 반면 사람은 TV에서 본 과격 시위 장면이나 신문 기사 등 과거의 기억과 무의식에서 끄집어낸 수많은 정보로부터 그들이 누구인지 쉽게 판단합니다. 컴퓨터에 일일이 지난 사실들을 주입시켜도 상식을 가지기가 쉽지 않습니다. 컴퓨터 번역 문장이 문법적으로는 틀리지 않았지만 자주 우스꽝스러운 것은 이 때문입니다.

다섯째, 컴퓨터와 뇌는 주특기가 다릅니다. 직렬적, 순차적 알고리즘에 바탕을 둔 컴퓨터는 논리적 계산의 달인입니다. 속도 또한 매우 빠르지요. 인간은 컴퓨터의 알고리즘 계산 능력을 도저히 따라갈 수 없습니다. 알파고가 바둑에서 인간을 이겼다고 떠들썩했지만, 사실 컴퓨터의 승리는 시간 문제였습니다. 경우의 수가 많지만 바둑은 몇 개의 규칙을 가질 뿐이어서 AI가 훨씬 잘 계산할 수 있기 때문입니다.

반면, 병렬적으로 정보를 처리하는 뇌는 축삭의 활동전위 전달, 신경전달물질의 확산, 수용체와의 화학반응, 흥분성 및 억제성 신호들의 조합 등에 시간을 요합니다. 그 대신 다양하게 뉴런을 연결하므로 외부 세계의 정보를 훨씬 종합적으로 분석할 수 있지요. 게다가 이를 바탕으로 새로운 정보를 만들어 내는 창의성도 있습니다. 컴퓨터는 이를 모방할 수는 있어도 뇌만큼 하기는 불가능합니다. 제 친구 중에 술 한 잔 들어가면 20191225와 같은 긴 숫자의 루트(제곱근) 값을 소수점 아래 몇 자리까지 몇 분 이내에 암산으로 맞힐 터이니 술값 내기를 하자고 조르는 녀석이 있습니다. 그때마다 눈을 감고 바보처럼 값을 계산하는 것보다 그 시간에 친구들과 즐거운 대화를 나누며 무리의 결속을 다지는 편이 뇌의 주특기를 살리는 현명한 행동이라고 설득하곤 하지요. 휴대폰 앱의 계산기로 '루트 201,912,225' 값 구하기는 작업도 아니지요.

여섯째, 정보 보관 방식의 차이입니다. 가령, 정보를 잠시 저장하는 컴퓨터의 RAM Random Access Memory과 뇌의 단기기억은 크게 다릅니다. 컴퓨터의 주기억장치인 ROM Read Only Memory과 달리 RAM은 작업을 위한 임시 기억이어서 쓰고 지울 수 있지만 전원이 끊기면 날아가는 휘발성 메모리입니다. 더구나 RAM은 용량이 정해져 있지요. 따라서 기억용량을 늘리려면 단순히 칩을 추가하면 됩니다.

반면, 뇌의 단기기억은 여러 요인에 의해 수시로 변합니다. 뇌의 기억 용량은 뉴런의 추가가 아니라 기존 시냅스 연결을 강화함으로써 향상됩니다. 더구나 강화된 연결은 원래 것과 조금 다르지요. 옛 기억이 정확하지 않은 것은 이 때문입니다. 또, 뉴런이 기억 작업을 하면 그 모체가 되는 시냅스도 변합니다. 기억을 끄집어내면 뉴런의 연결도 변하지요.

일곱째, 컴퓨터와 달리 뇌에는 하드웨어와 소프트웨어의 구분이 없습니다. 즉, 마음에는 특별한 앱이나 응용프로그램이 없습니다. 뉴런들이 자발적으로 자기조직화되어 형성했다 사라지는 네트워트의 연결이 마음입니다.

여덟째, 뇌는 몸이라는 파트너와 상호 의존적으로 얽혀 있습니다. 즉, 뇌가 몸을 제어하고 작동시킵니다. 또 몸은 외부세계의 자극을 뇌에 알리고 영향을 미치지요. 이와 달리 컴퓨터는 본체의 전원을 끄고 쉴 수도 있습니다. 그러나 뇌는 그럴 수 없지요. 잠자는 시간을 포함해 한 순간도 멈출 수 없는 흐름이기 때문입니다.

아홉째, 신호의 성질이 서로 다릅니다. 뇌의 신호는 전기화학적입니다. 컴퓨터 회로에 흐르는 빠르고 물리적인 전기신호와는 다르지요.

열 번째, 컴퓨터는 뇌의 복잡성과 에너지 효율을 도저히 따라오지 못합니다. 2018년 현재 인텔에서 뇌를 모방해 개발 예정인 인공지능 칩인 로이히Loihi는 겨우 13만 개의 뉴런과 1억 3,000만 개의 시냅스를 목표로 하고 있습니다. 바닷가재의 뇌 수준이지요. 그런데 인간 뇌 속 뉴런의 수는 약 860억 개나 되며, 시냅스는 그보다 수천 배 많은 수백조 개에 이릅니다. 더 중요한 것은 개수가 아니라 신경전달물질과 수용체를 만들어 내는 무궁무진한 연결 조합이지요.

아무튼 다양성 부분을 무시하고 숫자만 보겠습니다. 2015년 미국의 과학자들이 추산한 인간 두뇌의 메모리 용량은 약 1PB(1 petabyte = 약 1,126조 byte)입니다.[17] 규모만 본다면 2017년 기준 세계에서 가장 큰 슈퍼컴퓨터인 중국의 썬웨이Sunway Taihu Light의 용량 1.3PB와 비교됩니다. 이 컴퓨터는 통상적인 PC의 CPU(중앙처리장치) 반도체 칩에 1~18개 들어 있는 코어core를 무려 1,065만 개나 연결시켰으므로 건물 몇 동을 차지하는 대형 구조물입니다. 게다가 시간당 전력 소모량이 선진국 8,000개의 가정에 전기를 공급할 수 있는 15만 MW나 됩니다. 그런데 사람의 뇌는 그릇 하나에 담을 수 있고 무게는 1.5kg에 불과하지요. 용량 대비 효율성 면에서 컴퓨터는 인간 두뇌와 비교가 되지 않습니다.

열한 번째, 뇌는 방대한 정보를 처리하기 위해 데이터를 대폭 압축해 크기를 줄이는 탁월한 기능이 있습니다. 이에 대해서는 뒤의 '뇌의 전략' 절에서 상세히 설명하겠습니다. 위에 언급한 인텔의 AI 로이히도 뇌를 모방해 상세한 계산은 묵살하고 정확성을 대폭 줄이는 (예: 소수점 이하의 값 무시 등) 방식을 채택하고 있습니다. 컴퓨터의 생명인 정확한 계산을 스스로 포기하는 셈이지요. 아무리 그래도 CPU의 코어 수를 늘이는 현재 방식으로는 뇌를 흉내 내는 데 한계가 있습니다.

이상 살펴본 대로 뇌는 여러 면에서 컴퓨터와 다릅니다. 그러나 가장 중요한 차이점을 아직 언급하지 않았습니다. 컴퓨터에는 자아自我, 즉 '나'가 없습니다. 몇 년 전 인공지능 알파고AlphaGo가 한국과 중국의 최고 바둑 프로기사와의 대국에서 12연승을 거두다가 2016년 이세돌 기사에게 유일하게 한 번 패했습니다. 대국 후 기보碁譜화면에 뜬 메시지는 '알파고 기권한다Alphago resigns'였습니다. 그토록 세상을 떠들썩하게 만든 대국이었는데, 아쉬운 소감 한 마디 없이 남 이야기하듯이 3인칭 단수 문장 하나만을 내놓았습니다. 그것도 개발자가 입력해 둔 문장이므로 자신이 아니라는 실토이지요.

뇌는 한마디로 다세포동물들이 신경계를 통합하는 중추中樞기관, 즉 중심기관입니다. 물론, 단세포 박테리아도 다세포생물로 진화하기 전부터 원시적 신경계가 있었지요. 가령, 박테리아는 주변에 동료가 얼마나 있는지를 감지한 후 일정한 수가 넘으면 집단행동을 합니다. 이는 한정된 먹이환경에서 살아남기 위한 전략이었을 것입니다. 여기서 한걸음 더 발전한 형태가 단세포 박테리아들이 초보적인 역할을 분담하며 덩어리로 무리 지어 살아가는 군체群體이지요(2장 참조).

더욱 진화한 다세포생물에서는 단세포 시절 각자 독립적으로 살던 세포들을 하나의 개체로 묶어 통일성을 가지기 위해 서로 간의 통신이 더욱 필요했습니다. 가령, 식물은 원형질사 혹은 '세포사이 다리intercellular bridge'라는 작은 분자를 연결해 통신합니다. 동물의 경우 가장 초보적인 형태의 통신으로는 '틈새이음gap junction'이라는 단백질 분자를 이용하는 방법이 있습니다. 다름이 아닌 앞서 알아본 전기적 시냅스의 코넥손입니다. 그러나 멀리 떨어진 세포들과는 화학물질을 분비해 서로 통신합니다. 혈액을 통해 신체의 먼 곳까지 전달하는 호르몬이나 세포막에서 분비하는 전달물질을 이웃 세포가 특수 단백질로 감지하는 방식이지요. 화학적 시냅스가 바로 이 경우입니다.

이처럼 신경계는 다세포생물이 여러 세포들을 하나의 개체로서 통일성을 가지기 위해 출현했습니다. 따라서 동물뿐 아니라 지구상의 또 다른 중요 다세포생물인 식물에도 신경계가 존재합니다. 잘 알려진 대로 식물의 뿌리는 물이 있는 쪽으로 뻗어 나갑니다. 또, 줄기나 잎이 햇빛을 향하는 굴광성屈光性도 옥신auxin이라는 식물호르몬 때문임을 알고 있지요. 최근 밝혀진 바에 의하면 식물은 예상했던 것보다 훨씬 탁월한 통신능력을 가지고 있습니다.

식물신경학 개척자의 한 사람인 이탈리아 피렌체대학의 만쿠소Stefano Mancuso는 2015년의 저서 『영리한 녹색』에서 이에 대한 수많은 사례를 소개하고 있습니다.[18] 그에 의하면, 식물의 뿌리나 줄기, 잎에 있는 세포들은 서로 통신해 빛이나 물, 양분, 심지어 해충 등의 자극에도 반응하며 스스로 대사작용과 성장을 조절합니다. 특히, 뇌에 의존하는 동물과 달리 식물은 뿌리에 있는 세포들을 잘 이용한다고 합니다. 만쿠소는 이들의 통신 방식을 인터넷 네트워크에 비유했습니다. 즉, 뿌리 끝의 생장점 부근 세포들은 네트워크 방식으로 서로 통신한다고 합니다. 또, 이곳의 세포들은 여러 개의 물리적 변수와 평균 15종의 화학물질을 동시에 감지, 감시할 수 있다고 합니다. 특히 뿌리에는 전이구역transition zone이라는 작은 부분이 있어 산소의 대부분을 소모하며 각종 신호들을 처리함이 밝혀졌습니다. 식물도 세포막 안팎의 이온농도 차이를 이용해 활동전위를 발생시킬 수 있다는 사실은 앞서 뉴런의 신호전달 관련 절에서 소개했습니다. 이를 이용해 감각신호도 전달하지요. 가령, 옥수수 모종에 물 흐르는 소리와 비슷한 주파수의 음파를 흘려주면 뿌리가 그 쪽으로 뻗습니다.

촉각도 있지요. 웨스턴오스트레일리아대학의 연구진은 이파리에 떨어지는 반복된 물방울이나 바람 등의 촉각에 반응하는 2개의 단백질(AtWRKY15, AtWRKY40)을 발견했습니다. 심지어 후각도 있어 곤충 등의 외적이 침입하면 휘발성 분자를 방출해 이웃 식물에 알립니다.[19] 사탕단풍나무는 곤충이 공격하면 유독성 페놀이나 탄닌을 방출하는 적극적인 방법도 취합니다. 움직일 수 없는 식물들도 이처럼 외부 자극들을 기억했다가 대사작용을 조절하는 데 참고합니다.

식물의 기억은 용불용설用不用說로 유명한 프랑스의 생물학자 라마르크Jean-Baptiste Lamarck가 일찍이 확인한 바 있지요. 그는 실험 후원자에게 미모사를 마차에 실어 이동하는 시험을 의뢰했습니다. 건드리면 잎을 닫았던 미모사는 시간이 지나자 마차의 덜컹거림을 기억하고 더 이상 반응하지 않았습니다. 하지만 식물의 이 같은 신경활동은 네트워크 방식으로 작동하는 다세포들의 초보적 통신이지 의식활동이라고 할 수는 없습니다. 활동을 총괄하는 중추기관인 뇌가 없기 때문입니다.

이 점은 원시 다세포동물인 해파리, 히드라, 산호충 등의 자포刺胞동물도 유사합니다. 이들은 신경세포가 온몸에 퍼져 있는 산만散漫신경계를 가집니다. 또, 독침을 가진 촉수가 있는데, 자포란 찌르는 세포란 뜻이지요. 배설기관도 없는 이 원시동물들은 초보적인 움직임으로 물에 떠다니며 생활합니다. 해파리의 경우, 움츠렸다 펴는 단순한 방식으로 이동하지요. 이것이 가능한 것은 삿갓의 가장자리, 촉수, 입 주위에 다른 곳보다 많이 분포된 신경세포들의 밀집부인 신경집망神經集網, plexus nervorum 덕분입니다. 즉, 네트워크로 연결된 이곳의 신경세포들이 외부 자극을 온몸에 전달하고 이에 따라 근육세포가 촉수나 삿갓을 오므렸다 폅니다. 하지만 신경세포가 근육세포와 분화되었을 뿐 중추신경계인 뇌는 없지요.

원시적인 신경중추가 최초로 나타난 동물은 (비록 불완전하지만) 납작한 벌레라는 뜻의 편형扁形동물입니다. 이들의 몸에는 신경세포가 밀집된 신경삭神經索, nerve cord이라는 끈 모양의 구조가 있습니다. 대표적인 편형동물인 1~3cm 크기의 플라나리아planaria의 경우, 몸의 길이 방향으로 사다리 모양의 신경삭이 분포되어 있습니다. 특히 앞쪽에는 한 쌍의 원시적인 더듬이와 빛을 감지하는 안점眼點이 있는데, 이 부분이 부풀어올라 신경핵이라는 부위를 이루고 있지요. 즉, 외부 자극을 몸의 앞쪽이 가장 먼저 감지하는 원시적인 머리 구조를 가지고 있습니다. 플라나리아는 배쪽에 있는 섬모들을 움직여 물속의 돌 위를 기어 다니며 먹이활동을 합니다. 즉, 자포동물보다 능동적으로 움직이지요. 높아진 운동성 때문에 원시적 중추신경계인 신경삭이 나타난 것입니다.

한편, 편형동물에서 더 진화한 환형環形동물(지렁이, 거머리류)에서는 신경삭이 더욱 발전한 신경절神經節, ganglion이라는 또 다른 신경세포 밀집부가 출현했습니다. 신경삭이 끈 모양이라면 신경절은 덩어리들의 연결에 가깝습니다. 이는 환형동물이 머리와 뒷부분을 제외하고는 비슷한 구조가 반복되는 마디, 즉 체절體節로 이루어져 있기 때문입니다. 신경절은 각 체절마다 쌍으로 들어 있습니다. 또, 각 체절은 어느 정도 독립적인 신경조절 기능을 가집니다. 특히 맨 앞쪽(머리 쪽) 체절의 신경절이 가장 발달하여 뇌와 비슷한 역할을 합니다. 하지만 신경절도 뇌라고 부르기에는 아직 미흡합니다.

제대로 틀을 갖춘 중추신경계는 약 5억 4,000만 년 전에 시작된 캄브리아기에 절지동물, 연체동물 그리고 척추동물에서 독립적으로 나타났습니다. 척추동물의 뇌는 나중에 알아보기로 하고 절지동물과 연체동물의 중추신경계를 잠시 살펴보겠습니다.

먼저, 환형동물에서 진화한 절지節肢동물(곤충, 갑각류)의 경우입니다. 이들은 체절을 보다 딱딱하게 만들고 각기 특화된 기능을 가지도록 개조했으며, 신경절도 더욱 발전시켰습니다. 가령, 곤충의 경우 가장 큰 신경절이 있는 맨 앞의 체절이 뇌의 역할을 합니다. 하지만 머리 체절이 신체활동 전체를 지휘하지는 않지요. 그 대신 가슴과 배쪽 체절이나 특정기관에 분포된 10여 개의 신경절들이 제2의 뇌 역할을 합니다. 심지어 어떤 체절은 사회성 등의 독자적인 기능도 분담합니다. 머리 잘린 곤충이 한동안 살아 있는 이유는 이 때문입니다(환형동물인 지렁이도 마찬가지입니다).

한편, 동물계에서 절지동물 다음으로 많은 종이 있는 연체軟體동물(조개류, 달팽이류, 두족류인 오징어와 문어 등)은 편형동물에서 진화할 때 환형동물과 다른 길을 갔지요. 즉, 석회질의 외피를 만드느라 체절을 아예 없앴습니다. 그 대신 머리와 소화기관, 다리, 외피를 발전시켰습니다. 하지만 이들도 절지동물처럼 신경절을 몸의 몇 곳에 분산했습니다. 가령, 오징어, 문어 등 두족류頭足類의 경우 잘 발달된 신경절들이 머리 이외에 다리에도 있어 독자적으로 미각, 촉각 그리고 운동을 조절합니다. 문어나 낙지의 몸통을 잘라내도 다리가 살아 움직이는 이유는 각각의 다리에 작은 뇌라고 할 수 있는 신경절이 많이 있어 독립적인 신경활동을 하기 때문이지요.

특히, 연체동물 중에서도 두족류는 '진화의 섬'이라고 불릴 만큼 독자적으로 고도화된 신경계를 발전시켰습니다. 이들의 머리에 있는 신경절은 매우 잘 발달되어 있어서 뇌라고 보아도 무방합니다. 그중에서도 문어는 무척추동물의 천재라 불러도 손색이 없습니다. 단기 및 장기기억은 물론, 사물 식별, 심지어 학습능력까지도 있습니다.[20] 다리로 병 뚜껑을 비틀어 열어 그 안의 게를 잡아먹으며, 미로 찾기, 흉내 내기는 물론, 포유류의 특징인 놀이까지도 합니다. 포식자가 많아 수명이 수년(짧게는 1~2년)에 불과한데도 이처럼 높은 지능을 가졌다는 사실은 놀랍습니다. 게다가 몇 달간 먹지 않고 알을 돌보다 부화 후 죽을 만큼 자식 사랑도 끔찍하지요(캘리포니아 근해의 심해 문어는 4년 반이나 알을 돌보다 죽은 기록이 있습니다. 지구 동물 중 최장기 알을 품은 기록이지요).

새끼 양육은 포유류나 새처럼 지능이 높은 동물에서만 볼 수 있는 행동입니다. 문어의 신경세포, 즉 뉴런은 개와 비슷한 약 5억 개입니다. 8개의 다리에 모두 3억 개, 시각처리에 1억 2,000만~1억 8,000만 개, 그리고 뇌에 4,500만 개가 있지요. 개가 똑똑하기 때문에 보신탕을 혐오한다면, 문어는 어찌해야 할까요? 저는 해산물을 좋아하는 편인데 문어나 낙지를 먹을 때마다 미안한 마음이 듭니다. 한편, 다른 연체동물과 달리 두족류에는 잘 발달된 눈도 있습니다. 이 점을 잠시 기억해 두시기 바랍니다.

덧붙이자면, 신경절은 절지동물과 연체동물에만 있는 것은 아닙니다. 척추동물의 자율신경계를 구성하는 온몸의 말초신경세포는 이들이 밀집된 신경절에서 통합됩니다. 중추신경계(뇌, 척수)와 별도로 약간의 독립성이 있다는 의미이지요.

아무튼 절지동물과 연체동물은 신경세포의 밀집부인 신경삭과 신경절을 몸의 여러 부위에 분산시킨 일종의 지방 분권적 중추신경계를 발전시켰습니다. 이와 달리, 척추동물은 등쪽의 기다란 신경삭이 머리

쪽에서 크게 발달한 중앙집권적 중추신경계로 진화했습니다. 지구상의 중요 동물인 어류, 양서류, 파충류, 조류 그리고 포유류는 모두 척추동물입니다. 척추는 원래 척삭脊索에서 진화한 조직입니다.

2장에서 설명했듯이, 척삭은 원시 동물의 등쪽 신체 일부가 다른 곳보다 단단하게 변모해 길게 늘어선 조직입니다. 원래는 등뼈가 있는 어류가 출현하기 직전 단계의 동물이 헤엄을 치기 위해 발달시킨 구조였지요. 실제로 척삭동물은 지느러미가 없기 때문에 척삭을 움직이는 탄성력으로 헤엄칩니다. 그런데 이들이 큰 몸집으로 진화하는 과정에서 척삭만으로 부족했기 때문에 보다 단단한 조직인 척추가 출현했습니다. 이 같은 진화의 흔적은 척추동물의 배아 발생과정에 그대로 복기되어 있습니다. 즉, 모든 척추동물은 발생 초기에 척삭이 생기며, 성체의 모습을 갖추면서 이것이 척추로 변합니다. 어류에서 포유류에 이르는 모든 척추동물이 큰 분류상 척삭동물문Chordata에 속하는 것은 이 때문입니다.

그중 가장 원시적 척삭동물은 미더덕과 멍게류인 미삭尾索동물입니다. 꼬리 모양의 척삭을 가진 동물이라는 뜻이지요. 이들은 유생幼生때만 척삭을 가집니다. 성체가 되면 척삭을 스스로 해체해 없애 버리고 울퉁불퉁한 모습의 멍게나 미더덕으로 변태하지요. 멍게의 유생은 작은 올챙이와 흡사합니다. 꼬리 모양으로 몸에 박힌 척삭을 움직여 헤엄치지요. 그런데 중요한 점은 끈 모양의 신경세포 밀집부인 신경삭이 단단한 척삭에 붙어 보호 받고 있다는 사실입니다.

또한, 척삭과 신경삭은 머리 부분이 굵고 꼬리로 갈수록 가늘어집니다. 바로 이 앞부분이 척추동물로 진화하면서 크게 부풀어 뇌가 되고 나머지 뒷부분은 척수로 발전했습니다. 그래서 고등 척추동물일수록 뇌가 척수보다 크게 발달했지요. 뇌수와 척수의 무게비는 어류 100:100, 닭 100:51, 말 100:40, 고릴라 100:6, 사람 100:2입니다.

그러나 척삭동물에서는 둘의 구분이 명확치 않습니다. 따라서 뇌가 출현했다고 볼 수는 없지만 멍게의 유생은 그 전 단계라고 할 수 있는 신경세포들의 밀집부 신경삭이 머리에 몰려 있습니다. 게다가 빛을 감지하는 안점과 후각계 등의 특화된 감각세포들도 몰려 있지요. 그 덕분에 멍게의 유생들은 주변 환경을 감지하면서 먹이를 찾아 이동합니다. 하지만 성체인 멍게나 미더덕이 되면 바위 등에 붙어 플랑크톤을 걸러 먹는 고착생활을 합니다. 유생 때 있었던 감각기관이나 신경삭 등의 고등조직을 스스로 퇴화시킨 후 식물처럼 변하지요. 즉, 유생 때는 신경삭을 가진 움직이는 동물이지만, 성체가 되면 신경세포가 분산된 식물처럼 됩니다. 이는 움직이는 행동이 뇌의 탄생의 기원임을 시사해 줍니다.

성체가 되어서도 척삭이 사라지지 않은, 보다 진화한 척삭동물이 두삭頭索동물입니다. 척삭이 머리 쪽에 보다 뚜렷이 발달되어 있다는 뜻인데, 현존하는 동물로는 창고기가 대표적입니다. 이들은 미삭동물에 비해 등쪽에 있는 신경삭의 머리와 꼬리 부분이 명확히 구분됩니다. 그러나 아직 뇌라고 할 수는 없습니다. 창고기도 제대로 된 물고기가 아니어서 지느러미가 없으며, 바다 밑 모래 속에 숨어 입 속의 섬모를 움직여 빨아들인 물에서 먹이를 걸러 취합니다. 또, 안점은 있지만 눈이 없지요.

척삭의 단계를 거쳐 척추가 출현한 최초의 동물은 동그란 입을 가졌다는 뜻의 원구류圓口類, Cyclostomata입니다. 현존 종으로는 먹장어(곰장어)와 칠성장어가 있습니다(경골어류인 장어와 전혀 다른 종입니다). 이들은 턱이 없으므로 물속의 유기물을 걸러 먹거나 다른 동물의 사체에 흡착해 즙을 빨아먹고 삽니다. 하지만 콧구멍도 있고 입 안에는 원시적 이빨의 기능을 하는 빗 모양의 각질도 있습니다.

그런데 이들에게는 뼈로 된 기둥구조인 척주脊柱가 없습니다. 대신 척삭 안에 신경다발인 척수가 들어 있지요. 이런 이유로 대부분의 학자들은 먹장어나 칠성장어의 척삭이 원시적 척추라고 여겨왔습니다. 하지만 척삭동물처럼 척수와 뇌의 구분이 명확하지 않습니다. 이 때문에 머리 부분의 부풀은 신경계가 척삭동물류의 신경삭인지, 아니면 척추동물의 뇌인지에 대해 논란이 있었습니다.

의문은 2016년 일본 이화학연구소와 효고대학의 연구진이 풀었습니다.[21] 연구진은 먹장어와 칠성장어에서 뇌를 만드는 유전자가 있는지를 조사했지요. 그중에서도 대뇌의 일부가 되는 내측기저핵 융기medial ganglionic eminence와 소뇌가 되는 능순rhombic lip이라는 영역이 원래부터 없는지, 아니면 발생이나 성장 중에 퇴화해 없어지는지를 조사했습니다. 이를 위해 수정 후 1주일 된 칠성장어의 배아와 수정 후 4~5개월 된 곰장어의 배아를 대상으로 뇌를 만드는 유전자의 유무를 조사했습니다. 그 결과 두 영역이 분명히 있음을 확인했습니다.

이제 이쯤에서 중요한 사실을 하나 강조하지 않을 수 없습니다. 원구류는 척추동물 계통에서 최초로 눈이 나타난 동물입니다. 척삭동물(창고기 등)은 빛을 감지하는 안점만 있을 뿐 눈은 없었지요. 그러나 먹장어는 근육에 묻혀 잘 보이지도 않고 빛이나 겨우 구분할 정도의 원시적인 형태이기는 하지만 분명히 눈이 있습니다. 칠성장어의 눈은 조금 더 뚜렷하지요. 이러한 사실로부터, 눈의 진화와 함께 뇌가 출현했음을 알 수 있습니다. 한마디로 뇌와 눈은 운동성이 높아진 동물에서 나타나는 기관입니다. 힘차게 움직이는 곰장어를 보세요. 눈이 없던 그 이전 단계인 해파리 등의 자포동물, 편형동물, 환형동물(지렁이류), 멍게의 유생, 창고기들과는 비교가 안 되는 힘찬 움직임입니다.

그렇다면 동물의 활발한 움직임은 왜 원구류 이후에 커졌을까요? 능동적인 포식활동, 즉 사냥 때문입니다. 2장에서 살펴보았듯이 적극적 사냥은 5억 4,000만 년 전 '캄브리아 폭발'과 함께 시작되었지요. 그 계기는 눈의 출현이었습니다.[22] 눈은 약 100만 년으로 추정되는 짧은 기간 동안에 38개 동물 문 중 6개 문에서만 각기 독자적으로 진화해 출현했지만 오늘날 동물의 95%가 가지고 있습니다. 눈이 출현하자 동물계는 대혼란에 빠졌습니다. 눈을 발전시키지 못한 동물은 멸종을 피할 수 없었지요. 포식자 동물은 굶어 죽어야 했고, 먹이 동물은 잡아 먹혀야 했습니다.

그런데 눈으로 파악한 정보를 이용해 움직임을 만들려면 고도로 중앙집권적인 신경계, 즉 중추신경계가 필요합니다. 이전과는 비교가 안 될 많은 양의 정보가 처리되어야 합니다. 사람만 해도 뇌 활동의 상당 부분이 시각처리와 관련이 있습니다.[23] 앞서 설명한 뇌가 있는 또 다른 동물군인 절지동물(새우, 게, 곤충 등)과 고등 연체동물문(낙지 등)도 눈이 있는 동물이지요.

감각을 총동원한 주변의 위험 감지, 이에 대응하기 위한 예측, 그리고 온몸을 작동시켜야 하는 신속한 움직임은 온몸에 분산된 산만신경계들이 맡기에는 어려운 작업이었습니다. 감각신경세포(감각뉴런)와 운동신경세포(운동뉴런)를 이어주고 통합하는 연합뉴런이 필요했지요. 이들 연합뉴런의 집합소가 중추신경계, 즉 뇌와 척수입니다. 뇌는 이렇게 출현했습니다. 인간이 가지는 고도의 의식意識은 적극적인 사냥에 그 기원을 둔 뇌활동의 부산물입니다. 먹이활동과 능동적 움직임이 없는 식물이 아무리 고도화된 신경계를 가졌다 해도 마음이 없는 이유가 여기에 있습니다.

신속한 예측과 대응 | 뇌의 탁월한 전략

이처럼 뇌는 주변을 파악하고 동작을 만드는 기관입니다. 특히 사냥이나 먹힘 방지 행동을 위한 신경계의 통합이 뇌가 진화한 주요 원인이었지요. 이를 위해서 뇌는 자신의 운동과 상대의 움직임, 그리고 주변 환경에 대해 신속히 분석하고 예측해야 했습니다. 그런데 예측과 동작을 만드는 일은 결코 쉬운 작업이 아닙니다.

예를 들어 보지요. 탁자 위에 있는 두부를 손으로 집어 옮기는 단순한 행동 하나에도 약 100조 개의 근육세포가 조합해야 합니다.[24] 이를 컴퓨터의 알고리즘으로 계산하려면 대략 1GHz(기가 헤르츠)의 고성능 컴퓨터가 필요합니다. 최첨단 성능을 가졌다고 자랑하는 로봇조차도 움직임이 어쩐지 사람과 다르고 부자연스러운 이유는 이 때문입니다. 그런데 사람은 지능이 아무리 낮아도 이런 작업을 쉽게 수행합니다. 복잡한 계산 과정 없이 단숨에 두부가 있는 3차원 좌표의 정확한 위치에 손을 뻗지요. 또 너무 세거나 느슨하게 잡아 깨뜨리는 실수도 하지 않습니다. 이런 작업은 고감도 센서와 높은 정보처리 능력이 있는 로봇이 아니면 수행하기 힘듭니다.

뿐만 아니라 뇌는 순발력도 뛰어납니다. 야구의 수비수들은 타자의 타격과 거의 동시에 공이 낙하할 시점과 위치를 예상하면서 움직입니다. 하등동물의 뇌도 경탄의 대상이지요. 파리채의 일격을 피해 재빠르게 날아가 천장에 앉는 파리를 상상해 보시죠. 파리는 파리채가 강타할 시점과 위치를 수십 분의 1초 이내의 짧은 시간에 정확히 파악해 위험에서 벗어납니다. 곧이어 눈과 날개, 안테나, 평형곤平衡棍, 다리 등 신체기관을 총동원해 균형 잡힌 자세로 천장에 안착합니다. 그냥도 아니고 서커스 묘기를 부리듯 거꾸로 앉지요. 이처럼 신속한 예측과 피신, 그리고 완벽한 균형 동작을 수행하는 파리의 뇌 무게는 겨우 0.0004g입니다.[25] 더구나 뇌의 뉴런의 수는 10만 개에 불과해 인간의 860억 개보다 턱없이 작지요. 로봇 기술이 얼마나 발전할지 모르겠으나, 먼지보다 조금 큰 정보처리장치로 파리의 절묘한 균형 동작을 만들기란 결코 쉽지 않을 것입니다. 그렇다면 뇌는 어떻게 이 경이로운 작업을 수행할까요?

첫째, 뇌는 미리 준비된 프로그램으로 작동합니다. 가령, 뇌는 운동 명령을 개별 근육이 아닌 근육 집단에 내립니다. 즉, 준비된 프로그램에 의해 일단 손을 뻗고, 곧이어 손의 움직임과 관련된 뉴런들이 미세조정해 두부를 집습니다. 갑자기 눈 앞에 날아드는 날벌레를 피하기 위해 뇌는 계산으로 예측해 대응하지 않지요. 날벌레가 눈에 들어오기 직전 미리 준비된 프로그램에 의해 순간적으로 눈을 깜빡입니다. 이런 대응 프로그램은 유전자가 만든 본능적인 것도 있지만 후천적으로도 만들어집니다. 특히, 대뇌가 발달한 고등동물일수록 여러 상황에 대처할 수 있는 다양한 프로그램을 과거의 기억을 바탕으로 창의적으로 조합해 만들어 둡니다. 유아들이 물건을 집을 때 보여 주는 서툰 동작은 이런 뉴런 연결 조합의 프로그램이 덜 완성되었기 때문입니다.

둘째, 뉴런들은 정보를 병렬 처리함으로써 복잡한 상황에 효과적으로 대처합니다. 즉, 복합한 작업을 뉴런의 여러 경로들이 동시에 분담해 수행함으로써 정보처리의 속도와 효율성을 높입니다. 예를 들어 우리는 균형을 유지하는 정교한 동작인 자전거 타기를 하면서 옆 사람과 대화할 수 있습니다. 먼지만 한 크기의 뇌를 가진 파리가 재빠르게 예측해 도망갈 수 있는 이유도 각 체절에 분산된 신경절의 뉴런들이 각자 맡은 작업을 분담 처리해 주기 때문입니다.

셋째, 뇌는 시급하지 않은 정보들을 과감히 묵살하는 방식으로 데이터의 과부하를 피합니다. 즉, 일상적인 감각정보는 무시하고 중요한 대상에만 주의를 집중합니다. 가령, 코와 안경은 항상 눈 앞에 보이지만 우리는 이를 전혀 의식하지 않고 생활하지요. 또, 신발을 신을 때 끈의 압력을 민감히 느끼며 묶지만 걸을 때는 이를 의식하지 않습니다.

넷째, 뇌와 눈은 포식활동을 위해 진화했기 때문에 이와 관련된 물체나 상황, 특히 움직임에 우선적으로 주의를 집중합니다.[26] 예를 들어, 개구리는 벽에 붙어 움직이지 않는 파리는 인지하지 못합니다. 눈과 뇌가 스스로 감각인식을 제한하기 때문입니다. 사람은 그 정도는 아니지만 시선을 아무리 고정해도 실제로는 안구가 끊임없이 움직이며 주위를 탐색합니다. 이를 고정안구운동 fixational eye movement 이라 합니다. 즉, 시선이 고정된 순간에도 안구는 미소운동 microsaccade, 지그재그운동 drift, 작은 진동 tremor 을 쉴 새없이 합니다. 이는 눈과 뇌가 움직이는 물체를 찾으려고 무의식적으로 관심처를 훑기 때문에 일어나는 현상입니다.

캐나다의 데이비드 허블 David Huble 은 원숭이의 미세안구운동이 두뇌의 시각인식과 시각연속성에 중요한 역할을 한다는 사실을 발견해 노벨상을 수상했습니다. 만약 미세안구운동을 줄일 목적으로 움직이지 않는 작은 물체에 시선을 고의로 고정하면 심각한 시각장애가 나타납니다. 이런 현상을 발견자인 19세기의 스위스 철학자의 이름을 따 '트록슬러 효과Troxler fading'라고 하지요. 이를 간단한 실험으로 확인해볼 수 있습니다. 흰 종이의 중앙에 진한 점이나 십자가를, 가장자리에는 흐릿하게 큰 원이나 얼룩들을 그려 넣습니다. 그 다음 그림의 중앙 점을 뚫어지게 바라보면 몇 초 후 가장자리에 있는 원이나 얼룩들이 사라집니다.[27] 이런 예들은 시각의 핵심요소가 운동하는 물체의 파악이라는 점을 명확히 보여줍니다.

다섯째, 뇌는 통상적이지 않은 상황이나 모습에 민감하게 주의를 기울입니다. 먹히지 않고 위험을 미리 알아차리려는 뇌의 본능 때문이지요. 공포영화 제작자들은 사람들이 괴물보다는 비정상적인 상황을 더 무서워한다는 사실을 잘 알고 있습니다. 난폭하게 날뛰는 킹콩보다는 목이 180도로 돌아가는 〈엑소시스트〉의 가녀린 소녀의 모습에 관중들은 더 질겁합니다. 뇌는 비정상적이거나 위험한 상황이 있는지 항시 무의식적으로 탐색합니다. 그래서 의식을 끄고 자는 동안에도 이상한 냄새나 소리에 잠을 깨지요. 또 많은 사람이 웅성대는 파티장에서 자신의 이름이나 섹스라는 단어가 나오면 귀를 쫑긋합니다. 여러 사람이 내뱉는 수많은 단어 중에서 중요한 정보만 귀신 같이 찾는 뇌의 이 탁월한 능력을 '칵테일파티 효과Cocktail party effect'라고 하지요.

또한 뇌는 상대의 얼굴에 특별히 주의를 기울입니다. 적과 동지, 그리고 포식자와 사냥감의 의도는 얼굴에 가장 잘 나타나기 때문이지요. 얼마 전까지도 과학자들은 동물들의 얼굴 인식이 복합한 정보처리 과정을 거친다고 생각했습니다. 그러나 매우 작은 뇌를 가진 동물도 상대를 즉각 알아챕니다. 말벌은 안테나 하나로 다른 동료를 구분합니다. 최근의 연구에 의하면 동물의 뇌는 얼굴을 코, 눈, 입 등의 여러

요소를 분리하지 않고 전체를 하나로 보는 매우 단순한 정보처리 프로그램으로 파악한다고 합니다.[28]

여섯째, 정보의 과부하過負荷를 피하기 위해 뇌는 데이터의 해상도를 대폭 줄였습니다.[24] 가령, 인간의 안구 뒤쪽에 있는 망막에는 1억 3,000만 개의 시신경세포가 있는데, 이중 겨우 100만 개 세포의 정보만이 시각겉질로 전달되어 처리됩니다.[29] 안구에 입력된 시각정보가 1/130로 압축되는 셈이지요. 이러한 축약은 감각정보뿐 아니라 뇌가 만들어 내는 몸 동작의 시간 해상도에도 적용됩니다. 우리는 몸을 연속적으로 움직인다고 생각하지만, 사실 근육 운동은 1초당 8~12회(Hz)의 불연속적인 경련으로 이어져 있습니다. 따라서 이보다 더 세밀한 운동은 불가능합니다. 손가락 운동의 경우 초당 11회가 한계이지요. '송어'로 잘 알려진 슈베르트의 피아노 5중주 3악장 스케르초의 손가락 놀림이 그 한계에 가깝습니다.

근육운동은 여러 개의 불연속적인 장면들로 이어진 영화나 TV 영상과 흡사합니다. 필름을 사용한 예전의 아날로그 영화나 요즘의 디지털 동영상은 대부분 24fms frames per second(주사율), 즉 1초당 24개의 정지화면으로 이어져 있습니다. 이것이 가능한 이유는 뇌가 감각정보를 해석하는 해상도가 그보다 더 높지 않기 때문이지요. 덕분에 컴퓨터 음악이나 그림 파일은 크기를 대폭 줄여도 사람들이 알아차리지 못합니다. 가령, mp3는 소리의 세부 정보를 담은 wav 등의 음원 파일에서 사람의 귀가 감지 못하는 음파 영역이나 신호들을 대폭 제거한 압축 파일입니다. 그러나 우리는 전혀 알아채지 못하고 음악을 즐기지요. 또, tiff 등의 사진 원본 파일에서 세부적인 이미지 정보들을 버리고 압축한 jpg 파일도 마찬가지입니다. 데이터를 크게 줄인 jpg 파일은 자료

전송이 쉽고 웹에도 가볍게 업로드할 수 있지만, 지나치게 압축하거나 화면 크기를 너무 확대하지 않는 한 이를 뇌는 알아채지 못합니다. 뇌는 이처럼 탁월한 정보 압축 능력 덕분에 방대한 데이터를 큰 에너지 소모 없이 빠르게 수행하지요.

이상 알아본 뇌의 작동 방식의 핵심은 주변 상황에 대한 신속한 예측과 대응입니다. 정확성보다는 신속성을 중시하는 전략을 택했다고 볼 수 있지요. 이는 포식자나 사냥감 모두에게 요긴한 생존전략이었습니다. 하지만 공짜는 없지요. 뇌는 그 대가로 부정확한 표상表象을 만드는 것이 불가피해졌습니다. 바꾸어 말해, 뇌는 자주 엉터리 짓으로 허상을 만들어 냅니다. 이어지는 몇 개의 절에서 그 사례들을 살펴보겠습니다.

먼저, 선별적으로 주의를 기울이는 특성 때문에 뇌는 많은 정보를 놓칩니다. 가령, 호텔 체크인 때 고객이 숙박계를 작성하는 동안 안내 직원을 카운터 밑에 숨어 있던 다른 사람으로 슬쩍 교체하는 실험이 있었습니다. 80%의 고객이 이를 알아채지 못하고 바뀐 직원과 수속을 이어갑니다.[30] 한 가지 일에 주의를 기울이느라 변화를 알아채지 못하는 변화맹變化盲, change blindness 때문이지요.

또, 어릴 때부터 만화나 영화에서 눈에 익은 미키마우스의 손가락이 4개라는 사실을 아는 사람은 드뭅니다. 어떤 일에 몰두해 주변을 못 보는 무주의맹inattentional blindness 때문이지요. 그 정도의 엉성함은 애교로 넘어갈 수 있습니다. 스카이다이버의 6%는 비행기에서 뛰어내린 직후 너무나 긴장한 나머지 낙하산 줄 당기기를 깜빡 잊는 (물론 잠시 후 제정신이 돌아오지만) 어처구니없는 실수를 저지른다고 합니다.[31] 변화맹과 무주의맹을 잘 이용하는 사람이 마술가들이지요.

뇌는 심지어 시간과 공간도 왜곡되게 인식합니다. 열병을 앓거나 긴장 상태에 있는 사람은 평소보다 시간을 길게 느낍니다.[31] 추락하는 비행기에서 살아남은 생존자들은 사고 당시 상황을 슬로우 모션 화면처럼 기억합니다. 또, 초행길을 갈 때는 뇌가 새로운 정보를 입력하느라 멀다고 느끼지만 돌아올 때는 시간을 훨씬 짧게 느낍니다. 공간의 왜곡도 만만치 않지요. 사람들은 지평선 근처에 있는 해와 달을 하늘에 떠 있을 때보다 3배쯤 크게 느낍니다. 뇌는 주변의 풍경을 비교해 거리를 추정하는데, 대략 200m 이상을 멀다고 인식합니다. 그런데 머리 위가 아닌 지평선 쪽에 해와 달이 있으면 그 부근의 먼 곳의 풍경과 연관해 인식하므로 크기를 과장되게 봅니다.

한편, 사람들은 거리나 높이도 위험도에 따라 다르게 인식합니다. 런던대학 연구진이 조사한 바에 의하면, 고소공포증이 있는 사람들은 8m 높이를 정상인보다 더 높게 인식했습니다. 통상 사람들이 가장 두려움을 느끼는 높이는 11m입니다. 그래서 유격훈련의 설치물 높이도 이쯤 되지요. 뇌는 이보다 낮으면 다칠 염려가 크지 않다고 인식합니다. 반면, 높은 나무 위의 생활이나 직벽은 인류가 진화 중 자주 접하지 않았던 환경이어서 위험으로 덜 인식하기 때문으로 보입니다. 대뇌겉질이 주관하는 지적 판단도 믿을 것이 못 됩니다.[31] 본질과 관계없는 사소한 요소에 영향을 받지요. 그래서 거래를 할 때는 먼저 제안하는 사람이 통계적으로 유리합니다. 또 판단은 기억에 의존하므로 최근의 일, 자주 일어나거나 익숙한 것에 유리하게 작용합니다. 현직 국회의원이나 지방단체장이 선거에 유리한 이유도 이 때문입니다.

뿐만 아니라 대뇌겉질은 작은 속임수나 조작, 오류에 매우 취약해서 미신이나 터무니없는 신앙에 쉽게 빠져듭니다. 18세기 중반까지 50만 명의 여성들을 마녀로 몰아 살해한 중세의 기독교인이나, 수천 명의 무고한 목숨을 빼앗은 19명의 이슬람 테러리스트들도 자신의 믿음이 잘못되었다고 생각하지 않았을 것입니다. 우리가 확신에 차 옳다고 생각하는 사회적, 정치적 신념도 마찬가지입니다. 사람은 자신이 믿는 바만 보고 들으려는 강한 경향이 있습니다. 정치적 신념이 강한 사람들이 상대의 입장에서 보기 힘든 이유도 이러한 확증편향confirmation bias때문입니다. 냉혹한 공산주의자나 나치 추종자들도 자신들의 생각이 옳고 정의롭다고 진심으로 믿었지요. 인간의 뇌가 만든 허상의 결과입니다.

여기에 더해 고등동물의 경우, 진화의 순서에 따라 어설프게 추가된 뇌의 구조도 허상에 한몫을 더 합니다. 이 장의 앞 부분에서 보았듯이 호흡, 박동 등 동물의 원초적 생존활동은 뇌 속 깊은 곳에 있는 뇌줄기가 맡고 있습니다. 그 바깥쪽은 감정을 주관하는 둘레계통이, 다시 그 위 가장 바깥쪽은 대뇌겉질이 덮고 있지요. 이처럼 뇌는 기존 것을 해체하지 않고 그 위에 새 것을 덧붙이는 땜질 방식으로 진화했기 때문에 뇌는 엉성하게 판단합니다.[31] 가령, 대뇌겉질은 냉철하고 이성적인 판단을 하는 듯 보이지만 원초적 본능과 감정을 맡은 옛 부위의 영향을 피할 수 없습니다.

이를 말해주는 대표적인 예가 '전차역설Trolley problem'입니다. 이 역설의 원래 버전은 분기되는 전차 선로 위의 한쪽에는 5명이, 다른 쪽에는 1명이 묶여 있다고 가정합니다. 만약 전차가 갑자기 통제불능이 되어 그들에게 돌진한다면 선로변경 레버 앞에 서 있는 사람은 어떤 선택을 해야 할까요? 당연히 대부분의 사람은 5명을 살리기 위해 안타깝지만 1명이 있는 선로로 전차가 가도록 레버를 당겨야 한다고 답합니다. 그런데 그 한 명이 가족이나 친한 벗이라면 그런 선택을 할까요? 또, 조금 더 변형된 버전에서는 5명을 향해 돌진하는 전차 선로 위의 다리 난간에 당신이 있는데, 마침 그 옆에 전차를 저지할 수 있을 만큼 뚱뚱한 사람이 있다고 가정합니다. 조사에 의하면, 이 경우 대부분의 사람은 뚱뚱한 사람을 다리 밑으로 밀어 5명을 구하는 선택을 선뜻 하지 못합니다. 아무리 여러 사람을 살릴 수 있다해도 능동적인 살인 행위가 개입되어 있기 때문이지요.

비슷한 역설을 인공지능이 운전하는 자율자동차에도 적용해 볼 수 있습니다. 언덕길을 내려가던 중 갑자기 브레이크가 파열되어 급히 양자택일을 해야 하는 순간을 맞았습니다. 갈라지는 앞길의 한쪽에는 2명의 어린이가, 다른 쪽에는 3명의 불량배들이 있다고 가정하지요. 논리적 판단을 하는 인공지능은 (대뇌겉질의 방식처럼) 희생자 수를 줄이기 위해 어린이 쪽으로 핸들을 꺾는 선택을 망설임없이 할 수 있습니다. 그러나 인간의 뇌는 대뇌의 이성뿐 아니라 감정을 주관하는 둘레계통도 판단에 관여하기 때문에 이 문제가 단순하지 않지요. 기술적 난제는 차치하더라도, 이 문제는 AI와 자율자동차가 가져가야 할 또 다른 숙제입니다.

이처럼 땜질 방식으로 덧붙여진 탓에 뇌가 내리는 결정은 나중에 진화한 바깥 부위일수록 우선순위가 낮습니다. 생존과 직결된 원초적 기능들이 고차원적인 사고활동보다 훨씬 더 중요하기 때문이지요. 대뇌겉질이 아무리 냉철하게 판단해도 감정을 주관하는 둘레계통의 요구가 더 우선적이기 때문에 우리는 뚱뚱한 사람을 다리 밑 선로로 밀치는 선택에 주저합니다. 뇌의 층상 구조에서 가장 나중에 진화한 대뇌겉질은 많은 것을 양보해야 합니다.

이 같은 대뇌겉질의 취약성을 나타내는 대표적인 예가 인간의 형편없는 숫자 개념입니다.[29] 뇌는 원래 수학 계산을 하기 위해 진화한 기계가 아닙니다. 따라서 본능적으로 수數에 무지합니다. 그 쪽이라면 컴퓨터나 인공지능에 묻는 편이 훨씬 낫지요. 신생아는 셋까지의 수를 인지합니다. 문명이 발달하기 전의 인류나 일부 원시부족도 3 이상의 수를 인식하려면 훈련이 필요했습니다. 아마존의 파라하Piraha족은 둘, 문두루쿠Munduruku족은 다섯까지만을 단어로 표현합니다. 그 이상은 그저 많다고 표현하지요. 1,500년 전 인도에서 0이라는 숫자가 발명되기 전에는 주판 등의 특수 기기를 사용하거나 특별히 훈련된 사람이 아니면 큰 수를 계산할 수 없었습니다. 아라비아 숫자 대신 사십삼四十三 더하기 칠십팔七十八을 한자나 한글로 써 놓고 계산하는 것은 쉬운 작업이 아닙니다. 탁자 위에 20여 개의 동전을 놓고 몇 개쯤 되겠냐고 질문하면 대부분의 사람은 그 이상 숫자로 답변합니다.[32] 또, 1에서 10까지의 수를 모두 곱하면(1×2×3×...9×10) 얼마쯤 되느냐고 물으면 5,000 내외의 수라는 답이 가장 많습니다. 실제로는 3,628,800입니다.

돈 액수의 크고 작음에 대해서도 어리석게 인식합니다. 사람들은 몇 천 원 더 싼 물건을 사려고 휘발유 값이 훨씬 더 드는 먼 곳의 매장으로 차를 몰고 갑니다. 몇 천 원 더 비싸다고 갖고 싶은 물건도 안 사는 사람이 차나 집을 살 때는 그보다 수만 배 되는 몇 백, 몇 천만 원의 차이는 대범하게 잊고 통 크게 결정을 합니다.

하지만 엉성하게 덧붙여 통합된 뇌 덕분에 혜택을 보는 저 같은 사람도 있습니다. 술은 주로 대뇌겉질(영장류의 뇌)에만 영향을 주므로 안쪽의 '옛 포유류'의 뇌나 '파충류'의 뇌에는 큰 지장을 주지 않지요. 만약 에틸 알코올이 생명 유지에 필요한 뇌줄기 등 뇌의 안쪽 부위에 큰 해독을 끼쳤다면, 술은 인류 역사에 등장하지 못했을 것입니다. 에틸 알코올은 이성적 사고활동을 주관하는 대뇌겉질의 활동을 주로 약화시키기 때문에(하긴 소뇌에도 약간 영향을 미쳐 비틀거리게 합니다) 술 취한 사람의 뇌에서는 둘레계통이 상대적으로 더 우세해집니다. 그 결과 희로애락의 감정이 풍부해져 웃고 떠들며 큰 소리로 노래도 부릅니다. 또, 별것도 아닌데 울거나 화를 내는 사람도 있지요. 어떤 사람은 짐승이 되어 용감하게 싸웁니다. 이성理性으로 행동을 억제하던 대뇌겉질이 약해지고 '옛 포유류의 뇌(둘레계통과 바닥핵)'가 확실하게 승리해 동물의 왕국으로 돌아가기 때문이지요. 그러나 적당량의 술은 감정을 고양高揚시켜 기분 전환은 물론, 창의적 생각에 도움을 줄 수도 있습니다. 술이 뇌의 윤활제라는 것이 제 지론이만, 모든 사람에게 권장하기에는 죄책감이 듭니다. 신경전달물질의 교란으로 인한 알코올 중독이나 간 기능이 약한 사람에게는 해가 되기 때문입니다.

뇌는 기억력도 시원치 않습니다. 사람들은 생활 중에 얻은 정보나 외운 단어를 평균적으로 1시간 후 50%, 하루가 지난 후 70%, 그리고 일주일 후에는 90% 이상 잊어버립니다. 입력된 정보를 시간이 흘러도 100% 기억하는 컴퓨터에게는 상상도 못할 일이지요. 또, 대부분의 사람들은 생활 시간의 80%를 자신이 갖고 있는 옷의 20%만 입습니다. 나머지 옷들은 까맣게 잊힌 채 장롱 속에 걸려있지요. 한 조사에 의하면 사람이 리모콘이나 열쇠, 볼펜 등의 물건을 찾는 데 허비하는 시간이 하루 평균 16~55분이라고 합니다.[33] 일생 중 1~3년을 물건 찾는 데 쓰는 셈입니다. 한마디로 사람은 정도의 차이일 뿐 모두가 주의력 결핍 행동장애증이 있다고 할 수 있습니다. 뇌의 어설픈 사고체계가 만든 결과이지요. 그러나 중요한 사실은, 뇌의 이러한 착오나 실수가 무능 때문이 아니라는 점입니다. 위험이 득실거리는 주변환경에서 중요치 않은 정보를 걸러내며 의미를 찾는 과정이지요.

그런데 실수나 착오는 그렇다 해도, 뇌는 이에 더해 가짜까지 만들어 냅니다. 크게 두 가지 이유 때문에 허상을 만듭니다. 첫째는 앞서 알아본 바의 압축이나 묵살로 사라진 정보를 채워 넣기 위한 경우입니다. 뇌는 임의로 정보를 꾸며 빠진 틈새를 그럴듯하게 메우지요.

두 번째는 뇌가 여러 영역을 조정하고 통합하는 과정에서 정보의 혼선이 생기거나 혹은 중요한 정보를 강조하기 위해 가짜를 만드는 경우입니다. 뇌 활동의 40%를 차지할 만큼 정신활동에서 중요한 위치를 차지하는 시각의 사례를 보지요. 뇌는 안구 뒤쪽의 망막에 맺힌 물체의 상像으로부터 시각정보를 얻지요. 그런데 앞서 언급했듯이 이곳 시세포들은 받은 전체 빛 정보의 겨우 1/130만을 대뇌겉질로 전달합니다. 그뿐 아니라 망막의 중앙에서 약 15도 내려간 곳에는 폭과 높이가 5~7도쯤 되는 타원형의 맹점盲點이라는 부위가 있습니다. 맹점은 시신경다발이 망막을 뚫고 뇌로 나가는 통로입니다. 이 때문에 스크린 한가운데 큰 구멍이 생겼지요. 이는 눈의 진화가 기존 것을 바탕으로 땜질 식으로 이루어진 결과입니다(문어, 오징어 등의 두족류는 시신경 다발이 망막의 외벽에서 나가므로 맹점이 없어, 설계상으로는 포유류보다 나은 구조를 갖고 있습니다). 맹점 때문에 상이 맺히지 않는 부분은 다른 쪽 눈이 메워줍니다. 이는 한쪽 눈만 뜨고 보는 간단한 실험으로 확인할 수 있습니다.*

한편, 망막에 맺히는 상은 2차원적이므로 뇌는 시차視差, parallax를 이용해 3차원의 입체상을 만듭니다. 시차란 어떤 물체를 볼 때 좌, 우 눈이 만드는 거리와 방향의 차이를 말합니다. 머리를 조금 움직이면 시차가 만들어져 거리를 파악할 수 있게 되지요. 아기들이 걸을 때 달이 따라온다고 하는 이유는 이 기능이 아직 미비한 탓입니다. 아무튼 3차원의 상을 만들 때도 뇌는 빠진 부분을 보충하면서 대략적으로 정보를 채워 넣지요.

또 다른 원인이 우리를 일시적인 장님으로 만듭니다. 시세포는 색을 감지하는 원뿔 모양의 추상체錐狀體와 명암을 담당하는 막대형 간상체杆狀體의 두 종류가 있습니다. 그런데 추상체는 망막 중앙에 있는 직

* 종이에 손톱보다 작은 점 2개를 10~15cm 간격으로 좌우에 그린 다음 눈 앞 20~40cm 거리에 놓는다. 이어, 왼쪽 눈만 뜨고 오른쪽 그림을 주시하면서 종이를 앞뒤로 이동하면 그림이 사라지는 거리가 있다. 그러나 두 눈을 뜨고 보면 뇌가 좌우 양쪽 눈의 정보를 보충해 채우므로 이런 현상이 일어나지 않는다.

경 약 2mm의 황반黃斑에 가장 많이 밀집되어 있습니다. 따라서 눈은 보려는 물체의 초점을 이곳에 맞추려고 매초 약 2회의 안구운동을 합니다. 이를 위해 눈물로 안구를 적시며 하루 10만 번 이상 깜빡이지요. 물론 한번의 깜박임은 1/10초에 불과합니다. 하지만 하루 중 자는 시간을 빼더라도 1시간 반 이상을 보지 못한 채 지내는 셈입니다.[14]

이처럼 뇌는 아예 없었거나 일시적으로 사라지는 정보들을 끊임없이 채워 넣으며 시각을 만듭니다. 뇌는 사물이 '어떤 모양인가?'가 아니라 '어떤 모습이어야 하는가?'로 인식하는 셈입니다. 보는 것이 믿는 것이라는 옛말은 전혀 사실이 아니지요. 오히려 그 반대입니다. 보는 것은 눈이 아니라 뇌라 할 수 있지요. 이를 증명하는 좋은 사례가 꿈입니다. 꿈에서 우리는 눈을 감은 상태에서 온갖 사물들을 보지요.

뇌가 시각을 꾸민다는 사실을 보여 주는 유명한 사례가 맹시인데, 'TN'으로 불렸던 환자가 있었습니다.[34] TN은 몇 차례의 뇌일혈로 대뇌겉질의 V1이라는 영역이 손상된 환자였습니다. V1이란 안구에서 들어온 시각정보를 담당하는 뒤통수엽의 시각겉질 중(V1~V5) 가장 먼저(1차적으로) 시각을 처리하는 영역입니다. 그런데 TN은 눈이나 안구에 아무 문제가 없는데 앞을 보지 못했습니다. 특이하게도 물체를 못 보는데 모서리나 움직임 등은 대략적으로 파악했습니다. 또 혼자서 지팡이 없이 복도를 걸을 수도 있었지요. 시각을 처리하고 인지하는 대뇌겉질영역의 첫 단추가 완전히 손상되었는데 초보적 시력이 살아 있었던 것입니다.

앞서 뇌의 구조에 대한 설명에서 어류나 파충류는 머리 안쪽에 있는 중간뇌가 시각을 맡는다고 했습니다. 나중에 진화한 포유류에서는 중간뇌의 위를 싸고 있는 대뇌겉질이 시각의 대부분을 맡고, 중간뇌는 안구운동 등 눈과 관련한 초보적인 기능 기능만 남았다고도 했습니다. 따라서 대뇌의 시각겉질이 손상된 TN의 경우, 중간뇌가 미약하게나마 기본적 시각을 만들었던 셈입니다. 참고로, 뒤통수엽 양쪽의 여러 고위 시각영역이 손상되면 시력의 상실 없이 시각 인지기능만 장애가 생깁니다. 이를 시각실인증失認症이라 하지요. 영역에 따라 얼굴만 식별 못하는 얼굴실인증prosopagnosia, 물체나 색깔을 인식 못하는 물체실인증이나 색채실인증 등이 있습니다. 결국, 시각이란 여러 뇌 영역들이(약 30여 개) 서로 정보를 통합하며 만든 가공물이라 할 수 있습니다.

착시錯視도 뇌가 실제와 다르게 보기 때문에 나타나는 현상입니다. 여기에는 대략 두 가지 경우가 있습니다. 첫 번째는 기하학적 모양, 원근감, 움직임, 밝기나 빛깔 대비 등에 혼동을 일으키는 물리적 착시입니다. 가령, 오르막과 내리막길이 뒤바뀌어 보이는 도깨비도로, 앞으로 돌아가는 바퀴의 살이 뒤로 회전하는 듯 보이는 현상, 빛의 반사량이 훨씬 적은데도 달 아래 놓인 백지가 대낮의 숯덩이보다 더 희다고 느끼는 착각 등이 그 예입니다. 물리적 착시는 특정 시각정보가 과도하거나(회전하는 바큇살), 애매할 때(달빛 아래 백지와 대낮의 숯), 혹은 똑같이 무엇이 반복될 때 이를 무시하거나 강조하기 위해 발생합니다.

두 번째 경우는 받아들인 감각정보를 해석하는 과정에서 뇌가 일으키는 인지적 착시입니다. 어두운 밤길을 갈 때 풀숲의 나무가 사람처럼 보이거나, 얼룩으로 그린 숨은 그림이 보기에 따라 노파도 되고 소녀로도 보이는 현상 등입니다. 이러한 오류는 생존에 도움이 되었음이 분명합니다. 나뭇가지와 잎 사이 그늘에 나타난 모호한 형상을 맹수로 착각해 도망을 준비하는 편이 잡아 먹히는 편보다 훨씬 유용했기 때문이지요.

신체의 연속감과 통합감도 뇌가 만들어 낸 허상입니다. 우리는 태어나서 죽을 때까지 우리의 몸이 하나의 상태를 유지하며 살아간다고 느낍니다. 그러나 몸은 약 37조 개의 세포로 이루어진 독자적 생명체들의 집합이지요. 이들을 통합해 하나의 개체라는 가짜 느낌을 만들지 못하면 다세포동물은 생존할 수 없습니다. 우리는 이를 평소에 전혀 깨닫지 못하지만 (또, 깨달아도 안 되지만) 특별한 상황이 되면 가짜의 일부 모습이 잠시 드러납니다. 허깨비 팔다리가 느껴지는 환상사지phantom limb도 그 대표적인 예이지요.

환상사지는 사고나 수술로 팔이나 다리가 절단된 60~80%의 사람들이 느끼는 가짜 감각입니다. 당사자들은 절단된 팔다리가 10~20cm의 짧은 길이로 여전히 붙어 있다는 느낌을 가집니다. 게다가 이들 중 상당수는 간헐적인 통증에도 시달리지요. 통증은 세월이 흘러감에 따라 점차 약해지지만 스트레스를 많이 받거나 궂은 날 악화되고, 심각한 우울증을 유발하기도 합니다. 환상사지는 대뇌겉질과 감각을 처리하는 세포(뉴런)들의 소통 불일치 때문에 일어납니다. 평상시에는 뇌가 감각 뉴런과 끊임없이 정보를 주고받으며(피드백) 팔다리의 상태를 감지하고, 이에 맞는 움직임 명령을 내려 보냅니다. 그런데 팔다리가 없어진 사람의 뇌는 예전에 하던 대로 계속 정보를 올려 보내라고 무의식적으로 독촉하며, 그 결과 환상이 일어납니다.

인도 출신의 저명한 신경과학자로 뇌과학의 대중화에 크게 기여한 UC 샌디에이고의 라마찬드란V. S. Ramachandran은 환상사지를 치료하는 간단하지만 기발한 방법을 제시했습니다.[35, 36] 그는 뚜껑이 없어 내려볼 수 있는 상자에 양손이 들어갈 구멍 2개를 앞면에 만들고 중간에 칸막이로 거울을 놓았습니다. 그 다음 오른손이 없는 환자에게 온전한 왼손을 상자 구멍에 넣고 손가락을 꼼지락거리게 했습니다. 동작을 계속하자 이를 내려보던 환자는 거울에 비친 왼손이 자신의 절단된 오른쪽 손인 듯한 착각을 일으켰습니다. 이 훈련을 며칠 반복한 환자는 10년 동안 시달리던 환상사지 통증에서 깨끗이 완쾌되었습니다. 뇌 스스로 잘려진 팔이 움직이는 것이 가짜라는 사실을 깨닫게 만든 결과였지요.

환상사지는 뇌가 몸의 영속성을 유지하기 위해 만드는 허상이 잠깐 모습을 드러낸 사례이지만, 사실 통증 그 자체도 허깨비입니다. 한마디로 다치거나 이상이 있는 부위를 계속 사용하면 위험하니 이를 피하고 조심하라는 뇌의 경고가 통증이지요. 만성 통증도 추가적인 부상이나 피해를 막기 위한 일종의 알림 신호라 볼 수 있지요. 그런데 사람들은 통증을 없애는 것이 치료의 전부라고 믿는 경향이 있지요. 진짜 명의名醫는 당장의 증세 호전보다 원인을 치료하고 경감하기 위해 고심하는 분들입니다.

사실, 통증은 경고의 목적도 있지만 그 자체가 치유에 유익한 역할도 합니다. 가령, 감기의 고열은 열에 약한 바이러스를 물리치는 훌륭한 치유 반응입니다. 따라서 해열제는 바이러스에게 구세주이지요. 일본내과협회는 감기로 머리에 고열이 날 경우 위험한 유아나 세균 감염, 합병증 등의 우려가 없다면 몸을 따뜻하게 하고 안정을 취하면서 아픔과 맞서 버티는 것이 가장 좋은 치료법이라고 권고하고 있습니다.[37] 상처 부위의 피부가 붓는 것도 자가 치유과정입니다. 혈관 확장으로 피의 흐름이 좋아져 백혈구를 상처 부위에 원활히 공급해 우리 몸이 외적과 싸우는 데 도움을 주기 때문입니다. 이를 약으로 가라앉히면 이적利敵행위를 하는 셈이지요. 통상적인 믿음과 달리, 감기나 상처의 회복기간은 자연치유의 경우가 약 복용 때보다 약간 짧다고 합니다(그렇지만 인터넷 카페 등지에서 확산된 '안아키(약 안 쓰고 아이를 키우기)' 운동처럼 필요한 예방조치나 치료를 거부하는 것도 어리석은 일입니다).[37]

아무튼 통증 그 자체는 병이 아니지요. 이는 가장 어려운 질환인 암에서도 알 수 있습니다. 잘 알려진 대로 암 자체는 통증이 없다고 합니다. 그래서 말기에 이르기까지 모르는 수가 많지요. 암으로 인한 통증의 대부분은 병이 많이 진행이 되어 혈관 압박 등의 이상을 일으켜 생기는 부차적 현상입니다.

그렇다면 통증은 뇌의 어디서 생길까요? 여러 영역이 관여하겠지만, 특히 뇌섬엽과 앞띠다발겉질anterior cingulate cortex(전대상피질)이 핵심부위로 여겨집니다. 뇌섬엽은 이마엽, 관자엽 및 마루엽에 덮여 겉에서는 안 보이지만, 대뇌 중앙의 큰 고랑을 따라 접혀 들어간 역삼각형의 대뇌겉질 부위입니다. 이 부위는 외부세계를 인식하고 경험하는 역할을 합니다. 외부 자극이 위험인지 안전한 상황인지, 뜨거운지 차가운지 등을 인식하지요. 또 신뢰, 죄책감, 수치심, 공정함 등의 사회적 행동도 인식합니다. 한마디로 인지적 사고를 맡고 있습니다.

한편, 통증 관련 또 다른 부위인 앞띠다발겉질은 감정을 담당하는 뇌 안쪽의 둘레계통과 바깥쪽의 대뇌겉질을 연결하는 경계에 있습니다. 따라서 감정의 표출을 맡고 있지요. 이를 종합하면 다음과 같습니다. 먼저 감각기관에서 올라온 정보를 뇌섬엽이 위험 여부를 판단해 통증이라는 인식을 만듭니다. 이 정보는 앞띠다발겉질로 내려 보내져 감정적 반응(아픔)으로 나타납니다. 즉, 통증이란 몸의 이상 부위에서 올라온 감각신호들을 감정과 인지를 다루는 뇌의 영역들이 통합하는 과정에서 임의로 만드는 가공물인 셈입니다. 급박하지 않은 만성 통증도 기존에 아팠던 경험을 바탕으로 만들어 내는 신경계의 과민 반응으로 볼 수 있습니다.

따라서 감정이나 인지가 영향을 받으면 통증의 경험도 달라질 수밖에 없지요. 대표적인 예가 '속임 약 효과', 즉 '플라시보 효과placebo effect'입니다. 플라시보란 라틴어로 '나는 기쁘게 된다I shall please'라는 뜻입니다. 쾌유에 대한 기대감만으로 통증이 나아지는 현상이지요. 위약僞藥(가짜 약)은 통상 아무 효력이 없는 소금, 설탕 등으로 만든 것인데 통증 환자들에게 진짜 약이라 믿게 하고 복용시키면 크게는 90%까지 통증 감소 효과를 보게 됩니다. 플라시보 효과는 통증뿐 아니라 우울증, 관절염, 소화기 질환에서도 높은 비율로 확인되었습니다. 이처럼 강력한 효과 때문에 제약회사들은 개발한 신약의 성능을 증명하기 위해 임상실험 시에 진짜 및 속임 약 복용집단을 나누어 비교하는 방법을 사용해 왔습니다.

그러나 피실험자가 가짜 약일지 모른다고 의심하거나 부작용의 가능성을 염려하는 경우, 증세가 악화되는 노시보nocebo 효과의 폐단이 있지요. 더구나 의료인이 환자를 속이는 행위는 비윤리적이므로 현재는 약을 복용하지 않은 표준집단과의 비교를 많이 하고 있습니다. 2015년 10월 『네이처』는 진통제의 신약의 효과를 입증하려는 제약회사들의 입지가 어려워지고 있다는 기사를 실었습니다.[38] 기사에 의하면, 미국의 경우 1993년에는 진통제가 속임 약보다 27%의 개선효과가 있었지만 차이가 점차 줄어 2013년에는 9%에 불과했습니다. 원인의 하나로 피실험자들이 눈치를 채는 경향이 증가한 점을 들었습니다. 기사는 같은 이유로 우울증 신약도 90% 이상이 임상실험의 최종 단계를 통과하지 못하고 있다고 지적했습니다.

한편, 플라시보 효과는 동양의 침술도 논란의 중심에 세웠습니다. 음양오행설과 기氣 사상에 바탕을 둔 침술에서는 신체가 경락經絡이라는 연결망을 통해 에너지(기)를 조화롭게 순환시키고 있다고 주장합니다. 질병은 기가 제대로 흐르지 못해 생기는 현상이므로 막힌 지점, 즉 경혈經穴을 침으로 따 주어야 한다는 설명이지요. 그러나 기나 경락, 경혈의 존재는 과학적으로 전혀 근거가 입증되지 않았습니다. 앞으로도 그럴 일은 없을 것입니다. 그 대신 적지 않은 과학자들이 침술치유가 강력한 플라시보 효과 때문에 일어난다고 보고 있습니다.

그런데 2012년 뉴욕암센터MSKCC의 연구진은 약 18,000명을 대상으로 행한 29건의 과거 임상실험 자료를 분석해 침술에는 플라시보 효과만으로 설명할 수 없는 추가적 요인이 있다고 발표했습니다. 하지만 즉각 반격이 이어졌지요. 플라시보 효과의 검증은 피실험자와 검사자 모두가 모르는 이중맹二重盲이 전제되어야 합니다. 그런데 침술의 경우 시술자(침술인)는 진위 여부를 알기 때문에 비교 실험의 신뢰도가 크게 떨어진다는 반박이었지요. 실제로 플라시보 효과는 너무나 민감하고 강력해서, 실험 시 환자는 물론, 의사, 간호사도 몰라야 합니다.

논란이 계속되는 가운데 2016년에 흥미로운 실험결과가 발표되었습니다.[39] 침을 맞은 쥐에게서 통증을 완화시키는 아데노신이라는 물질이 세포 사이 체액으로 평소보다 24배나 많이 흘러나왔습니다. 그 결과 통증이 60~70%나 완화되었지요. 그런데 꼬집거나 피부를 압박해도 침을 맞을 때와 같은 효과를 얻었습니다. 또, 경혈이나 지압점에서 주장하는 바처럼 특별히 더 잘 반응하는 부위도 없었습니다.

이런 배경에서 플라시보 효과를 의학이 아닌 뇌과학의 대상으로 삼는 연구가 지난 10여 년 이래 진행되고 있습니다. 그 첫 실마리 중의 하나는 2007년 발표된 미시간대학 연구진의 결과입니다.[40] 이들은 속임 약 복용자들에게서 통증 완화에 도움을 주는 엔도르핀이나 도파민 같은 호르몬이나 신경전달물질의 분비가 뚜렷이 증가함을 관찰했습니다. 이어 PET와 fMRI로 조사한 결과, 플라시보 효과가 나타나면 중간뇌 구역에 있는 측좌핵nucleus accumbens이라는 부위에 도파민이 증가하면서 활성화된다는 사실도 알아냈습니다. 그런데 똑같은 현상을 높은 승률을 눈 앞에 둔 도박꾼들의 뇌에서도 관찰했습니다. 두 경우 모두 기대감에 대한 보상심리가 높아져 신체에 변화가 수반되는 점이 뇌 수준에서 같음을 밝힌 것입니다.

2016년에는 미국 노스웨스턴대학 연구진이 만성 질환자의 플라시보 효과에 대한 최초의 뇌과학적 증거를 발표했습니다.[41] 연구진은 설탕으로 만든 가짜 약을 퇴행성 무릎관절염으로 만성 통증을 겪고 있는 환자들에게 투여하고 fMRI로 조사했습니다. 그 결과, 플라시보 효과를 나타내는 환자들은 눈 위쪽 이마엽의 일부인 가운데이마이랑midfrontal gyrus(중전두회) 부위가 뚜렷이 활성화되었습니다. 진짜 약을 복용한 이들에게는 이런 현상이 없었지요. 가운데이마이랑은 감정과 결정이 최종적으로 다듬어지는 곳입니다.

한 가지 분명한 사실은, 침술이건 플라시보 효과이건 일단 의료행위가 전제되어야 한다는 점입니다. 그래야 환자가 낫는다는 믿음을 가져 개선효과를 얻을 수 있지요. 그만큼 뇌는 쉽게 속으며 (이 경우 유익한) 허깨비들을 만들어 냅니다. 자신감을 가지고 장수를 기대하는 사람이 오래 산다는 속설은 어느 정도 근거가 있는 셈입니다.

위험이 아니라는 알림 | 웃음의 기원

앞서 통증이 만들어지는 주요 부위가 뇌섬엽과 앞띠다발겉질(전대상피질)이라고 했습니다. 만약 이곳이 손상되면 어떤 일이 일어날까요? 당연히 통각마비alganesthesia 상태가 될 것입니다. 이에 대해 UC 샌디에이고의 라마찬드란은 흥미로운 연구를 했습니다.[35,36] 그는 두 부위를 연결하는 신경선이 끊어진 환자의 통감痛感을 확인하기 위해 몸을 바늘로 찔러 보았습니다. 환자는 찌른다는 느낌은 받았지만 통증은 전혀 못 느꼈습니다. 뇌섬엽이 정상이므로 찌르는 자극을 위험으로 인지했지만, 아픔을 감정으로 처리하는 앞띠다발겉질로 정보가 전달되지 않아 통증을 못 느꼈던 것입니다. 일반적으로 이 부위가 절제된 환자들은 자극은 알지만 통증을 훨씬 덜 느꼈습니다. 그런데 일부 환자는 아픈 자극을 주면 통증 대신 웃음을 터뜨렸습니다.

사실 비슷한 사례가 전에도 보고된 적이 있었지요. 25세의 영국 배관공은 어머니의 장례 때 하관下棺이 시작되자 갑자기 울음 대신 웃음을 터뜨렸습니다. 도저히 웃음을 참을 수 없어 인근 숲으로 뛰어들어갔다고 합니다. 장례 후 병원에서 조사받은 결과 뇌출혈이 있었는데 며칠 후 사망했습니다. 이 사례 외에도 일부 간질 환자가 수술 중 전기자극에 웃음을 터뜨린 경우도 있었습니다. 라마찬드란은 이에 대해 뇌섬엽은 위험 경고를 만들어 보내는데, 이를 받아 감정으로 처리하는 앞띠다발겉질과 둘레계가 고장이 나 엉뚱한 상황으로 해석했다고 보았습니다.

여기서 그는 통증의 원인인 위험 상황이 웃음과 밀접한 관계가 있다고 보았습니다. 예를 들어, 까불대던 친구가 바나나를 밟아 엉덩방

아를 찧으면 웃음이 나옵니다. 그런데 그가 피투성이가 되어 일어난다면 우리의 뇌는 긴장하며 완전히 다른 상태에 들어갑니다. 간지럼 태우기도 유사한 심리를 이용합니다. 간지럼 놀이에서 어른들은 두 손을 치켜들고 잡아먹을 듯한 표정으로 아이들에게 다가갑니다. 대개 취약한 배 부분을 응시하며 긴장감을 높이기 위해 서서히 접근하지요. 아이들은 가짜 위험인 줄 알면서 기꺼이 긴장을 즐기다 당합니다. 그러나 똑같은 동작을 불곰이 한다면 어떨까요?

라마찬드란은 위험 상황이 대단치 않음을 주변에 알리는 행위가 웃음의 기원이라고 해석했습니다. 가짜 위험에 불필요한 자원을 낭비하지 말라는 사회적 신호라는 설명입니다. 이는 웃음이 큰 소리를 수반하는 점, 그리고 전염성이 있다는 사실로 보아 어느 정도 일리가 있습니다. 대부분의 웃음이나 유머, 코미디에는 가짜 위협에 해당하는 작은 긴장이 흐르다 마지막에 반전되는 특징이 있습니다. 재능 있는 코미디언일수록 긴장을 최대한 높이는 기술이 있지요. 또, 이런 효과를 극대화하기 위해 자기 자신은 절대 웃지 않고 심각한 표정을 짓지요. 그런데 긴장을 고조시킨 후 웃음을 터지게 하는 반전은 통상 별것 아닌 내용입니다. 관중들에게 긴장할 상황이 아니었음을 보여 주는 심리적 반전이 이면에 숨어있습니다.

웃음이 사회적 소통 수단의 하나라는 해석은 상당히 설득력이 있습니다. 실제로 사람은 혼자 있을 때보다 여럿이 있을 때 30배나 더 웃는다고 합니다. 또, 남자는 웃어 주기보다는 웃기려는 경향이 크지요. 여자도 유머 있는 남성을 선호하는 경향이 있습니다. 또한 구성원 사이의 경쟁이 덜한 여성이 남성보다 훨씬 더 잘 웃어줍니다. 이성 간의 대화에서도 여자가 남자보다 30%쯤 더 웃는다고 합니다. 그래서

TV 시트콤에 삽입되는 웃음소리laugh track 녹음에는 여자들이 동원됩니다. 남녀가 같이 있을 때보다 여자만 있을 때 웃음소리가 40% 더 크다고 합니다. 웃음을 연구하는 신경과학자 로버트 프로빈Robert Provine은 사람들이 웃을 때는 15%만이 진짜 웃을 만한 내용이라고 합니다. 다른 사람과의 소통을 돕는 감정적 배경을 만들기 위해서 웃는다는 설명이지요.

여기에는 뇌의 거울뉴런mirror neuron이 큰 역할을 합니다. 이 뉴런은 이탈리아 파르마Parma대학의 지아코모 라졸라티Giacomo Rizzolatti가 원숭이 뇌의 F5(복측운동앞겉질) 영역에서 처음 찾아냈습니다. 다른 동료의 행동을 지켜보는 원숭이의 뇌에서 마치 그 행위를 실제로 할 때처럼 활성화되는 신경세포를 발견하고 붙인 이름이지요. 뒤이어 행동뿐 아니라 상대방의 슬픔, 기쁨 등의 감정을 공감하는 거울뉴런도 찾아냈는데, 특히 사람에게서 가장 잘 발달되었음을 알게 되었습니다. 그 덕분에 인간은 타인의 감정에 공감함은 물론, 의도도 면밀히 읽을 수 있는 고도의 '마음 이론Theory of Mind, TOE'을 가지게 되었습니다(마음 이론이란 타인의 마음을 읽는 개인의 이론인데, 여기서 말하는 이론이란 심리적 경향을 의미합니다).

원래 무리생활을 하는 고등동물인 포유류의 개체들은 (위선적이기는 하지만) 이기심을 자제할 줄 알아야 자신의 번식과 생존에 유리합니다. 그런데 인간과 가장 가깝다는 침팬지도 무리생활을 하지만 사람처럼 창피를 느끼지는 않습니다. 아무 데서나 방귀를 뀌며, 동료 앞에서 교미하지요. 인간은 그런 행동을 못합니다. 남의 입장이 되어 보는 강력한 마음 이론 때문이지요. 타인이 어떻게 나를 생각할지에 대해 극도로 신경 쓰며 무리에서 외톨이가 되는 상황을 가장 두려워하는 동물이 인간입니다. 나쁜 평판이나 불명예, 수치심 때문에 자살을 하는 유일한 동물이지요.

본능적 이기심을 억제하는 강력한 마음 이론이 유독 인간에게서 중요해진 이유는 언어와 함께 폭발적으로 공共진화했기 때문입니다.[42] 갓 말을 배운 아이들이 즐기는 짓은 어른에게 고자질하기입니다. 비밀을 제3자에 옮기는 사람의 60%는 친한 친구라는 통계도 있지요. 또, 피살자의 상당수는 살인자에 대해 너무 많이 아는 사람입니다. 이 모두 고도화된 인간의 마음 이론이 만든 현상들이지요. 다른 사람의 행동을 보고 활성화되어 모방하는 거울뉴런 때문에 뇌는 웃음소리만 들어도 웃어 줄 준비를 합니다.

독일의 철학자 니체는 '세상에서 인간만이 극도의 고통을 겪기 때문에 웃음을 발명할 수밖에 없었다'고 했습니다. 그러나 포유류도 무리의 사회적 유대가 중요하므로 거의 대부분의 종이 웃습니다. 동물원의 유인원은 종일 서로 간지럽히며 웃지요. 개도 헐떡이며 웃습니다. 다만 그들의 웃는 방식이 헐떡거림과 비슷해서 우리가 알아채지 못할 뿐입니다. 심지어 쥐들도 쳇바퀴를 돌릴 때나 간지럼을 태우면 50kHz(킬로헤르츠)의 초음파로 웃습니다.[43] 인간과 다른 점이 있다면, 유인원을 비롯한 다른 포유류들은 나이에 관계없이 간지럼을 즐긴다는 사실입니다. 사람은 사춘기 이후에는 거의 안 합니다.

프로빈은 어린이나 포유류의 간지럼 태우기는 잡아먹기 놀이에서 유래한 행동, 즉 위험에 대처하는 일종의 인지적 연습이라고 해석했습니다. 잘 알려진 대로 간지럼은 스스로는 타지 않으며, 남이 해주어야 가능한 사회적 행동입니다. 많은 뇌과학자들은 웃음이 특히 무리 사이의 사회성을 증진시키는 간지럼 놀이에서 진화했다고 추정합니다. 라마찬드란도 앞서의 설명대로 동족에게 위험없이 안전하다는 것을 알리는 행동에서 웃음이 비롯되었다고 해석했습니다. 이 같은 설명들이 옳다면, 감정을 처리하는 뇌의 앞띠다발겉질과 둘레계통이 통증을 처리하다 생긴 혼선이 포유류의 생존에 유리한 사회적 행동, 즉 간지럼 태우기와 웃음으로 발전한 셈입니다.

뇌의 혼선 | 공감각과 언어의 기원

뇌의 회로 혼선이 높은 단계의 인식활동으로 발전한 또 다른 사례가 있습니다. 다름 아닌 공감각synesthesia입니다. 공감각이란 종류가 다른 감각이 서로 섞여 나타나는 현상을 말합니다. 가장 잘 알려진 사례가 색色-자소color-grapheme 공감각입니다. 이 공감각을 가진 사람들은 자소(숫자나 글자 등 상징화된 도형)를 색깔을 입혀 인식합니다. 가령, 무질서하게 배열된 검은색의 여러 숫자 중에서 특정한 수만 색깔로 봅니다(예: 2라는 숫자만 붉은색으로 보아 쉽게 구별). 색-자소 공감자는 전체 인구의 0.5~2%로 추정됩니다. 이외에도 여러 다른 형태의 공감각자들이 있습니다. 예를 들어 어떤 사람은 높은 음이 밝다고 느끼거나, 특정 단어에서 딸기 맛을 경험합니다. 또, 의미 없는 문자 배열에서 인격을 느끼는 사람도 있지요. 일반적으로 공감각은 왼손잡이, 여성, 예술인들에게서 비율이 높은 편이라고 합니다.

공감각 현상은 1880년 다윈의 사촌 골턴Francis Galton이 『네이처』에 발표해 널리 알려진 이래 원인이 수수께끼로 남아 있었습니다. 그러나 뇌과학의 발전에 힘입어 1999년부터 점차 규명이 되고 있습니다. 가

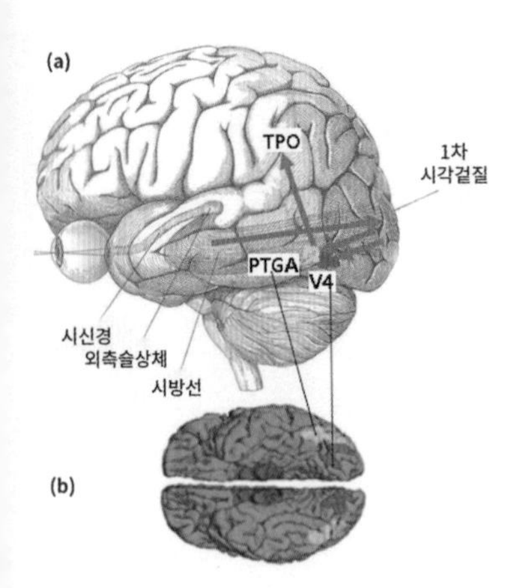

그림 3–4

수를 인식하는 겉질영역과, 색을 처리하는 V4라는 시각겉질영역
(a) 망막에서 보낸 시각정보는 시방선(視放線)을 따라 1차시각겉질영역에 들어가 색, 명암 등 여러 요소로 분해된다. 이중 색 정보는 V4에 있는 색처리 영역으로 옮겨져 처리된다. 색 정보는 다시 TPO연접부 부근으로 올라가 더욱 복잡한 처리 과정을 거친다. 숫자 정보 역시 TPO 연접부의 각회(angular gyrus)에서 계산 등의 고차원적 인식으로 처리된다. 그런데 자소처리 영역(PTGA; posterior temporal grapheme areas)은 V4근처에 있다.
(b) 이와 관련된 뇌영상 사진

령, 앞서의 색–자소 공감각자의 경우, 뒤통수엽과 이마엽에 걸쳐 있는 방추형이랑fusiform gyrus(방추상회)이라는 부위가 다른 사람보다 발달되어 있다고 합니다.[44] 그런데 이 부위에는 수의 계산이나 양量, 순서 및 자소를 인식하는 겉질영역과, 색을 처리하는 V4라는 시각겉질영역이 서로 인접해 있습니다(〈그림 3–4〉 참조). 이로부터 색–자소 공감각자들의 뇌에서는 색과 자소(글자, 숫자)가 섞여 처리됨을 유추할 수 있습니다. 즉, 공감각은 뇌 뉴런 회로의 복잡한 연결에서 비롯된 혼선 때문에 발생하는 현상이라고 볼 수 있습니다. 아마도 태아 때 잠정적으로 있었던 일부 시냅스 연결이 어른이 되어서도 제거되지 않았기 때문일 수 있습니다.*

그런데 공감각은 특별한 사람들만의 전유물이 아닙니다. 많은 뇌과학자들은 인간의 언어가 진화하는 과정에서 공감각이 크게 기여했

* 뉴런의 연결부인 시냅스의 형성은 태아 3주에 시작해 25주부터 폭발적으로 증가하며, 출생 무렵에는 성인보다 훨씬 밀도가 높아져 다양한 뉴런의 연결이 준비된다. 그러나 성장하면서 미엘린(절연피복)이 특정 축삭을 감싸고 신경가지치기(pruning)를 하면서 불필요한 연결이 줄고 중요한 회로는 강화된다. 이 시기는 매우 중요해서 3개월 된 고양이의 한쪽 눈을 일정 기간 가리면 해당 눈의 시각회로가 형성되지 않아 평생 볼 수 없다. 또, 6~9개월 무렵의 유아가 다양한 맛을 경험하지 않으면 후각 관련 회로가 미완성되어 커서 편식하게 된다. 대체로 중요한 회로는 6세 쯤에 완성되지만, 대뇌겉질의 시냅스 연결은 성년이 될 때까지도 지속된다.

다고 추정합니다. 이를 보여 주는 대표적인 예가 독일의 심리학자 쾰러Wolfgang Köehler가 행한 부바/키키bouba/kiki 테스트입니다. 그는 피실험자들에게 삐죽삐죽한 도형과 둥글둥글한 그림을 보여 주고 둘 중 어느 것의 이름이 부바이고 키키인지 질문했습니다(〈그림 3-5〉 참조). 응답자의 95~98%가 삐쭉한쪽이 키키이며 둥근 도형이 부바라고 답했습니다.[45] 거칠거나 부드러운 발음을 시각적 형상과 연관 지었음이 분명했지요. 사실, 도형뿐 아니라 알파벳 모양도 K는 삐쭉하고 B는 둥근 편입니다. 한글의 키키도 마찬가지여서 거센소리(격음)인 ㅋ, ㅌ, ㅊ 글자도 ㄱ, ㄷ, ㅈ에서 한 획이 추가로 삐쭉 나온 형태이지요. 이는 전 세계 어느 나라 사람이건 특정한 소리를 모양과 연관 짓는 공감각이 있음을 보여줍니다.

뿐만 아니라 세계 언어의 어휘에는 공통점이 있습니다. 가령, '크다'는 뜻의 단어는 거의 모든 언어에서 입술이나 입 모양이 커질 때 나는 소리입니다. '크게(국어)', '그레이트(great: 영어)', '그랑(grand: 불어)', '다~아(大: 중국어)' 등이 그렇지요. 반면 '작음'을 뜻하는 단어는 대체로 입이 오므라지는 발음들입니다. '조금 혹은 조그만(국어)', '스몰

그림 3-5

부바(bouba)와 키키(kiki)
위의 두 그림 중 어느 것이 부바이고 키키인지 물어보면, 대부분의 사람들은 왼쪽이 키키, 오른쪽이 부바라고 답한다.

(small: 영어)', '쁘 혹은 쁘띠(peu, petit: 불어)', '시오 혹은 샤~오(小: 중국어)' 등입니다. 라마찬드란은 이를 뒤통수엽의 청각겉질영역과 시각겉질영역이 동시에 활성화되면서 언어를 관장하는 혀 운동에 영향을 주기 때문이라고 설명했습니다.

한편, 인류의 언어 형성에는 손놀림을 관장하는 겉질영역과 입 동작을 제어하는 뇌 영역 사이의 신호 혼선도 크게 기여했을 가능성이 있습니다. 두 영역도 서로 이웃하고 있지요. 이는 사람들이 손으로 무언가 열심히 작업할 때 무의식적으로 입술을 오므리거나 깨무는 행동에서도 유추할 수 있지요. 손과 입 동작을 처리하는 뇌 영역의 회로 혼선이 언어를 만드는 데 큰 기여를 했다는 설명도 나름대로 근거가 있어 보입니다.

가령, 직립보행으로 손이 자유로워진 우리의 조상이 처음에는 손으로 신호나 대화를 나누다가 나중에 입을 사용하는 언어로 발전했다는 추론도 가능합니다. 물론, 2장에서 살펴본 대로 인간의 언어는 여러 요인이 복합적으로 작용해 진화했지요. 그러나 복잡해진 뇌 회로의 혼선도 무시 못 할 요인이었을 가능성이 큽니다.

언어 형성과 관련된 뇌 회로의 혼선도 그렇지만, 사람들은 정도의 차이일 뿐 대체로 비슷한 공감각을 공유하고 있습니다. 가령, 우리는 '마음이 비단결 같다'라고 하면서 성품을 촉각에 비유합니다. '당신에게서 꽃내음이 난다'라며 후각과도 연관 짓지요. '너는 흔들리는 갈대'라며 완전히 다른 사물들을 대응시키지요. 인간만이 구사하는 이 같은 비유나 은유隱喩는 뇌의 공감각이 만들어 낸 결과입니다.

특히, 은유와 관련된 공감각이 크게 활성화되어 있거나 혹은 이를 적극 활용하는 사람들이 시인입니다. 은유 없는 시는 상상할 수 없지요. 그래서 '도시에 비 오듯 내 마음에 비 내린다'라거나 '나는 너에게 잊혀지지 않는 하나의 눈짓이 되고 싶다'라고 읊지요.[46] 어떻게 뇌에 비가 내리며, 사람이 몸짓이 될 수 있나요? 대단한 사고思考의 도약으로 칭송할 수 있지만, 뒤집어 생각하면 터무니없는 정보의 혼선이라고 할 수도 있습니다.

조금 다른 형태이지만 공감각은 음악가와 미술가들 사이에서도 흔히 보아 왔습니다. '피아노의 왕'으로 추앙을 받는 헝가리의 리스트Franz Liszt는 오케스트라 단원들에게 '조금 더 푸르게' 혹은 '그 음은 보라색으로' 등으로 지시했다고 합니다. 37년 생애 동안 단 1점의 그림만 팔 수 있었던 고흐Vincent van Gogh도 색에서 음색을 느꼈던 공감각자였음이 분명합니다. 29세 때 동생에게 보낸 편지에서 그는 6명의 화가를 일일이 언급하며 그들의 그림이 각기 다른 악기 소리를 내는데 이에 동의하는지 묻고 있습니다. 최근에도 특정한 색에서 소리를 읽는 색–음색의 공감각 화가들이 있습니다. 이처럼 공감각은 예술가들의 창작활동에 큰 동기가 되는 경우가 있었습니다.

오스트리아에서 조사한 한 연구에 의하면 공감각자의 24%가 예술에 종사하고 있었습니다. 그러나 예술, 특히 음악과 미술을 감상하는 일반인들의 입장에서 볼 때 공감각이 반드시 필요한 요소는 아닙니다. 여기에는 조금 다른 형태의 뇌 활동이 관련되어 있습니다. 예술을 뇌 과학적 관점에서 바라보는 신경미학이라는 분야를 개척한 런던대학의 세미르 제키Semir Zeki에 의하면, 우리가 예술에서 아름답다고 생각하는 요소들은 전적으로 뇌가 만든 가공물입니다. 예술 행위를 할 때 뇌에서 어떤 일들이 일어나는지 잠시 살펴보겠습니다.

먼저 음악입니다. 다른 예술 분야에 비해 음악이 사람에게 주는 감정은 매우 직접적이고 때로는 격동적이지요. 감동적인 멜로디가 나오는 순간 심장은 뛰고, 눈동자는 확대되며, 체온이 올라가고, 다리는 들썩거립니다. 심한 경우 몸을 가볍게 떨거나 소름이 돋는 경우도 있습니다. 특히, 추울 때처럼 몸을 떠는 오한반응chill response이 나타나는 수도 있습니다.[47] 적지 않은 비율의 사람들이 이를 경험합니다. 그 이유의 일부가 뇌 속 깊은 곳에 있는 오래된 보상회로가 작동하기 때문임이 뇌과학으로 밝혀졌습니다. 보상회로는 맛있는 음식, 섹스, 도박, 게임 등을 탐할 때, 혹은 그 목표가 이루어졌을 때 기쁨을 느끼게 하는 뇌의 경로입니다. 감동적인 음악을 들을 때도 동일한 보상체계 두 부위가 작동함이 PET와 fMRI 조사로 확인되었습니다.

첫 번째는 줄무늬체corpus striatum(선조체)인데, 음악이 클라이맥스에 가까워지면 이 부위가 활성화되면서 흥분성 신경전달물질인 도파민이 방출됩니다. 꼬리핵(미상핵)과 조가비핵(피각)으로 이루어진 줄무늬체는 뇌줄기(뇌간)와 대뇌를 연결하는 위치에 있는 부위입니다. 동기를 부여해 행동을 만들고 만족감을 느끼게 해 주는 곳이지요. 특히 꼬리핵이 활성화되면 뇌는 도파민에 흠뻑 젖어 기쁨에 빠집니다. 그런데 흥미롭게도 도파민 수치가 최대가 되는 시점은 음악의 클라이맥스 때가 아니라, 그 몇 초 전입니다. 뇌가 미리 예측해 기대하기 때문이지요. 예측이야말로 포식활동과 생존을 위해 진화한 뇌의 주특기이지요.

그런데 음악은 포식활동이 아니어서 작곡자는 마음대로 예측에서 살짝 벗어나게 할 수 있습니다. 이런 경우 도파민에 젖은 뇌는 잠시 혼란에 빠집니다. 사람을 감동시키는 훌륭한 음악은 바로 이 시점에서 뇌를 약 올리며 흥분을 최대한 끌어올립니다. 그러다 클라이맥스가 찾아오면 뇌는 안도하며 기쁨에 빠져듭니다. 이 때 활성화되는 부위가 측좌핵nucleus accumbens입니다. '쾌락중추'로 불리는 측좌핵은 사이뇌에 있는 부위로 강렬한 기쁨을 선사합니다. 음악의 클라이맥스에서 소름이 돋는 오한반응은 바로 이 측좌핵이 최대로 활성화될 때임이 밝혀졌습니다. 이 부위가 만성적으로 활성화되면 더 크고 잦은 자극을 필요로 하는데, 마약이나 게임 중독이 이런 경우입니다.

마찬가지로 음악의 오한반응도 익숙해질수록 더 자주, 더 강하게 찾아온다고 합니다. 음악가들이 일반인보다 더 깊이 음악에 몰입하며 오한반응의 경험 비율도 높은 이유도 이와 관련이 있습니다. 결국 음악이 주는 황홀한 감동은 기대를 부풀리는 줄무늬체 꼬리핵과 클라이맥스에서 예측이 적중된 성취감을 만끽하는 측좌핵의 합동 작품이라 할 수 있지요.

그렇다면 왜 하필 오한반응일까요? 이 점에 대해 뇌과학자들의 의견은 일치하지 않습니다. 먼저, 음악이 절정부에 이르면 체온이 올라가므로 오한을 느낀다는 설명이 있습니다. 또 다른 가설은 오한반응이 진짜 추위에 뿌리를 두고 있다고 합니다. 즉, 추위에 벌벌 떨다 어미나 무리의 품에 들어오게 되자 포근한 행복감을 느끼던 옛 시절의 보상심리가 변형된 형태라는 설명이지요.[9] 실제로 군가, 합창, 종교적 성가, 부족의 의식에 등장하는 음악은 무리의 유대를 강하게 결속해주는 도구입니다.

한편, 어떤 연구는 뇌의 보상체계에 민감한 사람들에게 오한반응이 많다고는 주장합니다. 그러나 오한반응의 경험 유무가 개인의 음악 감수성을 가늠하는 척도는 아니라고 합니다. 오한반응을 경험하는 인구의 비율은 연구마다 큰 편차가 있습니다. 어떤 사람은 오한반응을 음악이 아니라 감동적인 영화 장면에서 느끼는 수도 있지요.

그런데 음악이 유발하는 극한 감정상태는 쾌락과 관련된 오한반응만이 아닙니다. 일본의 과학자들이 2017년 발표한 논문에 의하면, 눈물반응이라는 또 다른 형태도 있습니다.[48] 어떤 사람은 감동적인 곡에 눈물을 흘리며 심하면 흐느끼고 목이 멥니다. 이들의 연구에 의하면 음악에 흐느끼는 사람들의 호흡은 흥분성의 오한반응과 달리 클라이맥스에서 오히려 느려졌습니다. 또 카타르시스 효과에 의해 마음이 진정되는 효과도 뚜렷했지요. 눈물반응이 안정감이나 긍정적 심리상태를 유도한다는 설명입니다. 결국 음악이 유발하는 오한이나 눈물반응은 둘 다 밝은 상태를 유도한다고 볼 수 있습니다. 두 경우 모두 곡이 끝난 후 호흡이 깊어진다고 합니다.

한편, 곡의 흐름에서 뇌가 기쁨을 느끼기 시작하는 시점은 무언가 예상과 다른 소리가 나올 때입니다. 가령, 새로운 악기가 끼어들거나 음조가 바뀔 때, 소리가 갑자기 높아지거나 줄어들 때 등이지요. 하지만 감정이 가장 고조되는 시점은 기대했던 선율이 등장하는 순간이지요. 도망가고 잡아먹기 위해 진화한 뇌가 본능적으로 즐기는 예측놀이인 셈입니다. 따라서 뇌는 적당한 자극에는 귀를 기울이지만, 여기에서 크게 벗어나는 음악은 좋아하지 않습니다. 예측할 수 없는 음이 계속되는 전위음악이나 난해한 곡을 (물론 음악사적인 측면이나 기법으로서는 중요하겠지만) 뇌는 일단 혐오합니다. 반면, 너무 뻔하거나 단순한 음이 반복되어도 뇌는 경계해야 할 상황이 아니라고 판단해 관심을 접습니다.

가령, 즉흥연주는 선율을 슬쩍 암시해 뇌를 편하게 했다가 실망, 혼란, 좌절, 기대를 맛보게 합니다. 재즈도 짜증과 우려, 기대를 반복하다가 결국에는 곡이 종료되었다는 안도감을 심어주며 뇌를 적당히 약 올리는 음악입니다. 한편, 팝이나 대중음악처럼 예측이 쉬워 듣기 편한 곡들은 대개 1~2개의 기본 멜로디를 배합해 3분 정도 길이로 만듭니다. 통상 귀에 잘 들어오는 7~12초 길이의 훅hook이라는 반복구를 사용하므로 쉽게 선율을 기억하고 금방 매력에 빠집니다. 그러나 평균 30번 정도 들으면 긴장할 소리가 아님을 깨달은 뇌가 지루함을 느끼기 시작합니다.[49] 팝송도 명곡일수록 뇌를 교묘히 갖고 놀기 때문에 이 횟수는 크게 늘어납니다.

이와 달리 클래식 음악은 훅을 신중하게 사용하면서 기대와 기쁨 주기를 절제합니다. 대개는 2~3개의 주요 선율을 쪼개고, 늘리고, 변조하기를 반복하지요. 대부분의 명곡은 주요 선율을 세분해 슬쩍슬쩍 흘려주며 기대감을 상승시켰다 좌절을 안겨 주는 교묘한 배합을 합니다. 물론 마무리에서는 기대를 한껏 충족시켜 감동이나 눈물을 선사하지요. 클래식 음악이 어렵다고 하는 이유는 이처럼 까다롭게 뇌를 가지고 놀기 때문인데, 처음에는 (특히 자주 접하지 않는 사람들에게는) 쉽게 호감을 얻지 못하는 수가 많습니다. 그러나 클래식이 주는 뇌의 적당한 긴장에 익숙해지면 곡의 전체 모습을 이해할 수 있게 되어 새로운 묘미를 느끼게 되지요. 또한 여러 번 들어도 대중음악보다 훨씬 싫증을 덜 느낍니다.

뇌가 복잡한 정보를 축약하거나 무시하려는 본능은 당연히 음악에도 적용됩니다. 가령, 짧게 반복되는 음은 위험이 아닌 소음으로 간주해 묵살하지요. 그래서 시계의 째깍 소리가 들려도 우리는 전혀 이를 의식하지 않고 음악을 감상합니다. 한편, 동시에 여러 소리가 나면 뇌는 그중에서 중요하다고 판단하는 최대 7개의 악기소리만 감지합니다. 수십 종의 악기가 연주되는 협주곡이 그 대표적 예이지요(2개의 같은 악기가 연주되면 소리는 2배가 아니라 1.4배 크게 들릴 뿐입니다. 100개의 바이올린은 4배의 음량 증가만 주지요. 그러나 이는 뇌의 착각이 아니라 파동의 상쇄 때문입니다). 저는 음악을 (특히 세계음악을) 좋아하는 편이어서 선별에 선별을 거쳐 약 12만 곡을 파일로 보관하고 있습니다. 하지만 수백만 곡의 기본음을 분석해 보면 겨우 72개에 불과합니다.[49]

사냥과 도피에 뿌리를 둔 뇌의 본능적 활동은 미술도 예외가 아니지요. 감동적 음악처럼, 아름다운 그림을 볼 때도 우리의 뇌는 이성적인 사고를 담당하는 대뇌피질보다는 오래된 원시 뇌에서 유래한 기능들이 먼저 반응합니다. 라마찬드란은 뇌과학적 차원에서 예술, 특히 미술이 가지는 10개의 인지적 원리를 매우 깊은 통찰력으로 제시한 바 있는데, 요점을 잠시 소개하면 다음과 같습니다.[50]

첫째, 우리는 시각적으로 '정점이동효과peak shift effect', 즉 자극에 대한 반응이 커지는 미술작품에 이끌립니다. 가령, 미술가들은 색상이나 물체를 사실보다 훨씬 과장되게 표현합니다. 코나 입 등의 특정부분을 과장해서 그리는 유명인의 인물 캐리커처도 사람들의 이런 성향을 반영하지요. 뇌가 과장된 자극이나 표현을 좋아하는 이유는 과도하게 세밀한 정보처리에서 오는 피로감을 줄여 편안함을 느끼려는 본능에서 비롯되었다고 여겨집니다.

둘째, 뇌는 보이는 사물로부터 대략적인 특징을 파악한 후 비슷한 것끼리 묶어 파악하려는 경향이 있습니다. 가령 우리는 아무 의미가 없는 구름의 모양이나 불규칙한 얼룩 무늬에서 무언가 숨은 그림을 찾으려고 무의식적 노력하며, 또 이를 즐깁니다. 이는 수풀 그늘에 숨은 사냥감이나 맹수를 알아챘을 때 느끼는 보상심리와 다르지 않다는 설명입니다.

셋째, 뇌는 감추어진 위장이 무엇인지 알아내려는 두뇌놀이를 즐깁니다. 가령, 완전 노출된 모습보다는 무언가 감추어진 상태에 본능적으로 관심을 더 가집니다. 남성들이 완전 나체보다는 베일에 살짝 가려진 여성의 누드에 더 끌리는 이유이지요.

넷째, 뇌는 축약되거나 단순화된 정보를 선호합니다. 가령, 똑같은 대상을 사진으로 보면 훨씬 사실적인데 우리는 그림으로 표현한 인물화나 풍경화에 더 마음이 끌립니다. 실물에 비해 그림에는 세부사항이 생략되고 특징이 강조되어 있지요. 극단적인 예는 주요 윤곽선만 있고 세부 형상이 대폭 생략된 만화입니다. 아이들이 만화를 좋아하는 이유는 과도한 정보처리를 피하려는 뇌의 본능이 숨어 있습니다.

다섯째, 뇌는 대칭적인 형상에 주의를 기울입니다. 숲 속에 조용히 있는 대칭적 형상의 물체가 있다면 무엇이겠습니까? 포식동물일 가능성이 크겠지요. 이 밖에도 라마찬드란은 너무 우연적이거나 있을 법하지 않은 형태에 대한 기피, 시각적 은유의 사용, 반복적인 질서나

균형의 선호, 대조對照와 관련된 형상에 주의 기울이기 등을 미술의 인지적 원리로 제시했습니다.[50]

물론 미술가들이 이러한 원리들을 알고 의도적으로 창작활동을 하지는 않을 것입니다. 예를 들어, 고흐의 그림은 강렬한 색상으로 많은 사람들에게 감동을 줍니다. 〈까마귀 떼 있는 밀밭〉, 〈해바라기〉, 〈별이 빛나는 밤〉 등에서 볼 수 있듯이 그는 원색, 특히 노랑색과 파란색을 즐겨 사용했습니다. 그러나 실제 화폭의 물감을 과학적으로 분석한 결과 생각보다 그리 원색이 아님이 밝혀졌습니다.

강렬하게 원색으로 대비되어 보이는 이유는 측면억제lateral inhibition라는 뇌의 착시 효과 때문입니다. 이는 시각회로의 뉴런들이 인근의 다른 뉴런들의 활성화를 억제하여 실제 밝기나 색과 다르게 보이도록 만드는 현상입니다. 가령, 모서리처럼 모습이 변하는 경계 부위의 색이나 밝기를 약간 변조해 인식하면 윤곽이 뚜렷이 대비되어 물체를 보다 쉽게 식별할 수 있습니다. 이처럼 시각이 윤곽선에 집중되면 시야의 나머지 부분을 처리하는 망막의 뉴런들은 조금 쉴 수 있습니다. 고흐가 이런 사실을 알고 의도적으로 그렸을 리는 없지요(물론 탁월한 직관과 무의식에 따랐겠지만 말입니다). 하지만 우리는 거기에 넘어갑니다.

사실, 예술을 과학으로 분석한다는 사실에 불편함을 느끼는 사람도 있습니다. 또, 이 절에서 소개한 뇌과학적 설명이 모든 예술작품에 100% 적용된다고 단언할 수는 없을 것입니다. 그러나 많은 사람들에게 감동을 안겨 주는 아름다운 곡과 미술 명작의 이면에 보이지 않는 뇌의 존재 이유와 목적이 크게 작용하고 있음은 의심의 여지가 없습니다.

매스미디어나 서적에서 좌뇌 혹은 우뇌형 인간을 설명하는 글들을 자주 봅니다. 뇌를 위에서 바라보면 왼쪽 및 오른쪽 반구半球가 거울상을 이루며 그 사이를 뇌들보(뇌량)가 연결하고 있지요. 두 반구의 일부 기능에 다소 차이가 있다는 사실은 잘 알려져 있습니다. 그렇다면 뇌는 왜 좌우로 나뉘어져 있으며, 기능도 조금 다를까요? 텍사스대학 오스틴의 맥닐리지P. F. MacNeilage와 몇몇 과학자들의 설명을 소개합니다.[51]

대부분의 사람들은 오른손잡이입니다. 태아도 이미 10주째부터 오른손을 더 많이 사용합니다. 사람뿐 아니라 침팬지 등의 유인원과 원숭이들도 음식을 쥐거나 높은 곳에 있는 과일을 딸 때 오른손을 더 많이 씁니다. 그런데 이 같은 우편향은 포유류와 조류는 물론 어류와 양서류, 파충류도 마찬가지라는 사실이 여러 증거로 밝혀졌습니다 뉴질랜드 물떼새의 부리는 오른쪽으로 굽어 있으며, 혹등고래의 80%는 오른쪽 턱이 더 마모되어 있습니다. 두꺼비도 왼쪽에 메뚜기가 있을 때는 가만있다가 오른쪽에 나타나면 잡아먹지요. 이는 5억 년 전 척추동물이 출현했을 무렵부터 이미 우편향이 시작되었음을 말해 줍니다.

또 우편향이 동물들의 먹이활동과 관련 있음도 알 수 있습니다. 좌뇌와 우뇌는 각기 반대편의 신체 활동을 주관하는데, 오른쪽 신체의 동작은 주로 좌뇌가 통제하지요. 바꾸어 말해, 동물의 생활은 대부분이 먹이활동이므로 척추동물을 비롯한 인간의 일상적인 행동은 좌뇌의 통제를 많이 받는다고 볼 수 있습니다. 그런데 일상적 행동들은 뇌가 잘 준비되고 정형화된 프로그램에 따라 행해집니다. 즉, 좌뇌는 매사를 상식의 수준에서 논리적, 사실적으로 분석하려고 애씁니다(그렇다고 좌뇌가 내리는 판단이 반드시 옳다는 의미는 아닙니다). 가령 과학이나 수학 계산도 좌뇌의 특기일 것입니다.

좌뇌가 맡은 또 다른 중요 기능은 언어입니다. 언어 관련 부위로 잘 알려진 브로카 영역이나 베르니케 영역은 모두 좌뇌에 있지요. 실제로 말을 할 때는 오른쪽 입이 왼쪽보다 조금 더 벌어지며, 인간과 유인원이 동료들과 몸동작 대화를 나누거나 신호를 전할 때도 오른손을 주로 사용합니다.

한편, 좌뇌가 일상적, 분석적 작업을 맡은 데 반해, 우뇌는 예상치 못한 위험에 대처하는 임무를 주로 수행하게 되었다고 추정됩니다. 실제로, 포식자가 나타나거나 동료들이 급한 경고를 보낼 때처럼 갑작스러운 상황에서는 왼쪽 눈이나 신체가 큰 역할을 합니다. 가령, 두꺼비는 뱀이 오른쪽에서 다가오면 알아채지 못하지만 왼쪽에서 출현하면 재빨리 도망갑니다. 특히 눈이 머리 양옆에 있어 반대편 좌우를 못 보는 파충류나 조류는 본능적으로 포식자의 왼쪽 출현을 겁냅니다. 왼쪽 눈, 즉 우뇌는 항시 경계태세에 있지요. 낯선 상황에서 주변을 훑어보는 우리의 시선도 왼쪽을 먼저 보고 그 다음에 오른쪽으로 이동합니다. 이처럼 급박한 위험에 대처하기 위해 발전한 우뇌는 좌뇌처럼 정보를 논리적으로 분석할 여유가 없습니다. 잡아 먹히기 때문이지요. 척하면 알아차려야 하므로 정보를 하나의 큰 그림으로 통합해 보려고 하지요. 또, 위험을 즉시 파악하기 위해 우뇌는 직관, 얼굴 알아보기, 공간 인식, 그리고 상대의 감정 파악에 강하다고 합니다. 이 능력이 깊어지면 통찰력, 상상력, 유머, 창의성으로 이어질 수 있겠지요.

실제로 왼쪽 얼굴은 감성적인 우뇌의 통제를 받기 때문에 계산적 좌뇌의 영향을 받는 오른쪽 얼굴보다 감정이 풍부히 묻어난다고 합니다. 포유류, 조류들이 동료의 왼쪽 표정을 주로 읽어 누구인지 파악한다는 연구결과들도 있지요. 또 계산적 웃음은 오른쪽 입꼬리가 올라가지만 진짜 웃는 사람은 왼쪽이 더 치켜진다고 합니다.

이처럼 좌뇌는 사실적 분석을, 우뇌는 통합적으로 정보를 처리한다는 주장은 분리뇌, 즉 뇌의 한쪽 반구가 손상된 사람들의 행동으로부터 어느 정도 확인된 바 있습니다. 가령, 한 실험에서는 수십 개의 조그만 글자 A를 모아 큰 형상의 H자 그림을 만든 다음 환자들에게 잠시 보여 주었습니다.[51] 자신들이 본 것을 그려 보라는 질문에 우뇌 손상자들은(즉, 좌뇌로만 본 사람은) 전체적인 글자 모습을 읽지 못하고 세부 구성 글자인 A자만 여기저기 썼습니다. 반면, 좌뇌 손상자들은 큰 틀의 형상인 H만 기억했습니다.

그렇다면 척추동물은 왜 골치 아프게 좌, 우뇌로 기능을 특화했을까요? 맥닐리지 등은 긴급상황과 평상시 필요한 정보를 하나의 뇌가 처리한다면 과부하로 효율적이지 못하다고 설명했습니다. 두 작업을 동시에, 그리고 신속히 처리하기 위해 뇌의 두 반구가 역할을 분담했다는 주장입니다. 그는 왼손잡이처럼 같은 생물종 내에서 일정 비율의 좌편향 개체가 존재하는 이유도 설명했습니다. 만약 모든 개체가 왼쪽만 경계한다면 포식자는 이를 매번 정확히 예측해 멸종했을 것이라고 보았습니다.

원래 좌뇌와 우뇌가 다르다는 주장은 미국의 신경생물학자 로저 스페리Roger W. Sperry의 분리뇌 환자에 대한 연구를 바탕으로 제안되었습니다. 이에 대한 공로로 그는 1981년도 노벨 생리·의학상까지 수상했지요. 하지만 그 후 많은 과학자들의 연구로 이러한 관점이 지나치게 과장되었다는 반론이 이어졌습니다. 실제로 뇌영상을 분석해 보면 좌,

우뇌의 기능은 결코 독점적이지 않습니다. 가령, 좌뇌가 언어의 중요 기능 일부를 맡고 있음은 사실이지만, 우뇌 또한 많이 기여하고 있습니다. 두 반구는 서로 거울상을 이루었을 뿐 구조적으로 같으므로 전혀 다른 기능을 가졌을 리는 없지요. 물론 특정 기능이 다소 강화되었을 수는 있습니다. 그보다는 두 반구는 함께 일하며 상호 의존적이라고 보아야 할 것입니다. 중요한 점은 좌, 우뇌의 특징이 아니라 유기적 연결일 것입니다.

비슷한 논란이 남자와 여자의 뇌에 대해서도 있습니다. 2004년 하버드대학 총장Lawrence Summer이 뇌의 차이 때문에 여성 과학자가 적다는 소신을 폈다가 여론의 뭇매를 맞은 적이 있습니다. 실제로 많은 논문이 남녀의 뇌의 차이를 주장하고 있습니다. 가령, 여자는 이마앞엽의 판단력 관련 겉질영역, 감정조절을 맡은 앞띠다발겉질(전대상피질), 그리고 관자엽의 언어영역이 남자보다 발달했다는 연구들이 있습니다.[52] 반면 남자는 마루엽의 공간인식영역과 감정을 다루는 편도체가 더 발달했다고 합니다. 이는 사냥과 전투를 맡았던 남자들에게 필요한 기능이기는 하지요. 반면, 주거지에 남은 여성들은 육아와 구성원 사이의 유대를 위해 많이 대화하고 감정을 잘 다스려야 했을 것입니다. 여자들은 언어능력이 남성보다 (특히 어린이 시절) 우수하지만, 공간인식은 떨어져 자동차 후진이 서툰 점도 경험에 의하면 어느 정도 사실인 듯 보입니다. 길을 찾을 때 남자는 거리와 방향에 의존하는데, 여자는 표지와 풍경을 참고로 한다는 주장도 있지요. 게다가 모르면 다른 사람에게 물어보는 여자와 달리, 남자는 제 길을 고집하다 사서 고생한다는 주장도 그럴듯하지요.

확산텐서영상DTI으로 분석한 결과에 의하면, 여자는 좌뇌와 우뇌

사이가, 남자는 뇌의 앞과 뒷부분의 연결이 잘 되어 있다고 합니다. 이 같은 뇌 연결망의 차이 때문에 여자는 사회성도 높고 다중작업에 유리한 반면, 남자는 인식한 정보를 순발력 있게 바로 행동에 옮길 수 있다는 설명이지요. 복잡한 식당에서 여자는 옆 테이블의 대화내용을 간간히 파악하는데 남자는 자신들의 이야기 외에는 귀머거리가 된다는 해석도 그럴듯합니다. 냉장고 속 정리가 안 되었다는 잔소리는 남편들의 공통된 투정이지만 아내들은 다 파악하고 있다고 반박합니다.

또 다른 연구결과에 의하면, 여성들은 좌, 우뇌를 연결하는 뇌들보의 뒷부분이 더 발달해 부풀어 있다고 합니다. 두 반구가 보다 원활히 정보를 교환할 수 있다는 해석입니다. 그래서 여성이 남성보다 사물을 세밀히 관찰하고 감정도 더 섬세하다고 주장합니다.

반면, 일부 뇌과학자들은 뇌의 구조가 아니라 호르몬이나 신경전달물질 때문에 남녀의 행동방식에 차이가 생긴다고 주장합니다.[52] 가령, 사람은 태아 때부터 이미 성별에 따라 남성 및 여성호르몬으로 알려진 에스트로겐과 테스토스테론의 비율이 다르게 노출됩니다. 남자가 여자보다 주의력결핍·과잉행동장애ADHD가 4배, 아스퍼거 증후군이 15배나 많이 나타나는 이유는 이 때문이라고 설명합니다.[9]

또 다른 주장에 의하면, 남아와 여아를 달리 키우는 사회적 관습이나 교육이 남녀의 차이를 만든다고 주장합니다. 실제로 어릴 때부터 여아에게는 인형이나 소꿉놀이 용품만 주고, 남아에게는 트럭이나 총, 비행기 장난감을 사주며 관습의 틀에 맞춰 길들이지요. OECD의 '교육연구 및 혁신센터CERI'가 2007년 발간한 보고서 〈뇌의 이해: 학습과학의 탄생〉은 좌뇌형, 우뇌형 인간의 개념이나 남녀의 뇌 차이를 지나치게 구분하는 자세를 교육에 적용하지 말라고 권고한 바 있습니다.[53]

이처럼 한 개인의 정신활동을 좌뇌형, 우뇌형, 혹은 남녀의 뇌로 지나치게 구분하는 자세는 바람직하지 않아 보입니다. 물론, 특징은 분명히 있지만 뇌의 두 반구는 항시 소통하며 서로를 보완하므로 통합적으로 바라볼 필요가 있지요. 뇌의 소통 부재가 낳은 극단적인 예가 '서번트증후군savant syndrome'입니다. '서번트'는 석학碩學을 의미하는 불어의 '사벙savant'에서 유래한 영어 단어입니다. 이 장애를 가진 사람들은 기억력 혹은 계산 능력, 달력 일자의 요일 맞히기, 음악, 미술 분야 등에서 놀라운 능력을 보여줍니다. 그러나 다른 지적영역 수준은 낮아서 독립적인 사회생활이 불가능한 경우가 많지요.

가장 유명한 사례가 더스틴 호프만이 주연한 영화 〈레인맨Rain Man〉의 실제 모델이었던 킴 피크Kim Peek였습니다. 2009년 58세로 사망한 그는 생후 16개월부터 주변 일을 상세히 기억하더니 나중에는 미국 각 도시의 우편번호, 방송국 코드 등을 닥치는 대로 외웠습니다. 특히, 도서관에 살다시피 하면서 수많은 책을 읽고 암기했지요. 한 번 읽고 외운 책은 선반 위에 뒤집어 놓았는데, 바로 놓지 않았다면 무려 12,000권이 거꾸로 있었을 것입니다. 특히, 왼쪽과 오른쪽 눈을 각기 좌우 페이지에 따로 맞추고 두 면을 8~10초만에 읽었습니다. 이렇게 읽은 책 안의 문장은 모두 기억했습니다. 하지만 뜻은 이해하지 못했지요. 또 놀라운 기억력에도 불구하고 홀로 생활이 불가능할 만큼 어려움을 겪었습니다.

또 다른 서번트증후군의 예는 영국의 화가 스티븐 월셔Stephen Wiltshire입니다. 그는 헬리콥터로 20분간 훑어본 뉴욕의 모습을 3일에 걸쳐

5.5m의 화폭에 사진처럼 정확하게 그렸습니다. 월셔는 비슷한 방식으로 세계 여러 도시를 그렸는데, 국내 모 회사의 와이드 화면 TV 광고를 위해 서울에도 왔었지요. 여의도의 한 타워에서 서강대교와 한강철교 사이를 훑어본 그는 3km의 풍경을 폭 2.5m의 캔버스에 정확히 재현했습니다.

음악 분야에도 각국을 순회공연하며 수천 곡을 연주한 레슬리 렘케Lesile Lemke가 있습니다. 렘케가 14살이었던 어느 날 밤 그의 부모는 피아노 소리에 잠을 깼습니다. 거실에 가 보니 제대로 교습 받은 적 없는 지체아 아들이 그 날 TV에서 단 한 번 들은 차이코프스키의 피아노 협주곡 1번을 정확히 연주하고 있었습니다. 놀라운 재능을 가진 서번트는 전 세계적으로 최소 100여 명이 있다고 알려져 있습니다. 비록 이들 수준에는 못 미치지만 자폐인의 약 10%는 일반인이 못 따라올 재능을 가지고 있다고 추정됩니다. 가장 흔한 능력은 먼 날짜의 요일을 1~2초 만에 맞추는 계산력입니다.

킴 피크의 뇌를 사후에 조사한 결과 소뇌와 뇌들보에 손상이 있었습니다. 특히 좌, 우뇌를 연결하는 뇌들보가 손상되어 양쪽 반구가 원활하게 소통하지 못했던 것입니다. 그가 왼쪽과 오른쪽 눈을 좌우 페이지에 따로 맞추고 책을 읽을 수 있었던 이유도 좌, 우뇌의 연결이 차단되었기 때문이었습니다. 대부분의 다른 서번트들도 뇌들보가 손상되었거나 좌뇌(특히 왼쪽 관자엽)에 문제가 있었습니다.

일반적으로 좌뇌는 우뇌보다 취약하다고 알려져 있습니다. 알 수 없는 원인에 의해 태아가 테스토스테론에 과도하게 노출되면 좌뇌가 손상 받는다고도 합니다. 서번트증후군이나 자폐증이 남자에게 많은 이유도 테스토스테론이 남성호르몬이기 때문이라는 주장이 있습니다.

한편, 사고로 좌뇌에 손상을 입은 사람 중에도 미술이나 음악 분야에 뒤늦게 재능이 나타나는 경우가 있습니다. 일반적으로 매사를 논리적으로 분석해 사태를 판단하고 이유를 찾는 좌뇌는 우뇌가 파악한 감각정보 중 필요한 것만 사용하고 나머지는 여과합니다. 그런데 서번트나 일부 자폐인에서는 좌뇌의 이러한 여과 기능이 약화된 탓에 우뇌의 시청각적 기억이나, 공간정보, 계산력 등을 통제 없이 모두 펼치는 셈입니다. 손상된 좌뇌를 보완하기 위해 우뇌가 강화되었다고도 볼 수 있지요.

이런 면에서 저는 뇌가 마치 풍선과 흡사하다는 생각을 자주 해 봅니다. 한쪽을 누르면 다른 쪽이 튀어나오지만 풍선의 부피는 같지요. 강의를 하며 많은 학생들을 만나다 보니 인간의 지능도 이와 비슷하지 않나 생각할 때가 많습니다. 평소 평범하거나 뒤쳐지는 학생으로 여겼는데 우연한 기회에 알고 보니 다른 방면에 숨은 재능을 가진 경우를 자주 봤습니다. 물론 좋지 않은 습관이나 다른 복합적 요인 때문에 자신의 특기와 능력을 묻어두는 경우가 대부분이긴 하지요. 하지만 우리가 지능이라고 부르는 것들의 상당 부분이 사실은 (선천적이건 후천적이건) 얼마큼 한 방면에 집중하고, 지속적인 관심을 쏟고 있는지에 대한 문제가 아닌가 생각해 봅니다. 2058년 10월 9일 자정까지 몇 초가 남았는지는 2~3초 만에 계산하지만 형편없는 어휘력과 사회성으로 스스로 생활할 수 없는 사람을 천재라고 할 수 있을까요? 그렇다고 원주율을 5시간 9분 동안 1자도 틀리지 않고 22,514자리나 암송하는 자폐성 서번트를 지능이 낮다고 할 수 있을까요?

우리는 흔히 지능을 IQ^intelligence quotient^와 동일시하여 이야기합니다. 어린이의 언어습득 과정을 연구한 뉴욕대학의 심리학자 개리 마르쿠스Garry Marcus는 IQ의 유전적 기여를 약 60%로 보았습니다.[12] 그런데 IQ의 원형은 프랑스의 알프레드 비네Alfred Binet가 의무교육의 시행에 따라 발생한 문제였던 학습 지진아를 찾아내기 위해 창안한 일종의 정신연령 테스트였습니다. 즉, 동일 연령의 아이들 평균을 100으로 보았을 때 어느 정도 어울려 교육받을 수 있는지를 가늠하기 위해 창안된 학습지표였지요. 창안자인 비네는 IQ를 지능에 적용해 정량화된 수치로 사용하는 것에 동의하지 않았습니다.

하지만 제1차 세계대전 중 미국의 교육심리학자인 터만Lewis Terman은 170만 명의 병사를 대상으로 조사한 결과를 바탕으로 IQ가 지능 및 성취도와 관련 있다고 주장했지요. 그러나 이어진 많은 연구들이 그의 주장에 의문을 제기했습니다. 가령, 스탠포드대학의 월터 미셸Walter Mischel은 4~6세의 어린이 600여 명을 대상으로 유명한 실험을 했습니다.[5] 그는 어린이들에게 마시멜로를 1개 주고 즉시 먹거나, 아니면 20분 기다렸다 1개를 덤으로 더 받거나를 선택할 수 있다고 말하고 자리를 피해 주었습니다. 이들을 1970년대부터 16년간 추적한 결과, IQ가 아니라 '만족지연delay gratification' 능력이 높은 어린이들이 대입 관련 시험인 SAT 등 여러 분야에서 현저히 우수했습니다. 즉, 참고 기다린 그룹이 모든 면에서 월등했지요. 약 40년이 지난 2011년에 당시 대상자들을 다시 추적 조사했는데, 결과는 마찬가지였습니다. 만족을 뒤로 미루고 타인과 협동하며 한 곳에 집중하는 사람이 성공했지요.

사실, 수렴성 지적능력의 특정한 한 면만 보는 IQ 테스트는 발산성 사고능력이나 창의성은 전혀 가늠하지 못합니다. 미공군 조종사들의 적지敵地고립 생존시험 결과도 IQ와 전혀 무관하게 다양한 사고를 하는 사람의 성적이 우수하다 합니다.

기네스북의 IQ 최고기록은 228입니다. 1966년에는 만 4살에 210을 기록해 기네스북에 등재된 한국인도 있었습니다. 사실, 지금껏 IQ 200에 근접한 사람은 여럿 있었지만 눈에 띄는 성취를 이룬 사람은 드뭅니다. 미국이 낳은 최고의 물리학자 리처드 파인만은 학교 때 IQ가 125였다고 회고했습니다. 산업국가 도시인의 평균 IQ가 115이니 평균보다 조금 높은 수준입니다. 결정문제decision problem로 유명한 UC버클리의 세계적 수학자 줄리아 로빈슨Julia Robinson은 학창시절 IQ가 98였다고 했습니다. 몇 년 전 초등학생을 잔인하게 살해한 어느 소녀가 자신의 IQ가 얼마라고 자랑처럼 말한 적이 있습니다. IQ를 맹신하는 잘못된 풍조를 보여 주는 사례였습니다. 서번트증후군을 앓는 이의 놀라운 기억력과 계산 능력만 보고 지능이 우수하다고 할 수 없듯이 IQ도 인간 정신활동의 한 부분을 나타낼 뿐입니다. 『마음의 미래』의 저자 미치오 카쿠Michio Kaku는 IQ를 시험을 얼마나 잘 보는지 측정하는 테스트라고 꼬집었습니다. 12년간 영국왕립연구소장을 지낸 옥스포드대학의 신경의학자 수잔 그린필드Susan Greenfield도 IQ를 형편없는 지능 평가법으로 폄하했습니다.[14]

게다가 IQ에는 고려할 다른 측면도 있습니다. 앞서 설명했듯이 IQ는 같은 연령대에서 학습능력이 얼마나 있는지를 나타내는 지표입니다. 그런데 정신연령은 나이에 따라 바뀝니다. 당연히 IQ도 성장 중에 크게 변합니다. 사람의 지능에서 가장 중요한 부위는 이마엽(전두엽)의 가장 앞쪽에 있는 이마앞겉질(전전두피질)입니다. 이 영역은 다시 눈확겉질orbitofrontal cortex, OFC(안와피질)/배쪽안쪽겉질ventromedial prefrontal cortex, VPFC(복내측전전두피질)과 등쪽가쪽겉질dorsolateral prefrontal cortex, DPFC(배외측전전두피질)로 크게 나뉩니다.[54] 모자를 썼을 때 이마와 닿는 부근이지요.

문제는 지능을 결정짓는 대뇌겉질이 출생 후 어른으로 성장하면서 순차적으로 발달한다는 점입니다. 이마앞겉질의 경우 눈확겉질/배쪽안쪽겉질이 바깥쪽의 등쪽가쪽겉질보다 먼저 발달합니다. 그런데 사춘기 무렵 성호르몬들이 폭발적으로 분비되면 겉질의 연결 구조가 형성되기 어려워집니다. 따라서 이 시기 이마앞겉질의 발달이 지체된 아이들은 여러 면에서 뒤쳐져 보입니다. 사람에 따라 수년에 걸쳐 서서히 뉴런의 연결이 안정화되지요. 바꾸어 말해 어릴 때 높은 IQ를 보였던 아이들은 상대적으로 일찍 겉질이 발달한 경우입니다. IQ는 학습능력의 상대 지표이니 이런 아이들의 수치가 높을 수밖에 없지요. 앞서 기네스북 기록자의 IQ 228도 10세 때의 수치이며, 어른이 되어서는 132로 떨어졌습니다.

이마앞겉질의 성숙은 10대 후반과 20대 초반 사이에 이루어집니다. 이 시기가 지나야 비로소 도파민, 세로토닌, 노르에피네프린 등의 신경전달물질이 이마앞겉질에 제대로 방출되어 뇌의 층상구조와 경로들이 틀을 잡지요. 그래서 조울증躁鬱症, 거식증拒食症 등 모노아민계 신경전달물질과 관련된 정신장애도 이 민감한 시기에 주로 나타납니다. 이마앞겉질의 발달은 20대 초반에 비로소 종료되며, 30대 중반에 이르러야 뇌의 모든 회로가 안정화됩니다.

이러한 사실은 최근에 비로소 밝혀졌습니다. UC 어바인의 세계적 신경의학자 제임스 팰런James Fallon은 2013년의 저서 『사이코패스 뇌과학자』에서 18세에 군에 입대하는 제도는 끔찍하다고 했습니다.[54] 성격과 지능이 완성되는 민감한 시기이기 때문이지요. 그는 대학생 1학년과 4학년은 하늘과 땅 차이라고 했습니다. 학창시절에 나보다 공부를 못했는데 똑똑해졌다는 칭찬인지 흉인지 모를 말은 사실일 수도 있습니다.

대기만성大器晩成이란 옛 말이 있듯이 늦게 피는 인재가 많다는 사실을 옛사람들도 알았던 것이지요.

그런데 오늘날 우리의 교육현실은 어떤가요? 수학이나 과학 세계 경시대회에서 한국과 중국의 중고교생들이 수상을 휩쓰는데 정작 대학생 이후 성인들의 이 분야 성과는 크지 않은 것 같습니다. 문제풀이식 수동적 교육체계에서는 잘 참고 순응해 실수가 없는 학생이 좋은 대학에 입학하고, 이후 큰 노력이 없어도 평생 동안 인정받지요. 반면, 한참 예민할 나이에 숨 돌릴 틈 없이 강요되는 교육에 적응을 하지 못하거나 잠시 한눈을 팔면 환원 불능으로 진로가 결정되어 저평가의 낙인 속에 평생 고군분투孤軍奮鬪해야 합니다. 이 가혹한 결정이 뇌가 완성되고 있는 중간 혹은 초기 단계에 내려집니다. 원래 창의성 있는 인재는 특정 분야에 집중하는 경향이 있으므로 다른 면에 산만한 것이 정상입니다. 오히려 모든 과목에 우수하다면 특출하지 않은 범재凡才가 아닐까요?

제임스 팰런은 자신이 선천적 사이코패스라는 사실을 뇌과학자로 명성을 얻은 한참 후에 우연히 알았습니다. 암맹暗盲 비교를 위해 끼워 넣은 여러 장의 뇌 스캔 사진에서 발견한 사이코패스가 자신이었던 것입니다. 이를 계기로 그는 아버지 쪽 조상 중에 여러 명의 잔인한 사이코 살인자가 있었다는 사실도 알게 되었지요. 또, 자신의 과거 행동을 재분석해 이중적 악마의 흔적을 찾아내고 용감히 아내와 동료들에게 고백했습니다. 그럼에도 불구하고 그는 부모의 사랑, 가족과 주변 사람의 따뜻한 배려 덕분에 유전적 본성을 극복하고 많은 것을 성취했다고 고백했습니다. 우리의 지능도 이와 비슷하다고 생각합니다.

앞서 알아 본 서번트증후군을 앓는 사람들의 특수능력은 다양하지만 한 가지 공통점이 있습니다. 일반인의 상상을 초월하는 기억력입니다. 이들의 높은 기억력은 불필요한 정보를 삭제하는 뇌의 망각체계가 고장 났기 때문이지요. 잊어버리는 것도 중요한 능력인 셈입니다. 그렇다면 기억은 어떻게 뇌에서 만들어질까요? 30년 전만 해도 이에 대한 우리의 지식은 보잘것없었습니다. 이제 현대의 뇌과학 덕분에 많은 것을 알게 되었습니다.

사실 기억은 모든 마음 활동의 기본 바탕입니다. 이를 통해 과거의 사건을 불러내 재구성함으로써 '나'라는 정체성을 만들어 줍니다. 뿐만 아니라 우리의 매 순간 행동은 의식 혹은 무의식 속에서 불러온 과거의 경험을 참고해 만들어지고 있습니다. 이 과정은 세 단계로 나누어 생각할 수 있습니다. 새로운 경험을 뇌에 입력 → 주요 내용을 저장 → 다시 불러내어 재구성하는 세 과정이지요.

그런데 기억은 지속시간에 따라 단기기억과 장기기억으로 분류할 수 있습니다. 단기기억은 다시 감각기억과 작업기억으로 구분됩니다. 감각기억은 약 0.2~0.5초 동안만 감각기관에 남아 있다 곧바로 인지과정에 사용됩니다. 일종의 잔상과 비슷하며 저장되지 않지요. 한편, 작업기억은 다음 행동을 위해 약 20~30초 동안 잠시 유지되는 기억입니다. 방금 전에 들은 번호로 전화를 걸 때 동원되는 기억이 이에 속하지요. 이 과정은 정보가 섞이는 것을 방지하기 위해 최대 7개의 사실만 동시에 처리할 수 있습니다. 프린스턴대학의 밀러George A. Miller는 이를 매직넘버 7이라고 불렀습니다.

한편, 장기기억도 서술기억과 비서술기억으로 구분됩니다. 서술기억은 '나는 그날 눈을 맞으며 학교에 갔다'처럼 말로 설명할 수 있는 기억입니다. 의식으로 기억하는 과거의 사건, 사물의 명칭, 이해하여 터득한 추상적 의미나 지식이 이에 포함되지요. 반면, 무의식적으로 습득되는 비서술기억은 절차기억(예: 자전거 타기, 악기 연주), 연합학습(예: 종소리에 침 흘리는 개), 어떤 단서로 기억을 떠올리는 점화priming(예: 특정 물건을 보고 준 사람 떠올리기), 자극에 더 민감해지는 민감화나 무디어지는 습관화 등입니다. 서술기억이 '무엇'이라면, 비서술기억은 '어떻게'에 대한 기억이라고 할 수 있지요. 이처럼 기억은 여러 형태가 있지만 큰 줄거리는 대략 다음과 같습니다.

무엇보다 뇌가 없는 원시동물도 기억을 합니다. 오스트리아 출신의 미국 신경과학자 에릭 칸델Eric Kandel은 연체동물인 군소(바다민달팽이)로 기억을 연구해 2000년도 노벨 생리·의학상을 수상했지요. 그가 연구한 군소는 미국 서해안에 서식하는 한 종으로 뉴런의 수가 겨우 1만 개에 불과했습니다(사람은 860억 개). 그마저도 몸의 9곳 신경절에 분산되어 있어 연구에 이상적이었지요. 그는 기억에는 단기 및 장기기억이 있으며 그것이 분자적인 측면에서 어떻게 만들어지는지에 대해 밝혔습니다.

칸델은 침으로 군소의 아가미 호흡관을 건드리는 실험을 했습니다. 군소는 아가미를 움츠렸지요. 다음에는 호흡관이 아닌 꼬리에 강한 전기자극을 가했습니다. 깜짝 놀란 군소는 이전보다 더 크게, 더 오래 아가미를 움츠렸습니다. 몇 분 동안만 유효한 단기기억이 생긴 것입니다. 그러나 이를 여러 번 반복하자 약한 자극을 가해도 아가미를 크게 움츠렸습니다. 신경세포와 운동세포 사이에 새로운 연결회로가 형성되어 며칠, 몇 주 동안 유지되는 장기기억이 만들어진 것이지요.

칸델은 그 이유를 분자적으로 밝혔습니다.[55] 군소에 자극을 가했더니 몸의 신경세포에서 세로토닌이란 신경전달물질이 방출되었습니다. 세로토닌은 특정한 수용체분자와 결합했습니다. 그 결과 신경세포를 흥분시켰으며, 이어 세포 안에 있는 cAMP라는 물질이 증가하고 PKA라는 분자가 활성화되어 세로토닌의 분비가 더욱 촉진되었지요. 한마디로 신경전달물질이 많아져 전기신호가 뉴런 사이의 시냅스를 잘 통할 수 있게 만든 것입니다. 그런데 이때 생성되는 cAMP, PKA(2차 전달물질이라고 한다)라는 물질은 곧 분해되므로 분비가 오래 지속되지 않았습니다. 이것이 단기기억입니다.

장기기억은 달랐습니다. 반복적으로 자극을 받은 군소에서는 세포(뉴런) 속 cAMP 농도가 계속 높아지고, 이에 따라 PKA도 크게 활성화되는 점은 단기기억과 같았지요. PKA의 일부가 세포핵 속으로 들어갔습니다. 이들 분자는 세포핵 속의 크렙CREB이라는 단백질을 변화(인산화)시켰지요. 그런데 이들은 다름 아닌 뉴런의 회로 생성에 관여하는 10여 개의 유전자와 결합했습니다. 그 결과 뉴런 사이의 회로가 새로 만들어지기도 하고 억제도 되었지요. 자주 반복되는 회로는 강화하고, 쓰지 않는 연결은 제거하는 스위치 역할을 한 것이었습니다. 즉, 단기기억과 달리 장기기억은 뉴런의 연결회로 자체를 변화시켰습니다.

그런데 크렙 단백질이 조절하는 유전자가 합성하는 단백질들은 서로 복잡하게 작용하므로 시차를 두고 단계적으로 나타납니다. 따라서 단기기억과 달리 장기기억은 자극 후 몇 시간이 지나야 생성됩니다. 그 대신 일단 만들어진 회로는 조건에 따라 수일, 심지어는 평생 유지되기도 하지요.

그렇다면 뇌를 가진 고등동물인 척추동물은 어떨까요? 칸델은 장기기억의 '기억 유전자 스위치'라고 할 수 있는 크렙 단백질이 뇌의 해마에서 작동함을 밝혔습니다. 해마는 모든 척추동물, 특히 포유류와 영장류처럼 고등동물일수록 더 발달되어 있습니다. 이 부위가 기억과 관련 있음은 오래 전부터 알려져 있었지요. 가령, 해마가 손상된 쥐는 기억력이 떨어져 미로찾기 훈련을 반복해도 출구를 찾지 못합니다.

가장 유명한 사례는 2008년 사망 시까지 'H.M.'이라는 이니셜로 불렸던 환자이지요. H.M.은 9살 때 자전거 사고로 뇌를 다쳐 간질이 발생했습니다. 이후 증세가 악화되어 27살 때 불가피하게 해마를 제거해 간질은 어느 정도 치유되었지요. 그런데 수술 후 새로운 기억을 만들 수 없었습니다. 20초 이내의 방금 전 일만 기억했고 그 이상은 무슨 일이 있었는지 전혀 떠올리지 못했습니다. 그럼에도 불구하고 어린 시절의 추억 등 수술 전 사건은 잘 기억했지요. 또, 예전 습관이나 자전거 타기 등도 잊지 않았으며, 운동 작업을 새로 배우는 데도 문제가 없었습니다.

이러한 H.M.의 사례로부터 몇 가지 사실을 알 수 있었습니다. 첫째, 해마는 장기기억 중에서 서술기억을 새로 만드는 기능과 관련 있음이 분명했습니다. 둘째, 장기기억은 해마에 저장되지 않음이 분명했습니다. 해마가 없는데도 옛 일을 잘 기억했기 때문입니다. 셋째, 해마는 무의식적 장기기억인 비서술기억(자전거 타기 등)과는 큰 연관이 없습니다.

2,500개의 도로명을 외워야 면허시험에 합격하는 런던의 택시기사들은 일반인보다 (특히 경력이 많을수록) 큰 해마를 가지고 있다고 합니다. 일반적으로 뇌세포는 다시 생성되지 않지만 해마의 뉴런은 예외

여서 어른도 평균 1,400개가 매일 생깁니다.[56] 기억도 보관하지 않는데 런던 택시기사들의 해마가 커진 이유는 기억을 만들고 이를 불러내 처리하는 임무를 맡고 있기 때문입니다.

서술적 장기기억은 해마가 아니라 대뇌겉질에 저장됩니다(다음 박스 글 참조). 그런데 최근까지도 장기기억은 해마에서만 만들어지고 대뇌겉질은 저장만 한다고 생각했습니다. 그러나 노벨상 수상자인 MIT의 도네가와 스스무利根川進와 일본 과학자들은 기억이 해마와 대뇌겉질에서 동시에 형성된다는 사실을 2017년『사이언스』에 발표했습니다.[57] 즉, 쥐 실험 결과, 장기기억이 형성되는 초기에는 해마의 기억뉴런이 더 활성화되었지만 2주 후 동일한 자극을 가하자 대뇌겉질에 있는 뉴런만 발화했습니다. 이는 대뇌겉질에 만들어진 기억뉴런이 처음에는 불완전하지만, 해마와 신호를 주고받으며 며칠 후 성숙해짐을 의미했습니다. 연구진은 오래 남는 기억은 약 열흘 후에 비로소 안정해진다고 추정했습니다.

그런데 과거를 기억할 때뿐 아니라 미래를 계획할 때도 해마와 대뇌겉질의 등쪽가쪽겉질(배외측전전두피질) 사이의 연결부가 크게 활성화됩니다.[5] 이는 기억의 목적이 사전 시뮬레이션을 통해 미래를 예측해보는 데 있음을 강하게 시사합니다. 여러 번 강조했듯이 뇌는 먹거나 먹히지 않기 위한 예측을 위해 진화했지요.

한편, 대뇌겉질보다 기억을 더 잘 저장하는 부위가 있습니다. 다름 아닌 감정을 담당하는 편도체이지요. 공포나 격렬한 감정은 아드레날린 등의 호르몬을 급격히 방출시켜 도피하거나 싸울 수 있게 해 주므로 생존에 매우 중요합니다. 따라서 감정과 관련된 기억은 대뇌겉질이 아니라 편도체에 저장됩니다. 대뇌겉질에 저장된 논리적 서술기억에 비해 보다 밑바닥에 있는 편도체에 저장된 기억이므로 매우 공고하지요. 그래서 대부분의 사람들은 2001년 일어난 9.11 테러사건 당일 무슨 일을 했는지는 기억하지만 열흘 전인 8월 31일의 일은 전혀 떠올리지 못합니다. 마찬가지로 장기기억 중 무의식적으로 습득한 습관기억은 줄무늬체(선조체)에, 운동과 관련된 자전거 타기 등의 작업기억은 소뇌에 저장됩니다. 뇌 속 깊은 곳 부위일수록 보다 원초적인 기억을 저장하고 있지요.

시각적 기억이 만들어지는 과정

망막에 맺힌 시각정보는 시신경을 통해 뒤통수엽(후두엽)의 시각겉질이라는 영역에 들어가 여러 조각으로 분해된다. 이곳에 있는 V1~V8이라는 8개의 영역이 시각정보를 분할 처리한다(예: V1은 스크린 상, V2는 두 눈의 정보를 비교한 입체감, V3는 그림자 등을 분석한 거리감, V4는 색깔, V5는 움직임 등).

1차로 처리된 정보들은 이마앞겉질(전전두피질)로 보내져 분석, 통합되며, 이때 비로소 뇌가 형상을 만든다. 완성된 상은 해마로 전송되어 약 24시간 머물며 기억을 만든다. 이후 대뇌겉질과 긴밀히 신호를 주고받는 과정에서 불필요한 정보는 삭제된다. 정리된 기억정보는 여러 조각으로 쪼개 부호화된 상태로 대뇌겉질의 특정 위치에 저장된다(예: 시각기억은 뒤통수엽, 촉각기억은 마루엽, 단어는 관자엽 등)

한편, 기억들을 떠올릴 때는 해마가 대뇌겉질의 여러 곳에 흩어진 주소에서 정보들을 불러내어 통합하고 재구성한다. 한 개의 사건이라도 수많은 조각이 조립되어야 기억이 만들어진다. 사건의 내용은 기억나는데 언제, 누가 했는지가 떠오르지 않는 이유는 일부 주소를 찾지 못했기 때문이다. 또, 조립되는 정보의 위치와 순서가 바뀌면 원본과 다소 다른 기억이 될 수도 있다. 더구나 장기기억은 유전자와 단백질 등 물질의 합성이 개입되므로 내용이 조금 다르게 변할 수 있다. 또, 오래될수록 변질될 가능성이 높다.

해마가 이런 과정을 홀로 맡지 않고 정보를 쪼개 다른 곳에 보냈다가 다시 불러오는 번거로움을 하는 이유는 용량 때문이다. 해마는 양쪽 관자엽에 각기 1개씩 있는데, 부피가 3~4cc에 불과하다. 해마에는 CA1~CA4라는 4개 영역이 있다. 이곳에는 기억의 세부내용을 수십~수천 개의 뉴런이 무리 지어 패턴화한 매우 작은 뉴런클릭neural clique들이 있다.[62] 세분화된 뉴런클릭 정보들은 부호화되어(01001… 등) 저장된 것으로 추정된다.

마지막으로, 장기기억은 어떻게 오랜 기간 동안 유지될 수 있을까요? 우리는 수십년 전 어릴 적의 기억도 가지고 있습니다. 그런데 장기기억의 회로를 만드는 유전자 스위치인 크렙과 같은 단백질은 세포 안에서 몇 시간, 길어야 며칠 만에 대체, 분해되는 불안정한 물질이지요. 따라서 크랩단백질은 기억을 형성하는 데는 관여하지만 장기간의 저장과는 무관하며, 뉴런들의 작은 집합체들이 (해마의 뉴런클릭들처럼, 다음 박스 글 참조) 특정한 패턴으로 기억정보를 부호화하고 있다고 여겨집니다.

이 의문에 단서가 될 수 있는 연구결과들이 최근 제안되었습니다.[58] 첫 번째 후보는 군소를 연구했던 에릭 칸델의 컬럼비아대학 연구진이 2015년 제안한 것으로, 쥐에서 찾아낸 CPEB3라는 프리온과 유사한 단백질입니다.[59] 2장 초반에서 알아보았듯이 프리온은 바이러스보다 훨씬 작아 아직 기능을 완전히 모르고 있는 물질입니다. 연구진은 CREB3이 매우 안정한 물질이며, 장기기억에 관여한다고 추정했습니다.

두 번째는 2015년 UC 샌디에이고 연구진이 추정한 PNN[perineuronal net](신경세포주위연결망)입니다. 이는 일부 뉴런을 감싸고 있는 조직들인데 그 표면에는 수많은 미세 구멍이 있습니다. PNN표면이 장기기억의 저장소라는 추정이지요. 연구진은 PNN 구멍에 박힌 시냅스 단백질들이 돌처럼 안정하다는 결과를 발표했습니다. 물론 쥐로부터 얻은 결과여서 사람에게도 적용되는지는 더 규명되어야 하겠지만, 장기기억이 어떤 형태로 부호화되어 저장되는지는 뇌과학이 풀어야 할 큰 숙제입니다.

우리의 기억은 취약해서 쉽게 변질되거나 잊혀집니다. 수십년 전 졸업앨범 사진 속의 친구는 기억하는데 1시간 전 만난 손님이 어떤 색 옷을 입었는지는 가물가물하지요. 그러나 서번트증후군의 예에서 보듯이 망각은 건강한 뇌를 위해 꼭 필요한 기능입니다. 기능이 영구 손상된 치매환자가 아니라면 잠시 기억을 놓치는 건망증은 건강한 정신 현상입니다. 모든 것을 다 기억한다면 우리의 뇌는 정보로 넘쳐나 정작 요긴한 기억을 불러낼 때 큰 어려움을 겪을 것입니다. 사랑하는 사람의 죽음을 몇 년이 지나도 당시와 똑같은 감정으로 기억한다면 살 수 없을 것입니다.

일반적으로 기억력이 높은 사람일수록 스트레스에 잘 견딘다고 합니다.[32] 불필요한 정보를 버리는 능력이 앞서기 때문입니다. 한편, 가혹한 스트레스라도 동일한 상황을 여러 번 겪으면 점차 익숙해져 괜찮아집니다. 위험 상황이 아니라고 판단하는 뇌의 순기능 때문이지요. 1999년 프린스턴대학 연구진은 기억력과 관련 있는 NMDA수용체를 합성하는 NR2B이라는 유전자를 조작해 똑똑한 쥐를 만들었습니다.[60] 이 쥐들은 영리했지만 실수를 너무 많이 기억해 소심했고 지나치게 공포심이 많았다고 합니다. 이처럼 망각은 중요하지만, 잘 기억하고 싶은 것도 모두의 소망이지요. 방법이 있기는 합니다.

첫째, 당연한 이야기이지만, 기억을 강화하는 가장 쉬운 방법은 반복입니다. 뇌는 정보의 과부하를 막기 위해 오래된 기억을 지속적으로 삭제하고 갱신합니다. 특히 무의식적 비서술기억에 크게 의존하는 외국어 공부는 한 번에 하기보다는 짧은 시간이라도 하루에 여러 번 반복해야 효과가 있습니다. 유사 정보는 대략 6시간마다 반복해 외우면 효과적이라 합니다. 반면, 대뇌겉질의 논리적 사고에 의존하는 수학은 한 번에 집중해 공부하는 편이 유리하지요.

둘째, 그렇다고 해서 논리적 학습도 너무 오래 하면 효과가 떨어집니다. 장기기억은 크렙과 같은 단백질이 뉴런 연결을 만드는 유전자를 조절함으로써 일어난다고 했습니다. 이런 단백질들은 세포 안에 한정된 양만 있습니다. 학습을 기억하기 위해 이들을 일정 시간(약 6시간) 이상 사용하면 고갈되므로 다시 합성될 때까지 충분한 휴식이나 수면으로 기다려 주어야 합니다.[32] 벼락치기 공부가 비효율적인 이유이지요.

셋째, 기억은 감각기관을 동반하면 효과적입니다. 특히, 두뇌활동의 큰 비중을 차지해 항상 분주한 시각보다는 청각이 효과적입니다. 전화번호, 외국어 단어나 문장도 눈만 사용해 마음 속으로 읽지 말고 소리 내어 외우면 입과 청각 등 뇌의 정보가 서로 피드백을 주고받게 되어 훨씬 좋은 효과를 얻을 수 있습니다.

넷째, 기억이 떠오르지 않을 때는 맥락을 회상해 봅니다.[31] 뇌는 저장된 과거의 사건을 재생할 때 PC처럼 명확히 정해진 주소에서 정보를 인출하지 않지요. 그 대신 당시 상황이나 분위기 등의 전후 맥락을 종합해 가장 가깝다고 판단되는 정보들을 불러 모읍니다. 어떤 기억이 떠오를 듯 말 듯할 때는 당시 상황으로 돌아가보면 효과적입니다. 가령, 취중이었다면 취한 상태에서 더 잘 기억이 나지요. 또, 당시의 장소를 직접 가볼 수도 있습니다. 특히, 기억하고자 하는 사건의 바로 직전 상황을 회상해 보면 효과적입니다.

다섯째, 뇌에 적당한 긴장을 줍니다. 타성惰性은 기억의 적입니다. 특히, 뇌는 포식활동에 기원을 두고 있으므로 배고픈 상태가 되면 크게 활성화됩니다. 예일대학 연구진은 공복 시 위에서 분비되는 그렐린ghrelin호르몬이 해마에 도달하면 시냅스 활동이 30%나 증가함을 『네이처 뉴로사이언스』에 발표한 바 있습니다.[62] 식탐食貪이 있는 아이가 공부를 못한다는 속설은 어느 정도 근거가 있습니다. 공부하면서 먹는 군것질이나 밤참은 썩 좋은 방식이 아니지요.

여섯째, 인위적으로 하기는 어렵지만 희로애락의 감정이 개입되면 뚜렷이 기억하지요. 매우 슬픈 사건, 놀란 일, 큰 기쁨이 수반된 기억에서는 감정이 편도체에 저장되므로 훨씬 오래 기억될 수 있습니다.

일곱째, 자주 기억을 떠올리는 훈련입니다. 최근의 연구들에 의하면 장기기억은 기억을 불러내려 애쓰는 과정에서 더 강화됩니다. 떠올리려고 애쓰다가 찾아낸 기억은 쉽게 지워지지 않지요. 마지막으로 기억을 강화하는 데 빼놓을 수 없는 행위가 있습니다. 바로 잠입니다.

동물의 3대 본능 | 잠을 자는 이유

80세 수명을 사는 사람은 생애의 약 25년을 잡니다. 삶의 소중한 시간 상당 부분을 흘려보내는 셈이지요. 게다가 동물은 자는 동안 포식자에게 무방비 상태로 노출되므로 잠은 생명을 담보한 위험한 행동입니다. 그럼에도 불구하고 물고기나 바퀴벌레도 더듬이를 내리고 잠에 빠집니다. 수영을 멈추면 익사하는 돌고래도 하루 4시간씩 반쪽 뇌를 번갈아 가며 수면을 취합니다.

흔히, 식욕과 성욕을 동물의 2대 본능이라고 하는데, 수면욕睡眠慾은 어찌 보면 이보다 훨씬 강렬한 욕구입니다. 음식은 4주를 못 먹어도 버틸 수 있고 평생을 성생활 없이 독신자로 살아가는 종교인도 있지요. 그러나 잠은 며칠만 못 자도 죽습니다. 참호전쟁으로 불리는 1차 세계대전 중 수많은 병사들이 다가오는 적을 눈 앞에 보고도 졸다 죽었습니다. 이처럼 목숨과 바꿀 만큼 잠에는 강한 진화적 필요성이 있음이 분명합니다. 현재까지 밝혀진 잠의 주요 기능을 소개하면 다음과 같습니다.[63]

첫째, 세포의 보수 기능입니다. 인체는 낮 동안에 생체반응이 활발하고 자외선에 노출되므로 세포 안에 많은 돌연변이가 생깁니다. 따라서 활동이 적은 밤 시간이 세포의 보수나 돌연변이 제거에 좋은 때일 것입니다. 실제로 남조류 등의 일부 단세포생물은 자외선 손상을 막기 위해 밤에만 DNA를 복제합니다. 동물의 세포 보수는 수면 중에 집중적으로 이루어진다고 추정됩니다. 실제로 수면 부족이 면역력 약화로 이어진다는 많은 증거들이 있습니다. 가령, B형 간염 백신 접종자 대상 연구에 의하면, 정상 수면자의 항체수준이 하루 6시간 이하

수면자들보다 7배의 빈도로 높았습니다.[63] 쥐도 낮보다는 밤에 채취한 혈액에 종양 억제인자가 더 많다고 합니다.

둘째, 수면은 호르몬의 균형과 조절에 중요한 역할을 합니다. 시카고대학 연구진에 의하면, 4시간 수면을 이틀 계속한 사람은 식욕 호르몬인 그렐린의 분비가 28%나 증가해 비만에 취약해졌습니다. 5일 후에는 혈당 강하율도 40%나 감소했지요. 한편, 총 수면 시간 못지않게 잠자는 시간대도 중요하다고 여겨집니다. 특히, 대략 밤 10시와 새벽 2시 사이의 수면 중에 세포의 치유와 호르몬 조절이 집중적으로 이루어진다는 연구결과들이 있습니다. 이 시간대는 밤낮의 리듬을 알려주는 뇌 속의 눈, 즉 솔방울샘(송과선)이 멜라토닌을 가장 활발히 분비하는 때입니다. 유인원이 그렇듯이 인간도 해가 떨어지면 자도록 수백만 년 동안 진화해 왔습니다. 밤 늦도록 강한 백색 불빛에 노출된 것은 전기가 발명된 이래의 최근의 현상이지요. 산업국에서는 100년이 조금 넘었고, 개발도상국의 경우 몇 십 년밖에 안 됩니다. 게다가 조명기구가 아닌 TV, PC, 휴대폰의 빛은 더욱 심각해서 야간에 과도하게 쬐면 멜라토닌의 분비가 억제되어 수면에 결정적 장애가 됩니다.

2016년 옥스포드대학의 연구진은 밤에 노출되는 빛 중 특히 470nm(나노미터)의 파장이 가장 유해하다는 결과를 발표했습니다.[64] 부신副腎에서 분비되는 스트레스 호르몬인 코르티코스테론이 쏟아져 나와 잠을 쫓기 때문입니다. 상쾌하게 기상하고 맞이하는 아침의 파란 하늘 색이 바로 이 파장의 빛입니다. 예전에는 낮에만 있었던 이 빛 파장이 지금은 밤 늦도록 켜진 LED나 백열전등, 각종 전자기기 화면, 그리고 자다 일어나 켠 화장실의 형광등에서 쏟아져 들어옵니다.

반면, 붉은 파장의 빛은 수면에 그리 민감하지 않습니다. 석양의 노을 빛, 그리고 수백만 년 동안 우리 조상들이 해가 떨어진 후 동굴이나 야영지에 둘러앉아 쬐던 모닥불, 호롱불의 빛 파장이기 때문입니다. 30년 전만해도 우리는 간접흡연의 심각성을 크게 실감하지 못해 공공장소에서의 금연에 관대했습니다. 몇 년 후가 될지 모르겠지만 가로등과 같은 밤의 조명에 대해서도 비슷한 자각이 일어날 가능성이 큽니다.[65]

셋째, 수면의 또 다른 중요 기능은 노폐물 제거입니다. 뇌는 하루에 약 7g, 1년이면 대략 자체 무게만큼 노폐물을 배출합니다. 얼마 전까지도 과학자들은 뇌가 어떻게 이 작업을 수행하는지 몰랐습니다.[66] 또, 뇌에는 림프계가 없다고 생각했지요. 림프계는 혈관과 엮어져 혈액순환의 일부를 담당하는 통로로 세포의 노폐물 배출, 양분과 산소의 운반, 그리고 바이러스나 세균과 싸우는 면역기능을 맡고 있습니다. 뇌에도 림프계가 있다는 사실은 2013년 덴마크의 마이켄 니더고르Maiken Nedergaard가 발견했습니다. 그녀는 뇌혈관 주변을 도너츠 모양으로 둘러싸고 있는 공간 통로를 발견하고 이를 글리파계glymphatic system라고 이름 붙였습니다.

글리파는 신경아교세포glia와 림프lymph의 합성어입니다(뇌에는 뉴런의 숫자와 비슷하거나 조금 많은 약 1,000억 개의 신경아교세포가 있습니다). 뇌는 글리파계를 통해 노폐물을 제거합니다. 중요한 사실은 이 작업이 주로 수면 중 이루어진다는 점이지요. 그녀의 연구진은 수면 중에 쥐나 사람의 신경아교세포 크기가 줄어든다는 사실도 발견했습니다. 그 덕분에 뉴런 사이 공간이 더 확보되고 노폐물이 글리파계 통로를 따라 쉽게 씻겨 내려가지요. 니더고르의 연구는 2014년 『사이언스』가 선정한 최우수상Newcomb Cleveland Prize을 받았습니다.

넷째, 충분한 수면은 장기기억의 강화에도 매우 중요합니다. 수면이 부족하면 기억력, 집중력, 학습능력이 저하된다는 사실은 이미 잘 알려져 있었지요. 그 원인에 대해 그동안에는 수면이 기억과 관련된 특정한 회로를 강화하기 때문으로 생각했습니다. 그러나 최근의 연구들은 덜 중요한 연결을 약화 혹은 제거하는 기능이 이에 못지않게 중요함을 밝혀주었습니다.[67] 가령, 미국 위스콘신대학 연구진은 잠을 자고 나면 초파리의 시냅스가 작아진다는 결과를 2011년 6월 『사이언스』에 발표했습니다.[68] 이는 뇌가 정보의 과부하를 피하기 위해 덜 중요한 시냅스를 수면 중에 정리하기 때문으로 추정됩니다. 낮 동안에는 많은 정보가 뇌에 입력되므로 새로운 회로들이 형성되고 시냅스의 수와 크기가 증가합니다. 따라서 과도하게 늘어난 회로들을 밤 동안에 정리해 새로운 기억을 받아들이도록 준비한다는 설명입니다.

한편, 장기기억을 위해서는 시냅스의 정리정돈 못지않게 새로운 정보의 입력과 편집, 저장도 필요합니다. 이 작업은 정보의 충돌을 피하기 위해 수면 중에 주로 이루어집니다. 즉, 시각 등 다른 외부 정보가 차단된 상태에서 진행되지요(이는 잠을 잘 때 눈을 감는 이유이기도 합니다. 같은 맥락에서, 소파에 누워 TV를 보는 것은 휴식이 아닙니다. 눈을 감아야 진정한 휴식이라 할 수 있지요). 특히, 2013년 1월 『네이처 뉴로사이언스』에는 기억이 이마앞엽(전전두엽)에서 서파(느린 뇌파)가 나오는 깊은 수면 중에 강화된다는 결과가 발표되었습니다.[69] 덧붙여 연구진은 나이가 들수록 기억력이 떨어지는 원인도 해마가 아니라 이마앞엽이 쇠퇴해 서파의 깊은 수면 시간이 줄기 때문이라고 설명했습니다. 사실, 해마는 어른이 되어도 새 세포들이 매일 생겨나므로 치매가 아닌 이상 노년에도 기능이 크게 떨어지지 않지요. 아무튼 깊은 수면 중에는 해마가 낮의 활동 중 얻은 중요한 정보들을 기억으로 처리하기 위해 대뇌겉질과 통신한다고 추정됩니다. 잠자기 직전 읽은 책 내용이 더 잘 기억되고, 가물거리던 생각이 한숨 자고 나서 떠오르는 이유도 이 때문일 것입니다.

반면, 분노처럼 좋지 않은 감정을 풀지 않고 잠자리에 들면 강한 기억으로 남는다는 결과가 2017년 『네이처 커뮤니케이션즈』에 게재되었습니다. 잠들기 전 좋은 책을 읽거나, 명상 혹은 밝은 마음을 가지는 것이 얼마나 중요한지 알 수 있습니다. 또 다른 연구에 의하면 수면장애를 가진 사람이 그렇지 않은 사람보다 부정적 단어를 2배 이상 더 기억한다고 합니다.[63]

잠의 다양한 순기능은 잠의 단계에 따라서 각기 다르게 나타납니다. 수면은 크게 렘REM, rapid eye movement수면과 비렘non-REM수면으로 나눌 수 있지요. 렘수면은 문자 그대로 눈이 빠르게 움직이는 얕은 수면상태입니다. 이와 달리 비렘수면은 눈의 움직임이 없는 수면주기의 전반부로 N1, N2, N3의 3단계로 세분됩니다. 잠에 들어 비렘수면이 진행되면 뇌파는 점차 느려지고 진폭은 커지지요. 첫 단계의 얕은 수면인 N1(1~10분)에서 N2(10~25분), 매우 느린 1~4헤르츠의 서파가 안정적으로 나오는 깊은 수면 상태의 N3(20~40분)가 이어집니다.

비렘수면이 끝나면 마지막으로 15~25분 간의 렘수면이 찾아옵니다. 렘수면의 뇌파는 대체로 얕게 깨어 있는 상태와 비슷하지요. 이러한 수면 주기는 한밤중에 몇 차례 반복됩니다. 얕은 잠과 깊은 잠을 반복하며 뇌와 몸이 시소를 벌인다고 볼 수 있지요. 개인별, 그리고 몸 상태에 따라 다르지만 한 주기는 대략 90분입니다. 간혹 충분히 잤는데도 개운치 못한 경우는 수면주기의 중간에 깨어났기 때문일 수 있습니다. 반면, 주기의 끝인 얕은 상태 잠에서 깨어나면 상쾌하지요. 즉, 수면 시간은 주기의 배수인 6시간 또는 7.5시간이 바람직하다고 합니다.

자료 정리인가 리허설인가 | 꿈을 꾸는 이유

수면에서 특히 흥미로운 단계는 렘수면입니다. 의식도 무의식도 아닌 상태인 꿈의 주 무대이기 때문이지요. 적어도 75% 이상의 꿈이 렘수면 중 나타납니다. 서파의 비렘수면은 사람은 물론 곤충이나 어류, 양서류, 파충류에도 있는 원초적 형태의 잠입니다. 이에 비해 렘수면은 지능 높은 동물인 조류와 포유류에만 나타납니다. 사람의 경우, 26주 된 태아는 자는 시간의 100%, 신생아는 50%가 렘 상태이지요. 그러나 성년이 되면 25%로 줄고 노년에는 15%가 됩니다. 이로 미루어 꿈이 뇌의 신경망 형성과 관련이 있다고 추정됩니다. 일반적으로 건강한 성인의 렘수면 비율은 밤이 깊어질수록 길어져 수면 초기에는 20분이지만 아침 무렵에는 훨씬 길게 지속됩니다.

렘수면에 들어가면 심장박동과 호흡이 증가하고 성기와 음핵은 자주 발기합니다. 뇌파의 수준은 얕게 깨어 있는 상태와 유사하지요. 그럼에도 불구하고 몸은 완전히 마비상태가 되어 수면 중 40여 회나 뒤척이는 움직임도 이때는 없습니다. 축 늘어져 수평으로 누운 상태가 아니면 렘수면이 잘 찾아오지 않으며, 따라서 책상에 엎드려 자면 꿈을 꾸기가 어렵습니다. 이는 뇌의 운동중추가 근육으로 운동 신호를 보내지만 뇌줄기(뇌간)에서 방출하는 신경전달물질이 시냅스 연결을 억제하기 때문입니다.

한편, 꿈을 꿀 때는 기억을 처리하는 해마, 시각 관련의 시상, 감정조절과 정서를 담당하는 편도체 및 앞띠다발겉질(전대상피질) 등이 활성화됩니다. 반면 억제되는 부위로는 이성적인 판단과 인지를 담당하는 등쪽가쪽겉질(배외측전전두피질), 감정을 통제하고 도덕적 판단을 내리는 눈확겉질orbitofrontal cortex(안와피질), 적절한 자세를 취하도록 운동중추에 명령 내리는 마루엽(두정엽) 등입니다. 꿈은 이처럼 각기 다른 기능을 가진 뇌의 부위들과 연관되어 있습니다. 그렇다면 왜 꿈은 렘수면 중에 주로 나타나며, 또 그 기능은 무엇일까요? 여러 가설이 있지만 지난 20여 년의 연구는 꿈이 복합적 기능을 가진 진화의 산물임을 말해 줍니다. 몇 가지를 소개하면 다음과 같습니다.

첫째, 꿈이 낮 동안에 입력된 방대한 정보를 처리하는 과정이라는 설명입니다. 특히 이 과정에서 기억이 생성, 재편, 강화된다고 보는 학자들이 많습니다. 꿈 분야의 세계적 권위자인 하버드대학의 앨런 홉슨Allan Hobson은 뇌는 뇌줄기(뇌간)에서 올라오는 방대한 정보를 가공해 정리하기 위해 노력하는데, 그 과정의 일부가 꿈이라고 정의합니다. 그런데 정보를 정리하려면 운동신경과 감각정보를 최대로 차단한 오프라인 상태를 유지하고 이성적 판단을 맡은 이마앞엽(전전두엽)도 비활성시켜야 할 것입니다. 그렇지 않고 켜 놓고 정리한다면 대뇌겉질들은 매우 커야 하며, 따라서 고등동물의 높은 지능은 출현하기 어려웠을 것입니다. 많은 신경과학자들은 뇌가 이처럼 겉질의 판단 기능을 잠시 꺼둔 상태에서 낮의 정보들을 정리하고 여러 조합을 시도해 보는 과정이 렘수면의 꿈이라고 봅니다.[70] 즉, 낮에 입력된 여러 데이터들을 정리, 압축, 삭제하는 과정에서 뒤섞인 장면들이 튀어나오는 현상이 꿈이라고 봅니다.

한편, 많은 신경과학자들은 기억도 이 과정에서 만들어지거나 새로 덧붙여지면서 강화된다고 보고 있습니다. 특히 의식적인 서술기억보다는 무의식적인 비서술기억이 램수면에 더 크게 의존한다고 추정합니다. 가령, 음악 연주나 무용 등의 비서술적 절차기억(훈련에 의한 학습기억)은 습득 후 2~3일 자고 나면 기량이 향상된다는 증거들이 있습니다.[70] 이와 달리 해마에서 처리되는 스토리 위주의 서술기억은 렘이 아니라 서파의 깊은 수면에서 이루어진다고 보고 있습니다.

물론 렘수면도 서술기억에 중요한 역할을 한다는 반론도 있습니다. 즉, 서술기억의 정보들은 렘 상태에서 정리되고 부호화되지만, 다만 대뇌겉질로 옮겨지는 시기가 비렘수면의 깊은 수면 때라는 주장입니다. 서술기억과 관련 있는 해마가 꿈을 꿀 때 활성화된다는 사실은 이를 어느 정도 뒷받침합니다. 수면 초기에는 감각적인 비서술기억이 주를 이루다가 깨어날 무렵에는 스토리가 있는 작화적[作話的] 서술기억으로 옮겨간다는 분석도 있습니다.[14] 어느 쪽이든 서술기억은 약 10여 일 후에 완성됩니다. 실제로 중요한 사건을 경험한 후 며칠 동안은 그 내용이 꿈에 나타나지 않습니다. 대략 1주일~10일쯤 지나야 나타나지요. 하루 종일 붉은 색안경을 끼고 생활한 후 1~2주가 지나면 붉은색 꿈을 꿉니다. 이는 크렙 등의 기억 단백질이 해마에서 며칠의 시간을 두고 합성되며, 대뇌겉질로 옮겨져 안정화되는 데 약 10일이 걸린다는 최근의 연구결과와 일치합니다.[57]

아울러 오래된 기억일수록 수면주기가 여러 번 진행된 아침 무렵에 강화되는 것으로 보입니다. 이는 꿈의 전반부가 최근 사건이 많은 데 비해 과거 일은 후반부에 주로 나타나는 데서 유추할 수 있지요.

그래서인지 꿈을 잘 기억하는 사람은 오래 전 어린 시절의 사건을 평균 이상으로 기억한다고 합니다. 또, 꿈을 잘 기억하는 사람은 공상, 창조적 생각, 시각적 미술에 흥미를 가지는 경향이 크다고 합니다.[14] 간혹 꿈을 거의 꾸지 않는다고 주장하는 사람들이 있는데, 사실은 기억하지 못할 뿐입니다.

한편, 서술적 꿈의 특징은 사건의 장소와 시간, 인물이 온통 섞이고 돌연한 변화가 뒤따릅니다. 이는 논리적, 이성적 판단을 담당하는 이마앞엽의 일부가 비활성화되기 때문이지요. 그럼에도 불구하고 이야기가 꾸며지는 이유는 매사를 해석하려는 좌뇌의 겉질 일부가 꿈 중에도 항시 깨어 있기 때문이라고 합니다.[70]

꿈의 또 다른 특징은 시상視床부위가 활성화되므로 매우 시각적이라는 점이지요. 반면, 촉각, 후각, 미각, 청각은 꿈 속에서 매우 미약합니다. 원래 시각 처리는 먹고 먹히지 않기 위해 진화한 뇌에서 가장 중요한 임무였습니다. 따라서 최근에 진화한 고차원의 인식 활동, 즉 수학문제를 풀거나 계산하는 일은 꿈에서 극히 드뭅니다.

꿈의 마지막 특징은 운동이 먹통이 된다는 점입니다. 공간 정보를 종합하는 마루엽(두정엽)과 운동을 실행하는 소뇌 사이에 연결이 약해지므로 공중을 날고, 뛰어내리고, 헤엄치는가 하면 어떤 때는 도망가려 애쓰는데 몸이 말을 안 듣지요.

꿈의 기능에 대한 두 번째 가설은 위험 상황에 대한 심리적 예행연습이라는 설명입니다. 즉, 미래의 예측을 위해 꿈이 진화했다는 주장이지요.[63] 실제로 꿈의 내용을 분석해 보면 상당 부분이 부정적 감정, 즉 공포나 불안감과 관련이 있습니다. 꿈 중에는 감정적 기억을 담당하는 둘레계통과 편도체, 그리고 정서를 제어하는 앞띠다발겉질

(전대상피질)이 활성화되기 때문입니다. 쫓기고, 추락의 위험에 두려워하고, 시험에 실패하고, 당혹스럽게 대중 앞에 나체가 되고, 준비가 안 되어 불안해하는 어두운 감정의 이야기가 꿈 내용의 70%를 이룹니다. 남자의 경우 행정이 잘못되어 다시 군대에 가는 꿈을 몇 십 년 후에도 꿉니다. 반면, 기쁘고 즐거운 내용은 드물지요. 포식자를 피해 생존하려면 즉각적인 판단이 필요한데, 이러한 어두운 감정의 상황에 대처하기 위해 평상시에 하는 리허설이 꿈이라는 설명입니다.

세 번째 가설도 꿈이 불안이나 어두운 감정과 관련 있다는 점에서는 같습니다. 그러나 위험에 대한 예행연습보다는 부정적 감정을 완화하기 위해 꿈을 꾼다고 설명합니다. 가령, 2001년 9·11 테러 당시 추락사의 끔찍한 광경을 목격한 사람들은 1~2주 후부터 악몽을 꾸기 시작했습니다. 그러나 몇 달이 지나자 같은 내용의 꿈인데 사람들이 낙하산이나 우산을 펼치고 떨어지는 덜 끔찍한 장면으로 서서히 바뀌었다고 합니다.[14] 꿈을 통해 공포나 슬픔 등의 어두운 기억이 점차 지워지면서 정서가 조절되는 셈이지요. 그렇지 않고 사랑하는 사람을 잃은 슬픔을 당시와 같은 강도로 평생 유지한다면 견디기 어려울 것입니다. 반면, 우울증 환자는 렘수면이 반복될수록 부정적 감정이 오히려 더 강화되는 경우가 많다고 합니다.

이상 살펴본 꿈의 기능에 대한 여러 가설들은 아마도 상호 보완적이고 복합적인 듯합니다. 꿈 연구의 세계적 권위자 캘빈 홀Calvin Hall은 40여 년간 약 5,000건의 꿈 내용을 분석한 바 있습니다. 그 결과 꿈의 내용은 며칠 혹은 몇 주전 개인의 주변에서 일어났던 경험일 뿐이라는 결론에 도달했습니다. 즉, 미래 예측이나 특별한 의미를 부여할 수 없다는 설명입니다. 만약 일어날 미래를 꿈이 예측했다면 무의식 속에 저장된 수많은 정보 중에서 원하고 싶은 잠재적, 혹은 의지적 내용을 끄집어내 기억했기 때문이라고 합니다. 잘 알려진 대로 의식적이건 무의식적이건 의지나 암시가 미래 사건을 바꿀 수 있음을 우리는 자기최면을 비롯한 많은 예에서 알고 있습니다.

더 나아가 캘빈 홀은 꿈이 무의식뿐 아니라 자아의 인식과도 깊은 관련이 있다고 지적했습니다. 5세 이하 어린이의 꿈은 조용한 풍경처럼 정적靜的인 이미지가 주를 이룬다고 합니다. 5~8세가 되어야 비로소 자신이 주인공인 이야기 꿈을 꾸지요. 어른의 꿈은 거의 100%가 자신이 주인공입니다. 그런데 무의식이나, 의식 그리고 '나'라는 인식은 어떻게 뇌에서 만들어질까요? 이것이 이어지는 절의 주제입니다.

모였다 흩어지는 뜬구름 | 의식이란?

깨어 있는 상태의 정신작용을 의식意識이라고 말하지요. 우리는 이를 통해 자신과 외부 세계를 인식하며, 희로애락을 느끼고 무슨 행동을 할지 결정합니다. 한마디로 의식은 우리가 통상적으로 생각하는 정신활동이어서 대체로 마음과 동일한 의미로 사용해 왔지요. 그런데 예로부터 마음이 육체를 조종한다는 믿음이 널리 퍼져 있었습니다. 서양에서는 근대철학의 아버지로 불리는 데카르트가 마음이 육체와 다르다는 심신이원론을 주장했고 많은 사람들이 이에 동감해 왔습니다. 더 나아가 의식이나 마음을 영혼이라는 개념으로 확대시키기도 했지요. 썩어 없어지는 육신과 달리 영혼은 불멸하며 개인의 고유한 실체라는 믿음이 동서양에 널리 퍼져 있었습니다.

그러나 의식이 마음의 전부가 아니라는 생각이 지난 세기부터 싹터 왔습니다. 독일의 철학자 니체Friedrich W. Nietzsche는 의식되지 않는 내적 욕망이나 충동을 처음 강조했지요. 이어 프로이트는 무의식을 인간 정신활동의 중요한 부분으로 격상시켰습니다. 무의식은 잠을 잘 때나 마취, 최면, 혹은 뇌사 상태처럼 깨어 있지 않거나 잠재되어 있는 정신을 말하지요. 프로이트는 의식이 이성과 감정의 자취인데 반해, 무의식은 비이성의 흔적이라고 했습니다. 그의 생각은 사실이 아니지만 무의식이 정신활동의 중요한 측면임을 강조했다는 점에서 마음에 대한 우리의 이해에 큰 기여를 했지요. 정량화 된 숫자로 말하기는 어렵지만 인간 정신활동의 상당 부분이 무의식 속에 잠재되어 있는 것은 사실입니다.

하지만 의식과 무의식, 마음은 20세기의 후반까지도 철학이나 심리학, 종교에서 다룰 주제였지 과학 연구의 대상으로 심각하게 생각하지는 않았습니다. 이 장의 첫 부분에서 언급한 호주의 철학자 데이비드 찰머스는 의식에는 과학으로 풀기 어려운 '근원적인 난제hard problem'가 있다고 주장했지요.

그러나 뇌과학에 기반해 의식을 설명하려는 본격적인 시도들이 1990년대 이후 시작되었습니다. 첫 시도는 노벨 의학·생리학상 수상자인 제럴드 에델만Gerald Edelman이 자신의 면역계 연구결과를 신경과학에 적용한 저서 『신경다윈주의』였습니다.[71] 그는 수백억 뉴런들은 논리적 규칙이 아니라 자연선택적 방식으로 회로가 시시각각 만들어지며, 그 과정에서 의식이 나타난다고 제안했습니다. 그에 의하면 뇌는 외부 환경에 대처하기 위해, 감각정보나 외부 자극의 형태에 따라 각기 다른 시냅스 연결 강도를 가지는 다양한 회로들을 활성화합니다. 이 과정에서 일부 특정한 회로들이 경쟁을 통해 자연선택된다고 보았습니다. 여기서 선택된 회로들은 시공간적 일관성을 가지기 위해 서로 신호를 주고받으며 조율하는데, 이때 나타나는 통일된 표상表象이 의식이라는 당시로서는 매우 독창적인 설명이었지요.

에델만의 견해를 이어받아 의식을 실험실의 과학으로 올려놓은 핵심 인물이 프랜시스 크릭Francis Crick과 크리스토프 코흐Christof Koch입니다. DNA 분자구조를 밝혀 노벨상을 수상했던 크릭은 인생의 후반부를 의식의 연구에 바쳤습니다. 임종을 맞는 침대에서까지 논문을 작성했을 만큼 모범적인 연구자였던 그는 40살 연하의 코흐와 15년에 걸친 격의 없는 공동연구를 수행했지요. 코흐는 원래 독일 튜빙겐대학에서 수리물리학을 전공했던 과학자입니다. 그는 2004년 크릭의 사후에도 의식에 관한 연구를 이어갔지요. 두 사람은 의식이 뇌의 모든 영역이 아니라 특정한 몇 무리의 뉴런에 의해 주도적으로 이루어진다고 보고, 이들을 '의식을 만드는 뉴런 상관체'라는 뜻의 NCCneural correlates of consciousness라고 이름 붙였습니다.[72] 그들은 의식에 대한 연구가 초기단계인 점을 감안해 주로 시각과 관련된 NCC를 찾는 데 집중했습니다.

코흐와 크릭이 설명하는 의식은 다음과 같습니다. 먼저, 감각기관에서 올라온 정보들은 고차원의 사고를 담당하는 대뇌의 바닥핵(기저핵)과 겉질의 수많은 영역에서 서로 되먹임feedback하며 차례로 정리됩니다. 이 과정에서 (아마도 회로를 최소화하기 위해) 몇몇 특정한 뉴런 연합체만이 살아남아 의식을 만든다고 보았습니다. 두 사람은 특히 뇌 상층부의 겉질영역에 있는 극소수 혹은 하나의 뉴런 연합체만이 살아남는다고 추정했습니다. 왜냐하면 의식은 긴급상황에서 신속히 판단하고 미래를 계획하는 기능을 맡고 있는데, 겉질영역이 여러 작업을 동시에 한다면 비효율적이기 때문이지요. 즉, 의식은 중요하거나 특별한 상황을 처리하는 과정에서 나온 뇌의 작용이라는 관점입니다.

한편, 나머지 패배한 수많은 뉴런 연합체들은 좀비처럼 살아남아 잠재적으로 활동하는데, 이들이 무의식이라고 보았습니다. 코흐는 의식수준이 낮은 하등동물의 뇌에는 무의식적 좀비 작동체들만 존재할 것이라고 보았습니다. 그 대신 무의식은 외부 감각자극에 대해 일시적이지만 빠르게 반응하는 강점이 있다고 보았지요. 이 경우 정보는 뉴런들의 한쪽 방향으로만 흐르는데, 이를 '네트워크 파동'이라 불렀습니다. 반면, 의식과 관련된 정보 흐름은 보다 느리지만 양방향으로 서로 주고받으며 흘러가는 '정상파定常波'로 보았습니다. 정상파란 한정된 공간에서 진폭과 진동수가 같은 파동들이 서로 반사되어 양쪽 방향으로 이동하며 합성되는 파동을 말합니다. 기타 줄을 튕기거나 피리를 불 때 생기는 파장이지요.

크릭과 코흐의 설명대로라면, 의식을 만드는 뉴런들의 회로는 소수에 불과하며 나머지 대부분은 무의식에 참여합니다. 이 상황을 『마음의 미래』의 저자 미치오 카쿠는 '규모가 큰 주식회사'에 비유했습니다.[5] 큰 회사에는 일상적인 일을 처리하는 수많은 평직원들이 있지요. 그들은 서로 협력해 일하지만 각자 맡은 업무가 달라 회사의 중요 운영정책을 잘 모를 수 있습니다(통상적인 생체반응을 처리하는 뇌의 무의식과 유사). 대리나 팀장은 평직원에 비해 크게 나을 바는 없지만 정전 등의 비상상황이 오면 자기 선에서 신속히 처리할 수 있는 작은 재량권은 있지요(중요한 감정을 처리하는 무의식 작용). 하지만 위로 올라갈수록 보고되는 정보는 걸러지고 내용의 중요성도 커집니다. 맨 위의 CEO는 평직원이나 중간간부의 세세한 작업내용은 모릅니다. 그러나 보고

받은 핵심 내용들만 종합해 회사의 중요 정책을 결정하지요(뇌의 의식 작용). 우리의 정신활동도 이처럼 계층적 질서를 가진 수많은 분업체들이 집합적으로 작용한다는 설명입니다.

다만, 뇌가 주식회사와 근본적으로 다른 점이 하나 있습니다. 무엇보다도, 회사에는 결정을 내리는 CEO의 실체가 분명하지만, 뇌에서는 그가 (혹은 그들이) 누구라고 말할 수 없습니다. 게다가 주인이 시시각각 바뀝니다. 구성원 중 일부가 서로 연합해 CEO가 되었다가 순간적으로 평사원이나 중간 간부로 바뀌지요. 마치 지휘자 없이 연주되는 즉흥곡과 흡사합니다. 처음에는 관악기가 곡을 주도하다 타악기가 이어지며, 다시 피아노 독주가 이어받는 식이지요.

이와 달리 12년간 영국 왕립연구소장을 지낸 옥스포드대학의 신경과학자 수잔 그린휠드는 소수의 뉴런 회로가 의식을 생성한다는 크릭과 코흐의 의견에 동의하지 않습니다. 그녀는 뇌 속의 수많은 뉴런들이 순간적으로 서로 동기화하고 협동함으로써 의식이 생긴다고 반박합니다.[73] 특히, 발화하는 뉴런의 숫자가 중요해서, 많을수록 동기화와 협업이 원활해 의식의 생성에 유리하다고 주장합니다. 예를 들어, 마취상태나 꿈처럼 의식이 희미한 상태는 활성화되는 뉴런의 수가 부족하기 때문이라고 설명합니다. 추산하기로는 (현재의 영상기술로는 아직 정확성이 떨어지지만) 약 1/4초 사이에 뉴런들이 협업을 통해 의식을 만들었다가 1/2초 이내에 해체되어 다음 의식으로 이어진다고 보았습니다.[14] 다수의 뉴런들이 네트워크를 형성했다 해체되는 과정에서 의식이 만들어진다는 설명이지요.

사실, 크릭이나 코흐도 의식이 순간적으로 이합집산하는 뉴런의 연결이라는 점에는 전적으로 동의합니다. 다만 그 과정에서 특정한 뉴런의 집합체가 중요한 역할을 한다는 것이지요. 그래서 그들은 NCC를 의식의 원인체가 아닌 상관체correlates로 명명했습니다. 코흐는 2012년의 자서적 저서 『의식-낭만적 환원주의자의 고백』에서 의식은 창발 현상의 결과로 출현했으며, 궁극적으로는 물리학이나 화학으로 설명이 가능하다는 신념을 피력했습니다.[3] 물론 의식에 대한 연구는 아직 초기단계에 머물고 있어 세부 메커니즘을 이해하기까지는 넘어야 할 많은 산이 있지만 큰 모습은 파악되었다는 입장이지요.

2장에서 살펴보았듯이 창발이란 어떤 단계에 이른 복잡계에서 이전에는 없었던 새로운 성질이 나타나는 현상입니다. 신경세포가 크게 늘어난 동물의 뇌에서 네트워크의 복잡화 진화가 어느 단계에 이르자, 의식이라는 창발 현상이 일어났다는 것입니다. 이 장의 전반부에서 알아보았듯이 뇌가 만들 수 있는 시냅스 연결의 경우의 수는 어마어마합니다. 창발을 비롯해 복잡계의 네트워크 구조에서 일어나는 여러 현상들은 최근에야 비로소 이해되기 시작했으며, 향후에는 더 잘 파악할 수 있을 것입니다.[74] 의식이 복잡계에서 출현한다고 생각한 과학자는 이미 20세기 전반에도 있었습니다. 대표적인 인물 중에는 북경원인 화석을 발굴한 유명한 고생물학자이자 예수회 신부였던 떼야르 드 샤르뎅Pierre Teilhard de Chardin입니다. 프랑스 과학아카데미 회원이었던 그는 『인간현상Le phénomène humain』에서 복잡화는 필연적으로 의식을 창조하며, 인간만이 의식을 가졌다는 생각은 실증적 근거가 없다고 했습니다(다만 그는 복잡화는 멈추지 않으므로 의식은 최종단계인 오메가점으로 진화한다고 다소 종교적인 해석을 했습니다. 1930년대 말 집필된 이 책은 교황청의 금서목록에 묶여 있다가 그의 사후인 1955년 출판되었습니다).

아무튼 의식은 몸과 뇌가 외부세계와 상호 반응하는 과정 중에 뉴런들이 일부이건(코흐, 크릭) 전체이건(그린휠드) 이합집산되면서 순간적으로 나타나는 표상들의 연속임은 분명합니다. 여기에는 주체도 실체도 없지요. 끊임없이 변화하는 환영幻影의 이어짐에 불과합니다. 마치 수많은 수증기 분자들이 모였다 흩어지며 만드는 구름과 흡사합니다. 매 순간 변하는 구름의 모습은 실체가 아니지요. 햇빛을 받아 수증기 분자가 흩어지면 구름은 없어집니다.

의식도 마찬가지이지요. 일시적으로 이합집산하는 뉴런의 네트워크 연결이 실체일 수는 없습니다. 삶이 다해 신경세포가 해체되면 그 근거도 사라집니다. 육신은 사라져도 마음이나 영혼은 남는다는 주장은 적어도 과학의 견지에서 볼 때 사실일 수가 없습니다. 그렇다고 허무하거나 슬퍼할 일은 아닙니다. 기뻐할 일은 더욱 아니지요. 그냥 그럴 뿐입니다. 원래 희로애락 자체가 의식이 만든 허상이 아닌가요?

내 마음 나도 몰라 | 자유의지는 환상인가?

의식 활동을 다시 세분해 보면 내가 있음을 단순히 감각으로 인식하는 수동적 요소와, 욕구나 목적을 충족시키려는 의도처럼 능동적인 요소가 있습니다. 후자, 즉 능동적으로 무엇을 하겠다는 마음의 행위를 우리는 자유의지라고 부르지요. 당연히 우리 모두는 자유의지를 가지고 있으며, 스스로의 뜻에 따라 행동하는 주인이라고 생각합니다. 그렇기 때문에 선행과 악행의 모든 책임은 개인에게 있다는 사실을 의심치 않지요. 그런데 뇌과학은 자유의지가 환상일 가능성을 강하게 시사하고 있습니다.

발단은 미국의 벤자민 리벳Benjamin Libet이 1980년대에 행한 실험으로부터 나왔습니다. 그의 실험은 원래 뇌 속에서 결정이 내려진 후 얼마 후에 동작이 실행되는지를 측정하려는 목적이었습니다.[75] 이를 위해 피실험자들의 머리와 오른쪽 손목에 뇌전도EEG 측정 전극을 부착했지요. 그리고 원하는 시점 아무 때나 손목을 움직이라고 했습니다.

측정결과는 뜻밖이었습니다. 먼저, 피실험자가 손을 움직이겠다는 결정을 뇌에서 내리고 0.15초 후에 근육이 움직였습니다. 이는 예상했던 결과였습니다. 문제는 손의 근육이 움직이기 0.55초 전에 이미 뇌에서 '준비전위readiness potential, RP'라는 전기활동이 일어났다는 점입니다. 준비전위란 1964년 독일의 과학자가 발견한 현상으로, 수의隨意운동(스스로의 의지로 행하는 몸의 움직임)이 일어나기 직전에 대뇌겉질의 광범위한 영역에서 나타나는 뇌파활동을 말합니다. 한마디로 근육의 움직임을 준비하는 과정에서 나타나는 뇌의 전기활동입니다. 그런데 리벳의 실험결과에 의하면, 뇌에서 준비전위가 먼저 발생하고 그 후 약 0.4초 후에 움직이겠다는 결정이 내려졌으며, 다시 0.15초가 지나 근육이 움직였습니다. 다시 말해, 운동을 준비하는 뇌의 전기활동이 먼저 있고, 그 다음에 움직이겠다는 마음이 생겼다는 의미입니다.

리벳은 이후 여러 해에 걸쳐 약 40여 회의 비슷한 실험을 반복했는데 결과는 크게 다르지 않았습니다. 그의 연구는 당연히 큰 논쟁을 불러왔지요. 일부에서는 실험 설계상의 문제가 있다거나 측정된 시간의 차이가 너무 작아 신뢰성이 떨어진다는 지적도 있었습니다.

이러한 문제점을 확인하기 위해 2008년 독일 막스플랑크연구소 베를린 의대의 헤이언즈John-Dylan Haynes 팀은 최첨단기기를 사용해 정밀한 실험을 했습니다.[76] 연구진은 피실험자들이 원하는 시점에 오른쪽 혹은 왼쪽 버튼을 누르도록 하고, 이때 일어나는 뇌의 fMRI 영상을 조사했습니다. 결과는 리벳의 실험보다 더 충격적이었습니다. 피실험자가 버튼을 누르겠다고 마음먹은 시간보다 무려 10~8초 전에 판단을 관장하는 대뇌겉질의 영역이 활성화되었기 때문입니다. 뿐만 아니라 근육의 수의운동을 통제하는 운동겉질도 결정을 내린 시간보다 5초 전에 활성화되었습니다.

2011년에는 UCLA의 연구진이 이를 더욱 보완하는 연구결과를 발표했습니다.[77] 이들은 대뇌겉질의 보조운동영역supplementary motor area, SMA이라는 곳에 있는 뉴런의 전기활동을 12명의 피실험자를 대상으로 조사했습니다. 연구진은 여기서 나온 겨우 256개 뉴런의 전기적 활동만 보고 피실험자들이 손가락을 움직일지 아닐지를 뇌가 결정하기 0.7초 전에 80%의 확률로 알아 맞혔습니다.

어떤 행동을 하기로 마음먹기도 전에 뇌가 이미 움직임을 준비한다는 리벳과 헤이언즈의 실험은 자유의지의 존재를 다시 생각하게 만들었습니다. 한마디로, 우리가 자발적이라고 생각하는 행동은 스스로 결정하는 것이 아니라 끊임없이 이합집산하는 뉴런들의 전기활동이 우연히 만든 결정을 통보 받아 실행한 결과로 해석될 수 있지요.

그럼 자유의지는 환상일까요? 대부분의 선도적 뇌과학자들은 그렇다고 생각합니다. 물론 반론도 있지요. 주로 철학자와 심리학자들이 제기하고 있습니다. 대표적인 철학자로는 플로리다대학의 알프레드 멜리Alfred R. Mele를 꼽을 수 있습니다. 그는 손 움직임과 같은 단순한 의도와 먼 미래의 목표를 생각하는 의지는 다르다고 주장합니다. 의지는 많은 요소들을 고려해 오랜 시간에 걸쳐 내리는 결정이라는 설명이지요. 손을 움직이는 행위는 대단한 의지가 아니라는 주장입니다.

이런 견지에서 리벳의 실험이 충동과 욕구, 의도를 구분하지 않았다고 지적합니다. 가령, 맛있는 음식을 앞에 두고 먹고 싶은 충동이나 욕구는 있을 수 있지만 안 먹을 수도 있습니다. 따라서 행동으로 이어지지 않은 의도는 자유의지와 다르다는 설명입니다. 실제로 리벳도 훗날 행한 추가 실험에 근거해 준비전위와 행동결정 시점 사이의 매우 짧은 시간에 행동을 취소할 기회가 있다고 보았습니다. 즉, 자신의 원래 입장에서 약간 후퇴해 자유의지가 개입할 여지를 조금 열어 둔 셈이지요.[78]

그러나 의도했던 바를 중간에 취소할 수 있다고 해도, 그런 마음들이 있기 전에 뇌에서 준비 활동이 있었다는 사실은 여전히 숙제로 남습니다. 또, 취소 자체도 어쨌든 또 다른 형태의 의지이지요. 욕구와 의도가 다르다는 반론도 언어의 유희처럼 들립니다. 욕구이건, 단순한 손동작을 하려는 의도이건, 아니면 먼 미래의 계획이건 모두 다 무언가를 하려는 마음의 행위인 점은 마찬가지입니다. 철학자들의 해석은 논리적으로 너무 얽혀 때로 이해하기 힘들 때가 많지만, 한 가지 단순한 사실만은 움직일 수 없습니다. 마음 속으로 무언가를 의도하기 전에 뇌에서는 이와 관련된 뉴런의 활동이 앞서 분명히 일어난다는 사실입니다.

2005년 UC 샌디에이고의 연구진은 신경세포가 수만 개에 불과한 거머리의 의사 결정 과정을 조사했습니다.[79] 그 결과 208번으로 명명된 신경세포의 세포막 전기활동이 클 때는 헤엄쳐서 도망가는 결정을 내렸고, 작을 때는 기어갔습니다. 이는 거머리의 의도와 무관하게 신경세포, 즉 뉴런의 전기적 발화 상태에 따라 다른 결정이 내려짐을 보여 주는 분명한 증거였지요.

자유의지를 부정하는 뇌과학의 연구결과들은 결정론에 대한 철학적 논쟁에도 불을 지폈습니다.[80] 스스로 결정하는 의지가 환상이라면 도덕의 기준도 세울 수 없지요. 또, 개인에게 잘못된 행위의 책임을 묻는 형법도 무용지물이 됩니다. 흉악한 행위가 단순히 뇌의 임의적 활동이 시켜서 한 일이라면 어떻게 범죄자에게 책임을 물을 수 있을까요? 마찬가지 논리로 선행도 칭찬받을 일이 못 되지요.

이러한 관점은 17세기 네덜란드의 철학자 스피노자Baruch de Spinoza가 주장한 바처럼 선과 악 등 세상의 모든 운명이 이미 정해져 있다는 결정론으로 쉽게 이어집니다. 여기서는 사람의 의지가 개입할 여지가 없지요. 그러나 이러한 강한 결정론은 현대물리학의 입장에서 받아들이기 어렵습니다. 양자역학의 지배를 받는 물질 구성입자들의 운동은 불확정성의 원리와 확률에 따릅니다(『유니버스』 2, 3장 참조). 즉, 인과율因果律이 부정됩니다. 예정된 결정이란 있을 수 없지요.

한편, 결정론을 부정하고 자유의지를 강조하는 여러 철학적 사조思潮들도 현대 뇌과학의 입장과 양립할 수 없습니다. 모든 존재를 의심한다 해도 생각하는 '나'는 분명히 있다는 데카르트적 관점이나, 인간은 자신의 운명에 무한한 책임을 지고 이 세상에 '던져졌다'는 장 뽈 사르트르Jean-Paul Sartre식 실존철학이 그 예입니다.

한편, 결정론과 자유의지가 양립할 수 있다는 철학적 해석도 있습니다. 대표적인 양립가능주의자로는 18세기 영국의 철학자 데이비드 흄David Hume을 들 수 있습니다. '그렇게 행동하도록 되어 있었는데 하지 않았다'거나, '그렇게 하지 않도록 되어 있었는데 했다'면 결정론 속에서도 자유의지가 개입될 여지가 있다는 해석이지요. 이는 준비전위와 결정의 시점 사이의 짧은 시간에 행동을 취소할 여지가 있다고 말한 리벳의 나중 입장과 비슷한 관점입니다. 현대의 철학자 중에는 대니얼 데닛Daniel Dennett이 대표적인 양립가능론자입니다. 그는 생각과 행동이 무의식의 결과라 해도 결정을 내리는 주체는 개인 각자이므로 자유의지를 완전히 부정할 수는 없다고 주장합니다.

그러나 뇌과학적인 관점에서 볼 때, 자유의지는 단순히 '있다 없다'의 문제가 아니라, 환상에 가깝습니다. 의식과 자유의지는 잠재의식이 유도하는 속임수이며, 정교한 뉴런의 집합들이 만든 허구라고 영국왕립연구소장을 지냈던 옥스포드대학의 수잔 그린휠드는 단언합니다(엄밀히 말하자면 잠재의식은 무의식 중에서 언젠가 의식으로 발현할 수 있는 일부분입니다).[14] UC 샌디에이고의 라마찬드란도 같은 맥락에서 자유의지는 뉴런의 정보처리 과정에서 발생하는 일종의 '신경지연현상'이라고 강조합니다.[36]

사실, 철학자들이 말하는 자유의지라는 용어도 개념 자체에 문제가 없는지 검토해 볼 필요가 있습니다. 가령, 자유의지를 논할 때 우리는 은연 중에 한 가지 사실을 인정하고 있습니다. 즉, 자유의지의 주체인 '나'라는 존재가 있다는 전제를 바탕으로 하고 있지요.[80] 그러나 뇌과학의 입장에서 볼 때 '나'는 정말 존재하는 실체일까요?

공백 메우기의 부산물 | 자아감

많은 신경 과학자들이 '의식'과 '자아의 인식'을 구분합니다. 의식이 자신의 신체와 주변환경을 인식하는 정신활동이라면, 자아의 인식은 거기에 더해 그 의식 자체를 느끼고 아는 행위라고 할 수 있지요. 가령, 갓난아기는 주변 사람과 사물을 인식하고 거기에 반응하므로 의식은 있습니다. 그러나 자신의 얼굴에 묻은 얼룩을 거울에 비추어 주면 상황을 이해하지 못합니다. 이는 자아 인식이 거의 없거나 미약하기 때문이지요. 아기들은 18개월 무렵이 되어야 거울 속의 인물이 자신임을 깨닫기 시작합니다(거울 테스트는 침팬지, 돌고래, 코끼리 등의 고등포유류와 까치 등의 일부 조류도 통과합니다).

이후 커 가면서 자아감이 점점 발달해 5세쯤이 되면 과거, 현재, 미래를 연관 지은 서사적敍事的 자아를 형성하는 단계에 이릅니다. 자신이 주인공인 꿈도 그 무렵부터 꾸지요. 이러한 사실로부터 고등동물로 올라갈수록 단순한 의식 → 자신의 몸에 대한 자아감 → 서술적 자아 인식의 순으로 발달했음을 유추할 수 있습니다. 특히, 시간의 인식을 바탕으로 경험을 일관성 있게 배열해 해석하는 서사적 자아감은 인간에게서 가장 잘 발달했습니다.

그런데 앞서 살펴보았듯이 두뇌활동은 뉴런의 일시적 연결의 결과일 뿐 주체가 없습니다. 뇌과학의 관점에서 보면 의식이나 자유의지가 그렇듯이 자아의 인식도 감각이나 감정, 기억을 맡은 뇌가 정보를 통합할 때 발생하는 맹점이나 공백을 메우는 작업의 부산물이라 할 수 있습니다. 그 과정에서 뇌는 신체의 주인의식, 과거와 미래의 연속성, 일체감, 자아감 등을 만들지요. 한마디로, 자아는 내 몸과 주변에서 일어나는 사건에 대처하려고 뇌가 가공적架空的으로 만든 해석자에 가깝다고 할 수 있습니다.

그렇다면 그런 느낌은 뇌의 어디에서 생길까요? 현대의 첨단 기기 덕분에 신경과학자들은 자아감이 뇌의 어느 영역에서 비롯되는지 대략 유추하고 있습니다. 먼저, 자신의 몸을 인식해 '나'라고 느끼게 해주는 데는 두 영역이 중요하다고 알려져 있습니다. 첫 번째는 대뇌겉질에 있는 관자마루이음부temporoparietal junction(측두두정이음부)라는 부위입니다. 감각정보를 통합해 신체적으로 '나'라는 느낌을 만들어 주는 부위이지요. 두 번째는 줄무늬 외 몸통구역extrastriate body area(선조 외 소체영역)입니다. 가쪽뒤통수관자겉질lateral occipitotemporal cortex(외측후두측피질)에 위치한 이 영역은 우리가 신체의 어떤 부분을 쳐다볼 때 활성화됩니다. 특히 자세에 따라(누워 있거나 앉아 있거나) 다르게 반응합니다. 이와 달리, 관자마루이음부는 자세에 영향을 받지 않고 활성화되며, 공간에서 자신이 있는 위치를 인식해 주는 역할을 맡고 있다고 여겨집니다.

한편, 서사적 자아를 인식하는 데 매우 중요한 자서전적 기억은 좌측 뒤가쪽이마엽앞겉질 dorsolateral prefrontal cortex (배측전전두엽피질)과 뒤띠다발겉질 posterior cingulate cortex (후대상피질)이 관여한다고 보고 있습니다.[81] 통증과 감정 인식을 맡고 있는 앞띠다발겉질 anterior cingulate cortex (전대상피질)도 자신의 얼굴을 알아보는 자아감 형성에 중요한 영역이지요. 이들 앞뒤의 뒤띠다발겉질과 안쪽이마엽앞겉질 medial prefrontal cortex (내측전전두엽피질)은 서로 연결되어 자기 자신을 들여다보는 인식작용에 중요한 역할을 합니다. 대뇌 중앙의 큰 고랑을 따라 접혀 들어가는 역삼각형 모양의 뇌섬엽도 외부세계를 자신과 구별하여 인식하는 데 핵심적인 역할을 하지요.

그런데 방금 언급한 여러 부위들은 모두 뇌의 가장 바깥쪽인 대뇌 겉질에 있습니다. 잘 알려진 대로 고등적 사고를 맡고 있는 이 부위들은 유인원, 특히 인간에게서 가장 잘 발달했지요. 인간이 매우 강력한 자아의식을 가지고 있는 것은 이 때문으로 보입니다.

물론, 뇌의 안쪽도 자아감 형성에 일정 부분 관여한다고 봅니다. 가령, 2012년 아이오와Iowa대학의 연구진은 30여 년 전 헤르페스바이러스에 감염되어 뇌가 손상된 R이라는 57세 환자의 연구결과를 발표했습니다.[82] 환자는 자아 인식과 관련 있다고 생각해 온 안쪽이마엽앞겉질과 앞띠다발겉질, 그리고 뇌섬엽의 대부분이 손상되어 있었습니다. 그럼에도 불구하고 사진이나 거울 속의 자기 모습을 알아보았고, 자신이 누구인지도 알았지요. 이 결과는 자아의 인식에 있어 대뇌겉질이 중요하지만 뇌 안쪽의 보다 광범위한 영역 또한 이에 뿌리 깊은 현상임을 시사합니다. 자아가 뇌에서 만들어진 원인이나 진화과정에 대해서는 신경학자마다 조금씩 의견이 다릅니다. 좌우뇌의 연구로 노벨상을 수상한 로저 스페리와 그의 제자 마이클 가자니가Michael Gazzaniga는 주변 상황을 파악하기 위해 지속적인 임기응변으로 설명을 꾸며 대는 좌뇌의 활동이 자아감을 만드는 데 큰 역할을 했다고 제안했습니다. 즉, 좌반구가 주변 상황에 대해 끊임없이 그럴싸한 이유를 만들어 내는 과정에서 자아가 만들어진다는 설명입니다.

한편, UC 샌디에이고의 라마찬드란은 외부 환경을 파악하기 위해 있었던 어떤 의식활동이 자신의 내부를 들여다보는 자아감으로 진화했다고 추정합니다.[83] 특히 다른 사람의 감정과 행동을 거울처럼 반영해 자신의 뇌가 느끼도록 해주는 거울뉴런을 그 후보로 지목했습니다. 다시 말해, 당초 타 개체와의 사회적 관계를 위해 생겨났던 기능의 일부가 자신의 내부를 바라보도록 발전했다는 주장이지요. 사실, 동물 중 가장 강력한 자아감을 가진 인간은 타자의 입장에서 생각해 보는 자세인 '마음 이론TOM'도 가장 잘 발달되어 있습니다.

라마찬드란은 자폐아와 조현병(정신분열증) 환자의 예를 들었습니다. 잘 알려진 대로 자폐아는 자신의 내부세계에만 머물기 때문에 타인과 소통하는 데 문제를 가집니다. 거울뉴런에 문제가 있어 다른 사람의 마음을 제대로 읽지 못하기 때문이지요. 이는 fMRI 영상으로도 나타납니다. 가령, 정상아는 거울뉴런과 관련된 아래마루소엽inferior parietal lobule(하두정소엽)이라는 부위가 자신을 모습을 볼 때는 물론 남의 얼굴을 볼 때도 활성화됩니다. 반면, 자폐아는 자신의 얼굴을 볼 때만 활성화된다고 합니다. 이런 관점에서 자폐아는 기존의 믿음처럼 타인과의 문제가 아니라, 자아 인식에 이상이 생긴 경우라고 볼 수 있지요. 망상이나 환각 증상 환자도 마찬가지라는 설명입니다.

자아의 근원에 대해 이와 비슷하지만 조금 다른 설명은 예측하는 뇌가 만든다는 것입니다. 지금까지 여러 번 언급했듯이 예측은 뇌의 가장 중요한 기능이지요. 뇌는 내·외부 환경을 알려주는 감각정보가 들어오면 어떤 상황인지 신속히 파악하기 위해 기억을 바탕으로 가장 그럴듯한 예측을 내놓습니다. 만약 예측이 현실과 다르면 뇌는 불안해집니다. 반면, 예측이 잘 맞을수록 뇌는 감각과 기억이 '나의 것'이라는 일관성을 강화하며 안정감을 느낍니다. 이러한 감정이 자아감으로 발전했다는 설명이지요.

이 해석이 옳다면, 자폐아는 타인의 마음이나 상황을 읽는 대신, 안전하다고 느끼는 자신의 내부 목소리에만 귀 기울이는 뇌의 예측기능 이상으로 설명됩니다. 한편, 정신분열증은 자신의 내부 목소리를 타인의 것으로 오판하는 데 기인한다고 해석할 수 있지요.

의식, 자유의지, 자아 인식이 모두 뇌가 꾸며내는 가공물이라는 뇌과학의 최근 설명에 대해 많은 사람들이 선뜻 받아들이지 못합니다. 죽음과 함께 정신도 사라진다고 믿는 사람들조차 그래도 내가 존재했다는 사실 하나만은 영원하지 않느냐고 반문합니다. 그만큼 우리의 자아의식은 강하게 각인刻印된 본능이지요.

그런데 '나'라는 존재가 영원히 기억되어야 한다면 연필, 나무, 돌에게도 같은 논리가 적용되어야 하지 않을까요? 물론, 사람은 우주를 생각할 만큼 특별히 높은 의식을 가졌으므로 물체와 다르다고 반박할 수 있습니다. 그런데 그 의식이라는 것이 생화학물질인 뉴런들이 구름처럼 이합집산하며 일시적으로 만드는, 실체 없는 전기화학적 현상이라면 어떻게 답해야 할까요? 구름의 구성물질인 물 분자는 실체라 할 수 있지만, 그들이 끊임없이 만드는 형상도 그렇다고 할 수 있을까요? 우주를 생각할 수 있는 지식을 낳은 지능과 자유의지라는 것도 결국은 먹고 먹히지 않기 위해 동물이 진화시킨, 신경계의 복잡화가 만든 가공물입니다. 인간은 우주를 생각하기 위해 지구상에 출현하지 않았고, 정신은 신경세포의 고도화가 만든 부산물이지요. 또 그것이 특별하다는 생각은 지나친 자만이 아닐까요? 흘러간 구름이 기억되지 않듯이, 실체 없는 우리의 자아가 우주에 보존되거나 특별한 의미를 가졌다고 믿을 만한 어떠한 객관적인 증거도 현대과학은 찾지 못했습니다.

한편, 의식, 감정, 지능은 정도의 차이일 뿐 다른 동물들도 가지고 있습니다. 내가 존재했다는 사실이 기억된다면, 그들도 마찬가지여야 할 것입니다. 2012년 7월 영국의 신경과학학회에 참석한 코흐를 비롯한 과학자들은 '의식에 관한 케임브리지 선언The Cambridge Declaration on

Consciousness'에 서명했습니다. 이 선언은 모든 포유류와 조류, 그리고 문어 등의 일부 동물도 의식이 있음을 공식적으로 인정했습니다.

백보 양보해 동물은 열등하므로 기억되어야 할 존재에서 제외시키기로 하지요. 그래도 문제는 생깁니다. 즉, '존재했던 나'로 분류되는 사람이 되려면 어떤 기준을 충족해야 할까요? 살아 있을 때의 의식 정도로 판단해야 할까요? 그렇다면 뉴런의 시냅스 연결이 거의 이루어지지 않아 의식과 자아감이 형성되지 않은 상태에서 목숨을 잃은 태아나 영아도 영원히 기억되는 존재에 포함될까요? 또 아무 잘못도 없이 선천적 백치로 태어나 살다 세상을 떠난 사람들의 자아는 어떻게 기억되어야 할까요? 이처럼 죽음 후에도 '영원히 남는 존재로서의 나', 혹은 영혼의 개념은 모순 투성이의 질문들을 낳습니다.

굳이 뇌과학의 결과가 아니더라도, 다세포생물에서의 '나' 혹은 '자아'가 무엇을 의미하는지는 다시 생각해 볼 문제입니다. 알려진 바에 의하면 사람의 몸은 약 37조 개의 세포로 이루어져 있습니다. 2장에서 보았듯이 이들 모든 세포는 원칙적으로 독립적인 생명체입니다. 몸의 한 부분이 죽음을 맞으면 나머지 세포들은 협동이 끊어져 영문도 모른 채 따라 죽지요. 뇌세포는 몇 분, 피부세포는 20여 시간, 소화기관의 일부 세포는 며칠도 버팁니다.

그렇다면 37조 개의 생명 중 누가 나일까요? 다세포생물이 세포들의 소통을 위해 만든 장치가 신경세포, 즉 뉴런이었습니다. 이를 더욱 발전시킨 동물의 고도화한 중앙집권적 집합체가 뇌였습니다. 그 과정에서 뇌는 위해 수많은 임시 방편과 가짜들을 꾸며야 했습니다. '자아' 혹은 '나'라는 느낌을 만드는 일도 뇌의 중요 책무 중의 하나였지요.

뇌가 만든 이러한 가공물들은 생존을 위한 탁월한 전략이었습니다. 그러나 대가가 뒤따랐지요. 자신의 연속성을 믿는 강력한 자아감 때문에 인간은 과거를 후회하고, 현재를 비관하며, 미래를 걱정합니다. 특히 죽음과 이별을 생각하고 때로는 고뇌하지요. 뿐만 아니라 가짜를 만드는 뇌의 정교한 작용 때문에 인간의 정신활동은 매우 취약합니다. 우울증, 불안, 강박증, 외상 후 스트레스, 조현병調絃病(정신분열증), 조울병躁鬱病(양극성장애), 해리성解離性정체감장애, 편집성 인격장애, 중독증, 폭식과 거식拒食의 식이食餌장애 등 셀 수 없이 많은 정신적 문제를 가집니다.

사람뿐 아니라 지능이 높은 일부 포유류와 새들도 정신적으로 고통받는 경우가 있습니다. 외로움을 느낀 새장 안 앵무새의 깃털을 뽑는 자해 행동, 주인에게 버림 받은 유기견의 이상 행동 등이 그 예이지요. 그러나 사람만큼 정신 문제로 고통받는 동물은 없을 것입니다. 또 고통은 아니더라도 유전적 요인으로 인해 자폐증, 사이코패스 등의 각종 문제에 쉽게 노출됩니다.

『나는 죽었다고 말하는 남자』를 쓴 아닐 아난타스와미Anil Ananthaswamy는 이러한 정신장애의 원인 대부분이 뇌과학적 관점에서 볼 때 자아인식과 관련이 있다고 분석했습니다.[84] 그는 정신적 장애를 최소화하고 인생을 편하게 살기 위해서는 나에 대한 집착을 줄이고 다소 무심해지는 자세가 필요하다고 조언합니다. 우리가 집착하는 자아가 뇌 속에서 만들어지는 실체 없는 표상表象이기 때문이지요.

자아에 집착하지 말라는 충고는 불교의 관점과 일맥상통하는 면이 있습니다. UCLA의 신경과학자 리처드 멘디어스Richard Mendius와 릭 해리슨Rick Harrison은 2009년 출판되어 26개 국어로 번역된 베스트셀러 『붓다 브레인』에서 뇌과학을 불교적 관점과 접목해 설명했습니다.[85] 두 사람은 생존전략으로 진화한 뇌가 가지는 물가피한 모순점을 3가지로 요약했습니다. 이 모순들은 생존과 번식을 위해서는 유용했지만, 마음을 배려하지 않은 부작용 때문에 스트레스, 불안감, 우울증을 포함한 각종 정신적 장애의 형태로 우리를 괴롭힌다고 했습니다. 세 모순점을 간략히 소개하면 다음과 같습니다.

첫째, 뇌는 세상과 나를 분리해 바라보는 장치이지만 현실은 그렇지 않지요. 두 사람은 '나'라는 독립감은 주로 마루엽(두정엽)이 만든다고 보았습니다. 즉, 머리 위 약간 뒤 마루엽의 좌반구는 몸이 외부가 다르다는 인식을, 우반구는 주변 공간 속에서 신체의 위치를 느끼도록 해준다고 했습니다. 그러나 세상 만물은 분리되어 있지 않습니다. 우리 몸은 대사작용을 통해 외부세계와 한 순간도 쉬지 않고 에너지와 물질을 주고받고 있지요. '나'는 결코 독립적인 존재가 아닙니다. 따라서 뇌가 꾸미는 분리와 독립감은 지속될 수가 없습니다. 이에 뇌는 수시로 좌절하며, 그 결과 혼란과 불안, 고통의 신호가 발생합니다.

둘째, 뇌는 몸의 상태를 영속적으로 유지하려 애쓰지만 이는 불가능한 시도입니다. 자연의 속성은 변화와 쉬지 않는 흐름이기 때문입니다. 뇌는 감각기관이 보고하는 외부 정보를 바탕으로 몸의 상태를 일정하게 유지하려고 필요한 조치들을 내려 보냅니다. 이를 위해 뇌는 끊임없이 변하는 순간을 파악하고 조정하려 듭니다. 의식의 형성에 중요한 이마앞엽(전전두엽) 뉴런들의 회로 연결상태만 해도 1초에 5~8번 변합니다. 또 수백억 개의 뉴런들도 신경전달물질을 방출하려면 여러 개의 시냅스 소포를 터뜨려야 하는데, 몇 초 만에 고갈되므로 이들을 생산, 재활용하느라 항시 분주합니다. 이처럼 끊임없이 요동치는 마음의 속성 때문에 뇌는 안정적일 수가 없습니다. 불안정한 신경계가 마음의 바탕을 이룰 수밖에 없지요.

셋째, 뇌는 쾌락을 추구하고 위험을 피하는 장치인데, 이것도 모순을 내포합니다. 쾌락은 생존과 번식에 필요한 안전감, 식욕, 성욕 등을 유도하기 위해 진화한 기능이지요. 뇌는 이 같은 보상(쾌감)을 통해 생존에 필요한 행동을 만들고 강화합니다. 그러나 쾌감은 수시로 변하는 신경계에서 잠시 왔다 사라지므로 뇌는 좌절합니다. 게다가 불안, 공포 등의 부정적 감정은 위험을 미리 감지하고 경고하기 위해 뇌가 진화시킨 필수 생존기능입니다. 따라서 부정적 감정이 긍정감보다 우선합니다. 이 우선 순위 때문에 우리의 마음은 위험이 없는데도 쉽게 부정적 감정에 지배당합니다.

멘디어스와 해리슨은 고도화된 뇌가 이처럼 인간에게 고통의 토양을 부산물로 제공했지만, 일상생활의 작은 훈련으로 이를 줄일 수 있다고 제안했습니다. 예를 들어, 교감과 부교감 신경계의 균형에 초점을 맞춘 호흡조절, 심박 균형 맞추기, 긍정적 경험 강화, 명상 등 여러 수련법들을 소개했습니다. 특히, 명상을 뇌과학적 수련의 측면에서 중요하게 보았습니다. 이에 대해서는 지난 십수 년 간 하버드, 프린스턴을 비롯한 세계 19개 대학의 저명한 신경과학자들이 첨단기법을 통한 연구에서 긍정적 효과들을 확인한 바 있습니다.[86] 이들이 연구한 3가지 명상법을 소개하면 다음과 같습니다.

첫 번째는 남방불교의 위빠사나vipassanā 명상법에 바탕을 둔 '마음챙김mindfulness 명상'입니다. 이 명상법에서는 눈에 보이는 장면이나 소리, 신체 촉감 등 현재의 감각을 매 순간 흘러가는 대로 맡겨 두되, 세밀하지만 비분석적으로 느끼도록 훈련합니다.

이 명상법을 가장 활발히 연구한 과학자는 매사추세츠의과대학의 존 카밧진Jon Kabat-Zinn입니다. 그는 MIT에서 분자생물학 박사과정 당시 한국불교의 해외 포교에 힘쓴 숭산崇山스님에게 좌선坐禪을 처음 배운 이래 남방불교의 명상법을 연구했지요. 그 후 종교와 무관한 '명상기반 스트레스 감소 프로그램MBSR'을 개발했습니다. 8주간 수련법을 배우는 이 프로그램은 스트레스 및 불안, 우울증 해소, 말기 암 환자의 진통 완화, 성격 교정 등에 효과가 입증되어 미국 내 300여 개 의료기관과 구글을 비롯한 기업, 학교, 교도소 등에서 채택하고 있습니다. 마음챙김 명상 시에는 뇌섬엽과 편도체의 활동이 약해지고 스트레스 호르몬의 분비가 약화된다고 합니다.

두 번째는 특정한 대상에 대해 비분석적, 비판단적으로 주의 혹은 의식을 모으는 '집중 명상'입니다. 하버드대학 의과대학의 벤슨Herbert Benson 팀과 에모리대학 연구진은 집중 명상이 뇌의 전체적인 활동은 줄이지만, 주의와 각성 그리고 평온함과 이완을 담당하는 뇌 부위는 오히려 크게 활성화시킨다는 것을 확인했습니다. 우리나라나 중국, 일본의 선禪불교에서 행해 온 간화선看話禪이나 묵조선默照禪이 이에 해당될 것입니다.

세 번째는 '자애慈愛 명상'입니다. 아끼는 이에게 품는 사랑과 연민의 정을 명상을 통해 온몸으로 느끼고 이를 주변 사람과 적에게까지 점차 확산해 나중에는 모든 생명체에 자애심을 품는 수련입니다. 이 분야에서는 위스콘신-매디슨Wisconsin-Madison대학의 리처드 데이빗슨Richard Davidson의 연구를 빼놓을 수 없지요. 그는 특히 티베트 불교 승려들을 대상으로 많은 연구를 했는데, 그중에는 파스퇴르연구소의 노벨 수상자 밑에서 분자생물학 박사학위를 받은 프랑스인 마티유 리카르Mattieu Ricard도 있습니다. 데이빗슨은 네팔에서 50여 년의 수도생활과 1만 시간 이상의 자애 명상 수련을 쌓은 리카르의 뇌를 EEG로 조사했는데, 강한 각성 시에만 나타나는 뇌파 상태를 자유로이 조절하는 것을 관측했습니다. 막스플랑크연구소 라이프치히 팀은 일반인이 간단한 자애 명상을 1주일만 훈련해도 자애심이 높아지고 부정적 감정과 스트레스가 감소된다는 결과를 얻었습니다.[86] 일부에서는 호전적이었던 옛 토번吐蕃인들이 오늘날 세계에서 가장 평화적인 티베트인으로 변화한 원인이 명상의 생활화 때문이라고 보기도 합니다.

이처럼 명상이 스트레스와 정신적 고통의 원인이 되는 자아감과 분석적 생각을 고의로 무시함으로써 마음의 평화를 가져올 수 있음이 뇌과학적으로 밝혀졌습니다. 더 나아가 자애감 증진과 행동 교정에도 활용되고 있지요. 명상을 통한 마음 치유 훈련은 인도의 종교 전통과 불교의 명상법에서 영향을 받은 바가 크지만 굳이 종교와 연관 지을 필요는 없습니다. 뇌는 수많은 가짜와 모순을 만들어 내는데, 명상은 뇌의 이러한 속임수를 역이용하는 마음 훈련이라고도 할 수도 있지요. 명상 수련은 고대 인도의 종교 수행자들과 불교의 선각자들이 터득한 훌륭한 경험 지식이자 문화 유산입니다. 물론, 명상이 만능은 아니며, 정신의 모든 문제를 해결할 수도 없지요. 하지만 정신적 장애를 최소화하고 마음의 평화를 가져오는 데 큰 도움이 될 수 있음은 분명합니다. 뇌과학은 그 근거를 종교적 설명이 아니라 과학에서 찾은 것입니다.

이와 관련된 상징적인 사건이 2005년 11월 미국 워싱턴DC에서 열린 신경과학학회Society for Neuroscience 연례학술회의 때 있었습니다. 학회측이 달라이 라마Dalai Lama를 기조 강연자로 초청하자 약 600여 명의 과학자들이 반대 청원을 했습니다. 그러나 2만 명의 참석자 대부분은 이에 동조하지 않았으며, 오히려 그의 초청을 환영하는 움직임도 있었지요. 반대자들은 주로 중국계 미국 학자들이어서 편협한 민족주의가 작용한 면은 있지만 종교가 과학에 개입됨을 우려한 목소리도 있었음은 부인할 수 없습니다. 중국의 티베트 점령 이후 오랜 망명 생활을 하고 있는 14대 달라이 라마(아명: 텐진 갸초)는 평화지향적 자세와 깊은 종교적 가르침으로 동서양의 많은 사람들에게 존경받고 있지요. 어릴 때 선임자로부터 물려받은 망원경에 매료되었던 그는 승려가 안 되었으면 과학자나 공학자가 되었을 것이라고 언급했을 만큼 과학에 대한 깊은 관심과 이해를 가진 종교 지도자입니다. 그는 불교의 가르침 중 과학적으로 틀린 점을 밝히면 언제든지 마음을 바꿀 용의가 있다고 여러 차례 언급한 바 있습니다. 그러나 과연 그럴 수 있을까요?

이 회의에서 달라이 라마는 '명상의 신경과학'이란 제목으로 1시간 동안 기조 강연을 했습니다. 그는 명상 수련으로 뇌와 마음의 상태를 바꿀 수 있다고 강조했습니다. 실제로 근래의 여러 연구를 통해, 어른도 훈련을 통해 뉴런의 연결회로를 새롭게 구성할 수 있다는 뇌의 가소성可塑性이 확인되었습니다. 그는 또 숙련된 승려는 손가락을 굽혔다 펴는 짧은 시간에 주의를 17번이나 옮길 수 있으며, 1시간 동안 변치 않고 한 곳에만 의식을 집중시킬 만큼 마음을 자유자재로 제어할 수 있다고 했습니다.

그러나 뇌과학적 증거에 의하면 마음의 원인인 뉴런 연결의 이합집산은 한 순간도 쉬지 않고 변합니다. 의식이 움직이지 않는다고 믿는 순간에도 이마앞엽 한 곳의 뉴런만 해도 1초에 최소 5~8회는 연결되었다 흩어지기를 반복합니다. 뇌의 가장 중요한 기능이 먹이감과 포식자의 움직임 파악이기 때문이지요. 특히 한중일의 선불교에서는 논리적 분석보다 직관에 의한 깨달음을 중시합니다. 그러나 뇌과학에서 파악하고 있는 의식은 뜬 구름처럼 실체가 없으며, 직관이라고 특별할 것이 없습니다. 불교(특히 대승불교권)에서 말하는 업보業報에 따른 환생還生도 과학과 양립할 수 없는 개념이지요.

가장 큰 견해 차이는 아마도 의식에 대한 관점일 것입니다. 불교에서는 세상 만물이 마음이거나 혹은 거기서 비롯된다고 봅니다. 특히, 티베트와 한·중·일의 대승불교에서는 이러한 관점이 매우 강하지요. 세상의 궁극적 실체는 마음뿐이라는 유식唯識 사상과 공空 사상은 석가세존 입멸入滅 700여 년 후에 출현한 대승불교에서 용수龍樹, Nagarjuna 등이 정립한 철학입니다(초기불교와 남방불교에서는 이런 면과 구복신앙적 요소가 훨씬 약합니다). 그러나 신경과학적인 관점에서 볼 때 범우주적 의식이란 존재할 수 없습니다. 의식은 물질인 뉴런이 서로 이합집산하며 만드는 전기화학적 현상입니다. 의식을 연구한 크릭이나 코흐 등의 선도적 뇌과학자들도 불교에 매우 호의적이었지만, 이런 몇 가지 근본적인 점에는 결코 동의하지 않았습니다.

그렇다고는 해도 마음과 의식, 자아에 대한 불교의 인식은 매우 합리적인 경험 지식이었다고 볼 수 있습니다. 또 마음에 평화를 가져오기 위한 여러 명상 수련법은 현대의 신경과학 연구에 큰 기여를 하고 있지요. 하지만 과학이 불교의 교리를 증명했다는 일부 주장은 지나치다고 생각합니다. 붓다는 위대한 선각자임에는 분명하지만 청동기 시대의 사람이었습니다. 뉴런과 시냅스의 연결이 마음을 만든다는 사실은 직관이나 해탈로 깨달을 내용은 아닙니다. 과학은 종교가 아니지요. 종교와 달리 과학은 변치 않는 영원한 진리를 추구하지 않습니다. 만물의 원리를 증거로 파헤치되, 언제든지 검증을 통해 수정하고 개량할 준비가 되어 있지요. 이러한 차이점을 이해한다는 전제 하에서 (다소 위험하지만) 이번 장의 두 절을 뇌과학적 관점에서 본 종교에 대해 할애해 보고자 합니다.

유체이탈과 임사체험 | 종교적 감정과 영적체험

무엇보다도 명상은 왜 해탈, 열반 등의 종교적 개념과 연관 지어졌을까요? 뇌의 상태가 고의적 혹은 비자발적 요인에 의해 평상시와 다르게 변하는 현상을 변성의식altered state of consciousness이라고 부릅니다. 명상은 변성의식을 만드는 대표적 방법 중의 하나입니다.[9] 펜실베이니아대학의 앤드류 뉴버그Andrew Newberg는 명상뿐 아니라 기도의 절정에 이른 사람도 주의집중과 계획, 결정을 담당하는 앞이마엽(전두엽)의 오른쪽 부위가 크게 활성되는 반면, 공간 인식을 관장하는 마루엽(두정엽)의 일부 기능이 현저히 저하됨을 뇌영상으로 확인했습니다.[87] 영적 신비감은 이와 관련이 있는 듯합니다. 요가나 명상에 자주 수반되는 호흡 조절도 마음의 상태를 일시적으로 변화시킬 수 있지요.

변성의식은 여러 다른 경우에도 나타납니다. 가령, 아무것도 보이지 않는 어두운 공간이나 사막처럼 단조로운 풍경에 오래 노출되면 신비감이나 환각을 경험할 수 있습니다. 북미 원주민 샤먼들이 정령精靈과 교감하기 위해 고립된 암흑공간에 장시간 머문 행위나, 옛 유럽 켈트족의 드루이드Druide교에서 행하던 야간 의식儀式이 그 예이지요. 또,

강렬한 리듬이나 집단 음악, 춤과 같은 격렬한 신체 동작도 변성의식을 유도합니다. 무당의 신들린 동작과 징 소리, 방울 소리, 원시부족들이 종교의식 때 행하는 북소리나 춤 동작이 바로 그런 경우입니다. 일본 과학자들은 평온감과 영적 충만감, 유대감을 유발하는 뇌의 시상하부가 성가의 반복적 리듬을 듣고 있는 종교인들에게서 활성화됨을 뇌영상으로 확인한 바 있습니다.

약물도 잘 알려진 변성의식 유도 수단입니다. 1960~70년대의 히피들은 코카인, LSD 등의 환각물질을 이용해 정신해방을 찾으려 했으며, 일부는 네팔을 정신적 고향으로 삼고 현지 종교와 철학에 심취했습니다. 전생을 보게 한다는 최면도 변성의식을 유도하는 수단이지요.

변성의식과 종교적 감정의 연관성을 가장 극적으로 보여 주는 사례가 유체幽體이탈과 임사臨死체험입니다. 육신에서 자신의 몸이 빠져나감을 느끼는 유체이탈은 쇠약한 사람이 누운 자세로 이완된 상태에 있을 때 자주 발생하는 현상입니다. 한편, 죽음의 문턱을 넘어 저 세상에 잠시 다녀왔다고 느끼는 임사체험자들이 공통적으로 하는 말이 있습니다. 죽은 자신의 몸을 빠져나오는 모습과 그 주변을 보았으며, 이어 어두운 터널을 지나 빛이 가득한 곳으로 갔다가 누군가가 인도해 다시 살아 돌아왔다고 하지요. 그 과정에서 종교적 숭배자나 죽은 친지를 만났다고도 증언합니다. 임사체험은 여러 종교에서 사후세계나 영혼의 존재를 말해주는 생생한 증거로 받아들였습니다. 또, 유체이탈은 사후에도 의식이 존재하며 영혼이 있다는 증거로 여겨져 왔습니다.

그러나 발달한 뇌과학 덕분에 이러한 현상이 뇌가 만든 변성의식임이 명백해지고 있습니다. 심장이 멎어 머리에 산소 공급이 중단되면 뇌의 기능은 동시에 멎지 않고 부위에 따라 일부만 작동하거나 순차적으로 정지합니다. 이때 나타나는 현상이 임사체험입니다. 2001년 독일에서 행한 연구에 의하면 사망판정을 받은 환자의 약 4%가 일시적 혹은 완전히 깨어나는데, 그중 18%가 임사체험을 겪는다고 합니다.

심지어 독일의 람퍼트Thomas Lampert는 건강한 자원자에게 인위적으로 뇌의 산소 부족을 유도해 기절시키는 실험을 했습니다. 그 결과 조사자 42명 중 25명이 긴 터널을 지난 후 빛을 보았다고 증언했습니다.[5] 전투기 조종사들도 원심력 체험 시험 때 비슷한 일을 겪습니다. 일부 훈련자는 5초 만에 눈에 핏기가 없어지며 혼절하는데, 이때 순간적으로 시력을 상실하며 터널과 빛을 본다고 합니다.

인구의 약 2~5%가 경험한다는 유체이탈도 마찬가지입니다. 2007년 스위스 로잔대학의 신경학자 블랑크Olaf Blanke 팀은 건강한 사람의 우측 마루엽(두정엽)과 관자엽(측두엽) 사이의 경계 부위를 전극으로 자극해 인위적으로 유체이탈감을 유도하고, 이 결과를 『사이언스』에 발표했습니다.[88] 게다가 후속연구에서는 이를 가상현실 시스템에 적용해 멀쩡한 피실험자가 유체이탈을 느끼도록 유도함으로써 이 현상이 종교나 내세와 무관함을 명백히 보여 주었습니다.

강렬한 종교적 감정이 관자엽 간질 환자에게서 빈발한다는 사실은 1970년대부터 잘 알려져 있었습니다. 케네스 듀허스트Kenneth Dewhurst와 그의 동료는 관자엽 손상으로 간질 발작을 일으킨 환자 69명을 조사한 결과 26명이 종교에 심취해 있었습니다. 그중 발작 증세 이전부터 종교를 가졌던 사람은 8명에 불과했지요. 특히 '2번'으로 불린 환자는 큰 발작이 있고 몇 시간 후 백일몽처럼 생생한 종교적 경험을 했습니다. 그는 갑자기 섬광이 일더니 주님이 빛 뒤쪽에서 나타났다고 증언했습니다.

UC 샌디에이고의 신경과학자 라마찬드란도 관자엽 간질 환자의 30~40%가 과잉종교증hyperreligiosity을 보였음을 1998년의 저서 『뇌 속의 유령』에서 재확인하고 그 원인을 분석했습니다.[35] 그는 이 현상이 감정을 관장하는 둘레계(변연계)의 회로가 관자엽 간질로 손상을 입어 특정 감정에 과도한 의미를 부여하기 때문이라고 분석했습니다. 그를 비롯한 일부 신경과학자들은 기독교도를 박해하러 길을 떠났다가 갑자기 하늘의 빛과 음성을 듣고 개종한 사도 바울이나, 천사의 계시를 받고 프랑스를 구하러 나섰던 잔 다르크, 도스토옙스키 등의 행적이 관자엽 간질과 관련이 있을 것이라고 추정했습니다..

이에 캐나다의 신경과학자 퍼싱어Michael Persinger는 관자엽의 특정 부위에 자기장 자극을 가하는 '신의 헬멧Koren helmet'을 고안했는데, 실제로 조용한 방에서 이를 쓴 피실험자의 80%가 신이나 범우주적인 감정을 체험했습니다. 명상의 절정에 이른 티베트 승려도 같은 부위가 활성화됨이 최근의 연구로 밝혀졌습니다.

한편, 2016년 노스웨스턴대학 그라프만J. Grafman의 연구진은 월남전에서 뇌손상을 입은 116명의 상이용사를 조사했습니다.[89] 그들은 뇌손상 부위가 각기 달랐는데, 뒤가쪽이마엽앞겉질DPFC(배측전전두엽피질)에 손상이 있는 환자들이 정상인보다 3배나 더 많이 종교적 신비감에 빠져 있었습니다. 이 부위는 계획의 수립, 실행, 기억의 관리, 추론, 상황의 해석 등에 관여하지요. 따라서 그들의 종교적 신비감은 손상된 DPFC 부위가 상황을 다르게 해석하는 현상과 관련이 있다고 추정했습니다. 그라프만은 관자엽이 종교적 신비감을 만든다면 DPFC는 이를 해석하고 조절하는 데 관여할 것이라고 추론했습니다.

비슷한 결과를 덴마크대학의 연구진도 신실한 기독교인들을 대상으로 행한 2011년의 조사에서 얻었습니다. 그라프만 팀은 또한 이마엽의 배쪽안쪽겉질VPFC(복내측전전두피질) 손상자에게서 종교적 근본주의자가 많음도 보고했습니다. 주어진 사건에 대해 여러 관점에서 종합적이고 유연성 있게 생각하도록 유도하는 이 부위의 손상이 종교적 극단을 낳는다고 보았습니다.

이처럼 종교적 감정과 뇌의 특정 부위와의 관련성을 연구하는 분야를 일부에서는 신경신학Neurotheology이라고 부릅니다. 이 분야의 선구자 앤드류 뉴버그는 2002년 동료와 함께 쓴 저서 『신은 왜 우리를 떠나지 않는가?』에서 영적 체험은 뇌의 구조상 필연적인 현상이라고 했습니다.[90] 인간은 유전적으로 종교를 추구하도록 만들어졌다는 설명이지요. 그는 한밤중에 기괴한 소리를 들으면 공포심이 일어나듯이 종교적 신비감이나 희열감도 자연스런 뇌의 현상이라고 설명합니다. 하지만 신경신학은 뇌의 특정 영역이 종교적 느낌을 만든다는 사실만 말해줄 뿐, 왜 사람이 종교를 가진 유일한 동물이 되었는지에 대한 설명에 대해서는 미흡해 보입니다.

적지 않은 수의 인지 과학자들은 (물론, 신앙이 깊은 사람은 동의하지 않겠지만) 뇌가 진화하는 과정에서 심리적 부산물로 종교가 나타났다는 생각을 가지고 있습니다. 지금까지 이 장에서 누누이 살펴보았듯이, 동물이 뇌를 진화시킨 가장 큰 목적은 포식과 관련된 행동이었습니다. 잡아먹거나 먹히지 않기 위해 동물의 뇌는 상대의 동작과 주변 상황을 예측해야 했습니다. 그런데 여기서 중요한 점은 정확성보다 신속성이었습니다. 비록 단 한 번이라도, 때늦은 예측은 삶의 끝을 의미했기 때문이지요. 종교도 진화가 빚어낸 뇌의 이러한 비정교함이나 과잉 반응이 만든 결과의 하나라는 것이 많은 인지 과학자들의 생각입니다. 어떤 과잉반응인지 조금 더 살펴보겠습니다.

존스홉킨스대학의 신경과학자 데이비드 린든David J. Linden은 주변상황을 그럴듯하게 해석해 작화作話, 즉 이야기를 꾸미려는 뇌의 창작성이 종교적 사고思考를 유발한다고 해석했습니다.[14] 특히, 좌뇌는 불완전한 지각과 기억의 단편으로부터 줄거리를 꾸며 대는 탁월한 재주가 있지요. 사실, 우리의 뇌는 주변의 모든 상황에 대해 숨겨진 원인이 있다고 생각하고 그것이 어떤 결과로 이어질지 예측해 보려는 강한 본능이 있습니다. 그래서 모든 어린이들은 싱겁게 끝나는 옛날 이야기에 분개하며, 분명한 결말을 요구합니다. 어른들도 통상적인 상황일 뿐인데 자주 특별한 의미를 부여하거나 과잉 해석합니다.

옥스포드대학의 인지과학자 저스킨 바렛Justin L. Barrett은 이를 '과민한 행위자 탐지hyperactive agency detection'라고 불렀습니다. 정원의 호스를 뱀으로 오인하는 편이 그렇지 않은 경우보다 위험 회피와 생존에는 더 유리하지요. 프랑스의 저명한 종교학자 빠스칼 브와에Pascal Boyer도 비슷한 생각을 가지고 있습니다. 그에 의하면, 우리의 뇌는 원인 찾기에 혈안이 되어 있으며 쉽게 엉뚱한 해석으로 비약합니다.[42] 특히, 우연한 사건의 반복이나 예측 못한 상황을 만나면 원인을 찾지 못한 뇌는 불안에 빠집니다. 브와에는 이 틈을 신과 종교가 메운다고 설명합니다.

또, 마땅히 비난할 대상을 찾지 못한 불행 앞에서도 뇌는 모든 원인을 종교에 돌리며 임무에서 벗어나려 합니다. 2005년 뉴올리언스의 흑인 시장은 허리케인 카트리나가 휩쓸고 간 재해를 신이 미국에 화를 냈기 때문이라고 발언했습니다(그는 여론의 뭇매를 맞고 나중에 사과했습니다). 또, 사랑하는 사람이 갑자기 세상을 떠나면, 그의 영혼은 살아 있어 상호 교감할 수 있다고 믿고 싶어 합니다. 기도는 이런 때 쉽게 위안을 안겨 주지요. 브와에는 불행과 연관 짓는 것이 모든 종교의 공통점이며, 그 과정에서 신의 개념이 쉽게 안착한다고 분석했습니다. 그러나 그는 종교가 불행을 설명하는 것이 아니라, 불행을 해석하는 과정에서 종교가 만들어진다고 했습니다. 또, 이러한 과잉 추론은 고등적 사고를 담당하는 이마앞엽겉질(전전두엽피질)의 지나친 작동 때문으로 보았습니다.

대니엘 데닛Daniel C. Dennett이 예로 들었듯이, 머리를 땅에 처박고 움직이는 소를 보는 사람은 소가 풀을 뜯어먹는다고 생각해 신경을 쓰지 않습니다. 그러나 소가 공중제비를 한다면 우리의 뇌는 혼란에 빠져 온갖 억측을 만들어 낼 것입니다.[91] 만약 같은 장면을 침팬지가 본다면 무시할 것입니다. 소의 공중제비는 침팬지의 생존과 무관하므로 쓸데없는 추론에 에너지를 낭비할 필요가 없기 때문이지요. 이들과 달리 이마앞엽이 동물 중 가장 발달해 복잡한 추론이 습관화된 인간은 생존과 관계없는 온갖 일에 관심을 쏟으며 원인을 찾으려 합니다.

뉴질랜드 오타고대학의 제시 베링Jesse Bering은 인간의 고등적 사고를 담당하는 이마앞엽의 겉질 발달 정도가 어떻게 과잉 추론을 만들어 내는지를 보여 주는 흥미로운 심리실험을 했습니다. 2011년 미국도서관협회 최우수서적 중 하나로 선정된 『종교본능』에서 소개한 '엘리스 공주 실험'이라는 테스트였지요.[92] 실험에서는 공주 그림이 걸려있는 방 안에 2개의 상자를 갖다 놓고 어린이들에게 어느 쪽에 공이 들어 있는지 알아맞혀보라고 했습니다. 단, 상자를 열기 전이라면 언제든지 선택을 바꿀 수 있다고 했습니다.

어린이는 2그룹으로 나누었습니다. 실험군의 아이들에게는 '공주가 착해서 너를 좋아하니 아마도 답을 알아맞히도록 도와줄 것'이라는 암시의 말들을 실험 전에 했고, 대조군에는 아무 언급도 하지 않았지요. 실험은 어린이가 방에 들어와 상자를 선택하려는 순간 갑자기 전등이 깜빡이고 벽에 걸린 공주의 그림이 떨어지도록 조작했습니다. 테스트 결과, 대조군의 모든 아이들은 작은 소동에 상관치 않고 자신의 원래 선택을 유지했습니다.

문제는 실험군이었습니다. 7~9세의 실험군 어린이 대부분은 불이 깜빡이고 공주의 그림이 떨어지자 자신의 선택을 바꿨습니다. 이유를 물었더니 공주가 그게 아니라고 알려주었기 때문이라고 답했지요. 5~6세의 실험군 아이들은 선택을 바꾸지는 않았지만 소동의 원인에 대해서는 제각각 해석했습니다. 공주를 불을 깜빡이게 하는 이상한 여자로 보거나, 오가다가 실수로 떨어졌다는 등 제멋대로 추론했지요. 마지막으로 3~4세의 실험군 아이들은 답변도 바꾸지 않았고, 이유를 묻자 웬 바보 같은 질문이냐는 듯 어깨만 으쓱했습니다. 깜빡이는 전

등이나 떨어지는 벽의 그림이 상자를 선택하는 행동과는 아무 관련이 없다는 사실을 잘 알고 있었기 때문입니다.

이들은 소동이 일어난 원인에 대해서도 누가 건드렸거나 흔들었기 때문이라고 답했습니다. 결국 3~4세 어린이들이 가장 이성적으로 판단한 셈이지요. 사람의 이마앞엽겉질은 6살 무렵에 잘 발달합니다. 그 덕분에 사물의 원인을 캐는 높은 수준의 사고를 하지만 동시에 터무니없는 과잉 추론도 한다는 사실을 보여 준 흥미로운 실험결과였습니다. 그러나 과잉 추론만으로는 종교를 온전히 설명하기에 충분치 않습니다. 제시 베링은 자신의 어머니가 세상을 떠난 날 겪었던 경험을 예로 들었습니다. 밤새 지켜보았던 사랑하는 어머니가 새벽 무렵 숨을 거둔 순간, 때마침 창 밖에서 풍경 소리가 들렸습니다. 그는 어머니가 작별인사를 한다고 순간적으로 생각했습니다. 잠시 후 그는 풍경소리를 작별인사와 연관 지은 것은 과잉 추론 탓이라고 생각을 바꾸었습니다. 그런데 더 숙고해 보니, 풍경을 울린 주체는 (물론, 사실은 아니지만) 자신이나 바람이 아닌 어머니였습니다.

다시 말해, 어머니의 입장이 되어 상황을 해석한 것이지요. 이는 종교적 사고가 일어나기 위해서는 과잉 추론만으로는 부족하고, 여기에 더해 다른 사람의 입장에서 생각해보는 '마음 이론'도 작용함을 시사합니다. 앞서 알아보았듯이 인간은 동물 중 가장 잘 발달한 거울뉴런과 언어의 공진화 덕분에 타인의 의도를 면밀히 읽을 수 있는 고도의 마음 이론을 가지게 되었습니다.[42]

그런데 마음 이론이 부족하거나 이에 이상이 생겨 타인의 입장을 제대로 이해하지 못하고 공감능력이 부족하게 된 경우가 자폐증입니다. 그보다 심하지는 않지만 유사한 경향으로 대인관계에 다소 어려움을 겪는 경우가 아스퍼거Asperger증후군입니다. 이 성향의 사람들은 사회적 행동을 하는 데 필요한 소뇌의 반응을 대뇌가 제대로 받지 않는다는 사실이 최근의 fMRI 결과로 보고된 바 있습니다.

1994년에야 공인될 만큼 잘 알려지지 않았던 아스퍼거증후군을 가진 사람들은 지능발달이 정상이며, 오히려 특정분야에 뛰어난 능력을 가진 경우가 많습니다(아인슈타인, 뉴턴, 고흐 등도 아스퍼거증후군을 가졌었다고 보는 학자가 많습니다). 특히, 이들은 사물이나 현상에 과도한 의미를 부여하지 않으며, 물리적 운동의 원리를 객관적으로 이해하는 능력이 일반인보다 뛰어난 경우가 많습니다. 그래서인지 자폐증이나 아스퍼거증후군의 어린이들은 특정한 장난감이나 패턴, 기계장치, 물건 수집 등에 깊이 빠지는 경향이 있으며, 어른 중에는 과학자나 공학자가 많습니다. 그런데 이들 중 대부분이 종교적 사고를 받아들이지 못합니다.[92] 이는 마음 이론을 통한 지나친 마음읽기 없이 냉철한 논리로만 생각하기 때문으로 보입니다.

반면, 마음 이론이 지나치게 작동하는 경우가 아포페니아apophenia입니다. 망상적妄想的사고 경향의 사람이나 편집형 정신분열증 환자에게서 흔히 보이는 이 현상은 무의미한 사건에서 의미와 규칙을 지나치게 찾으려 합니다. 가령, 구름의 모양에서 종교적 인물을 보았다는 식이지요. 조현증(정신분열증) 환자들이 보여 주는 공통점은 누가 자신을 어떻게 한다는 과잉 넘겨짚기입니다.

인간은 강력한 마음 이론을 가졌기 때문에 아포페니아나 망상처럼 극단적인 경우가 아니더라도 누구나 정도의 차이일 뿐 그런 경향을 가지고 있습니다. 생명 없는 물건, 세상을 떠나 의식이 사라진 조상에게도 마음 이론을 적용해 의인화시키는 본능이 있지요. 물건이 고장

나거나 뜻대로 작동이 안되면 우리는 순간적으로 욕을 퍼붓고 주먹으로 칩니다. 심지어 실수로 부딪힌 돌 조각에도 화풀이하지요. 그러니 고목이나, 큰 바위, 산, 그리고 특정한 동물에 마음이 있다고 믿는 것은 이상한 일도 아니지요.

그래서 전 세계의 신화나 민속신앙들의 내용은 비슷합니다. 즉, 숭배하는 사물이나 동물이 자신들처럼 기뻐하고, 화를 내며, 벌도 내린다고도 믿지요. 심지어 전지전능하여 오류가 없어야 할 신조차도 사람처럼 감정을 가지고 분노하며 기뻐한다고 생각합니다. 거의 모든 종교에서 신은 단순한 세상의 창조자가 아닙니다. 자신의 의도를 읽고 따를 것을 바라는 인격적 존재이지요.

물론, 고등동물도 거울뉴런이 있기 때문에 남의 의도를 읽습니다. 하지만 인간만큼 마음 이론이 강력하지는 않지요. 대니엘 데닛은 마음 이론을 '의도적 마음가짐intentional stance'이라는 용어로 사용했는데, 뇌의 진화와 발달 정도에 따라 7단계로 구분했습니다.[91] 1단계는 단순히 상대의 생각을 읽는 수준입니다. 개가 주인의 마음을 읽거나, 유인원이 동료의 의도를 파악하며, 유아가 어머니와 공감하는 수준이지요. 2단계는 '철수가 과자를 감춘 것을 영희는 알고 있다' 정도의 수준입니다. 3단계는 '철수가 과자를 감춘 것을 영희가 알고 있다는 사실을 친구들이 알고 있다'라는 식의 다층적 사고입니다. 인간은 4~5세가 되어야 2단계의 마음 이론을 가집니다. 따라서 4세 이하 어린이나 침팬지는 숨바꼭질을 할 수 없습니다. 또, '틀린 믿음 과제false belief task'도 통과하지 못하지요. 이 테스트에서는 아이가 보는 앞에서 과자상자에 과자 대신 돌을 넣습니다. 그리고 '친구에게 상자 속에 무엇이 있느냐 물으면 어떻게 대답할까?'라고 질문하면 돌이라고 답합니다. 남들도 자신처럼 생각한다고 믿기 때문이지요.

오스트리아 잘츠부르크대학의 인지과학자 페르너Josef Perner에 따르면 사람은 7세가 되어야 3단계 이상의 마음읽기를 할 수 있다고 합니다. 따라서 이보다 어린 아이들은 미신을 이해할 수 없다고 했습니다. '엘리스 공주 실험'의 결과와 대략 들어 맞는 해석입니다. 그에 의하면 어른은 통상 4단계, 최대 7단계까지 마음 이론을 갖는다고 합니다. 종교적 사고를 위해서는 최소한 3단계 이상의 마음 이론이 필요하다는 설명이지요. 남자보다 타인의 감정을 더 잘 읽는 여성이 신앙심이 높은 이유는 이 때문인지 모릅니다.

문제는 뇌가 받아들인 정보는 마음 이론을 여러 단계 거치기 때문에 원래 모습에서 변질된다는 사실입니다. 따라서 별 의미가 없는 현상도 몇 단계의 마음 이론과 여러 사람을 거치면 매우 주관적인 해석으로 변하기 마련입니다. 이런 점에서 종교는 개인의 주관적, 개인적 경험이 여러 사람을 거치면서 만드는 마음활동이라 할 수 있습니다. 즉, 취향이나 복장처럼 타인의 생각과 경험을 모방하거나 읽어서 전달되는 문화 현상이라 볼 수도 있습니다. 태어난 문화권에 따라 이슬람교도나 기독교로 일단 정해지면 개종하기 어려운 이유도 이런 문화적 요소가 강하게 작용하기 때문일 것입니다.

종교인지학의 권위자 빠스깔 브와에는 종교는 이처럼 뇌의 진화의 부산물이므로 그 자체에 사실성은 없지만 자연스런 심리현상이라고 했습니다.[42] 이런 견지에서 그는 민속종교를 매우 호의적으로 생각했지요. 반면, 문자화된 교리로 체계를 꾸민 큰 종교는 개인보다 조직의 통제에 더 관심을 가지는 이익단체나 동업자 조합에 가깝다고 폄하貶下했습니다. 아울러 종교는 인간의 뇌에 입력된 강한 본능이 만든 결과이므로 과학이 맞서 싸워 이길 승산이 없다고 했습니다.

『종교본능』의 저자 제시 베링도 과학이 논리로 종교의 환상을 벗기려는 시도는 무모하다고 했습니다.[92] 그러기 위해서는 뇌 수술이 필요하다고 했지요. 하지만, 그가 말한 무모함은 뇌가 만든 종교적 본능에 대한 도전이지 신앙의 내용에 대한 변호는 아니었습니다. 유대인인 그는 우리가 (창조자로서의 신은 모르겠으나) 기뻐하고 화를 내는 인격신의 존재를 과학적 논증으로 부정할 능력을 가진 최초의 세대라고 했습니다. 또, 그런 의미에서 우리는 전환기에 살고 있다고 했지요. 다만, 그것이 좋은지 나쁜지는 판단할 수 없다고 했습니다.

짧은 제 소견이지만, 종교를 조금 특별한 문화 정도로 남겨두고 개인의 선택에 맡겨 두면 어떨까 생각해 봅니다. 어차피 종교적 본능은 수백만 년 동안 진화한 인간의 뇌가 만든 피할 수 없는 현상입니다. 참호 속에 무신론자가 없다고 하지요. 그렇다고 청동기 시대의 세계관에 바탕을 둔 종교적 설명을 21세기의 과학과 양립시키기에는 간극間隙이 너무 커 보입니다. 가령, 정성스레 음식을 차려 놓고 제사를 지내며 지방紙榜을 태운다고 해서 돌아가신 조상님이 정말 찾아와 식사를 한다고 믿을 사람은 거의 없을 것입니다. 하지만 그런 활동은 고인故人에 대한 회한悔恨과 후손으로서의 의무감을 어느 정도 순화해 주어 우리의 마음을 편하게 할 수는 있습니다.

종교를 특별한 전승 문화 정도로 여기고, 이성과 감성이 균형된 마음자세로 종교를 수용할 수는 없을까요? 그것이 바람직하다고 생각하지만, 종교를 그처럼 가볍게 받아들일 수 없는 사람들이 적지 않을 만큼 우리의 종교적 본능이 너무 강력하다는 것이 문제이기는 합니다.

인간의 뇌는 계속 진화할까? | 뇌의 미래

수억 년 전 원시 척삭동물에게 출현했던 조그만 뇌는 진화의 긴 여정 끝에 우주를 생각할 만큼 고도화된 오늘날의 인간 지능에 이르렀습니다. 그런데 진화는 생명의 속성이므로 인간이 존속하는 한 뇌 또한 앞으로도 계속 변화할 것입니다. 그렇다면 인간의 뇌는 향후 더욱 정교해지고 똑똑해질까요?

이 질문에 답하기 앞서 컴퓨터의 경우를 보겠습니다. 1940년대 후반 1만 8,800개의 진공관으로 이루어졌던 집채만 한 초창기 컴퓨터는 1950년대 말 트랜지스터, 70년대의 책상 크기의 반도체 집적회로, 그리고 1980년대와 1990년대의 탁상용 PC를 거쳐, 오늘날에는 손바닥 안에 들어오는 휴대폰 크기로 소형화되었지요. 성능면에서도 예전과 비교가 안 될 정도로 비약적으로 향상되었습니다.

그러나 많은 사람들이 믿듯이 기술은 무한정으로 발전할 수 없습니다. 2년마다 반도체의 데이터 용량이 2배로 늘어난다는 무어Moore의 법칙은 반세기만인 2016년 종말을 고했습니다. 2010년대의 모바일 컴퓨팅 시대를 맞아 작은 기판에 많은 용량을 넣다 보니 발열문제를 감당할 수 없게 되었기 때문이지요. 그동안 실리콘 반도체가 작아질 수 있었던 이유는 짧은 파장의 자외선을 기판에 쬐어 회로를 그리는 기술 덕분이었습니다. 그 파장의 한계는 원자 몇 개의 크기입니다.

회로를 작게 집적화하는 경쟁은 곧 종말을 맞게 됩니다. 문제는 기술의 벽이 아니라 자연의 한계 때문이지요. 회로의 폭이 원자크기에 가까워지면 양자역학의 영역에 들어갑니다. 이 같은 양자의 세계에서는 불확실성의 원리가 지배하지요. 회로 연결의 결과가 확률에 의존한다면, 그 장치는 예측불능의 무용지물일 뿐입니다.

인간의 뇌도 반도체와 비슷한 상황에 처해 있습니다. 사실, 동물이나 인간의 뇌는 컴퓨터와는 비교가 안 될 정도로 정교하고 에너지 효율적입니다. 2009년 로렌스리브모어 국립연구소Lawrence Livemore Nat. Lab는 IBM의 다운Dawn이라는 슈퍼컴퓨터를 이용해 인간의 뇌 중에서 대뇌의 겉질 부분만 1% 시뮬레이션하는 데 성공했습니다(그렇다고 겉질 기능의 1%를 수행할 수 있다는 의미는 아닙니다. 그저 뇌를 흉내 내어 회로를 만들었을 뿐이지요. 이는 인간게놈 프로젝트가 사람의 DNA 서열을 모두 밝혔지만 생체 반응의 극히 일부만 파악하고 있는 상황과 유사합니다).[93]

그런데 이 장치의 정보처리 속도는 뇌의 1/600에 불과했습니다. 게다가 회로의 열을 발산시키기 위해 6,675톤의 거대한 냉각기를 사용하며 막대한 전력을 소모했습니다. 만약 뇌 전체의 뉴런 회로를 시뮬레이션해 작동시키려면 여러 기의 원전이 생산하는 수천 MW(메가와트)의 전력이 필요할 뿐만 아니라, 대도시를 흐르는 큰 강의 물을 모두 냉각수로 사용해야 합니다. 이에 비해 인간의 뇌는 100W 전구의 1/5에 불과한 전력만 소모하지요. 또, 뇌의 온도는 아무리 복잡한 생각을 해도 체온보다 높아지지 않지요. 이처럼 놀랄 만한 효율을 갖추었지만 인간의 뇌도 한계가 있습니다.

케임브리지대학의 이론 뇌신경학자 로프린Simon Laughlin에 의하면, 뉴런 회로의 정보전달과 신호잡음, 에너지 소모는 생물학이 아니라 물리법칙으로 서로 연관되어 있습니다.[94] 무엇보다도, 높은 지능을 위해서는 많은 뉴런을 가진 큰 뇌가 필요하지요. 그러나 뇌가 커지면 뉴런의 크기도 커져야 하므로 전선에 해당하는 축삭의 길이와 굵기도 증가합니다. 그렇게 되면 뉴런들이 조밀하게 모여 있지 못해 뉴런 사이의 거리가 증가하지요. 정보전달 속도는 당연히 느려질 수밖에 없습니다. 가령, 깨알보다 작은 뇌를 가진 벌은 포유류보다 10배나 조밀하게 뉴런이 밀집되어 있습니다. 따라서 체중이 100만 배나 큰 코끼리보다 100배 빨리 신경신호를 전달하지요. 벌은 빠른데 코끼리는 천천히 움직이는 이유는 그 때문입니다.

한편, 신경세포(뉴런)와 연결선(축삭)이 작으면 에너지를 덜 소모합니다. 축삭의 굵기가 2배 커지면 에너지는 2배 더 소모하지만 정보전달 속도는 40%만 증가하지요. 이런 이유로 영장류는 뇌가 커졌지만 뉴런은 다른 포유류처럼 덩달아 커지지 않았습니다. 그 대신 겉질의 접힘과 효과적인 뉴런의 조밀화로 정보전달 속도를 증가시켰지요. 이와 달리 고래와 코끼리는 큰 뇌와 많은 수의 뉴런을 가져 영리한 편이지만 영장류만큼 지능을 발전시키지는 못했습니다. 2009년 발표된 연구에 의하면, 동일 종의 동물이라면 뉴런 간의 평균거리가 짧을수록 대체로 지능이 높았습니다. 이처럼 뉴런의 연결선인 축삭이 가늘고 짧을수록 뇌 공간의 효율성은 높아집니다.

그렇다고 해서 무작정 작게 할 수는 없습니다. 축삭의 지름이 150~200nm(1나노미터=1/100만 mm)보다 가늘어지면 열의 교란 때문에 배선의 중간 시냅스 막에 박혀 있는 이온 통로(채널)들의 밸브가 제멋대로 열리고 닫히며 오작동합니다. 현재도 인간 축삭의 이온 통로들은 1초에 약 6회의 빈도로 오작동하는데, 지금보다 조금 더 가늘어지면 100회 이상으로 급격히 오류가 증가할 것으로 예상됩니다. 한마디로, 사람의 뇌는 물리법칙이 허용하는 최적화 상태에 이르렀다고 볼 수 있습니다. 불과 얼마 전까지만 해도 대부분의 과학자들은 인간의 뇌가 계속 똑똑해지는 쪽으로 진화한다고 생각했습니다. 그러나 벌의 뇌가 더 이상 작아질 수 없듯이, 인간의 뇌도 현재 상태로는 더 우수해질 수 없는 물리적 한계에 이르렀다는 설명이 설득력을 얻고 있습니다.

그렇다면 포화점에 이른 뇌 때문에 미래의 인간의 지능은 현 수준에서 더 이상의 발전 없이 계속 머무를까요? 아니면 다른 기능을 발전시키는 대가로 다소 바보가 되는 진화의 길을 밟을까요? 인간의 뇌가 지난 수백만 년 동안 유인원과 길을 달리하며 고도로 진화한 주요 원인이 협동 등의 사회적 행동과 깊은 관련이 있음은 1장과 이번 장에서 충분히 살펴보았습니다. 그런데 타인과 벽을 쌓은 채 나 홀로 살아가는 생활 양식이 점점 보편화되고, 하루의 상당 시간을 휴대폰만 만지작거리는 현대인이 늘고 있습니다. 그렇다면 미래의 인간은 손가락 기능은 뛰어나지만 두뇌는 모자라는 쪽으로 진화할지도 모릅니다. 그러나 우리 존재의 근원을 규명하는 연구에 도전할 만큼 이미 상당한 궤도에 오른 과학이 그렇게 방치하지 않으리라 희망을 가져봅니다.

비록, 생물학적으로는 인간의 뇌가 포화점에 이르렀지만, 다른 방식으로 지능이 진화할 가능성들은 있습니다. 이에 대해서는 뉴욕시립대학의 이론물리학자 미치오 카쿠Michio Kaku가 2014년의 저서 『마음의 미래』에서, 또, 이스라엘 히브리대학의 유발 하라리Yuval Harari도 2016년 저서 『호모 데우스』에서 흥미로운 가능성들을 제시한 바 있습니다.[5,95] 하지만 뇌의 미래는 이 책의 주요 주제가 아니므로 여기서는 중요할 수도 있다고 생각되는 미래 인간의 지능 발전 방식 중 몇 개만 간단히 열거해 봅니다.

첫째, 발달된 유전공학 기술을 이용해 뇌의 기능을 향상시킬 가능성입니다. 뇌의 기능과 관련된 특정 유전자를 조작하거나 이식하는 방법으로 각종 정신 질환을 치료하거나, 더 나아가 우수한 지능의 후손들도 출현할 수 있을 것입니다. 그러나 이 방식은 중, 단기 목표로는 훌륭하지만 먼 미래의 뇌에는 적용이 어렵다고 봅니다. 앞서 살펴본 대로 뉴런 구조의 추가적인 소형화나 고성능화는 생화학적 문제가 아니라 물리 법칙의 한계 문제이기 때문이지요.

둘째, 지난 세기 윌리엄 모턴 휠러William Morton Wheeler가 개미에 처음 사용한 개념인 집단지성에 의한 지능의 도약입니다. 각 개인의 두뇌가 더 이상 업그레이드될 수 없다 하더라도 집단으로 서로 연결되면 한 차원 높은 지능으로 발전할 수도 있을 것입니다. 군집생활을 하는 벌이나 개미는 한 마리의 개별 지능만 보면 보잘것없지만 서로 간의 통신으로 연결된 정교한 집단지능 덕분에 나름의 문화를 만들어 1억 년 이상 생존해 왔지요. 하나의 무리 안에서 수십 마리의 협력만 가능했던 유인원 시절에서 벗어난 인간도 수십억 명이 협동하는 초사회성 덕분에 오늘날 지구를 정복했습니다. 우리는 현재 또 다른 새로운 형태의 제2의 집단지성으로 도약하려는 길목에 서 있는 것일지도 모르겠습니다. 인류는 불과 20년, 30년 전만해도 상상하지 못했던 방식으로 긴밀히 연결되고 있는 중입니다. 획기적으로 달라진 정보 통신 환경 덕분이지요. 그 방법과 결과가 무엇을 만들어 낼지는 모르겠습니다.

셋째, 인간과 컴퓨터의 결합입니다. 이 장의 앞부분인 컴퓨터와의 비교 절에서 알아보았듯이 AI나 그 모태인 컴퓨터는 근본적으로 계산장치입니다. 반면, 동물의 뇌는 마음의 장치입니다. 기능과 목적이 다른 둘의 장점을 취해 서로 결합하는 방식이 미래에 가능할지도 모릅니다. 그것이 가능할지, 또 어떤 방식의 결합이어야 하는지에 대한 문제는 인류의 숙제일 것입니다.

*　*　*

이 장에서 우리는 마음이 왜 진화했으며, 그 결과 어떤 특징과 문제점들을 가지게 되었는지에 대해 생각해 보았습니다. DNA 이중나선 구조의 발견자이자 연구생활의 후반부를 의식의 탐구에 바쳤던 프랜시스 크릭Francis Crick의 글을 인용하면서 마음에 대한 이야기를 마무리하고자 합니다.[96]

당신, 당신의 기쁨과 슬픔, 당신의 기억과 야망, 당신의 개인적 정체감과 자유의지, 이 모두가 사실은 신경세포와 그와 관련된 분자들의 방대한 조합이 만든 거동일 뿐, 그 이상은 아니다.

맺는 글

영원한 창공에서의 고요한 빈정거림 / 꽃처럼 아름다운 나른함으로 짓누르네

재능을 저주하는 무기력한 시인 / 황량한 고뇌의 사막을 가로지르노니 [1]

말라르메(프랑스 상징주의 시인)

다윈이 진화론을 발표한 지 1세기 반이 흘렀던 20세기 후반까지도 여전히 많은 사람들이 인간은 특별하며 다른 동물과 다르다고 생각했습니다. 가령, 도구의 사용은 인간만의 특징이라고 생각했지요. 하지만 제인 구달의 야생 침팬지 관찰 등의 여러 증거로 믿음은 여지없이 무너졌습니다. 뿐만 아니라 침팬지의 행동을 분석한 1999년의 『네이처』 발표 연구에 의하면 그들의 도구 사용이나 사회적 행위 중 최소 39개는 단순 모방이 아니었습니다. 무리마다 다르게 전수되는 독특한 문화활동이 있었습니다.[2] 이러한 행동 패턴은 우리가 그동안 전적으로 인간만의 특성이라고 생각해 온 것들이었습니다.

행동뿐 아니라 생물학적으로도 그렇습니다. 20세기 말부터 급격히 발전한 분자생물학 덕분에 인간을 포함한 동물은 식물, 버섯류와 함께 매우 가까운 인척 관계를 이루고 있는 3대 생물군의 하나라는 사실을 알게 되었습니다. 인간의 유전자는 맥주 효모균과 46%, 초파리와 61%가 같습니다.[3] 인간만의 것이라고 생각했던 특질들은 정도의 차이일 뿐 다른 생물도 가지고 있음이 밝혀졌습니다.

또한, 지구에서 생물이 어떻게 무생물로부터 출현했는지를 밝힐 중요한 단서들이 지난 20여 년 사이 나왔습니다. 새천년 이래 뇌과학이나 인지과학의 발전은 또 어떻습니까? 오죽하면 지난 수천 년 동안 심리학과 철학이 말한 것을 모두 다시 써야할 판이라는 말까지 나왔을까요?

과학이 새천년 즈음부터 밝히고 있는 내용들은 놀라운 것들로 가득합니다. 생물학이나 뇌과학뿐 아니라 물리학이 최근 다루고 있는 내용들도 스티븐 호킹의 표현대로 예전에는 상상을 못 했던 완전히 다른 모습의 세상을 보여 주고 있습니다.[4] 많은 사람들이 지나치고 있지만 우리는 존재의 의미에 대해 어느정도 근거를 가지고 말할 수 있는 최초의 세대에 살고 있습니다.[5]

이 책은 최근에 밝혀진 새로운 내용들을 반영하여 과학이 말해주는 우리가 살고 있는 세상의 모습을 소개하고자 했습니다. 두 권으로 나눈 시리즈 중 한 권은 우주와 물질 그리고 시공간을, 이 책은 인간과 생명 그리고 마음을 다루었습니다. 부족하지만 다른 한 권의 내용의 짧은 요약을 포함하면서 이 책의 이야기를 마무리해 봅니다.

나는 왜 존재할까?

흔히들 인간을 자신의 근원에 대해 생각하는 유일한 동물이라고 말합니다. 한편, 그런 문제에 대해 과학은 '어떻게?'는 설명할 수 있어도 '왜?'에 대해서는 말할 수 없을 것이라고 말해 왔습니다. 그래서 존재의 이유에 대한 설명은 주로 철학과 종교가 맡아 왔지요.

하지만 그렇지 않다고 생각하는 선도적 이론 물리학자들도 적지 않습니다. 『무無로부터의 우주』의 저자인 물리학자 로렌스 클라우스는 과학에서 '왜'와 '어떻게'를 구분하는 자체가 잘못이라고 반박합니다.[6] 가령, 옛 사람들은 천체의 움직임을 보고 그것이 세상을 주관하는 신들이나 보이지 않는 원리가 인도하는 '왜?'에 대한 근원적 문제라고 생각했습니다.

그러나 과학이 천체들이 '어떻게' 움직이는지를 설명하자 하늘의 원리라고 생각했던 '왜'에 대한 질문은 불필요하게 되었습니다. '어떻게?'와 '왜'는 같은 질문이었던 것입니다. 과학이 일부 선봉 분야에서 지금 다루고 있는 문제들도 그와 같을 수 있습니다. 클라우스는 '왜 우주에 무엇이 존재하냐'는 질문은 '어떤 꽃이 왜 붉냐'는 문제보다 심오하지 않다고 했습니다.

그런데 '왜?'라는 질문을 던지며 원인을 찾는 행위는 발달된 다세포 동물만의 특성입니다. 같은 진핵 다세포생물로, 분자생물학적으로 우리와 가까운 친척인 식물이나 버섯은 '왜?'를 묻지 않습니다. 신경세포가 몸체에 퍼져 있기 때문입니다. 이와 달리 중앙집권적 신경세포들인 중추신경계, 즉 뇌를 가진 동물은 원인을 찾습니다. 먹고 먹히는 사냥 활동이 뇌의 기원이기 때문입니다(2장과 3장 참조).

뇌는 상대의 행동을 미리 예측해 필요한 행동을 만들기 위해 4억 5,000만 년 전 캄브리아 폭발 때 눈과 함께 출현했습니다. 비록 틀린 예측이라 할지라도 수상쩍은 움직임이나 현상이 있을 때 그 상태를 만든 원인이 있다고 생각하는 것은 뇌의 가장 중요한 기능이었습니다. 정확성은 나중의 문제였지요. 풀 속의 덩굴 조각이 뱀이라고 오판하는 편이 그렇지 않은 경우보다 생존에 유리했습니다. 의심하지 않아 발생한 단 한 번의 방심은 삶의 종말을 의미했지요.

이러한 과잉 추론은 지능이 가장 발달한 사람에게서 최고조로 발달했습니다. 그러나 이것이 지나치다 보니 많은 시간을 생존과 무관한 일의 원인 찾기에 분주합니다. 침팬지는 물구나무서기를 하는 토끼를 본다 해도 신경 쓰지 않을 것입니다. 자신의 생존과 무관하기 때문입니다. 반면, 인간은 온갖 억측과 함께 원인을 찾으려 할 것입니다. 이처럼 매사에 원인이 있다고 생각하는 '과민한 행위자 탐지'에 더해 인간은 강력한 '마음 이론' 때문에 상대의 마음을 몇 단계 넘겨짚어 생각합니다. 그래서 모든 것에 원인을 부여하고 의인화擬人化하지요. 걸려 넘어진 돌뿌리나 작동을 멈춘 기계에도 욕하고 발로 찹니다. 바위, 나무, 산, 혹은 특정 동물의 숭배는 세계 거의 모든 민속종교의 공통점이며, 거기에는 인간적 사연과 그럴듯한 이유가 반드시 있습니다.

하지만 우리가 존재하는 데 원인이 꼭 있어야 할까요? 이는 매사에 원인이 있다고 전제하는 뇌가 만들어 낸 불필요한 과잉 추론은 아닐까요? 삼라만상은 결국 뇌가 만들어 내는 가공물입니다. 따라서 모든 것에 원인이 없다고 생각하는 자체가 넌센스라고 생각할 만큼 우리의 뇌는 원인 찾기 본능에 이미 깊이 빠져 있는지도 모르겠습니다. 언젠가 버트런드 러셀은 '나는 우주가 그냥 존재하며, 그것이 전부라고 말하겠다'라고 말한 적이 있습니다.[7]

그렇다면 삼라만상에 원인이 있다고 생각하는 '나'라는 존재 또한 믿을 만한 실체일까요? 현대과학은 물질적 측면뿐 아니라 의식의 관점에서도 '나'라고 부를 만한 그 무엇도 없음을 이미 밝혔다고 생각합니다(3장 참조).

먼저, 물질적인 면을 보겠습니다. 사람의 몸은 약 7×10^{27}개의 원자로 이루어져 있습니다.[8] 대부분 섭취한 음식에서 나온 원자들이지요. 1년 후에는 그중 98%가 교체됩니다. 나머지도 2년을 못 넘기며,

아무리 길게 잡아도 지금의 내 몸은 5년 전과는 100% 다른 원자로 구성되어 있습니다. 끊임없이 순환하는 우주에서 물질이 잠시 거쳐가는 상태가 현재의 내 육신입니다. 내 것이라고 부를 어떤 원자도 없지요.

세포의 측면에서도 마찬가지입니다. 지구 역사의 초기 75% 동안은 단세포 박테리아만 살았습니다. 이들은 변화하는 환경에서 살아남기 위해 서로 협력하면 유리하다는 사실을 터득했고, 그 결과 8억 년 전 다세포생물이 출현했습니다. 그들의 먼 후손인 우리 인간도 약 37조 개의 세포로 이루어져 있습니다. 하지만 모든 세포는 협동을 위해 뭉쳤을 뿐 생명 유지에 필요한 에너지 발전소(미토콘드리아)와 DNA도 각기 보유한 엄연한 독자 생명체들입니다. 당연히 수명도 각기 다르지요. 협동이 중요하므로 이들은 다른 동료에게 폐가 될 만큼 늙으면 아포토시스라는 세포자살을 통해 삶을 마감하고 새 세포에 자리를 내줍니다(물론, 사람의 일생 동안 죽지 않고 삶을 유지하는 세포도 있습니다. 눈의 수정체 세포, 심장의 근육세포, 뇌신경세포가 그들이지요. 그러나 이들이 바뀌지 않는다 함은 세포의 구조와 기능이 유지된다는 의미일 뿐, 구성 원자들은 끊임없이 교체됩니다).

세포들의 독자성은 죽을 때 극명하게 나타납니다. 사고나 질병으로 특정 부위의 세포들이 생명을 잃으면 다른 곳의 나머지 동료들까지 영문도 모른 채 죽음을 맞습니다. 대부분은 산소가 공급되지 않아 죽는데, 세포마다 독자적으로 생존할 수 있는 시간이 다르지요. 피부세포나 각막세포는 12~24시간, 백혈구세포의 5%는 무려 70시간도 생존합니다. 그렇다면 37조의 개체 중 어느 세포가 '나'일까요? 생각을 만드는 뇌신경세포(뉴런)일까요? 인간은 860억 개의 뉴런을 가지고 있습니다.

더구나 세포를 구성하는 생체분자나 단백질은 끊임없이 요동치며, 분자들의 기하학적 구조와 전하, 친수성, 소수성 등의 우연한 확률적 일치에 의해 결합됩니다. 노벨 생리·의학상 수상자이자 『우연과 필연』의 저자로 유명한 자크 모노는 '인간은 우주의 무관심한 광대함 속에서 자신이 우연히 생겨나 홀로 있음을 비로소 깨달았다'고 말했습니다.[9]

내 육신에서 '나'라고 부를 원자, 분자, 세포는 하나도 없습니다. 그들 모두는 흐름 중에 잠시 모인 상태일 뿐입니다. 모든 생물은 열역학 제2법칙에 의해 탄생과 동시에 죽음을 향해 해체됩니다. 죽음은 불가피하지요. 이를 피하려고 생물은 복사본을 만들어 간접적으로 삶을 연장하는 방법을 개발했습니다. 그러나 2세에게 전달되는 것은 유전정보뿐이며, 피 한 방울, 원자 한 톨 없습니다. 더구나 그 정보는 무작위적으로 전달되며, 대를 거듭할수록 개체의 흔적은 사라집니다. 각 사람의 30대 할아버지와 할머니는 정확히 1,073,741,824명(=2^{30})으로 이중 한 분이라도 없었다면 오늘의 '나'는 존재할 수 없었습니다. 40대 직계조상은 1조 명 이상으로 세계 인구의 140배쯤 됩니다. 이것이 가능한 이유는 조상들이 엄청나게 중복되었기 때문입니다.

내 몸의 유전자는 인류라는 유전자 풀pool의 평범한 일부입니다. 그 유전정보는 수십억 년 전 모든 생물의 공통조상이었던 LUCA에서 비롯되었습니다. 그래서 거의 절반의 유전정보가 맥주 효모균과 같지요(2장 참조).[3] 사정이 이런데 후손에 전달되는 '나'의 유전정보에 특별한 고유성이 있을까요? '눈에 넣어도 아프지 않을 자식 사랑'은 생명체가 유전정보를 전달하기 위해 만든 트릭입니다. 그 때문에 생명은 40억 년 동안 한 번도 끊기지 않고 이어졌지요.

물질적인 '나'가 허상이라면 마음은 어떨까요? 많은 사람들이 육신은 사라져도 마음은 특별한 그 무엇이라고 생각합니다. 그러나 마음이 정말 실체일까요? 앞서 언급했듯이 움직임이 생존의 필수 요건인 다세포동물은 세포들의 이기적 행동을 제어하고 통일된 행동을 만들기 위해 중앙 통제 시스템, 즉 뇌를 진화시켰습니다. 이를 위해 신경계는 자아감이라는 또 다른 속임수를 만들었지요(3장 참조). '나'라는 느낌은 머리 위의 약간 뒤에 있는 마루엽(두정엽)의 왼쪽 반구가 몸과 외부를 구분하고, 오른쪽 반구가 주변 공간 안에서의 신체의 위치를 인식함으로써 만들어진다고 알려져 있습니다(이 부위가 고장 난 정신장애인과 미발달된 18개월 이하의 유아는 자아감을 느끼는데 문제를 가집니다).

한편, 자아감을 만드는 의식은 물론, 뇌 활동의 큰 부분을 차지하는 무의식 또한 이를 주관하는 주인공이 없습니다. 수많은 뉴런들이 전기화학적 원리에 의해 순간적으로 신호를 연결했다 해체하는 과정에서 나타나는 창발 현상이 마음입니다. 수증기 분자들이 일시로 이합집산해 만드는 구름처럼, 마음도 순간적으로 명멸하는 뉴런 신호들의 연결상태이지 실체는 아닙니다. 게다가 현대 뇌과학은 자유의지도 없다는 강력한 방증을 내놓았습니다. 물질뿐 아니라 의식의 수준에서도 '나'라고 부를 실체는 정말로 존재하지 않습니다.

그렇다면 일부 종교나 유식唯識사상에서 말하는 우주적 의식은 존재할까요? 의식이란 전기화학적 원리에 의해 동물의 뇌에서 일어나는 구체적인 자연현상입니다. 이와 달리 우주의 의식이란 어떠한 실증적 근거도 없는 모호한 개념입니다. 의식을 우주에 적용하려는 발상은 과잉 추론하는 우리의 뇌가 만들어 낸 또 다른 군더더기라고 생각합니다. 저는 윤회도 마찬가지라고 생각합니다. '나'라는 존재가 허상인데 누가 윤회한다는 말인가요? 다만, 삼라만상이 끊임없이 변하며 흐른다는 의미라면 모르겠습니다.

그러나 현대물리학에 의하면 시간도 환상일 가능성이 큽니다. 그렇다면 무엇이 흐르고 순환한다는 것일까요? 원인(인因)과 조건(연緣)의 얽힘 작용에 의해 모든 현상이 일어난다는 연기설緣起說도 마찬가지입니다. 환상성이나 비인과성은 양자역학의 미시세계와 상대성이론의 거시 우주에 모두 적용됩니다. 제2의 스티븐 호킹으로 불리는 엑스마르세이유대학의 카를로 로벨리Carlo Rovelli는 이것이 밝혀진 지 오임에도 일부 과학자들이 아직도 반신반의한다고 개탄합니다(『유니버스』 3장 참조). 현대과학은 이에 대한 압도적인 증거를 제시하고 있습니다.

이처럼 '나'라는 존재가 뜬 구름이라면 후세에 길이 남을 명예는 의미가 있을까요? 세속적인 부富나 권력을 멀리하고 가치를 지향하는 일부 사람들도 명예만은 소중히 여깁니다. 하지만 끊임없이 이합집산하며 유지되고 있는 인간의 육신이 어느 날 회복 불능으로 해체되고, 이후에 큰 이름을 남겼다 하지요. 그 영예는 도대체 누구를 위한 것일까요? 가령, 정신적으로 피폐하고 물질적으로 고달픈 삶을 살다 간 위대한 예술가 반 고흐의 명성과 영광이 그와 직접적으로 무슨 연관이 있을까요? 영광의 대상이 그의 생애 어떤 시점에 몸을 이루었던 특정 원자들일까요, 아니면 특정 세포들일까요? 혹은, 예술적 영감이 번뜩 떠올랐던 생전 어느 순간에 형성되었던 뉴런 전기신호들의 특정한 연결상태일까요?

사후는 물론, 생전에도 반 고흐라고 부를 만한 실체는 원래 존재하지 않았습니다. 부와 권력의 추구가 안전을 모색하고 식욕과 성욕을 충족하려는 동물의 개체적 본능의 결과이듯이, 고매하다고 여기는 명예 또한 무리에 헌신하도록 진화한 인간의 협력 본성이 만든 생물학적 트릭에 지나지 않다고 생각합니다. 한마디로, '나'라고 부를 실체는 없으며, 마음과 의식, 명예도 뜬 구름일 뿐입니다.

과학에서 얻는 교훈

이런 결론에 도달하면 현재까지 현대과학이 알려준 우리의 근원에 대한 설명이 허무하게 느껴질 수도 있습니다. 그러나 부정은 곧 적극적 긍정의 다른 이면이지요. 역설적으로 과학으로 직시하는 허무야말로 우리의 삶을 올바른 희망으로 인도하는 정직한 길잡이가 될 수 있지 않을까요? 살펴본 대로 생명은 경이롭지만 설명할 수 있는 자연현상입니다(2장 참조). 그 일부인 인간은 특별하지만 이는 정도의 차이일 뿐 다른 영장류도 마찬가지입니다(1장 참조). 또, 우리가 대단하다고 생각해 온 의식意識과 자아는 뜬 구름처럼 실체가 없습니다(3장 참조). 우주의 시공간이 환상이듯이 우리의 존재도 허상일 수 있습니다(『유니버스』 참조).

그럼에도 불구하고 현재 살아 숨쉬고 있는 '나'의 존재 또한 분명한 현실입니다. 비록 세상이 근원적으로는 꿈일지라도 우리는 눈 앞에 펼쳐진 생물체로서의 현실과 본분을 무시하고 살아갈 수는 없습니다. 생물학적 본분이란 다름 아닌 생존에 충실한 삶일 것입니다. 그런데 동물은 그것을 유도하기 위해 쾌락이라는 보상체계를 진화시켰습니다. 하지만 쾌락은 신경학적으로 일시적이어서 좌절을 수반하게 마련입니다. 이를 적절히 조정하고 타협해 편안함과 안정함을 지속적으로 주는 느낌이 행복감이지요.

따라서 행복은 우리가 생물인 이상 추구해야 할 삶의 최대 이유일 것입니다. 행복이 배제된 우리의 삶은 무의미하지요. 문제는 행복을 찾는 방식입니다. 이는 과학이 밝혀주고 있는 마음의 작동 방식과 그 한계에 대한 정확한 인식에 바탕을 두어야 한다고 생각합니다. 그렇다면 허상에 집착하지 않으면서 현실의 나를 어떻게 양립시킬 수 있을까요? 쉽지 않은 문제입니다. 짧은 소견이지만 그 길을 세 가지로 생각해 보았습니다.

첫째, 내면의 마음 가다듬기입니다. 현대의 뇌과학적 지식을 토대로 한(아직 미흡하지만) 마음의 평화를 얻는 생활습관과 훈련법들을 몇 가지 제안해 볼 수는 있습니다. 3장에서 소개한 명상이나 호흡훈련 등이 대표적인 예입니다. 이들은 일종의 변성變性의식입니다. 바꾸어 말해 명상은 뇌를 속이는 행위이지요. 그러나 착한 속임수입니다. 모르고 속는 것과 원인을 알고 스스로 속아주는 것은 다릅니다. 어차피 의식은 뇌가 꾸미는 온갖 속임의 결과물입니다. 이를 피할 수는 없지요. 과학적으로 그러한 사실을 이해하고 역으로 속아 주겠다는 것입니다.

가령, 남방불교의 위빠사나vipassanā 명상에서 발전시킨 '마음챙김 스트레스 감소MBSR' 훈련은 좋은 예입니다. 종교적 요소를 배제하고 과학적 방법으로 개발한 이 뇌 훈련 프로그램은 이미 구글 등 전 세계 수백 개의 기업과 학교, 교도소 등에서 활용할 만큼 마음의 평화를 얻는 효과가 입증되고 있습니다. 미국 퓨연구소Pew Research Center의 조사에 따르면, 전 세계적으로 2억~5억 명, 미국에서는 2017년 기준 지난 10년 사이 성인의 17%가 믿는 종교와 무관하게 명상을 간혹이나마 수련한다고 했습니다.[11]

물론, 호흡조절이나 명상이 아니더라도 뇌의 보상체계를 좋은 방향으로 변화시키는 다른 방법들도 있습니다. 20세기 후반 마틴 셀리그만Martin Seligman등이 제창한 '긍정의 심리학'이 좋은 예이지요. 한마디로 마음의 밝은 면을 북돋우는 훈련입니다. 매사를 긍정적으로 생각하고 일에서 즐거움을 느끼며, 항상 새로움을 찾는 태도의 훈련입니다.

명상이건 긍정심리학이건 중요한 점은 현재를 긍정하는 자세라고 생각합니다. 자아 내려 놓기라고 바꾸어 말할 수 있지요. 인간만이 과거를 후회하고 현재를 비관하며, 미래를 걱정합니다. 하지만 시간 속의 '나'는 뇌가 만든 가공물로 물질적으로는 순환과정 중에서 잠시 머물고 있는 순간의 상태일 뿐입니다. 현재의 상태만이 '나'로서의 의미가 있습니다. 과거를 아쉬워 하는 것은 정말 부질없는 미망迷妄입니다.

전신마비로 고달픈 육체적 삶을 살다 간 스티븐 호킹은 2012년 런던 장애인 올림픽 개회식에서 '표준적 인간' 혹은 '보통의 사람'은 없다고 했습니다. 장애 여부를 떠나 모든 사람은 매 순간만이 의미가 있습니다. 평균적인 사람이라는 기준으로 보면, 어떤 사람은 행복하게 태어났고 어떤 사람은 그렇지 못합니다. 어떤 사람은 지금도 고통을 겪고 있지요. 하지만 그 모든 것은 자연의 순환 과정 중에 던져진 우연한 배합의 한 상황일 뿐입니다. 결코 탓해야 할 운명이 아니지요. '나'라는 존재가 허상인데 무슨 운명이 있을까요? 고통스럽건 행복하건 주어진 '나의 현재 상태'를 그대로 받아들이고 매 순간에 최선을 다하는 자세만이 의미가 있다고 생각합니다.

둘째, 외부로 향하는 우리의 마음 자세도 행복의 중요한 요소입니다. 지난 6백만 년 동안 인간의 두뇌가 유인원과 달라진 가장 큰 부분은 협력과 관련된 지능이었습니다(1장 참조). 개미나 벌 등의 사회적 동물도 협동하지만 타인을 읽는 '마음 이론'을 최고조로 발전시킨 인간 만큼 미묘하고 정교한 협동본능을 갖고 있지는 않습니다.

명예나 수치심 때문에 자신의 소중한 생명을 스스로 버리는 동물은 인간밖에 없습니다. 적을 향해 돌진하는 병사의 행동은 조국이나 정의처럼 거창한 명분 때문이 아닙니다. 동료 앞에서 비겁함을 보이지 않으려는 내재적 협동본능은 생물에게 가장 중요한 생존의지마저 꺾어버릴 만큼 강력합니다. 인간은 무리에서 소외 당하는 상황을 참지 못하며 무리 속에서 포근한 안정감과 행복을 느끼도록 진화했습니다. 타인과 어울리고 서로 사랑하는 마음, 애타심도 인간의 본능에 입력된 행복의 필수 조건입니다.

문제는 인간의 애타심이 모순을 내포하고 있다는 점입니다. 이기심과 마찬가지로 이타심도 생존과 번식을 위해 진화한 본능입니다. 무리를 위한 희생과 봉사의 행동은 궁극적으로는 자신의 생존과 유전자 보존에 유리한 진화적 이점이 있었기 때문에 생겨났습니다. 무리생활을 하는 동물의 세계에서 혼자만의 이득을 취하려는 이기적 행동은 오히려 생존과 자손 번식에 불리하다는 사실이 2008년의 『네이처』 발표 연구 등에서 잘 입증된 바 있습니다.[12] 무리에서 추방된 외톨이는 당장 죽음에 노출되며, 설사 쫓겨나지 않는다 해도 이기적 개체에게는 번식의 기회가 훨씬 덜 주어집니다.

이처럼 애타심은 이기심과 마찬가지로 철저히 생물학적 이유에 뿌리를 두고 있습니다. 즉, 우리의 내면에는 사랑의 늑대와 증오의 늑대가 공존하는 셈이지요.[10] 하지만 둘 다 늑대이기는 마찬가지입니다. 사랑의 늑대는 양서류, 파충류의 공통조상에서 조류(1억 5,000만 년 전)와 포유류(1억 8,000만 년 전)로 진화하는 과정에서 나타났으며 사람에게서 최고조로 발달했습니다. 아마도 첫 계기는 새끼를 돌보는 신체 접촉 행위였다고 추정되는데, 점차 고도화해서 이타적 사회성으로 발전했습니다(파충류 이하의 동물들은 알을 보호하는 행동은 하지만 태어난 새끼를 양육하지는 않습니다. 또, 새끼는 물론 다른 개체와 유대를 강화하는 신체접촉도 하지 않지요).

한편, 증오의 늑대는 경쟁과 위험에 대응하기 위해 모든 동물이 가지고 있는 배타성과 공격 본능에 바탕을 둡니다. 결국, 두 늑대의 공존은 필연적으로 갈등을 일으킵니다. 사랑을 위해서는 증오의 늑대를 없애야 하는데 그럴 방법은 없지요. 그것도 우리의 본성의 일부이기 때문에 부정할수록 뇌는 혼란에 빠집니다. 있는 그대로 인정하는 수밖에 없습니다. 대신 사랑의 늑대를 살찌우려는 노력이 필요합니다. 다행히 협력의 지능이 가장 발달한 인간은 증오의 늑대를 억제하고 사랑의 늑대를 살찌우게 하는 능력이 다른 동물에 비해 탁월합니다. 따라서 그런 능력은 조그만 습관의 개선이나 마음훈련으로 쉽게 강화됩니다. 친절을 베풀거나 이타적 행동을 하면 타인이 아니라 스스로가 더 행복해지는 것이 인간의 본성입니다. 사소한 선행이라도 반복하면 우리 뇌의 관련 보상체계는 강화되어 더 자주, 더 큰 쾌감을 찾지요. 마치 마약 중독과 같습니다. 몰래 선행을 하는 사람이 계속하는 이유는 이 같은 증폭된 행복감 때문입니다. 독일 라이프치히대학의 연구진은 자애 명상처럼 간단한 마음 훈련을 행한 초보자도 겨우 1주일 만에 뇌의 신경망에 변화가 생겨 마음의 평화를 얻는 데 큰 도움이 됨을 확인했습니다.[13] 마음의 수련이건 작은 습관의 변화이건 분명한 점은 사람의 뇌는 서로 사랑해야 행복해진다는 사실입니다.

셋째, 외적 요인도 행복을 말하는 데 빠뜨릴 수 없는 중요한 요소입니다. 정치, 사회적 분쟁이나 전쟁처럼 집단과 관련된 갈등이 그것입니다. 내면에서 아무리 집착과 자아를 내려 놓고, 타인을 사랑하는 마음으로 충만했다 하더라도 사회적 갈등이나 전쟁과 같은 외적 요인이 있다면 우리의 행복과 평화는 교란될 수밖에 없습니다. 행복을 위한 앞의 두 요소가 개인이 취해야 할 자세라면, 외적 요인은 공동의 노력으로 개선해야 할 과제입니다. 이를 위해서는 사회 문제를 바라보는 바른 시각이 필요한데, 저마다 다르게 해석하는 문제가 있습니다.

지금까지 이러한 주제는 인문, 사회과학적인 측면에서 주로 다루어 왔습니다.

그러나 행복을 위한 인류의 미래정신을 설정하는 데 있어 여기에만 의존할 수는 없게 되었습니다. 지금은 과학이 우리의 마음이 작동하는 방식에 대해 구체적인 설명을 내놓기 시작한 시대입니다. 기존의 인문, 사회학적인 대책들이 항상 옳았는지 돌아볼 필요가 있습니다. 사변적思辨的 사고에 토대한 자의적恣意的판단이나 직관 등이 얼마나 신뢰할 수 없는지를 최근의 과학이 말해주기 때문입니다.

이를 보여 주는 좋은 예가 2018년 출간된 한스 로슬링의 저서 『팩트풀니스Factfulness』에 소개되어 있습니다.[14] 통계학 분야의 석학이자 스웨덴의 의대 교수였던 로슬링은 2017년 우리나라를 포함한 전 세계 14개 국 약 1만 2,000명에게 빈부격차, 환경, 교육, 에너지 등의 현안에 대해 얼마나 사실대로 알고 있는지 13개의 평이한 설문으로 물었습니다. 예컨대 지난 20년간 세계 극빈층 비율의 변화에 대해 2배 증가, 절반 감소, 불변 중 어느 쪽일지 묻는 식이었습니다. 가장 뻔한 답의 13번 문제를 제외한 12문제의 평균 정답률은 겨우 2개였습니다(13번 문제는 100년 후 지구의 기온이 온난, 한랭, 불변 중 어느 쪽으로 변하느냐는 질문이었습니다. 3번 질문인 극빈층의 경우 절반으로 줄었습니다). 1만 2,000명 중 만점자는 0명이었으며, 1문제만 틀린 사람은 겨우 1명, 모두 틀린 사람은 무려 15%였습니다. 설문은 3지선다형이었으므로 침팬지가 골라도 33%는 맞힐 수 있었다고 로슬링은 개탄했습니다. 특히, 저명한 학자, 교육자, 언론인, 정치인 등 현안에 대해 관심이 높고 배운 사람일수록 정답률이 더 낮았습니다.

로슬링은 엉터리 판단과 탈脫진실의 원인을 인간이 집단을 이룰 때 가지는 10개의 눈 먼 본성으로 설명했습니다. 저자의 타계 1년 후 출간된 이 책은 『네이처』 등 각국 미디어의 극찬을 받은 것은 물론, 빌 게이트츠가 필독서로 강력 추천하며 2018년 미국 대학의 졸업예정자 전원에게 선물하기도 했습니다. 우리가 이성적이라고 생각하는 판단이 객관적 사실과 얼마나 다른지를 극명하게 보여준 분석이었습니다.

인간은 집단이 되면 협력으로 현명해지지만 한없이 어리석어 지기도 합니다. 다수를 따르는 민주주의는 훌륭한 가치이지만 집단적 사고가 가지는 치명적 위험성도 내포하고 있음을 명심해야 합니다. 나치나 공산독재도 민중의 열광적 지지가 없었으면 불가능했습니다. 집단 사고의 위험성을 줄이는 좋은 방법은 현안이 과학적 사실에 근거한 객관성이 있는지 수시로 점검해 보는 것입니다.

집단이 된 인간이 범하는 또 하나의 폐단은 강력한 협동본능이 낳은 부작용인 편가르기입니다. 새뮤얼 보울스Samuel Bowles가 전산모형을 통해 밝힌 바에 의하면, 무리 내 구성원 사이의 이타성이 높아지면 역설적으로 집단 간의 적대감도 커집니다.[12] 즉, 집단의 안과 밖에서 작용하는 이타심과 배타적 공격성은 동전의 양면과 같습니다. 이는 인간의 뇌가 꾸미는 피할 수 없는 본성입니다. 우리의 뇌는 끊임없이 타인과 집단을 놓고 편가르기를 합니다. 가령, 무리가 서너 사람이면 서로의 친밀감이 잘 유지되지만 10명쯤으로 늘어나면 어느 새 2~3개의 편으로 갈라지고 누군가 한 두 명은 암묵적인 따돌림의 대상이 됩니다.

특히, 뇌의 편가르기 본성은 경계 부근에서 치열합니다. 내 편의 범주에서 아주 멀면 오히려 문제가 없지요. 반면, 경계선 바로 너머의 개체나 집단에 대해서는 특별히 강한 반감을 드러냅니다. 안타깝게도 경계선상의 타인이나 상대집단은 다름 아닌 이웃과 친척입니다. 가난한 나라의 인권과 세계평화를 외치면서 지역이나 정치적 견해가 다르다고 이웃에게는 원수보다 더한 적의를 품고, 심지어 친척이나 형제끼리 다투기도 합니다. 동서고금을 통해 분쟁과 전쟁은 혈연적으로 가장 가까운 이웃이나 부족, 국가끼리 더 빈번하고 더 잔혹하게 벌어졌습니다. 불과 얼마 전 대량 살육이 자행되었던 구 유고공화국의 일곱 나라들, 이스라엘과 팔레스타인, 러시아와 우크라이나 모두 인간의 편가르기 본성이 만든 슬픈 부작용입니다.

흔히들 역사를 모르면 미래가 없다고 말합니다. 감동적인 말로 들리지만 신경과학적으로 볼 때 집단으로 조직화된 인간의 사고는 본성적으로 오류에 취약하며 잘못을 반복하도록 설계되어 있습니다. 인간의 과거와 현재, 미래를 예리하게 분석해 큰 반향을 일으킨 『사피엔스』와 『호모 데우스』의 저자 유발 하라리는 역사는 잊기 위해 배운다고 했습니다.[15,16] 과거로부터 배우기 위해서가 아니라 시야를 넓히기 위해서라고 했습니다. 그 자신이 역사학자인 하라리는 역사에서 배울 점은 이런 일도 저런 일도 있다는 것을 깨닫고 과거의 굴레로부터 벗어나기 위해서라고 했습니다. 인간 본성의 모순을 정확히 인식한 제언이라 생각합니다. 부시맨이나 아마존의 평화로운 원시부족은 조상의 무덤을 가지지 않는 공통점이 있다고 합니다.

집단이 되면서 벌어지는 이러한 폐단을 구체적으로 어떻게 해야 줄일 수 있을까요? 무엇보다도 집단에 이입된 감정을 가능한 최대로 제거하는 노력을 기울여야 한다고 생각합니다. 감정이 개입되면 그렇지 않아도 엉터리인 인간의 사고는 더욱 신뢰할 수 없어집니다. 유발 하라리는 과거 폴란드의 예를 들며 '국민 감정'과 같은 개념은 허깨비라고 단언합니다. 지역 감정은 더욱 그렇지요. 스스로의 의식작용이 없으므로 집단은 감정을 가질 수 없습니다. 편가르기의 무리 본능을 과잉으로 작동시킨 개인들이 머릿속에 떠올린 허깨비들의 집합일 뿐입니다. 생존 위협이 전혀 없는데도 단지 저 쪽 편이라는 이유만으로 증오가 솟구칩니다.

하지만 다투는 집단의 구성원들이 사적으로 만나면 적대감을 전혀 못 느끼는 경우가 대부분입니다. 협동본능에 충실한 뇌가 꾸민 요술이지요. 중요한 점은 지나친 피아彼我의 구분이 헛된 망상이라는 자각 위에, 우리의 행동이 혹시 편가르기를 하고 있지는 않은지 수시로 점검해 보는 자세입니다. 아울러 '우리'의 범주를 가능한 넓게 확장하려는 노력이 필요하다고 봅니다.

요술은 집단 내에서도 문제를 일으킵니다. 따지고 보면 우리가 사악하다고 생각하는 불의나 부도덕, 비겁함, 배신, 범죄 등은 모두 무리의 단결을 해치는 행동으로 요약될 수 있습니다. 하지만 생물학적 견지에서 보면 무리보다 자신의 본능을 우선했을 뿐, 잘못된 일은 아니라고 볼 수도 있지요. 결국, 우리가 숭고하다고 생각하는 정의나 도덕은 대단한 우주의 법칙이나 절대 가치가 아닙니다.

또, 생물로서 인간의 생존 본능이 지속되는 한, 소위 말하는 불의와 부도덕은 없어질 수 없습니다. 정의와 불의, 도덕과 부도덕은 서로 동전의 양면입니다. 지나친 선악의 구분은 행복과 평화의 적입니다. 그런 견지에서 관용과 적극적인 용서의 행동도 중요하다고 생각합니다. 개인이나 집단 사이의 갈등은 인간의 본성상 피할 수 없습니다. 따라서 사회에는 항시 피해자와 가해자가 공존합니다.

그런데 용서는 피해자가 하는 행동입니다. 가해자가 할 수 있는 일은 아니지요. 심리적으로 가해자는 아쉬움이 덜 하므로 죄책감을 진정으로 느끼기가 어려울 수 있습니다. 물론 가해자가 먼저 사과하는 경우도 있지요. 하지만 사과하는 가해자를 용서하는 일은 협량狹量이 아닌 이상 누구나 할 수 있습니다. 진정한 용서에는 조건이 없습니다. 피해자의 적극적인 용서가 만드는 감동과 화해는 가해자의 사과로 이루어지는 평화와는 비교가 안 될 진정성과 지속성을 가진다는 사실이 여러 뇌연구로 밝혀지고 있습니다. 무엇보다도 피해자가 가해자보다 더 큰 마음의 평화를 느끼지요.

BBC 뉴스는 20세기를 마무리하며 투표를 통해 지난 1,000년 동안 가장 위대했던 인물 중 한 명으로 마하트마 간디를 선정했습니다. 비폭력 평화혁명을 이끈 위대한 정신적 지도자였던 그는 '약한 자는 결코 남을 용서할 수 없다. 용서는 강한 자의 속성이다'라고 했습니다.[17] 감동적인 말입니다. 그러나 그 자신은 평생 아내와 자식들에게 냉혹했으며, 말년에는 젊은 두 여성과 옳지 못한 일도 했습니다. 그것이 인간입니다. 성인聖人에게도 악행이 있으며, 악인에게도 선행이 있습니다. 대중연설에서는 악마였지만 주변의 낮은 신분의 사람들에게는 예의 바르고 소박했으며, 금연과 금주, 채식주의자에 동물 보호법을 세계 최초로 제정한 히틀러도 나름대로 도덕과 정의가 있었습니다.

오히려 그 정의와 도덕의 우월적 독단 때문에 만행을 저질렀지요. 자살폭탄 테러를 하는 종교적 광신도들도 자신들의 신념이 옳다는 확신에 차 있기 때문에 기꺼이 목숨을 던집니다.

관용과 용서가 없는 도덕적 확신이야 말로 평화를 깨는 가장 해악한 행동입니다. 이 세상에 절대적인 정의와 불의, 도덕과 부도덕은 없습니다. 어느 쪽으로 더 치우쳤는지에 대한 문제일 뿐입니다. 우리 모두는 천사와 악마의 중간 어느 지점에 있습니다. 선행도 악행도 모두 생물적인 뿌리가 같기 때문입니다. 우리는 그러한 인간의 모순과 한계를 솔직히 인정하는 바탕에서 스스로를 되돌아보고, 포용하며 용서하기를 주저하지 말아야 합니다.

또, 가능한 '우리'의 범주를 넓히고, 혹시라도 집단에 감정을 이입하는 어리석음을 범하고 있지 않은지 수시로 점검할 필요가 있습니다. 그러한 의식의 각성이야 말로 21세기의 과학이 근거를 가지고 제시하는 진정한 평화의 길이라고 생각합니다.

『과학 오디세이』의 두 책은 과학의 여러 분야를 다루었습니다. 그러나 '우리는 왜 이 세상에 있는가?' 그리고 '왜 죽어야 하는가?'라는 질문을 항시 기저에 놓으려고 했습니다. 이미 타계했지만 스티븐 호킹은 2010년의 한 인터뷰에서 자신은 죽음이 두렵지 않지만 할 일이 많기 때문에 서두르고 싶지 않다고 했습니다.[18] 결국, 이 책의 결론도 평범하지만 평소 놓치기 쉬운 소중한 생활의 진리로 모아져야 할 것 같습니다. 우리의 근원을 항상 명심하되, 어렵더라도 현재에 만족하며 열심히 일하고, 서로 용서하고, 사랑하라는 말로 요약해 봅니다. 위 인터뷰에서 호킹이 한 말을 마저 인용하면서 책을 맺습니다.

하나, 발 밑을 보지 말고, 머리를 들어 하늘의 별을 바라보세요.
둘, 일을 포기하지 마세요. 일은 당신의 삶의 의미와 목적이며 그것이 없으면 공허합니다.
셋, 운 좋게 사랑을 찾았다면, 그것이 거기 있음을 명심하고 절대 버리지 마세요.

감사의 글

이 책의 시발점은 10여 년 전 만들었던 '현대과학으로 바라보는 인생'이라는 사이버 특강 DVD였습니다. 이 특강의 취지는 사회로 진출하는 학생들에게 과학이 말해 주는 최근의 내용들을 소개함으로써 살아가면서 조금이나마 보탬이 되도록 하는 데 있었습니다. 우주, 물질, 인간, 생명, 마음, 종교를 주제로 한, 6강으로 구성된 강의였는데 겨울 방학 무렵 3개월의 짧은 기간에 준비와 녹화를 하느라 미비한 점이 많았습니다.

특강은 썩 성공적이지 못했습니다. 학생들은 당장의 진로나 취업에 더 관심이 많았지요. 인생을 깊이 생각해 보기에는 너무 젊은 나이이거나 내용이 무겁게 느껴졌기 때문이었을까요? 애써 제작한 DVD였으므로 여분을 학계의 동료들과 주변의 아는 분들에게 틈틈이 드렸습니다. 학생들보다 오히려 그 분들이 더 관심을 보여 주셨고, 몇 분은 과분하게 격려하시며 책으로 정리해 볼 것을 권유해 주셨습니다.

격려에 힘입어 집필을 시작했으나 쉬운 작업이 아니었습니다. 말로 흘러가는 강연이 아니라 기록을 남기는 작업인 데다 분야가 다양하다 보니 아는 내용도 일일이 논문이나 책으로 확인해야 했습니다. 도서관의 대출 기록을 보니 지난 10여 년 간 단행본만 400여 권을 빌렸습니다. 책과 논문들을 메모한 내용 중에는 서로 상충되거나 다른 시각을 가진 것들도 많았습니다. 따라서 이들을 가능하면 누락시키지 않고 한데 모아 요약 정리하는 작업이 쓰는 일보다 훨씬 어려웠습니다. 게다가 제가 당장 해야 할 연구와 교육도 있었지요. 그러다 10년이 지났습니다. 덕분에 그 사이 발표된 새로운 내용들을 반영할 수 있는 긍정적 면도 있었습니다.

출간은 또 다른 숙제였습니다. 흔히들 건네는 인사말은 교장 선생님의 훈시처럼 의례적인 내용이 다반사이지요. 하지만 이 책의 출간에 부쳐 진심으로 고마운 마음을 전해야 할 분들이 있습니다. 무엇보다도 손쉬운 번역서보다는 국내 과학저술가의 저작 위주로 출판을 독려해주시는 MID의 최성훈, 최종현 대표님께 감사드립니다. 또한 초고대로라면 1,500쪽은 족히 되었을, 대책 없는 분량으로 과학의 거의 모든 분야를 다룬 난삽한 원고를 추천 및 감수해 주신 MID의 김동출 박사님께도 감사드립니다. 아울러 1년 여의 수 차례 원고 수정 과정에서 내용에 대해 세밀한 제안을 주신 이휘주 대리에게도 감사의 인사를 빠뜨릴 수 없습니다.

저는 원래 이 책의 제목을 '삶은 꿈인가?'(『과학 오디세이 라이프』)와 '세상은 꿈인가?'(『과학 오디세이 유니버스』)로 하고 싶었습니다. 그러나 그 같은 제목이 자칫 힘들여 저작한 내용이 자칫 주관적인 준과학이나 사이비과학으로 비추어질 수 있다는 편집진의 의견에 전적으로 동의하게 되었습니다. 독자의 호기심을 유도하는 제목보다는 고급 과학 교양서로서 상업성보다는 담은 내용에 더 충실하고자 하는 취지는 오히려 저자가 희망해야 할 사항이었기 때문입니다. 출간에 이토록 많은 시간과 노력을 기울여 주신 MID의 기획·편집·교정진에 다시 한번 감사드립니다.

이 책을 준비했던 오랜 시간 동안 많은 분들이 따뜻한 격려와 소중한 의견을 주셨습니다. 그 분들 중 특별히 정낙섭 학형, 이상로 박사님, 이준정 박사님께 고마움을 전합니다.

2021년 1월 안중호

부 록

1. 시트르산 회로

지구 생물의 가장 보편적인 세포 대사작용인 시트르산 회로의 대략적인 개요는 다음과 같다. 체내에 합성(식물) 혹은 섭취(동물)된 당糖이나 단백질, 지방 분자들은 대사작용을 위해 잘게 분해된다. 탄수화물(당)의 경우 피루브산으로 분해된다. 생성된 피루브산은 효소의 작용으로 활성 아세트산으로 변환된다. 활성 아세트산은 다시 효소의 도움을 받아 더 큰 탄소 분자(옥살로 이세트산)와 결합해 6-탄소의 시트르산을 만들며 회로에 들어간다. 회로에 도입된 시트르산은 한 바퀴 순환반응을 통해 10여 종의 유기분자로 변환되며, 마지막에는 그 분해물의 일부가 결합해 다시 시트르산을 만들어 다음 순환을 거듭한다.

이 과정에서 에너지를 발생시키는 분자들이 생성된다. 당(글루코스)의 경우, 분자 1개가 회로를 한 바퀴 돌며 여러 화합물로 변환되는 과정에서 ATP 분자가 30여 개나 생성된다. 세포는 1개의 ATP에서는 7 칼로리의 에너지를 얻을 수 있다. 물론, 이 회로의 연료라고 할 수 있는 아세트산도 다량 생성된다.

아세트산은 탄소 원자를 2개 가지고 있으므로 연소 후에는 2개의 이산화탄소 분자로 변환되면서 부산물로 물을 생성된다. 여기서 생긴 이산화탄소는 단세포미생물의 경우, 일부는 생합성반응에 사용되고 나머지는 세포 밖 외부로 배출된다. 동물의 경우에는 모세혈관→정맥을 거쳐 허파에서 숨으로 배출된다. 중요한 점은 회로가 유지되기 위해서는 탄소가 계속 보충되어야 하는데, 그 원료가 활성 아세트산이라는 사실이다. 피루브산은 바로 그 전 단계의 물질이다.

2. 호열 박테리아의 탄소고정

탄소고정에는 우리가 잘 알고 있는 식물의 광합성 이외에 5가지 방식이 더 있다. 그중 가장 원시적인 형태가 열수공이나 온천지대에서 독립영양으로 살아가는 호열 박테리아들과 무산소 호흡을 하는 원시 박테리아들이 이용하는 '아세틸 보조효소A 경로(Acetyl-coenzyme A pathway)'라는 일련의 반응이다. 이 대사반응의 자세한 경로는 복잡하지만, 기본적으로는 수소와 이산화탄소를 이용해 아세틸 보조효소A(Acetyl-CoA, 활성 아세트산)를 만든다는 점이 특징이다.

아세틸 보조효소A는 여러 다른 생물의 대사작용에도 중요한 역할을 하는 물질로, 주요 기능은 외부의 탄소 원자를 생체 안으로 전달하는 데 있다. 생체가 각종 탄소유기물을 만들 수 있도록 징검다리 역할을 한다고 볼 수 있다. 따라서 본문의 수소-이산화탄소 화학반응에서 아세틸 보조효소A의 원료가 될 수 있는 아세트산이 생성된다는 사실은 매우 중요한 시사점을 보여준다. 이로부터 최초의 생물이 열수공 주변에서 스스로 몸체를 만들던 독립영양체에서 비롯되었다는 추론이 나왔다. 아세틸 보조효소A 반응경로는 생체에 탄소를 공급해 줄 뿐 아니라 에너지도 자급해 준다는 점에서 다른 탄소고정 반응과 차별성이 있다.

3. 심해열수공에서의 화학반응

러셀과 마틴이 보다 정교하게 다듬은 열수공 가설에 의하면, 생명은 특히 알칼리성 열수공이라는 곳에서 출현했다고 제안한다. 이곳의 강한 알칼리성(수소이온 농도를 나타내는 pH 값이 큰) 열수가 주변 바닷물과 만나 생명분자를 만드는 반응을 요약하면 다음과 같다.

$$[427H_2+10\ NH_3+HS^-]_{\text{열수공 해수}} +$$
$$[210CO_2+H_2PO_4^-+Fe,\ Mn,\ Ni,\ Co,\ Zn_2^+]_{\text{일반 해수}}$$
$$\rightarrow [C_{70}H_{129}O_{65}N_{10}P(Fe,\ Mn,\ Ni,\ Co,\ Zn)S)]_{\text{아생물}} +$$
$$[70H_3C{\cdot}COOH + 219H_2O)]_{\text{노폐물}}$$

이 화학식에서 보듯이 열수와 일반 해수가 만나 생명의 전 단계인 아(亞)생명체 분자 하나가 생성될 때는 많은 양의 물과 아세트산이 노폐물의 형태로 함께 생긴다. 초보적 아생물 분자 하나에서 생체분자의 원료인 아세트산이 70개나 부산물로 나오는 점은 매우 인상적이다. 이를 위해서는 427개라는 막대한 양의 수소원자가 이 반응에 사용되어야 한다. 열수공 가설에서는 감람석이 열수와 만날 때 일어나는 사문화반응으로 수소가 풍부하게 생성된다고 추정한다.

4. 아미노산의 중합반응 기구

본문에서 소개한 서더랜드 팀이 밝힌 반응경로에서는 핵산과 지질은 생성되었지만 생체와 효소의 주성분인 단백질은 직접 생성되지 않았다. 단백질의 구성 단위인 아미노산만이 생성되었을 뿐이다. 아미노산은 세포 속의 리보솜이라는 곳에서 고리 모양으로 서로 결합해 펩타이드(peptide)를 형성한다. 아미노산 분자가 10개 이내이면 올리고펩타이드(oligopeptide), 약 10~50개 사이이면 폴리펩타이드(polypeptide), 50개 이상 연결되면 단백질이라고 통상적으로 부른다. 중요한 것은 아미노산들이 각자 특정한 방식으로 결합하고 접혀야 단백질 분자가 제대로 기능을 발휘한다는 점이다.

그런데 아미노산 분자들이 어떻게 알고서 정확한 형태의 접힌 구조 펩타이트나 단백질로 결합하는지는 의문이었다. 이 문제와 관련해 노스캐롤라이나대학의 월휀든(Richard Wolfenden)과 카터(Charles Carter)는 오랜 기간의 연구를 통해 단서가 될 만한 중요한 연구결과를 2015년 미국과학아카데미 회보에 두 편의 논문으로 발표했다.

첫 번째 논문에서 그들은 생체를 구성하는 20개 아미노산의 물리적 성질, 특히 크기와 극성(極性, 물과 기름분자 사이에서 아미노산들의 분포 특성)이 단백질 접힘의 복잡한 과정과 연관성이 있음을 밝혔다. 특히 아미노산들의 극성이 온도에 따라 변함을 밝혀, 초기 지구의 뜨거운 온도가 원시 생명분자의 생성에 중요한 역할을 했음을 보여 주었다.

그들의 두 번째 논문은 특정 효소(아미노아실 tRNA합성효소)들이 어떻게 tRNA(운반RNA)를 인식하는지 설명하고 있다. tRNA는 펩타이드 결합 시 아미노산 분자들을 적재적소에 운반해 결합이 정확히 일어나도록 해 주는 중요한 분자이다. tRNA합성효소들은 유전자 정보를 번역하는 일종의 어댑터라 할 수 있다. 이 물질의 한쪽 끝은 특정 아미노산을 읽어 결합시키고, 다른 한 끝은 유전정보를 인식한다. 이들이 20개의 아미노산 중 특정 크기와 극성에 맞는 한 개를 선택함으로써 tRNA의 유전정보대로 결합해 단백질을 접히게 한다는 것이다.

월휀든과 카터은 RNA가 아미노산이 단백질(펩타이드)로 결합하는 데 촉매작용을 했다고 보지 않았다. 오히려 펩타이드가 RNA의 생성에 촉매 역할을 했다고 주장한다. tRNA합성효소들은 단백질이기 때문이다. 다시 말해, 단백질(펩타이드)과 RNA는 거의 비슷한 시기에 출현했으며, 이들의 복잡한 협동적 반응에 의해 오늘날과 같은 생명체가 출현했다는 것이다.

5. DNA중합효소

DNA중합효소는 여러 종류가 있으며, 원핵생물과 진핵생물의 경우가 약간 다르다. DNA중합효소의 가장 중요한 기능은 복제 가닥에 붙은 뉴클레오티드를 사슬 구조로 연결해 주는 작업이다. 또, 복제가 5'→ 3' 방향으로 진행되도록 해 준다. 이 효소는 다른 뉴클레오티드가 앞에 있어야만 DNA를 중합할 수 있다. 사슬을 연장해 주지만 아무 곳에서나 시작할 수 없다는 의미이다.

그런데 이렇게 되면 복제가 처음 시작되는 부위에서는 새로 붙은 뉴클레오티드가 없으므로 중합할 수가 없다. 이를 해결하기 위해 풀어진 가닥의 맨 앞에는 뉴클레오티드 대신 조그만 RNA 분자가 임시로 붙어 중합반응이 시작되도록 도와준다(본문의 〈그림 3-7〉). 이 짧은 RNA 조각이 프라이머(primer)이며, 이를 돕는 효소가 프라이마아제(primase)이다. 이 RNA는 불안정하므로 임무를 마치고 곧 해체된다.

박테리아의 경우 DNA중합효소III(Pol III)은 5'→ 3' 방향으로 뉴클레오티드를 연결시켜 DNA가 중합되도록 도와주는 가장 중요한 역할을 한다. DNA중합효소I(Pol I)은 임시로 붙은 (RNA)프라이머를 해체시키고 그 자리에 올바른 DNA 조각이 붙도록 해준다. 중합효소III이 작용하다 프라이머를 만나 중합을 중지하면 중합효소I이 나타나 해결하는 식이다.

DNA중합효소II(Pol II)는 잘못 붙은 조각을 잘라버리는 기능을 맡고 있다. 일반적으로 분리된 원본 DNA 가닥에 붙는 조각들은 대략 5~10개 길이로 이어진 뉴클레오티드들이다. 이들은 조금씩 떨어져 있는데, 특히 지연가닥에서는 오카자키 절편에서처럼 더욱 조각나 있다. 리가아제(ligase)라는 효소는 조각들을 연결해 연속적인 DNA로 만든다.

본문에서 설명한 대로 DNA중합효소는 DNA 가닥의 특정 방향으로만 작용한다. DNA 가닥에는 5'와 3'이라는 위치가 있는데, 이들 숫자는 DNA의 뼈대인 당(디옥시리보스)에 붙어 있는 탄소의 수를 말한다. 분자 구조상 5'의 위치에는 또 다른 뼈대인 인산기가 결합하고, 3' 방향으로는 수산기(OH)가 붙는다.

그런데 DNA중합효소는 3'의 위치에만 뉴클레오티드를 붙여준다. 따라서 중합은 5'→ 3' 방향으로만 뻗어 나간다(본문의 〈그림 3-7〉). 즉 기판이 되는 모가닥과 반대방향으로 복제된다. 두 가닥 중 복제가 3'→ 5' 방향으로 복제되는 지체가닥은 정상적인 중합이 불가능하다. 이를 해결하기 위해 중합효소는 3'의 위치가 있는 군데군데에만 프라이머를 붙여 작은 오카자키 절편을 만든 나중에 이어 붙인다.

DNA중합효소는 자가교정(proofreading)기능도 가지고 있다. DNA 복제 중에는 간혹 잘못된 뉴클레오타이드(혹은 염기쌍)가 들어올 수 있다. 따라서 다음 뉴클레오티드가 이어지기 전에 오류를 바로잡아야 온전한 복제가닥이 완성될 수 있다. 박테리아에서는 DNA중합효소 I, II, III 모두가 이런 기능을 한다.

진핵생물에서도 몇 종의 DNA중합효소가 복제오류를 교정하는 기능을 가지고 있다. 그런데 이들의 교정 방향은 모두 3'→ 5' 방향이다. DNA중합효소가 복잡한 반응을 무릅쓰고 굳이 5'→ 3' 방향으로만 복제를 고집하는 이유가 여기에 있다. 복제와 자가교정 반응을 같은 방향으로 동시에 병행할 수 없기 때문이다.

참고문헌 및 주석

(본문에 인용된 논문의 원본은 도서관에서 관련 저널, 혹은 일부는 구글 등의 검색도구에서
논문 제목으로 찾을 수 있습니다. 다수 저자인 경우 대표 저자만 ○○○ ~el. 로 표기하였습니다.)

시작하는 글

1 Jaques Monod, *Hasard et la Nécessité: Essai sur la philosophie Naturelle de la biologie modern SEUIL*, Presses Universitaires de France(1970)

2 西山大師, *生縱何處來 死向何處去 生也一片浮雲起 死也一片浮雲滅 浮雲自體本無實 生死去來亦如然* 원문

3 차동엽, *내 가슴을 다시 뛰게 할 잊혀진 질문*, 명진출판(2011), 368쪽

4 Stephen Hawking, Leonard Mlodinow, *The Grand Design*, N.Y. Bantam Books(2010), p. 5, (위대한 설계, 전대호 역, 까치글방)

5 Marcus Chown, *The Never–Ending Days of Being Dead*, Faber & Faber(2008), (네버엔딩 유니버스, 김희원 역, 영림카디널)

6 Chris Impey, *The Living Cosmos: Our Search for Life in the Universe*, Random House(2007), (우주생명 오디세이, 전대호 역, 까치)

1장

1 Desmond Morris, *The Naked Ape: A Zoologist's Study of the Human Animal*, Jonathan Cape(1967)

2 G. H. Jacobs, J. Nathans, The Evolution of Primate Color Vision, *Scientific American*, 300 (4), April 2009, p. 56

3 추천도서 A1 참조

4 J. E. Janečka et al., Molecular and Genomic Data Identify the Closest Living Relative of

Primates, *Science*, 318 (5851), 2 November 2007, p. 792-94

5 K. C. Beard, The oldest North American primate and mammalian biogeography during the Paleocene–Eocene Thermal Maximum, *Proc. Natl. Acad. Sci. U.S.A.(PNAS)*, 105 (10), 3 March 2008, p. 3815-8

6 Y. Chaimanee et al., Late Middle Eocene primate from Myanmar and the initial anthropoid colonization of Africa, *Proc. Natl. Acad. Sci. U.S.A.(PNAS)*, 109 (26), 26 June 2012, p. 10293-7

7 X. Ni, Oligocene primates from China reveal divergence between African and Asian primate evolution, *Science*, 352 (6286), 6 May 2016, p. 673–77

8 R. J. Johnson, P. Andrews, Ancient Mutation in Apes May Explain Human Obesity and Diabetes, *Scientific American*, 313 (4), October 2015, p. 64

9 J. T. Kratzer et al., Evolutionary History and Metabolic Insights of Ancient Mammalian Uricases, *Proc. Natl. Acad. Sci. U.S.A.(PNAS)*, 111 (10), 11 March 2014, p. 3763–8

10 L. Carbone et al., Gibbon genome and the fast karyotype evolution of small apes, *Nature*, 513 (7517), 11 September 2014, p. 195-201

11 D. M. Alb et al., Miocene small–bodied ape from Eurasia sheds light on hominoid evolution, *Science*, 350 (6260), 30 October 2015, p. 515

12 A. Nater et al., Morphometric, Behavioral, and Genomic Evidence for a New Orangutan Species, *Current Biology*, 27 (22), (2017), p. 3487–98

13 추천도서 A2 참조

14 http://langint.pri.kyoto–u.ac.jp/ai/en/publication/TomokoImura/ImuraT2016–srep.html

15 B. F. Keele et al., Increased mortality and AIDS–like immunopathology in wild chimpanzees infected with SIVcpz, *Nature*, 460, 23 July 2009, p. 515–19

16 Katherine S. Pollard, What Makes Us Human, *Scientific American*, 300 (5), May 2009, p. 32

17 추천도서 A3 참조

18 Katherine Harmon, Shattered Ancestry, *Scientific American*, 308 (2), February 2013, p. 36

19 Yohannes Haile-Selassie et al,. A 3.8-million-year-old hominin cranium from Woranso-Mille, Ethiopia, *Nature*, 573 (7773), 28 August 2019, p. 214-19

20 K.L .Tracy et al, Australopithecus sediba Hand Demonstrates Mosaic Evolution of Locomotor and Manipulative Abilities, *Science*, 333 (6048), 9 September 2011, p. 1411-17

21 Kate Wong, First of Our Kind, *Scientific American*, 306 (4), April 2012, p. 31

22 Kate Wong, Mystery Human, *Scientific American*, 314 (3), Mar 2016, p. 28

23 Lee R Berger et al., Homo naledi, a new species of the genus Homo from the Dinaledi Chamber, South Africa, *eLife}*, *https://{eLife}{Sciences*.org/content/4/e09560, 10 September 2015

24 Ralph L. Holloway et al., Endocast morphology of Homo naledi from the Dinaledi Chamber, South Africa *Proc. Natl. Acad. Sci. U.S.A.(PNAS)*, 115 (22), 29 May 2018, p. 5738-43

25 Bernard Wood, Welcome to the Family, *Scientific American*, 311 (3), September 2014, p. 42

26 Kate Wong, The Human Saga, *Scientific American*, 311 (3), September 2014, p. 36

27 T. E. Cerlin et al., Stable isotope-based diet reconstructions of Turkana Basin hominins, *Proc. Natl. Acad. Sci. U.S.A.(PNAS)*, 110 (26), 25 June 2013, p. 10501

28 B. Asfaw et al., Australopithecus garhi: a new species of early hominid from Ethiopia, *Science* , 284 (5414), 23 April 1999, p. 629-35

29 Brian Villmoare et al., Early Homo at 2.8 Ma from Ledi–Geraru, Afar, Ethiopia. *Science*, 347 (6228), 20 March 2015, p. 1352–55

30 F. Spoor et al., Implications of new early Homo fossil, *Nature*, 448 (7154), 9 August 2007, p. 688–91

31 F. Spoor et al., Reconstructed Homo habilis type OH 7 suggests deep–rooted species diversity in early Homo, *Nature*, 519 (7541), 5 March 2015, p. 83-6

32 Kate Wong, The Human Saga, *Scientific American*, 311 (3), September 2014, p. 36

33 T. Proffitt et al., Wild monkeys flake stone tools, *Nature* , 539 (7627), 3 November 2016, p. 85-8

34 S. Harmand et al. 3.3–million–year–old stone tools from Lomekwi 3, West Turkana, Kenya. *Nature*, 521 (7552), 20 May 2015, p. 310-15

35 Dietrich Stout, Tales of a Stone Age Neuroscientist, *Scientific American*, 314 (4), 1 April 2016, p. 28–35

36 추천도서 A5 참조

37 Lars Werdelin, King Of Beasts, *Scientific American*, 309 (5), November 2013, p. 35

38 Richard Wrangham (interview), The First Cookout, *Scientific American*, 309 (3), September 2013, p. 66

39 N.G. Jablonski,The Naked Truth: Why Humans Have No Fur, *Scientific American*, 302 (2), February 2010, p. 42

40 D. E. Lieberman et al., The evolution of marathon running: Capabilities in humans, *Sports Medicine*, 37(4–5), February 2007, p. 288–90

41 N.G. Jablonski, The Naked Truth: Why Humans Have No Fur,*Scientific American*, 302 (2), February 2010, p. 42

42 Elaine Morgan, The Scars of Evolution, Penguin Books(1990), (호모 아쿠아티쿠스, 한국해양과학기술원)

43 V.I. Lohr et al, Responses to Scenes with Spreading, Rounded, and Conical Tree Forms, *Environment & Behaviour*, 38 (5), September 2006, p. 667

44 Frans de Waal, One for All, *Scientific American*, 311 (3), September 2014, p. 68

45 Giacomo Rizzolatti et al. Mirrors in the Mind, *Scientific American*, 295 (5), November 2006, p. 30

46 J. Rilling et al, A neural basis for social cooperation, *Neuron*, 35 (2), August 2002, p. 395–405

47 Frans B. M. de Waal, How Animals Do Business, *Scientific American*, April (2005) p.54

48 추천도서 A6 참조

49 S. B. Hrdy, Mothers and Others: The Evolutionary Origins of Mutual Understanding, Harvard University Press(2009)

50 Curtis W. Marean, The Most Invasive Species of All, *Scientific American*, 313 (2), August 2015, p. 32

51 E Herrmann et al., Humans Have Evolved Specialized Skills of Social Cognition: The Cultural Intelligence Hypothesis, *Science*, 317 (5843), 7 September 2007, p.1360–66

52 Gary Stix , The 'it' factor, *Scientific American*, 311 (3), September 2014, p. 72

53 추천도서 A7 참조

54 Kate Wong, Love: Large brains may have led to the evolution of amour, *Scientific American*, 301 (3), September 2009, p. 55

55 D. Lordkipanidze et al., A Complete Skull from Dmanisi, Georgia, and the Evolutionary Biology of Early Homo, *Science*, 342 (6156), 18 October 2013, p. 326–31

56 C. D. Huff et al., Mobile elements reveal small population size in the ancient ancestors of Homo sapiens, *Proc. Natl. Acad. Sci. U.S.A.(PNAS)*, 107 (5), 2 February 2010, p. 2147-52

57 M. Meyer et al., A mitochondrial genome sequence of a hominin from Sima de los Huesos, *Nature*, 505 (7483), December 2013, p. 403

58 Kate Wong, Neandertal Mind, *Scientific American*, 312 (2), February 2015, p. 36

59 D. L. Hoffmann et al., U−Th dating of carbonate crusts reveals Neandertal origin of Iberian cave art, *Science*, 359 (6378), 23 February 2018, p. 912−15

60 The Editors, Did Neandertals Think Like Us?, *Scientific American*, 302 (6), June 2010, p. 54

61 T. Higham et al.,The timing and spatiotemporal patterning of Neanderthal disappearance, *Nature*, 512, 21 August 2014, p. 306-9

62 Kate Wong, Twilight of the Neandertals, *Scientific American*, 301 (2), August 2009, p. 32

63 추천도서 A8 참조

64 Rachel Caspari, The Evolution of Grandparents, *Scientific American*, 305 (2), August 2011, p. 45

65 I. McDougall et al., Stratigraphic placement and age of modern humans from Kibish, Ethiopia, *Nature*, 433 (7027), 17 February 2005, p. 733−736

66 Hublin, J. et al., New fossils from Jebel Irhoud, Morocco and the pan−African origin of Homo sapiens, *Nature*, 546 (7657), 7 June 2017, p. 289-92

67 T.D.White et al, Pleistocene Homo sapiens from Middle Awash, Ethiopia, *Nature*, 423 (6491), July 2003, p. 742-47

68 Rebecca L. Cann, et al., Mitochondrial DNA and human evolution, *Nature*, 325 (6099), 1 January 1987, p. 31−6

69 추천도서 A9 참조

70 R. E. Green, S. Pääbo et al., A Draft Sequence of the Neandertal Genome, *Science*, 328 (5979), 7 May 2010, p. 710–22

71 추천도서 A10 참조

72 C. Posth, J. Krause et al., Deeply divergent archaic mitochondrial genome provides lower time boundary for African gene flow into Neanderthals, *Nature Communications* , 8 (1), 4 July 2017, 16046

73 J. Krause1 et al., The complete mitochondrial DNA genome of an unknown hominin from southern Siberia, *Nature*, 464 (7290), 8 April 2010, p. 894–97

74 Michael F. Hammer, Human Hybrids, *Scientific American*, 308 (5), May 2013, p. 66

75 Elizabeth Kolbert, Annals of Evolution: Sleeping with the Enemy, *The New Yorker*, 15 August 2011 Issue

76 Sriram Sankararaman et al., The genomic landscape of Neanderthal ancestry in present–day humans, *Nature*, 507 (7492), 20 March 2014, p. 354–57

77 Q. Ding et al., Neanderthal Introgression at Chromosome 3p21.31 was Under Positive Natural Selection in East Asians. *Molecular Biology and Evolution*, 31 (3), December 2013, p. 683–95

78 B. Vernot et al., Resurrecting surviving Neandertal lineages from modern human genomes, *Science*, 343 (6174), 28 February 2014, p. 1017–21

79 A. J. Sams et al., Adaptively introgressed Neandertal haplotype at the OAS locus functionally impacts innate immune responses in humans, *Genome Biology*, 17 (17), 29 November 2016, p. 246

80 Doron M. Behar et al., The Dawn of Human Matrilineal Diversity, *Am. J. Hum. Genet*,

82 (5), 9 May 2008, p. 1130-40

81 Max Ingman et al., Mitochondrial genome variation and the origin of modern humans, *Nature*, 408 (6813), 7 December 2000, p. 708–713

82 Curtis W. Marean, When the Sea Saved Humanity, *Scientific American*, 303 (2), August 2010, p.54–61

83 K. Wong, Rethinking Hobbits: What They Mean for Human Evolution, *Scientific American*, 301 (5), November 2009, p.46

84 I. Hershkovitz et al., The earliest modern humans outside Africa, *Science*, 359 (6374), January 2018, p. 456–459

85 S. J. Armitage et al., The southern route Out of Africa: evidence for an early expansion of modern humans into Arabia, *Science*, 331 (28), January 2011, p. 453-456

86 W. Liu et al., Human remains from Zhirendong, South China, and modern human emergence in East Asia, *Proc. Natl. Acad. Sci. U.S.A.(PNAS)*, 107 (45), October 2010, p.19201-19206

87 V. Macaulay et al., Single, rapid coastal settlement of Asia revealed by analysis of complete mitochondrial genomes, *Science*, 308 (5724), 13 May 2005, p. 1034-1036

88 추천도서 A13 참조

89 추천도서 A14 참조

90 Melinda Wenner, Going with His Gut Bacteria, *Scientific American*, 299 (1), July 2008, p.38

91 Heather Pringle, The 1st Americans, *Scientific American*, 305 (5), November 2011, p.36–41

92 추천도서 A11 참조

93 The 1000 Genomes Project Consortium, A global reference for human genetic variation, *Nature*, 526 (7571), 1 October 2015, p. 68-74

94 D. A. Hinds et al, Whole–genome patterns of common DNA variation in three human populations. *Science*, 307 (5712), February 2005, p. 1072-1079

95 Serre, D., Pääbo, S., Evidence for gradients of human genetic diversity within and among continents. *Genome Research*, 14, 2004, p. 1679–1685

96 John Hwaks, Still Evolving, *Scientific American*, 311 (3), September 2014, p. 76

97 J. Berger et al, *Proc. Natl. Acad. Sci. U.S.A.(PNAS)*, 14 (10), 2007, p. 3736

98 L. E. Tavera–Mendoza., Cell Defenses and the Sunshine Vitamin, *Scientific American*, November 2007, p. 62

99i 추천도서 A12 참조

100 K. Yoshiura et al, A SNP in the ABCC11 gene is the determinant of human earwax type, *Nature Genetics*, 38 (3), 2006, p. 324

101 Heather Pringle, The Origins Of Creativity, *Scientific American*, March 2013, p. 36

102 추천도서 A17 참조

103 추천도서 A16 참조

104 Patricia K. Kuhl, Baby Talk, *Scientific American*, November 2015, p. 64

105 추천도서 A18 참조

106 추천도서 A19 참조

107 Anne Pycha, Fast Talkers, *Scientific American*, April 2012, p. 18

108 추천도서 A20 참조

109 추천도서 A21 참조

110 Richard Wrangham, *Demonic Male: Apes and the Origins of Human Violence*, Mariner Gooks(1997)

111 추천도서 A22 참조

112 Rilling et al, A neural basis for social cooperation, *Neuron*, 35 (2), 2002, p. 395–405

113 David Grinspoon, Deep Time, Deep Survival, *Scientific American*, September 2016, p. 76

114 추천도서 A25 참조

115 Robert M. Sapolsky, Beyond Limits, *Scientific American*, September 2012, p. 38

116 D. E. Patrick et al, Microcephalin, a Gene Regulating Brain Size, Continues to Evolve Adaptively in Humans, *Science*, 309 (5741), 9 September 2005, p. 1717–1720 & 1720–1722.

117 John Hawks et al., *Proc. Natl. Acad. Sci. U.S.A.(PNAS)*, 104 (52), 2007, p. 20753

118 추천도서 A23 참조

119 Sherry Turkle, We networked Primate, *Scientific American*, September 2014, p. 64

120 추천도서 A24 참조

121 Ferris Jabr, Why the Brain Prefers Paper, *Scientific American*, November 2013, p. 48

122 Bowles Samuel, Being human: Conflict: Altruism's midwife, *Nature*, 456 (7220), 2008, p. 326–327

123 http://www.prb.org/Publications/Articles/2002/HowManyPeopleHaveEverLivedonEarth.aspx

2장

1 E. Zuckerkand, Linus Pauling, *Molecular disease, evolution, and genicheterogeneity*. In: Kasha M, Pullman B, editors, Horizons in Biochemistry, Academic Press(1962), p. 189-225

2 추천도서 B1 참조

3 Carl Sagan, Cosmos, Random House(1980), 원문: The nitrogen in our DNA, the calcium in our teeth, the iron in our blood, the carbon in our apple pies were made in the interiors of collapsing stars. We are made of starstuff.

4 외계행성의 발견 상황은 http://exoplanet.eu/에 실시간으로 업데이트 됨.

5 Mya Breitbart et al., Here a virus, there a virus, everywhere the same virus?, *Trend in Microbiology*, 13 (6), 2005, p. 278-284

6 Bernard La Scola et al, A Giant Virus in Amoebae, *Science*, 299 (5615), 28 March 2003, p. 2003

7 C. Mora et al., How Many Species Are There on Earth and in the Ocean?, *PLoS Biol*, 9 (8):e1001127, August 2011

8 원문: Life is a self-sustaining system capable of Darwinian evolution.

9 추천도서 B2 참조

10 추천도서 B3, B4 참조

11 원문: A new supermolecular order appears that corresponds basically to a giant fluctuation stabilized by exchanges of energy with the outside world.

12 A. M. Turing, The Chemical Basis of Morphogenesis, *Philosophical Transactions of the Royal Society of London*, 237 (641), 1952, p. 37-72

13 추천도서 B5 참조

14 USGS, Age of the Earth, *United States Geological Survey*, 9 July 2007

15 Elizabeth A. Bell et al, Potentially biogenic carbon preserved in a 4.1 billion-year-old zircon, *Proc. Natl. Acad. Sci. U.S.A.(PNAS)*, 112 (47), 24 November 2015, p. 4518-14521

16 Yoko Ohtomo et al., Evidence for biogenic graphite in early Archaean Isua metasedimentary rocks, *Nature GeoScience*, 7, 2013, p. 25-28

17 Holly C. Betts et al, Integrated genomic and fossil evidence illuminates life's early evolution and eukaryote origin, *Nature Ecology & Evolution*, 2, 2018, p. 1556-1562

18 N. Noffke et al., Microbially induced sedimentary structures recording an ancient ecosystem in the ca. 3.48 billion-year-old Dresser Formation, Pilbara, Western Australia, *Astrobiology*, 13 (12), 2013, p. 1103-24

19 J. William Schopf et al., SIMS analyses of the oldest known assemblage of microfossils document their taxon-correlated carbon isotope compositions, *Proc. Natl. Acad. Sci. U.S.A.(PNAS)*, 115 (1), 18 December 2017

20 H. Follmann et al., Darwin's warm little pond revisited: from molecules to the origin of life, *Naturwissenschaften*, 96 (11), November 2009, p. 1265-1292

21 Beyond Limits, *Scientific American*, 307 (3), September 2012, p. 38

22 식물학자 J. D. Hooker에게 보낸 편지.

23 추천도서 B6 참조

24 S. L. Miller, A Production of Amino Acids under Possible Primitive Earth Conditions, *Science*, 117 (3046), 15 May 1953, p. 528

25 Eric T. Parker et al., Primordial synthesis of amines and amino acids in a 1958 Miller H2S-rich spark discharge experiment, *Proc. Natl. Acad. Sci. U.S.A.(PNAS)*, 108 (14), 5 April 2011, p. 5526

26 C. F.Chyba, Rethinking Earth's Early Atmosphere, *Science*, 308 (5724), 13 May 2005, p.

962-963

27 Theresa Bullard, Bart Kahr et al, Test of Cairns-Smith's 'crystals-as-genes' hypothesis, *Faraday Discussions*, 136, 2007, p. 231-245

28 Robert M. Hazen, Life's rocky start, *Scientific American*, 284, April 2001, p. 76-85

29 Sarah Everts, Mirror Molecules, *Scientific American*, May 2013, p.78

30 BBC, The Secret of how life on earth began, http://www.bbc.com/earth/story/20161026-the-secret-of-how-life-on-earth-began

31 Günter Wächtershäuser, 'Before enzymes and templates: theory of surface metabolism', *Microbiol Rev*. 52 (4), 1988, p. 452-84

32 William Martin et al., Hydrothermal vents and the origin of life, *Nature Reviews Microbiology*, 6, November 2008, p. 805-814

33 추천도서 B5 참조

34 J. B. Corliss et al., An Hypothesis Concerning the Relationships Between Submarine Hot Springs and the Origin of Life on Earth, *Proc. of 26th Int. Geological Congress, Paris*, 7 Jully 1980, p. 59-69

35 Michael Russell, First Life, *American Scientist*, 94, Jan-Feb 2006, p.32-39

36 A. S. Bradley, What Undersea Vents Reveal about Life's Origins, *Scientific American*, December 2009, p. 38

37 C. Madeline et al., The physiology and habitat of the last universal common ancestor, *Nature Microbiology*, 1 (16116), 2016

38 James P. Ferris et al., One-Step, Regioselective Synthesis of up to 50-mers of RNA Oligomers by Montmorillonite Catalysis, *J. of the American Chemical Society*, 128 (27), 2006, p. 8914-8919

39 K. Adamala, Jack Szostak, Nonenzymatic Template−Directed RNA Synthesis Inside Model Protocells, *Science*, 342 (6162), 29 November 2013, p. 1098−1100

40 M. W. Powner, B. Gerland, J. D. Sutherland, *Nature*, 459, 2009, p. 239−242

41 B. H. Patel, J. D. Sutherland et al, Common origins of RNA, protein and lipid precursors in a cyanosulfidic protometabolism, *Nature Chemistry*, 7 (4), April 2015, p. 301−307

42 Carl R. Woese et al., Towards a natural system of organisms: proposal for the domains Archaea, Bacteria, and Eucary, *Proc. Natl. Acad. Sci. U.S.A.(PNAS)*, 87 (12), 1990, p. 4576-4579

43 D. L. Theobald, A formal test of the theory of universal common ancestry. *Nature*, 465 (7295), May 2010, p. 219-222

44 M. Steel et al., Origins of life: Common ancestry put to the tes, *Nature*, 465 (7295), 2010, p. 168−169

45 Laura A. Hug et al. , A new view of the tree of life, *Nature Microbiology*, 1 (16048), 2016

46 추천도서 B7 참조

47 R. M. Hazen, Evolution of Minerals, *Scientific American*, March 2010

48 추천도서 B8 참조

49 Alexandros A. Pittis et al., Late acquisition of mitochondria by a host with chimaeric prokaryotic ancestry, *Nature*, 531, March 2016, p. 101−104

50 Anna Karnkowska et al., A Eukaryote without a Mitochondrial Organelle, *Current Biology*, 26 (10), 2016, p. 1274-1284

51 추천도서 B9 참조

52 T. Lodé, Sex and the origin of genetic exchanges, *Trends in Evolutionary Biology*, 4, 2012, e1

53 Lynn Margulis, Sex, Death and Kefir, *Scientific American*, August 1994

54 L. W. Parfrey et al., Multicellularity arose several times in the evolution of eukaryotes, *BioEssays*, 35 (4), 2013, p. 339-347

55 El Albani et al., Large colonial organisms with coordinated growth in oxygenated environments 2.1 Gyr ago, *Nature*, 466, July 2010, p.100-104

56 추천도서 B10 참조

57 D. P. Anderson et al., Evolution of an ancient protein function involved in organized multicellularity in animals, *eLife*, 5, January 2016, e10147

58 Thomas Kirkwood, Why Can't We Live Forever?, *Scientific American*, September 2010, p. 24

59 L. Chen et al., Cell differentiation and germ-soma separation in Ediacaran animal embryo-like fossils, *Nature*, 516 (2014), p. 238-241.

60 Carrie Arnold, When Earth Was a Snowball, *Scientific American*, February 2011, p.32

61 A. F. Simon et al., Biotic replacement and mass extinction of the Ediacara biota, *Proc. Royal Soc. B*, 282 (1814), September 2015, DOI: 10.1098/rspb.1003

62 A. F. Simon et al., Biotic replacement and mass extinction of the Ediacara biota, *Proc. Royal Soc. B*, 282 (1814), September 2015, DOI: 10.1098/rspb.1003

63 추천도서 B11 참조

64 Davide Castelvecchi, The Eye, *Scientific American*, September 2009, p. 70

65 S. Martinez-Conde, S. L. Macknik, Windows on the Mind, *Scientific American*, August 2007, p. 56

66 Daniel C Dennett, Deb Roy, Our Transparent Future, *Scientific American*, March 2015, p. 64

67 추천도서 B12 참조

68 Stephen Brusatte, Zhe-Xi Luo, Ascent of the Mammals, *Scientific American*, June 2016, p. 28

69 Kate Wong, Legs, Feet and Toes, *Scientific American*, September 2009, p. 64

70 J. D. Watson, F. H. C. Crick, Molecular Structure of Nucleic Acids: A Structure for Deoxyribose Nucleic Acid, *Nature*, 25 April 1953, 추천도서 B14 참조

71 Bellott, D. W. et al., Mammalian Y chromosomes retain widely expressed dosage-sensitive regulators, *Nature*, 508 (2014), p. 494-499

72 추천도서 B13 참조

73 N. Goldman et al., Towards practical, high-capacity, low-maintenance information storage in synthesized DNA, *Nature*, 494, 7 February 2013, p. 77-80

74 추천도서 B14 참조

75 추천도서 B16 참조

76 추천도서 B15 참조

77 추천도서 17, 18 참조

78 Carl Zimmer, The Surprising Origins Of Life's Complexity, *Scientific American*, August 2013, p. 76

79 Axel Meyer, Extreme Evolution, *Scientific American*, April 2015, p. 56

80 Anne-Marie C. Hodge, Vitamins, Minerals and MicroRNA, *Scientific American*, December 2011, p. 13

81 J. V. Chamary et al., How Trivial DNA Changes Can Hurt Health, *Scientific American*, June 2009, p. 34

82 C. Zuccato, E. Cattaneo, The Huntington's Paradox, *Scientific American*, August 2016, p. 56

83 David Grinspoon, Deep Time, Deep Survival, *Scientific American*, September 2016, p. 76

3장

1 중국 지의(智顗)대사가 창시한 천태종 경전의 구절.

2 David Chalmers, Facing Up to the Problem of Consciousness, *J. of Consciousness Studies*, 2 (3), 1995, p. 200-19

3 추천도서 C1 참조

4 Ferris Jabr, The Connectome Debate: Is Mapping the Mind of a Worm Worth It?, *Scientific American Mind*, 2 October, 2012

5 추천도서 C2 참조

6 원문: 心者, 君主之官也, 神明出焉

7 원문: 內經曰 泣涕者腦也 腦者陰也 腦滲爲涕

8 Glasser, M. F. et al., A multi-modal parcellation of human cerebral cortex, *Nature*, 536, 11 August 2016, p. 171-178

9 추천도서 C3 참조

10 F. A. Azevedo et al., Equal numbers of *Neuron}al and non{Neuron}al cells make the human brain an isometrically scaled-up primate brain, {J. Comp. Neurol.*, 513, 2009, p. 532-41

11 H. S. Mortensen, Quantitative relationships in delphinid neocortex, Frontier in Neuroanatomy, 8, 2014, p. 132

12 추천도서 C4 참조

13 R. Douglas Fields, White Matter Matters, *Scientific American*, March 2008, p. 54

14 추천도서 C6 참조

15 추천도서 C5 참조

16 Gary Marcus, Am I Human?, *Scientific American*, March 2017, p. 58

17 T. J. Sejnowski et al., Nanoconnectomic upper bound on the variability of synaptic plasticity, *eLife*, 4, January 2015, 4:e10778

18 S. Mancuso, *Brilliant Green, The Surprising History and Science of Plant Intelligence*, Island Press(2015)

19 Daniel Chamovitz, What A Plant Smells, *Scientific American*, May 2012, p. 48

20 Peter Godfrey–Smith, The Mind of an Octopus, *Scientific American*, January 2017

21 F. Sugahara et al., Evidence from cyclostomes for complex regionalization of the ancestral vertebrate brain, *Nature*, 531, 3 March 2016, p. 97-100

22 추천도서 B11 참조

23 John S. Werner et al., Illusory Color & the Brain, *Scientific American*, March 2007, p. 90

24 추천도서 C7 참조

25 Nicholas James Strausfeld, *Atlas of an insect brain*, Springer–Verlag(1976), p.49

26 S. Martinez–Conde, S. L. Macknik, Windows on the Mind, *Scientific American*, August 2007, p. 56

27 http://www.psy.ritsumei.ac.jp/~akitaoka/extinction.html 참조

28 E. A. Tibbetts, A. G. Dyer, Good With Faces, *Scientific American*, December 2013, p. 62

29 추천도서 C8 참조

30 동영상 https://www.youtube.com/watch?v=uO8wpm9HSB0 참조

31 추천도서 C9 참조

32 추천도서 C10 참조

33 S. Ahmad et al., How Does Matter Lost and Misplace Items Issue and Its Technology,

IOSR–JBM, 17 (1), April 2015, p. 79–84

34 Beatrice de Gelder, Uncanny Sight in the Blind, *Scientific American*, May 2010, p. 42

35 추천도서 C11 참조

36 추천도서 C12 참조

37 미요시 모토하루, *의사와 약에 속지 않는 법*, 박재현 역, 랜덤하우스코리아(2006)

38 V. Jo Marchant, Strong placebo response thwarts painkiller trials, *Nature*, 6 October 2015, DOI:10.1038/Nature.2015.18511

39 J. Interlandi, Research Casts Doubt on the Value of Acupuncture, *Scientific American*, 315 (2), 1 August 2016

40 N. Swaminathan, Expect the Best? Placebos Are for You!, *Scientific American*, 18 July 2007

41 P. Tetreault et al., Brain connectivity predicts placebo response across chronic pain clinical trials. *PLoS Biol*, 14(10), 2016, e1002570

42 추천도서 C20 참조

43 J. Panksepp et al., Laughing rats and the evolutionary antecedents of human joy, *Physiology & Behavior*, 79 (3), 2003, p. 533-47

44 V. S. Ramachandran, E.M. Hubbard, Hearing Colors, Tasting Shapes: Mingled Signals, *Scientific American*, May 2003, p. 4

45 V.S. Ramachandran et al., Synaesthesia: A window into perception, thought and language, *J. of Consciousness Studies*, 8 (12), 2001, p. 3–34

46 김춘수의 시 '꽃'과 뽈 베를렌(Paul Verlaine)의 시 'Il pleure dans mon coeur'.

47 M. Benede'k et al., Physiological correlates and emotional specificity of human piloerection, *Biol. Psychol*, 86, 2011, p. 320-329

48 K. Mori et al., Two types of peak emotional responses to music: The psychophysiology of

chills and tears, *Scientific Reports*, 7 (46063), 2017

49 John Powel, *How music works*, Little, Brown Spark(2011), (과학으로 풀어보는 음악의 비밀, 장호연 역, 뮤진트리)

50 V.S. Ramachandran et al., The Science of Art: A Neurological Theory of Aesthetic Experience, *J. of Consciousness Studies*, 6 (6–7), 1999, p. 15–51

51 P. F. MacNeilage, L. J. Rogers, G. Vallortigara, Evolutionary Origins of Your Right and Left Brain, *Scientific American*, July 2009, p. 48

52 Larry Cahill, His Brain, Her Brain, *Scientific American*, May 2005, p. 22

53 https://www.oecd.org/site/educeri21st/40554190.pdf

54 추천도서 C13 참조

55 Eric R. Kandel, Larry R. Squire, *Memory : From Mind to Molecules*, Roberts&Company(2009)

56 M. A. Kheirbek, R. Hen, Add Neurons, Subtract Anxiety, *Scientific American*, July 2014, p. 62

57 T, Kitamura et al., Engrams and circuits crucial for systems consolidation of a memory, *Science*, 356(6333), April 2017, p. 73–78

58 Joe Z. Tsien, The Memory Code, *Scientific American*, July 2007, p. 52

59 http://www.dana.org/News/Where_in_the_Brain_is_Long–Term_Memory_/

60 L. Fioriti et al., The Persistence of Hippocampal–Based Memory Requires Protein Synthesis Mediated by the Prion–like Protein CPEB3, *Neuron*, 86 (6), 2015, p. 1433–14481

61 Y.–P. Tang et al., Genetic enhancement of learning and memory in mice, *Nature*, 401, 2 September 1999, p. 63–69

62 S. Diano et al., Ghrelin controls hippocampal spine synapse density and memory

performance, *Nature NeuroScience*, 9, 2006, p. 381−388

63 Robert Stickgold, Sleep on It!, *Scientific American*, October 2015, p. 42

64 V. Pilorz et al., Melanopsin regulates both sleep−promoting and arousal−promoting responses to light, *PLoS Biol*, 14(6), 2016, e1002482

65 폴 보가드(Paul Bogard), *잃어버린 밤을 찾아서*, 노태복 역, 뿌리와 이파리(2014)

66 Maiken Nedergaard, Steven A. Goldman, Brain Drain, *Scientific American*, March 2016, p. 44

67 Giulio Tononi, Chiara Cirelli, Perchance to Prune, *Scientific American*, August 2013, p. 34

68 D. Bushey et al., Sleep and synaptic homeostasis: structural evidence in Drosophila, *Science*, 332 (6037), 24 June 2011, p. 1576−81

69 I. Wilhelm et al.,The sleeping child outplays the adult's capacity to convert implicit into explicit knowledge, *Nature NeuroScience*, 16, 2013, p. 391−393

70 추천도서 C14 참조

71 제럴드 에델만, *세컨드 네이처− 뇌과학과 인간의 지식*, 김창대 역, 이음(2009)

72 추천도서 C15 참조

73 D. Dobbs, Eric Kandel: From Mind to Brain and Back Again, *Scientific American*, 297 (4), October 2007, p. 76

74 추천도서 C16 참조

75 B. Libet, Do We Have Free Will?, *J. of Consciousness Studies*, 6(8−9), 1999, p. 47−57

76 C. S. Soon, J.D. Haynes et al., Unconscious determinants of free decisions in the human brain *Nature NeuroScience*, 11, 2008, p. 543−545

77 I. Fried, Internally generated preactivation of single Neurons in human medial frontal cortex predicts volition, *Neuron*, 69 (3), 10 February 2011, p. 548−562

78 B. Libet, Can consciousness experience affect brain activity?, *J. of Consciousness Studies*, 10(12), 2003, p. 24–28

79 K.L. Briggman, Optical imaging of Neuronal populations during decision–making, *Science*, 307 (5711), 11 February 2005, p. 896–901

80 추천도서 C17 참조

81 A. Botzung et al., The neural bases of the constructive *Nature} of autobiographical memories studied with a self–paced fMRI design, {Memory*, 16 (4), May 2008, p. 351–63

82 Ferris Jabr, Self–Awareness with a Simple Brain, *Scientific American Mind*, 1 November 2012

83 V. Ramachandran, The neurology of self–awareness, *The Edge 10th Anniversary Essay*, 2007

84 추천도서 C18 참조

85 추천도서 C19 참조

86 M. Ricard, A. Lutz, R. J. Davidson, Mind of the Meditator, *Scientific American*, November 2014, p. 39

87 David Biello, Searching for God in the Brain, *Scientific American Mind*, 18 (5), October 2007, p.38

88 B. Lenggenhager et al., Video ergo sum. Manipulating bodily self–consciousness, *Science*, 317, 2007, p. 1096–1099

89 W. Zhong, I. Cristofori I, J. Grafman et al., Biological and cognitive underpinnings of religious fundamentalism, *Neuropsychologia.*, 100, June 2017, p. 18–25

90 Andrew Newberg et al. *Why God Won't Go Away: Brain Science and the Biology of Belief*, Ballantine Books(2002), Kindle Edition

91 추천도서 C21 참조

92 추천도서 C22 참조

93 Michio Kaku, *Physics of the Future*, Doubleday(2011), (미래의 물리학, 박병철 역, 김영사)

94 S.B. Laughlin, Energy, information and the work of brain. *Work Meets Life*, MIT Press(2011), p. 39-67

95 추천도서 C23 참조

96 Francis Crick, *What Mad Pursuit: A Personal View of Scientific Discovery*, Basic Books(1988)

맺는 글

1 Stéphane Mallarmé, L'azur(창공) 첫 구절. 저자 역. 원문: De l'éternel Azur la sereine ironie/ Accable, belle indolemment comme les fleurs/ Le poëte impuissant qui maudit son génie/ A travers un désert stérile de Douleurs

2 A. Whiten et al., Cultures in chimpanzees, *Nature*, 399, 1999, p. 682-685

3 추천도서 B13

4 Stephen Hawking, Leonard Mlodinow, *The Grand Design*, Bantam Books(2010), p. 5

5 Marcus Chown, *The Never-Ending Days of Being Dead*, Faber&Faber(2006), (네버엔딩 유니버스, 김희원 역, 영림카디널)

6 Lawrence M Krauss, A Universe from Nothing: Why There Is Something Rather than Nothing, 2013. Questions That Plague Physics: A Conversation with Lawrence M. Kraus, *Scientific American*, August 2004, p. 66

7 B. Russell and F. C. Copleston (BBC Debate 1948). Jim Holt, *Why Does the World Exist?: An Existential Detective Story*, Liveright(2012), (왜 세상은 존재하는가? 우진하 역, 21세기북

스)

8 Jefferson Lab, How many atoms are in the human body, https://education.jlab.org/qa/mathatom_04.html

9 Jacques Monod, *Le Hasard et la Necessité – Essai sur la philosophie Naturelle de la biologie moderne*, Éditions du Seuil(1970)

10 Richard Mendius et al., *Buddha's Brain*, New Harbinger Publications(2009), (붓다 브레인, 장주영 외 1명 역, 불광출판사)

11 https://disturbmenot.co/meditation-statistics/

12 Bowles Samuel, Being human: Conflict: Altruism's midwife. *Nature*, 456 (7220), 2008, p. 326-327

13 M. Ricard, A. Lutz, R. J. Davidson, Mind of the Meditator, *Scientific American*, November 2014, p. 39

14 Hans Rosling et al., *Factfulness : The Ten Reasons We're Wrong About the World*, Flatiron Books(2018)

15 Yuval Noah Harari, *Sapiens*, Harper(2015), (사피엔스, 조현욱 역, 김영사)

16 Yuval Harari, *Homo Deus*, Harvill Secker(2016), (호모 데우스, 김명주 역, 김영사)

17 Mahatma Gandhi, *All Men Are Brothers,*, A&C Black(2005), p. 166 (원문: The weak can never forgive. Forgiveness is the attribute of the strong.)

18 Stephen Hawking, ABC TV interview, June 2010

추천도서

1장

A1 *폭력은 어디서 왔나? -인간성의 기원을 탐구하다*, 야마기와 주이치(山極壽一), 한승동 역, 곰출판, 2007

A2 *동물의 감정*, 마크 베코프, 김미옥 역, 시그마북스, 2008

A3 *왜 인간인가?*, 마이클 가자니가, 박인균 역, 추수밭, 2009

A4 *내 안의 물고기*, 닐 슈빈, 김명남 역, 김영사, 2009

A5 *최초의 도구*, 파스칼 피크, 엘렌 로슈, 김성희 역, 알마, 2015

A6 *지구의 정복자*, 애드워드 윌슨, 이한음 역, 사이언스북스, 2013

A7 *발칙한 진화론*, 로빈 던바, 김정희 역, 21세기북스, 2011

A8 *크로마뇽*, 브라이언 페이건, 김수민 역, 더숲, 2012

A9 *최초의 남자*, 스펜서 웰스, 황수연 역, 사이언스북스, 2007

A10 잃어버린 게놈을 찾아서, 스반테페보, 김명주 역, 어크로스, 2015

A11 *0.1퍼센트의 차이*, 베르트랑 조르당, 조민영 역, 알마, 2011

A12 *1만년의 폭발*, 그레고리 코크란, 헨리 하펜딩, 김명주 역, 글항아리, 2010

A13 Bryan Sykes, *The Seven Daughters of Eve*, W. W. Norton & Company, 2002

A14 *우리 조상은 아프리카인이다*, 스티브 올슨, 이영돈 역, 몸과 마음, 2004

A15 *DNA가 밝혀주는 일본인, 한국인의 조상*, 시노다 켄이치, 박명미 역, 보고사, 2008

A16 노래하는 *네안데르탈인*, 스티븐 미슨, 김명주 역, 뿌리와이파리, 2008

A17 *가장 아름다운 언어 이야기*, 파스칼 피크, 로랑 사가 외 2명, 조민영 역, 알마, 2011

A18 언어의 *역사*, 스티븐 로저 피셔, 유수아 외 1명 역, 21세기북스, 2011

A19 언어의 *역사*, 토르 얀손, 김형엽 역, 한울아카데미, 2019

A20 *사피엔스*, 유발 하라리, 조현욱 역, 김영사, 2015

A21 *어제까지의 세계*, 제레드 다이아몬드, 강주헌 역, 김영사, 2013

A22 *신이 절대로 답할 수 없는 몇 가지*, 샘 해리스, 강명신 역, 시공사, 2013

A23 *에덴의 종말*, 콜린 텃지, 김상인 역, 이음, 2012

A24 *인간은 여전히 원시인*, 유르겐 브라터, 이온화 역, 지식의 숲, 2012

A25 *우리 본성의 선한 천사*, 스티븐 핑커, 김명남 역, 사이언스북스, 2014

2장

B1 *과학을 안다는 것*, 브라이언 클레그, 김옥진 역, 엑스오북스, 2013

B2 Jacques Monod, *Le Hasard et la Nécessité*, Edition du Seuil, 1973 ('우연과 필연'이라는 이름으로 범우사상신서, 궁리, 문명사 등 여러 출판사의 역서가 있다.)

B3 *생물과 무생물 사이*, 후쿠오카 신이치, 김소연 역, 은행나무, 2008

B4 *동적평형*, 후쿠오카 신이치, 김소연 역, 은행나무, 2010

B5 *제너시스: 생명의 기원을 찾아서*, 로버트 M. 헤이즌, 고문주 역, 한승, 2008

B6 *생명의 불꽃: 다윈과 원시 수프*, 크리스토퍼 윌스, 제프리 배더, 고문주 역, 아카넷, 2013

B7 *46억년의 생존*, 다지카 에이이치, 김규태 역, 글항아리, 2009

B8 *미토콘드리아*, 닉 레인, 김정은 역, 뿌리와이파리, 2009

B9 *붉은 여왕*, 매트 리들리, 김윤택 역, 김영사, 2006

B10 *내 안의 물고기*, 닐 슈빈, 김명남 역, 김영사, 2009

B11 *눈의 탄생*, 앤드루 파커, 오숙은 역, 뿌리와이파리, 2007

B12 *조상 이야기*, 리처드 도킨스, 이한음 역, 까치, 2005

B13 *지상최대의 쇼*, 리처드 도킨스, 김명남 역, 김영사, 2009

B14 *상식 밖의 유전자*, 마크 핸더슨, 윤소영 역, 을유문화사, 2012

B15 *협력하는 유전자*, 요하임 바우어, 이미옥 역, 생각의 나무, 2010

B16 *이기적 유전자—30주년 기념판*, 리처드 도킨스, 홍영남 역, 을유문화사, 2010

B17 *현실, 그 가슴 뛰는 마법*, 리처드 도킨스, 김명남 역, 김영사, 2012

B18 *무지개를 풀며*, 리처드 도킨스, 최재천 외 1명 역, 바다출판사, 2008

B19 *생명 40억년의 비밀*, 리처드 포티, 까치글방, 2008

B20 *모든 것은 진화한다*, 앤드루 C. 페이비언, 김혜원 역, 에코리브르, 2011

3장

C1 의식, 크리스토프 코흐, 이정진 역, 알마, 2014

C2 *마음의 미래*, 미치오 카쿠, 박병철 역, 김영사, 2015

C3 *나는 뇌입니다*, 캐서린 러브데이, 김성훈 역, 행성B, 2016

C4 *마음이 태어나는 곳*, 개리 마커스, 김명남 역, 해나무, 2005

C5 *우연한 마음*, 데이비드 J. 린든, 김한영 역, 시스테마, 2009

C6 *브레인 스토리*, 수전 그린필드, 정병선 역, 지호, 2004

C7 *꿈꾸는 기계의 진화*, 로돌포 R. 이나스, 김미선 역, 북센스, 2007

C8 *왜 버스는 세대씩 몰려다닐까*, 리처드 로빈슨, 신현승 역, 한겨레출판사, 2007

C9 *클루지*, 개리 마커스, 최호영 역, 갤리온, 2008

C10 *착각하는 뇌*, 이케키야 유지, 김성기 역, 리더스북, 2008

C11 *라마찬드란 박사의 두뇌실험실*, 빌라야누르 라마찬드란, 샌드라 블레이크스리, 신상규 역, 바다출판사, 2015

C12 *뇌가 나의 마음을 만든다*, 빌라야누르 라마찬드란, 이충 역, 바다출판사, 2006

C13 *괴물의 심연*, 제임스 팰런, 김미선 역, 더 퀘스트, 2015

C14 *꿈꾸는 뇌의 비밀*, 안드레아 록, 윤상운 역, 지식의숲, 2006

C15 *의식의 탐구*, 크리스토프 코흐, 김미선 역, 시그마프레스, 2006

C16 *링크*, 알버트 바라바시, 강병남,김기훈 역, 동아시아, 2002

C17 *자유의지는 없다*, 샘 해리스, 배현 역, 시공사, 2013

C18 *나는 죽었다고 말하는 남자*, 아닐 아난타스와미, 변지영 역, 더퀘스트, 2017

C19 *붓다 브레인*, 릭 핸슨, 리처드 멘디우스, 장주영 외 1명 역, 불광출판사, 2010

C20 *종교, 설명하기*, 파스칼 보이어, 이창익 역, 동녘사이언스, 2015

C21 *자유는 진화한다*, 대니얼 데닛, 이한음 역, 동녘사이언스, 2009

C22 *종교 본능*, 제시 베링, 김태희, 이윤 역, 필로소픽, 2012

C23 *호모 데우스*, 유발 하라리, 김명주 역, 김영사, 2017

그림 출처

1장

그림 1–1 Tupaia_cf_javanica_050917_manc/ Tupaia_belangeri_–Kaeng_Krachan–GBIF) 를 다소 변경

그림 1–2 https://www.brightlemon.com/blogs/how–many–friends–do–you–really–need 한글캡션삽입

그림 1–4 https://www.pinterest.co.kr/pin/568227677954950141/ 에서 재작업

그림 1–5 https://www.pinterest.co.kr/pin/398568635758125629/

그림 1–6 https://www2.palomar.edu/anthro/homo2/mod_homo_4.htm 에서 제작

그림 1–7 Scientific American 2013. 5월호 p.69 그림을 바탕으로 작성

그림 1–9 https://www.researchgate.net/figure/Mitochondrial–DNA–MtDNA–haplogroup–migration–patterns–modified–from–Shriver–and_fig1_23763914 에서 재제작

2장

그림 2–2 https://en.wikipedia.org/wiki/Lipid_bilayer#/media/File:Phospholipids_aqueous_solution_structures.svg 와 https://socratic.org/questions/58bd1b0f7c01490599e8ef24 에서 발췌해 제작

그림 2–4 https://commons.wikimedia.org/wiki/File:Chromosome_en.svg (a) 참조

그림 2–6 https://byjus.com/biology/diagram–for–meiosis/ 외 참조해 제작

그림 2–7 https://www.yourgenome.org/facts/what–is–dna 및 https://www.kindpng.com/imgv/ixiTwmo_transparent–dna–helix–clipart–dna–double–helix–structure/

그림 2–8 https://socratic.org/questions/what–is–the–primer–used–for–dna–replication (왼쪽) 참조해 제작

그림 2-9 https://www.pathwayz.org/Tree/Plain/EVIDENCE+FOR+EVOLUTION 참조해 제작

그림 2-10 https://onlinelibrary.wiley.com/doi/full/10.1002/path.1710 참조해 제작

3장

그림 3-1

왼쪽: https://commons.wikimedia.org/wiki/File:EmbryonicBrain.svg

오른쪽: https://ko.depositphotos.com/vector-images/thalamus.html 참조해 제작

그림 3-2

(a) https://neurochat.wordpress.com/2013/03/02/the-brain-101-2/

(b) https://gettingstronger.org/2012/01/hormesis-and-the-limbic-brain/limbic system-2/

(c) https://www.tes.com/lessons/jg3LTggtYtha_Q/the-brain

(d) https://owlcation.com/stem/Exploring-the-Brain-Three-Regions-Named-after-Scientists를 각기 다소 변형해 한글 캡션 삽입

그림 3-3

(a) https://commons.wikimedia.org/wiki/File:Neuron.svg

(b) https://qbi.uq.edu.au/brain-basics/brain/brain-physiology/action-potentials-and-synapses

그림 3-4

(a): http://www.cog.brown.edu/courses/cg0001/figures/visualpaths/lateral.jpg 에서 제작

(b) :D. Brang, VS Ramachandran et al., Neuroimage 53, 268-74 (2010). 바탕으로 제작

과학오디세이
라 이 프

인간 · 생명 그리고 마음

초판 1쇄 인쇄 2021년 1월 21일
초판 1쇄 발행 2021년 1월 28일

지은이 안중호
펴낸곳 (주)엠아이디미디어
펴낸이 최종현
기 획 김동출 이휘주 최종현
편 집 이휘주
교 정 김한나
행 정 유정훈
마케팅 안동현
디자인 박명원

주 소 서울특별시 마포구 토정로 222 한국출판콘텐츠센터 303호
전 화 (02) 704-3448 **팩스** (02) 6351-3448
이메일 mid@bookmid.com **홈페이지** www.bookmid.com
등 록 제2011 - 000250호
ISBN 979-11-90116-35-0 (93470)
책값은 표지 뒤쪽에 있습니다. 파본은 바꾸어 드립니다.

이 도서는 한국출판문화산업진흥원의 '2020년 출판콘텐츠 창작 지원 사업'의 일환으로
국민체육진흥기금을 지원받아 제작되었습니다.